신재생에너지 설비실무

김규생 이웅복 저

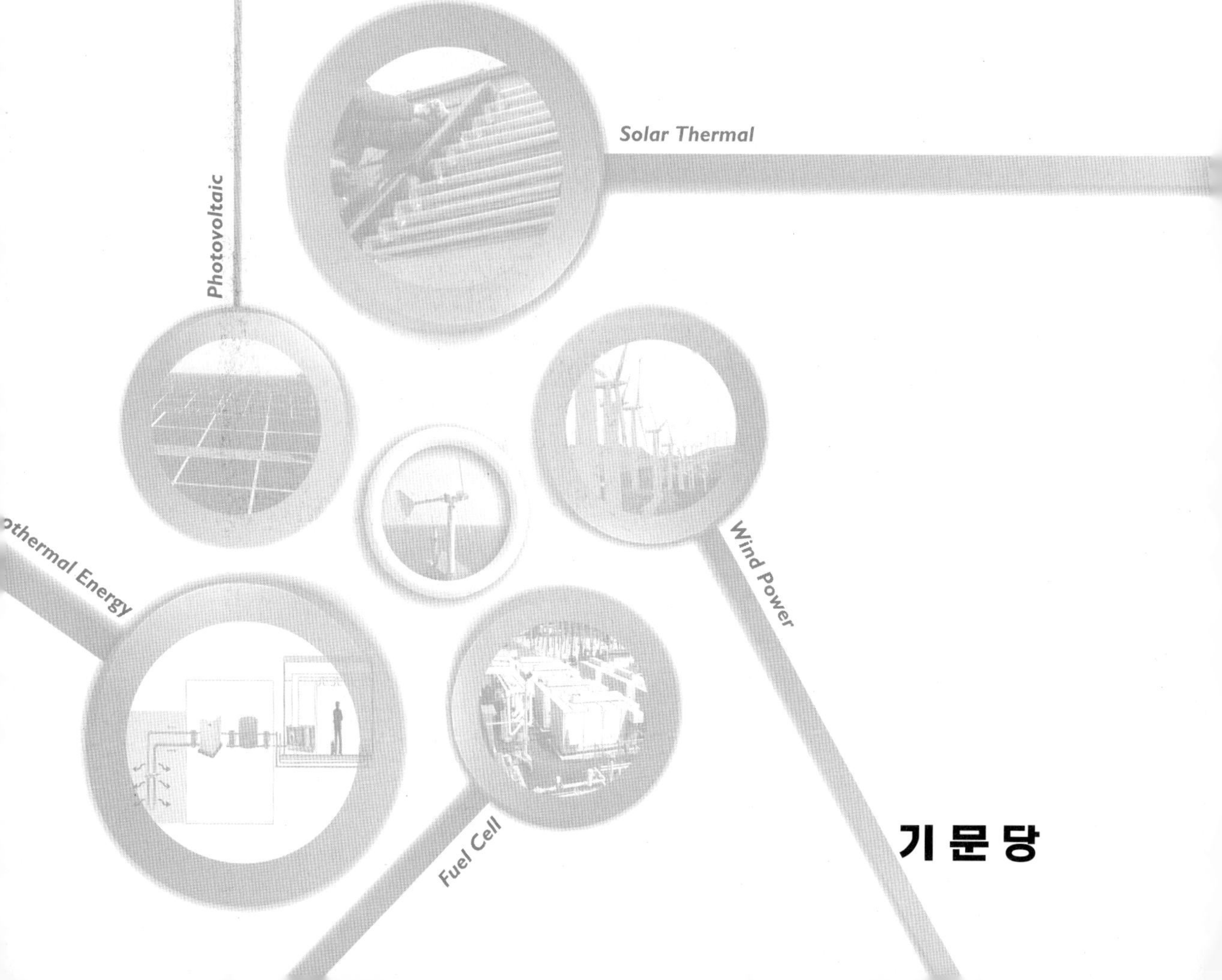

기문당

머리말

인간이 화석연료를 본격적으로 사용하게 된 것은 산업혁명 이후이며, 이를 통해 인류는 눈부신 발전을 이루었고, 현대사회에서 화석연료가 차지하는 비중은 매우 크다. 하지만 화석연료 사용으로 인한 발전은 대기 중의 이산화탄소농도 또한 기하급수적으로 증가시켰고, 이산화탄소농도 증가는 대기의 평균온도를 약 1~3℃ 가량 높여 지구온난화를 유발하였으며, 이로 인해 지구 곳곳에서는 해빙, 허리케인, 가뭄, 한파, 폭우 등의 기상이변이 빈번하게 일어나고 있다. 또한 이산화탄소 이외에도 질소산화물이나 황산화물, 매연, 발암물질 등을 배출하여 스모그를 유발하는 등 많은 환경문제를 야기하고 있으며, 매장량 또한 한정되어 있다. 앞으로도 인구증가와 산업발전에 따른 화석연료 사용은 더욱 증가할 것이고 인류생존의 주 에너지원인 화석연료 고갈은 그리 멀지 않았으며, 지구온난화 또한 가속화되어 자원고갈과 지구환경문제를 해결할 수 있는 방안이 시급한 상황이다.

신재생에너지는 화석연료의 문제점들을 보완하여 대체하기 위해 등장하였다고 할 수 있다. 따라서 신재생에너지는 기존의 화석연료가 갖고 있는 문제점이었던 환경오염 방지와 안정된 자원 확보 등에 대한 보완 및 개선을 주목표이자 특징으로 하고 있으며, 화석연료 중심의 경제체계에서 화석연료의 고갈과 환경문제를 해결하기 위해서는 신재생에너지 개발이 반드시 필요하다. 또한 유가의 불안정과 지구온난화 방지를 위한 기후변화협약의 규제, 새로운 에너지자원을 둘러싼 주도권 확보 등 신재생에너지의 개발 필요성은 단순히 선택이 아닌 필수라고 할 수 있다.

기상이변과 지구환경문제 화석연료 고갈문제 등에 대응하기 위해 국제사회는 1987년 몬트리올 의정서, 1997년 교토 의정서 비준 등을 통해 기후변화 방지를 위한 다양한 대응책을 시행하여 왔으며, 원유수입 세계 4위, 전력소비율 세계 12위로 에너지 다소비 국가인 우리나라 또한 2020년까지 온실가스 감축목표를 배출전망치(BAU) 대비 30%로 설정하고, 저탄소 녹색성장 기본법을 제정하여 각 분야에 다양한 정책을 시행하고 있다. 국가 온실가스 배출량의 약 1/4인 22.4%를 배출하고 있는 건축물 부분에서도 2025년 모든 신축건축물의 "제로 에너지화" 달성을 목표로 냉 · 난방 조명 등에 소비되는 에너지를 절감하고, 건축물의 에너지 소비효율을 높이기 위해 관련법 등을 개정 및 제정하는 등 법제화를 통해 건축물 부분에서의 에너지 절감 대책을 수립하고 온실가스감축을 증대시키기 위한 다각적인 노력을 기울이고 있다.

본서에서는 에너지기후변화에 따른 국가에너지 정책방향, 신재생에너지 개요 및 보급 활성화 정책, 각 신재생 에너지원별 특징 및 적용 사례 등을 기술하였으며, 지열, 태양광, 태양열 에너지에 대하여는 최근 건축물에 적용되고 있는 설계 및 시공 사례 등을 수록하여 건축물에서의 신재생에너지 실무에 대한 수업이 가능하도록 하였다.

또한 녹색건축인증제도, 에너지효율등급 인증제도, 에너지절약설계기준, 신재생에너지 건축물 인증제도, 신재생에너지 설치 의무화제도 등 녹색건축물 조성지원법에 의한 녹색건축 관련 인증제도 및 에너지 관련 법규 등을 수록하였고, 특히 에너지관리공단의 신재생에너지원별 시공기준, 신재생에너지설비의 지원 등에 관한 규정, 시공 체크리스트 등을 수록하여 설계 및 시공 실무에 좀 더 보탬이 되도록 구성하였다.

본서를 기술함에 있어 설비기술협회 전문기술인 논고자료, 전문기술서적, 인터넷자료, 신재생에너지 전문업체 자료 등 많은 자료를 활용하여 저술하였으며, 특히 에너지관리공단의 에너지 통계자료와 국가에너지 통계 시스템에 기재된 통계자료 및 신재생에너지 백서-에너지관리공단에 수록된 자료를 인용하여 데이터의 신뢰성 확보를 추구하였다. 또한 신재생에너지를 처음 접하는 학생들이 보다 이해하기 쉽고, 세계적인 에너지환경문제의 심각성을 이해할 수 있도록 그들의 눈높이에 맞추어 집필하고자 최선의 노력을 하였으나, 다소 오류와 부족한 점이 있을 것으로 생각되며 지속적으로 수정 · 보완하도록 하여 완성도를 높이도록 하겠다.

끝으로 "신재생에너지 백서-에너지관리공단" 저자 등 본 도서 저술에 보다 전문적인 자료를 수록할 수 있도록 베풀어주신 여러 전문가 분들에게 감사드리며, 특히 집필에 많은 자료와 조언을 주신 에너지관리공단 신재생에너지센터 관계자 여러분께 깊은 감사를 드립니다.

저 자

차례

Contents

Chapter 1 에너지 고갈 · 기후변화 정책 및 방향

Chapter 2 신재생에너지

Chapter 6 풍력(Wind Power)

Chapter 7 연료전지(Fuel Cell)

Chapter 8 수소에너지(Hydrogen Energy)

Chapter 12 석탄가스화 액화(Coal Gasification and Liquefaction)

Chapter 13 수력에너지(Hydropower Generator)

Chapter 14 녹색건축물 관련 인증제도 및 법규

Chapter One

에너지 고갈 · 기후변화 정책 및 방향

1 에너지 문제 대두

최근 전 세계는 사용 가능한 화석연료 고갈로 인한 에너지 위기를 극복하고 온실가스에 의한 기후변화 문제를 해결하기 위해 다양한 방안을 모색하고 있으며, 교토의정서 및 Post 교토체제 시행에 따라 선진국을 중심으로 온실가스 감축을 통한 저탄소형 산업구조 전환이 최대 현안과제로 부각되고 있다.

또한 우리 사회는 대량생산, 대량소비를 통해 지나치게 많은 에너지를 소비하고 있으며 주 에너지원이라고 할 수 있는 화석연료는 이제 거의 밑바닥이 드러나기 시작했다. 더욱이 화석연료는 한 번 사용하면 재활용이 불가능할 뿐만 아니라 심각한 환경오염 또한 야기하고 있다. 화석연료 사용으로 인한 대기오염과 기후변화로 인한 지구온난화는 이제 인류가 해결해야 할 가장 크고 심각한 과제라고 할 수 있다.

2 화석에너지 고갈

인류는 산업혁명을 거쳐 화석연료를 사용하면서 예전에는 생각지도 못했던 많은 발전을 이루어왔다. 화석연료 없이는 사회가 돌아갈 수 없을 정도로 현대 사회에서 화석연료가 차지하는 비중은 매우 크다. 하지만 안타깝게도 우리의 주 에너지원인 화석연료 고갈이 멀지 않았다는 것이다. 앞으로 석유는 54년 정도, 천연가스는 약 63년 정도 쓸 수 있는 양이 남아 있다고 한다. 석탄은 100년 이상 쓸 정도로 비교적 풍부한 양이 남아 있지만 사용하기 불편하며 많은 오염물질을 배출하고 있어 이용에 한계가 있다. 인구수는 폭발적으로 늘어나고 있으며, 이에 비례하여 점점 더 많은 에너지를 필요로 하고 있는 오늘날, 화석연료 고갈은 계속 가속화될 전망이다.

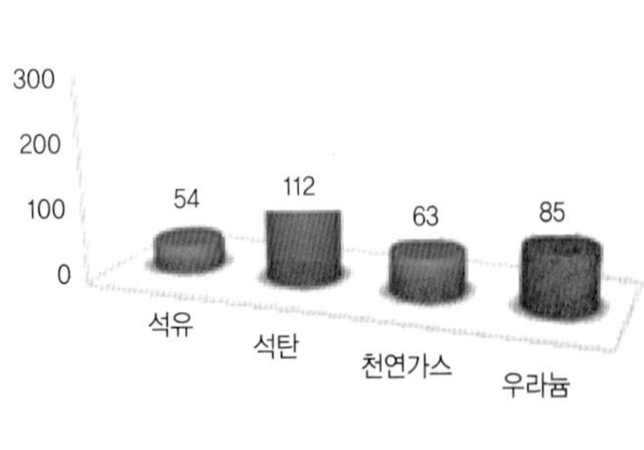

그림 1-1 에너지 자원 잔존량(단위 : 년)
(출처 : 에너지관리공단)

3 환경오염의 심화

그동안 화석연료를 통해 많은 발전을 이룩해 온 것도 사실이지만, 그만큼 예기치 못한 심각한 환경오염을 야기한 것도 사실이다. 화석연료 사용으로 인한 대기오염과 산성비, 사막화, 기후변화, 오존층 파괴 등의 지구환경 문제가 심각하게 나타나기 시작했으며, 산업발전에 따라 급격히 가중되고 있다. 그 중에서도 가장 우려되는 부분은 화석연료 사용으로 인해 발생하는 이산화탄소이다. 모든 화석연료는 탄소화합물의 한 형태이기 때문에 연소 과정에서 필연적으로 이산화탄소를 발생하게 된다. 그런데 이 이산화탄소가 온실효과를 일으키는 대표적인 온실가스로 밝혀지면서 문제가 심각해지고 있는 것이다. 이산화탄소(CO_2)는 다른 온실가스보다 온실효과는 미미하지만 대기 중에 절대적으로 많은 양이 존재하기 때문에 지구온난화에 미치는 영향은 가장 크다.

다음 그림 1-2(a)는 지구 평균 기온의 가파른 상승세를 보여주고 있다. 이 그래프는 완만하게 상승하다가 갑자기 꺾어진 모양 때문에 과학자들 사이에서 '하키 스틱'이라는 별칭으로 불리기도 한다. 지구의 평균 기온 상승 곡선은 이산화탄소 증가량을 보여주는 그래프와 매우 비슷한 양상을 보인다. 두 그래프의 상관관계를 통해 지구온난화현상의 주범은 인간이 발생시킨 온실가스라는 것을 알 수 있다.

그림 1-2(b)는 화산폭발 때 기온을 나타내는 선은 지구의 평균 기온변화 원인으로 자연적 원인만을 가정했을 때의 결과이다. 이 경우 화산 대폭발과 같은 자연의 강제력은 지구온난화에 영향을 주지 않는다는 것을 알 수 있다. 반면 실제 온도변화를 보이는 선은 매우 급격한 상승세를 보여주고 있다. 이는 지구온난화가 인간의 활동에서 비롯됐음

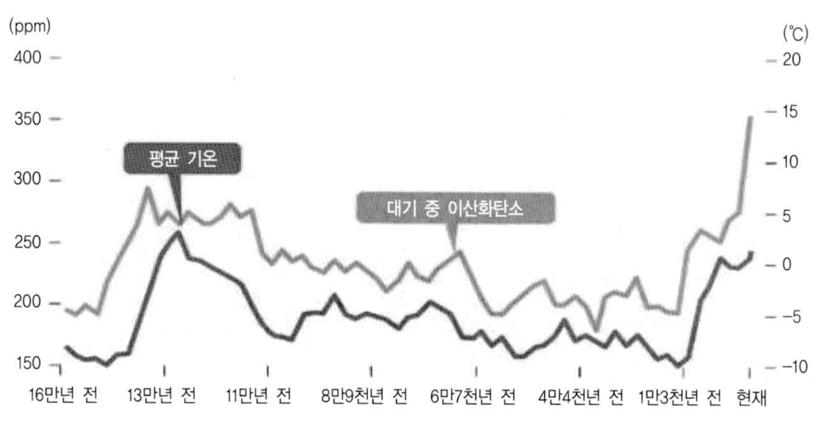

(a) 이산화탄소 농도 및 지구 평균기온변화 추이

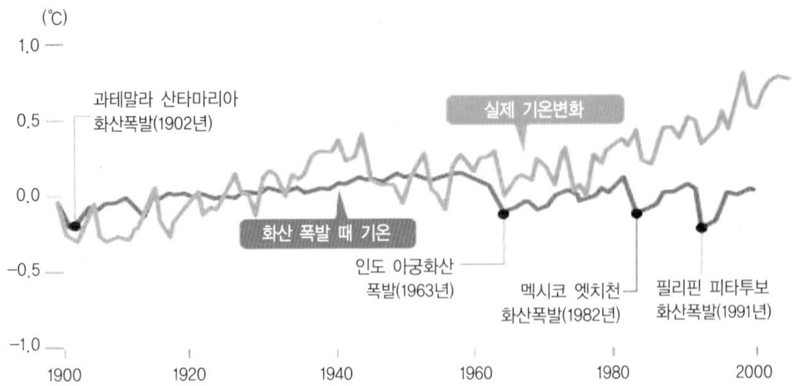

(b) 기후변화(1900~2000년)

그림 1-2 이산화탄소 농도 및 지구평균 기온변화 추이 (출처 : 한겨레신문)

을 보여주는 또 하나의 증거이다.

지구온난화지수(GWP : Global Warming Potentials)는 온실가스별로 지구온난화에 기여하는 정도가 다르며, 일반적으로 이산화탄소를 기준으로 각 가스별 기여 정도를 명시한 것이다.

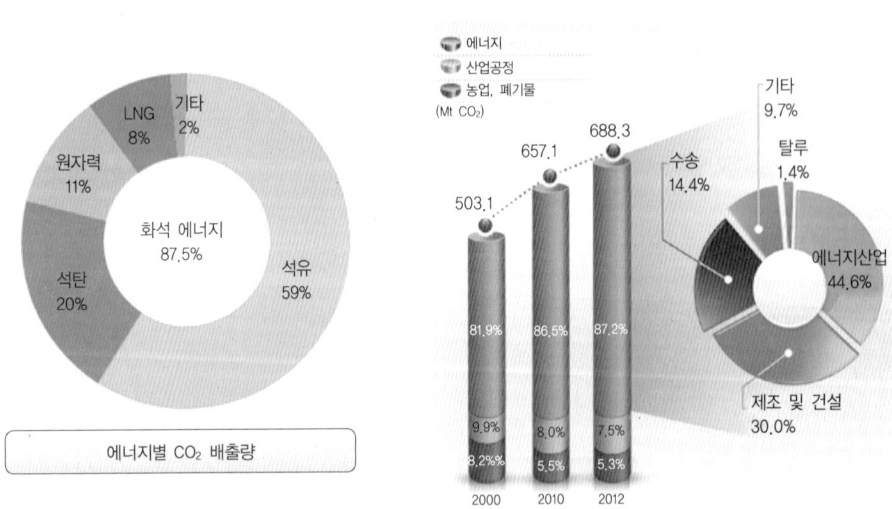

그림 1-3 에너지원별 CO_2 배출량 및 국내 부문별 CO_2 배출 현황 (출처 : 에너지관리공단)

표 1-1 6대 온실가스

온실가스	화학식	지구온난화지수(GWP)	주요 배출원
이산화탄소	CO_2	1	연료사용, 산업공정
메탄	CH_4	21	폐기물, 농업, 축산
아산화질소	N_2O	310	산업공정, 비료사용, 폐기물
수소불화탄소	HFCs	140~11,170	냉매, 용제, 발포제, 세정제
과불화탄소	PFCs	6,500~11,170	냉동기, 소화기, 세정제
육불화황	SF6	23,900	충전기절연가스, 반도체 식각용 가스

4 온실효과 및 지구온난화

이산화탄소 같은 온실가스가 태양으로부터 지구에 들어오는 짧은 파장의 태양복사에너지는 통과시키는 반면 지구로부터 나가려는 긴 파장의 복사 에너지는 흡수하여 지표면을 보온하는 역할을 해 지구 대기의 온도를 상승시키는 작용을 온실효과라 하며, 지구 시스템에서 온실효과는 필요하지만 산업혁명 이후 지속적으로 다량의 온실가스가 대기로 방출됨에 따라 지구 대기 중 온실가스 농도가 증가하여 지구의 지표온도가 과도하게 증가되어 지구온난화라는 현상을 초래하게 되었다.

미국의 한 연구 보고에 따르면 산업혁명을 계기로 인간은 화석연료를 본격적으로 사용하게 되었고, 이에 따라 대기 중의 이산화탄소 농도는 기하급수적으로 증가하기 시작했

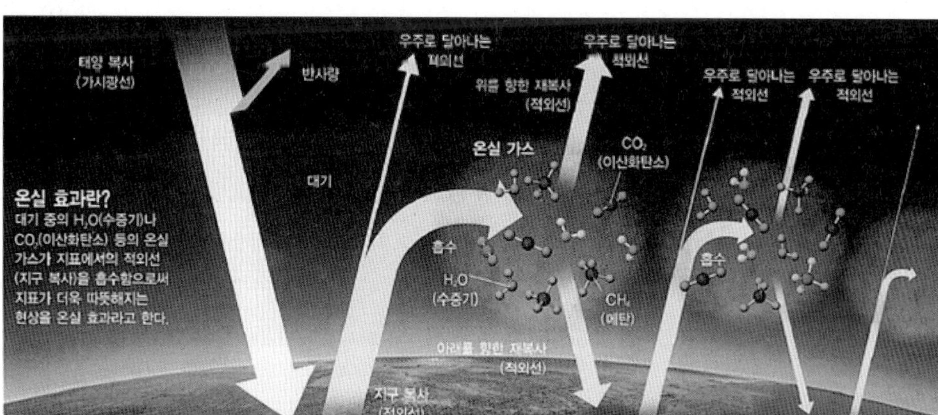

그림 1-4 온실효과 (출처 : http://blog.naver.com/outliers1?Redirect)

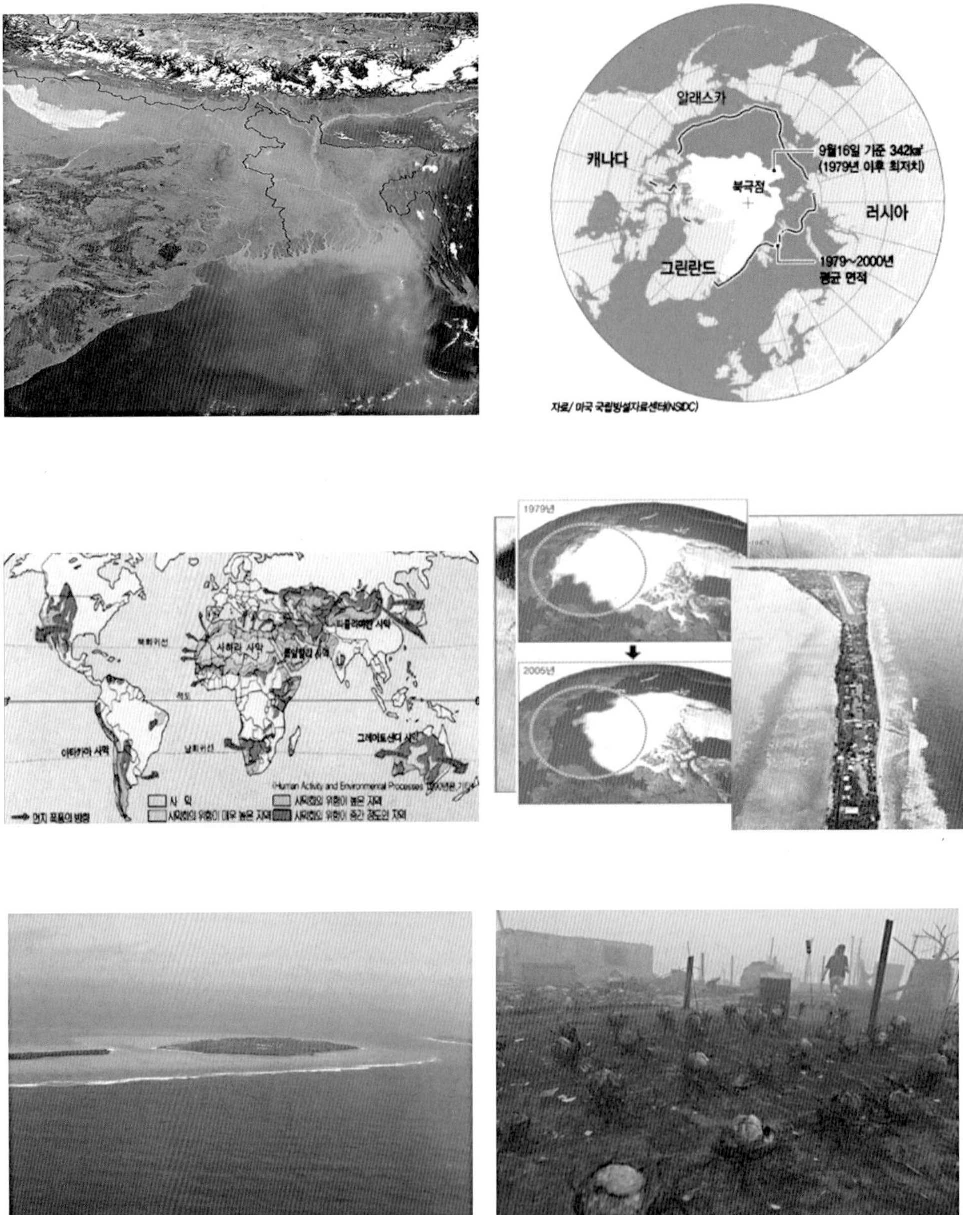

그림 1-5 기후변화 영향 (출처 : 지구라는 행성, 최진범 외, 1994)

다고 한다. 대기 중 이산화탄소 농도의 증가는 대기 평균 온도를 약 1~3℃ 가량 증가시켰고, 온난화에 의해 지구상 곳곳에서는 해빙, 허리케인, 가뭄, 한발, 폭우 등의 기상이변이 일어나고 있다. 뿐만 아니라 화석연료 사용은 이산화탄소 이외에도 질소산화물이나 황산화물, 매연, 발암물질 등을 배출하여 스모그나 광합성을 유발하며 많은 환경문제들을 유발하고 있다.

5 기후변화협약 및 교토의정서

기상이변, 사막화, 해수면 상승 등을 유발하는 지구온난화에 대한 과학적 자료가 증가함으로써 범지구차원의 노력이 필요하다는 인식이 확산되었고, 이에 UN 주관으로 1992년 브라질 리우의 환경회의에서 지구온난화 규제 및 방지를 위한 국제협약인 "기후변화에 관한 UN협약(UNFCCC)"이란 의제가 채택되어 1994년 3월 공식 발효되었으며, 우리나라는 1993년 12월에 47번째 국가로 가입하였다.

이 협약서에서는 각국의 차별화된 공동부담원칙에 따라 가입 당사국을 부속서 국가와 비부속서 국가로 구분하여 각기 다른 의무를 부담하기로 결정하였으며, 지구온난화를 일으키는 온실가스 중 인위적 요인에 의해 배출량이 가장 많은 물질인 이산화탄소 배출량 규제에 초점이 맞추어져 있다.

기후변화협약 기본원칙

- 공동의 차별화된 책임 및 능력에 입각한 의무부담 원칙
  (온실가스 배출에 역사적인 책임이 있으며, 기술 · 재정능력이 있는 선진국의 선도적 역할 강조)
- 개발도상국 특수사정 배려 원칙
- 기후변화의 예측, 방지를 위한 예방적 조치 시행의 원칙
- 모든 국가의 지속 가능한 성장의 보장 원칙

그러나 기후변화협약에 의한 온실가스 감축은 구속력이 없음에 따라 온실 가스의 실질적 감축을 위하여 과거 산업혁명을 통해 온실가스 배출의 역사적 책임이 있는 선진국(38개국)을 대상으로 제1차 공약기간(2008년~2012년) 동안 1990년도 배출량 대비 평균 5.2% 감축을 규정하는 교토의정서를 제3차 당사국총회(97년 일본 교토)에서 채택하여

2005년 2월 공식 발효하여 이 의정서를 인준한 국가는 이산화탄소를 포함한 6종의 온실가스 배출량을 의무적으로 감축하여야 하며, 배출량을 줄이지 않은 국가에 대해서는 비관세 장벽을 적용하고 있다.

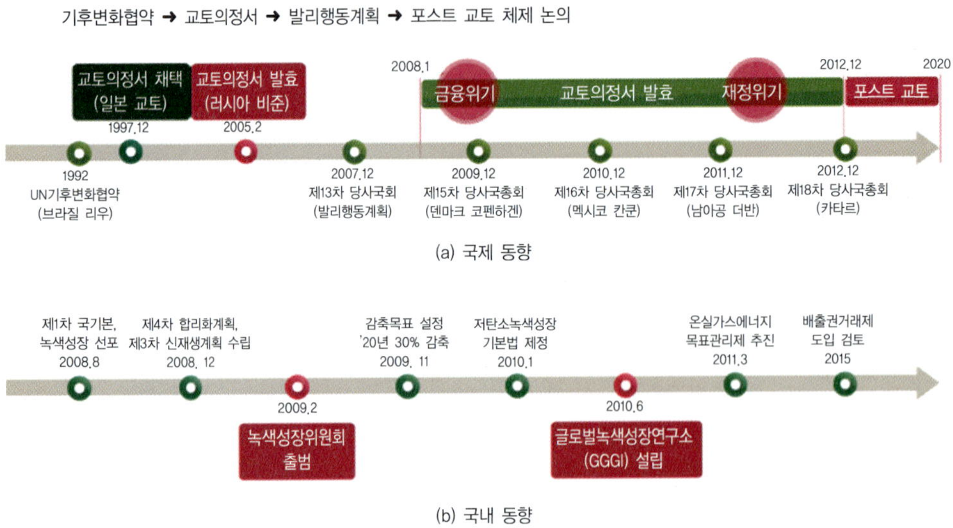

그림 1-6 기후변화협약과 교토의정서 추진에 따른 국내 에너지 정책 동향 (출처 : 에너지관리공단)

교토 메커니즘

- 공동이행제도(JI) : 교토의정서 제6조에 규정된 것으로 선진국인 A국이 선진국인 B국에 투자하여 발생된 온실가스 감축분의 일정분을 A국의 배출 저감실적으로 인정하는 제도
- 청정개발체제(CDM) : 교토의정서 제12조에 규정된 것으로 선진국인 A국이 개발도상국인 B국에 투자하여 발생된 온실가스 배출 감축분을 자국의 감축실적에 반영할 수 있도록 하는 제도
- 배출권거래제(ET) : 국가 간의 배출 거래를 허용하는 제도를 말하며, 온실가스 감축의무 국가가 의무 감축량을 초과 달성하였을 경우 이 초과분을 다른 국가와 거래할 수 있도록 허용하는 제도. 이와 반대로 감축의무를 달성하지 못한 국가는 부족분을 다른 국가로부터 구입하게 하는 제도

6 세계 에너지 현황 및 동향

세계경제회복이 각국마다 불균등하게 이루어지고 향후 경제전망이 불확실함에도 불구하고, 세계 1차 에너지 수요는 2011년에 2010년 대비 2.5% 증가하였고, 온실가스 배출량도 사상 최고치를 기록하였다. 이러한 비관적인 상황에 더하여 발생한 일본 후쿠시마 원전사태와 중동 및 북아프리카지역의 혼란은 에너지 공급의 신뢰성에 대한 우려를 증폭시키고 있으며, 국가재정 건전성에 대한 우려로 인해 에너지정책의 시급성에 대한 각국 정부의 관심이 낮아지고 정책수단 추진에 제약이 생기면서 전 세계기후변화 대응 목표 달성은 더욱 어려워지고 있다.

에너지의 대부분이 석유와 석탄, 천연가스와 같은 화석 에너지로부터 공급 되고 있는데, 전 세계 화석에너지의 가채 매장량을 연간생산량으로 나눈 가채년 수로 따지면 석유가 54년, 천연가스가 63년, 석탄이 112년 정도에 이른다.

각국은 국민생활과 경제활동을 유지해주는 에너지의 안정적 확보와 에너지수요를 억제하는 소비구조 변혁의 필요성을 새삼 인식하여 다각도에서 새로운 노력을 기울이고 있지만, 세계 에너지시스템의 지속가능성을 끌어올리기에는 여전히 미흡하며, 향후 모든 연료의 수요가 증가하겠지만 전 세계 1차 에너지소비에서 화석연료가 차지하는 비중은 2010년 81%에서 2035년 75%로 약간 줄어들 것이며, 천연가스만이 2035년까지 전 세계 에너지믹스에서 비중이 증가하는 유일한 화석연료가 될 것이다. 원자력 발전용량은 증가하지만 증가속도는 늦어지고 비중도 감소할 것으로 전망된다. 전력 부문에서는 수력

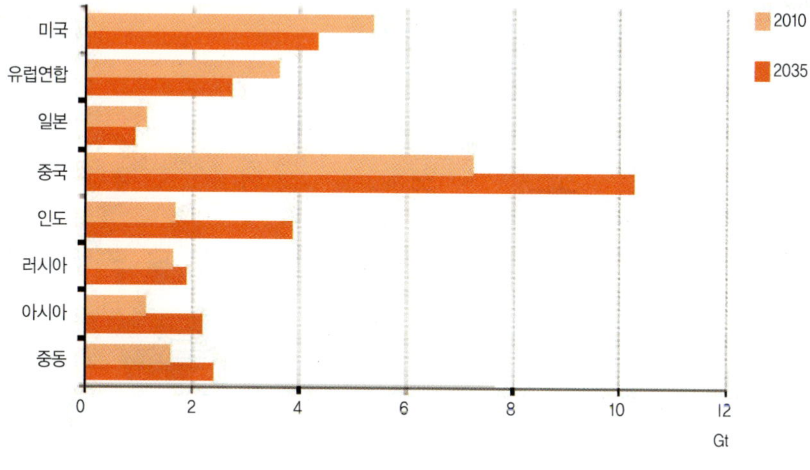

그림 1-7 주요국가의 에너지관련 CO_2 배출 전망 (출처 : 에너지관리공단, IEA)

및 풍력발전기술이 주도하는 신재생에너지가 증가하는 전력수요를 충족하기 위한 신규 설비 용량의 절반을 차지할 것으로 내다보고 있다.

7 국내 에너지 소비 및 온실가스 배출 현황

우리나라는 에너지원과 산업 분야에서 석유가 차지하는 비중이 절대적임에도 불구하고 우리나라에서는 석유 한 방울 나지 않음으로써 속칭 '에너지 종속국', '자원빈국'이라고 한다. 우리나라는 세계 제10대 에너지소비국으로 총에너지소비량이 지속적으로 증가하고 있으며 총에너지의 약 97%를 해외수입에 의존하고 있다. 또한 이산화탄소 배출량은 OECD국가 중 90년 이후 배출 증가율 1위, 총배출량 세계 7위(6억 톤, 2011년 기준)로 면적에 비하면 온실가스 배출량 세계 1위인 중국보다 약 8.7배나 많은 배출을 하고 있다.

2013년 국내 1차 에너지 소비는 석유(37.8%), 석탄(29.3%), LNG(18.7%), 원자력(10.4%), 신재생에너지(3.8%) 순으로 화석연료에 의한 의존도가 높은 편이며, 신재생에너지 보급률은 저조한 편이다. 최종에너지 소비는 산업 및 발전 분야에서 약 62%를 차지하며, 건물 분야에서 17.7%, 수송 분야에서 17.8%, 기타 2,4%를 소비하였다.

- 우리나라 온실가스 배출량 약 5.9억 TCO_2eq ⇒ 세계 7위 수준 (12년 기준)
  온실가스 최대 배출국 : 중국 89.4억 TCO_2eq, 2위 미국 52.5억 CO_2eq, 3위 인도 18.4억 CO_2eq
- 온실가스 배출량은 OECD국가 중 가장 빠르게 증가 1위
- 1인당 배출량 : 13 TCO_2eq
  1인당 배출량 1위 : 룩셈부르크 28 미국 TCO_2eq
- 1인당 에너지 순수입량 2008년 4.67 toe로 세계 1위

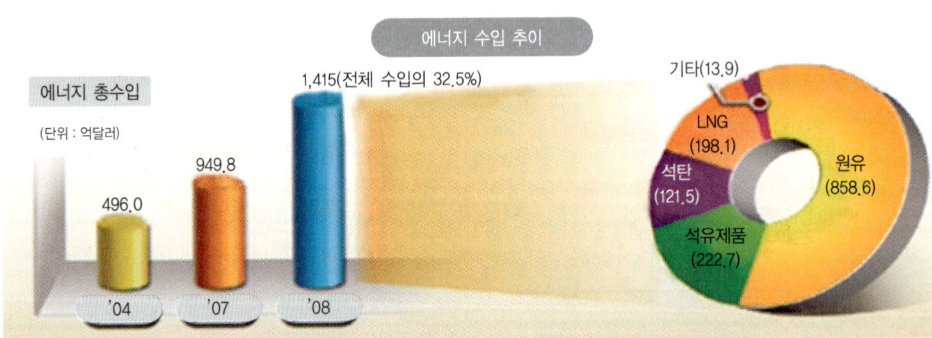

그림 1-8 국내 에너지 수입 추이 및 온실가스 배출 현황 (출처 : 에너지관리공단)

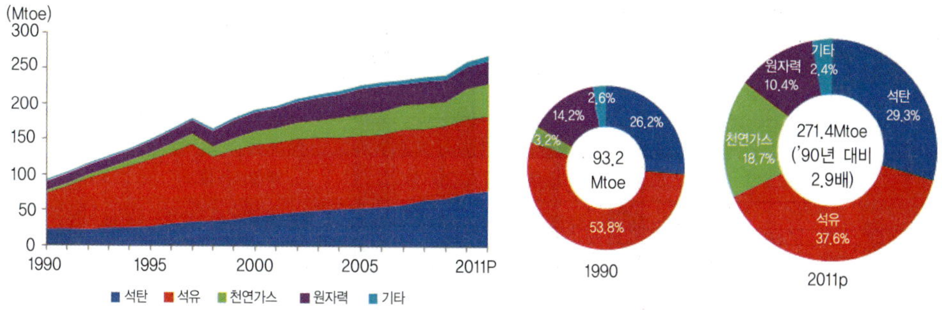

그림 1-9 국내 1차 에너지소비 추이 (출처 : 에너지관리공단)

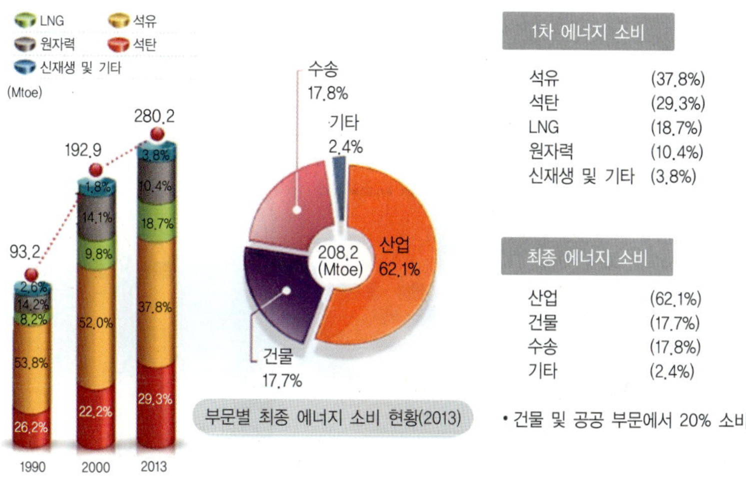

그림 1-10 국내 부문별 1차 에너지소비 특성 (출처 : 에너지관리공단)

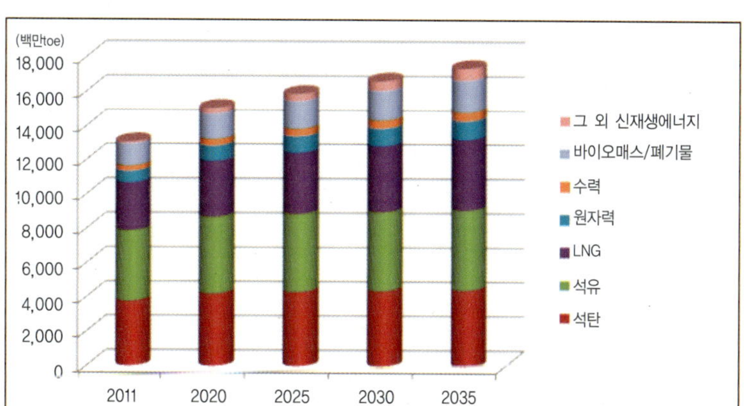

(a) 1차 에너지수요

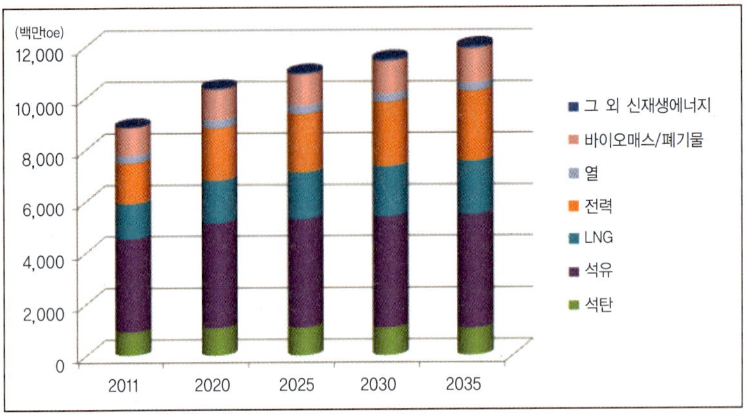

(b) 최종 에너지수요

그림 1-11 국내 에너지수요 장기 전망 (출처 : 에너지관리공단)

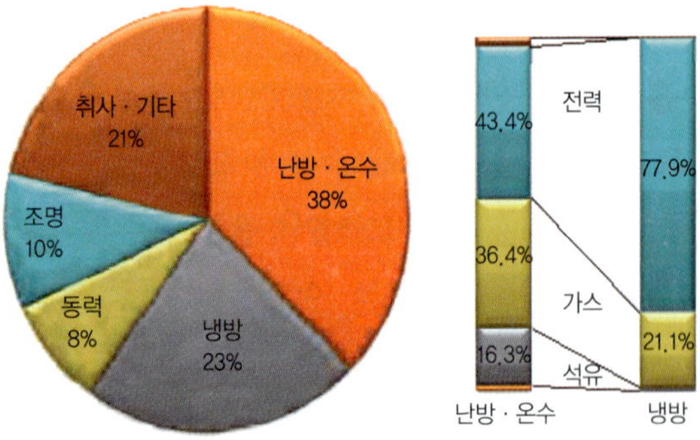

그림 1-12 건물 부문 에너지소비 현황 (출처 : 에너지관리공단)

건축물에서의 에너지소비량은 국내 에너지소비량의 약 22%를 차지하는데, 특히 주거용 건물은 전체 건물 부문 에너지소비량의 약 75%를 차지하며, 이 중 70% 이상이 난방과 급탕에서 소비되고 있으며, 냉방의 경우 약 80% 정도가 전기를 이용한 방식이어서 전력사용량 증가에 대한 대비책이 필요하다. 이러한 이유로 건축물 에너지효율 향상 및 제로에너지 건축물, 신재생에너지 설비 보급 확대 등 다양한 시도와 여러 노력이 이루어지고 있다.

미래의 우리나라 경제가 지속 성장하기 위해서는 에너지 보유국의 자원민족주의 확산 및 에너지소비국의 자원 확보 경쟁이 치열해지고 있는 현시점에서 우리나라 경제구조의 체질을 바꾸지 않으면 국제사회에서 생존하기 어려운 상황이다.

뿐만 아니라 우리나라의 에너지공급 안정성은 매우 취약하고, 물가안정, 국가경쟁력 등을 고려한 저에너지가격 정책으로 인한 에너지절약 의식 이완과 경제성장 등으로 에너지소비와 이에 따른 온실가스 배출량도 지속적으로 증가하고 있다. 따라서 고유가 및 기후변화에 대응하여 지속 가능한 성장이 되도록 에너지 저소비형 경제 · 사회구조로의 전환이 시급한 상황이다.

표 1-2 국내 발전원별 에너지 사용량(2013년 현재) (출처 : 한국수력원자력)

구분	수력	석탄	유류	LNG	원자력	신재생에너지	계
설비용량(MW) 구성비(%)	6,454 (7.4)	24,534 (28.2)	7,385 (8.5)	24,361 (28.0)	20,716 (23.8)	3,519 (4.0)	86,969 (100)
발전량(GWh) 구성비(%)	8,483 (1.7)	199,267 (38.8)	29,594 (5.8)	126,576 (24.7)	138,784 (27.0)	10,760 (2.1)	513,464 (100)

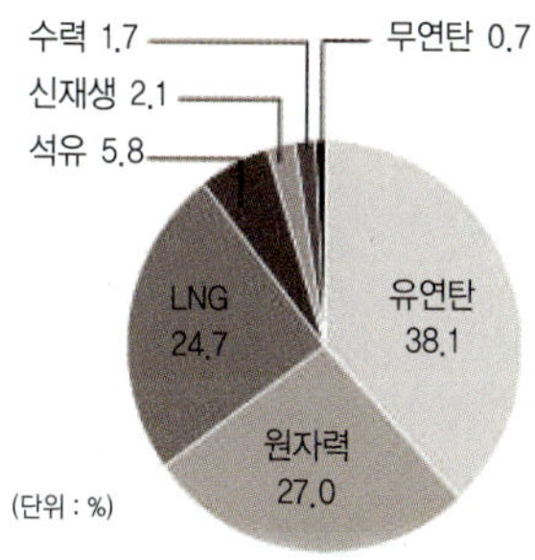

(a) 국내 에너지원별 발전 비중(2013)

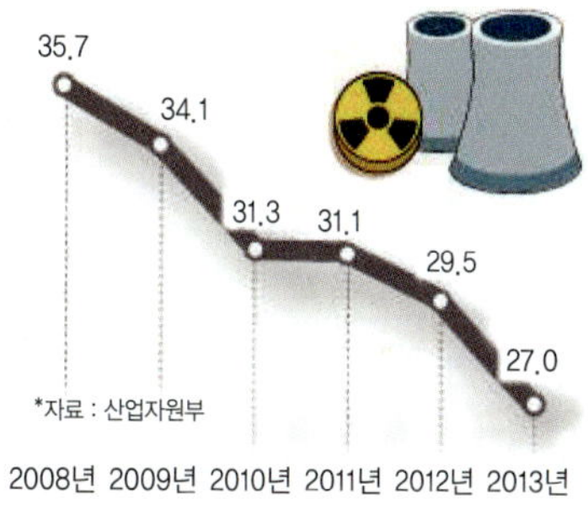

(b) 원자력발전 비중 추이

그림 1-13 국내 에너지원별 발전 비중

표 1-3 한국전력의 발전원별 발전단가(단위 원/kWh, 2013) (출처 : 한국전력)

구 분	발전단가	가채 매장량	1kW 생산에 따른 온실가스 배출량
원자력	39.12 원 /kWh	우라늄 : 85년	10g
유연탄	58.71 원 /kWh	133년	991g
LNG	163.37 원 /kWh	60.3년	
수 력	170.94 원 /kWh		
양수발전	204.41 원 /kWh		
유 류	221.78 원 /kWh	41.6년	782g
태양광	229.57 원 /kWh		57g
풍 력	162.59 원 /kWh		

8 국가 에너지 정책방향 및 온실가스 감축목표

기상이변과 지구환경문제에 대응하기 위해 국제사회는 1987년 몬트리올의정서, 1997년 교토의정서 비준 등을 통해 기후변화 방지를 위한 다양한 대응책을 시행하여 왔으나 최근의 전력수요는 여름뿐만 아니라 겨울에도 이어져 국가 최악의 전력수급 위기를 겪고 있어, 국가 에너지 자립도 강화 및 기후변화 대응을 위한 경제 재도약과 저탄소 녹색성장의 필요성이 제기되었다.

따라서 2010년 녹색성장 기본법을 제정 · 시행하여 건물, 교통, 산업 분야 등에서 다양한 에너지 정책을 통해 에너지 절감 및 온실가스 감축 노력을 진행하고 있으며, 정부에서는 그간 국가에너지 기본계획을 중심으로 부문별 및 분야별 에너지정책을 수립 · 추진하여 국가 총에너지소비의 최소화 및 효율성 향상에 노력을 기울여 좋은 성과를 거두었다. 저탄소 녹색성장에서 에너지 이용 전략의 핵심은 에너지 이용 효율화와 청정에너지 확대인바, 기후변화에 대응하고 자원 위기를 극복하기 위해 에너지 저소비 · 고효율 및 청정에너지 확대를 에너지전략의 핵심으로 추진하고 있다. 국내 에너지소비와 생산구조는 해외 의존형 · 탄소 다배출형 구조로서 저탄소 녹색성장을 위해서는 탈석유와 에너지 자립이 절실한 실정이다. 따라서 에너지의 효율성 향상과 절약 및 신재생에너지 보급을 통해 탄소배출을 줄이고, 해외자원개발 등을 통한 에너지 자립도 제고를 추진하고 있다.

9 국가 에너지 효율개선 및 온실가스 감축목표

녹색성장을 실현하기 위해서는 기존 수준을 뛰어넘는 강력한 에너지대책이 필요함에 따라 2020년까지 온실가스 감축목표를 배출 전망치(BAU) 대비 30%(건축물 분야 26.9%) 감축목표 아래 2010년 저탄소 녹색성장 기본법을 제정 · 시행하고 있으며, 2030년까지 국가 에너지효율 개선 목표는 46%(연평균 2.5%)로 설정하고, 국가에너지 기본계획(08년~30년)의 추진으로 에너지원단위는 0.185(toe/천$)를 목표로 하고 있다.

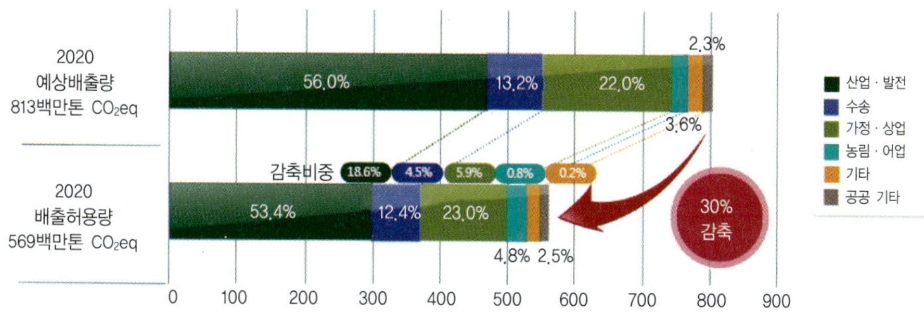

(a) 부문별 배출 비중

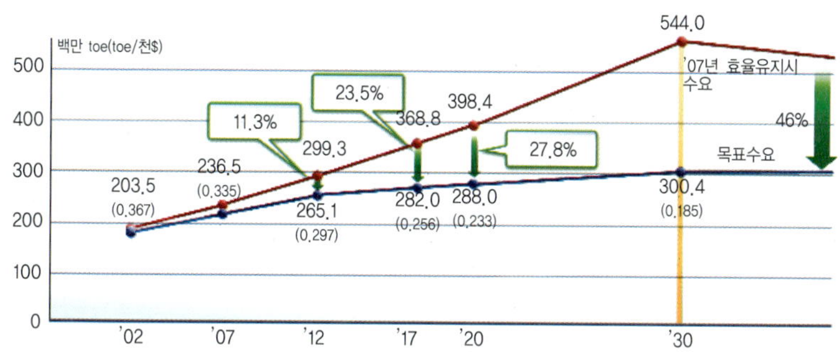

(b) 에너지수요 관련 주요 지표 전망

그림 1-14 국가 온실가스 감축목표 및 에너지 효율 개선 목표 (출처 : 에너지관리공단)

표 1-4 에너지 기후변화 대응 부문별 정책 및 조치 (출처 : 에너지관리공단)

저탄소 녹색성장에 따른 온실가스 감축 및 에너지절약 신재생에너지 보급 국가 부문별 정책		
기후변하 대응	• 탄소시장 개설 • 온실가스 배출량 데이터베이스 구축	• 온실가스 감축실적 등록 인증 • CDM사업 인증
신재생에너지 보급 확대	• 주택지원사업, 지역지원사업, 건물지원사업 • 공공기관 신재생에너지 설치 의무화	• 신재생에너지 의무 공급 제도 • 신재생에너지 건축물 인증제도
건물에너지 효율 향상	• 건물에너지 효율등급 인증제 실시	• 건물 에너지절약 설계기준 강화
수송에너지 효율 향상	• 자동차 평균 소비효율 제도 • 자동차 효율 등급제	• 경차, 하이브리드카 보급 활성화
고효율 기자재 보급	• 에너지 효율 등급제도 시행 • 고효율 기자재 인증제도 강화	• 대기전력 저감 프로그램 강화
산업에너지 효율 향상	• 온실가스 에너지 목표 관리제 시행 • 효율 향상 기술 컨설팅 정책 보급	• 에너지절약 시설 투자자금 지원 • 에너지경영시스템 인증
교육, 홍보, 국제협력	• 녹색에너지 대전 개최 • 에너지 기술인력 양성교육	• 다자간 및 양자 간 국제 협력

이에 따라 건축 부문에서는 녹색건축물 조성지원법을 2013년 3월에 제정 · 공표하였으며, 이와 관련하여 건축물 부문에서 녹색건축 인증제도, 건축물 에너지 효율등급 인증제도, 건축물 에너지 소비증명제 등과 같은 다양한 제도적 장치를 마련하여 시행하고 있다.

2020년 국가 온실가스 감축목표 계획

- 2020년 BAU 대비 30% 감축(개도국 수준 대비 최대 감축 수준임)을 국가온실가스 감축목표로 제시 (2009년)
- 산업 및 건물 등 각 부문별 감축목표 발표 (2011년)
  건물 26.9%, 수송 34.3%, 산업 18.2%, 폐기물 12.3%, 공공 2.5% 등

표 1-5 건물 부문 온실가스 배출현황 및 감축목표 (단위 : 백만) (tco_2eq)

	2007 배출량	2020BAU	목표 감축량	감축률
국가 전체	610	813	243.9	30%
건물 부문	138.1	179	48	26.9%
주거	70	87	24	27%
비주거	68	92	24	26.7

녹색건축물 조성 지원법 제정

- 건축물 부문에서의 온실가스 배출량 감축
- 2025년 모든 신축 건축물 제로에너지 건축물 목표 달성 – 에너지 자립도 강화
- 녹색건축 인증제도, 에너지 소비 증명제도 시행(2013.03.23 ~)

건축물 에너지절약 설계기준 강화 및 제출대상 확대

- 제출 대상을 연면적 500m^2 이상의 모든 용도의 건축물로 확대
- 검토기준 : 의무사항 전 항목 채택 및 EPI 60점 이상 취득(공공기관 74점)

건축물 에너지효율등급 인증제도 적용대상 확대

- 적용대상 : 모든 용도의 신축, 개축 건축물(2013.09.01 ~)
- 예비인증 : 건축허가 및 시공단계에서 설계도서로 평가
- 본인증 : 건물의 준공단계에 최종 설계도서 및 현장실사를 통해 평가

그림 1-15 건물 부문 온실가스 배출 전망치 및 감축목표, 이행방안 (출처 : 에너지관리공단)

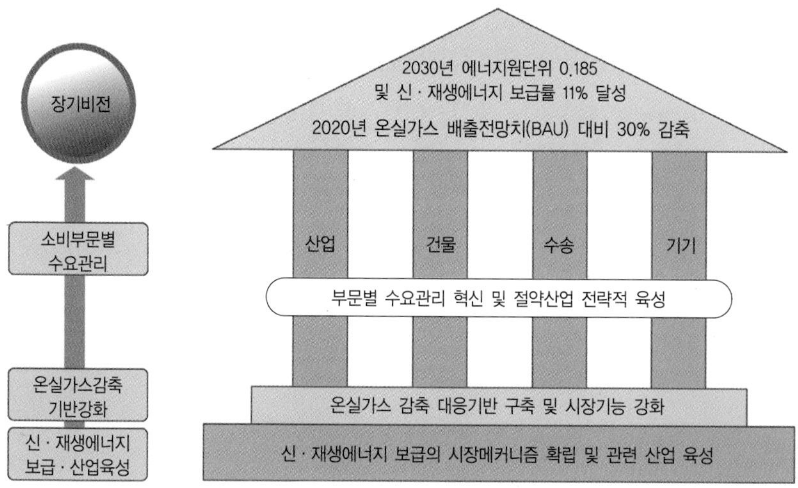

그림 1-16 국가 온실가스 감축 및 에너지 효율화 정책 방향 (출처 : 에너지관리공단)

기후변화협약에 따른 국제사회 대응과 에너지 고갈 및 고유가시대에 대응하고자 "환경오염 및 온실가스 배출을 최소화하는 경제성장"이라는 두 마리 토끼를 잡기 위해서는 자연계에 존재하는 풍부한 청정에너지원을 활용할 수 있는 기술, 즉 신재생에너지 개발이 시급하다. 정부는 저탄소 녹색성장을 새로운 국가발전 전략으로 구축함에 있어 이를 달성하기 위한 수단으로 신재생에너지 개발, 보급의 시장 메커니즘을 확립 및 관련 산업 육성을 통하여 국가 에너지 온실가스 감축 기반을 강화하는 정책을 추진하고 있다.

Chapter Two

신재생에너지

1 개 요

신재생에너지는 기존의 화석연료를 변환시켜 이용하거나 햇빛, 물, 지열, 생물유기체 등을 포함한 재생 가능한 에너지를 변환시켜 이용하는 에너지로 친환경적이고 무한한 자연에너지 특성을 이용하여 기존 에너지(화석연료)를 대체하고, 환경오염 방지, 안정된 자원 확보 등 기존 화석연료의 문제점들을 보완 및 개선 대체 가능한 에너지이다. 우리나라는 '신에너지 및 재생에너지 개발 및 이용 보급 촉진법 제2조'에 의해 태양열, 태양광, 바이오에너지, 풍력, 소수력, 지열, 해양에너지, 폐기물에너지 등 8개 재생에너지 분야와 연료전지, 석탄액화 및 가스화, 수소에너지를 포함하는 3개의 신에너지 분야로 나누어 정의하고 있다.

신재생에너지

- 신에너지
  기존의 화석연료를 변환시켜 이용하는 에너지 연료전지, 석탄 액화 가스화, 수소에너지 (3개 분야)
- 재생에너지
  햇빛, 물, 지열, 생물유기체 등을 포함하는 재생 가능한 에너지를 변환시켜 이용하는 에너지 태양광, 태양열, 지열, 풍력, 수력, 해양, 폐기물, 바이오 (8개 분야)

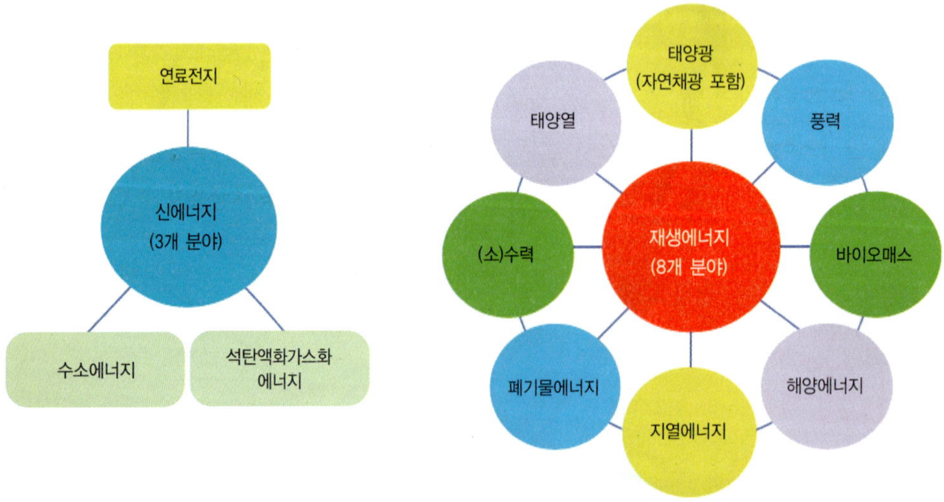

그림 2-1 신재생에너지 종류 (출처 : 에너지관리공단)

신재생에너지는 과다한 초기투자의 장애 요인에도 불구하고 화석에너지 고갈문제와 환경오염문제에 대한 핵심 해결방안이라는 점에서 선진 각국에서는 신재생에너지에 대한 과감한 연구개발 보급 정책을 추진하고 있으며, 최근 유가의 불안정과 기후변화협약 규제 대응, 특히 2011년 3월 일본 후쿠시마 원전사고를 계기로 원자력 에너지의 안전문제가 크게 대두되어 독일, 프랑스 등에서는 탈원전 정책을 표출하기 시작하고 신재생에너지에 대한 투자와 지원을 확대하고 있다.

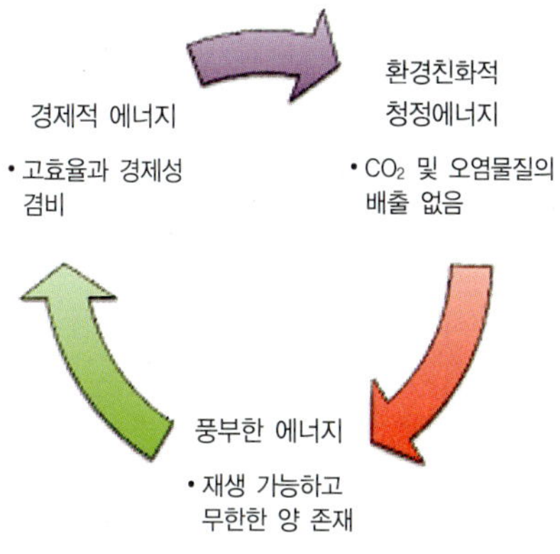

그림 2-2 신재생에너지 특징 (출처 : 에너지관리공단)

2 신재생에너지 중요성

신재생에너지는 기존 에너지(화석연료)의 문제점들을 보완하고 대체하기 위해 등장하였다고 할 수 있다. 따라서 신재생에너지는 기존의 화석연료가 갖고 있는 문제점 보완 및 개선을 주목표이자 특징으로 하고 있다. 따라서 신재생에너지의 주요 특징은 화석에너지의 문제점이었던 환경오염 방지와 안정된 자원 확보, 높은 에너지효율성 등을 들 수 있다.

석유 중심의 경제체계와 건물을 비롯해 모든 환경을 개선하고, 대체해야 함에도 불구하고 화석연료 고갈과 환경문제를 해결하기 위해서는 신재생에너지 개발이 반드시 필요하다. 유가의 불안정과 지구온난화 방지를 위한 기후변화협약 규제, 새로운 에너지자원을 둘러싼 주도권 확보 등, 신재생에너지 개발의 필요성은 단순히 선택이 아닌 필수라고 할 수 있으며, 최근 우리 정부도 신재생에너지 기술개발, 산업진흥, 보급 활성화 등 구체적인 조치로서 기후변화협약에 대응하고, 국가 에너지 온실가스 감축의 패러다임에 신재생에너지 개발 및 보급을 주 동력원으로 하고 있다. 또한 장기적으로 신재생에너지가 우리나라 에너지 공급의 한 축을 담당케한다는 전략 아래 2030년 1차 에너지소비 11%를 신재생에너지로 공급하기 위하여 신재생에너지의 이용, 보급 촉진을 추신하고 있다.

3 신재생에너지 보급현황 및 정책방향

화석연료에 기반을 두었던 산업혁명시대에 비해 21세기는 청정한 신재생에너지 사용을 통해 환경친화적이고 지속가능한 새로운 에너지 패러다임으로의 변화가 진행되고 있다. 에너지의 흐름은 석유시대에서 천연가스시대를 거쳐 청정에너지를 기반으로 한 신재생에너지시대로 전환될 전망이다.

3.1 해외 신재생에너지 보급현황 및 전망

2004년부터 2013년까지 전 세계에 설치된 신재생에너지 용량은 약 500GW이며, 2004년 한 해 설치량이 15.6GW에 불과했으나 2013년 한 해 동안의 설치량은 82.3GW로 연평균 20% 정도의 성장을 보이고 있으며, 이는 2000년대 중반 이후 온실가스 감축 이슈와 독일을 중심으로 한 유럽국가의 신재생에너지 지원정책이 신재생에너지 산업 부흥의 중추적인 역할을 한 것으로 보고 있다.

독일의 발전차액지원제도 및 미국의 RPS(Renewable Portfolio Standard)제도 등의 지원정책은 초기 시장수요를 만들어 성장의 기반을 마련했으며, 온실가스 감축을 위한 교토협약 체결로 2000년대 중반 이후 신재생에너지원에 대한 사회적 관심이 급증하면서 신재생에너지 보급이 탄력을 받게 되었다.

신재생에너지원으로는 전통적인 바이오매스 연료 비율이 조금 저하하고 현대적인 신재생에너지 비율이 증가하고 있으며, 2012년에는 약 50개 국이 풍력발전을 도입하였고,

구분	한국	아이슬란드	영국	미국	독일	일본
신재생 비중(%)	1.9	89.8	4.8	6.3	11.9	4.5

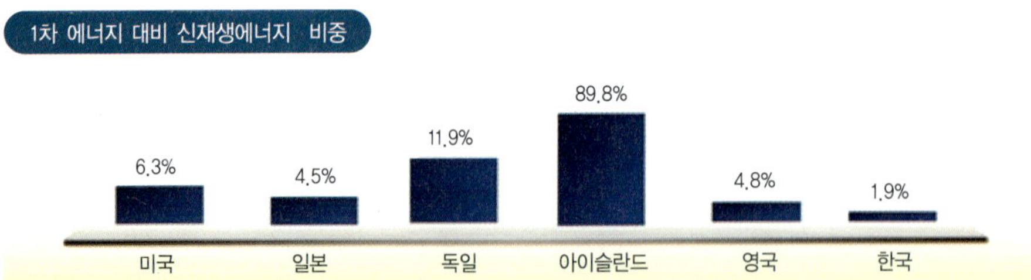

그림 2-3 주요국 신재생에너지 비중(2012년 기준 IEA) (출처 : 에너지관리공단)

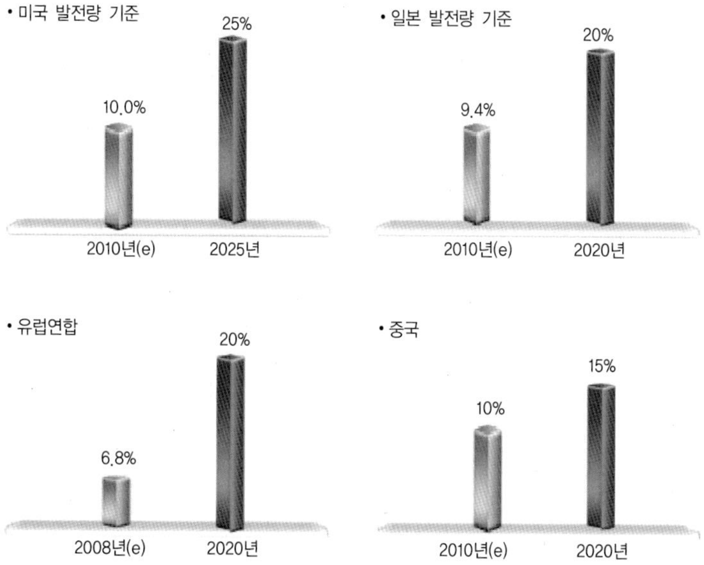

그림 2-4 주요국 신재생에너지 보급목표 (출처 : 에너지관리공단(IEA))

태양광발전 또한 새로운 지역, 나라에 급속히 도입되어 2012년 전 세계 신규 발전설비 용량의 약 절반이 신재생에너지에 의한 발전설비였으며, 신재생에너지에 의한 발전설비 용량은 세계 총 발전설비 용량의 약 25% 이상을 차지하고 있다.

신재생에너지에 대한 투자가 가속화되고 있는 이유는 기후변화, 에너지 안전 보장, 개발도상국의 농촌지역이나 도시에 전력을 공급함으로써 빈곤을 퇴치하고자 하는 긴급성 등도 포함되어 있으며, 세계적으로 신재생에너지 산업의 고용은 500만 명 이상이 되어, 새로운 고용 창출이 신재생에너지 정책을 추진하는 큰 원동력이 되었다.

신재생에너지는 수력의 지속적인 증가와 풍력과 태양광의 빠른 성장으로 세계 에너지 믹스에서 필수 불가결한 존재로 자리잡아 가고 있으며, 2035년까지 신재생에너지는 전 세계 총 발전량 중 1/3을 담당할 것으로 예상되며, 특히 태양광발전은 신재생에너지 중 가장 빠른 성장세를 보이고 있다.

3.2 국내 신재생에너지 보급현황 및 전망

3.2.1 개발 및 보급 시작

신재생에너지에 대한 연구 및 보급은 1950년대에 태양열, 풍력 등을 이용한 기록이 남아 있으나 1970년대 두 차례의 심각한 석유파동을 경험한 후에 정부에서 장기적이고 안정적인 에너지 수급 기반조성의 필요성을 인식하고 신재생에너지의 적극적인 개발 이용을 위한 관련 연구 사업에 많은 관심을 기울이기 시작하면서 개발 및 보급이 본격적으로 시작되었다.

신재생에너지에 대한 연구는 1차, 2차 석유파동을 거치면서 1980년 초반부터 체계화되기 시작하여 1988년 「대체에너지개발촉진법」이 제정된 이래 본격적인 신재생에너지 기술개발이 이루어져 태양열온수급탕, 태양광발전, 바이오, 폐기물소각 및 폐열회수 등이 상용화 및 보급되기 시작하였다.

그리고 정부에서는 개발 및 보급 관련 기관과 연구소를 설립하였으며 현재까지 대학교 및 산업체 등과 더불어 관련기술의 전문화와 연구개발을 통한 실용화 기술의 산업화 촉진과 보급에 기여하고 있다. 최근 저탄소 녹색성장에서 에너지 전략의 핵심을 에너지 이용의 효율화와 청정에너지 확대로 전략목표를 설정하여 기후변화에 대응하고 자원 위기를 극복하기 위해 에너지 저소비, 고효율 및 신재생에너지 확대를 중점적으로 추진하고 있다.

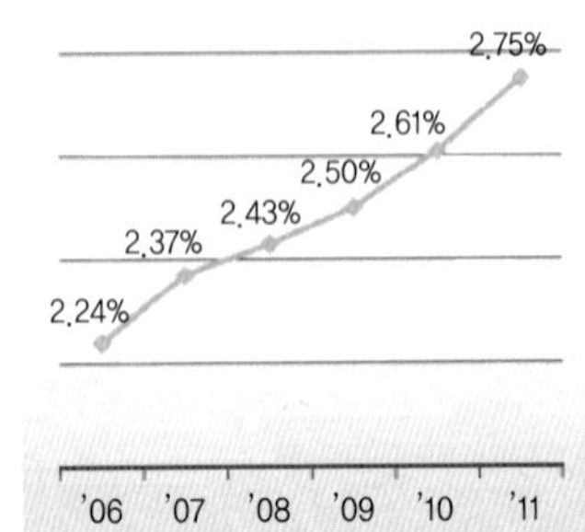

그림 2-5 신재생에너지 공급비중 추이
(출처 : 에너지관리공단)

3.2.2 신재생에너지 기술 및 보급 현황

국내 신재생에너지 기술개발 투자는 1988년 「대체에너지개발촉진법」이 제정된 이래 지식경제부가 태양광, 풍력 등 11개 신재생에너지 분야에 2012년말까지 정부자금으로 약 1조 7천억 원을 투자하였고, 이 중 태양열온수기, 태양광발전시스템 등 66개 과제가 실용화되었다.

국내 신재생에너지 기술 중 태양열, 태양광, 바이오, 폐기물 에너지 분야의 핵심기술인 태양열 온수급탕기술, 독립형 태양광 발전기술, 바이오디젤, 폐기물 소각 및 폐열회수 기술은 선진국 수준에 근접하여 실용화 내지 상용화단계에 진입한 반면 수소 저장·이용기술 등은 기초, 응용연구단계로 기술수준이 낮은 편이다. 국내 신재생에너지 기술수준은 전반적으로 선진국의 78% 수준으로 평가되고 있으며, 태양광은 87%, 풍력은 85%, 수소연료전지는 65~75% 수준이다.

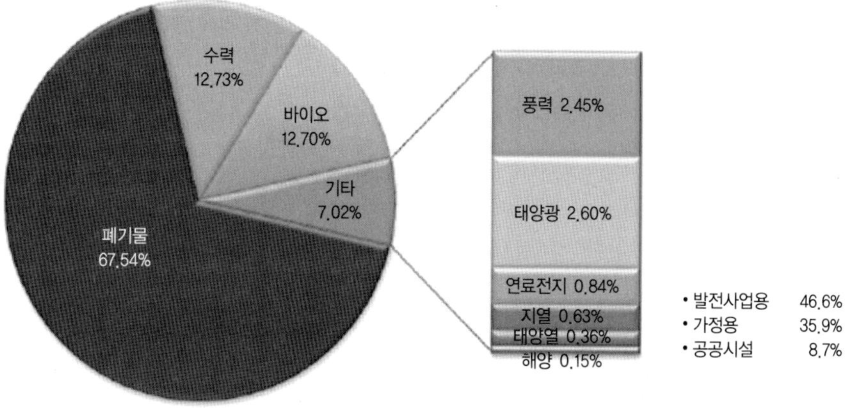

그림 2-6 국내 분야별 신재생에너지 보급률(2012) (출처 : 에너지관리공단)

표 2-1 2011년 대비 분야별 증가율 (2012) (출처 : 에너지관리공단)

지열	연료전지	바이오	태양광	풍력	폐기물	해양
36.4	30.2	38.5	20.4	3.8	17.1	874.2

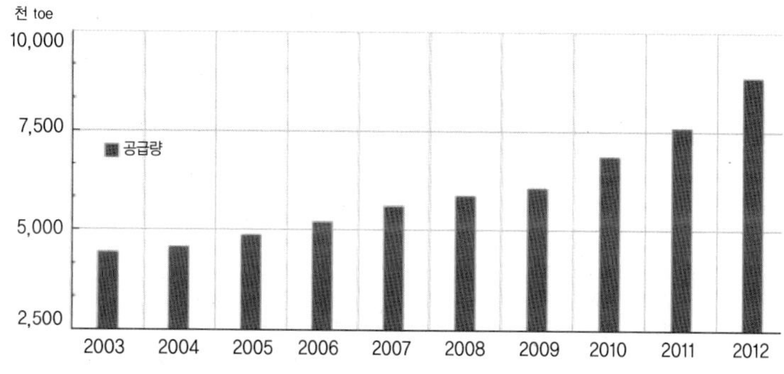

표 2-2 국내 연도별 신재생에너지 보급률 추이 (출처 : 에너지관리공단)

구 분	04	05	06	07	08	09	10	11
신재생에너지 비중	2.08	2.13	2.24	2.37	2.43	2.50	2.61	2.75
신재생에너지 증가율	3.3	6.5	7.1	7.3	4.4	3.9	12.6	10.6

2012년 기준 국내 신재생에너지 분야별 공급비율은 폐기물 67.5%, 수력 12.7%, 바이오 12.7%, 태양광 2.6%, 풍력 2.5%, 연료전지 0.9%, 지열 0.7%, 태양열 0.4%, 해양 0.2%로 폐기물, 바이오, 수력 순으로 높은 점유율을 보이고 있다.

최근 기후변화협약 발효와 고유가 상황 지속 등 외부요인에 대응하기 위한 적극적인 정부투자와 민간참여에 힘입어 공급량이 지속적으로 증가 일로에 있으며, 태양광 · 풍력 등 주요 신재생에너지에 대한 정부주도의 보급 확대, 주택보급사업(구 그린홈 100만 호 보급사업) 확대 등으로 연료전지, 지열, 태양광 분야의 지속적인 증가가 이어지고 있다.

3.2.3 신재생에너지 보급 목표 및 추진 정책 방향

우리나라는 신재생에너지 이용 보급을 확대하기 위해 1997년 제1차 신재생에너지 기술개발 및 이용 보급 계획을 수립하여 2006년 기준 1차 에너지 대비 2% 공급을 계획하였고, 2002년 제2차 국가 에너지 기본계획 수립에서는 국제 정세 및 주변여건을 고려하여 2006년 3%, 2011년 5%로 목표치를 재설정하였다. 또한 2008년에 발표된 국가에너지 기본계획에서는 제3차 신재생에너지 기술개발 및 이용보급 기본계획을 수립하여 신재생에너지 보급목표를 1차 에너지 대비 신재생에너지 비중으로 15년 4.3%, 20년 6.1%, 30년 11.0% 달성을 수정 · 제시하고 이와 함께 집중적인 노력을 통해 20년 이전에 신재생에너지를 화석연료 수준의 발전단가와 동일 수준 달성을 목표로 하고 있다.

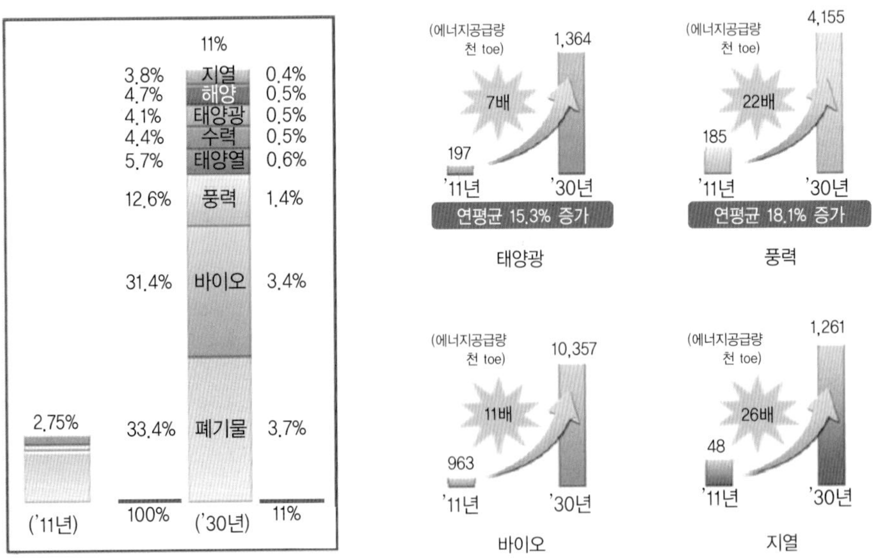

그림 2-7 국내 신재생에너지 보급 목표(2030년까지) (출처 : 에너지관리공단)

우리나라 신재생에너지 보급목표는 2가지이다. 첫째 양적 목표로 1차 에너지소비 중 신재생에너지 비중을 2020년 6.1%, 2030년 11%, 2050년 20%로 확대하는 것이고, 둘째 청정에너지 산업화 촉진 및 수출전략 산업으로 육성한다는 것이다. 이를 위해 에너지원별 기술특성을 고려한 맞춤형 개발 전략을 수립 및 추진하고, 국제 수준의 표준화와 관련 인증제도 강화와 함께, 실증 시범단지 조성 등을 통해 중점기술의 조기 산업화를 유도하고 보급 촉진 및 활성화하여 신재생에너지 기반의 저탄소 녹색성장을 추구한다는 전략이다.

4 신재생에너지 보급 사업 및 정책

4.1 국내 신재생에너지 정책 경과

우리나라 신재생에너지 보급에 대한 정책은 제1, 2차 석유파동 이후 에너지원 다양화, 에너지 소비구조 개선 등의 필요성을 실감한 1987년 「대체에너지 개발 촉진법」을 제정하고, 태양열과 폐기물 에너지에 대한 상용화 · 보급을 시작하고 본격적인 신재생에너지 기술개발을 추진하였다.

1997년에는 신재생에너지 이용보급을 확대하기 위해 「제1차 신재생에너지 기술개발 및 이용 · 보급 기본계획」을 수립하여 2006년 기준 1차 에너지의 2%를 신재생에너지로 공급할 계획을 수립하였으며, 「제2차 신재생에너지 기술개발 및 이용 · 보급 기본계획」을 2003년에 수립하여 2011년까지 총에너지 수요의 5%를 신재생에너지로 공급하고 태양광, 풍력, 연료전지 분야는 선택과 집중을 통한 지원강화와 수소 분야의 기반 확보를 지원하고, 태양열 · 바이오 분야 등은 보급 중심의 실용화 촉진을 위해 지원하였다.

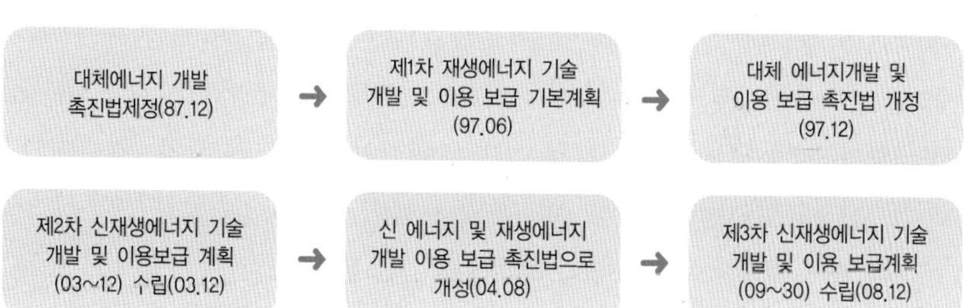

그림 2-8 국내 신재생에너지 정책 경과 (출처 : 에너지관리공단)

이후 2008년 12월에 「제3차 신재생에너지 기술개발 및 이용 · 보급 기본계획(2009~2030)」을 수립하여 2030년까지 1차 에너지 수요의 11%를 신재생에너지로 보급할 계획을 추진하고 있다.

2009년 1월 태양광 10만 호 보급사업을 「그린 홈 100만 호 보급사업」으로 확대하고, 2010년 6월에 신재생에너지 공급의무화제도 도입, 공공건물 신재생에너지 이용 의무화제도 강화, 신재생에너지이용 건축물 인증제 도입, 신재생에너지 전문기업제도의 등록의무제를 임의 신고제로 완화 등을 주요 내용으로 「신에너지 및 재생에너지개발 · 이용 · 보급 촉진법」을 개정하였다.

2010년 10월에 발표된 「신재생에너지산업 발전전략」에 따라 우체국, 항구, 학교, 물류창고, 산업단지, 고속도로 휴게소, 군부대시설, 공장건물 등에 대한 10대 그린프로젝트, 해외진출 지원사업을 실시하고 있으며, 2012년 1월부터는 발전 사업자를 대상으로 발전량의 일정비율을 신재생에너지로 발전시켜 공급하게 하는 신재생에너지 공급의무화(RPS)제도를 시행하고 있다.

2015년 신재생에너지 연료 혼합 의무제도(RFS)를 시행하여 수송용 연료에 신재생에너지 연료를 일정비율로 혼합하여 공급함으로써 수송 분야의 신재생에너지 투자를 확대하고, 시장여건에 맞게 신재생에너지 의무 공급제도(RPS)의 의무공급 비율 10%를 당초 계획보다 2년 연장하여 24년 목표 달성을 수립하였다. 또한 신재생에너지 해외 진출을 위한 중소기업 금융지원의 확대와 태양광 대여(Rental) 사업을 확대 · 시행하였고, 공공기관의 신재생에너지 설치의무 비율을 확대 · 시행하고 있다.

4.2 신재생에너지 보급 사업

국제 에너지 · 환경변화에 세계 신재생에너지 시장은 급성장하고 있으며, 해외 선진국들은 신재생에너지 보급 확대를 통해 온실가스와 환경오염을 줄이고, 자국의 신재생에너지산업 경쟁력을 강화하여 세계시장 선점에 열을 올리고 있다. 이에 정부에서도 2008년 12월 제3차 신재생에너지 기본계획을 수립하고, 2030년 1차 에너지의 11%를 신재생에너지로 공급한다는 목표를 설정하고 그 실행을 위하여 주택지원 사업, 건물지원 사업, 지역지원 사업, 융 · 복합지원 사업 등 보조사업과 금융지원 사업, 공공기관 신재생에너지설비 설치 의무화, 발전차액지원제도, 설비인증 및 표준화, 전문기업제도 등을 적극 추진하고 있다.

표 2-3 국내 신재생에너지 생산량(단위 : toe) (2012) (출처 : 에너지관리공단)

구 분	2011년	2012년	증 감 (%)
폐기물	5,121,534	5,998,509	17.1
바이오	963,363	1,334,724	38.6
수 력	965,373	814,933	-15.6
태양광	197,198	237,543	20.5
풍 력	185,520	192,674	3.9
연료전지	63,344	82,520	30.3
해 양	11,246	98,310	774.2
지 열	47,833	65,277	36.5
태양열	27,435	26,259	-4.3
합계	7,582,846	8,850,739	16.7

표 2-4 신재생에너지 보급사업 및 인증 · 의무화 제도

사업구분	개 요	주관부서/적용열원	대 상	지원규모
공공기관 설치의무화	정부투자공공건물 중 1,000m^2 이상 증 · 신축시설의 예상 에너지 사용량 11% 이상 신재생 설비 의무화(20년 30%)	에너지관리공단 태양광, 태양열, 지열, 소형 풍력, 연료전지	공공기관 건물	
에너지이용 효율화사업	고유가로 인한 농어업 경영비 부담감소 목적 지원 사업	농어촌공사, 지자체 지열, 냉 · 난방시설 목재 펠릿 난방기	농업인, 농어업법인 단체. 시설원예(채소, 화훼, 과수) 재배농가, 수산, 축산업 농가	국고 : 60% 지자체 : 20% 농가 : 20%
주택지원사업	20년까지 신재생에너지 그린주택(Green Home) 100만 호 보급 목표	에너지관리공단 태양광, 태양열, 지열, 소형 풍력, 연료전지	단독주택 및 공동주택(APT 포함)	50% 무상 지원
지역지원사업	시방사지난제에서 추진하는 신재생에너지 시설 및 설비지원 사업	에너지관리공단 태양광, 태양열, 지열	16개 광역 지자체 및 기초지방자치단체	50% 무상 지원
건물지원사업	상용화된 신재생에너지 설비의 자가 사용시 시설비 일부 지원 제도	에너지관리공단 태양광, 태양열, 지열, 소형 풍력, 연료전지	일반건물 등에 자가 사용을 목적으로 신재생에너지 설비 설치를 희망하는 자	50% 무상 지원
의무공급제도 (RPS)	발전량 중 신재생에너지 이용 발전량 의무비율 공급(24년 10%)	에너지관리공단 태양열, 태양광, 지열	한국수력원자력, 남동발전, 서부발전, 지역난방공사 등 발전사업자	

4.2.1 주택지원 사업

주택지원 사업은 2008년 8월 15일 대한민국 건국 60주년 기념식에서 "저탄소 녹색성장"을 우리나라의 새로운 국가 비전으로 선포하였고, 집집마다 신재생에너지를 쓸 수 있도록 그린 홈 100만 호 프로젝트를 전개하겠다는 정부의 의지를 반영하여 2009년에 추진되었고, 2014년부터 주택지원 사업으로 명칭을 변경하여 시행하고 있다.

화석연료의 고갈 및 기후변화에 대응하고 청정에너지인 신재생에너지산업을 새로운 성장 동력으로 육성하기 위해 신재생에너지 보급 확대의 필요성이 높아짐에 따라 '04년부터 시행한 태양광발전설비에 국한된 『태양광주택 10만 호 보급사업』을 확대 · 개편하여 지역별 · 주택별 특성에 적합한 가정용 신재생에너지를 보급하는 사업이다. 2020년까지 단계적으로 주택의 약 10%인 100만 가구에 태양광, 태양열, 지열, 연료전지 등 신재생에너지를 보급할 계획이며, 전국의 일사량, 풍속, 수량 등 지역 주택별 특성과 산업적 파급 효과, 일자리 창출 등과 연계하여 추진된다.

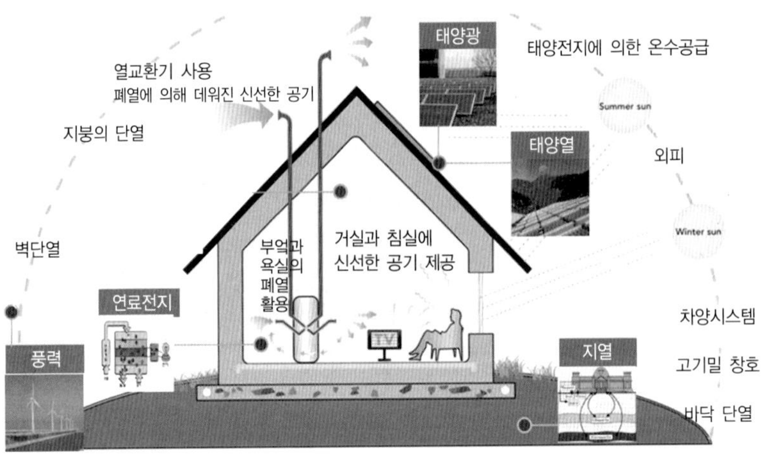

그림 2-9 주택보급 사업 개념도 (출처 : 에너지관리공단)

주택지원 사업 (출처 : 에너지관리공단)

■ 사업목적

주택 분야의 에너지공급을 태양광, 태양열, 지열 등의 신재생에너지로 대체하여 가정의 에너지 소비 비용 절감 및 화석연료 사용 절감

■ 사업내용

태양광, 태양열, 지열, 연료전지 등의 신재생에너지원을 주택에 설치할 경우 정부가 지원금을 지원

주택지원 사업(계속)

■ 법적 근거
- 신에너지 및 재생에너지 개발 이용 보급 촉진법 제27조 보급사업
- 신재생에너지 설비의 지원 등에 관한 규정

■ 지원대상
- 단독주택, 공동주택 소유자 및 소유예정자(신축중인 주택 대상)
- 마을에 10가구 이상의 마을이 지자체의 추천을 받아 신청하는 마을단위 지원 사업(그린빌리지)
- 에너지 소외계층에 대한 에너지 복지 실현을 위해 보금자리주택 거주 대상자

사회참여신청	→	참여기업 선정	→	에너지원 및 참여기업 선택	→	계약 검토 요청 및 체결	→	사업계획서 및 관련 서류 제출
전문기업		센터		신청자 (주택지원 홈페이지)		신청자 (주택지원 홈페이지)		참여기업

제출서류 확인 및 신청서 검토	→	자부담금 납부	→	사업승인 및 공사 착수	→	설치 완료 후 설치 확인 요청	→	보조금 및 자부담금 지급
센터		신청자 (농협 가상계좌)		센터		참여기업		센터

그린 홈 개념

태양광, 태양열, 지열 등 신재생에너지를 도입하고 고효율 조명 및 보일러, 친환경 단열재를 사용함으로써 화석연료 사용을 최대한 억제하고, 온실가스 및 공기오염물질 배출을 최소화하는 저에너지 친환경주택을 말함

표 2-5 단계별 그린 홈 보급목표 (단위 : 천 호) (출처 : 에너지관리공단)

주택수 (만 호)	보급목표(2009~2020)							합계
	1단계					2단계	3단계	
	2009	2010	2011	2012	소계	13~16	17~20	
1,250	16	22	29	33	100	300	600	1,000

4.2.2 건물지원 사업

건물지원 사업은 신재생에너지 설비에 대하여 설치비의 일정 부분을 정부에서 무상 보조·지원함으로써 새로이 개발된 신재생에너지 기술의 상용화를 유도하고 상용화된 기술에 대해서는 보급 활성화를 통하여 신재생에너지 시장창출과 확대를 유도하는 사업이다. 신규 개발기술의 보급기반을 조성하고 상용화 설비의 시장조성 및 확대를 위해 사업을 추진하고 있으며, 지금까지의 지원사업을 통해 신재생에너지 자원 확보와 신재생

에너지 산업의 활성화로 고유가 및 기후변화협약에 대응할 수 있는 환경친화적 에너지 공급시스템 보급 기반이 조성되었으며, 1993년부터 2011년까지 태양광발전 시설 등 신재생에너지시설 설치를 통해 약 30,638toe의 신재생에너지 보급 및 93,129톤의 이산화탄소 저감효과를 거두었다.

건물지원 사업

(출처 : 에너지관리공단)

건물지원 사업이란 사무실이나 상가 등 일반건물에 설치되는 신재생에너지 설비에 대하여 설치비의 일부를 정부에서 무상 보조·지원하는 사업

■ 사업목표

- 복지시설, 산업단지, 학교, 공공건물 등 에너지 다소비 건물에 신재생에너지 보급을 함으로써 기술 국산화 및 국내기업의 시장점유율 확보
- 상용화 가능 과제 우선 발굴 및 지원을 통한 기술신뢰성 및 경제성 확보

■ 지원절차

설치희망자		전문기업		신청자/시공기업		센 터
시공기업 선택	↔	설치여건 검토	→	사업지원 신청 설치확인 신청	→	설치 확인 보조금 지급

■ 건물지원 사업 불가 대상

- 국가 및 지방자치단체 소유 건물
- 학교의 경우 건축법 시행령 제3조의 4관련 별표 1 제10호 가목의 학교 중 설치의무화 적용을 받는 경우
- BTL(민간 부문이 공공시설을 건설한 후 정부에 소유권을 이전(기부체납)함과 동시에 시설을 임대한 임대료를 징수하여 시설투자비를 회수해 가는 방식)
- BTO(사회간접시설을 민간 부문이 주도하여 프로젝트를 설계시공한 후 시설물의 소유권을 공공 부문에 먼저 이전하고 약정 기간 동안 그 시설물을 운영하여 투자금액을 회수해 가는 방식)

에너지원별 일반보급보조 실적('13년 12월말 기준)

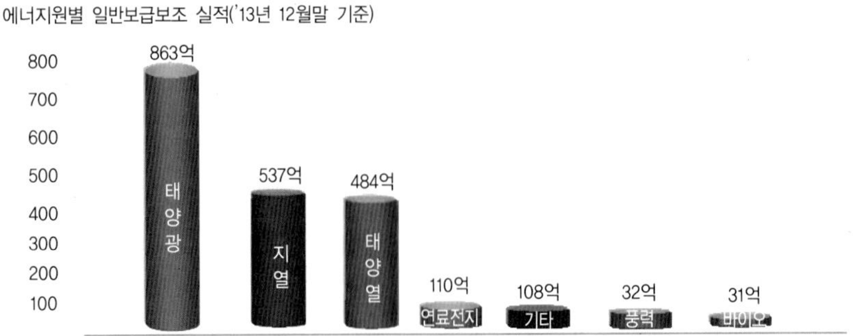

전체 보조금 중 약 40%인 863억 원이 태양광분야, 약 25%인 537억 원은 지열분야, 약 22%는 태양열 분야 보조로 총 보조금 중 87%를 차지함.

4.2.3 지역지원 사업

지역지원 사업은 지역특성에 맞는 환경친화적 신재생에너지 보급을 통하여 에너지 수급여건 개선 및 지역경제 발전을 도모하고자 지방자치단체에서 추진하는 제반 사업을 지원하는 제도이다. 즉 지방자치단체가 관할 구역의 환경친화적인 신재생에너지 공급체계 구축과 에너지이용 합리화를 위하여 강구할 수 있는 사업에 대하여 폭넓게 지원하는 사업이다. 지방자치단체의 빈약한 재정형편상 중앙정부의 재정적 도움 없이는 혁신적인 에너지체계 정비가 어렵다고 판단하여 1996년부터 지역에너지 사업을 위한 국고보조금지원을 실시하였으며, 초기에는 고효율 조명기기와 태양광 가로등 등의 기본적인 시설에 대하여 통상산업부의 임의적인 배정에 의한 시범사업이 주류를 이루었으나 원래 취지인 지자체의 자발적인 에너지 분야에 대한 참여는 미흡한 실정이었다. 이후 고시 제정 및 제도개선 등을 바탕으로 지역지원 사업은 지자체가 관할구역 내의 에너지 이용을 합리화하고, 신재생에너지 및 미활용 에너지를 자원화하기 위한 주요사업으로 자리매김하고 있으며, 신재생에너지 분야와 절약 분야로 구분하여 추진되던 지역에너지사업은 2014년부터 지자체별 지역특성과 신재생에너지 자원 잠재량과 부합되는 환경친화적인 에너지체계 구축 및 지역경제 활성화를 위해 신재생에너지 지역지원 사업으로 분리되었다.

지역지원 사업 (출처 : 에너지관리공단)

■ 목적

지역특성에 맞는 환경친화적 신재생에너지 보급을 통하여 에너지 수급여건 개선 및 지역경제 발전을 도모하고자 지방자치단체에서 추진하는 제반 사업을 지원

■ 관련근거

- 신에너지 및 재생에너지 개발 이용 보급 촉진법 제27조 1항 3호
- 신재생에너지설비의 지원 등에 관한 기준(산업부 고시)
- 신재생에너지설비의 지원 등에 관한 지침(신재생에너지센터 지침)

■ 사업주체 및 사업기간

- 신재생에너지 설비가 설치되는 지역을 관할하는 지자체
- 확정된 사업을 정부의 회계기간에 맞추어 사업을 완료해야 함

4.2.4 융 · 복합지원 사업

융 · 복합지원 사업이란 기존 개별 지원(주택, 건물, 지역 등)에서 에너지원간 융합 및 구역복합으로 설치비의 일부를 보조하는 사업으로 다양한 사업의 특성을 반영하고, 기

획사업 추진, 성과 모니터링의 전 주기 동안 관리 등을 위한 체계적인 지원에 대한 요구 증가에 따라 개설된 프로그램이다.

융 · 복합지원 사업 (출처 : 에너지관리공단)

■ 융 · 복합지원 사업 개념

- 구역복합지원 사업한 지역에서 신재생에너지 대형 사업을 실시하여 지역 내 주택, 건물, 산업체에 에너지를 공동으로 공급하는 제도
- 융 · 복합지원 사업
  태양광, 풍력 등 2개 이상의 신재생에너지원을 융합하여 에너지를 공급함으로써 신재생에너지 활용의 실효성 제고

■ 사업목적

태양광, 풍력, 태양열 등 2종 이상의 신재생에너지원을 동시에 투입하는 에너지원간 융합사업과 특정지역의 주택, 고공, 상업(산업) 건물 등 지원 대상에 혼재되어 있는 구역복합사업의 활성화 추진

■ 지원절차

사업공고		사업계획서 신청		공개평가		현장평가
센터	➜	컨소시엄 → 센터	➜	평가위원회	➜	센터
				신청 및 협약체결		사업추진
			➜	센터, 컨소시엄	➜	컨소시엄

4.3 공공기관 신재생에너지설비 설치 의무화 제도

4.3.1 개요

공공기관 신재생에너지설비 설치 의무화사업은 국가 및 공공기관이 발주하는 연면적 1,000m^2 이상의 신축 · 증축 · 개축 건물에 대하여 신에너지 및 재생에너지 개발 이용 보급촉진법 12조 2항 및 동법 시행령 제15조 규정(신재생에너지 공급의무 비율 등)에 의거하여 예상에너지 사용량의 10% 이상을 신재생에너지설비 설치에 투자하도록 의무화한 제도이다. 고유가시대에 공공기관 주도로 대체에너지 보급 확대에 대한 사회적 공감대 형성 및 시장 육성을 통해 시스템 비용 저감 유도를 목적으로 하고 있다.

또한 국무총리지시 2005-5호(2005.2.28) 「공공기관 에너지이용합리화 추진지침」에 따라 공공건물에 의무 설치하는 신재생에너지설비는 인증을 받은 제품을 우선 사용토록 되어 있으며, 조달청훈령 제1346호 「에너지소비제품 구매운용 기준」 개정을 통해 정부 조달사업에 인증 설비를 우선 구매토록 되어 있다.

4.3.2 추진근거 및 추진절차

설치의무화 사업은 「신에너지 및 재생에너지 개발 이용 보급 촉진법」 제12조(신재생에너지사업에의 투자권고 및 신재생에너지 이용의 의무화 등), 지경부 고시 「신재생에너지설비의 지원 등에 관한 기준 및 지침」에 의해 실시되고 있다.

4.3.3 설치 의무 대상 및 의무 공급 비율

(1) 설치의무 대상기관

공공기관 신재생에너지 이용 의무화 사업의 적용 대상기관은 국가 및 지방자치단체, 정부투자기관 관리기본법에 의한 정부투자기관, 정부가 대통령령이 정하는 금액(연간 50억 원) 이상을 출연한 정부출연기관, 국유재산의 현물출자에 관한 법률 제2조 제1항의 규정에 의한 정부출자기업체, 지방자치단체 및 정부투자기관 정부출연기관 정부출자기업체가 대통령령이 정하는 비율(납입자본금의 100의 50) 또는 금액(납입자본금으로 50억 원) 이상을 출자한 법인, 그리고 특별법에 의하여 설립된 법인으로 지정되어 있다.

(2) 해당 건축물용도(학교시설 : '08.9.10일 포함)

- 공공용 : 교정 및 군사시설(군사시설 제외), 방송통신시설, 발전시설
- 문교 · 사회용 : 문화 및 집회시설, 종교시설, 의료시설, 운동시설, 교육연구시설, 노유자시설, 수련시설, 묘지관련시설, 관광휴게시설, 장례식장
- 상업용 : 판매시설, 숙박시설, 위락시설, 업무시설, 운수시설
- 주거용 및 기타(창고시설, 위험물 저장 및 처리시설) 등은 제외

(3) 신재생에너지 의무 공급 비율

구분	11,12년	13년	14년	15년	16년	17년	18년	19년	20년 이후
공급의무 비율(%)	10	11	12	15	18	21	24	27	30

공공기관 신재생에너지 설비 설치 의무화 제도

공공기관이 신축 및 증 · 개축하는 연면적 1,000m² 이상의 건축물에 대해 예상에너지 사용량의 10% 이상을 신재생에너지설비로 생산토록 투자의무화(15년 15% 이상)
- 추진근거 : 신에너지 및 재생에너지 개발 이용 보급 촉진법 제12조
(신재생에너지 사업에의 투자권고 및 신재생에너지 이용의 의무화 등)

공공기관 신재생에너지 설비 설치 의무화 제도(계속)

■ 신재생에너지 설치계획서 제출서류
- 신재생에너지 설치계획서(센터공고 지침 57호 양식)
- 건축물 설계 개요(건물명, 주소, 연면적 등), 신재생에너지 설비 개요(주요규격 등)
- 신재생에너지 공급의무비율의 산정(지경부 고시 별표 2)
- 건물 및 신재생에너지 설비 도면(조감도, 건물배치도, 설비계통도, 장비일람표 등)
- 지열설계 검토 확인증(지열설비 신청 시)

4.3.4 설치 의무화 추진 절차

(1) 제출방법

- 제출 시기 : 건축허가 신청 전
- 제출처 : 에너지관리공단 홈페이지(www.kemco.or.kr) 전자 접수

(2) 설치계획 및 설치확인 검토 진행 절차

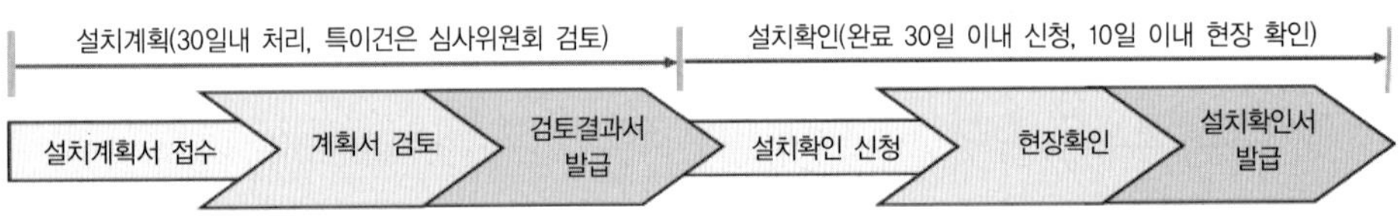

신재생에너지 설치계획서 제출서류

■ 관련서류
- 설계요약서, 주요자재 설치사양, 기초안정성 검토서
- 설계계산서 : 부하계산서, 지중열교환기설계계산서, 지열열펌프의 신재생에너지인증서 시험성적서, 지열열펌프성능표, 지중 순환펌프 설계계산서, 탱크류 및 배관계 설계계산서, 하자보수 계획서
- 설계도면 : 장비일람도, 보어홀 배치도, 지중열교환가 설치상세도, 시스템 계통도, 배관 계통도, 기계실 장비배치도, 자동제어 설계도, 냉매 배관도
- 지중 열전도도 시험성적서

※ 지열설비인 경우에는 사전에 「지열이용검토서」를 신청하여 승인을 득한 후에 설치계획서를 제출하여야 함.

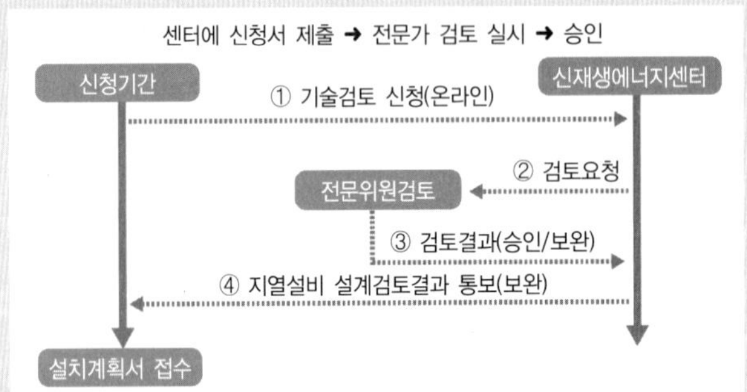

그림 2-10 신재생에너지 공공기관 설치 의무화 신청 절차(지열검토)
(출처 : 에너지관리공단)

4.3.5 신재생에너지 공급의무 비율 산정기준 및 방법 (지경부고시 2011-3호)

(1) 신재생에너지 공급의무 비율(%) 산정

$$\text{신재생에너지 공급의무 비율} = \frac{\text{신재생에너지 생산량 예상}}{\text{에너지사용량}} \times 100$$

① 신재생에너지 공급의무 비율이란 건축물에서 연간 사용이 예측되는 총에너지량 중 일부를 의무적으로 신재생에너지 설비를 이용하여 생산한 에너지로 공급해야 하는 비율이다.

② 신재생에너지 생산량이란 신재생에너지를 이용하여 공급되는 에너지를 의미하며, 신재생에너지 설비를 이용하여 연간 생산하는 에너지의 양을 보정한 값이다.

③ 예상 에너지 사용량이란 건축물에서 연간 사용이 예측되는 총에너지의 양을 보정한 값이다.

* 신재생에너지 생산량 및 예상 에너지 사용량은 법 제12조 제2항 및 영 제15조 제3항에 의함

(2) 예상 에너지 사용량 산정

$$\text{예상 에너지 사용량} = \text{건축 연면적} \times \text{단위 에너지 사용량} \times \text{용도별 보정계수} \times \text{지역계수}$$

① 연면적이란 영 제15조 제2항에 따른 연면적을 말한다. 단, 주차장 면적은 연면적에서 제외한다.

② 단위 에너지 사용량이란 용도별 건축물의 단위면적당 연간 사용이 예측되는 에너지의 양이다.

③ 용도별 보정계수란 건축물 용도별로 연간 사용이 예측되는 에너지의 양을 보정하기 위한 계수이다.

④ 지역계수란 지역별 기상조건을 고려한 계수이다.

⑤ 단위 에너지 사용량, 용도별 보정계수 및 지역계수는 다음과 같다.

표 2-6 건축물 용도별 보정계수 및 지역계수

건축물 용도별 보정계수			
구 분		단위 에너지사용량(kWh/m^2 · yr)	용도별 보정계수
공공용	교정 및 군사시설	392.07	1.64
	방송통신시설	490.18	1.31
	업무시설	371.66	1.73
문교 · 사회용	문화 및 집회시설	412.03	1.56
	종교시설	257.49	2.50
	의료시설	643.52	1.00
	교육연구시설	231.33	2.78
	노유자시설	175.58	3.67
	수련시설	231.33	2.78
	운동시설	235.42	2.73
	묘지관련시설	234.99	2.74
	관광휴게시설	437.08	1.47
	장례식장	234.99	2.74
상업용	판매 및 영업시설	408.45	1.58
	운수시설	374.47	1.72
	업무시설	374.47	1.72
	숙박시설	526.55	1.22
	위락시설	400.33	1.61

지역계수	
구분	지역계수
서울	1.00
인천	0.97
경기	0.99
춘천	1.00
강릉	0.97
대전	1.00
충북	1.00
전북	1.04
충남	0.99
광주	1.01
대구	1.04
부산	0.93
경남	1.00
울산	0.93
경북	0.98
전남	0.99
제주	0.97

(3) 신재생에너지 생산량 산정

신재생에너지 생산량 = 원별 설치 규모×단위 에너지 생산량×원별 보정계수

① 원별 설치규모란 설치계획을 수립한 신재생에너지원의 규모를 말한다.

② 단위 에너지생산량이란 신재생에너지원별 단위 설치규모에서 연간 생산되는 에너지의 양이다.

③ 원별 보정계수란 신재생에너지원별 연간 에너지생산량을 보정하기 위한 계수이다.

④ 단위 에너지생산량, 원별 보정계수는 다음과 같다.

표 2-7 신재생에너지원별 단위 에너지생산량 및 보정계수

신재생에너지원		단위 에너지생산량		원별 보정계수
태양광	고정식	1,358	kWh/kW · yr	4.14
	추적식	1,765		3.59
	BIPV	923		11.70
태양열	평판형	596	kWh/m^2 · yr	1.92
	단일진공관형	745	kWh/m^2 · yr	1.76
	이중진공관형	745	kWh/m^2 · yr	1.56
지열	수직밀폐형	2,045	kWh/kW · yr	0.70
	개방형	2,045		0.64
집광채광	프리즘	94.7	kWh/set · yr	11.70
	광덕트	139.7		11.70

※ 여기서 정해지지 않은 신재생에너지원에 대한 단위 에너지 생산량과 원별 보정계수는 제42조의 분야별 위원회의 심의를 거쳐 센터의 장이 정한다.

원별 보정계수 산정의 필요성

보정계수 적용을 하지 않을 경우 단위에너지 생산량당 투입예산이 저렴한 신재생에너지 설비로 쏠림현상을 방지하기 위함.

신재생에너지원		2012년 기준단가(A)	단위 에너지 생산량(B)	단위에너지생산량당 투입예산(A/B)	원별 보정계수
태양광	고정식	4,972천 원/kW	1,358kWh/kW · yr	3,661원/kWh	4.14
	추적식	6,604천 원/kW	1,765kWh/kW · yr	3,175원/kWh	3.59
	BIPV	0,550천 원/kW	923kWh/kW · yr	10,349/kWh	11.70
태양열	평판형	1,012천 원/m^2	596kWh/m^2 · yr	1,698/kWh	1.92
	단일 진공관형	1,160천 원/m^2	745kWh/m^2 · yr	1,557/kWh	1.76
	이중 진공관형	1,012천 원/m^2	745kWh/m^2 · yr	1,358/kWh	1.56
지열	수직 밀폐형	1,260천 원/kW	2,045kWh/kW · yr	616/kWh	0.70

4.3.6 신재생에너지 의무 공급량 계산

가. 대상 건축물 개요 및 예상 에너지 사용량

구 분	제원 및 성능	비 고
건축연면적	63,000m^2	
건축물 용도	공공업무시설	
단위 에너지 사용량	371.66kWh/m^{2}yr	공공업무시설
용도별 보정계수	1.73	
지역계수	1.0	충북지역
예상 에너지 사용량	40,557,223kWh/yr	
설치의무용량(최소 생산량)	4,461,295kWh/yr	예상에너지 사용량의 11%

• 예상 에너지 사용량

=건축연면적×단위 에너지 사용량×용도별 보정계수×지역계수

$=63,000\text{m}^2\times 371.66\text{kWh/m}^2\text{yr}\times 1.73\times 1$

$=40,507,223\text{kWh/yr}$

나. 신재생에너지 종류별 생산량 및 설치규모

신재생에너지원	의무설치량(kWh/yr)	단위에너지생산량(kWh/kW · yr)	보정계수	원별 설치규모
태양광(고정식)	4,461,295	1,358	4.14	793.5kW
태양열(이중진공관)	4,461,295	745	1.56	3,838.7kW
BIPV	4,461,295	923	11.70	413.1kW
지열(수직밀폐형)	4,461,295	2,045	0.70	3,116.5kW

• 신재생에너지 생산량=원별 설치규모×단위 에너지 생산량×원별 보정계수이므로 원별 설치규모=신재생에너지 생산량÷(단위에너지 생산량×보정계수)

다. 신재생에너지원별 투자비용

신재생에너지원	설치규모	기준단가 (참고) (공단 상한단가 기준)	투자비 (천원)	단위면적당 생산능력 (참고)
태양광(고정식)	793.5kW	4,972천원/kW	약 40억	140W/m^2
태양열(진공관)	3,838.7kW	1,189천원/kW	약 46억	520W/m^2
BIPV	413.1kW	9,553천원/kW	약 40억	94W/m^2
지열(수직밀폐형)	3,116.5kW(807RT)	1,260천원/kW	약 39억	60m/RT

라. 신재생에너지원별 반영 내용

▣ **신재생에너지 용량 산정표(VER 1.8)**

1. 건축물 개요
 1) 건축물명 : ○○ 공사 신축공사
 2) 건축연면적 : 63,000m²
 3) 건축물용도 : 공공용 업무시설
 4) 건축물지역 : 충북
 5) 적용 신재생에너지 : 태양광(고정식), 지열(수직밀폐형), 태양열(이중진공관형)

2. 예상 에너지생산량 산정(의무 설치비율 2013년 기준 13% 적용)
 1) 단위에너지 사용량 : 371.66kWh/m² · yr
 2) 용도별 보정계수 : 1.73
 3) 지역계수 1

∴ 예상 에너지 사용량 = 건축연면적×단위에너지 사용량×용도별 보정계수×지역계수
= 63,000m²×371.66kWh/m² · yr×1.73×1
= 40,507,223.4

계수 산정

구분	설치규모	원별 보정계수	단위에너지 생산량	적용 비율
태양광(고정식)	51	4.15	1,358	0.0071
지열(수직밀폐형)	3,022.8	0.7	2,045	0.1068
태양열(이중진공관형)	30.2	1.54	745	0.0009
총 에너지 적용 비율				0.1148

∴ 신재생에너지 생산량 = 원별 설치규모×단위에너지 생산량×용도별 보정계수

3. 에너지원별 에너지 생산량
 1) 태양광(고정식) 에너지 생산량 = 51kW×1,358kWh/kW · yr×4.14
 → 태양광(고정식) 에너지 생산량 = 286,728kWh/yr
 2) 지열(수직밀폐형) 에너지 생산량 = 3,023kW×2,045kWh/kW · yr×0.7
 → 지열(수직밀폐형) 에너지 생산량 = 4,327,138kWh/yr
 3) 태양열(이중진공관형) 에너지 생산량 = 30m²×745kWh/m² · yr×1.54
 → 태양열(이중진공관형) 에너지 생산량 = 34,648kWh/yr

4. 신재생에너지 공급비율

$$\text{신재생에너지 공급비율} : \frac{\text{신재생에너지 사용량}}{\text{예상 에너지 사용량}} \times 100$$

$$\text{신재생에너지 공급비율} : \frac{\text{태양광 사용량+지열 사용량+태양열 사용량}}{\text{예상 에너지 사용량}} \times 100 = \frac{286,728+4,327,138+34,638}{40,507,223} \times 100$$

신재생에너지 공급비율 : 11.48

5. 신재생에너지 설치 예상 공사비 산정

구분	설치규모	예상 공사금액	비고
태양광(고정식)	51	253,572,000	
지열(수직밀폐형)	3022.8	3,808,728,000	
태양열(이중진공관형)	30.2	30,562,000	
소계		4,092,862,000	

• 신재생에너지 설비 설치계획서

<table>
<tr><td colspan="8">신재생에너지 설비 설치계획서</td></tr>
<tr><td>기관명</td><td colspan="2"></td><td colspan="2">작성자</td><td>성명</td><td colspan="2"></td></tr>
<tr><td>기관의 형태</td><td colspan="2"></td><td colspan="2">전화번호
(이메일)</td><td colspan="3"></td></tr>
<tr><td colspan="8">건축물 및 의무 설치 신재생에너지 설비의 개요</td></tr>
<tr><td>건물명</td><td colspan="2"></td><td colspan="2">건축물 형태</td><td></td><td>건축물 용도</td><td></td></tr>
<tr><td>건물 주소</td><td colspan="7"></td></tr>
<tr><td>허가
예정년월일</td><td>년 월 일</td><td>착공
예정년월일</td><td colspan="2">년 월 일</td><td>준공
예정년월일</td><td colspan="2">년 월 일</td></tr>
<tr><td>건축연면적
(신축 · 증축 · 개축하는 부분의 연면적)</td><td colspan="2">지상층 (m²)
지하층 (m²)</td><td colspan="2">합계(m²)</td><td>층 수</td><td colspan="2">지상 (층)
지하 (층)</td></tr>
<tr><td rowspan="4">설치될
신재생에너지
설비의 개요</td><td>신재생에너지
설비의 종류</td><td>생산 에너지의 종류</td><td>설치 용량</td><td>투입 예산</td><td colspan="3">신재생에너지 생산량
(kWh/m² · yr)</td></tr>
<tr><td></td><td>연료 및 열( )
전 력( )</td><td></td><td></td><td colspan="3"></td></tr>
<tr><td></td><td>연료 및 열( )
전 력( )</td><td></td><td></td><td colspan="3"></td></tr>
<tr><td colspan="2">총 계</td><td></td><td></td><td colspan="3"></td></tr>
<tr><td>설치
예정 위치</td><td colspan="7">※ 설치 예정 위치를 명기하고 해당 도면 첨부</td></tr>
<tr><td rowspan="3">적용
신재생에너지의
비율</td><td colspan="2">예상 에너지 사용량(가)</td><td colspan="5">「별표 3」에 따른 예상 에너지사용량
= (kWh/m² · yr)</td></tr>
<tr><td colspan="2">신재생에너지 생산량(나)</td><td colspan="5">(kWh/m² · yr)</td></tr>
<tr><td colspan="2">예상 에너지사용량의 신재생에너지
공급의무 비율(나/가×100)</td><td colspan="5">예상 에너지사용량의 %)</td></tr>
<tr><td colspan="8">위와 같이 신재생에너지 설비 설치계획서를 제출합니다.

년 월 일

(기관명) (대표)
(직인)
신재생에너지센터 소장 귀하</td></tr>
<tr><td colspan="8">첨부서류
1. 사용예정 신재생에너지 설비의 개요, 견적서 1부
2. 건축물의 개요, 조감도 1부
3. 신재생에너지 설비 설치 위치가 명기된 도면 1부
4. 신재생에너지 설비의 계통도 1부</td></tr>
</table>

• 신재생에너지 설비 설치확인 신청서

<table>
<tr><td colspan="12">신재생에너지 설비 설치확인 신청서</td></tr>
<tr><td colspan="12">□시범보급 □일반보급 □그린홈 □지방보급 □설치의무화 □융자 □국민임대주택</td></tr>
<tr><td rowspan="5">신청자</td><td>신 청 자 명</td><td colspan="4"></td><td colspan="3" rowspan="2">주민등록번호
(사업자번호)</td><td colspan="3" rowspan="2"></td></tr>
<tr><td>기관명</td><td colspan="4"></td></tr>
<tr><td>전화</td><td colspan="4"></td><td colspan="3">Fax</td><td colspan="3"></td></tr>
<tr><td>이동전화</td><td colspan="4"></td><td colspan="3">E-mail</td><td colspan="3"></td></tr>
<tr><td>주소</td><td colspan="10"></td></tr>
<tr><td rowspan="3">설치
장소</td><td rowspan="2">기관명
(성명)</td><td colspan="3" rowspan="2"></td><td>관리자</td><td colspan="2"></td><td>연락처</td><td colspan="3"></td></tr>
<tr><td>E-mail</td><td colspan="2"></td><td>Fax</td><td colspan="3"></td></tr>
<tr><td>주소</td><td colspan="10">□□□-□□□</td></tr>
<tr><td rowspan="3">시공자</td><td rowspan="2">전문기업/
제조업체명
(사업자번호)</td><td colspan="3" rowspan="2"></td><td>담당자</td><td colspan="2"></td><td>연락처</td><td colspan="3"></td></tr>
<tr><td>E-mail</td><td colspan="2"></td><td>Fax</td><td colspan="3"></td></tr>
<tr><td>주소</td><td colspan="10">□□□-□□□</td></tr>
<tr><td rowspan="2">분야</td><td colspan="3" rowspan="2"></td><td colspan="3">사업용량(승인)</td><td colspan="5"></td></tr>
<tr><td colspan="3">설치용량(실제)</td><td colspan="5"></td></tr>
<tr><td rowspan="2">사업비</td><td colspan="3">총사업비</td><td colspan="3">정부보조금</td><td colspan="2">자부담</td><td colspan="3">융자</td></tr>
<tr><td colspan="3">천원</td><td colspan="3">천원</td><td colspan="2">천원</td><td colspan="3">천원</td></tr>
<tr><td rowspan="2">집행금
(지방보급사
업만 해당)</td><td colspan="2">총집행금</td><td colspan="2">국고보조금</td><td colspan="2">지자체부담</td><td>수혜자부담</td><td colspan="2">국고보조금
환수금액
(정산예정액)</td><td colspan="2">정산예정일</td></tr>
<tr><td colspan="2">천원</td><td colspan="2">천원</td><td colspan="2">천원</td><td>천원</td><td colspan="2">천원</td><td colspan="2">년 월 일</td></tr>
<tr><td>사업기간</td><td colspan="11">년 월 일 ~ 년 월 일</td></tr>
<tr><td colspan="12">상기와 같이 신재생에너지 설비의 설치가 완료됨에 따라 설치확인을 신청합니다.

년 월 일

신청자 : (인)
신재생에너지센터 소장 귀하</td></tr>
<tr><td colspan="12">첨부서류
1. 원별 상세내역서 1부.
2. 인증서(공인기관 시험성적서 포함) 또는 시험성적서 사본 1부.
3. 하자보증서 사본 1부.
4. 사용 전 점검필증 또는 사용 전 검사결과서 사본 1부.
5. 설치현장 공정별 사진 및 실시설계 도면(설명서 포함) 각 1부.
6. 시운전데이터 1부.(지열설비 분야에 한함)
7. 관련 인허가 서류(폐기물, 바이오, 연료전지 등) 1부.
8. 고압가스안전관리법에 따른 지열 열펌프 유닛 안전검사증 사본 1부.
9. 자체 설치확인보고서(자체 설치확인 전문기업에 한함.)
10. 지방보급사업비 집행 · 정산내역서([별지 제27호 서식]) 1부(지방보급사업에 한함).
11. 기타, 신재생에너지 설비별 시공기준 관련 제출서류 각 1부.
(태양열 · 지열 · 목재펠릿보일러 설비의 경우, 수압시험결과 자체기록서(별지 제62호 서식) 등)</td></tr>
</table>

• **신재생에너지 설비 설치확인서**

신·재생에너지

신재생에너지 설비 설치확인서

관 리 번 호 : 제 호
사 업 명 :
설 치 장 소 :
소유자(관리자) :
시공자(전문기업 또는 제조업체명) :
설 비 내 역 :
- 설 비 명 :
- 사업용량(승인) :
- 설치용량(실제) :

귀하의 신재생에너지 설비 설치확인 신청에 대하여 신재생에너지 설비의 지원 등에 관한 기준 및 지침에 의거 설치확인 기준에 적합하게 설치되었음을 확인합니다. 아울러 소유자(관리자)는 향후 설비의 점검 및 유지관리를 성실히 수행하여야 합니다.

20 년 월 일

신재생에너지센터 소장

비고 1. 이 확인서는 신재생설비 설치 확인 신청에 대한 결과입니다.
2. 이 확인서는 제품과 시공상의 안전과 신뢰성 등 소비자 관련 사전 · 사후 피해보상과는 무관하고, 당 센터의 서면동의 없이 소송용으로 사용될 수 없으며, 별도의 민형사상의 책임이 없으며, 용도 이외의 사용을 금합니다.

4.4 신재생에너지 설비 인증제도

신재생에너지 설비 인증제도는 신에너지 및 재생에너지 개발 · 이용 · 보급촉진법 제13조 및 국가표준기본법 제21조(적합성 평가체계 구축)에 따라 신재생에너지설비의 보급 촉진을 위하여 일정기준 이상의 신재생에너지설비에 대하여 인증하는 제도이다.

가. 인증 신청자 대상

국내 제조사 및 수입사

나. 인증기관 및 성능검사 기관 역할

① 인증기관 : 에너지관리공단 부설 신재생에너지 센터

- 인증심사기준에 따른 인증심사
  - 일반심사(공장 확인) : 제조 및 생산, 품질유지관리, 사후관리능력 확인
  - 설비심사(성능검사) : 성능검사기관이 발행한 검사결과서의 결과
- 인증심사기준에 적합한 경우 인증서 발급
- 인증획득 설비에 대한 사후관리

② 성능검사기관

- 설비심사기준에 따른 성능검사(관련서류 설비 심사 기준 참조)
- 성능검사 후 검사결과서 발행
- 성능검사기관지정 : 성능검사기관 지정현황 참조
- 성능검사기관이 신청 설비의 성능, 내구성, 안전도 등을 평가 한 후 발행한 성적서 또는 검사결과서의 결과를 통해 규정에 의한 기준에 적합한 경우 인증 발행

설비인증신청 (제조업자 수입업자) ⇒ 일반심사 (공장 확인) (인증기관) ⇒ 설비심사 (성능검사) (성능검사기관) ⇒ 인증서발급 (인증기관)

표 2-8 신재생에너지 인증대상 품목(7개 분야 26개 품목) (출처 : 에너지관리공단)

분 야	품 목
태양열(6)	평판형, 진공관형, 고정집광형 집열기 자연순환식, 강제순환식, 진공관일체형 온수기
태양광(9)	태양전지셀, 계통연계형/독립형 인버터(10kW 이하, 250kW 이하) 결정질 태양전지모듈, 박막 태양전지 모듈 태양광 집광채광기, 태양광 접속함
풍력(3)	소형 풍력발전 시스템, 중대형 풍력발전 시스템 소형 풍력발전용 인버터
지열(3)	물-물 지열 열펌프 유닛, 물-공기 지열 열펌프 유닛 물-공기 지열 멀티형 열펌프 유닛
연료전지(1)	고분자 연료전지 시스템
바이오(1)	목재펠릿 온수보일러(54.14kW)
기타(3)	신새생에너지 발전용 축전지 독립형 충전제어시스템, 모니터링 설비

표 2-9 신재생에너지 인증 현황(2013.03월 기준) (출처 : 에너지관리공단)

분 야	품 목	인증제품(모델)										계
		04	05	06	07	08	09	10	11	12	13	
태양열	평판형 집열기	1	3		2		2	3	5	4		20
	진공관형 집열기		1	5	5	1	4	7	4	4	1	32
	자연순환온수기									4		4
	강제순환온수기							1				1
태양광	인버터			2		2	4	12	12	7	3	42
	결정질모듈					11	69	114	210	223	63	690
	박막모듈						6	4	2	2		14
풍력	소형 풍력시스템				1			1	5			7
지열	물-물 히트펌프				1	6	34	30	37	40	5	153
	물-공기 히트펌프					1	5					6
	물-멀티형 히트펌프							1	5	1		7
연료전지	고분자연료전지							3	3	2		8
바이오	목재펠릿온수보일러									6		6
기타	축전지						1					1
계		1	4	7	9	21	125	176	283	293	72	991

4.5 신재생에너지 공급 의무화(RPS)제도

신재생에너지 공급 의무화(RPS)제도란 발전사업자에게 총발전량의 일정량 이상을 신재생에너지로 공급토록 의무화하는 제도로서 영국, 스웨덴, 캐나다, 호주 등이 RPS제도를 도입 운영 중이며, 미국(29개 주 시행)은 연방차원의 RPS법안을 도입 추진 중에 있다.

적용대상 에너지원으로는 태양광, 풍력, 수력, 연료전지, 조력 등이 있으며, 의무공급량은 '12년 총발전량의 2%에서 '22년에는 10% 이내로 정하고 있다.

4.5.1 공급 의무자 범위

① 설비 규모(신재생에너지설비 제외) 500MW 이상의 발전사업자 및 수자원공사, 지역난방공사

② 한국수력원자력, 남동발전, 중부발전, 서부발전, 남부발전, 동서발전, 지역난방공사, 수자원공사, SK E&S, 포스코에너지, GS EPS, GS파워, MPC 율촌전력 등 13개 발전회사

신재생에너지 공급 의무화 제도 (출처 : 에너지관리공단)

■ 개요
신재생에너지 공급 의무화제도란 발전사업자(공급의무자)에게 총발전량의 일정량 이상을 신재생에너지로 공급하도록 의무화하는 제도

■ 관련 근거 : 신재생에너지 개발 이용 보급 촉진법 제12조의 6

■ 공급의무자
- 50만kW 이상의 발전설비(신재생에너지 설비 제외)를 보유한 자
- K-Water
- 한국지역난방공사

⇒'12년도, '13년도 공급의무자(13개사) : 6개 발전회사, 5개 민간발전사업자, 2개 민간기관
한국수력원자력, 한국동서발전(주), SK E&S, 포스코, 한국지역난방공사, 한국남부발전(주), 한국서부발전(주), GS EPS, MPC, K-Water, 한국남동발전(주), 한국중부발전(주), GS파워

4.5.2 연도별 총 의무 공급량 수준

가. 연도별 의무공급량

연도별 의무공급량 = 공급의무자의 총발전량(신재생에너지 발전량 제외) × 의무 비율

해당 연도	15	16	17	18	19	20	21	22	23	24
의무비율(%)	3.0	3.5	4.0	4.5	5.0	6.0	7.0	8.0	9.0	10.0

신에너지 및 재생에너지 개발이용보급 촉진법 제12조의5

나. 연도별 태양광 의무 공급량

태양광의 경우 산업육성 측면에서 별도의 의무 공급량 지정

해당 연도	12	13	14	15	16
의무공급량(GWh)	276	723	1,156	1,577	1,577

신에너지 및 재생에너지 개발이용 보급 촉진법 시행령 제16조의4

- 3년마다 의무비율 재검토
- 개별 공급의무자별 의무량은 개별 공급의무자의 총발전량 및 발전원 등을 고려하여 공고

5.4 풍력

(1) 개요

- 풍력발전 시스템(운동량 변환장치, 동력전달장치, 동력 변환장치 및 제어장치로 구성)을 이용하여 바람의 힘을 회전력으로 전환시켜 발생하는 유도전기를 전력계통이나 수요자에게 공급하는 기술이다.
- 육상풍력, 해상풍력 등

(2) 장점

- 무한정의 청정에너지원
- 화석연료를 대신하여 자원 고갈에 대비
- 에너지 생산량 대비 건설비용이 저렴하고 공사기간이 짧음

(3) 단점

- 지형적 · 기후적 영향을 받음
- 바람이 없는 날 에너지를 저장하기 위한 충전시스템 구축에 비용 증대
- 해상풍력의 경우 해저케이블공사 필요

(4) 국내 주요 적용 사례

- 국내 풍력단지
  - 육상풍력 : 대관령, 새만금, 영덕, 태백 등
  - 해상풍력 : 제주도
- 제주특별자치도 2,350MW (육상 350MW, 해상에 2,000MW) 규모의 풍력발전 건립 예정-제주 한림(에너지 자립화)
- 2020년 해상풍력 2GW 목표
- 두산중공업 : 3MW급 풍력발전기 신기술(NEP) 인증

5.5 연료전지

(1) 개요

• 도시가스에서 수소를 분리하여 공기 중의 산소와 반응시켜 전기를 생산하고 생성된 온수를 급탕 및 난방에 사용하는 기술이다.
• 연료전지 발전
• 가정용 연료전지
• 건물용 연료전지

(2) 장점

• 발전효율이 높음 : 총 75~80%(전기+물)
• 저공해 고효율 에너지원 : 도심지 환경오염 예방
• 청정 고효율 발전 시스템
  – NOx, SOx 등의 유해가스 배출이 1% 이하
• 차세대 에너지원으로 시장 잠재력 우수
• 연료전지는 금속, 전기, 전자, 기계 및 제어산업과 부수적인 장치를 공급하는 새로운 시장이 창조
• 신규 일자리 창출 및 무역수지 개선

(3) 단점

• 발전소 건설비용이 높다.
  – 기존의 화력발전소 건설 : kW당 1,200달러
  – 연료전지발전소 건설 : kW당 현재 3,000달러 이상
• 연료전지의 수명과 신뢰성 향상을 위한 기술적 연구 개발 필요

(4) 국내 주요 적용 사례

• 발전용 연료전지
  – 부산 화전 산업단지 5.6MW 연료전지 발전소 운영 중(7,500가구 공급 규모)
  – 경기 화성에 60MW 연료전지발전소 설치 계획(14만 가구 전력공급 가능–세계 최대 규모)

- 건물용 연료전지 : 100kW급 운영 중-어린이대공원
- 가정용 1kW급 210대 시범 보급, 일본 3kW급 5만대 보급

5.6 수소에너지

(1) 개요

- 물, 유기물, 화석연료 등의 화합물 형태로 존재하는 수소를 분리 · 생산하여 이용하는 기술이다.
- 수소자동차
- 수소비행기
- 수소핵융합발전

(2) 장점

- 연소 시 극소량의 NOx 발생을 제외하고는 공해물질이 생성되지 않음
- 직접 연소에 의한 연료, 연료전지 등의 연료에 사용이 간편
- 무한정인 물을 원료로 하여 제조할 수 있으며, 사용 후에는 다시 물로 재순환
- 넓은 이용범위
  - 산업용 기초 소재, 일반 연료, 수소자동차, 수소비행기, 로켓연료, 연료전지 등

(3) 단점

- 수소제조에 많은 전기에너지 필요
- 저장, 보관, 이동이 불편
- 안전성 : 폭발위험

(4) 국내 주요 적용 사례

- 수송용, 발전용, 국내 수소자동차 35대 운행
- 상암 매립지 수소스테이션
- 태양광, 풍력발전을 이용한 수소제조 기술 활용
- 2040년 국가 1차 에너지 소비 중 수소 비율 15% 목표

5.7 바이오에너지

(1) 개요

- 바이오매스 : 태양광을 이용하여 광합성 작용을 하는 유기물(주로 식물체) 및 동물 유기물을 소비하면서 생성되는 모든 생물 유기체의 에너지를 말한다.
- 바이오 에너지 : 바이오매스를 직접 또는 생 · 화학적, 물리적 변환 과정을 통해 액체, 기체, 고체연료나 전기 및 열에너지 형태로 이용하는 에너지를 말한다.
- 바이오 디젤, 우드칩, 폐목재
- 바이오가스(매립지 가스)
- 음식물 자원화

(2) 장점

- 지구온난화 진행 억제에 기여
- 메탄가스를 이산화탄소로 전환하는 부가적인 유익한 효과
- 잠재적 에너지의 가치가 높음

(3) 단점

- 산림 고갈 우려
- 바이오매스의 생물학적 공정이 복잡함
- 유기식물체 재배를 위한 넓은 경작지 필요

(4) 국내 주요 적용 사례

- 에너지기술연구원 : 녹조류 이용 바이오 디젤 개발
- 미세조류 이용한 바이오 에너지 기술 상용화
- 수도권 매립지에서의 바이오 가스 생산
- 해양투기 금지 후 지자체별 음식물쓰레기 자원화시설 운영

5.8 폐기물에너지

(1) 개요

- 사업장 또는 일반 가정에서 발생되는 가연성 폐기물 중 에너지 함량이 높은 폐기물을 열분해, 가스화, 소각 등의 방법으로 가공 · 처리하여 연료를 생산하는 기술이다.
- 폐가스 이용 산업폐기물 대형 도시쓰레기 등의 소각열
- 폐유정제유
- 성형고체연료(RDF)

(2) 장점

- 원료(폐기물)의 가격이 낮거나 도리어 처리비를 받을 수 있어 에너지 회수의 경제성이 비교적 높음
- 쓰레기를 에너지화함으로써 쓰레기 매립지 민원문제 해소
- 폐기물에 의한 환경오염 방지 효과

(3) 단점

- 고도의 기술과 연구 개발이 요구됨
- 폐기물 에너지화 과정에서 또 다른 환경오염(공해)을 유발할 수 있음
- 문화 및 산업의 특성에 따라 여러 처리기술이 필요함

(4) 국내 주요 적용 사례

- 산업폐기물, 도시폐기물 소각열을 이용한 열병합발전
  - 가연성 폐기물 소각열병합발전, 지역냉난방 활용
- 폐기물 고형연료화(RDF), 시멘트킬른 보조연료
- 연료가스, 정제 연료유 생산
- 부산 생곡지구 생활폐기물 연료화(RDF)발전 시설
  - 국내 최대(처리용량 : 900t/일), 전기생산량 : 25MW/h

5.9 해양에너지

(1) 개요

- 해양의 조수, 파도, 해류, 온도차 등을 변환시켜 전기 또는 열을 생산하는 설비를 말한다.
- 조력발전, 조류발전
- 파력발전
- 해수 온도차 발전

(2) 장점

- 깨끗함
- 에너지 공급량이 규칙적임
- 에너지자원 양이 무한함
- 소 · 중 · 대규모 발전이 가능

(3) 단점

- 조력발전
  - 수몰지역 발생
  - 해안 생태계 파괴에 영향을 미침
  - 시설 규모가 큼
  - 발전량에 비해 시설비가 비쌈
- 파력발전, 해양 온도차 발전
  - 에너지 밀도가 작음
  - 소비자와의 거리가 멀다
  - 시설비가 비쌈

(4) 국내 주요 적용 사례

- 시화호 조력발전소 : 국내 최초, 발전용량 : 254MW
- 가로림만 조력발전소 설치계획-연간 발전량 : 840GW
- 울돌목 조류발전소 : 발전용량 1,000kW
  - 영국에 이어 세계 2번째 조류 발전
- 파력발전소 : 제주도 해군기지 100kW 석용 예정
- 해양수산부

2018년까지 해수냉난방, 해수온도차 발전, 바이오에너지 기술개발 계획 발표

5.10 석탄가스화 액화

(1) 개요

- 석탄 및 중질잔사유의 저급연료를 액화 또는 가스화시켜 전기 또는 열을 생산하는 설비이다.
- 직접액화, 간접액화(석탄가스화 후 촉매상 액화)
- 가스화복합발전(IGCC)
- 석탄 디젤화, 석탄 휘발유화

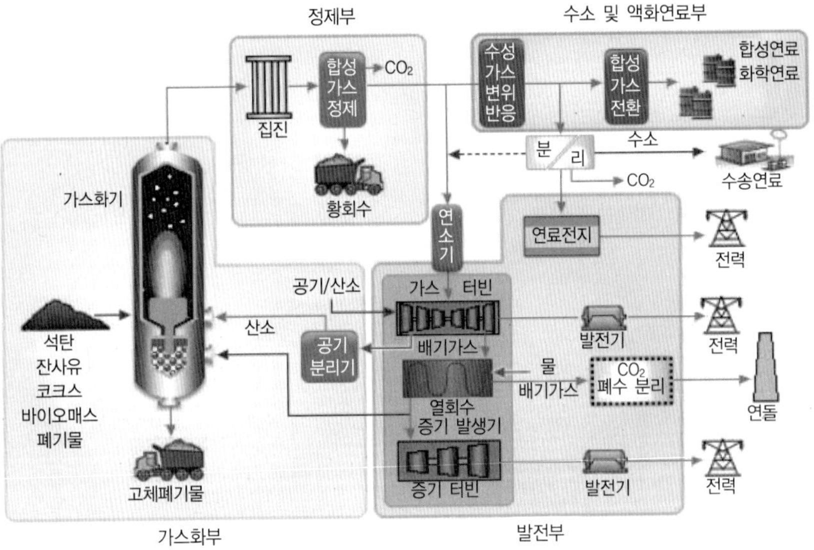

그림 2-11 석탄 액화 가스화 개념도 (출처 : 에너지관리공단)

(2) 장점

- 석탄
  - 부존량이 풍부
  - 편재성이 석유보다 적음
  - 가격이 저렴함
- 가스
  - 불순물 거의 없음
  - 연소조정 편리
  - 연소장치 간단
  - 석유와 유사 특징

(3) 단점

• 석탄
  - 취급의 불편
  - 재의 처리문제
  - 공해 대책이 필요
  - 수송시설(Infrastructure)
  - 노동력 확보

• 가스
  - 기체로서 저장과 해상수송 상의 제한
  - 거액투자 소요(LNG)
  - 고가격(LNG/LPG)

(4) 국내 주요 적용 사례

• 가스화 복합 발전소
  - 2014년 충남 태안 300MW급 준공 및 운영

5.11 수력에너지

(1) 개요

• 수력발전은 물의 유동 및 위치에너지를 이용하여 발전 신재생에너지 연구개발 및 보급 대상은 주로 소수력 발전기를 대상으로 한다.

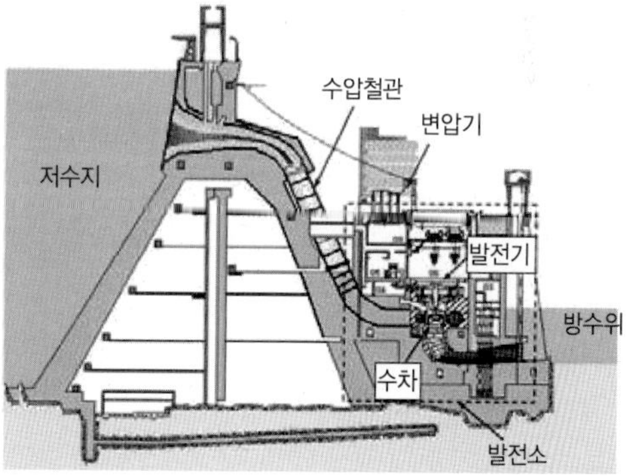

• 소수력 발전

(2) 장점

• 발전원가 저렴 무공해

(3) 단점

• 수몰 보상 지역적 편재

(4) 국내 주요 적용 사례

• 국내 소수력 발전 : 전체의 0.3% 수준

- 4대강 사업으로 소수력 발전량 증가
  - 세종보, 강천보 등 16개소 가동
  - 연간 2억 7,000만kW 생산 공급 가능

5.12 신재생에너지원별 비교

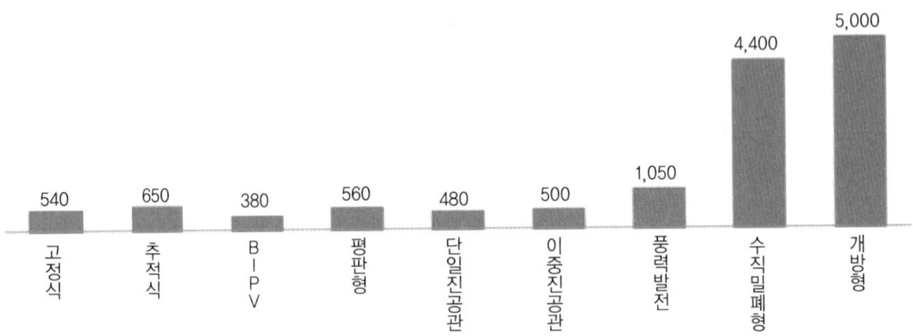

그림 2-12 신재생에너지 투자비용 50억 시 취득 가능 에너지 (출처 : 에너지관리공단)

표 2-12 건축물 적용방식에 따른 신재생에너지 종류별 비교 (출처 : 에너지관리공단)

구 분	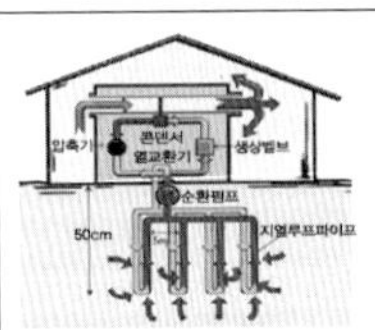			
에너지원	지 열	태양광	태양열	풍 력
1,000kcal/h당 가격	135만 원	1,170만 원	820만 원	540만 원
단위에너지생산량	2,045kWh/m^2 · yr	1,358kWh/m^2 · yr	745kWh/m^2 · yr	1,430kWh/kW · yr
사용시간	연중	일광 시	일광 시	바람이 불 때
시스템용도	냉난방	발전	냉난방, 급탕	발전
환경적인 제한	지역적 제한	동절기, 흐린 날 등 계절적 영향	동절기, 흐린 날 등 계절적 영향	2m/s 이상 풍속 유지
입지조건	지층안정지역	일조량이 많은 지역	일조량이 많은 지역	바람이 많은 지역
수명	30~50년	집광판 20~30년	집열판 20~30년	20~30년
투자회수기간	7년 정도	10년 정도	3~6년 정도	10~15년 정도
기타	장시간 연속 운전 시 열회복시간 필요	• 낮은 에너지 밀도로 넓은 설치면적 필요 • 간헐적 공급으로 낮은 경제성		• 불규칙한 바람 • 발전설비 • 유지보수 • 소음(중대형)

5.13 국내 신재생에너지 잠재량

표 2-13 국내 신재생에너지 잠재량 (단위 : toe) (출처 : 에너지관리공단)

구분		부존 잠재량	가용 잠재량	기술적 잠재량	비고
태양열		11,159,495	3,483,910	870,977	태양열 시스템 변환효율(25%) 고려
태양광				585,315	태양광 시스템 변환효율(15%) 고려
풍력	육상	121,433	24,293	8,097	2MW급 국산 풍력발전기 적용
	해상	172,781	60,813	22,264	3MW급 국산 풍력발전기 적용
수력		126,273	65,210	20,867	
바이오매스		141,855	11,656	6,171	
지열		2,352,347,459	160,131,880	233,73	심부지열
해양	조력			2,559	
	조류			288	
	파력	352,000	17,600	3,500	파력(4MW/km^2 발전기 적용)
총 계		2,364,421,296	163,795,362	1,753,831	

주) 자원 잠재량 용어의 정의 및 구분

(용어정의) 한반도에 존재하는 신재생에너지 자원량을 측정 및 평가하기 위하여 다음의 용어를 정의하여 활용하기로 한다.

- 부존잠재량 : 한반도 전체에 부존하는 에너지 총량을 나타냄.
- 가용잠재량 : 에너지 활용을 위한 설비가 입지할 수 있는 지리적인 여건을 고려한 값으로 활용 가능한 에너지의 양을 산정함.
- 기술적 잠재량 : 현재의 기술 수준으로 산출될 수 있는 최종 에너지의 양을 나타낸 값으로 기기의 시스템 효율 등을 적용함.

Chapter Three

태양열(Solar Thermal)

1 태양에너지

1.1 개 요

태양은 광에너지로써 지구상의 생명 존속에 영향을 미치며, 조명원으로 이용되고, 열에너지로서는 직·간접적으로 여러 가지 자연작용과 동·식물의 활동에 사용되고 있다.

태양은 지구에 비해 훨씬 크고 지름도 110배인 140만km이며, 지구로부터 약 1.5억km 거리에 위치하고, 3.85×10^{23}kW의 에너지를 발산하고 있다. 우리가 무심코 1분 동안 태양으로부터 받는 열과 빛은 놀랍게도 덤프트럭 4,000만 대에 가득 실은 석탄을 한 번에 태우는 것과 맞먹는 양인데도 온 지구가 받는 양은 태양이 사방으로 내뿜는 전체 열과 빛의 22억분의 1밖에 안 된다. 그것만으로도 지구에서 나무와 풀이 자라고, 꽃이 피며, 일광욕 등을 즐길 수 있고, 우리가 살아가는 데 필요한 에너지를 공급한다는 것을 생각해 본다면 태양에너지가 얼마나 대단한 것인지 알 수 있다.

1.2 태양과 에너지

태양이 타고 있다는 말은 사실 나무나 석탄이 타듯이 탄다는 것은 아니다. 태양은 수소폭탄과 같은 원리로 원자력에 의해 빛과 열을 만들어내고 있다. 태양은 1500만도나 되는 뜨거운 상태이다. 그렇기 때문에 수소원자가 1초 동안에 800킬로미터라는 엄청난 속력으로 날아다니면서 서로 부딪치고 차례로 합쳐져서 헬륨원자로 변한다. 그럴 때에 굉장한 빛과 열이 나오는데 석탄이나 나무가 탈 때와는 전혀 달라 매우 작은 양에서도 많은 열이 난다. 수소 1톤이 헬륨으로 바뀔 때에 석탄 3,000만 톤을 한꺼번에 태우는 것과 맞먹는 에너지가 나온다고 하니 엄청난 것이다. 즉 지구는 1초 동안에 1,000개의 수소폭탄이 터지는 에너지를 쬐고 있는 셈이다.

태양이 지구에 보내는 에너지와 맞먹을 만한 에너지를 만들어내려면 커다란 발전소가 1억 5,000만 개는 있어야 한다. 태양에서 발산하여 대기권에 도달한 1.38kW/m^2의 에너지 중에서 70%인 1kW/m^2가 지표에 도달하고, 51%가 직사광선으로, 19%가 산란광으로서 열로 전환된다. 대기의 구성물질에 의한 흡수뿐만 아니라 대기 중을 떠다니는 에어로졸들, 즉 구름과 안개 및 황사, 그리고 인간의 활동에 의해 발생하는 스모그 등 역시 지표면으로 떨어지는 태양복사에너지를 감소시킨다. 태양에너지는 청정하고 무한한 자원으로 간접적으로는 풍력과 수력에, 직접적으로는 열, 빛, 광합성, 바이오매스 등의 형태로 이용되고 있으며, 이용 가능한 에너지 밀도가 작고 계절과 날씨, 시간의 변화에 따라 이용에 제한을 받는다.

2 태양열 시스템

2.1 개요

태양열 시스템은 태양으로부터 오는 복사광선을 흡수하여 열에너지로 변환시켜 다양한 분야에 이용하는 설비이다. 가장 오래 전부터 일반적으로 사용되는 분야는 온수급탕 및 난방인데, 이는 연중 비교적 저온의 열에너지를 이용하는 분야이다.

태양열 시스템에서 생산되는 열에너지는 전기에너지와 같이 다양한 기기의 에너지원으로 이용되지 못한다는 단점은 있지만 최종 에너지원의 약 50%는 결국 열에너지로 이용된다는 점을 감안하면, 태양열 시스템은 상대적으로 효율이 높고 활용성 및 경제성이 우수한 신재생 에너지원이라고 할 수 있다.

우리가 흔히 이용하는 태양열 시스템은 일반적으로 태양으로부터 오는 복사광선을 흡수하여 열에너지로 변환(필요시 저장)시켜 건물의 냉난방 및 급탕, 산업공정열, 열발전 등에 활용하는 기술로 100℃ 이하의 열원을 생산하여 온수급탕 및 난방에 사용하는 저온형 태양열 시스템과 250℃~300℃의 열원을 생산하여 산업공정열 및 태양열발전에 이용하는 중·고온형 태양열 시스템이 있다.

태양열 시스템 특징

■ 장점
- 무공해, 무제한 청정에너지원
- 기존의 화석에너지에 비해 지역적 편중이 적음
- 다양한 적용 및 이용성
- 저가의 유지보수비

■ 단점
- 밀도가 낮고, 간헐적임
- 유가 변동에 따른 영향이 큼
- 초기 설치비용이 많음
- 봄, 여름은 일사량 조건이 좋으나 겨울철에는 조건이 불리함

2.2 태양열 이용기술

2.2.1 태양열 열매체의 구동장치 유무에 따른 분류

자연형(Passive) 시스템과 설비형(Active) 시스템으로 구분된다.

(1) 자연형 태양열 시스템

온실, 트롬월과 같이 남측의 창문이나 축열벽 등 주로 건물구조물을 활용하여 태양열을 집열하여 이용하는 장치이다.

그림 3-1 자연형 태양열 시스템

(2) 설비형 태양열 시스템

집열기를 별도로 설치하여 펌프와 같은 열매체 구동장치를 활용함으로써 태양열을 집열하여 이용하는 시스템이다.

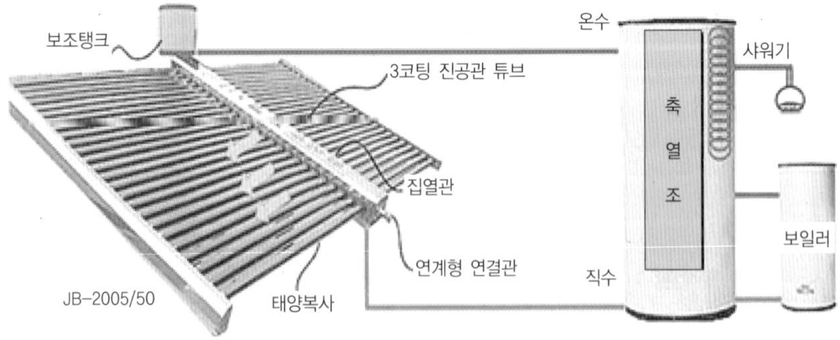

그림 3-2 설비형 태양열 시스템

2.2.2 집열 및 활용 온도에 따른 분류

일반적으로 저온용, 중온용, 고온용으로 분류한다.

표 3-1 집열 · 활용 온도에 따른 분류

구 분	자 연 형	설 비 형		
	저온용		중온용	고온용
집 열 부	자연형 시스템 공기식 집열기	평판형 집열기 진공관형 집열기	PTC형 집열기 CPC형 집열기	Dish형 집열기 Tower형 집열기 태양로
축 열 부	축열벽(잠열, 현열)	저온축열(현열, 잠열)	중온축열(현열, 잠열)	고온축열(화학)
이용분야	건물공간 난방	냉난방 급탕 농수산(건조, 난방)	건물 및 농수산 냉난방, 담수화, 산업공정열, 열발전	산업공정열, 열발전, 우주용, 광화학, 신물질제조 등

2.2.3 이용 분야에 따른 분류

(1) 태양열 온수 급탕 시스템

저온형 태양열 시스템에서 가장 일반적으로 이용하는 분야이며, 연평균 약 15℃ 정도의 시수를 약 40℃의 온수로 가열하여 이용한다.

가. 자연형 태양열 온수기

집열기에서 집열된 태양열을 집열매체의 자연순환에 의해 축열조로 전달하는 방식이다. 따라서 집열매체의 순환을 위한 펌프가 필요 없으며, 이에 따라 펌프의 동작을 제어하는 제어기기도 필요 없는 장점이 있다. 그러나 집열매체의 자연순환이 이루어져야 하므로 축열조는 반드시 집열기 상부에 설치해야 하는 단점이 있다. 집열기는 설치여건상 지붕 위나 옥상 등에 설치하는 것이 일반적이므로 그 위에 설치해야 하는 축열조는 당연히 야외에 노출될 수밖에 없으며, 이에 따라 건축물 외관이 미려하지 못하고 축열된 열의 손실이 증가하는 문제도 발생한다. 또한 무거운 축열조 설치로 인한 건축물의 구조적 안전 여부도 고려해야 한다.

그림 3-3 자연형 태양열 온수기

나. 설비형 태양열 온수기

집열기에서 집열된 태양열이 펌프에 의한 집열매체의 강제순환에 의해 축열조로 전달되는 방식이다. 펌프에 의한 집열매체 순환이 이루어지므로 축열조를 집열기의 위치에 상관없이 자유롭게 설치할 수 있으며, 외부로는 집열기만 노출시켜 설치할 수 있으므로 외관이 미려하고 축열된 열이 외기로 인한 손실을 줄일 수 있다. 또한 집열기 내를 흐르는 집열매체의 유속이 자연형에 비해 상대적으로 크므로 내부 열전달계수의 증가로 열적 향상도 자연형보다 우수하다. 그러나 설비형은 집열매체 순환을 위한 별도의 펌프가 필요하며, 펌프동작을 위한 전력이 필요하다는 단점이 있다. 또한 펌프동작을 위한 제어장치 및 센서를 설치해야 하므로 공사비가 자연형에 비해 증가하지만 열효율이 우수하므로 태양열 급탕 시스템은 설비형이 일반적으로 많이 적용되고 있다.

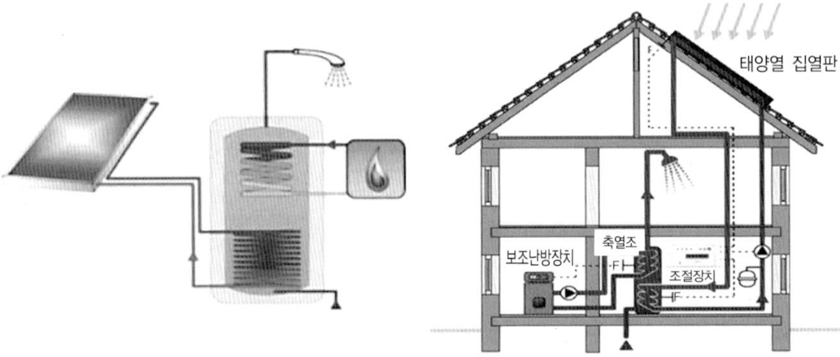

그림 3-4 설비형 태양열 온수기

(2) 태양열 난방 시스템

태양열 축열조에 저장된 온수를 이용하여 난방에 활용하는 시스템으로 태양열을 최대한 활용할 수 있도록 보조열원과 제어장치 등으로 구성되며, 집열면적 증대 시 난방이 가능하고 하절기 잉여열량의 효율적이고 합리적인 이용이 관건이다.

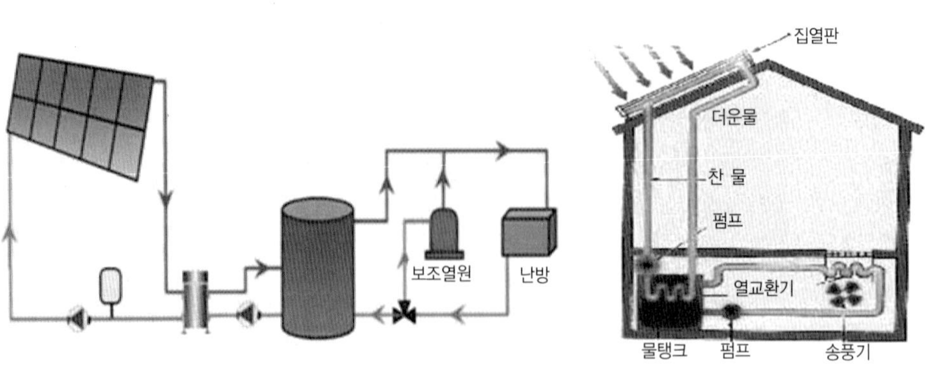

그림 3-5 태양열 난방 시스템 (출처 : 에너지관리공단)

(3) 태양열 냉방 시스템

태양열 축열조에 저장된 온수(88℃ 이상)를 흡수식 냉동기 구동열원으로 공급하여 냉수(7℃)를 생성시켜 FCU 등 냉방기에 공급하여 냉방을 수행하는 방식이다. 흡수식 냉동기를 구동하기 위해서는 88~90℃의 온수가 필요하며 안정적인 온수공급을 위해서는 일정 규모 이상의 진공관형 및 PTC 타입의 집열기가 설치되어야 한다. 또한 우천시, 날씨가 흐린 날 등 태양열의 집열이 불가능한 때를 대비한 보조시스템을 설치하여야 하므로 집열기 설치비용, 보조열원 설치비용 등이 고가이며 제어가 복잡하다.

최근 태양열 흡수식 냉동기의 성능이 낮다는 단점을 보완하기 위해 일사량이 많을 때에는 흡수식 냉동기로 작동하고, 우천시와 같이 일사량이 적을 때에는 가스로 구동하는 하이브리드 흡수식 냉온수기를 개발하여 활용가치를 높이고 있다.

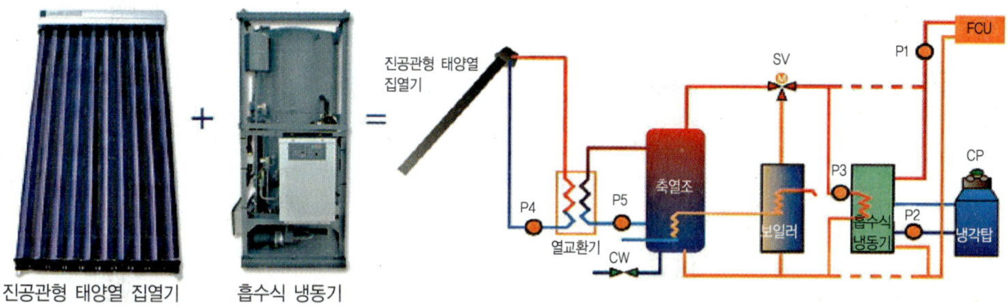

그림 3-6 태양열 냉방 시스템 (출처 : 에이팩엔지니어링)

(4) 태양열 공정열 및 담수화 시스템

태양열을 이용하여 고온의 온수를 생성하여 생산공장의 공정에 필요한 온수 및 증기를 공급하는 방식이며, 최근 많은 에너지를 필요로 하는 해수의 담수화 공정에서 진공관

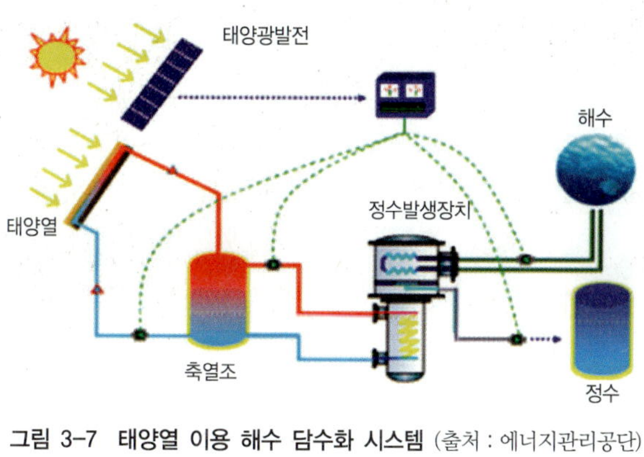

그림 3-7 태양열 이용 해수 담수화 시스템 (출처 : 에너지관리공단)

형 집열기를 이용하여 해수를 가열하고 태양광 집광판에 의해 펌프를 구동하는 전기를 공급하는 시스템으로 전기가 공급되지 않는 지역에도 설치가 가능하다.

(5) 태양열 발전 시스템

햇빛을 반사판에 집중시켜 약 1,000℃까지 열을 얻고, 이 열을 이용하여 증기를 발생시켜 터빈을 구동하여 전기를 생산하는 방식이다. 반사판은 간접광을 이용하는 집열판과 달리 직사광만을 이용할 수 있기 때문에 구름이 적고 햇빛이 강한 지역에 적합하다. 태양열 집열판은 홈통형, 접시형, 타워형의 고온을 얻을 수 있는 형식이 적합하며, 햇빛을 집중시켜 채열이 가능한 집중장치, 열매체로 열을 전달하는 흡수장치, 열에너지를 전기에너지로 변환하는 변환장치, 열매체를 변환장치까지 전달해주는 전달 및 저장장치로 구성된다.

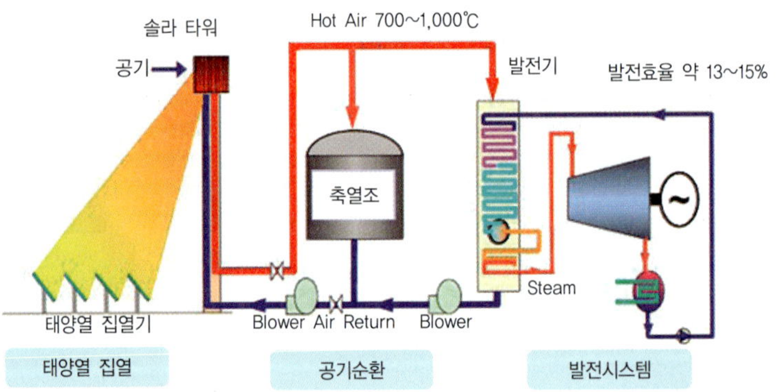

홈통형(PTC) 타워형(Tower) 접시형(Dish)

그림 3-8 태양열 발전 시스템(출처 : 에너지관리공단)

3 태양열 시스템 구성요소

3.1 개 요

태양열 시스템은 그림 3-9와 같이 태양열을 모으는 집열기, 모아진 열을 저장하는 축열조, 그리고 저장된 열을 이용하는 이용부로 구분할 수 있다.

이 밖에 집열기와 축열조 사이에 집열매체(부동액)와 축열매(물) 사이에 열을 교환하는 열교환기, 각 매체를 순환시키는 펌프, 그리고 이러한 구성요소가 최적의 조건에서 원활하게 작동될 수 있도록 하는 제어기기가 포함되며, 태양열 에너지는 에너지밀도가 낮고 계절별, 시간별 변화가 심한 에너지이므로 집열과 축열기술이 가장 근본이 되는 기술이다.

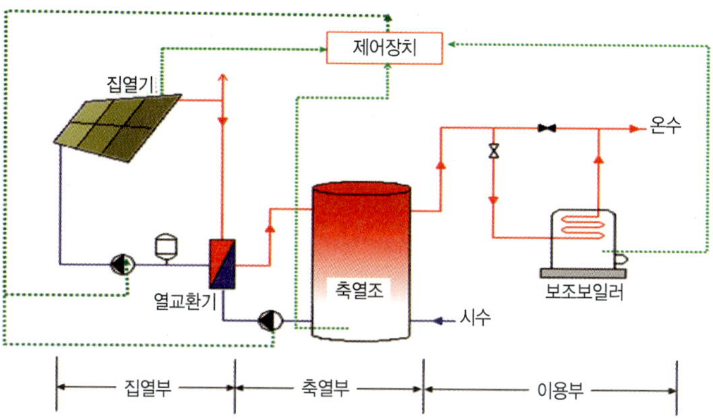

그림 3-9 태양열 시스템 구성요소 (출처 : 에너지관리공단)

태양열 시스템 구성요소

- 집열부 : 태양열 집열이 이루어지는 부분으로 집열온도는 집열기의 열손실률과 집광장치의 유무에 따라 결정됨
- 축열부 : 집열 시점과 집열량이 이용 시점과 부하량에 일치하지 않기 때문에 필요한 일종의 버퍼(Buffer)역할을 할 수 있는 열저장 탱크-태양열을 온수로 축열
- 이용부 : 태양열 축열조에 저장된 태양열을 효과적으로 공급하고 부족할 경우 보조열원에 의해 공급
- 제어장치 : 태양열을 효과적으로 집열 및 축열하고 공급, 태양열 시스템의 성능 및 신뢰성 등에 중요한 역할을 해주는 장치

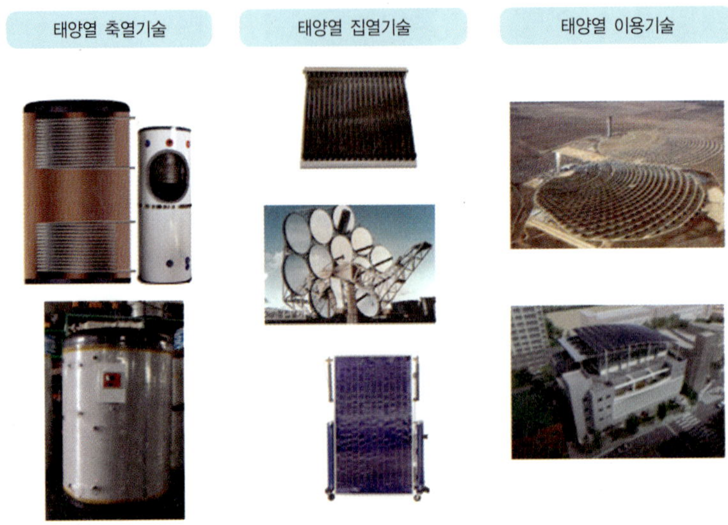

그림 3-10 태양열 시스템 기술요소 (출처 : 에너지관리공단)

3.2 태양열 집열기

가장 일반적인 태양열 집열기는 평판형(Flat Plate Type)과 진공관형(Evacuated Tub Type)이 있다. 이는 집광형이 아니기 때문에 일반적으로 저온열에너지로도 가능한 온수 급탕 및 난방이나 저온열원이 필요한 공정에 적용할 수 있다. 2000년대 중반 이전에는 대부분 평판형 집열기를 이용했으나, 중국에서 생산된 진공관형 집열기가 저가로 수입 · 보급되면서 진공관형 집열기가 많이 보급되고 있다.

집열기에서 열에너지로의 전환은 집열기의 흡열판에 태양에너지가 흡수되어 흡열판이 데워지면 흡열판 내부 또는 상부를 흐르는 집열매체로 이 열이 전달되고, 집열매체의 열이 열교환기를 거쳐 축열조로 전달되어 온수를 생성한다.

우리나라는 겨울철 외기 기온이 빙점 이하로 내려가기 때문에 외부에 노출된 집열매체로는 부동액을 이용할 수밖에 없으며 열교환기가 필수적이다.

3.2.1 태양열 집열기의 분류

태양열 시스템에 적용되는 태양열 집열기는 다음 표 3-2와 같이 분류할 수 있다.

표 3-2 태양열 집열기의 종류

구 분	저온용	중·저온용	중온용	고온용
집열기 종류	평판형 집열기	진공관형 집열기	PTC형 집열기 CPC형 집열기	접시형 집열기 Power Tower 태양로
사용온도	90℃ 이하	150℃ 이하	300℃ 이하	300℃ 이상
적용분야	건물 급탕, 난방 농수산 저온공정열	건물 냉·난방 급탕 산업공정열 폐수처리 해수담수화		산업공정 열발전 우주용 화학용

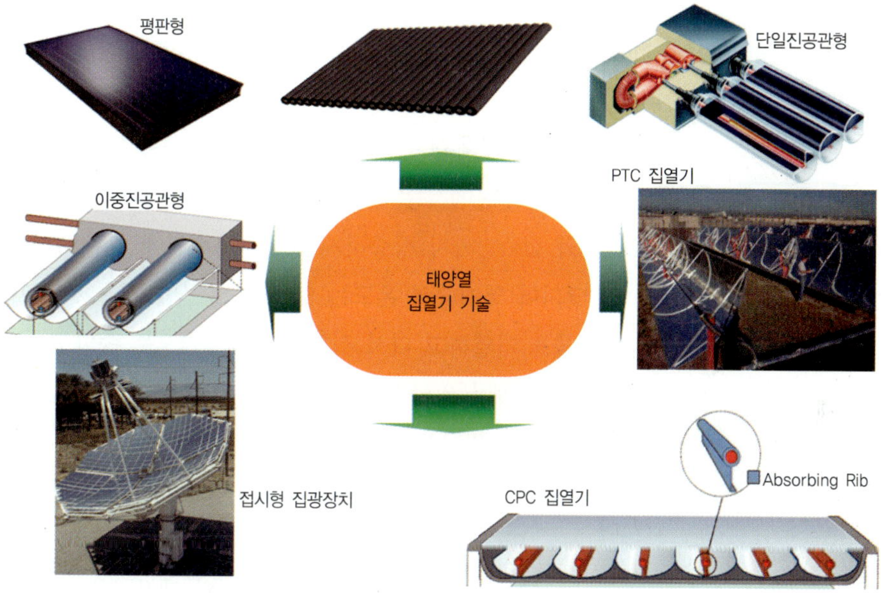

그림 3-11 태양열 집열기의 종류 (출처 : 에너지관리공단)

태양열 집열은 집열기에 의해 이루어진다. 이들 태양열 집열기는 집열온도에 따라 그림 3-11에 있는 바와 같은 것들이 상용화되었다. 집열온도는 집열기 열손실률의 크고 작음과 집광장치 유무에 따라 결정된다. 즉 집열기의 열성능에서는 열손실계수가 작을수록, 그리고 집광비가 클수록 높은 온도를 얻을 수 있는 집열기이다.

저온용 집열기는 태양광선을 집광하는 장치 없이 집열하는 집열기로써 평판형 집열기와 진공관형 집열기가 그 대표적이다. 이중에서 진공관형 집열기는 유리관 내부를 진공으로 만들어 열손실을 최소화시킨 것으로 비집광형 집열기임에도 불구하고 비교적 높은 온도를 집열하는 데 효과적이다. 중온용 및 고온용 집열기는 집광장치가 있어서 일사광선을 고밀도로 집광하여 집열하는 집열기들이 여기에 포함되며, 대체로 집광비에 따라 집열온도가 달라진다. 즉 집광비가 큰 것일수록 집열온도가 높은 집열기이다.

(1) 평판형 집열기

금속케이스에 스테인리스나 알루미늄으로 만들어진 집열판을 배치하여 표면측을 강화유리로 감싼 구성을 하고 있으며, 집열판의 뒷면과 측면에는 유리섬유 등의 단열재를 배치하여 방열을 막는 구조로 되어 있다.

전 세계적으로 가장 많이 사용된 집열기로써 집열기가 평판형 형태로 현재까지 발전해온 여러 형태의 집열기 중 비교적 단순한 형태이어서 가장 널리 사용되어 왔는데, 이는 조립 및 설치 관리에 소요되는 비용이 저렴하고 건물 형태와 잘 조화를 이룰 수 있는 구조로 되어 있기 때문이다.

집열기의 구조는 투과체, 흡수판, 열매체관, 단열재 등으로 구성되며, 일사광선이 투과체를 통과해 흡수판에 도달되면 흡수판에서는 복사광선을 흡수하여 열에너지로 변환시키고, 집열판 내부의 온도가 약 200℃까지 상승하게 되고, 흡수판에 붙은 열매체관 내의 열매체(부동액)로 열이 전달되어 열매체의 온도는 약 90℃로 상승한다. 이 열매체가 축열조로 가서 난방 · 온수용 물을 가열하고 다시 집열판으로 들어오는 순환구조이다.

흡수판은 평판형인 경우 보통 짙은 막이 씌워진 알루미늄, 구리 같은 금속이고 외부에는 검은색 도료를 칠하기도 하고(빛의 흡수율이 15% 밖에 안 됨), 검은색 크롬으로 도금하기도 한다. 도금하면 수명이 반영구적이고 흡수율이 80%에 이르며, 이외 흡수율이 95%에 이르는 이산화티탄 코팅제도 있다.

평판형 집열기는 구조적으로 안정성을 기대할 수 있고, 장수명과 제작비용이 적게 든다는 장점이 있지만, 고온영역에서 열손실 증대로 인한 열효율이 저하되는 단점도 있다. 최근 유리면으로부터 대류전열을 억제하기 위해 유리 아래에 특수 수지성형의 투명단열

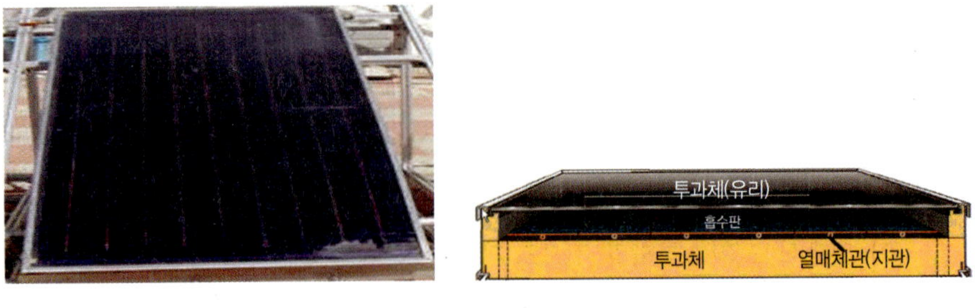

그림 3-12 평판형 집열기 (출처 : 에너지관리공단)

재로 성능을 높여 열손실을 최소화하여 120℃ 이하의 영역까지 사용할 수 있는 고효율 평판형 집열기가 개발되었다.

(2) 진공관형 집열기

평판형 집열기의 단점인 고온영역에서 열손실을 최소화시킨 집열기로서 유리관 내부를 진공시켜 공기의 유동으로 인한 열손실을 극소화시킨 집열기이다. 국내에서도 이미 수년 전에 단일 진공관 집열기가 개발되어 판매중에 있으며, 세계적으로는 중국산 진공관형 집열기가 주류를 이루고 있다. 진공관형 집열기는 구조에 따라 단일 진공관형 집열기와 이중 진공관형 집열기로 나누어진다. 또한 집열매체방식에 따라 직접 순환식(Direct Flow)과 히트파이프식(Heat Pipe Method)으로 분류되고, 진공관형의 장점은 역시 전도 및 대류 손실을 극소화시킴으로써 사용온도 영역이 약 80~170℃까지 올라갈 수 있다는 점이다. 평판형 집열기가 100℃ 이하까지 커버하는 것에 비하면 상당한 진전이라고 할 수 있다.

진공관형 집열기는 대류손실을 억제하기 위해 흡열판과 투과체 사이를 진공상태로 만들어 상대적으로 고온을 얻고자 하는 경우 평판형 집열기에 비해 매우 유리한 장점은 있지만, 원통형 구조의 진공관이 태양일사를 반사시키기 때문에 최대효율(집열기 입구 집열매체의 온도와 외기온도가 같은 경우의 효율)은 평판형 집열기보다 낮은 단점을 가질 수밖에 없다. 또한 각각의 진공관을 지지하는 지지대 때문에 각 진공관 사이에 틈이 생길 수밖에 없어 집열기에 입사되는 태양에너지 일부를 활용하지 못하는 문제도 있다. 따라서 진공관형 집열기는 고온의 열을 얻는 경우 평판형 집열기에 비해 유리하다는 장점이 있지만, 최대효율은 낮다는 점과 제작비용이 비싼 특징을 갖는다.

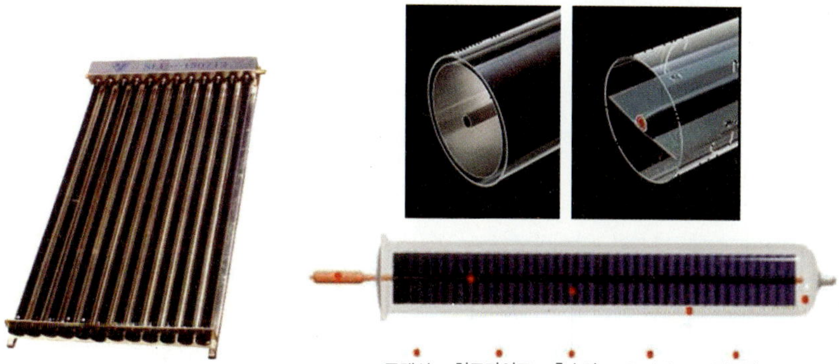

그림 3-13 진공관형 집열기 (출처 : 에너지관리공단)

진공관형 집열기는 내부가 진공상태이기 때문에 공기로 인한 대류 및 열전도에 의한 손실이 평판형보다 적어 겨울에 평판형의 효율이 절반으로 떨어지는 반면 진공관형은 그대로 효율을 유지하며, 여러 개의 진공관을 연결하여 만드는 데 흡수판 면적이 평판형보다 적은 단점이 있다.(집열판에서 흡수판이 차지하는 비율이 각각 85%, 60%임.)

앞으로의 진공관형 집열기 개발 요점은 신뢰성 제고, 즉 제품의 수명을 보다 증대시키는 것이라 할 수 있다.

(3) CPC 집열기(Compound Parabolic Concentrator)

CPC 태양열 집열기는 집광비가 매우 적은 반사판이 있어서 일사광선을 집광하여 집열하는 집열기로 반사판이 태양추적 없이 직달 및 산란일사 모두를 집광할 수 있는 장점이 있다. 외부의 유리관이 없는 것도 있으며, 내부에 있는 유리관 및 흡수관 대신 진공관 집열관을 사용하는 것도 있고, 평판과 진공관 타입으로의 제작이 가능하다.

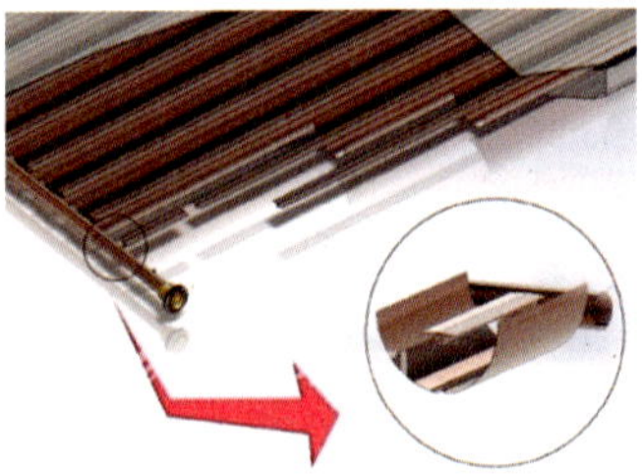

그림 3-14 CPC 진공관형 태양열 집열기 (출처 : 에너지관리공단)

(4) PTC형 집열기(Parabolic Trough Concentrator)

포물선 형상의 반사판(태양의 고도에 따라 태양을 추적)이 있고, 그 가운데 흡수판 역할을 하는 집열관이 있다. 반사판에 의해 집광된 일사광선은 집열관에 집광되고 집열관 내부의 열매체를 가열시키는 구조이다. 집열기는 일사광선을 고밀도로 집광하기 때문에 고온의 온도를 얻을 수 있으며, 또한 열손실 면적이 집열관에 국한되기 때문에 열손실도 적어진다.

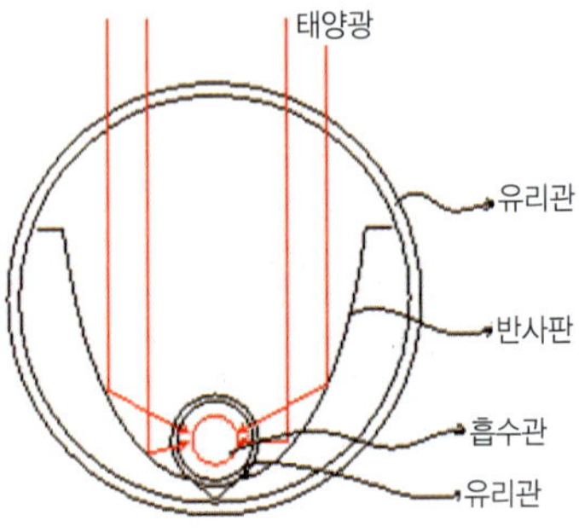

그림 3-15 CPC 집열기 구조
(출처 : 에너지관리공단)

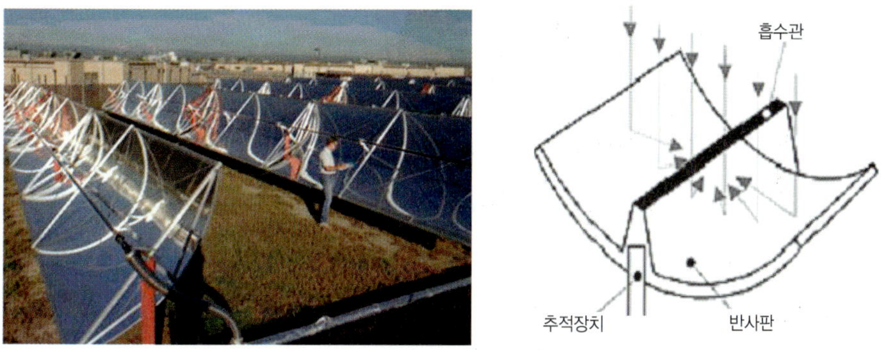

그림 3-16 PTC형 태양열 집열기 (출처 : 에너지관리공단)

200~250℃ 정도를 손쉽게 얻을 수 있으며, 태양으로부터 직접 오는 직달일사만 집열이 가능하고 집열기에 입사되는 각도가 일정치 않은 산란일사는 집열관에 집광되지 않으므로 직달일사가 많은 청명한 지역에 사용하는 것이 효과적이다.

(5) 접시형 집열기

일사광선이 한 점(Point Focus)에 집광될 수 있는 접시모양의 반사판이 있는 집광형 집열기로서 태양을 3차원으로 추적하는 추적장치가 있으며, 적은 면적의 흡수부가 있다. 집광비에 따라 집열온도가 달라지며 주로 수백도(度)의 온도를 집열하는 데 사용이 가능하여 태양열 발전용으로 사용된다.

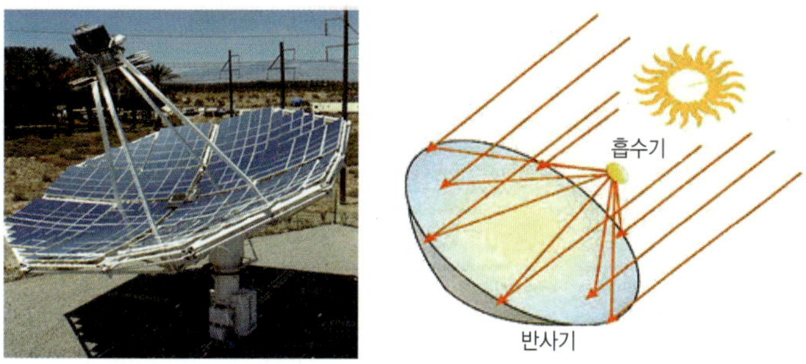

그림 3-17 접시형 태양열 집열기 (출처 : 에너지관리공단)

3.3 축열조

태양열 집열기를 통해 열판에서 데워진 열매체는 축열조 속(또는 외부)에 설치되어 있

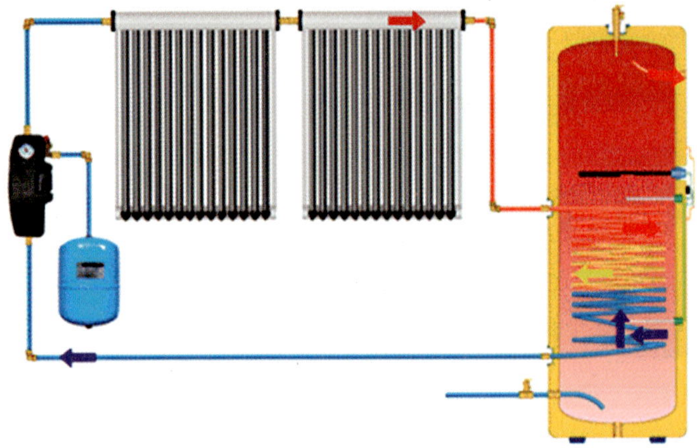

그림 3-18 태양열 시스템 축열조(출처 : (주)썬레인코리아)

는 열교환기로 이동되어 축열조 속의 물을 가열하여 온수를 사용한다. 축열조 밑에서 찬물이 유입되고 열교환기는 이 물을 사용온도(급탕 40℃, 난방 60℃)까지 가열한다. 축열조는 열손실을 줄이고 부식을 막기 위해 내식성이 강한 스테인리스 재질을 사용하며 열손실을 방지하는 보온시공을 해야 한다. 태양열 집열기를 통해 얻을 수 있는 열에너지는 기상조건에 따라 변하고, 열에너지의 수요와 공급 사이에는 시간적, 양적, 질적 차이가 불가피하다. 따라서 이러한 열에너지의 부하격차를 해소하기 위한 축열조 또한 매우 중요한 기기라 할 수 있다. 축열조가 일반적으로 갖추어야 할 조건은 단위부피 또는 단위질량당 저장할 수 있는 열에너지가 커야 하며, 열을 저장하는 축열매체가 인체 및 환경에 무해하고 경제적이어야 한다.

일반적으로 저온형 태양열 시스템에는 물을 축열매체로 이용하는데, 축열조 내 온도 성층화가 전체적인 태양열 시스템에 미치는 영향은 크므로 급탕량에 적합한 용량 및 온도성층화, 열손실 방지 보온시공 등이 충분히 고려되어야 한다.

3.4 팽창탱크

액체 순환계에서는 액체 온도의 높낮이에 따라 시스템 전체의 체적이 팽창과 수축을 하면서 변화한다. 온도변화에 의한 액체의 수축·팽창으로 변화하는 양을 흡수하고 오버플로(월류)나 공기의 침입을 방지하기 위해 배관계 내에 설치하는 탱크가 팽창탱크이며, 개방식과 밀폐식이 있다.

물이 태양열을 받아 온도가 올라가면 물의 특성상 팽창될 수밖에 없는데, 팽창탱크가 팽창되는 물을 받아주기도 하고 부족한 물을 보충한다.

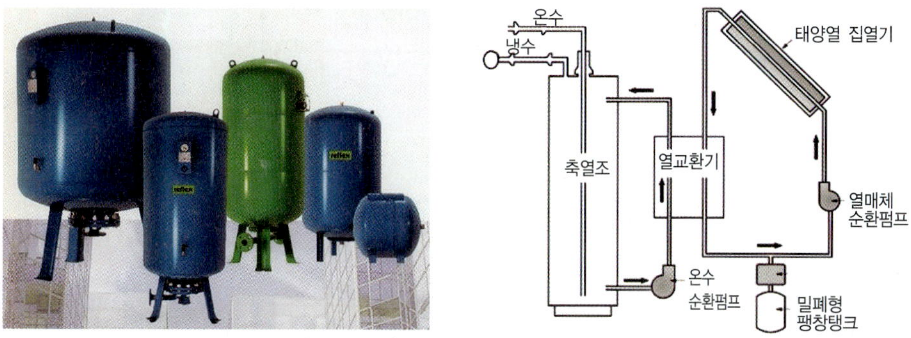

그림 3-19 태양열 시스템 팽창탱크 (출처 : 중앙엔지니어링)

3.5 열매체 순환펌프

태양열 집열기와 열교환기, 축열조 사이에 설치하여 온수를 강제순환시킬 목적으로 설치하며 In-Line형의 순환펌프가 사용된다.

그림 3-20 태양열 시스템 순환펌프 (출처 : 한국그런포스펌프(주))

3.6 자동제어장치

태양열 시스템을 효율적으로 집열 및 축열하고 공급하며, 태양열 시스템의 성능 및 신뢰성 등에 중요한 역할을 하는 장치의 총칭이다. 태양열 시스템의 효율적인 운전을 위해

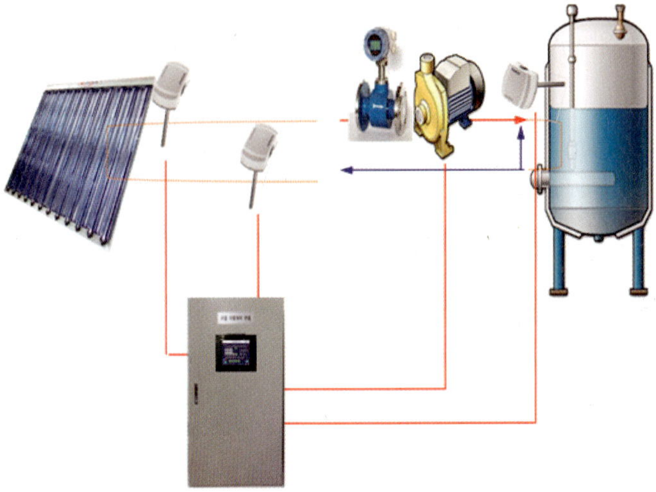

그림 3-21 태양열 시스템 제어장치 (출처 : 월간 설비)

서는 열에너지 획득이 가능한 조건에서 집열매체가 집열기를 순환하여 열을 얻을 수 있도록 제어되어야 한다.

일반적으로 온도가 가장 높은 지점으로 예상되는 집열기 상단부와 가장 낮은 지점인 축열조 하단부 사이의 온도차를 이용하여 작동 여부를 판단하는 차온제어방식을 사용한다. 즉 이 온도차가 설정된 값을 넘으면 집열기로부터 열을 획득할 수 있는 것으로 판단하며, 온도차가 작은 경우는 그렇지 않다고 판단하여 순환펌프가 정지하는 방식이다.

축열조 외부에 별도의 열교환기를 설치하는 중대형 시스템에서는 축열조와 열교환기 사이의 축열매체 순환펌프는 집열매체 순환펌프와 연동하여 작동되도록 제어한다.

3.7 태양열 과열방지 장치

3.7.1 태양열 시스템의 과열문제

태양열 온수급탕 시스템은 연중 사용이 가능하고, 비교적 낮은 온도를 이용한다는 점에서 고효율 운전이 가능하다.

그러나 국내에서는 열에너지가 많이 필요한 겨울철과 열에너지 사용이 급격히 감소하는 여름철이 동시에 존재하며, 특히 열에너지 수요가 많은 겨울철에 일사량이 적고, 불필요한 여름철에 일사량이 많은 기후조건을 갖고 있다. 따라서 열에너지 수요가 많은 겨

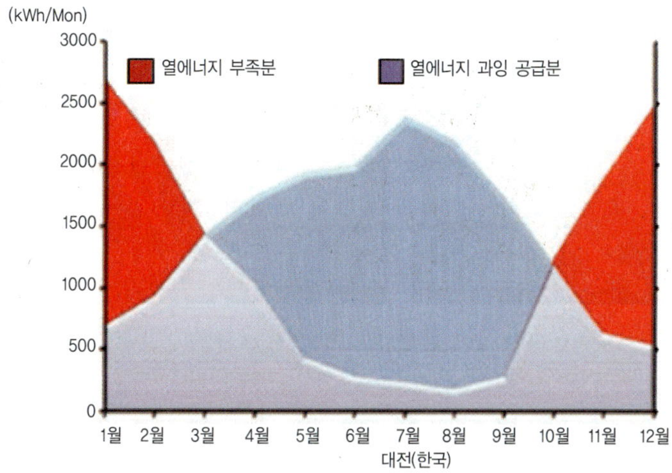

그림 3-22 연간 태양에너지 생산과 부하 불균형 (출처 : 월간 설비)

울철을 기준으로 태양열 시스템을 구축하면 열에너지 수요가 급격히 감소하는 여름철의 경우 태양열 시스템의 과열문제가 야기될 수밖에 없다.

그림 3-22는 연간 태양에너지로부터 생산 가능한 에너지와 소비하는 에너지부하 불균형 패턴을 나타낸 것으로 동절기에는 부하 대비 열에너지 공급이 부족하고, 하절기에는 열에너지 부하 감소로 생산되는 열에너지가 과잉공급되는 패턴을 보이고 있다.

태양열 시스템의 과열문제는 열부하(온수 사용량)가 급격히 감소하는 여름철에 주로 발생하며, 배관 파손, 열매체 누수, 펌프 파손 및 집열기 파손 등 태양열 시스템의 기계장치에 손상을 입히는 매우 심각한 문제를 발생시킨다. 태양열 시스템의 신뢰성 향상 및 효율적이고 안정적인 운영을 위해서는 반드시 태양열 시스템의 과열문제를 해결할 수 있는 방안이 필요하다.

3.7.2 태양열 시스템 과열방지 장치

최근 상용화된 태양열 집열기들은 고효율이라는 장점이 있으나 과열문제에 노출되어 있다. 특히 히트파이프를 사용하는 진공관형 집열기의 과열은 히트파이프 내부의 온도가 급격히 상승하여 히트파이프 자체를 파괴하는 문제를 초래하여 진공관형 집열기의 보급 활성화에 심각한 영향을 줄 수 있다. 여름철 태양열 시스템의 과열문제를 방지하는 방법으로 태양열 냉방시스템이 개발되어 중·대형 건축물 위주로 반영되고 있으나 가정용 등 소형에는 냉동기 설치 문제, 공사비 문제로 선택에 어려움이 있다.

그림 3-23 태양열 시스템의 과열현상 (출처 : 월간 설비)

따라서 이러한 문제를 해결하는 방법으로 여름철 사용자가 직접 집열기를 태양복사로부터 차폐시키는 방법이 사용되어 왔으나 이 경우 사용자가 직접 천이나 햇빛 가리개 등을 통해 일사를 차단시켜야 하는 번거로움이 있다.

태양열 시스템 과열방지 장치는 태양광과 태양열을 동시에 적용하는 태양광, 태양열 일체형 복합장치로 여름철 온수사용량 감소로 인한 태양열 시스템의 과열문제를 태양광 PV모듈을 통해 태양일사에너지를 차단시키는 장치이고, 자동이송장치 및 태양광, 태양열 복합 프레임, 자동제어 시스템 등으로 구성되며 시공가격이 고가인 방식이다.

태양광 모듈의 차폐신호는 온도센서에 의해 작동되며, 축열조 내부 및 태양열 집열기 상부온도의 과열방지 설정온도에 도달하면 태양열 집열기의 앞면을 PV모듈을 이용하여 집열기 앞면을 가리고, 온수 등 열에너지 사용으로 축열조 내부온도가 떨어지면 PV모듈은 다시 열리는 시스템이다.

PV모듈의 개폐를 제어하는 축열조 내의 온도는 사용자가 세팅이 가능하며 태양에너지장치의 유지관리비 절감 및 태양열 시스템 과열문제를 사전에 차단하여 안정적이고 효과적으로 태양열장치의 효율성 향상을 기대할 수 있다.

그림 3-24 태양열 시스템의 과열방지 장치 개념 (출처 : 월간 설비)

그림 3-25 태양열 시스템의 과열방지장치 설치 사례 (출처 : 월간 설비)

4 태양열 시스템 효율

태양열 집열기의 효율은 집열기에 입사되는 태양에너지 중에서 집열기를 순환하는 집열매체로 전달된 열에너지의 비율로 정의된다.

집열매체로 전달된 에너지, 즉 태양열 집열기가 취득한 열에너지는 투과체를 통과하여 흡열판에서 흡수된 열에너지에서 주위로 손실된 열에너지를 빼주면 된다. 따라서 집열기를 통해 얻은 열에너지를 크게 하려면 투과체의 투과율(τ)과 흡열판의 흡수율(α)을 높이고, 외부로부터의 열손실을 적게 해야 한다. 집열기의 효율은 집열기가 얻은 열량(Q)을 입사된 단위면적당 일사량(I)과 집열기 면적(A)의 곱으로 나눈 값이다.

$$\eta = \frac{Q}{I \times A} = F_r(\tau\alpha) - F_r U_L \frac{(t_1 - t_2)}{I}$$

η : 집열기 효율	τ : 투과율	α : 흡수율
Q : 집열기가 얻은 열량	I : 일사량	F_r : 외부로의 열손실
U_L : 열저항	t_1 : 집열기 입구 집열매체 온도	

t_2 : 외기온도

$F_r(\tau\alpha)$: 흡열판에서 흡수한 에너지

$F_r U_L \dfrac{(t_1 - t_2)}{I}$: 외부로의 열손실

태양열 집열판의 집열효율 향상

- 집열성능이 좋은 재료(예 : 열전도율이 높은 동파이프), 온실구조 및 단열 및 기밀시공 상태가 좋아야 한다.
- 집열판 온실 내부의 동파이프나 동판재료는 태양열이 반사하지 않고 흡수가 잘 되도록 내열 흑색 도장처리를 한다.
- 집열판의 연결배관과 온수저장조, 축열조의 열손실 방지, 보온시공을 강화한다.
- 집열판이 태양에너지를 잘 수열(受熱)할 수 있는 방위와 각도로 설치한다.
- 집열판으로 입수(入水)되는 냉수온도를 지중열(地中熱) 등으로 사전 예열하여 공급하는 방법을 검토한다. 태양열 온수집열판의 집열효율을 높이면 그만큼 집열판의 크기(설치면적)를 작게 할 수 있어 시스템 이용효율을 높일 수 있다.

5 태양열 시스템 설계, 관리 문제점

5.1 집열매체 관리

태양열을 이용한 시스템의 문제점은 구성기기 등의 파손과 잦은 고장이다. 기기의 파손은 주로 겨울철 동파로 인해 발생하는데, 이는 주로 집열매체의 부동액 관리 소홀에 의한 것이 대부분이다. 부동액은 특성상 주기적으로 농도를 점검하여 원액을 보충하거나 교체해야 한다. 또 하나의 기기파손은 여름철 과열에 의한 것이다. 여름철에는 온수급탕 및 난방 수요가 현격하게 줄어들기 때문에 시스템에 잉여열원이 발생하게 되고, 이에 따른 과열에 의해 배관연결 부위 파손, 누수 등의 고장원인이 되므로 여름철 과열을 방지하기 위해 축열조 내 저장된 열원을 주기적으로 제거시켜 주는 장치가 필요하다.

5.2 적정 규모 선정

열에너지는 일반적으로 겨울철에 많이 필요하고, 여름철에는 적게 필요하기 때문에

태양열 시스템의 적정 규모를 결정하는 것은 매우 어렵다.

겨울철 부하에 대비하여 규모를 크게 하는 경우 여름철 과잉을 우려해야 하며, 여름에 맞추어 작은 규모로 설치하는 경우, 필요 에너지 중 태양열 시스템이 공급하는 비율인 태양열 의존율이 매우 낮기 때문에 적절한 태양열 의존율(40%~70%)로 결정해야 한다.

겨울철 난방에 대한 태양열 의존도를 높게 잡아 선정할 경우 부하가 상대적으로 낮은 여름철의 과열은 피할 수 없다.

여름철 과열을 피하기 위해서는 축열조 내에 저장된 온수 등을 주기적으로 제거하는 방법과 기타 신재생에너지열원 및 태양열 이용 흡수식 냉온수기와 복합적으로 이용할 수 있는 방법이 설계 · 적용되고 있다.

6 태양열 시스템 보급현황

세계 시장에서의 신재생에너지원 중 태양열 비중을 살펴보면 태양열 시장은 신재생에너지원 중에서는 비교적 빠른 1970년대말부터 조성되었다.

근래에 작동되고 있는 주요 재생에너지원별 총 용량은 보급된 용량 측면에서 보면 풍력발전과 비슷하지만 그 밖의 신재생에너지원에 비해 월등히 많은 245.1GW 정도이다. 생산량 측면에서도 풍력 다음으로 많은 204.3TWh로 기타 신재생에너지원에 비하면 월등히 많다.

이중 진공관형 집열기가 56.6%, 평판형 집열기가 31.7%이고, 전 세계에서 중국이 가장 높고 한국은 16번째 수준이다. 태양열 집열기 중 현재까지 국내에 보급되고 있는 인증제품은 평판형 집열기, 단일진공관형 집열기, 이중진공관형 집열기이다. 대체로 평판형 집열기가 약 절반을 차지하고 있으며, 나머지 절반은 진공관형 집열기가 차지하고 있다. 평판형 집열기는 거의 대부분 국내에서 생산되는 집열기이다.

단일진공관형 집열기 일부는 중국으로부터 수입되고 있으나 이중진공관형 집열기 대부분은 중국에서 수입되고 있다. 이중진공관형 집열기는 중국에서만 생산되고 있으며, 막대한 자국시장을 기반으로 전 세계로 시장을 확대해가고 있다. 우리나라도 최근 중국으로부터 수입하는 이중진공관형 집열기가 차지하는 비중이 갈수록 증가하고 있다. 일부에서는 인증받지 않은 저가의 중국산 이중진공관형 태양열온수기가 수입되어 과대 홍보를 통해 농촌주택을 중심으로 보급되어 심각한 사회문제를 야기함은 물론이고, 태양열 제품의 신뢰성을 크게 저하시키고 있다.

2003년말 정부의 신재생에너지설비 인증제도가 실시된 이후 집열기에 대한 신뢰도가 점차 향상되고 있으나 국내의 시장규모가 적어 업체의 생산 설비투자는 거의 이루어지지 않아 생산 기반이 선진외국에 비해 다소 떨어지고 있는 실정이다. 국내 태양열 시장은 주로 지방보급사업, 보급보조사업, 공공건물 의무화사업 등에 의해 연중 태양열 활용 효과가 좋은 중 · 대규모 온수급탕용에 초점이 맞춰져 시장이 형성되고 있다. 이를 통해 보급되는 분야는 복지시설, 수영장, 목욕탕, 학교식당 및 온수급탕, 온수를 많이 사용하는 스포츠 시설 및 산업체 시설에도 적용되고 있다.

7 태양열 시스템 기술개발 요소

태양열 시스템에 대한 기술개발 요소는 보는 관점에 따라 다양 하지만 장수명 유지보수가 간편한 콤팩트한 온수급탕 및 난방시스템 구성기술, 태양열 이용률이 50% 이상(현재 20% 초반, 추후 100%)인 설비형 태양열 주택 설계기술, 다기능 요소기기 설계 및 제작기술, 건물 내 다른 열원기기와 연계기술, 과열 등 정상적인 운전에 부정적 영향을 미치는 요소 방지기술, 신개념 집열기 및 코팅기술, 고밀도 축열기술 등이 있다.

또한 비주거용 태양열 시스템에서는 산업공정 및 지역난방에 적용할 중-고온용 집열기 기술, 대형 집열 시스템에서의 최적 배열기술, 발전, 난방, 담수화 시스템 구성기술 등이 있다.

태양열 시스템의 가장 중요한 구성요소인 태양열 집열기 관련 기술로는 효율성 향상과 저가화를 위한 새로운 형상설계 · 표면코팅 · 제조기술 · 고온 대응 단열재개발, 과열에 따른 재료변형 방지기술, 최적 집광기술, 건물 일체형 집열기 기술, 고성능 집열매체 개발기술 등이 과제로 되고 있다.

여름철 과열방지와 태양열 시스템 이용 분야 확대 요구에 따라 최근 많은 관심을 보이고 있는 태양열 냉방시스템 분야에서는 적절한 흡수제 개발기술, 성능 향상을 위한 2중 또는 3중 효용 사이클 개발, 패키지형 태양열 냉방시스템 설계기술, 성능 향상을 위한 최적제어기술, 전체 시스템의 저가화 관련기술, 온수급탕 및 냉난방 겸용 시스템 최적화기술, 태양열 냉방에 적합하고, 효율적인 집열기 개발기술 등이 앞으로 해결해야 할 기술로 제안되고 있다.

그림 3-26 2중 범랑 재킷방식 고효율 축열탱크 태양열 온수기 시스템
(출처 : AVING GLOBAL NETWORK)

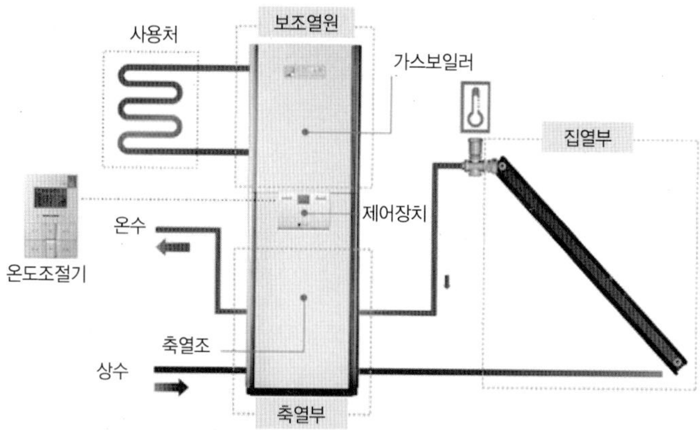

그림 3-27 축열조, 보조보일러 일체형 태양열 시스템 (출처 : 경동나비엔)

그림 3-28 태양광, 태양열 하이브리드 흡수식 냉온수기 시스템
(출처 : 가스신문)

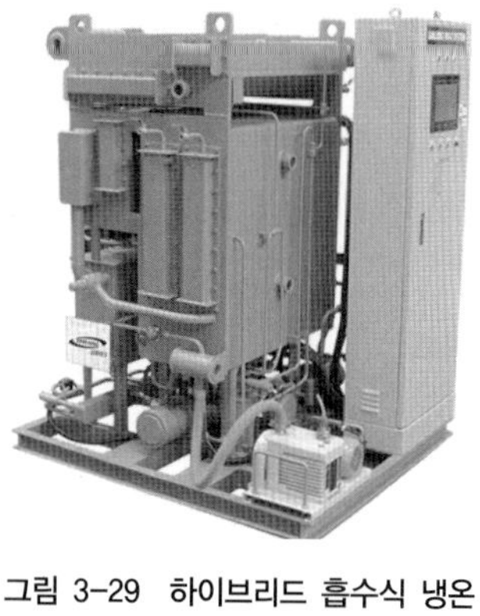

그림 3-29 하이브리드 흡수식 냉온수기 (10RT)
(출처 . 가스신문)

8 태양열 시스템 개발 보급 활성화

1970년대부터 보급되기 시작한 태양열 시스템은 오랜 보급기간 만큼 많은 문제점이 제시되었다. 특히 혹독한 기상조건 및 과열 등으로 인한 집열기, 배관 등의 파손, 무분별한 전문시공업자에 의한 부실시공 등으로 인해 떨어진 신뢰성을 회복하여야 한다. 태양열 시스템의 가장 큰 문제점 중 하나는 생산되는 열에너지 수요와 공급 사이의 불균형이며, 특히 여름철과 겨울철의 열에너지 불균형은 매우 크므로 이를 억제 · 보완하는 안정적인 시스템 활성화 또한 당면 과제이다.

태양열 에너지는 아직 화석연료에 비해 가격경쟁력이 취약하다. 그러나 태양열 시스템의 운전비용이 거의 없다는 점을 고려하여 운용기간 중에 예상되는 화석연료 가격상승과 지구온난화 및 환경문제, 에너지 고갈 등을 고려한다면 경제성을 부정적으로만 판단할 수 없다. 태양열 시스템의 보급 · 확산을 위해서는 보급 대상처 발굴과 집중적인 지원, 초기투자비 절감과 태양열 이용 비중을 늘리기 위한 기술개발, 지역난방이나 각종 산업공정열 적용을 위한 타 열원기기와 조합기술 개발 등을 통하여 지속적으로 이용 분야를 확대할 필요가 있다.

9 태양열 시스템 설계

9.1 시스템 설계순서

급탕량 계산 → 집열판 면적 산출 → 장비(축열조, 열교환기, 펌프, 과열방지 장치)용량 선정 → 장비 배치 → 배관 관로 결정 → 배관경 결정 → 도면작성 → 시방서 작성

9.2 급탕량 계산

설비설계 급탕량 산출서 참조(위생기구수에 의한 방법)

급탕설비

1. 급탕량 산출
   ○○동 급탕량 산출

위생기구	기구수(ea)	1시간당 사용수량(l/h.ea)	동시사용률(%)	시간당 최대급탕량(l/h)	비고
세면기	72	7.5	30	162	
샤워기	17	110	30	561	
계	89			723	

㈜ 공조위생기술데이터북 도표 Q-48 여러 가지 건물에 대한 기구당의 소요급탕량 기준 참조.

2. 저탕조 및 순환펌프 선정
   - 급탕 가열량 : 723ℓ/h×(60−5)℃×1.2(여유율)=47,718ℓ/h
   - 저탕조 용량 : 723ℓ/h×1 (저탕용량 계수)=723ℓ/h ⇒ 750ℓ/h
   - ○○동 급탕 순환용 펌프 선정
     급탕 순환량=(시간 최대 급탕량×1/2) 이상으로 선정
     ∴ 723ℓ/h×1/2÷60=6LPM

- 시간 최대 급탕량 : 723ℓ/h
  위생기구수에 의한 방법 적용, 동시사용률 30% 적용
- 일일 급탕량 : 5,784ℓ/일
  일 사용시간 8시간 적용
- 일급탕 가열량 : 318,120kcal/h
  급탕 가열량(Q)=일 급탕량(ℓ/일)×비열(1kal/kg ℃)×온도차
  =5,784×1×(60℃−5℃)
  온수온도 : 60℃, 급수온도 : 5℃ 적용
- 저탕조 용량 : 750ℓ/h
  저탕조 용량(T)=시간최대 급탕량(ℓ/h)×저탕용량 계수
  =723×1=723ℓ≒750ℓ

9.3 태양열 집열기 면적 산출

집열기 면적(m^2)=급탕 가열량(kcal/h)÷일일 태양열에너지 누적량(kcal/m^2日)

(1) 단위면적당 1일 태양열 누적 생산량

- 방사조도(지표면에 도달하는 태양에너지 방사량) : 약 1,000W/m^2
  (대기권 밖의 방사조도 : 약 1,400W/m^2
- – 적외선 : 52%(열작용), 가시광선 : 43%(조명 및 태양광발전)
  자외선 : 5%(살균 및 광화학 작용)
- 일일 태양열 에너지 누적 방사량(Q2)
  태양열 급탕 시스템은 적외선을 이용하고, 일조시간 일 4시간 적용
  =단위면적당 방사량(W/m^2)×적외선 비율×1일 평균 일조시간(h/일)
  =1,000W/m^2×0.52×4(h/일)=2,080Wh/m^2일=2.08kWh/일
  =2.08kWh/일×860(kcal/kWh)=1,789kcal/m^2일

(2) 태양열 집열기 면적(A)

(일 급탕가열량÷일 태양열에너지 누적 방사량×의존율)÷집열판 효율
=(318,120kcal/h÷1,789kcal/m^2일×0.7)÷0.8=156m^2

- 온수집열판 효율 : 70%~90%
- 태양열 의존율 : 하절기 기준으로 용량 선정 시 하절기 과부하에 따른 장비소손 및 수명저하 원인이 되므로 전체 수요열의 60~70% 선정
- 태양열 의존율을 너무 높이면 전체 시스템의 효율 저하로 인한 경제성 저하와 직결되므로 신중하게 고려되어야 한다.

(3) 태양열 집열기 선정 예 : 이중진공관형 태양열 집열기

항 목		규 격
모 델		SPD-16
종 류		이중진공관 태양열 집열기
형 식		CPC Type
집열관수		16 Tubes
집열기 전면적(m^2)		3.107
유효집열면적(m^2)		2.46
외형치수(L×W×H)(mm)		1,990×1,516×134
보유수량(l)		2.5
중 량	제품(kg)	63
	만수시(kg)	65.5

항 목			규 격
배 관 구 경	급수구		15mm
	출탕구		15mm
수압검사압력(kg/cm^2)			
재 질	집열판		선택 흡수막 코팅
	유리관		붕규산염 유리 - 외부유리관 : 58mm, 두께 1.8mm - 안쪽유리관 : 47mm, 두께 1.6mm
	U 관		동관 ϕ 8×0.6t×1,800mm
	주관		동관 ϕ 15×1.0t×1,636mm
	단열재	집열부	진공단열
		매니폴드	우레탄 발포 단열
	외장케이스		알루미늄
	급탕, 출탕구		동

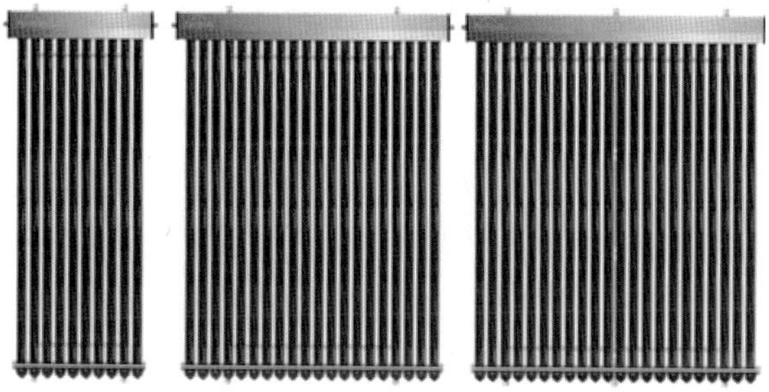

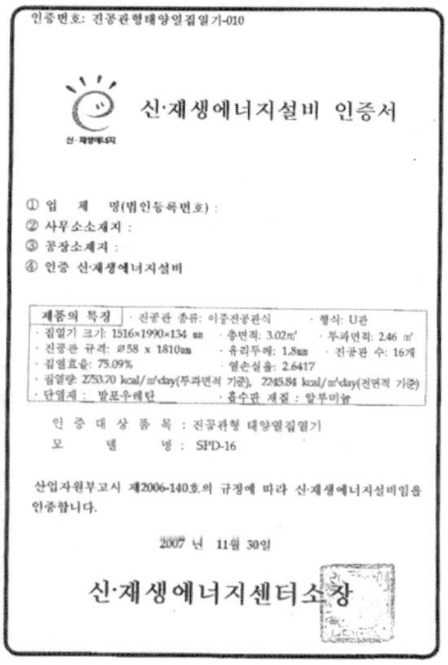

인증번호: 진공관형태양열집열기-010

신·재생에너지설비 인증서

① 업 체 명(법인등록번호) :
② 사무소소재지 :
③ 공장소재지 :
④ 인증 신·재생에너지설비

제품의 특징	· 진공관 종류: 이중진공관식	· 형식: U관
· 집열기 크기: 1516×1990×134 mm	· 총면적: 3.02㎡	· 투과면적: 2.46 ㎡
· 진공관 규격: Ø58 x 1810mm	· 유리두께: 1.8mm	· 진공관 수: 16개
· 집열효율: 75.09%	· 열손실율: 2.6417	
· 집열량: 2753.70 kcal/㎡day(투과면적 기준), 2245.84 kcal/㎡day(전면적 기준)		
· 단열재 : 발포우레탄	· 흡수관 재질 : 알루미늄	

인 증 대 상 품 목 : 진공관형 태양열집열기
모 델 명 : SPD-16

산업자원부고시 제2006-140호의 규정에 따라 신·재생에너지설비임을 인증합니다.

2007 년 11월 30일

신·재생에너지센터소장

9.4 태양열 축열조 선정

태양열 축열조는 크게 축열의 목적과 부하 이용 목적이 있으므로 태양열 축열조 설계 시에는 태양열 집열량에 따른 적절한 규모의 크기를 선정한다.

급탕용 축열조의 경우는 방식을 고려하여 스테인리스계열의 STS 316 재질을 일반적으로 사용한다.

경제적인 축열조 크기는 단위 집열면적당 최저 20ℓ~최대 82ℓ/m^2 정도이며, 부분적인 야간 부하가 있고, 주 7일 일정한 부하를 보이므로 40~50ℓ/m^{2}를 적용한다.

표 3-3 온수부하 분포에 따른 경제적인 축열조 크기

부하 분포	최소 축열조 크기(단위 집열 면적당 : m^2)
7일/주 일정한 주간 부하	20~30ℓ/m^2
5일/주 일정한 주간 부하(주말 부하 없음)	40~50ℓ/m^2
일정한 야간 부하	70~82ℓ/m^2

축열조 용량 산정 : 집열기 10모듈×3.02m^2/모듈×40~50ℓ/m^2=1,208ℓ~1,510ℓ

(1) 용량 : 1,500ℓ, 재질 STS316 축열탱크로 선정

규격 : ϕ 950×H1,850 사용압력 0.5MPa, STS316L 허용인장응력 : 115N/mm^2

– 동체두께 산정 $(t)=\dfrac{P\times D}{2\times\delta a\eta-1.2\times P}$

$$(t)=\frac{0.60\times 950}{2\times 115\times 0.95-1.2\times 0.5}$$

$= 3.01$mm 최소두께

$\therefore$ 적용두께 : 4mm

– 경판두께 산정 $(t)=\dfrac{P\times R\times W}{2\times\delta a\eta-0.2\times P}$

$$W=\frac{1}{4}(3+\sqrt{\frac{R}{r}})=1.54$$

$$(t)=\frac{0.0\times 950\times 1.54}{2\times 115\times 095-0.2\times 0.6}$$

$= 4.62$mm 최소두께

$\therefore$ 적용두께 : 6mm

(2) 탱크규격

ϕ 950×H1,850 (4t × 6t)로 선정(재질 : STS316L)

9.5 팽창탱크 용량 선정(반밀폐형)

(1) 열매체 관수량 (L)

구 분	수 량	단위 관수량	관수량	비 고
집열기 SPD-16	10매	2.5ℓ/매	25ℓ	
배관-20A	130m	0.312ℓ/m	40.56ℓ	
총 관수량	-	-	65.56ℓ	

(2) 반밀폐형 팽창탱크 선정

① 열매체 관수량의 1~1.2배로 선정

② 용량결정 : 65.56ℓ ×1~1.2배=65.56~78.67ℓ

∴ 100ℓ 팽창탱그로 선정함.

규격 : ϕ 400×H700 상용압력 0.6MPa, SS400 허용인장응력 : 100N/mm^2

9.6 열매체 순환펌프 선정

(1) 배관 선정

집열면적당 0.9ℓ를 적용하면, 약 22.14LPM (0.9LPM/m^2 ×24.6m^2 (투과면적))이므로 동관저항선도에 의해 유속 1.0m/s, 20A동관을 선정한다.

(2) 양정(실양정 28mH)

반밀폐형 시스템

구 분		수량(개, m)	상당길이(m)	마찰손실수두(mmAq/m)	양 정(mH)
집열기	SPD-16	5	1	50	0.25
	20A-엘보	15	0.7	100	1.05
	20A-직관	20	1	100	2
열교환기 외					3
실양정					28
총양정					34.3

9.7 열교환 순환펌프 선정

(1) 배관 선정

22LPM, 1.0m/s, 20A 동관, 총양정(4.3mH) 반밀폐형 시스템

구 분		수량(개, m)	상당길이(m)	마찰손실수두(mmAq/m)	양 정(mH)
배관	25A-엘보	15	1.1	115	1.89
	25-체크밸브	1	2.3	115	0.26
	25A-직관	10	1	115	1.15
열교환기 외					1
실양정					0
총양정					4.3

(2) 펌프 선정

총양정이 4mH 이상, 총유량 22LPM 이상.

9.8 과열 방지장치 선정

① 태양열로 획득한 잉여열량을 더 이상 가열되지 않도록 최소한만 방열하는 것이 목적이므로 휴관일 등을 고려하여 100%로 설계

② 용량 산정 : 10,000kcal/h로 선정

9.9 보조열원

① 보조열원용량 : 일일급탕부하량의 100% 준비

② 사용 연료 : 도시가스

9.10 집열기 설치가대

① 규격 : ㅁ형강 50×50×3.2T, ㄱ형강 50×50×6T

② 도금방법 : 용융아연도금처리

9.11 배관재료

태양열 배관은 고온의 유체가 흐르기 때문에 재료 선정부터 배관의 신축, 팽창을 고려한 배관설계 및 배관방법에 이르기까지 내구성 등을 고려하여 선정하며 배관용 동관(KS D 3506)을 주로 사용한다.

9.12 태양열 시스템 설계도면 작성

• 태양열 시스템 장비 일람표

장 비 일 람 표

이중 진공관형 태양열 집열기

수량 MODULE	용도	형식	설치위치	외형치수 (L×W×H)	중량		집열기 구성 종류 및 재질						비고
					제품	만수시	집열판	유리관	매니폴드관	외장케이스	집열부 단열	매니폴드 단열	
10	급탕용	CPC Type	옥상	1990L×1516W×134H	63kg	65.5kg	티타늄 코팅		인탈산동	알루미늄	진공단열	우레탄발포단열	기타 표준부속품 일체구비

탱크류

수량	용도	형식	용도	설치위치	용량 (Lit)	규격 (mm)	케이싱				도장		단열 및 마감	비고
							재질	두께(mm)			내부	외부		
								옆판	밑판	윗판				
1	태양열 축열탱크	원형	급탕용	태양열 기계실	1,500	D 1,050×H 1,525	STS316L	4t	6t	6t	–	–	THK100 글라스울 +THK0.45 컬러함석	기타 표준부속품 일체구비
1	반밀폐형 팽창탱크	원형	열매체 팽창	태양열 기계실	100	D 480×H 500	SS41	3.2t	4.5t	4t	–	–	THK50 글라스울 +THK0.45 컬러함석	기타 표준부속품 일체구비

펌프

수량	용도	형식	설치위치	유량	양정	관경(mm)		전동기		비상전원	예비	비고
				LPM	m	흡입	토출	kW	Ph-V-Hz			
2	열매체 순환 펌프	IN LINE	기계실	25	50	25	25	1.1	3-380-60	–	1	기타 표준부속품 일체구비

방열기

수량	용도	형식	설치위치	가열량	온수 1차				공기측		무게	규격	설계압력/시험압력	전동기		비고
					유량	온도(℃)		사용압	풍량	온도						
				kcal/hr	LPM	출구	입구	kgf/cm²			kg	H×W×L(MM)	kg/cm²	kW	Ph/V/Hz	
1	과열방지	–	옥상	10,000	25	75	80	5	1,120			550×390×240	10	0.1	1/220/60	기타 표준부속품 일체구비
											–		–			

• 태양열 시스템 배관 계통도

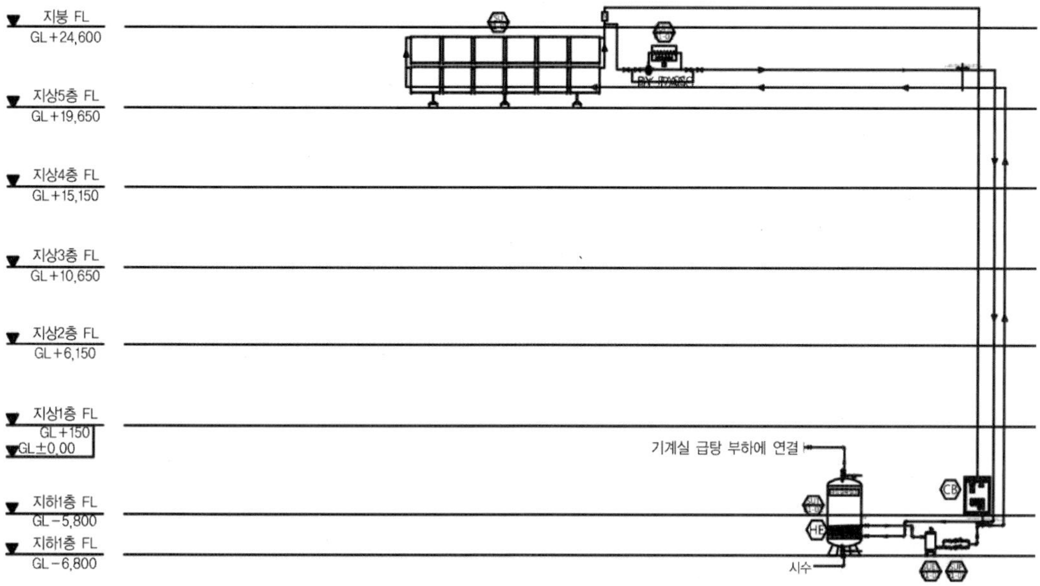

• 태양열 시스템 자동제어 계통도

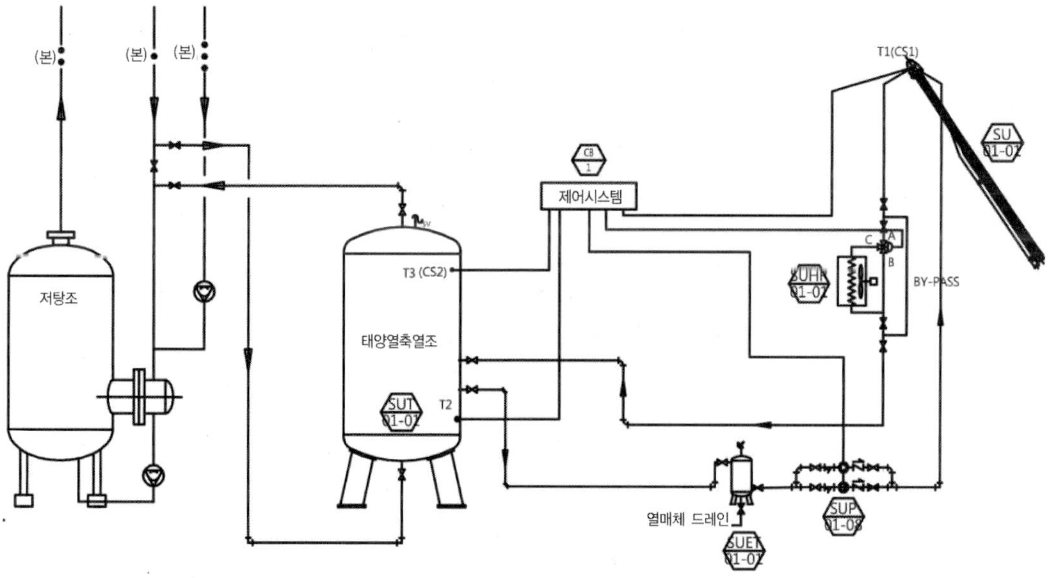

• 태양열 시스템 구조물 상세도

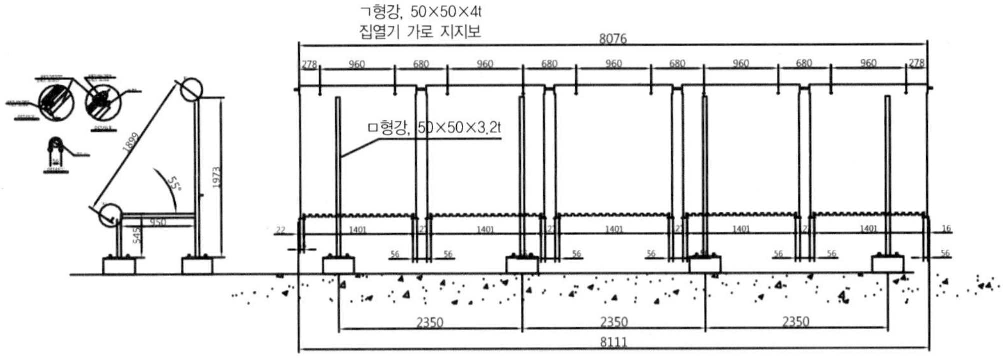

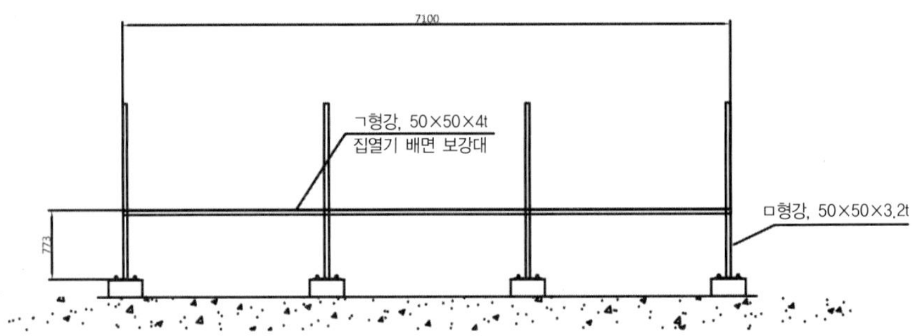

• 태양열 시스템 집열기 및 과열방지 장치 상세도

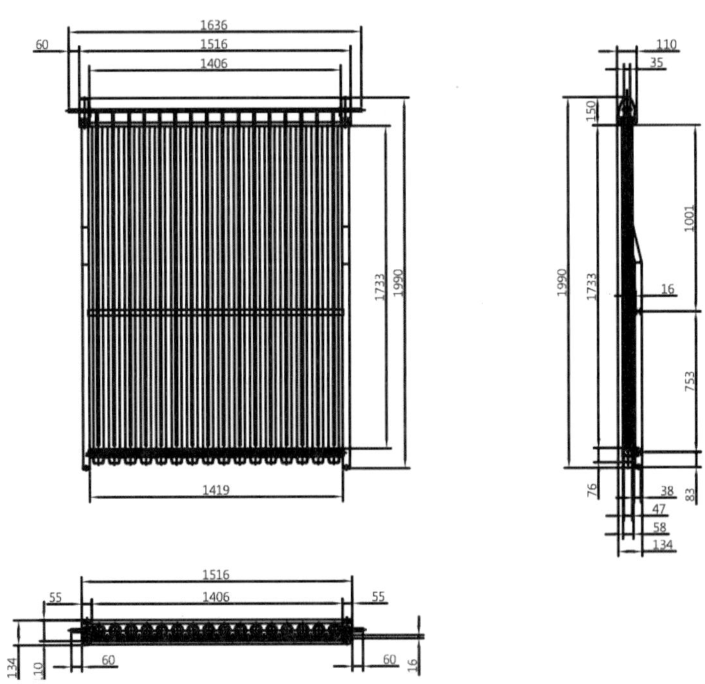

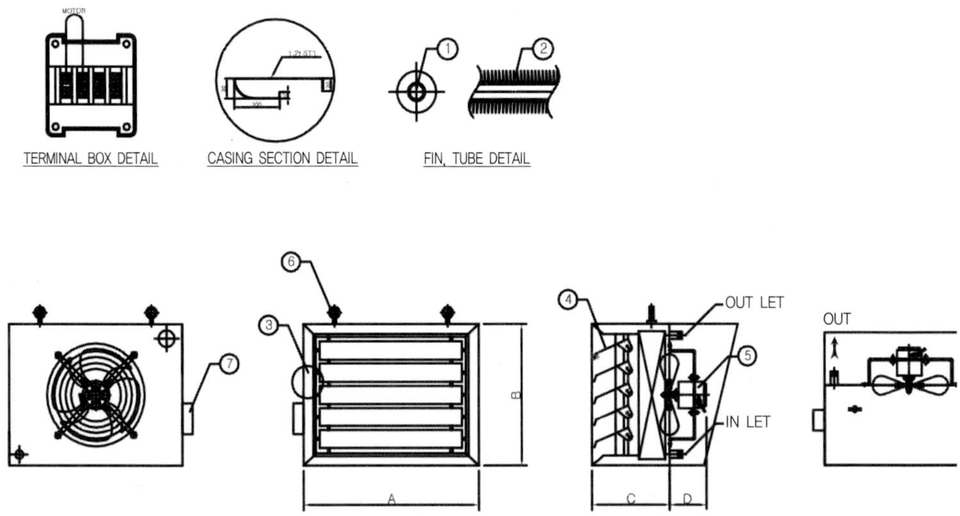

• 태양열 시스템 축열조 및 저탕조 상세도

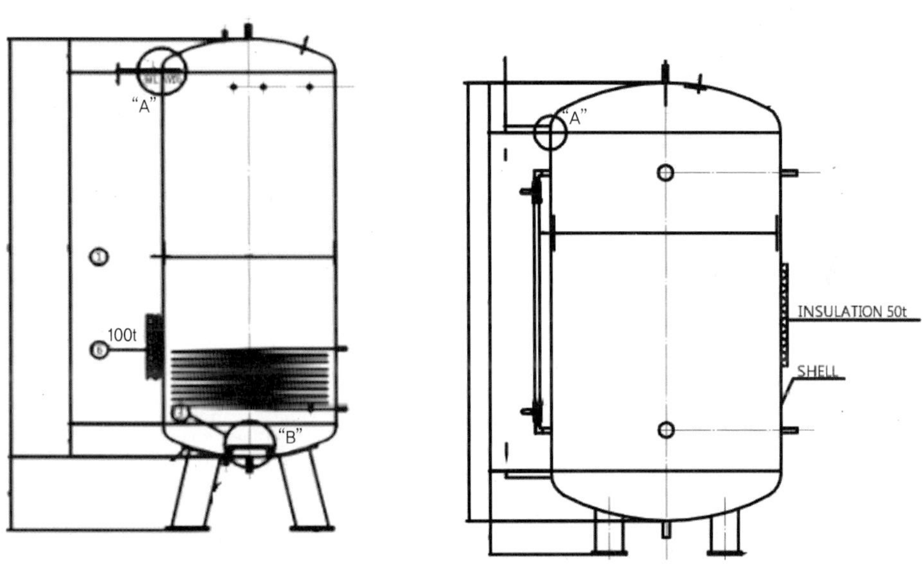

• 태양열 시스템 기초 및 보온공사 상세도

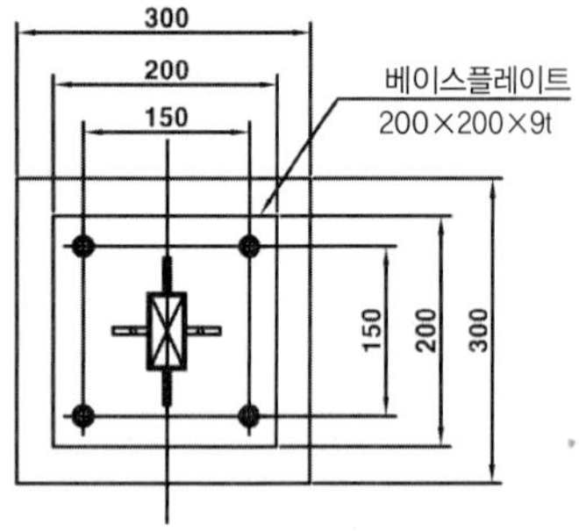

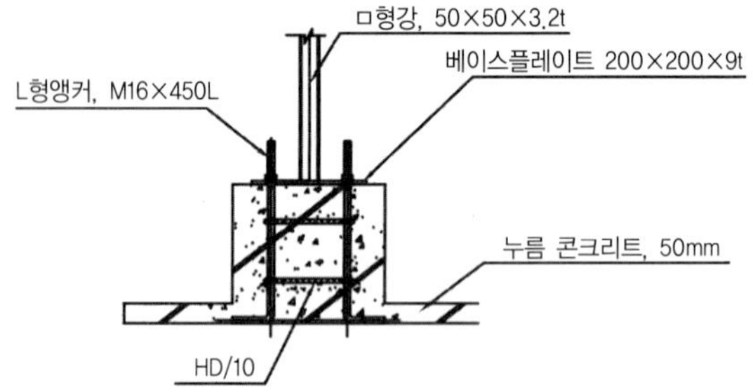

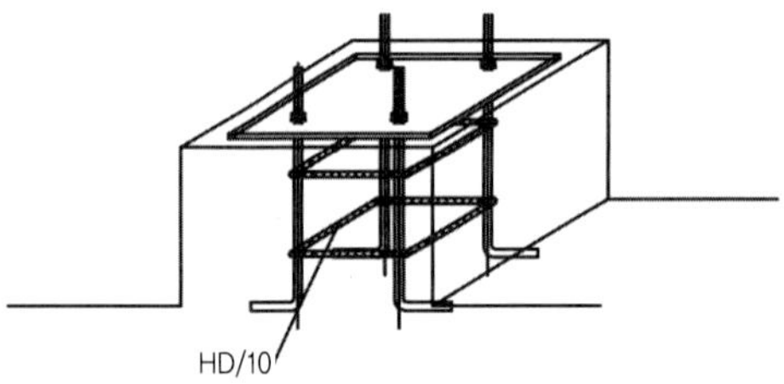

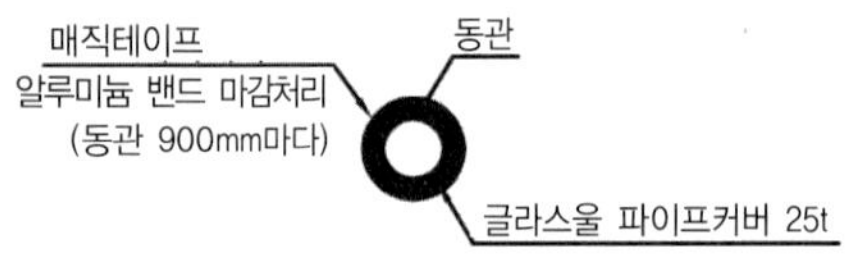

옥내배관 보온상세도

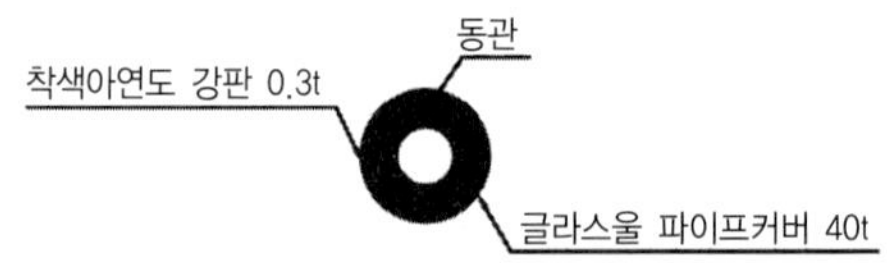

옥외배관 보온상세도

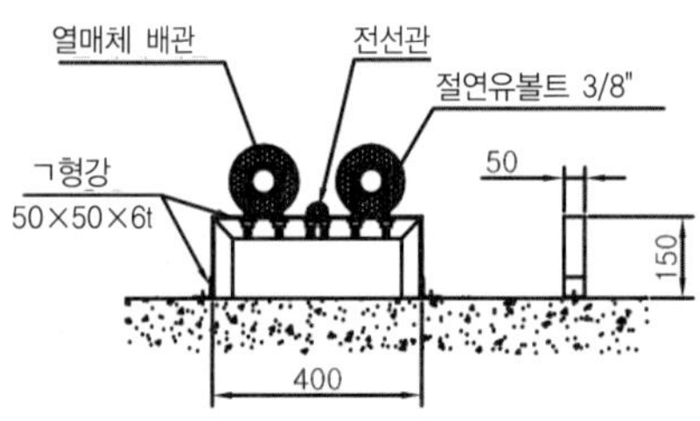

수평배관지지용 "ㄷ" 프레임

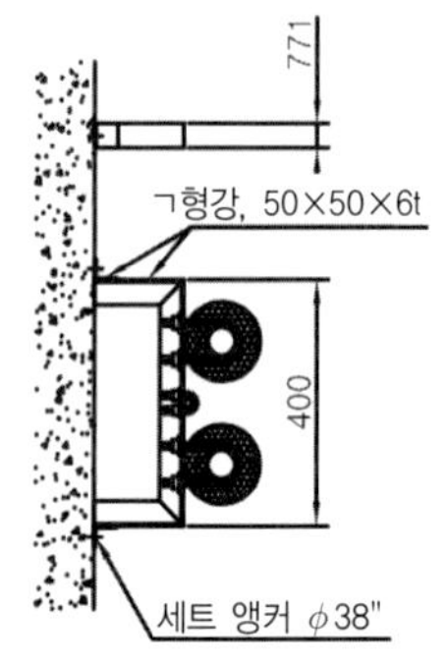

입상배관지지용 "ㄷ" 프레임

9.13 태양열 시스템 시방서 작성

○ ○ 신축공사 태양열 시스템 설치 시방서

1. 일반사항

1.1 진공관형 태양열 시스템 구성

진공관형 태양열 시스템은 부동액(프로필렌 글리콜 : PG)시스템 형태로 다음과 같이 구성한다.

1.1.1 부동액 시스템

부동액 시스템은 그림과 같이 동절기에 외기온이 영하로 내려갈 때 집열기 및 열매체 배관의 동파를 방지하기 위하여 열매체로 부동액을 사용하는 시스템으로 태양열 집열기, 축열조, 열매체 순환펌프, 반밀폐형 팽창탱크, 제어장치 등으로 구성된다.

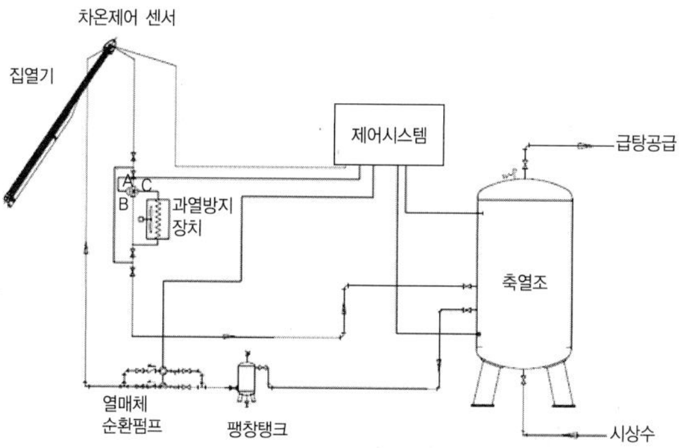

1.1.2 태양열 시스템 구성요소

1. 진공관형 태양열 집열기 : 태양에너지를 직접 흡수하여 이용 가능한 열에너지로 전환하는 장치를 말한다.
2. 축열조 : 태양열 집열기에서 집열한 열을 필요한 때에 냉·난방이나 급탕 및 기타 적정 용도 등에 이용할 수 있도록 저장하는 탱크를 말한다.
3. 자동제어장치 : 태양열을 이용하는데 필요한 모든 설비계통이 가장 효율적으로 작동될 수 있도록 구성하여 자동으로 제어하는 장치를 말한다.
4. 열매체 순환펌프 : 일사량이 있을 때 축열조에 있는 물을 집열기에 순환시켜 태양열을 집열할 수 있도록 하는 열매체 순환펌프이다.
5. 반밀폐형 팽창탱크 : 태양열을 집열하면 시스템 내 온도가 높아져 열매체의 부피가 늘어난다. 이때 늘어나는 양을 흡수하여 기기 및 배관의 파손을 방지하고, 열매체 부족시 보충하는 탱크이다.

1.2 태양열 집열기 규격서

1.2.1 적용범위

본 기술 규격서는 법무연수원 이전 신축공사 중 진공관형 태양열 급탕 시스템에 공급되는 모든 기자재의 설계, 제작, 시험 및 설치공사에 대하여 적용한다.

1.2.2 적용 규격

제작자는 설계, 제작 및 시공에 대해 다음의 기준 중 최신의 것을 적용하여야 한다.

--- 다 음 ---

A. 한국산업규격(KS) B. 일본공업규격(JIS)

1.2.3 기술 사양

1. 설계 및 제작시 고려 사항

각 기기 및 기구는 주어진 사양서에 맞고 외부와 내부에서 발생하는 기계적인 힘이나 열에 충분히 견딜 수 있어야 하고, 전진적으로 매우 안전하며 점검 및 보수에 편리한 구조로 제작하여야 한다.

1.2.4 공급범위

1. 이중진공관형 태양열 집열기로써 집열기 제작업체에서 공급한다.
2. 기기공급자가 공급한 기기와 관련된 기타 필요한 부품

1.2.5 진공관형 태양열 집열기

1. 태양열 집열기의 형식은 이중진공관형 태양열 집열기로 U-tube, CPC 타입 제품이어야 한다.
2. 태양열 집열기의 규격은 다음과 같아야 한다.
   - 모델(명) : 이중진공관형 태양열 집열기(SPD-16)
   - 형식 : U-tube, CPC 타입
   - 규격(L×W×H) : 1,990×1,516×134
   - 집열기 유리관 : ϕ58×2.2t
   - 매니폴더 단열 : 우레탄 폼 단열
3. 태양열 집열기의 내구성과 신뢰성을 확보하기 위해 에너지관리공단의 신재생에너지 설비 인증제품이어야 한다.

1.3 진공관형 태양열 집열기 설치

1.3.1 집열기의 설치

1. 설치 방위각은 정남을 원칙으로 하되 현장여건상 부득이한 경우 동 · 서로 30의 변위를 가질 수 있다.(그 이상의 변위를 가질 경우 상호 협의하에 배치)
2. 주변에 일사량을 저해하는 장애물이 없어야 하며, 사용목적에 따라 경사각은 협의하에 조절할 수 있다.

1.3.2 집열기 시공

1. 집열기 배열은 각 집열기를 통과하는 유량이 균등하게 분배되도록 한다.
2. 태양열 시스템 운전 중에 어떠한 조건에서나 시수주관으로 오염되거나 불결한 열매체가 주입되지 않도록 시공되어야 한다.
3. 밸브조작 등 배관을 구별하기 위하여 보온한 후에 배관의 종류 및 유체의 진행방향을 표시하도록 한다.
4. 자동배기 밸브는 시스템의 장애가 일어나지 않도록 시스템의 최상단부에 반드시 설치하여야 한다.
5. 설치 시공 완료 후에는 수압시험(5kg/cm^2)을 하여야 하며, 이는 배관의 보온 전에 하여야 한다.
6. 동일한 집열기를 2열 이상 병렬로 설치할 경우에는 집열기의 각 집열기군(Array)을 통과하는 열매체의 유량이 같도록 배열 · 조정되어야 한다.
7. 집열기의 청소 및 보수에 편리한 공간을 확보하거나 이를 위한 이동식 사다리를 설치한다.
8. 집열기를 지붕 일체식으로 설치할 경우에는 집열기와 지붕면의 접촉 부위가 빗물이나 눈 등에 의해 습기 차는 것을 막고 배수가 잘 되도록 집열기와 지붕 사이에 공간을 둔다.
9. 진공관형 집열기 모듈 또는 튜브박스를 크레인에 매다는 경우, 로프에 의해 손상 또는 파손되지 않도록

보강판을 넣는다.

10. 진공관형 집열기는 진공유리관으로 제작되고 있으므로 유리관 표면에 흠집이나 파손이 되지 않도록 취급 시 주의하여야 한다.

1.4 집열기 설치 구조물 공사

1.4.1 일반사항

1. 집열기 설치구조물은 최초 설계시 건물의 구조에 집열기의 설계하중을 고려한다.
2. 설치구조물 기초나 배관설치로 인한 빗물의 누수가 없도록 설계 시점부터 건축공사 및 기타 관련 공사와의 긴밀한 협의를 한다.(여건에 따라 건축공사에 포함시킬 수 있다)
3. 외기에 노출되는 집열기 프레임 및 지지대는 부식과 뒤틀림 등을 방지할 수 있는 것으로 한다.
4. 집열기 설치는 다른 구조체가 풍하중 또는 설하중에 견딜 수 있도록 설계하여 고정시킨다.
5. 지면에 설치되는 집열기는 지면으로부터 최소한 300mm 이상의 높이로 설치한다.
6. 설치구조물의 제작은 치수와 수평도를 정확히 하여야 한다.

1.4.2 설치구조물 기초(현장 여건에 따라 건축공사 진행)

1. 주각에 인장력이 작용할 경우, 주각의 전단력을 앵커볼트로 부담시키고, 인장력과 전단력의 응력 조합을 고려한다.
2. 기초구조는 상부응력을 하부구조로 균등하게 전달시켜야 하지만 하부구조의 기능(예를 들면 누수 등)도 배려하여 설계해야 한다.
3. 기초패드에는 콘크리트 타설 후 현장 감독관과 협의 후 에폭시 도장 방수 마감을 한다.
4. 기초패드 콘크리트 타설 시 기존 옥상 물탱크 자리에 콘크리트 되메우기를 실시한다.

1.5 축열조 설치공사

1.5.1 일반사항

1. 축열조는 원형 압력탱크 구조형식으로 재료는 스테인리스 스틸계열로 제작한다.
2. 축열조의 최대허용압력은 5kg/cm^2 이상에서 견딜 수 있도록 제작한다.
3. 축열조 입출구 배관에는 하부와 상부의 물이 혼합되지 않도록 축열조 내부에 디퓨저를 설치한다.
4. 축열조 탱크는 공장 또는 현장제작품으로 바닥면적을 작게 설계(가로세로비를 가능한 한 크게)하여 설치공간을 줄이고 온도 성층화를 향상시키게 된다.

1.5.2 설치장소 선정

1. 축열조는 특별한 경우를 제외하고는 반드시 옥내에 설치해야 한다.
2. 축열조 주변은 450mm 이상의 점검 공간을 확보한다.
3. 집열기와 축열조, 축열조와 급탕시설과의 사이 배관이 가능한 한 짧은 장소를 선정한다.

1.5.3 기초공사

1. 신축 건물 내부나 옥상에 설치할 경우 기초와 본체와는 일체구조로 하는 것을 원칙으로 한다.
2. 기존 건물의 내부에 설치할 경우는 기초를 앵커 볼트로 본체에 고정시키는 방법이 바람직하지만 방수층을 통과해야 하는 경우가 있으면 이점은 건물주와 충분히 협의한다.

1.5.4 축열조(탱크)

1. 금속탱크 : 금속탱크는 기계설비 표준시방서 및 건축설비 표준시방서에 따른다.
2. 수압시험 : 탱크 누수의 기초의 침하상태 등을 확인하기 위하여 탱크 설치가 완료되면 수압시험은 사용압

력의 1.5배로 실시하여야 한다.

3. 보온재의 두께는 100mm 이상으로 하고, 재료는 유리면 보온재와 함석케이싱 마감처리한다. 단, 보온재의 종류에 따라 신재생에너지센터에서 권장하는 두께 이상으로 한다.

1.6 배관공사

1.6.1 공사범위

1. 배관공사라 함은 집열매체 배관 및 축열조 배관공사를 말한다. 현장여건에 따라 입상배관 및 기계실/옥상 횡주배관은 설비공사에서 진행할 수 있다.
2. 즉 태양열 집열기, 축열조, 열교환기의 연결 라인 축열조 내에 배관만 배관공사 범위이다.

1.6.2 제한사항

1. 태양열 시스템의 운전 중에 어떠한 조건에서나 시수 주관으로 오염되거나 불결한 시스템 내의 열매가 유입되지 않도록 시공되어야 한다.
2. 태양열 시스템을 구성하는 배관에 있어서 비음료수관은 식수로 마시거나 이용하지 못하도록 배출구에 표시한다.
3. 배관 루프 내에서 어떤 이종 재료 간의 결합부에도 모두 절연성 단열재를 사용하는 것이 갈바닉 부식(Galvanic Corrosion)을 예방하기 위해 필수적이다.
4. 각 필요 부분에 설치되는 밸브는 10kg/cm^2 이상을 사용하며 50mm 이하는 청동게이트밸브, 50mm 이상은 버터플라이밸브를 사용하여야 한다.
5. 급수 및 환수 주배관에는 열팽창을 고려하여 신축이음을 설치하여야 한다.

1.6.3 관재료 및 이음

- 관재료는 내구성이 좋은 동관(L-type)을 사용한다.
- 배관연결방법은 용접으로 한다.

1. 집열기와의 연결
   1) 집열기 열에 연결되는 급수 및 회수 헤더 배관은 가능한 한 집열기 지지 구조물 내에서 회로를 구성해야 한다.
   2) 주 급수 및 회수 배관은 배관 전체의 길이를 최소화하면서 집열기 열의 헤더를 전반적인 대칭형으로 유지할 수 있도록 배치되어야 한다.
   3) 고온에서 다른 금속과의 접합에 의한 부식작용을 막는 데는 가능한 한 같은 계통의 재료를 사용한다.
   4) 밀폐식의 집열회로에는 부동액, 방청제의 농도관리를 적합하게 한다.(물 : 부동액=7 : 3)
   5) 집열기 열을 분리시키는 밸브들은 열매체 급수 배관에만 설치되어야 한다. 급수배관에 유량 제어/분리 겸용 밸브를 조합하는 것도 가능하다. 분리 밸브는 필수적이 아니며, 집열기 열로부터의 출구 회수 배관에 설치되어서는 안 된다.
   6) 액체가 차지 않은 공기 공간은 공기가 집열기 매니폴드에서 빠져 나올 수 있도록 Air Pin을 설치한다.
   7) 진공관형 집열기 그룹의 매니폴드 출구에는 최소 1개 이상의 온도측정용 감지기를 설치할 수 있도록 한다.

2. 이음쇠
   1) 동관은 가능한 한 이음쇠 없이 설치한다. 이음쇠가 필요한 곳에는 동합금의 기성품을 사용한다.
   2) 태양열 시스템에 설치될 유니온은 떼어내거나 교체할 필요가 있는 가열장치 및 조절장치 등으로부터 300mm 이내에 설치한다.

1.6.4 밸브류

1. 밸브류는 50A 이하는 나사 접속형으로 하고 65A 이상은 플랜지 접속형으로 한다.

2. 모든 밸브는 저온(−10℃)에서 강도를 유지하고 제 기능을 발휘하여야 한다.
3. 안전밸브 : 안전(Safety)밸브는 주철제(10kg/cm^2), 디스크와 스프링은 SUS 304에 준한다.
4. 글로브밸브 : 글로브밸브의 사용은 청동제 KS B 2301(10kg/cm^2), 주철제 KS B 2350(10kg/cm^2) 에 준한다.
5. 서비스밸브로 시설할 게이트밸브가 유량조절을 겸해야 할 경우에는 게이트밸브 대신에 글로브밸브를 사용한다.
6. 버터플라이밸브 : 50mm 이하는 레버식, 50mm 이상은 기어식으로 한다. 4M밸브 동등품 이상으로 사용하며, 물용은 EPDM시트, 증기용은 이중편심구조이어야 한다.
7. 볼밸브 : 황동제 KS B 2308(10kg/cm^2) 이상 사용.
8. 스트레이너
   1) 접속배관 구경과 같은 크기로 한다.
   2) Y-type을 사용한다.
9. 압력계 : 압력계는 규격품으로서 눈금판의 외경은 100mm, 콕(Cock)이 붙어 있는 것으로 하고, 눈금에는 사용압력표가 있어야 하며, 최고 눈금은 사용압력의 2배로 한다.
10. 온도계 : L형 또는 바이메탈식을 사용하며, 원형 바이메탈식은 그 직경이 100mm로 하고 온도계의 최고 눈금은 사용온도의 2배로 한다.

1.6.5 시공

1. 관의 접합
   1) 동관의 접합은 용접식으로 한다.
   2) 집열기 출구 또는 진공관형 집열기 시스템의 배관 등에서는 경납용접(Brazing)으로 한다.
   3) 나사부에 사용하는 접합재료는 관내에 흐르는 유체의 종류, Space 압력, 온도에 따라 내압, 내열성이 우수한 실테이프를 사용하며, 묽게 반죽한 페인트 등을 사용해서는 안 된다.
   4) 관의 재단은 그 구경을 축소하거나 원형 단면을 변형시키지 않도록 관축심에 대하여 직각으로 절단하여야 하며, 절단부는 반드시 리머를 사용하거나 그라인딩해야 한다.
   5) 관은 접합 전에 내부에 쇳가루, 먼지 등의 이물질을 제거하고 접합하도록 한다.
   6) 배관도중 한동안 배관을 중단할 경우 이물질이 들어가지 않도록 봉하여야 하며, 다시 연결할 때는 반드시 해체하고, 점검하여야 한다.
   7) 보온을 하지 않는 배관으로서 천장, 바닥, 벽 등을 관통하는 부분이 외부로 노출된 경우에는 활자금을 설치한다.
   8) 진동의 전파를 막을 필요가 있는 배관에는 방진이음, 방진행거, 방진기기 철물을 상세설계도에 따라 시공한다.
   9) 플랜지 및 유니온 이음은 보수에 필요한 부분에 설치한다.

2. 관의 지지
   1) 관의 지지
   (1) 수평배관 지지간격은 다음 표에 준한다.

호칭지름(mm)	20 이하	25~40	50	65~80	100~125
최대간격(m)	1.0 이내	1.5m 이내	2.0m 이내	2.5m 이내	3.0m 이내

   (2) 수직관의 지지는 각층마다 1개소(약 3m 간격)로 하며, 진동의 전달을 막기 위한 진동방지 철물을 설치한다.
   2) 분기 장소의 지지는 강관의 지지 간격에 관계없이 필요에 따라 지지한다.
   3) 관의 지지 및 고정철물은 도면상세도와 같이 제작하여 설치하고, 관의 자유로운 신축을 방해하는 구

조로 하여서는 안 되며, 기울기에 변화가 오지 않도록 시공한다.

4) 고정철물, 지지철물, 세트앵커 등은 워터해머, 신축 응력관의 자중 등에 대해 충분히 견딜 수 있는 구조로 한다.
5) 방진기기를 필요로 하는 경우에는 지지 또는 고정금구에 반드시 방진고무로 진동의 전달을 차단하도록 도면상세에 의해 시공한다.
6) 입관의 최하부는 배관의 자중과 충격에 충분히 견딜 수 있는 지지를 도면상세에 의해 시공 하여야 한다.
7) 배관은 시공하기 전에 다른 설비배관 및 기기와의 관련 사항을 상세히 검토하고 기울기를 고려하여 그 위치를 정확히 결정한다.
8) 건축물 내에 시공할 경우에는 공사의 진행에 따라 지지물의 설치 및 배관 슬리브의 개입을 지체 없이 하여야 한다.
9) 펌프 및 집열기, 기타의 기기와 연결되는 배관에서는 특히 바닥에서부터 지지철물을 설치하고, 방진에 만전을 기하여야 한다.
10) 배관도중 시설되는 중량물의 부속 및 기기에는 반드시 그 중량을 지지할 수 있는 방식으로 행거 또는 앵커를 설치하여야 한다.
11) 배관지지대로 인해 배관의 단열재가 파손되는 일이 없도록 주의해야 한다.

3. 집열부 배관공사

1) 집열기 주변의 배관

(1) 배관방식은 각 집열기의 유량 밸런스(Balance)를 취해야 하므로 반드시 역환수(Reverse Return)방식으로 한다.
(2) 집열기의 배관이 나쁘면 각 집열기의 유량분포가 달라져 온도상승에 불균일이 생긴다.
(3) 내부 유속이 극단적으로 낮을 경우 집열효율이 저하하고 너무 빠른 경우 집열을 위한 펌프의 동력이 증가한다.

2) 역환수(Reverse Return)배관

(1) 집열기를 횡으로 연결할 때 집열기의 좌우 2개소에 입 · 출구가 있는 제품에 한한다. 횡연결은 헤더관이 불필요하므로 비용이 절감된다.

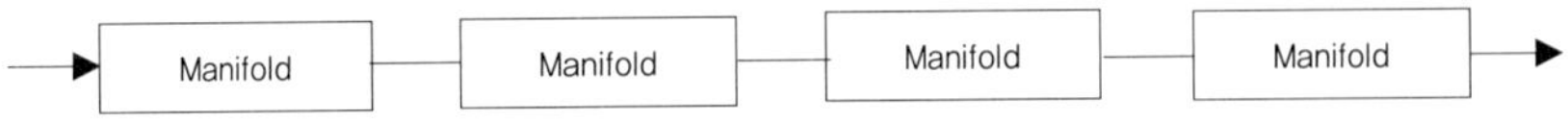

진공관형 집열기 역환수방식

(2) 헤더관 사용의 역환수방식
(3) 집열기 다단설치에서 역환수방식

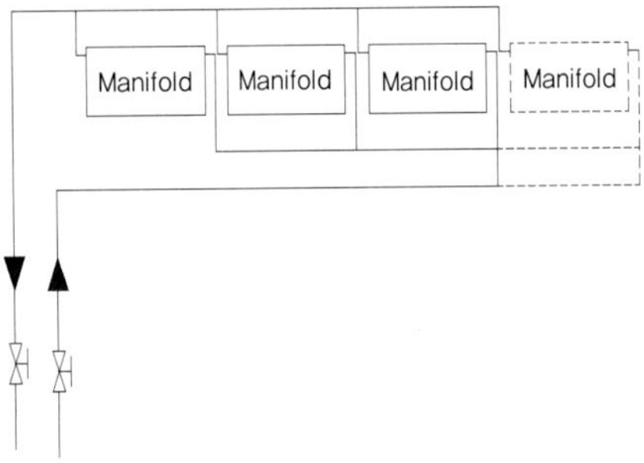

헤더관 사용의 역환수방식

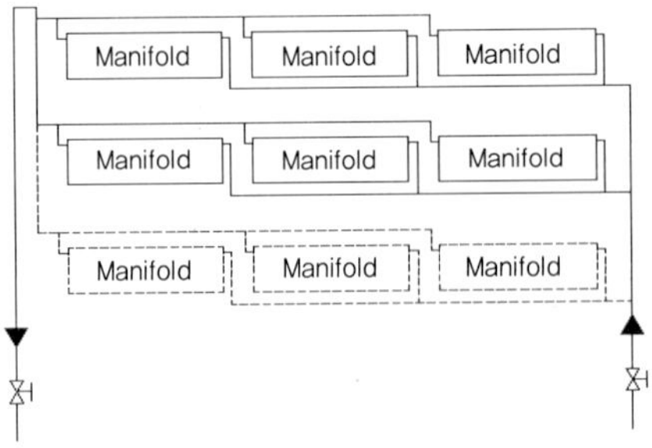

집열기 다단설치시 역환수방식

(4) 헤더관과 집열기의 연결

헤더와 집열기 사이에 배관의 입 · 출구를 만들지 않는다.

(5) 집열기에서 축열조까지의 열환수배관 도중에는 밸브(Valve)를 설치하지 않는다.

(6) 고온측 헤더는 공기 함유를 고려하여 집열기 출구 위치보다 높은 곳에 설치한다.

- 고온측 헤더에서 되돌아나오는 관은 공기(Air)빼기를 좋게 하기 위해 일단 높은 곳에서 축열조로 되돌리는 것이 좋다.
- 배관의 최상부에는 반드시 공기빼기 밸브를 붙인다.

3) 동관에 의한 집열배관

(1) 동관은 강관에 비하여 약 1.6배의 선팽창계수를 갖고 있으므로 신축대책이 중요하다.

(2) 배관지지부가 모두 적합하지 않으면 기능을 발휘하지 못한다.

(3) 신축연결재는 장래 보수 가능한 위치에 설치한다.

4. 축열조 배관공사

1) 축열조의 배관 입 · 출구는 일반수조보다 많으므로 잘못 배관하지 않도록 주의한다.

2) 계측용 온도센서 등은 검출 부분이 조의 내부까지 닿는 길이의 것을 사용하고 설치한 후 조 내에서 확인해 두는 것이 바람직하다.

3) 방열량을 줄일 목적으로 통기구를 설치하지 않고 Over Flow와 겸용할 경우 Over Flow관은 반드시 단독으로 배관하여 다른 관과 접속하지 않을 것.

5. 배관 부속품의 조립 설치

1) 온도조절용 밸브장치, 조립요령은 상세도와 표준도에 따른다.

2) 바이패스 밸브는 관경과 동일한 규격의 것을 사용한다.

3) 주요장치 및 기기의 주위 배관에는 장비와 기기를 떼어내기 편리하도록 플랜지 및 유니온 이음을 하여야 한다.

4) 주요장비 및 기기 접속배관에는 관리 보수를 위한 서비스용 밸브를 설치하고 그 밸브는 게이트밸브로 한다. 다만, 유량의 조정이 필요한 경우에는 글로브밸브를 사용한다.

5) 배관이나 기기 및 장비내 물을 완전히 배출할 수 있도록 배관 말단 및 기구의 최저 위치에 배수밸브를 설치하여야 한다.

6) 압력계의 부착은 반드시 서비스밸브를 사용하여 충격에 의한 계기를 보호하 여야 한다.

7) 온도계 부착은 온도의 감지기구가 반드시 직접 감지할 수 있도록 설치한다.

6. 감지기 및 검출기 취부구의 사용

각종 배관에는 온도, 압력, 유량 등의 자동제어용 검출기 취부 소켓은 감지가 정확한 위치에 부착시켜야 한다.

1.7 기타 구성품 설치공사

1.7.1 판형 열교환기 설치(Tank-in-Coil방식의 경우 제외)

1. 가능하면 열교환기의 유로를 보호하고 열교환기 오염을 최소화하도록 열교환기 입구측에 여과기(Strainer, Mesh 규격은 2mm 이하)를 설치한다.
2. 배관작업 수행 후 배관 세척(Flushing)을 실시하여야 하며, 이때 열교환기 입구측의 밸브를 닫아서 Flushing 물질이 열교환기에 들어가는 것을 방지하여야 한다.
3. 열교환기의 분해 청소가 용이하도록 열교환기 양측에 충분한 작업공간(1m 전후)을 확보한다.
4. 가능한 한 판형 열교환기 운전 · 보수 매뉴얼을 제출하고 운전자에게 교육을 실시하여야 한다.
5. 동절기의 야간 또는 흐린 날 집열회로의 자연대류현상으로 인한 집열 열교환기의 동파방지를 위하여 체

크밸브나 이에 준하는 역류방지장치를 집열회로 내에 두도록 한다.

6. 열교환기의 성능을 검사하기 위하여 온도계와 압력계를 공급 및 환수관 내에 설치할 수 있다.
7. 열교환기의 내면은 열매를 주입하기 이전에 물로 씻어내어 청결하게 한다.
8. 원심식 펌프는 지반에 또는 배관에 직접 설치할 수 있다.
9. 펌프는 집열회로의 공급측에 설치한다.
10. 펌프는 항상 작동이 용이하도록 열매가 차 있어야 한다.
11. 모터 하우징은 절대로 보온해서는 안 된다.
12. 밀폐회로에서는 펌프의 상향부에 황동 및 스테인리스강으로 된 여과기가 설치되는 것이 좋다.

1.7.2 밀폐형 팽창탱크 설치(반밀폐형의 경우 제외)

1. 팽창탱크는 온도변화에 의한 열매의 유출방지 및 허용압력 유지를 위하여 격리된 회로마다 반드시 설치한다.
2. 팽창탱크는 펌프의 입구측에 연결되어야 하며, 가능한 한 펌프에 가깝게 위치하도록 한다.
3. 블래더의 압력 규격은 시스템의 압력 안전밸브 세팅보다 커야 한다.
4. 팽창탱크는 밀폐식 다이어프램구조로 한다.

1.7.3 열매체 보충수 탱크 설치(반밀폐형의 경우 팽창탱크와 겸용)

1. 열매체 보충탱크는 자체하중 및 압력에 견딜 수 있도록 제작되어 견고한 구조 위에 설치한다.
2. 탱크에 부착된 기기 또는 밸브들은 교환 및 수리가 가능하도록 한다.
3. 부동액을 보충할 때나 주입할 때 열매체 순환압력을 감지하여 자동으로 여닫는 밸브를 설치한다.(반밀폐형의 경우 제외)

1.7.4 과열방지장치 설치

1. 필요시 진공관형 태양열 집열기의 열매체 출구측(고온부) 배관에 냉각용 열교환기를 설치한다.
2. 집열부 출구온도(또는 축열조의 상부온도)가 일정온도 이상으로 상승 시 집열매체의 과도한 온도상승으로 시스템의 과열을 방지하기 위하여 자동으로 외부로 열을 방출할 수 있도록 과열방지 방열기 또는 축열조의 자동배수 시스템을 구성한다.

1.8 보온공사

1.8.1 보온재료

1. 보온재로는 유리면보온재 또는 고무발포보온재를 사용한다.(진공관형의 경우 열매체의 온도가 100℃ 이상이 될 우려가 있기 때문에 배관은 유리면보온재를 권장한다)
2. 배관의 열손실을 최소한으로 하기 위하여 사용되는 보온재는 100℃의 허용온도를 가져야 한다.
3. 외기에 노출되는 보온부는 내후성을 갖는 컬러함석 또는 알루미늄판 보온 커버로 처리한다.

1.8.2 보온재 두께

1. 배관보온은 최대 열손실이 25W/m(21.5kcal/hr · m) 이하로 하고, 최소두께는 옥내 25mm, 옥외 40mm 이상으로 설치하여야 한다.

1.8.3 보온재 시공

1. 일반사항
   1) 본 공사에 필요한 자재는 비나 눈 등을 피할 수 있는 곳에 저장되어야 한다.
   2) 모든 자재는 운반시 파손되지 않도록 각별히 주의하여야 한다.
   3) 보온재를 설치할 목적으로 임시가설된 구조물은 설치 완료 후 반드시 제거되어야 한다.

4) 수압시험을 할 경우에는 수압시험이 끝난 후에 보온작업을 하여야 한다.
5) 보온의 대상은 반드시 청결히 하고 습기가 있어서는 안 되며, 또한 보온재도 습기가 있어서도 안 된다.
6) 열팽창 및 수축에 의해 틈이 생기는 것을 방지할 수 있는 방법을 고려하여야 한다.
7) 외장은 특수한 이형부를 제외하고는 판금으로 한다.
8) 물이 새지 않도록 고려하여 외장 판금의 종방형의 이음을 "서로물림"으로 하고 또 원주방향 이음의 겹침은 50mm 이상으로 한다.
9) 외장판이 미끄러지지 않도록 작업한다.
10) 맨홀, 노즐, 계기류, 새들(Saddle) 등 외부에 노출되는 부분은 보온 대책을 충분히 고려하여 시공하여야 한다.
11) 판형 열교환기 : 유리섬유, 두께 50mm 이상의 두께로 보온한 후, 점검이 용이하도록 0.4t 이상의 컬러함석을 분할할 수 있도록 케이싱을 한다.
12) 보온두께는 보온재만의 두께를 말하며 외장재, 보온재 등의 두께는 포함하지 않는다.
13) 본 시공기준에 특별한 언급이 없는 보온공사 시공은 제작자 일반시방을 기준으로 시행한다.

2. 탱크(축열조)
1) 보온재 커버는 컬러함석으로 한다.
2) 옥외에 설치할 경우 보온재 커버의 이음매 등에서 누수가 발생하지 않도록 고려해야 한다.
3) 탱크와 설치대와의 사이에 단열성이 있는 것을 끼워 열적으로 단열하도록 하거나 단열재를 설치하기 곤란할 경우 설치대를 통한 열손실이 최소화되도록 재료 선정과 형상설계, 단열 등을 하도록 한다.
4) 축열조 맨홀 뚜껑에 대해서는 단열재를 들어 낼 수 있도록 시공해야 한다.

3. 배관 및 기타
1) 길이방향 및 원주방향의 연결부는 모두 엇갈림식이어야 한다.
2) 배관의 지지는 지지 쇠붙이가 직접 배관에 접촉하지 않도록 절연재를 끼워 고정한다.
3) 실내 배관에서 단열재는 유리섬유로 매직테이프 보온커버로 마감하여야 한다.
4) 옥외 배관을 위한 모든 단열재는 컬러함석 커버로 씌워져야 한다. 피복에서 모든 연결부는 습기가 단열재에 도달하지 않도록 실리콘 등으로 밀봉 처리한다.
5) 연결부는 물의 침투를 막기 위해 아래쪽에 위치하도록 한다. 배관 지지물은 보호덮개 바깥쪽에서 관들을 지지해야 한다. 덮개 또는 그 위의 금속차단막 아래 견고한 단열블록을 구비하여 파이프 지지물로 인해 단열재가 파손되는 것을 막아야 한다.

1.9 자동제어공사

1.9.1 일반사항

1. 모든 운전은 완전자동 및 수동운전이 가능하여야 한다.
2. 자동제어계통은 태양열설비의 자동운전은 물론 축열운전 및 방열운전 등이 완전자동으로 제어 및 운전되어야 하고 또한 중대형에서는 감시기능(경고장치)도 있어야 한다.
3. 모든 계측기는 유효하게 접지되어야 하며, 시험 및 교체 시 쉽게 분리할 수 있어야 한다.
4. 동력반 및 무인운전반은 자립형(또는 벽부형)으로 하고 문에는 잠금장치를 하여야 한다.
5. 제어설비 및 계측기류는 태양열설비를 고효율로 운전할 수 있는 설비로 구성하여야 하고, 시스템을 과열로부터 보호할 수 있는 장치가 있어야 한다.
6. 태양열 자동제어 공사범위에 1차측 주전원 인입공사와 상황실 상태 감시는 제외한다.

1.9.2 차온 제어장치

1. 차온(差溫) 제어장치는 승인 또는 검증된 제품을 사용하여야 한다.
2. 센서는 검출온도 오차가 적은 것을 선택한다.(± 1℃ 미만)
3. 고온센서는 여름철에 집열기가 정지상태일 때 200℃ 근처까지 승온할 수 있으므로 고온센서는 내열성 및 내구성이 있는 것을 고른다.

4. 차온제어장치의 주위온도는 -10~49℃ 안에 있어야 한다.
5. 축열조에 센서를 설치하는 경우 센서 선단이 축열조 내 수중으로 50mm 이상 삽입한다.
6. 정상적으로 설계된 부동액 시스템의 ON/OFF 온도차는 8/4℃의 범위로 추천한다.
7. 시스템 과열방지를 위한 과열방지 작동온도는 보통 70~95℃ 범위에서 결정한다.

1.9.3 제어반

1. 가능한 한 실내에 설치하되 보기 쉬운 곳에 지상 1.5m 정도 높이에 설치한다.
2. 고온, 다습한 장소는 피한다.
3. 옥외판은 반드시 열쇠를 채워 관련자 이외에는 조작을 못하도록 한다.
4. 보일러실 내의 설치는 버너나 연도에서 2.5m 이상 떨어진 환기가 좋고 고온이 아닌 장소로 입구에서 비교적 가까운 장소를 선택한다.
5. 벽면의 설치는 앵커볼트로 취부한다.
6. 제어반은 내선규정에 의해 반드시 접지를 잡는다.
7. 각 패널제작에 관한 일체의 사양은 전기법규상으로 저촉받지 않아야 한다.
8. 무인 운전반은 별도 자립형으로 하고 문에는 잠금 장치를 하여야 한다.
9. 모든 계측기, 제어기 및 스위치는 반내에 유효하게 접지되어야 하며, 시험 및 교체 시 쉽게 분리할 수 있어야 한다.
10. 태양열 시스템 각 기기의 운전상태 등을 설치하여 각 장비의 상태를 감시할 수 있어야 한다.
11. 모든 운전은 완전자동, 운전모드별 자동 및 각 개별 기기의 수동 운전이 가능하도록 제작되어야 한다.
12. 정전에 대비하여 정전 복구시 조작자의 별도 조작 없이 미리 일련의 복귀 프로그램에 의해 자동복귀 기능을 가지고 있어야 한다.
13. 집열기와 축열조의 온도감지기는 외부조건에 의한 영향을 최소로 받도록 하여야 하며, 차온제어용 집열기측은 최고온도부에 두고 축열조측은 최저 온도부에 설치한다.

1.9.4 축열 및 부하운전

1. 축열운전 : 태양이 있는 주간에 차온제어에 의해 축열운전이 되어야 한다.
2. 부하운전 : 부하운전은 냉난방 및 급탕부하가 있을 때 운전될 수 있어야 한다.

1.9.5 구성부품의 제어장치 구비 상세

1. 집열기
   1) 열매체순환 펌프는 집열기 출구온도와 축열조 하단온도 감지에 의해 집열기 출구온도가 일정온도 이상 축열조 하단온도보다 높을 때 가동되게 하여야 한다.
2. 축열조
   1) 축열 설비를 자동 또는 수동으로 운전할 수 있어야 한다.
   2) 축열조 하단과 상단에 온도감지기를 설치하여 축열운전 및 현장에 따라 부하운전의 제어에 활용할 수 있다.(순수 예열 공급인 경우 제외)

1.9.6 기타 기능

1. 제어용 패널은 향후 제어 포인트 증가 및 기능 추가를 고려하여 약 10% 정도의 설치 여유 공간을 확보하여야 한다.
2. 모든 장비는 유지 보수시 교체가 최대한 용이하도록 설계 제작되어야 한다.
3. 정전이 발생한 후, 다시 통전이 될 때 운전자의 별도 조작 없이 복귀되어 자동으로 운전이 재개되어야 한다.
4. 센서 보호
   - 센서가 설치된 파이프 또는 구성요소는 용접에 의한 불꽃에 센서를 노출시키면 안 된다.

- 직접적인 비에 대한 노출로부터 센서를 보호해야 한다.
- 센서를 물 속에 넣을 때는 Thermowell을 설치한다.

5. 센서선 보호
   - 금속 방수용 철판이나 전선관(Conduit)을 통해 전선을 잡아당길 때 날카로운 금속 모서리에 의해 전선이 벗겨지거나 끊어질 수 있으므로 주의해야 한다.
   - 설치작업 이전에 센서의 정확도를 확인한다. : 기준온도와 0.5℃ 안으로 읽힌 센서만 사용한다.
6. 센서 설치
   - 센서를 구부리지 말아야 한다.
   - 유체가 흐르는 Thermowell에 설치된 센서는 그 흐름을 지체시키거나 막아서는 안 된다.
   - 설치될 표면에 센서를 땜질하거나 테이프를 사용해 붙이지 않아야 하며, 현장여건상 여의치 못한 경우 열전달을 잘하기 위해 열적으로 전도성 있는 윤활유(Grease)를 사용할 수 있다.
   - 외기온도의 영향을 최소화하기 위하여 각각의 센서와 인접한 파이프 배관을 철저하게 단열하는 데 특별히 주의해야 한다.
   - 센서선을 배선할 때 전선을 덧이을 필요가 없도록 각 센서의 위치에 전선의 여분 길이를 남겨 두어야 한다.
   - 센서선과 전원선은 분리하여 설치되는 것을 권장할 수 있다.
   - 집열기 내부에 센서를 설치할 경우 설치 후 빗물이 들어가지 않도록 밀봉하고 단열되어야 한다.
   - 각각의 센서선에 인식표(Identification Tag)를 붙여야 한다.

1.9.7 시운전

1. 제한사항
   1) 열전달 매체를 채우기 전에 모든 여과기나 트랩은 청결하게 되어 있어야 한다.
   2) 배관 및 열교환기 내의 유해물질을 제거하기 위하여 물로 씻어낸 다음 작동을 시작한다.
   3) 시스템에 열전달 매체를 주입할 경우 펌프의 작동으로 집열기내 임계조건을 만들어주거나 제어장치가 고장난 것과 열충격을 방지하기 위하여 일사량이 적은 상태에서 한다.
   4) 공기가 차있는 상태에서 펌프를 가동해서는 안 된다.
2. 점검과 시운전
   1) 유량과 압력은 설계조건에 적합한지 검사한다.
   2) 시스템의 제어작동이 제대로 되는지 여러 작동조건에서 운전상태를 검사한다.
   3) 압력 안전밸브는 정상적으로 작동되는지 검사한다.
   4) 집열회로와 집열기 내에 적정 유량이 통과되는지 검사한다.
   5) 눈으로 관찰
      - 열매체를 채우고 그 작동을 점검하기 전에, 마지막 눈으로의 점검은 시스템이 완전하고 올바르며 규정대로 설치되었다는 것을 확인하기 위해 시행한다.
      - 구성요소와 재료들이 모든 작업에 대해 표준 설치 예를 따라 사용했음을 확인한다.
      - 시스템 설계와 시방서로부터 벗어난 모든 것을 수정한다.
      - 모든 구성품과 재료의 손상을 확인한다.
      - 최종적으로, 이미 만들어진 도면과 시방서의 현장이용 가능성, 설계자에 의해 준비된 모든 설치점검 절차, 그리고 모든 제조업자의 제품설명서와 작동 및 모든 중요한 구성품에 대한 유지보수 설명서를 포함하는 매뉴얼을 확인한다.
   6) 열매체 주입 및 압력 유지
      - 시스템 청소와 세척, 압력시험 후에 실시한다.
      - 집열기가 직사광선에 노출이 없을 때 전체 시스템을 채운다.
      - 모든 배관과 구성품의 누수에 대한 점검을 한다.

◉ 인라인 순환펌프

1. 일반사항

1.1 적용범위

본 시방서는 인라인펌프용으로 펌프 구경 40~200mm로서, 정격주파수 60Hz, 4극, 3상 유도 전동기와 커플링으로 직결되는 제품에 대하여 규정한다.

1.2 펌프의 구성 및 재질

펌프의 명칭 및 재질은 다음과 같거나 동등 이상이어야 한다.

순번	부 품 명	재 질	기 호	비 고
1	케이싱	회주철 구상흑연 주철	GC250 GCD450 [선택]	KS D 4301
2	브래킷	회주철	GC250	KS D 4301
3	회전차	회주철 청동 스테인리스 주강	GC200 BC6 [선택] SSC13 [선택]	KS D 4301 KS D 6002 KS D 4103
4	축	스테인리스 강봉	STS304	KS D 3706
5	메커니컬 실	텅스텐 카바이드/카본	TC/Carbon	
7	전동기	F종 절연 IP44		

1.3 구 조

(1) 케이싱

1) 펌프의 설치·분해 및 배관작업이 용이하고, 흡입 및 토출구가 동일선상에 있는 인-라인형으로 제작되어야 한다.
2) 펌프의 수리 및 분해를 요할시 케이싱을 배관으로부터 분리시키지 않고 수리 및 분해할 수 있는 구조로 제작되어야 한다.
3) 펌프의 플랜지 규격은 KS B 1511, 16K에 따르며, 케이싱에는 물빼기구멍을 설치하고 흡·토출 플랜지부에는 압력계를 취부할 수 있는 계기 취부구멍 등을 설치할 수 있는 구조로 제작되어야 한다.
4) 유체역학적 유동을 고려하여 내부 유체의 와류 및 캐비테이션을 방지할 수 있는 고효율구조로 설계·제작하며, 내구성이 우수해야 한다.
5) 케이싱 링이 장착된 구조로 유지관리 및 보수가 용이한 구조로 제작되어야 한다.
6) 펌프케이싱 하부는 벽면 또는 지상에 지지 가능한 베이스 플레이트를 장착할 수 있도록 볼트용 나사구멍이 있는 구조로 제작되어야 한다.
7) 펌프 케이싱에는 교체가 가능한 웨어링이 장착되어 있어야 한다.

(2) 회전차

1) 회전차는 키를 이용하여 축동력을 전달할 수 있는 구조가 되어야 하며, 내부식성이 뛰어난 스테인리스 재질의 너트로 축에 고정되어야 한다.
2) 회전차로 유입된 물은 최소한의 손실만을 발생하며 토출구로 안내될 수 있는 고효율의 구조로 되어야 한다.
3) 회전차는 동밸런싱을 실시한다.
4) 회전차는 용도에 따라 재질을 바꿀 수 있어야 한다.

(3) 주축

1) 회전차 체결용 나사는 펌프운전 중에 풀리지 않는 방향으로 하고, 워셔를 끼워 너트를 견고하게 체결한다.

(4) 축봉장치

1) 누수방지를 위하여 축봉장치는 장착이 쉽고 유지보수가 간편한 메커니컬 실을 사용하는 구조로 하여야 하며, 메커니컬 실은 Rubber Bellows 타입을 적용한다.

2) 펌프 내부의 유체에 의해 메커니컬 실의 윤활 및 냉각이 가능한 구조로 한다.

3) 케이싱이나 실(Seal) 챔버에 있는 공기를 빼낼 수 있도록 에어벤트가 설치되어야 한다.

(5) 전동기

1) IEC 규격에 따른 Fan냉각식 전폐형 농형 유도전동기로 절연등급 F종, 보호등급 IP44 이상이어야 한다.

1.4 시 험

(1) 수압시험

펌프의 하우징은 최고사용 압력의 1.5배에서 3분간 실시하여 누수가 없어야 한다.

(2) 성능검사

성능시험은 KS규격에 준하고, 토출량, 양정, 펌프의 회전수, 펌프의 축동력 효율 및 운전상태가 양호하여야 한다.

(3) 완제품 검사

주조품은 내·외면 모두 매끈하고 유해한 기포, 균열 및 두께의 불균일 등의 결점이 없어야 한다.

(4) 표시사항

펌프에는 명판 및 회전방향을 표시하는 화살표를 부착한다. 명판에는 펌프형식, 토출량, 전양정, 회전수, 제조자명, 제조번호 및 제조년월일을 기입한다. 또한, 부착되는 전동기에 대한 사양도 기입한다.

1.5 기 타

펌프제작사는 KS 인증을 획득한 업체이어야 한다.

9.14 태양열 시스템 설계 반영 사례

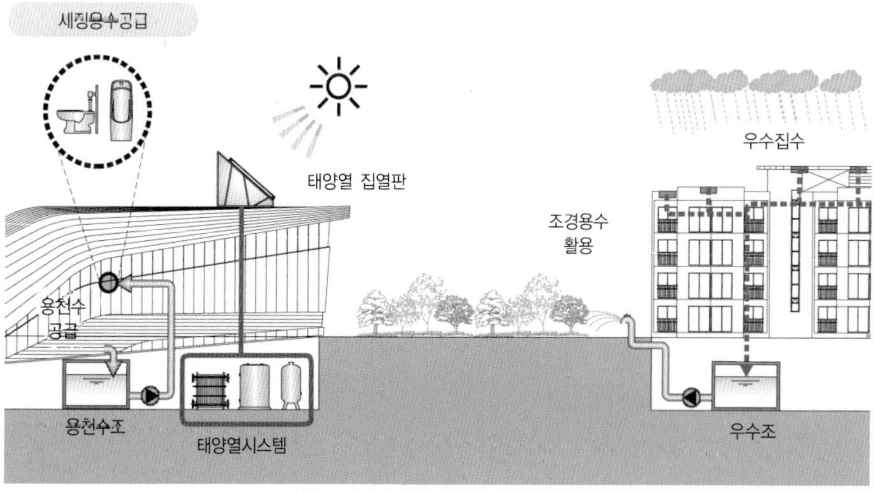

열원시스템 공급계획

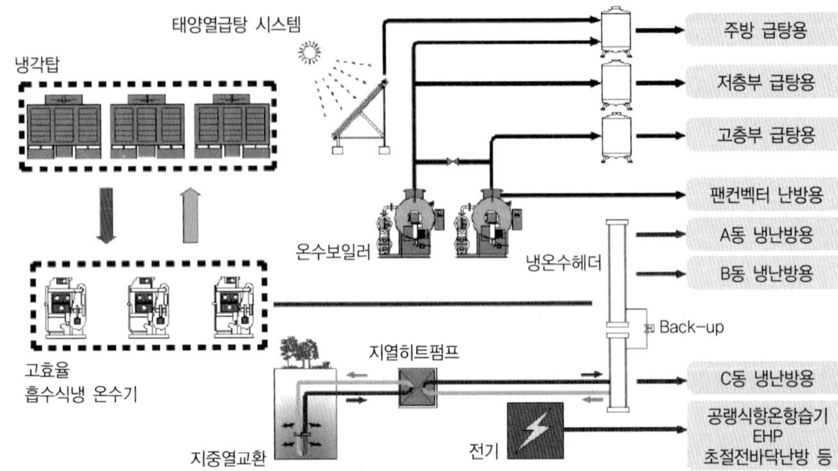

태양열급탕 시스템
냉각탑
주방 급탕용
저층부 급탕용
고층부 급탕용
팬컨벡터 난방용
A동 냉난방용
B동 냉난방용
온수보일러
냉온수헤더
Back-up
지열히트펌프
고효율
흡수식냉 온수기
C동 냉난방용
공랭식항온항습기
EHP
초절전바닥난방 등
지중열교환
전기

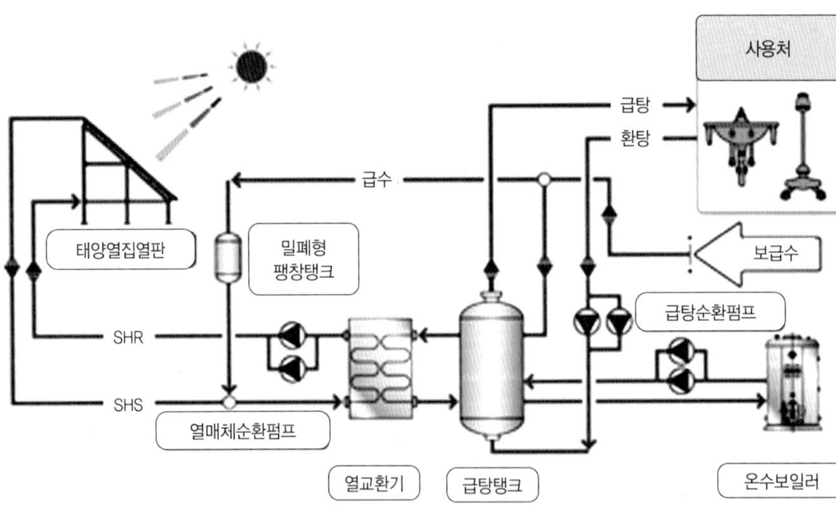

사용처
급탕
환탕
급수
태양열집열판
밀폐형
팽창탱크
보급수
급탕순환펌프
SHR
SHS
열매체순환펌프
열교환기
급탕탱크
온수보일러

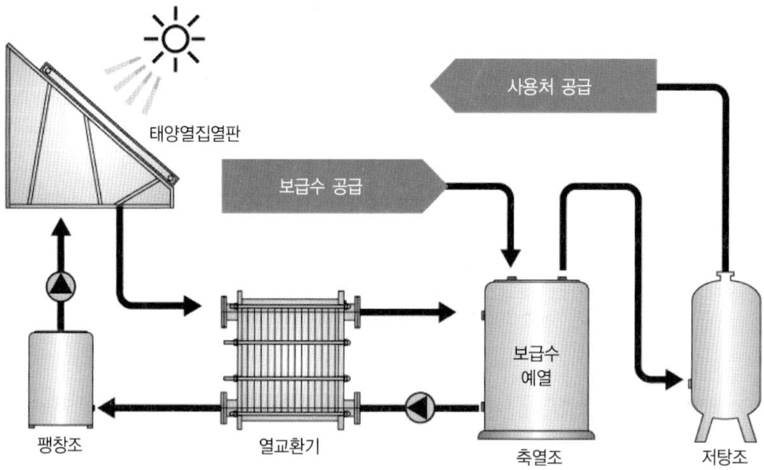
사용처 공급
태양열집열판
보급수 공급
보급수
예열
팽창조
열교환기
축열조
저탕조

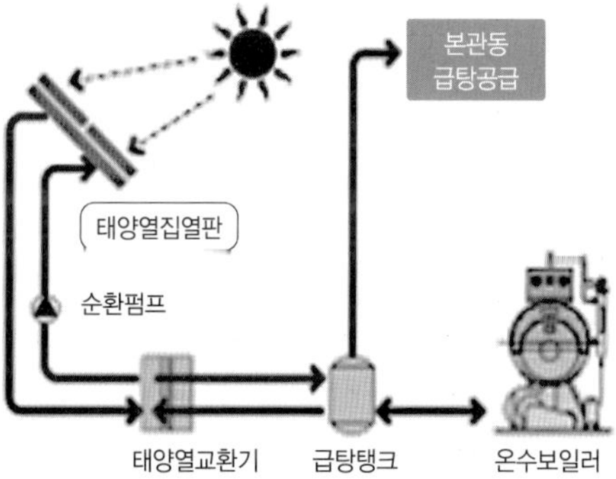
본관동
급탕공급
태양열집열판
순환펌프
태양열교환기
급탕탱크
온수보일러

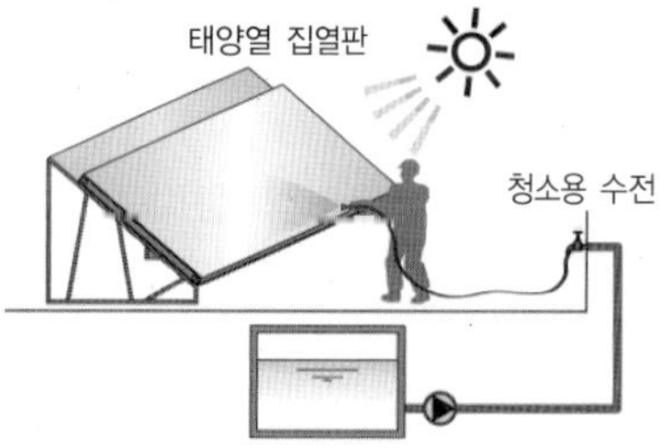
태양열 집열판
청소용 수전

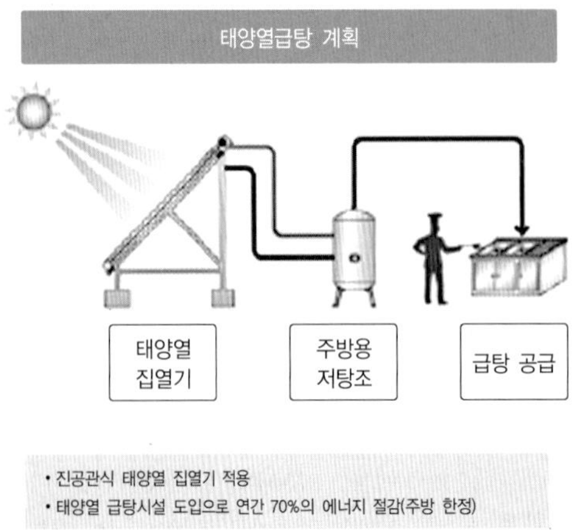

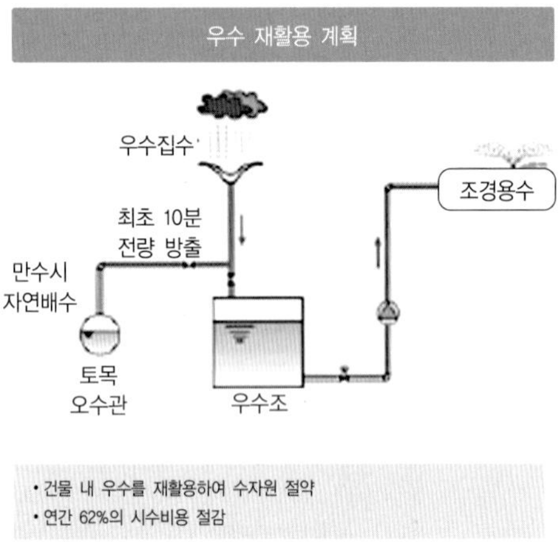

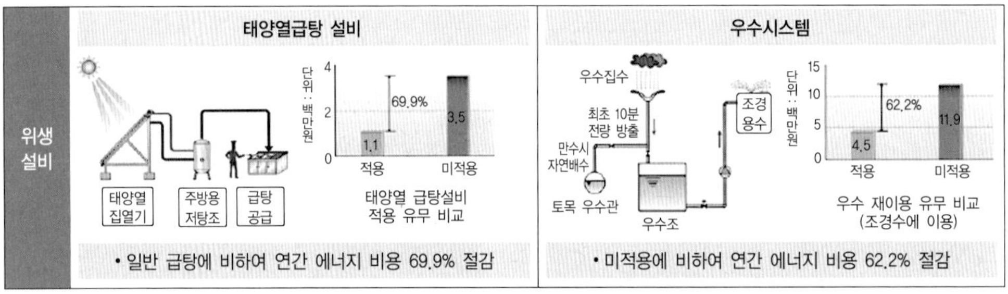

10 태양열 시스템 시공

10.1 태양열 시스템 시공 순서

(1) 품목별 자재 및 장비 반입 검사

① 태양열 집열기 (평판형, 진공관형)
② 각형강관 및 가대 부재류
③ 축열조 (축열탱크)
④ 판형 열교환기
⑤ 열매체 순환펌프
⑥ 온수 순환펌프
⑦ 팽창탱크
⑧ 기타 주부자재류

(2) 집열기 고정철물 및 집열기 설치

① 집열기 고정철물 설치
② 집열기 설치

(3) 배관공사

① 태양열 집열기 연결구 배관
② 주배관공사
③ 기계실 장비 설치 및 배관공사

(4) 보온공사

① 옥외 배관 보온 및 케이싱 설치
② 기계실 배관 보온

(5) 전기 및 자동제어 공사

① 자동제어 패널 설치 공사
② 자동제어 배관 배선 공사
③ 시운전(수동 및 자동운전) 및 시운전 확인

(6) 준공 및 인수인계

10.2 태양열 시스템 시공 절차

(출처 : 그린홈코리아, 화인테크)

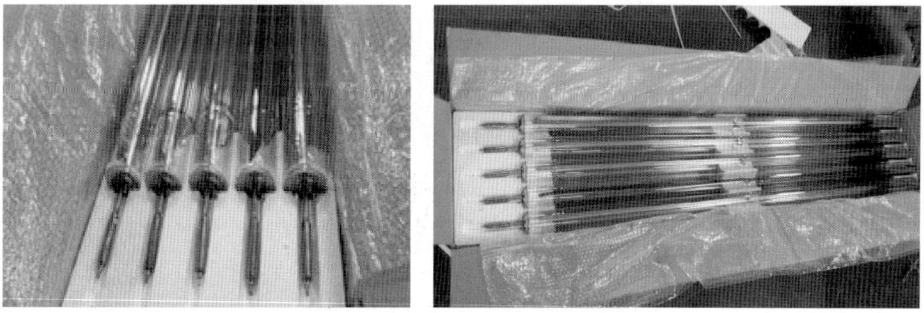

자재반입검사

지지대 고정

집열기 구조물 설치

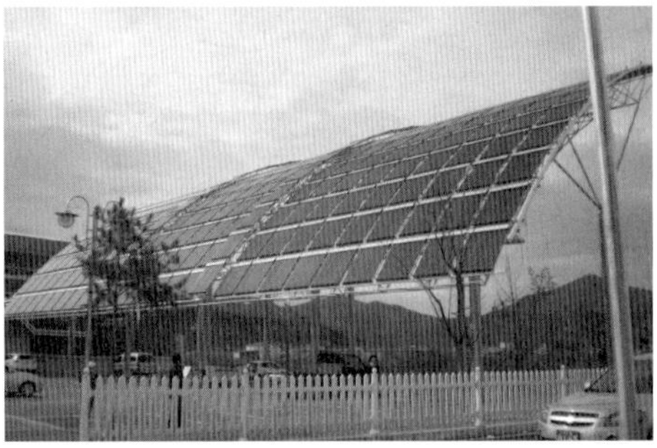

집열기 조립

집열기 연결

옥외 배관

기계실 배관

배관 보온

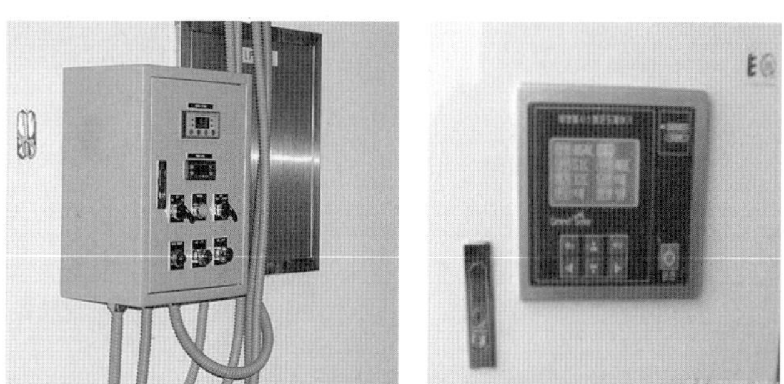

전기공사 및 컨트롤 패널 설치

10.3 태양열 시스템 제작도면 검토

구 분		설 계 사 양	제작회사 사양	검토결과	비 고
1. 태양열 집열기					
1) 집열면적		30.2m^2	30.2m^2	적 합	
2) 수량(Module)		10	10		
3) 용도		급탕용	급탕용		
4) 형식		CPC Type	CPC Type		
5) 설치위치		본관동 옥상	본관동 옥상	적 합	
6) 외형치수		1,990W×1,516L×134H	1,990W×1,516L×134H	적 합	
7) 중량	제품	63kg	63kg	적 합	
	만수시	65.5kg	65.5kg	적 합	
8) 집열판		티타늄 코팅	티타늄 코팅		
9) 매니폴드관		인탈산 동관	인탈산 동관		
10) 외장케이스		알루미늄	알루미늄		
11) 집열부 단열		진공단열	진공단열		
12) 매니폴드 단열		우레탄발포 단열	우레탄발포 단열		
2. 축열조					
1) 용도		급탕용 축열	급탕용 축열		
2) 형식		원 형	원 형		
3) 용량		1.5ton (950ϕ×1,830H)	1.5ton (950ϕ×1,830H)		
4) 재질		STS 316 보온 : G/W100t	STS 316 보온 : G/W100t		
5) 설치위치		본관동 기계실	본관동 기계실		
3. 팽창탱크					
1) 형식		원통입형	원통입형	적 합	
2) 용량		0.1ton	0.1ton	적 합	
3) 재질		SS 400	SS 400	적 합	
4) 설치위치		본관동 기계실	본관동 기계실		
4. 자동제어기기					
1) 규격		급탕 전용	급탕 전용	적 합	
2) 형식		차온제어방식	차온제어방식	적 합	
5. 열매체 순환펌프					
1) 형식		플랜지 타입	플랜지 타입	적 합	
2) 소비전력		0.55kW	0.55kW	적 합	
6. 온수순환펌프					
1) 규격		25LPM×50m×1.1kW	25LPM×50m×1.1kW	적 합	
2) 형식		In-Line	In-Line	적 합	
7. 과열방지장치					

구 분	설 계 사 양	제작회사 사양	검토결과	비 고
1) 가열량	10,000kcal/h	10,000kcal/h	적 합	
2) 유량 및 입출구 온도	25LPM 80℃ → 75℃	25LPM 80℃ → 75℃	적 합	
3) 풍량	1,120CMH	1,120CMH	적 합	
8. 설치가대				
1) 형식	삼각조립형	삼각조립형	적 합	
2) 재질	SS41+용융아연도금	SS41+용융아연도금	적 합	
3) 규격	ㅁ형강, ㄱ형강 50×50×3.2t	ㅁ형강, ㄱ형강 50×50×3.2t	적 합	
9. 배관 및 보온				
1) 재질	동관 L타입(KS D 5301)	동관 L타입(KS D 5301)	적 합	
2) 보온(G/W)	옥내 : 25t 옥외 : 40t	옥내 : 25t 옥외 : 40t	적 합	
3) 보온외장재	옥내 : 매직 테이프 옥외 : 함석케이싱	옥내 : 매직 테이프 옥외 : 함석케이싱		
10. 기타	1. 옥외설치되는 철재류에 대하여는 부식방지조치 철저 요함. 2. 집열판 설치방향 및 각도는 시방기준 적용. 3. 제어패널 설치위치는 협의 후 결정. 4. 위생설비 자동제어 시스템과 연계관계 철저확인 요함.			

11 태양열 냉방 시스템

태양열 냉방 시스템은 태양열 집열기에서 태양열로 집열된 온수가 축열조의 물과 열교환하여 축열조에 열을 공급하고 축열조에 저장된 온수(88℃ 이상)를 흡수식 냉동기 구동열원으로 공급하여 냉수(7℃)를 생성시켜 FCU 등 냉방기에 공급하여 냉방을 수행하는 방식이다. 따라서 태양열을 이용한 냉방방식은 흡수식 냉동기를 구동하기 위한 88~90℃의 온수가 필요하므로 안정적인 온수공급을 위해 일정규모 이상의 진공관형 및 PTC 타입의 집열기가 설치되어야 하며 또한 우천시, 날씨가 흐린날 등 태양열의 집열이 불가능한 때를 대비한 보조시스템을 설치하여야 하므로 집열기 설치비용, 보조열원 설치 비용 등이 고가이며 제어가 복잡하다. 최근 태양열 흡수식 냉동기의 성능이 낮다는 단점을 보완하기 위해 일사량이 많을 때에는 흡수식 냉동기로 작동하고, 우천시와 같이 일사량이 적을 때는 가스로 구동되는 하이브리드 흡수식 냉온수기를 개발하여 활용가치가 증가하고 있다.

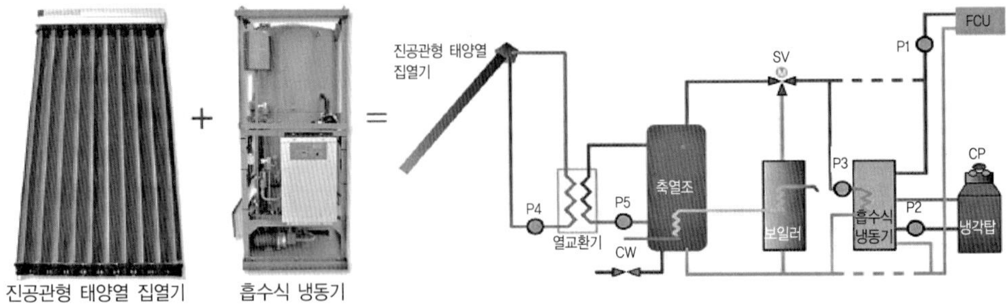

그림 3-30　태양열 냉방 시스템 (출처 : 에이팩엔지니어링)

11.1 시스템 구성(태양열 하이브리드 시스템)

태양열 하이브리드 냉방 시스템은 태양열 집열시스템, 축열시스템, 하이브리드 흡수식 시스템 및 종합 제어반으로 구성되어 있다.

시스템 구성	주 요 기 능
종합제어 시스템	• 시스템 전체 제어　　• 원격 모니터링
태양열 집열 시스템	• 집열기, 열교환기, 축열조 등 • 태양열로 축열조에 열공급
하이브리드 흡수식 시스템	• 하이브리드 흡수식 냉온수기가 핵심 열원 기기임 • 일사량과 축열조 온도에 따라 자동 운전모드 변환

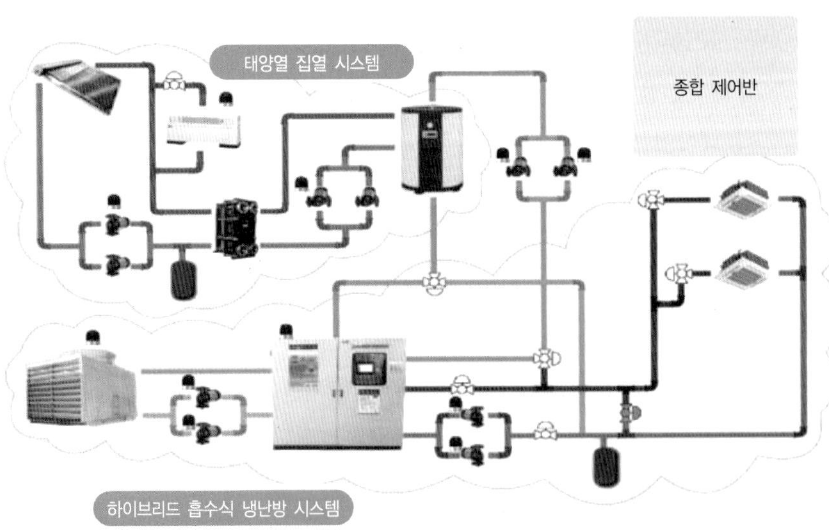

그림 3-31　태양열 하이브리드 시스템 구성 (출처 : 삼중테크)

11.2 시스템 구동원리

중 · 대규모의 태양열 시스템은 하절기 급탕 및 난방부하 부재 감소로 인한 태양열 시스템 과열문제로 인해 시스템의 안정성 및 신뢰성 등이 문제점으로 제시되어 왔다. 태양열 하이브리드 흡수식 냉난방 시스템은 하절기 태양열에너지의 잉여 열원으로 하이브리드 흡수식 유닛을 구동하여 냉방에 이용하는 시스템으로 하절기 잉여 태양열만으로도 냉방부하를 충족시키면 1중 효용 흡수식 사이클로 구동되고, 일사량이 부족하여 보조열원이 필요한 경우에는 효율이 높은 2중 효용 흡수식 사이클로 구동한다. 또한 부하에 따라 열원이 부족할 경우에는 1중 효용과 2중 효용 사이클이 동시에 구동한다.

구 분	운 전 모 드	열 원
1중 효용 운전	• 냉방부하 40~50% 이하의 가스 사용 없이 태양열만으로 운전	태양열 온수구동 냉방
2중 효용 운전	• 일사량이 없을 경우 • 태양열이 극히 적은 경우 보조열원인 가스만으로 운전	가스열원 온수구동 냉방
하이브리드 운전	• 일사량이 작거나 냉방부하가 큰 경우 • 태양열 온수와 가스를 이용하여 구동 • 동일 시스템에서 1중 효용+2중 효용 동시 구동	태양열+가스 온수구동 냉방

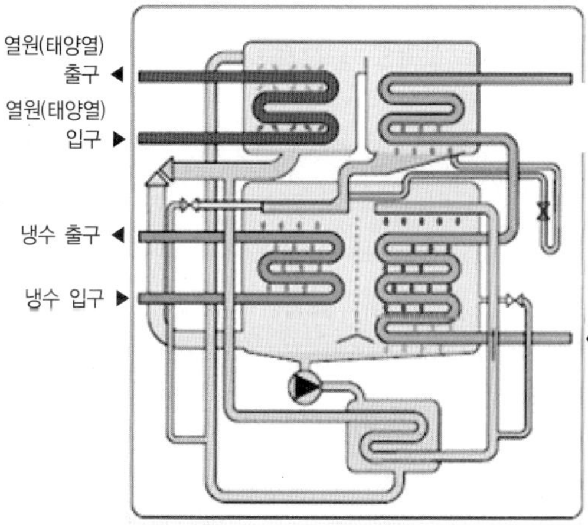

그림 3-32 태양열 하이브리드 흡수식 구동원리 (출처 : 삼중테크)

11.3 시스템 설계

11.3.1 설계 Flow

현장조사
- 집열기 설치장소
- 시스템 설치장소
- 기계실 설치장소
  등 확인

➡ **부하검토**
- 냉방부하 검토
- 난방부하 검토
- 급탕부하 검토

➡ **냉난방용량 결정**
- 냉방 용량 및
- 난방용량 결정
- 수요자와 협의
- 제어 Scope 결정

➡ **집열면적 결정**
- 적정 의존율 결정
- 수요자와 협의

➡ **시스템 설계**
- 열성능 분석
- 시스템 종류
- 각 부품 용량
- 제어 모니터링 설계 등

➡ **상세설계**
- 집열부 설계
- 축열부 설계
- 냉난방 시스템부 설계
- 제어 설계

11.3.2 설계 고려 요소

(1) 집열기 설치면적 확인

장애물로 인한 일사의 간섭이 없으며, 최소 5시간/1일 일사량이 확보되는 공간 및 집열기 배열시 음영이 지지 않는 공간을 확인

(2) 냉 · 난방부하 검토

월별, 연간 냉방 및 난방부하를 계산 또는 설계도서 부하계산서를 활용하고 전체 부하를 검토하여 필요시 타 열원과 연계

(3) 태양열 시스템 용도 검토 및 선정

- 태양열 하이브리드 흡수식 냉난방 시스템 : 냉방, 난방
- 태양열 하이브리드 흡수식 냉난방 및 급탕 시스템 : 냉방, 난방, 급탕

(4) 냉난방 용량 및 집열면적 선정

냉동능력(USRT)	10	15	20	30	40	50	60
권장집열면적(m^2)	50~80	75~120	100~160	150~240	200~320	250~400	300~480
냉동능력(USRT)	70	80	100	120	150	180	210
권장집열면적(m^2)	350~560	400~640	500~800	600~960	750~1,200	900~1,440	1,050~1,680

- 진공관형 집열기 1장당 집열면적 : 약 3.9~4.0m^2
- 집열면적이 클수록 연간 냉난방 시스템 효율은 증가하나, 일정수준 이상에서는 오히려 시스템 비용만 증대되는 효과 발생
- 적정 태양열 의존율로 초기투자비 절감과 보조열원과의 최적화

11.4 시스템 적용 사례

11.4.1 설계 개요

현 장 명	○○친환경 청정 기술센터	연 면 적	8,000m²(2,420평)
규 모	지상 1층, 지상 4층		
냉방부하	설계부하 : 101,451kcal/h, 적용부하 : 102,816kcal/h(34 USRT)		
난방부하	설계부하 : 36,918kcal/h, 적용부하 : 102,819kcal/h		

11.4.2 주요장비 현황

태양열 집열 시스템	집열기	W1985×L1963×t178 (3.9m²)	40 sets
	축열조	5,200 liter	1 EA
	팽창탱크	500 liter	1 EA
	펌프류	열매체순환, 온수순환펌프	각 2EA
	방열기	80,000kcal/h	1 EA
	열교환기	100,000kcal/h	1 EA
하이브리드 흡수식 냉난방 시스템	하이브리드 냉온수기	냉방 30RT 난방 90,720kcal/h	1 EA
	냉각탑	사각대향류형 60CTRT	1 EA
	냉(온)수펌프	344LPM×27mH (5.5kW)	2 EA
	냉각수펌프	594LPM×25mH (5.5kW)	2 EA
	온수펌프	186LPM×25mH (5.5kW)	2 EA
	자동밸브	2WAY, 3WAY	4 EA
	팽창탱크	500 liter	1 EA
자동제어	제어반	종합자동제어 프로그램 및 PC	1 Set

11.4.3 시공현황

그림 3-33 태양열 하이브리드 시스템 설치 사례 (출처 : 산중테크)

11.4.4 시스템 운전모드

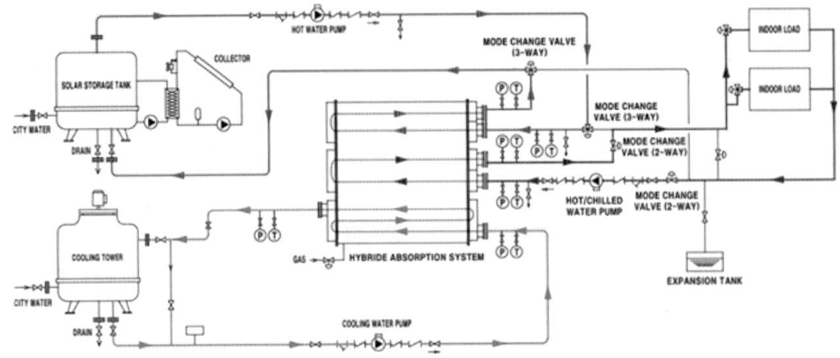

태양열 냉방운전 : 태양열만으로 운전, 부분부하 50% 이하 시

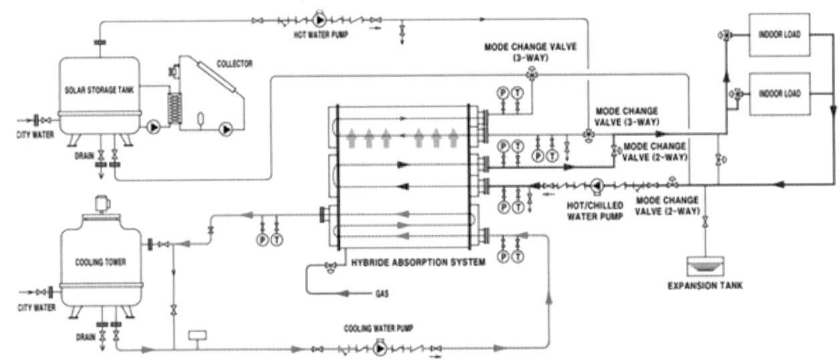

가스 냉방운전 : 가스 공급하여 운전, 일사량이 없을 시

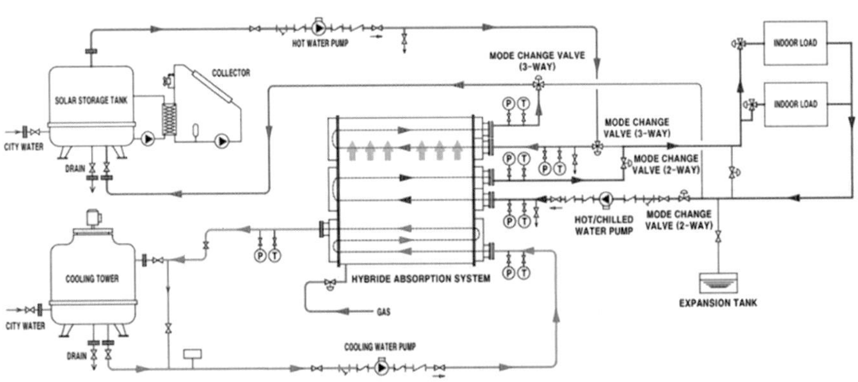

하이브리드 냉방운전 : 태양열+가스 이용 운전, Full 부하 및 일사량 없을 시

그림 3-34 태양열 하이브리드 냉방 운전모드 (출처 : 삼중테크)

11.5 태양열 시스템 시공 기준

신재생에너지 설비의 지원 등에 관한 지침-에너지관리공단 신재생에너지센터

공고 제2014-1호 14.02.19

가. 집열기

1) 집열기

센터에서 인증한 인증제품을 설치하여야 한다. 기타 인증대상설비가 아닌 경우에는 제54조의 분야별 위원회의 심의를 거쳐 신재생에너지센터 소장이 인정하는 경우 사용할 수 있다.

2) 집열기의 연결(고정) 부위

고정 및 해체를 할 수 있게 지지대에 설치하여야 하며 방식처리를 하여야 한다.

3) 집열면적

사업계획서상에 제시된 설계용량 이상이어야 한다.

4) 내부상태

습기 및 결로현상, Outgassing(집열기 내부 스모그현상)이 없어야 한다.

5) 열매체

집열기 또는 배관의 동파를 방지하기 위해 집열회로측 순환 열매체는 부동액을 사용하여야 하고, 집열회로 내의 열매체는 집열기 상부가 항상 대기압 이상을 유지하여야 한다.

6) 배열

가) 집열기를 2열 이상 병렬로 설치할 경우에는 집열기의 각 집열기군을 통과하는 열매체의 유량이 같도록 배열하여야 하고, 입·출구 온도차가 적절히 유지되도록 직렬배관을 조합하여 시공하여야 한다.(각 열의 집열기 수량이 상이할 때는 정유량 밸브를 설치하여야 한다)

나) 집열기 1개의 열은 8장 이내가 되도록 배치하여야 한다. 단, 히트파이프식 열교환기를 적용한 집열기의 경우에는 열팽창 및 순환을 고려하여 배열을 하여야 한다.

7) 일조시간

가) 장애물로 인한 음영에도 불구하고 일조시간은 1일 4시간(동계(12~2월) 기준) 이상이어야 한다. 단, 전깃줄, 피뢰침, 안테나 등 경미한 음영은 장애물로 보지 아니한다.

나) 집열기 설치열이 2열 이상일 경우 앞열은 뒷열에 음영이 지지 않도록 설치하여야 한다.

8) 연결배관

가) 집열회로내 공기가 차지 않도록 에어벤트(Air Vent)를 설치하여 열매순환에 장애가 없어야 한다. 단, 개방형인 경우에는 예외로 한다.

나) 외부에서 유체를 공급하는 공급배관은 최상부까지 상향으로 설치하고, 내부에서 유출하는 환수배관은 하향으로 설치하여야 한다.

다) 집열기에 연결되는 배관은 각 집열기군간 유량이 동일하도록 역회수(Reverse Return)방식으로 설치하여야 한다.

9) 집열부 열매회로에는 최고사용압력 이하에서 작동하는 안전밸브(방출밸브 포함)를 설치하여야 한다.(다만, 개방형 집열부에는 적용하지 아니한다.)

10) 집열배관계통 누설시험

시공자는 집열기 및 배관 설치완료 후 집열배관계통에 누설이 없도록 시공하여야 하며, 누설시험은 설계압력의 1.5배 이상의 수압으로 30분 이상 누설시험을 실시하여 이상이 없음을 확인하여야 한다.

(시공자는 설치확인 신청 시, '수압시험결과 자체기록서'를 제출하여야 한다.)

나. 지지대 및 부속자재

1) 설치상태

바람, 적설하중 및 구조하중에 견딜 수 있도록 설치하여야 한다. 건축물의 방수 등에 문제가 없도록 설치하여야 하며, 볼트조립은 헐거움이 없이 단단히 조립하여야 한다. 단, 집열판 지지대의 고정 볼트에는 스프링 워셔 또는 풀림방지너트 등으로 체결한다.

2) 지지대, 연결부, 기초(용접 부위 포함)

집열기 지지대 제작시 형강류 및 기초지지대에 포함된 철판 부위는 용융아연도금처리 또는 동등 이상의 녹방지 처리를 하여야 하며, 절단가공 부위 및 용접 부위는 방식처리를 하여야 한다.

3) 체결용 볼트, 너트, 와셔(볼트캡 포함)

용융아연도금처리 또는 동등 이상의 녹방지 처리를 하여야 하며, 기초 콘크리트 앵커볼트 부분은 볼트캡을 착용하여야 하며, 체결 부위는 볼트규격에 맞는 너트 및 와셔를 삽입 · 체결하여야 한다.

다. 축열조

1) 제작

축열조의 두께는 설계압력에서 충분히 견딜 수 있는 안전한 강도를 유지토록 제작하여야 한다.

2) 설치상태

옥외에 설치하는 경우에는 콘크리트 기초 위에 조립식 패널 등을 설치하여 빗물침투 등을 방지할 수 있도록 하고, 공급수 배관에는 동파방지를 위하여 보온조치를 하여야 한다.

3) 수압시험

가) 시공자는 축열조 제작이 완료되면 물을 채워 24시간 방치시킨 후 최고사용압력의 1.5배 이상의 수압시험을 실시하여 누수 및 변형이 없음을 확인하여야 한다.
(시공자는 설치확인 신청 시, '수압시험결과 자체기록서'를 제출하여야 한다.)

나) 축열조에 연결되는 배관의 출 · 입구에는 축열매체의 온도 성층화를 위한 장치(예 : 디퓨저)가 있어야 한다.

4) 부속기기

가) 축열조에는 내부상태를 확인할 수 있는 KS B 5320(공업용 바이메탈식 온도계) 또는 이와 동등 이상의 성능을 가진 온도계와 KS B 5305(부르동관압력계) 또는 이와 동등한 성능을 가진 압력계를 설치하여야 한다.

나) 축열조에는 내부의 이상압력을 해소하기 위한 충분한 용량의 안전밸브 또는 방출밸브를 설치하여야 한다. 단, 개방형 경우에는 안전밸브의 설치는 제외할 수 있다.

다) 안전밸브의 분출압력은 최고사용압력 이하이어야 한다.

라) 압력계의 최고눈금은 최고사용압력의 1.5~3배 이내이어야 하며, 사이즈는 60mm 이상이어야 한다.

마) 축열조 최하단에는 배수 및 청소가 가능하도록 배수밸브(25A 이상)를 설치하여야 한다.

바) 축열조의 명판에는 부속기기 사양(디퓨저, 수압시험 압력 등), 용량, 최고사용압력 및 온도, 제조자, 제조번호, A/S연락처 등이 포함되어야 한다.

라. 관련 부품 및 기기

1) 밸브류

가) 밸브는 배관 구경이 50A 이하인 경우에는 나사접속형, 50A를 초과할 경우에는 플랜지 접속형으로 설치하여야 하며, 동파방지 등을 위하여 설비의 최하단에 배수밸브(Drain Valve)를 설치하여야 한다.

나) 모든 밸브는 연중 대기온도 및 사용온도에서 정상적인 기능을 해야 하며, 최고사용온도에서 견딜 수 있어야 한다. 전동밸브는 바이패스(By-pass) 배관을 병행 설치하여야 하며, 단, 수동개폐장치가 설치되어 있으면 예외로 한다.

다) 태양열 설비(보조) 난방의 경우 태양열 시스템과 보일러를 연결하는 배관의 3방향에 사용되는 밸브는 모터구동밸브를 사용하여야 하며, 축열조측과 보일러측의 2개 방향에 각각 밸브를 설치하거나 축열조와

보일러의 중앙부분에 3방향 밸브를 설치하여야 한다.

라) 모든 밸브류는 최고사용압력에 견딜 수 있는 충분한 강도를 가져야 한다.

2) 밀폐형 팽창탱크

구분된 배관회로마다 펌프 흡입구측에 적정 용량을 설치하여야 한다.

3) 개방형 팽창탱크

팽창탱크는 열매순환배관보다 높은 위치에 설치되어야 하며, 열매배관과 팽창탱크와의 연결관에는 밸브가 없어야 한다. 단, 수리를 위해 밸브를 설치할 경우 밸브의 "열림/닫힘"를 표시하고, 운전시에는 "열림"으로 고정되어야 한다.

4) 펌프

고효율인증제품을 사용하여야 하며, 해당 용량에 인증제품이 없는 경우에는 KS 규격 및 동등 이상의 제품을 사용하여야 한다.

5) 열교환기

가) 열교환기의 용량은 축열량을 고려하여 집열기의 집열열량(W/h)을 충분히 열교환할 수 있는 설계용량 이상의 용량이어야 한다.

나) 열교환기의 운전상태를 나타내는 KS B 5320(공업용 바이메탈식 온도계) 또는 이와 동등 이상의 성능을 가진 온도계와 KS B 5305(부르동관압력계) 또는 이와 동등한 성능을 가진 압력계를 부착하여야 한다.

다) 열교환기의 명판에는 재질, 용량, 최고사용압력 및 온도, 제조자, 제조번호, 제조일자, AS연락처 등이 포함되어야 한다.

마. 배관

1) 배관 연결에 꺾이는 부분이 있는 경우에는 엘보우(또는 벤딩)를 사용하여야 한다.

2) 고정철물, 지지철물, 인서트 등은 워터해머, 신축 응력관의 자중 등에 대해 충분히 견딜 수 있는 구조로 한다.

3) 배관시공은 외부노출시공을 원칙으로 한다. 다만, 부득이한 경우 지중배관으로 연결 시에는 방수되는 재질로 이중관처리를 하고 내부에 물이 고이지 않도록 하여야 한다.

4) 집열회로의 재질은 동 또는 스테인리스를 사용하여야 하며, 주름관은 사용하지 않아야 한다.

5) 배관은 열손실을 최소화하기 위해 보온이 이루어져야 하며, 누수가 없어야 하고, 배관의 최하단에는 배수밸브를 설치해야 한다.

6) 배관에는 온수배관, 열매체배관 및 유체흐름방향을 표시하여야 한다.

7) 집열매체 배관에는 유체의 압력을 표시할 수 있도록 KS B 5305(부르동관 압력계) 또는 이와 동등한 성능을 가진 압력계를 설치하여야 한다.

8) 모든 배관 및 부속품은 최고사용압력에서 견딜 수 있는 충분한 강도를 가져야 한다.

9) 온수, 시수배관은 스테인리스강관, 동관, 복합관 또는 스테인리스 주름관을 사용하여야 하며 배관 연결에 꺾이는 부분이 있는 경우에는 직각이 유지될 수 있도록 하여야 한다. 단, 복합관의 경우 사용온도가 95℃까지 가능한 제품이어야 한다.

10) 외기온도가 영하로 떨어질 때에 대비하여 외부에 노출된 시수관, 온수관의 동파에 대한 보호장치는 다음의 전열선방식으로 한다.

ㅇ 전열선방식

옥외배관에 전열선을 설치하여 옥외배관을 가열하는 방식으로 배관 내 온도가 0℃ 근방에서 전기를 흘려보내 배관을 가열하고, 10℃ 근방에서 차단하여야 한다. 전열선은 자동조절방식으로 20W/m 이하의 성능을 가진 제품을 사용하여야 한다. 또한 전열선은 이중피막방식으로 하여야 한다.

바. 보온공사

1) 보온재 및 두께 기준은 건축기계설비공사 표준시방서(국토교통부)에 따른다. 단, 기준열손실률을 배관 :

11.6 태양열 시스템 시공 체크리스트

태양열 시스템 시공기준 Check List (신재생에너지센터 공고 제2013-17호. 13.08.30)		
항 목	반 영 내 용	비 고
가. 집열기		
1) 집열기 센터에서 인증한 인증제품을 설치하였는가? (기타 인증 대상 설비가 아닌 경우에는 제39조의 분야별 위원회의 심의를 거쳐 신재생에너지센터 소장이 인정하는 경우 사용할 수 있다)	반영(인증제품 사용) -모델명 : SPD-16 -인증번호 : SH-ETC-1-0010	
2) 집열기의 연결(고정)부위 고정 및 해체를 할 수 있게 지지대에 설치하여야 하며 방식처리를 하였는가?	아연용융도금재 사용 STS볼트/너트 고정	도면참조
3) 집열면적 사업계획서상에 제시된 설계용량 이상으로 설치되었는가?	사업계획서 설계용량 : 30m^2 설치예정용량 : 30.2m^2	도면참조
4) 내부상태 습기 및 결로현상, Outgassing(집열기 내부 스모그현상)이 발생되지 않도록 제작되었는가?	반영 (에너지관리공단 인증제품 사용)	
5) 열매체 집열기 또는 배관의 동파를 방지하기 위해 집열회로측 순환열매체는 부동액을 사용하고, 집열회로 내의 열매체는 집열기 상부가 항상 대기압 이상을 유지하고 있는가?	반영 (부동액 사용)	
6) 배열 가) 집열기를 2열 이상 병렬로 설치할 경우에는 집열기의 각 집열기군을 통과하는 열매체의 유량이 같도록 배열하고, 입·출구 온도차가 적절히 유지되도록 직렬배관을 조합하여 시공되었는가? (각 열의 집열기 수량이 상이할 때는 정유량 밸브를 설치하였는가?) 나) 집열기 1개의 열은 8장 이내가 되도록 배치하였는가? (단, 히트파이프식 열교환기를 적용한 집열기의 경우에는 열팽창 및 순환을 고려하여 배열하여야 한다.	반영 (2열병열 수량 동일) 반영 (5장/열 배치)	도면 참조
7) 방위각 그림자의 영향을 받지 않는 곳에 정남향 설치를 원칙으로 하되, 건축물의 디자인 등에 부합되도록 현장 여건에 따라 설치하였는가?	반영	도면참조
8) 경사각 경사각은 태양열을 양호하게 취득할 수 있는 각도로 설치되었는가? * 현장여건에 따라 조정 가능	반영 (50도 설치)	도면참조
9) 일사시간 가) 집열기 설치 열이 2열 이상일 경우 앞열은 뒷열에 음영이 지지 않도록 설치하였는가? * 장애물로 인한 음영에도 불구하고 일사시간은 1일 5시간(춘·추분 기준)이상이어야 한다. 단, 전깃줄, 피뢰침, 안테나 등 경미한 음영은 장애물로 보지 아니한다.	반영 (앞뒤간격 3.2M 이상) 반영(음영 조건 없음)	도면참조
10) 연결배관 가) 집열회로내 공기가 차지 않도록 에어벤트를 설치하여 열매순환에 장애가 없도록 시공되었는가? * 단, 개방형인 경우에는 예외. 나) 외부에서 유체를 공급하는 공급배관은 최상부까지 상향으로 설치하고, 내부에서 유출하는 환수배관은 하향으로 설치하였는가? 다) 집열기에 연결되는 배관은 각 집열기군간 유량이 동일하도록 역회수(Reverse Return)방식으로 설치하였는가? 라) 집열기와 축열조, 축열조와 보조열원의 연결 배관은 최단거리로 설치하였는가?	반영 (각 그룹별 열매체 출구쪽 설치) 반영 반영(역회수배관 설치) 반영	도면 참조

태양열 시스템 시공기준 Check List

(신재생에너지센터 공고 제2013-17호. 13.08.30)

항 목	반 영 내 용	비 고
11) 안전밸브 집열부 열매회로에는 최고사용압력 이하에서 작동하는 안전밸브(방출밸브 포함)를 설치하였으며, 최고사용압력 이하에서 작동하는가? (개방형 집열부 : 적용 예외)	반영 (반밀폐형 시스템, 팽창탱크에 설치)	
12) 집열배관계통 누설시험 집열기 및 배관 설치 완료 후 집열배관 계통에 누설이 없도록 시공되었으며, 누설시험은 설계압력의 1.5배 이상의 수압으로 30분 이상 누설시험을 실시하여 이상 없음을 확인하였는가? (수압시험결과 '자체기록서' 제출)	반영 (자체기록서 참조)	
나. 지지대 및 부속자재		
1) 설치상태 바람, 적설하중 및 구조하중에 견딜 수 있도록 설치되었으며, 건축물의 방수 등에 문제가 없도록 설치되고, 볼트조립은 헐거움이 없이 단단히 조립되었는가? * 단, 집열판 지지대의 고정볼트에는 스프링 워셔 또는 풀림방지너트 등으로 체결되었는가?	반영 (건축설계시 구조계산 완료함) 반영 : 건축 패드타설 반영(풀림방지너트 사용)	
2) 지지대, 연결부, 기초(용접 부위 포함) 집열기 지지대 제작 시 형강류 및 기초지지대에 포함된 철판 부위는 용융아연도금처리 또는 동등 이상의 녹방지처리를 하였으며, 절단가공 부위 및 용접부위는 방식처리를 하였는가?	반영 (용융아연도금재 사용)	
3) 체결용 볼트, 너트, 와셔(볼트캡 포함) 용융아연도금처리 또는 동등 이상의 녹방지처리를 하였으며, 기초 콘크리트 앵커볼트 부분은 볼트캡을 착용하고, 체결 부위는 볼트규격에 맞는 너트 및 와셔를 삽입, 체결하였는가?	반영 (볼트캡 설치) 정규격의 볼트너트 체결)	
4) 피뢰설비 낙뢰 우려가 있는 건축물 또는 높이 20미터 이상의 건축물에는 건축물의 설비기준 등에 관한 규칙 제20조(피뢰설비)에 적합하게 피뢰설비를 설치하였는가?	미반영 (건물높이보다 낮음)	
5) 유지보수 집열기의 유지보수를 위한 공간을 두거나 작업안전을 고려한 발판 및 안전난간을 설치하였는가? * 단, 안전성이 확보된 설비인 경우에는 예외로 한다.	반영 제외 (1단으로 안전성 확보발판 및 난간 미설치)	도면참조
다. 축열조		
1) 제작 축열조의 두께는 설계압력에서 충분히 견딜 수 있는 안전한 강도를 유지토록 제작되었는가?	반영 (동체 : 4t, 경판 : 6t)	도면참조
2) 설치상태 옥외에 설치하는 경우에는 콘크리트 기초 위에 조립식 패널 등을 사용하여 빗물침투 등을 방지할 수 있는 기계실을 설치하고, 공급수 배관에는 동파방지 보온을 시공하였는가?	반영 제외 (옥내 기계실 설치)	도면참조
3) 수압시험 가) 시공자는 축열조 제작이 완료 후 물을 채워 24시간 방치시킨 후 최고 사용압력의 1.5배 이상의 수압시험을 실시하여 누수 및 변형이 없음을 확인하였는가? * 수압시험결과 자체기록서 제출 나) 축열조에 연결되는 배관의 출·입구에는 축열매체의 온도성층화를 위한 장치(예 : 디퓨저)를 설치하였는가?	반영 (자체기록서 제출) (디퓨저 사용)	도면참조

태양열 시스템 시공기준 Check List

(신재생에너지센터 공고 제2013-17호, 13.08.30)

항 목	반 영 내 용	비 고
4) 부속기기 가) 축열조에는 내부상태를 확인할 수 있는 KS B 5320(공업용 바이메탈식 온도계) 또는 이와 동등 이상의 성능을 가진 온도계와 KS B 5305(부르동관 압력계) 또는 이와 동등한 성능을 가진 압력계를 설치하였는가? 나) 축열조에는 내부의 이상 압력을 해소하기 위한 충분한 용량의 안전밸브 또는 방출밸브를 설치하였는가? * 단, 개방형 경우에는 안전밸브의 설치제외. 다) 안전밸브의 분출압력은 최고사용압력 이하인가? 라) 압력계의 최고눈금은 최고사용압력의 1.5~3배이며, 사이즈는 60mm 이상으로 설치되었는가? 마) 축열조 최하단에는 배수 및 청소가 가능하도록 배수밸브(25A 이상)를 설치하였는가? 바) 축열조의 명판에는 부속기기 사양(디퓨저, 수압시험압력 등), 용량, 최고사용압력 및 온도, 제조자, 제조번호, A/S 연락처 등이 포함되었는가?	부르동관 압력계 설치 반영 안전밸브 반영 최고사용압력 0.7MPa 반영 반영 배수구 반영 반영	도면참조
라. 관련부품 및 기기		
1) 밸브류 가) 밸브는 배관 구경이 50A 이하인 경우에는 나사접속형, 50A 초과할 경우에는 플랜지 접속형으로 설치하였으며, 동파방지 등을 위하여 설비의 최하단에 배수밸브(Drain Valve)를 설치하였는가? 나) 모든 밸브는 연중 대기온도 및 사용온도에서 정상적인 기능을 하고, 최고사용온도에서 견딜 수 있는 것으로 설치되었으며, 전동밸브는 바이패스(By-pass) 배관을 병행 설치하였는가? * 단, 수동개폐장치가 설치 시 예외. 다) 태양열 설비(보조) 난방의 경우 태양열 시스템과 보일러를 연결하는 배관의 3방향에 사용되는 밸브는 모터구동밸브를 사용하고, 축열조측과 보일러측의 2개 방향에 각각 밸브를 설치하거나 축열조와 보일러의 중앙부분에 3방향 밸브를 설치하였는가? 라) 모든 밸브류는 최고사용압력에서 견딜 수 있는 충분한 강도를 가진 밸브를 설치하였는가?	50A 이하 나사이음 반영 65A 이상 플랜지 이음 반영 반영 수동개폐장치 설치로 전동밸브 미반영 순수 급탕용이므로 3방밸브 미반영 반영	
2) 밀폐형 팽창탱크 구분된 배관회로마다 펌프 흡입구측에 적정용량을 설치하였는가?	반영(반밀폐형 팽창탱크) 100L	도면참조
3) 개방형 팽창탱크 팽창탱크는 열매순환배관보다 높은 위치에 설치되고, 열매배관과 팽창탱크와의 연결관에 밸브가 설치되지는 않았는가? * 단, 수리를 위해 밸브를 설치할 경우 밸브의 "열림/닫힘"을 표시하고, 운전시에는 "열림"으로 고정한다.	반밀폐형 시스템이므로 미반영	도면참조
4) 펌프 고효율 인증제품을 사용하여야 하며, 해당 용량에 인증제품이 없는 경우에는 KS 규격 및 동등 이상의 제품을 사용하였는가?	고효율펌프 반영	
5) 열교환기 가) 열교환기의 용량은 축열량을 고려하여 집열기의 집열열량(kcal/h)을 충분히 열교환할 수 있는 용량 이상으로 설치되었는가? 나) 열교환기의 운전상태를 나타내는 KS B 5320(공업용 바이메탈식 온도계) 또는 이와 동등 이상의 성능을 가진 온도계와 KS B 5305(부르동관압력계) 또는 이와 동등한 성능을 가진 압력계를 부착하였는가? 다) 열교환기의 명판에는 재질, 용량, 최고사용압력 및 온도, 제조자, 제조번호, 제조일자, AS연락처 등이 포함되었는가?	Tank-in-Coil 방식이므로 열교환기 제외	도면참조

태양열 시스템 시공기준 Check List

(신재생에너지센터 공고 제2013-17호. 13.08.30)

항 목	반 영 내 용	비 고
마. 배관		
1) 배관의 지지 및 고정철물은 설계도면과 같이 제작하여 설치하고, 관의 자유로운 신축을 방해하지 않는 구조로 하였으며, 기울기에 변화가 오지 않도록 설치하였는가?	반영	도면참조
2) 배관 연결에 꺾이는 부분이 있는 경우에는 엘보우(또는 벤딩)를 사용하였는가?	엘보 사용 반영	
3) 고정철물, 지지철물, 인서트 등은 워터해머, 신축 응력관의 자중 등에 대해 충분히 견딜 수 있는 구조로 설치하였는가?	반영	
4) 배관시공은 외부노출시공을 원칙으로 하였는가? *(다만, 부득이한 경우 지중배관으로 연결시에는 방수가 되는 재질로 이중관처리를 하고 내부에 물이 고이지 않도록 하였는가?	노출시공 반영	
5) 집열회로의 재질은 동 또는 스테인리스 재질을 사용하였으며, 주름관이 사용된 부분은 없는가?	스테인리스 배관 반영	
6) 배관은 열손실을 최소화하기 위한 보온시공이 되었으며, 누수되는 부분은 없는가?	보온시공 완료 누수 없음	
7) 배관에는 온수배관, 열매체배관 및 유체흐름방향을 표시하였는가?	배관방향 표시 반영	
8) 집열매체 배관에는 유체의 압력을 표시할 수 있도록 KS B 5305(부르동관 압력계) 또는 이와 동등한 성능을 가진 압력계를 설치하였는가?	압력계 설치	
9) 모든 배관 및 부속품은 최고사용압력에서 견딜수 있는 충분한 강도를 가진 제품을 사용하였는가?	최고사용압력 1.5MPa 반영	
10) 온수, 시수배관은 스테인리스강관, 동관, 복합관 또는 스테인리스 주름관을 사용하였으며, 배관 연결에 꺾이는 부분이 있는 경우에는 직각이 유지될 수 있도록 시공 되었는가? *(단, 복합관의 경우 사용온도가 95℃까지 가능한 제품이어야 한다.)	인탈산동관 반영	
바. 보온공사		
1) 보온재 및 두께 기준은 건축기계설비공사 표준시방서(국토교통부)에 따라 시공되었는가? * 기준 열손실률을 배관 : 25W/m 이하, 열교환기 및 축열조 : 30.39W/m 이하를 만족해야 한다.	옥외배관 : 유리솜보온재 50t+외부 함석케이싱	
2) 보온시공 마감 옥내배관은 매직테이프 등으로 이음새 공간이 없도록 겹쳐 감았으며, 옥외배관 및 축열조, 판형 열교환기는 옥내 마감처리 후에 알루미늄 강판, 컬러함석 또는 동등 이상 재질로 케이싱처리하였는가?	옥내배관 : 유리솜 보온재+매직테이프 마감	
사. 제어장치		
1) 제어장치는 육안 확인 및 조작이 가능한 장소에 설치하였으며, 자동 및 수동운전이 가능하고, 설정온도에서 정상 작동이 이루어지는가?	제어장치는 통합방재실 설치 반영	도면 참조
2) 제어장치는 집열기 출구 및 축열조 상·하부의 온도를 표시하고, 온도조정이 용이하도록 설정이 가능한가?	반영	
3) 온도감지기는 가능한 외부의 조건에 의한 영향(외부 온도감지시 전선보호관 설치)을 받지 않도록 집열기 출구부위와 축열조 상·하단 부위에 설치하였는가? * 단, 이중재킷형 및 동코일 내장형은 열매체가 유입되는 부위와 동일 레벨의 축열조 내부온도를 측정할 수 있어야 함	집열기 출구 축열조 상·하단 설치 반영	
4) 하절기(혹서기)에 집열기회로 시스템의 과열을 방지하기 위해 적합한 방식(구조)을 갖추거나 과열 방지 장치(방열기, 고온온수방출 시스템, 드레인백 시스템, 차광막 등)를 설치하였는가?	방열기 타입 과열방지장치 반영	

태양열 시스템 시공기준 Check List

(신재생에너지센터 공고 제2013-17호. 13.08.30)

항 목	반 영 내 용	비 고
5) 주택용(보조난방) 설비의 경우 태양열의 잉여 열원을 순환시킨 후 보일러가 작동될 수 있도록 시스템을 구성하였으며, 개방형 보일러에 연결할 경우에는 보일러 수위의 overflow가 되지 않도록 시스템을 구성 하였는가?	급탕만 공급하는 방식이므로 미반영	
6) 태양열 시스템 및 보일러(보조난방시)의 제어장치는 온도설정이 용이하고, 성능이 우수한가?	당 현장 보조보일러 설치 없음	
7) 보일러와 축열조의 온수 분리장치 설치시 보일러의 온수와 축열조의 온수가 서로 교차하지 않도록 차단해주는 온수온도 감지에 의한 자동으로 작동하는 삼방밸브 또는 2개 이상의 차단밸브를 설치하였는가?	당 현장 급수 예열방식이므로 해당 없음	
아. 기타		
1) 주택용 태양열설비 주택용 태양열설비는 급탕 사용을 우선으로 하며, 잉여 열원이 있을 경우에 난방보조로 사용토록 시공되었으며, 이때 난방의 경우는 보조열원으로 활용된다는 것을 운영자에게 안내하였는가?	당 현장 주택용 아니므로 해당 없음	
2) 명판 가) 모든 기기는 용량, 제작자 및 그 외 기기별로 나타내어야 할 사항을 [별표 5]에 용도(온수전용 또는 난방보조용)를 표시하고 신재생에너지 설비 명판 설치기준에 따라 명판을 제작하고 축열조 전면 등 육안 확인이 용이한 곳에 부착하였는가? 나) 태양열 집열기는 인증제품을 확인할 수 있도록 인증마크 및 인증표기사항을 포함하여 부착하였는가?	축열조 전면에 명판 부착 반영 에너지관리공단 인증마크 부착 반영	
3) 모니터링 설비 [별표2] 『모니터링시스템 설치기준』에 적합하게 설치하였는가?	모니터링 설비 반영	
4) 운전교육 전문기업은 설비 소유자에게 소비자 주의사항 및 운전매뉴얼을 제공하고, 운전교육을 하였는가?	담당자 운전교육 및 시설물 인수인계 반영	

• **보온재 두께 및 적용 (예시)**

<table>
<tr><th colspan="2">구 분</th><th>기준
열손실률</th><th>허용
온도</th><th colspan="3">보온두께(mm)</th><th>적용 가능 보온재</th></tr>
<tr><td rowspan="4">옥외배관</td><td rowspan="2">평판형</td><td rowspan="4">25
W/m</td><td rowspan="2">110</td><td>관지름
(A)</td><td>15~40</td><td>50~125</td><td rowspan="2">• 미네랄울 보온통, 보온대 1호
• 유리면 보온통, 보온판 24k
• 발수성 펄라이트 보온통
• 규산칼슘 보온통, 암면, 스티로폼
• 발포PE보온재, 고무발포재, 폴리우레탄</td></tr>
<tr><td>유체온도
110℃</td><td>40 이상</td><td>50 이상</td></tr>
<tr><td rowspan="2">진공관형</td><td rowspan="2">130</td><td>관지름
(A)</td><td>25 이하</td><td>32~65</td><td rowspan="2">• 미네랄울 보온통
• 유리면 보온통
• 발수성 펄라이트 보온통
• 규산칼슘 보온통
• 발포PE보온재, 고무발포재, 폴리우레탄</td></tr>
<tr><td>유체온도
110~130</td><td>40 이상</td><td>50 이상</td></tr>
<tr><td colspan="2" rowspan="2">축열조</td><td rowspan="2">30.4
W/m</td><td rowspan="2">90</td><td colspan="3">100mm 이상</td><td>• 미네랄울 보온판 및 블랭킷
• 유리면 보온판, 스티로폼, 암면</td></tr>
<tr><td colspan="3">50mm 이상</td><td>• 발포PE보온재, 고무발포재, 경질폴리우레탄</td></tr>
<tr><td colspan="2">판형
열교환기</td><td>〃</td><td>110</td><td colspan="3">50mm 이상</td><td>• 미네랄울 보온판 및 블랭킷
• 유리면 보온판 스티로폼, 암면 등
• 발포PE보온재, 고무 발포재, 폴리우레탄</td></tr>
</table>

12 태양열 냉난방 및 급탕시스템 설계 및 시공 사례

12.1 설계설명서

12.1.1 설비 계획의 기본방향

신재생에너지 활성화 및 확대로 국가에너지 시책에 적극적으로 호응하고 양질의 청정 에너지를 공급하기 위한 태양열 냉난방설비 설치로 에너지비용 경감 및 보급 확대를 통한 친환경 시스템을 구축하고 에너지 절약 홍보 효과를 극대화하여 쾌적한 환경을 조성함으로써 건물의 운영특성을 최대한 반영하는 것을 목적으로 한다.

12.1.2 건축 개요

① 공사명 : ㅇㅇ도서관 태양열 냉난방 및 급탕시스템설비 설치공사 실시설계
② 위치 : ㅇㅇ광역시
③ 구조 : 철근콘크리트구조
④ 에너지 타입 : 단열진공관형 집열기(국산, 최고 에너지 효율 사용)
⑤ 옥상면적 : 208m^2
⑥ 시설규모 – 태양열설치면적 : 193.8m^2
– 흡수식냉동기 : 10RT

12.1.3 기본방향 및 주안점

① 신재생에너지원으로서 태양열 냉난방 및 급탕 활용으로 연간 이용효율 극대화 및 에너지절감
② 에너지 과소비에 따른 공공요금 절감
③ 자연 친화적인 건축물로 개선 효과
④ 사용자들의 신재생에너지 교육 및 인식 고조
⑤ 화석 에너지 절감 및 환경오염(CO_2) 저감
⑥ 구조물의 안전성을 담보할 수 있는 견고한 설계 계획
⑦ 건물외관 및 시설물과 어울리는 디자인 등 미관을 충분히 고려
⑧ 주변환경과의 조화성 고려

■ 2층 냉난방 평면도

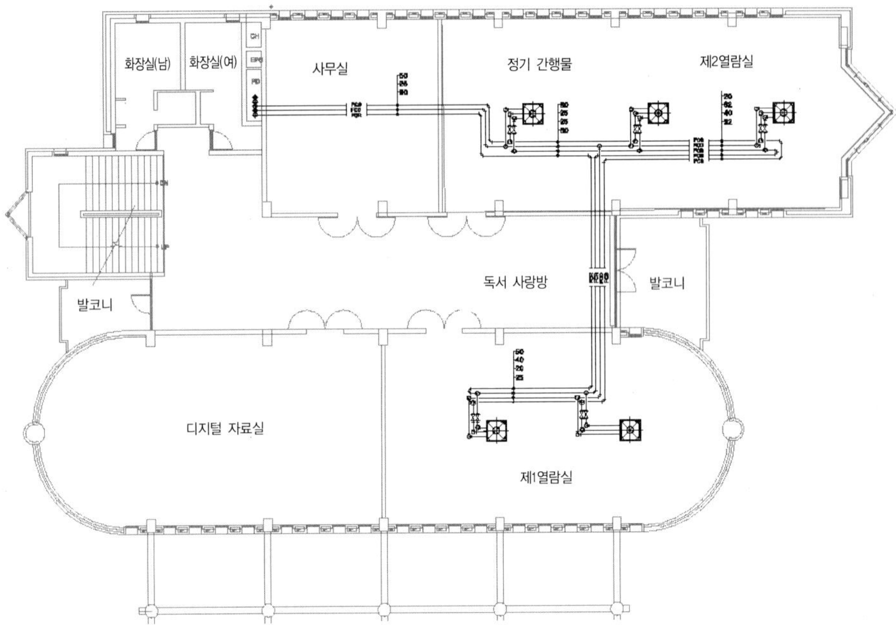

■ 옥탑층 냉난방 평면도(집열기 배치도)

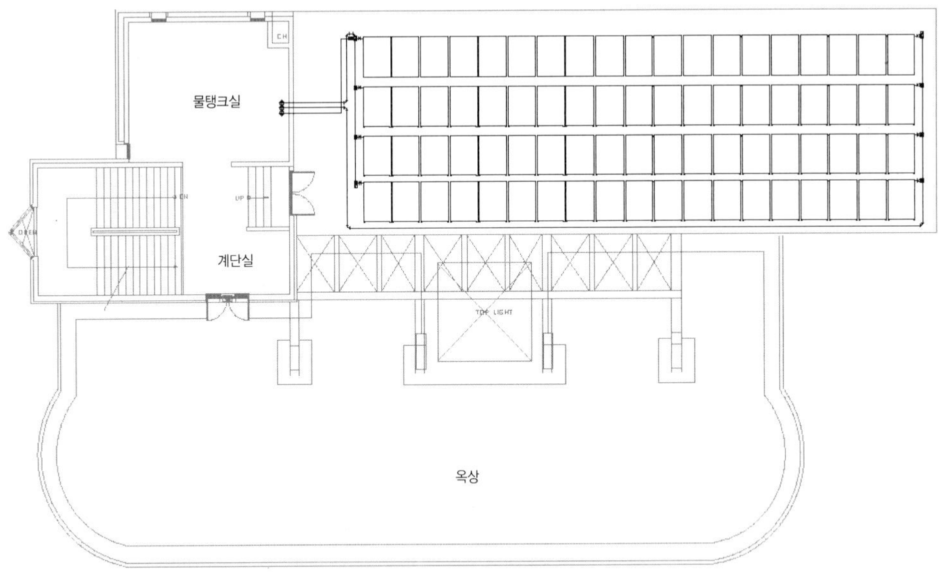

12.1.7 급탕 설비 계획

(1) 개요

물질의 파동성질을 이용하는 태양에너지 열적 이용분야로서 태양열에 의해 집열된 태양에너지를 열교환기를 이용하여 축열조에 저장하는 급탕방식

(2) 특성

- 고갈의 염려가 없는 무공해 청정 에너지원임
- 시스템은 크게 집열기의 발생열량을 전달하는 집열부와 열을 이용하는 축열부로 나눌 수 있음
- 설치비용이 경제적이며, 시스템이 간단하여 유지관리 용이함

(3) 적용분야

- 급탕은 기존 급탕 가열기에 연결
- 구내식당의 식기세척 및 화장실 위생용을 활용

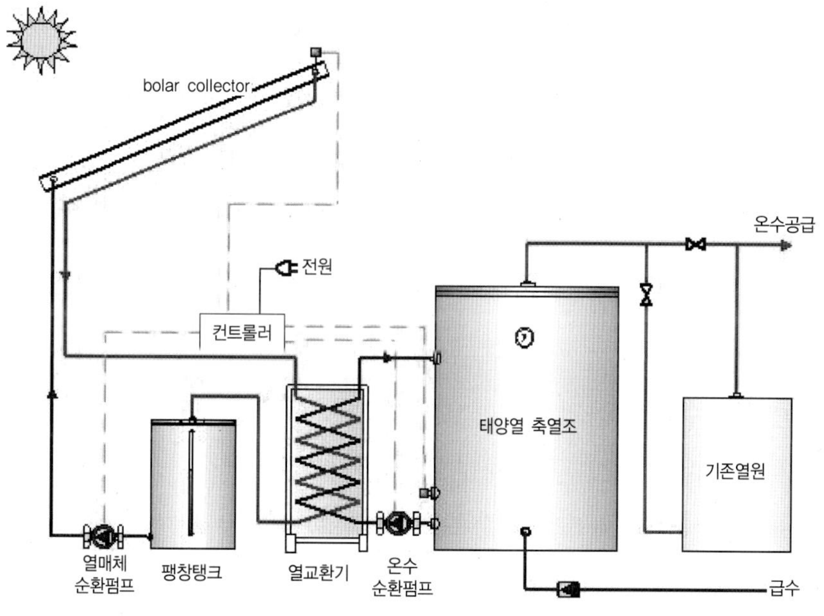

12.1.8 자동 제어 계획

건물내 기계설비 시설의 유지관리 체제의 일원화, 관리인원의 극소화, 안전유지 및 효율적인 운전체제 확립으로 에너지 절감

① 외부 전광판 시스템 적용

② 원격제어 시스템 적용

③ 수동 및 자동운전 가능

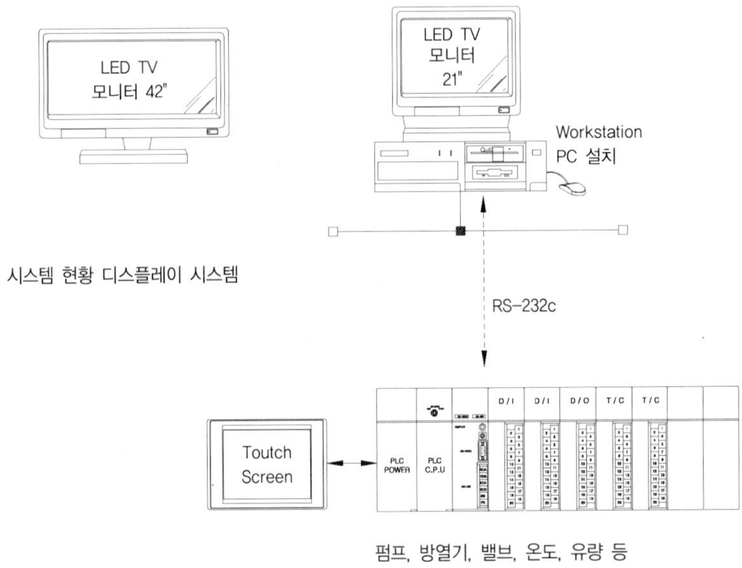

12.2 장비계산서

12.2.1 태양열 흡수식 냉동기

① 단일진공관 집열기 76모듈, 193.8m^2 설치

② 효율식 0.535-0.7204X 적용 태양열 획득열량

[대전]지방	난방				냉방					난방			평균
	1월	2월	3월	4월	5월	6월	7월	8월	9월	10월	11월	12월	
Frta	0.535	0.535	0.535	0.535	0.535	0.535	0.535	0.535	0.535	0.535	0.535	0.535	0.535
FR.UL.	0.7204	0.7204	0.7204	0.7204	0.7204	0.7204	0.7204	0.7204	0.7204	0.7204	0.7204	0.7204	0.7204
집열온도(℃)	60	60	60	60	88	88	88	88	88	60	60	60	71.7
외기온도(℃)	-2.4	-0.2	4.9	12.2	17.5	21.8	25.0	25.4	20.2	13.6	6.5	0.2	12
경사일사량 (kcal/day)	2,967	3323	3713	3948	3733	3325	3091	3569	3446	3677	2844	2627	3355
시간당일사량 (kcal/h)	504.4	564.9	631.2	671.2	634.6	565.3	525.5	606.7	585.8	625.1	483.5	446.6	570
집열효율	0.45	0.46	0.47	0.48	0.45	0.45	0.45	0.46	0.45	0.48	0.46	0.44	0.458
집열면적(m^2)	193.8	193.8	193.8	193.8	193.8	193.8	193.8	193.8	193.8	193.8	193.8	193.8	193.8
집열열량 (kcal/day)	256,381	295,099	339,724	370,084	230,405	203,265	188,122	223,044	211,127	343,136	250,937	223,264	307,594

③ 하절기 평균 태양열 획득열량은 211,192kcal/day이므로, 태양열 흡수식 냉동기 COP 0.7 적용하고 태양열 축열후 6시간 운전한다고 가정하면,

211,192kcal/day÷6h/day×0.7÷3024kcal/h.RT=8.147RT

④ 태양열 흡수식 냉동기 선정

∴ 10RT 흡수식 냉온수기 선정함(열원 온도범위 70~95℃에서 작동)

12.2.2 태양열 축열조(냉동기열원, 난방열원)

① 경제적인 축열조 크기는 단위 집열면적당 최저 20ℓ~최대 82ℓ/m^2 정도이나 냉방 부하에 바로 대응해야 하므로 5~10ℓ/m^2를 적용한다.

※ 온수부하 분포에 따른 경제적인 축열조 크기

부하분포	최소 축열조 크기(단위 집열 면적 당 : m^2)
7일/주 일정한 주간 부하	20~30ℓ/m^2
5일/주 일정한 주간 부하(주말부하 없음)	40~45ℓ/m^2
일정한 야간 부하	70~82ℓ/m^2

② 축열조용량산정

집열기 76모듈×1.87m^2/모듈(투과면적)×5~10ℓ/m^2=706~1,412ℓ

∴ 용량 : 1,000ℓ

③ 규격

ϕ900×H1,500 설계압력 0.3MPa, STS304 허용인장응력 : 125N/mm^2

– 동체두께 산정 $(t)=\dfrac{P\times D}{2\times\delta a\eta-1.2\times P}$

$$(t)=\frac{0.3\times 900}{2\times 125\times 0.95-1.2\times 0.3}=1.13\text{mm 최소두께}$$

∴ 적용두께 : 3mm

– 경판두께 산정 $(t)=\dfrac{P\times R\times W}{2\times\delta a\eta-0.2\times P}$ $\quad W=\dfrac{1}{4}\left(3+\sqrt{\dfrac{R}{r}}\right)=1.54$

$$(t)=\frac{0.3\times 900\times 1.54}{2\times 125\times 0.95-0.2\times 0.3}=1.75\text{mm 최소두께}$$

∴ 적용두께 : 4mm

∴ 탱크규격 : ϕ900×H1,500(3t×3t)로 선정(재질 : STS304)

12.2.3 수축열조

① 일반적으로 축열탱크의 용량은 집열면적당 최저 20ℓ~최대 82ℓ/m^2 정도이나 수축열조는 일간 잉여열량이나 연휴 등 휴관일을 고려하여 충분히 큰 용량이어야 하므로 100ℓ/m^2 이상 적용한다.

– 축열조용량 산정 : 집열기 76모듈×1.87m^2/모듈(투과면적)×100ℓ/m^2=14,212ℓ

∴ 적용용량 : 15,000ℓ

② 규격

ϕ2800×H1,800 상용압력 0.3MPa, STS304 허용인장응력 : 125N/mm^2

– 동체두께 산정 $(t)=\dfrac{P\times D}{2\times\delta a\eta-1.2\times P}$

$$(t)=\frac{0.3\times 2700}{2\times 125\times 0.95-1.2\times 0.3}=3.54\text{mm 최소두께}$$

∴ 적용두께 : 4mm

– 경판두께 산정 $(t)=\dfrac{P\times R\times W}{2\times\delta a\eta-0.2\times P}$ $\quad W=\dfrac{1}{4}\left(3+\sqrt{\dfrac{R}{r}}\right)=1.54$

$$(t)=\frac{0.3\times 850\times 1.54}{2\times 125\times 0.95-0.2\times 0.3}=5.44\text{mm 최소두께}$$

∴ 적용두께 : 6mm

∴ 탱크규격 : ϕ2800×H1,800(3t×4t)로 선정(재질 : STS304)

③ 급탕 열교환 코일

가. 설계 데이터

음식시설 피크 급탕량	10~20ℓ/m^2(건축설비포켓북 p.329)
식당면적(식당+주방)	140m^2
집열면적당 코일면적	0.2m^2/m^2
동관 20A 단위면적	0.0662m^2/m

나. 인원이 일정한 사원식당이므로 10ℓ/m^{2}를 적용하면,

– 피크급탕량=10ℓ/m^2×150m^2=1,500ℓ

다. 온수부하를 집열면적으로 환산하면,

– 1,500ℓ÷40ℓ/m^2=37.5m^2

라. 집열면적을 코일면적으로 환산하면,

– 37.5m^2×0.2m^2=7.5m^2(동관 15A 16.5m, 동관 20A 113.29m)

마. 코일 면적을 25A 동관으로 환산하면,

– 7.5m^2÷0.0897m^2/m=83.5m

∴ 동관 25A 45m 2조로 선정

12.2.4 반밀폐형 팽창탱크

(1) 열매체 관수량(L)

구 분	수 량	단위 관수량	관수량	비 고
집열기spd-10	76매	5.5ℓ/매	418ℓ	
배관-50A	135m	1.996ℓ/m	269.46ℓ	
배관-20A	5m	0.312ℓ/m	1.56ℓ	
총 관수량	–	–	689.02ℓ	

(2) 반밀폐형팽창탱크 선정

– 열매체 관수량의 1.3배 이상 선정

– 용량결정 : 690ℓ ×1.3배=897ℓ

∴ 900ℓ 팽창탱크로 선정함.

(3) 규격

ϕ900×H1,200 상용압력 0.6MPa, SS400 허용인장응력 : 100N/mm²

– 동체두께 산정 $(t) = \dfrac{P \times D}{2 \times \delta a \eta - 1.2 \times P}$

$$(t) = \frac{0.6 \times 900}{2 \times 100 \times 0.95 - 1.2 \times 0.6} = 2.85\text{mm 최소두께}$$

∴ 적용두께 : 4mm

– 경판두께 산정 $(t) = \dfrac{P \times R \times W}{2 \times \delta a \eta - 0.2 \times P}$ $\quad W = \dfrac{a1}{4}\left(3 + \sqrt{\dfrac{R}{r}}\right) = 1.54$

$$(t) = \frac{0.6 \times 900 \times 1.54}{2 \times 100 \times 0.95 - 0.2 \times 0.6} = 4.37\text{mm 최소두께}$$

∴ 적용두께 : 6mm

∴ 탱크규격 : ϕ900×H1,200(4t×6t)로 선정(재질 : SS400)

12.2.5 팬코일유닛(FCU, 천장카세트형)

① 제1열람실 면적 : 125m², 제2열람실 면적 : 165m², 단위냉방부하 : 114kcal/m²h(업무시설)

② 난방부하보다 냉방부하가 크므로 단위 냉방부하를 기준으로 장비용량을 선정하고, 태양열의 경우 온도조건이 열악하므로 여유율 30%로 감안했을 경우 냉방부하는

– 제1열람실 : 125m²×114kcal/m²h×1.3=15,525kcal/h

– 제2열람실 : 165m²×114kcal/m²h×1.3=24,453kcal/h

③ 장비설정

– 제1열람실 : SFC–10K(10,000kcal/h)×2EA

– 제2열람실 : SFC–8K(8,150kcal/h)×3EA

12.2.6 열매체 펌프

(1) 배관 선정

투과집열면적당 0.9ℓ를 적용하면, 약 130LPM(0.9LPM/m²×142.12m²)이므로 동관저

항선도에 의해 130LPM 유속 1.1m/s, 50A동관을 선정한다.

(2) 양정(실양정 20mH)

반밀폐형 시스템

구 분		수량(개, m)	상당길이(m)	마찰손실수두(mmAq/m)	양 정(mH)
집열기	SP-10	19	1	50	0.95
배관	50A-엘보	38	1.5	30	1.71
	50A-체크밸브	1	4	30	0.12
	50A-직관	128	1	30	3.84
	20A-엘보	2	0.7	190	0.266
	20A-직관	1.2	1	190	0.228
열교환기 외					4
실양정					20
총양정					31.144

- 펌프 선정 : 130LPM, 32mH 이상

12.2.7 열교환 펌프

(1) 배관 선정

130LPM, 1.1m/s, 50A 동관

(2) 양정

밀폐형 시스템

구 분		수 량 (개, m)	상당길이(m)	마찰손실수두(mmAq/m)	양정(mH)
배관	50A-엘보	19	1.5	30	0.855
	50A-체크밸브	1	4	30	0.12
	50A-직관	14	1	30	0.42
열교환기 외					2
실양정					0
총양정					3.395

(3) 펌프 선정

총양정이 4mH 이상, 총유량 130LPM 이상

12.2.8 냉각수 펌프

(1) 배관 선정

306LPM, 2.6m/s, 50A 동관

(2) 양정

개방형 시스템

구 분		수량(개, m)	상당길이(m)	마찰손실수두(mmAq/m)	양정(mH)
배관	50A-엘보	15	1.5	160	26.7
	50A-체크밸브	1	4	160	2.5
	50A-직관	15	1	160	8.67
압력강하					0.853
실양정					2.5
총양정					9.993

(3) 펌프 선정

총양정이 10mH 이상, 총유량 306LPM 이상

12.2.9 중온수 펌프

(1) 배관 선정

144LPM, 2.2m/s, 50A 동관

(2) 양정

밀폐형 시스템

구 분		수량(개, m)	상당길이(m)	마찰손실수두(mmAq/m)	양정(mH)
배관	50A-엘보	18	1.5	30	0.81
	50A-체크밸브	1	4	30	0.12
	50A-직관	15	1	30	0.45
압력강하					0.904
실양정					
총양정					2.284

(3) 펌프 선정

총양정 3mH 이상, 총유량 144LPM 이상

12.2.10 냉난방(냉수)순환 펌프

(1) 배관 선정

150LPM, 1.5m/s, 50A 동관

(2) 양정

밀폐형 시스템

구 분		수량(개, m)	상당길이(m)	마찰손실수두(mmAq/m)	양정(mH)
배관	50A-엘보	42	1.5	35	2.205
	50A-체크밸브	1	4	35	0.14
	50A-직관	128	1	35	4.48
	40A-직관	6.5	1	65	0.4225
	32A-엘보	5	3.5	80	1.4
	32A-직관	23	1	80	1.84
	25A-직관	5	1	60	0.3
압력강하	FCU				7.2
압력강하	냉동기				0.561
실양정					
총양정					18.04

(3) 펌프 선정

총양정 19mH 이상, 총유량 150LPM 이상

12.2.11 태양열 판형열교환기

(1) 태양열로 획득한 열량을 완전히 열교환(냉각)한 후 집열판에 공급하여야 한다.

(2) 열교환기 산정식-1

온도차×설계유량×60(분)= 10℃×130LPM×60(분)=78,000kcal/h

(3) 열교환기 산정식-2

집열면적×최대집열효율×시간당 최대일사량×여유율

=193.8m^2×0.535×700kcal/h×1.2=87,093kcal/h

(4) 열교환기 선정 : 큰 값인 열교환산정식-2를 적용해서,

∴ 90,000kcal/h(재질 : STS304)로 선정함

※ 열교환기 설계데이터

구 분	열교환기 입구	열교환기 출구	설계유량	온도차
열매체 PG 30%	51.5℃	40℃	130 LPM	11.5℃
물	33.5℃	45℃	130 LPM	11.5℃

■ 태양열 흡수식 냉동기 사양(10RT)-표준사양서(SAB-HW TYPE)

<table>
<tr><th colspan="2">구 분</th><th colspan="5">사 양</th></tr>
<tr><td colspan="2" rowspan="2">냉방능력</td><td colspan="3">10</td><td>USRT</td><td>Ref.</td></tr>
<tr><td colspan="3">35</td><td>kW</td><td></td></tr>
<tr><td rowspan="7">냉수계</td><td>냉수 입/출구 온도</td><td>12.5</td><td colspan="2">7</td><td>℃</td><td></td></tr>
<tr><td>냉수 유량</td><td colspan="3">5.5</td><td>m^3/h</td><td></td></tr>
<tr><td>기내압력손실</td><td colspan="3">33</td><td>kPa</td><td></td></tr>
<tr><td>오염계수</td><td colspan="3">0.086</td><td>m^2K/kW</td><td></td></tr>
<tr><td>최고 사용압력</td><td colspan="3">0.49</td><td>MPa</td><td></td></tr>
<tr><td>PASS</td><td colspan="3">13</td><td>-</td><td></td></tr>
<tr><td>접속 배관구경</td><td colspan="3">25</td><td>A</td><td></td></tr>
<tr><td rowspan="7">온수계</td><td>온수 입/출구 온도</td><td>88</td><td colspan="2">83</td><td>℃</td><td></td></tr>
<tr><td>온수 유량</td><td colspan="3">8.9</td><td>m^3/h</td><td></td></tr>
<tr><td>기내압력손실</td><td colspan="3">53</td><td>kPa</td><td></td></tr>
<tr><td>오염계수</td><td colspan="3">0.086</td><td>m^2K/kW</td><td></td></tr>
<tr><td>최고 사용압력</td><td colspan="3">0.49</td><td>MPa</td><td></td></tr>
<tr><td>PASS</td><td colspan="3">12</td><td>-</td><td></td></tr>
<tr><td>접속 배관구경</td><td colspan="3">40</td><td>A</td><td></td></tr>
<tr><td rowspan="7">냉각수계</td><td>냉각수 입/출구 온도</td><td>31</td><td colspan="2">35</td><td>℃</td><td></td></tr>
<tr><td>냉각수 유량</td><td colspan="3">18.4</td><td>m^3/h</td><td></td></tr>
<tr><td>기내압력손실</td><td colspan="3">56</td><td>kPa</td><td></td></tr>
<tr><td>오염계수</td><td colspan="3">0.086</td><td>m^2K/kW</td><td></td></tr>
<tr><td>최고 사용압력</td><td colspan="3">0.49</td><td>MPa</td><td></td></tr>
<tr><td>PASS</td><td>8</td><td>+</td><td>4</td><td>-</td><td></td></tr>
<tr><td>접속 배관구경</td><td colspan="3">50</td><td>A</td><td></td></tr>
<tr><td rowspan="5">전력계</td><td>동력 전원</td><td>3</td><td>380</td><td>60</td><td>-</td><td></td></tr>
<tr><td>전원 용량</td><td colspan="3">2.1</td><td>kVA</td><td></td></tr>
<tr><td>흡수액 펌프</td><td colspan="3">0.4+0.3</td><td>kW</td><td></td></tr>
<tr><td>냉매 펌프</td><td colspan="3">0.2</td><td>kW</td><td></td></tr>
<tr><td>진공 펌프</td><td colspan="3">0.4</td><td>kW</td><td></td></tr>
</table>

구 분		사 양			
단열	보온면적	4			m^2	
	보냉면적	2.5			m^2	
중량	반입 중량	1.4			ton	
	운전 중량	1.6			ton	
용량제어 범위		Approx. 100~25			%	
Unit 크기(L/W/H)		1577	1723	1691	mm	
관교환 여유					mm	
반입형태		일체반입				
색상(Munsell No)		5Y 6.5/1				
운전방식		비례 제어 (마이컴)				

12.3 공사 시방서

12.3.1 공사 개요

1. 공 사 명 : ○○도서관 태양열 냉.난방 및 급탕시스템설비 설치공사

2. 위　　치 : ○○광역시

3. 공 사 목 적
   (1) 고유가에 대비한 신재생에너지인 태양열 시스템을 설치하여 에너지 절감
   (2) 기후변화협약에 따른 온실가스 배출 규정 등 환경 문제 해결
   (3) 신재생에너지 교육 및 홍보

4. 공 사 개 요
   가. 태양열 냉난방시스템 시설공사
   (1) 태양열 집열기 구조물 공사
   (2) 태양열 집열기 설치공사
   (3) 태양열 시스템 배관 및 보온공사
   (4) 흡수식 냉동기설비 공사
   (5) 태양열 장비설치공사
   (6) 자동제 제어용 배선공사(온도센서 및 컨트롤러)
   (7) 시험 및 조정, 시운전

5. 공 사 기 간 : 착공일로부터 120일로 한다.

12.3.2 일반 시방서

1. 일반 사항

1) 시공자의 임무

시공자는 본 공사에 관련된 제반 업무를 수행함에 있어서 다음 각호에 정하는 바에 따른다.

가. 계약서 및 설계서에 명시된 제업무의 수행

나. 자재의 저장 관리

다. 공사관리 및 안전관리

라. 발주자로부터 대여받은 장비 및 공구가 있을 때 그에 대한 유지관리, 운영과 반환시 보수 및 정비

마. 발주자 및 설계자가 시공자 역무에 관련하여 지시하는 바에 따른 제업무

바. 발주자 및 설계자에 대한 정기적인 공사수행 보고

사. 계약서나 설계서에 누락되었더라도 공사의 성질상 시공자가 시행하는 것이 타당하다고 판단되는 사항

2) 공사의 착공 및 시공

가. 시공자는 계약후 발주자가 지시하는 기간 내에 공사를 착공하여야 하며, 착공시에는 착공계와 공사 예정공정표를 제출하여 승인을 받아야 한다.

나. 감독관은 공사의 전부 또는 일부의 진행이 지연되어 소정기간에 공사가 준공될 수 없다고 인정될 때에는 공사 촉진에 필요한 조치를 시공자에게 지시할 수 있다.

다. 계약상 별도의 규정이 없는 한 공사가 긴급을 요하여 발주자가 필요하다고 인정하는 경우를 제외하고는 발주자의 승인 없이 야간작업을 할 수 없다.

라. 발주자가 승인을 받아 야간작업을 하는 경우에도 시공자는 이로 인한 추가비용을 요구할 수 없으며, 이를 실시함으로써 발행하는 공작물 또는 제3자에 대하여 발생하는 일체의 문제는 시공자가 책임을 진다.

3) 공사현장의 상태 변경

가. 시공자는 계약체결 후 다음 각호와 같은 상태가 있을 때는 그 상태가 변경되기 전에 감독관에게 서면으로 통지하여야 한다.

① 설계서에 명시된 현장의 상태와 공사현장의 잠재적 자연조건 및 인공적 장애

② 공사의 성질상 일반적으로 내포하는 상태와 판이한 공사현장 미지의 자연 상태

나. 감독관은 시공자의 통지가 있을 때에는 "가"항의 상태를 즉시 검사하여 시공자의 통지가 정당하고 이로 인하여 설계서 내용의 일부를 조정할 필요가 있다고 인정될 때에는 시공자와 협의하여 조정할 수 있다.

4) 현장대리인

가. 시공자는 시공자의 역무가 현장에서 시행되는 동안 공사의 책임 현장대리인(현장소장)과 필요에 따라 각각 분야별(공종별) 해당 기술면허 소지자를 공사현장 대리인으로 선임하여야 하고, 기술면허 사본을 첨부하여 발주자에게 제출하여야 하고, 교체하고자 할 때에는 현장대리인 변경계를 제출하여야 하며, 그 절차는 전자와 같다.

나. 전항의 현장대리인은 공사 현장에 상주하여 벌주자의 감독지시에 따라 공사현장의 지휘감독 및 공사에 관한 사항을 처리하여야 한다.

다. 발주자는 시공자의 현장대리인이 본 공사 수행에 부적당하다고 인정될 경우 시공자에게 현장대리인의 교체를 요구할 수 있으며, 시공자는 정당한 사유가 없는 한 이에 따라야 한다.

라. 현장대리인은 공사가 착수되면 주간 작업 계획표 및 시행서를 작성하여 매주 발주자의 감독관에게 2부씩 제출하여야 한다.

5) 공사의 변경, 추가, 삭제 또는 중지

가. 발주자나 설계자는 필요시 또는 여건 변동으로 본 공사의 일부 또는 전부에 대하여 변경, 추가 또는 중지를 지시할 수 있으며, 시공자가 변경을 요청하였을 경우 발주자나 설계자가 인정하는 사항에 한하여 변경할 수 있다.

나. 시공자는 발주자나 설계자가 승인한 사항에 대하여 재승인 없이 다시 변경할 수 없다.

다. 상기 "가"항의 경우 계약상 변경될 수 있는 사항은 발주자 및 설계자와 시공자가 협의하여 조정할 수 있다.

6) 임시의 조치

가. 시공자는 시공기간 중 재해방지를 위하여 필요하다고 인정할 때에는 감독관과 협의하여 임시의 조치를 취해야 한다.

나. 감독관은 재해방지, 기타 시공상 부득이할 때에는 시공자에게 필요한 임시의 조치를 취할 것을 요구할 수 있다.

7) 자재 및 장비

가. 시공자는 설계서에 기술된 자재를 공급 설치하여야 한다.

나. 시공자는 목적과 용도에 적합한 품질이 우수한 자재를 적기에 사용할 수 있도록 사전에 수배하여야 하며, 구입 후 감독관의 검수를 받아야 한다.

다. 검수한 시공자의 자재 및 건설 장비의 도난, 파손 등의 피해에 대하여도 시공자가 책임지며, 공사진행에 지장을 초래하지 않도록 감독관에게 자재 및 장비에 대한 도난, 파손사항을 서면에 보고하고 즉시 보고하여야 한다.

라. 시공자는 공사 수행상 본 공사 설계서와 같이 소요되는 건설장비, 공구, 잡자재 및 가설용 자재 등은 감독관의 검수를 받은 후 사용하여야 하며, 시공자는 구입자에게 검수 요청시 주요 기자재에 대한 재질 시험성적서, 사양 등을 첨부하여야 한다.

마. 감독관은 시공자 구입의 모든 장비, 공구, 자재 등에 대하여도 그 품목의 재질, 시험 성적서, 사양 등을 요구할 수 있다.

바. 건설 장비, 소모품, 공구 등에 대하여 허용수명이 초과하거나 변형, 변질된 것이어서는 안 되며, 특수규격품에 대하여는 충분한 보증이 있어야 한다.

사. 시공자는 공사도중에 자재의 취급, 운반 및 저장에 대한 책임을 지며, 분실되거나 손상된 자재에 대하여 변상하여야 한다.

8) 구입자재의 대체 및 교체

가. 시공자는 설계서나 시방서에 명시한 것과 다른 방법을 제시하거나 다른 품목이나 설비 사용을 희망하면 서면으로 감독 부서에서 승인 신청을 하여야 하며, 감독관의 승인을 득하지 못하면 본 설계서 내용에 일치하도록 공급하여야 한다.

나. 감독관은 다음 사항에 대하여 지시할 수 있다.

(1) 설계서와 일치하지 않는 자재에 대한 일정 기일 내의 현장으로부터 반출

(2) 적합한 자재로의 대체

(3) 설계서에 따르지 않은 자재나 기술로 행한 자재의 제거 및 재시공

다. 시공자에 공급한 자재에 결함이 발생할 경우 시공자는 불량 자재를 교체하여야 한다.

라. 불량 자재의 교체에 대한 책임은 시공자가 진다.

9) 보 험

시공자는 산재보험법의 규정에 의하여 공사에 종사하는 피고용인들은 노동청의 산재보험에 가입시켜야 한다.

10) 허가, 면허의 수속 및 법규 준수

가. 시공자는 공사에 필요한 면허, 허가 및 인가 등을 취득하는 제반 조치 사항을 대행하여야 하며, 이에 필요한 제반 서류 및 자료를 작성하여야 한다. 다만, 발주자가 제공하여야 할 자료가 있을 경우 발주자는 이에 협조한다.

나. 시공자는 본 공사 수행을 위하여 취득한 모든 허가, 면허, 인가 등의 원본을 발주자에게 제출하여야 한다.

11) 공사의 검사

가. 시공자가 공사를 완료하였을 경우에는 감독관을 경유하여 준공계를 발주자에게 서면으로 제출하여 필요한 검사를 받아야 하며, 기성부분 또한 같다.

나. 발주자가 "가"항의 준공계를 접수하였을 때에는 계약서, 설계서, 준공계, 기타 관계서류에 대하여 발주자와 시공자가 약정한 기한 내에 시공자 입회하에 준공검사를 시행한다.

다. 준공 검사자는 "나"항의 검사에 있어서 시공자의 계약이행 내용의 일부 또는 전부가계약에 위반되거나

부당함을 발견하였을 때에는 서면으로 필요한 시정조치를 명할 수 있다. 이 경우에는 시공자로부터 시정 완료한 사실을 통지받은 날로부터 "나"항의 기간을 계산한다.

라. 시공자는 "나"항 및 "다"항에 의한 검사에 이의가 있을 때에는 발주자에 대하여 재검사를 요구할 수 있으며, 이 경우 발주자는 재검사를 하여야 한다.

마. 시공자는 공사가 완료되었을 때에는 공사장으로부터 잉여 자재 및 가설물을 즉시 철거하여 반출하고 현장을 정돈하여야 한다.

바. "다"항의 경우에 계약이행 기간이 연장될 때에는 계약규정에 의한 지체상금을 납부하여야 한다.

사. 발주자는 준공검사의 경우에 있어서 검사를 완료한 때에는 그 결과를 서면으로 시공자에게 통지하여야 한다. 다만, 준공검사 보고서 상에 시공자가 계약금액에 대한 정산 변경사항을 동의한 경우에는 그러하지 아니한다.

12) 손해배상의 책임

시공자와 연대 보증인은 본 공사를 수행함에 있어서 시공자의 고의, 과실, 부주의, 태만, 위약 등으로 인하여 발주자가 받은 인적, 물적 손해에 대하여 손해배상의 책임을 진다.

13) 안전 및 재해 예방과 책임

가. 본 공사에 수반되는 일체의 가설작업 운반 및 시공 등의 모든 작업은 감독관의 사전승인을 얻어 설계자의 안전작업 규정 및 기타 안전수칙에 따라 수행한다. 특히 중량물 및 파손되기 쉬운 기기의 조양은 안전하고 확실한 조양장치를 사용하여 자재 및 인명에 손상을 끼치지 않도록 하여야 한다.

나. 시공자는 작업현장 여건을 충분히 검토하고 작업 전에 작업현장에서 화재 예방 및 안전관리 대책을 수립하여 적극 이행하여야 하며, 공사중 발생하는 일체의 사고에 대한 책임을 진다.

14) 발굴물의 처리

가. 공사장에서 시공자의 고용인이 발견한 가치 있는 모든 화석, 금전, 보물, 기타 지질학 및 고고학 상의 유물 또는 물품은 관계법규에 정하는 바에 의하여 처리한다.

나. 시공자나 그의 고용인은 전항의 경우 즉시 감독관에게 통지하여 그 지시에 따라야 하며, 이를 취급할 때에는 파손되지 않도록 적절한 예방조치를 취하여야 한다.

15) 부분사용 및 부가사용

가. 발주자는 공사 목적물의 인도 전에 기성 공작물이나 미완성 부분을 사용할 수 있으며, 부가 공사를 할 수 있다.

나. 발주자는 "가"항의 경우 시공자에게 손해가 발생하였다고 인정할 때에는 이에 상당하다고 인정되는 손해를 보상할 수 있다.

16) 종업원 및 고용원

가. 시공자가 공사를 수행함에 있어 종업원이나 고용원을 사용할 때에는 그 공사에 상당한 기술과 경험이 있고 신원이 확실한 자를 채용하여야 한다.

나. 시공자는 자기의 종업원 또는 고용원의 행위에 대하여 책임을 지며 감독관이 시공자의 종업원 또는 고용원에 대하여 공사 또는 관리상 부적당하다고 인정하여 이의 교체를 요구할 때에는 즉시 교체하여야 한다.

다. 시공자는 "나"항에 의하여 교체된 시공자의 종업원 및 고용원을 감독관의 동의 없이 그 공사를 위하여 다시 채용할 수 없다.

17) 관계 규정의 준용 및 어구의 해석

가. 본 계약 및 설계서 상에 정하지 않은 사항은 발주자 또는 설계자의 관계규정을 적용하고 여기에 명기되지 않은 사항은 발주자 또는 시공자의 합의에 의한다.

나. 본 계약 발효 전에 발주자의 서면 지시에 따라 시공자가 수행한 업무 및 공사는 본 계약에 따라 수행한 것으로 간주한다.

다. 전항에 의하여 합의가 이루어지지 않을 때에는 발주자의 의견에 따른다.

라. 본 계약 및 설계서 상의 어구해석에 대하여 발주자나 감독관과 시공자 간에 이견이 있을 때에는 발주자 또는 감독관의 해석에 따른다.

2. 공사관리

1) 일반사항

가. 본 설계도서에 명시되지 않은 사항은 감독관의 지시에 따라야 하며, 본 설계서에 명시된 사항이라도 현장 여건상 불리한 설계라고 감독관이 판단될 때에는 설계자와 협의 후 시공하여야 한다.

나. 설계서 도면에 충분히 명시되어 있지 않거나 의견 차이가 있을 경우에는 감독관의 해석에 따라 시공하여야 한다.

다. 본 공사 시공 중 감독관이 시공된 사항의 확인을 위하여 검사를 요구할 시 시공자는 이에 필요한 장비, 인원 등을 지원하여야 한다.

2) 공정관리

가. 본 공사는 건축, 기계 및 전기 분야의 공사가 동시에 시행되므로 시공자는 이점에 유의하여 타분야 공사에 서로 지장을 초래하지 않도록 각별히 주의할 것이며, 만일 상호 간섭사항 발생 시는 즉시 감독관에게 보고하고 감독관의 결정에 따라야 한다.

나. 공정 및 각종 보고사항

① 공정표 제출

시공자는 본 공사계약 후 착공 이전에 본 공사에 관한 시행 예정 공정표, 장비 투입 계획서 및 인력 동원 계획서를 작성하여 감독관의 승인을 받아야 한다.

② 공정 보고

시공자는 공사진행 상황을 매일 공사일보로서 감독관에게 보고하여야 한다.

본 공사일보는 직종별 동원 인원 및 공사 진척 사항 등을 명시하고 감독관청의 소정의 양식 또는 요령에 따라야 한다.

③ 공정 변경

시공자가 제출한 공정을 설계자가 검토한 결과 수정이 불가피한 경우에는 이를 수정할 수 있다. 시공 도중에도 공사 진행상 필요에 따라서 이를 수정할 수 있으며 시공자는 이에 따라야 한다.

3. 일반 시방

1) 시방서의 적용

본 시방서는 ○○공사 진공관형 태양열 급탕시스템 설치공사에 한하여 적용하며, 시방서에 포함되지 않은 사항에 대하여는 국토교통부 발행 표준 시방서에 따른다.

2) 도면과의 적용관계

도면과 시방서와의 내용이 상이할 때 또는 명기가 없을 때에는 감독관과 협의하여 감독관의 지시에 따른다.

3) 시공도 및 제작도

시공상 필요한 시공도, 제작도 등은 지체없이 제출하여 승인을 득한 후 시공 및 제작하여야 한다.

4) 변경

현장의 마무리, 맞춤 등의 관계로 재료의 설치 위치 및 공법의 사소한 변경 또는 이에 수반되는 약간의 수량 증감 등 경미한 변경은 감독관의 지시에 따르며, 이에 도급 금액은 증감하지 아니한다.

5) 재료

가. 일반재료

가설공사용 재료 또는 특기한 것을 제외하고는 모두 KS규격의 신품을 사용한다.

나. 견본

감독관이 지시하는 재료, 마무리정돈, 색상 등은 미리 견본을 제출하여 승인을 받아야 한다.

다. 검사

현장에 반입한 재료는 반입 즉시 감독관의 검사를 받아 합격한 것을 사용하되 감독관이 검사를 요구할 경우 시험을 행하고 시험성적서를 제출하여야 한다.

6) 시공검사

가. 각 공사 부분이 감독관이 지정한 공정에 이르렀을 때에는 사전검사를 받아 승인을 얻은 후 다음 공정에

옮긴다.

나. 시공 후에 검사가 불가능하거나 곤란한 부분은 감독관의 입회하에 시공한다.

7) 관공서, 기타 수속

시공상 필요한 관공서, 기타에의 수속은 감독관의 협조를 받아 도급자가 행하고 이에 소요되는 비용은 도급자 부담으로 한다.

8) 공사장 관리 법규 및 안전사고

가. 보고서

공사의 진척, 노무자의 취업, 재료의 반입, 기타 필요한 사항을 기재한 공사 보고서를 감독관에게 제출한다.

나. 공사사진

작업의 진행사항 파악 및 준공 후 매몰 등으로 시공 상태를 확인할 수 없는 부분 등의 사진을 계속 촬영하여 감독관이 요구할 때는 컬러사진을 2부씩 제출한다.

9) 정산변경

시공 중 현장여건의 변동으로 인한 물량의 증감이 발생될 때에는 감독관의 지시에 따라 시공변경하고 정산변경 처리한다.

12.3.3 특기 시방서

1. 진공관형 태양열 냉난방 및 급탕시스템 구성

단일진공관형 태양열냉난방 및 급탕시스템은 부동액시스템 형태로 다음과 같이 구성한다.

1) 구성

태양열냉난방 및 급탕시스템의 부동액시스템은 동절기에 외기온도가 영하로 내려갈 때 집열기 및 열매체 배관의 동파를 방지하기 위하여 열매체로 부동액을 사용하는 시스템으로 태양열집열기, 태양열축열조, 대용량 수축열탱크, 태양열 열교환기, 열매체 및 열교환순환펌프, 팽창탱크, 흡수식 냉동기, 냉각탑, 중온수 순환펌프, 냉각수 순환펌프, 자동제어장치 등으로 구성된다.

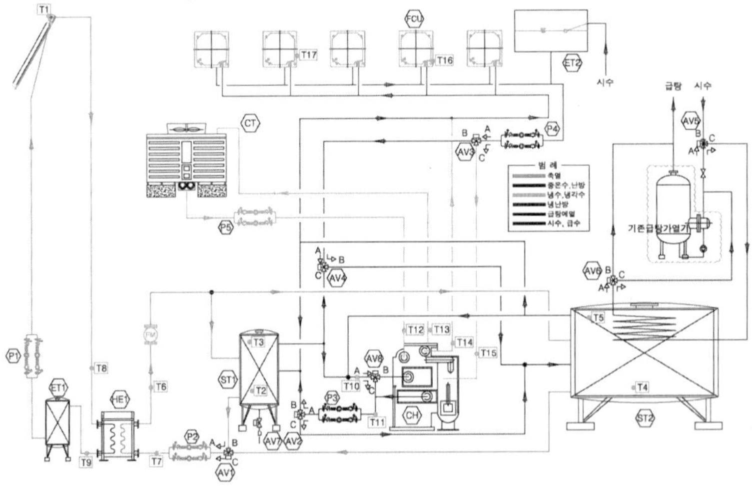

태양열 냉난방 및 급탕시스템

2) 적용방법

가. 태양열 축열

① 태양열에 의해 집열기 온도가 상승하면 집열기 출구와 태양열축열조 하단에 위치한 온도감지센서의 감지 기능에 따라 설정온도차(통상 5~10℃)가 발생한다.

② 이때 열매체순환펌프가 작동하여 열매체를 집열기로 순환시켜 태양열을 열교환기로 회수하게 되며 동시에 온수순환펌프가 작동하여 축열조의 저온수를 열교환기로 통과시켜 태양열을 축열조에 저장하게 된다.

③ 태양열축열조의 온도가 사용 가능하게 충분히 올라가면 축열조 선택 자동밸브를 작동하여 수축열조로 유로를 바꿔서 축열운전한다.

나. 태양열난방

① 태양열 축열조에 저장된 온수가 일정온도(세팅 온도) 이상이면 축열조의 냉난방 선택 자동밸브가 난방쪽으로 열려 냉난방순환펌프가 작동하여 2층 팬코일유닛으로 순환시킨다.

② 태양열 축열조의 온도가 떨어지면 대용량 수축열조의 열원을 이용하여 난방에 이용한다.

다. 태양열냉방

① 태양열 축열조에 저장된 온수가 일정온도(세팅 온도) 이상이면 축열조의 냉난방 선택 자동밸브가 냉방쪽으로 열려 중온수순환펌프, 냉각수순환펌프, 냉난방순환펌프가 작동하여 2층 팬코일유닛으로 순환시킨다.

② 태양열 축열조의 저장된 온수가 일정온도(세팅 온도) 이하이면 축열조 선택밸브를 수축열조로 유로를 바꿔서 중온수 열원으로 사용한다.

라. 태양열급탕

① 탱크에 축열된 열량은 우선적으로 난방 및 냉방용으로 사용하고, 급탕 필요 시에는 대용량 수축열조에 내장된 온수 열교환코일을 사용하여 온수사용처에 급탕을 공급한다.

마. 안전장치

① 장기간 휴관 등의 사유로 시스템이 가열될 경우 태양열축열조의 자동 드레인 밸브를 열어서 고온수를 외부로 방출하고 차가운 물을 시스템에 유입시켜 시스템을 보호한다.

3) 주요 사용 기자재

가. 태양열집열기

① 형식 : 단일 진공관형 히트파이프 형식

② 규격 : 2185×1165×162 또는 동등 이상인 제품으로 한다.

③ 재질

- 집열관 : 티타늄 코팅 동판
- 유리관 : 붕규산염 유리, 투과율 95% 이상
- 히트파이프 : 무산소 동관
- 매니폴드 : 동관, 알루미늄 외장

④ 조달우수제품, 중소기업 성능인증제품 으로 한다.

나. 흡수식냉동기

① 형식 : 열원구동 1중 효용

② 용량 : 10RT(70kW) , COP 0.7

③ 온수공급온도 범위 : 70~95℃

- 입구온도 : 88℃
- 출구온도 : 83℃

④ 냉각수 온도

- 입구온도 : 35℃
- 출구온도 : 31℃

⑤ 냉각수 온도 : 입구온도 : 12.5℃, 출구온도 : 7℃

다. 흡수식 냉동기 성능

① 태양열 중온수의 특성상 넓은 범위의 온도에서도 일정 성능 이상으로 작동 가능해야 함.

② 태양열 흡수식 냉동기는 88℃의 중온수에서 70kW 이상의 쿨링 성능을 가진 제품으로 한다.

4) 태양열 냉난방 및 급탕시스템 구성요소

가. 진공관형 태양열 집열기 : 태양에너지를 직접 흡수하여 이용 가능한 열에너지로 전환하는 장치를 말한다.

나. 태양열 축열조 : 태양열 집열기에서 집열한 열을 필요한 때에 냉난방이나 급탕 및 기타 적정용도 등에 이용할 수 있도록 저장하는 탱크를 말한다.

다. 자동제어장치 : 태양열을 이용하는데 필요한 모든 설비 계통이 가장 효율적으로 작동될 수 있도록 제어 시스템으로 구성하여 자동으로 제어하는 장치를 말한다.

라. 열매체 순환펌프 : 일사량이 있을 때 집열기에 열매체를 순환시켜 축열조에 태양열을 집열할 수 있도록 하는 열매체 순환펌프이다.

마. 열교환 순환펌프 : 태양열이 획득한 열에너지를 열교환기를 통해 축열조의 물을 순환시켜는 순환펌프이다.

바. 반밀폐형 팽창탱크 : 태양열을 집열하면 시스템내 온도가 높아져 열매체의 부피가 늘어난다. 이때 늘어나는 양을 탱크 내부의 공기층이 흡수하여 기기의 파손을 방지하는 탱크이다.

사. 판형열교환기 : 태양열 집열부에서 집열한 열을 축열조에 온수로 저장하는 시스템에서 집열매체와 온수와의 열교환에 필요한 장치를 말한다.

아. 흡수식 냉동기 : 태양열을 열원으로 구동하여 냉수를 생산하여 필요한 건물에 냉수를 공급하여 냉방하는 장치

자. 중온수순환펌프 : 흡수식 냉동기 구동열원을 공급하는 순환펌프이다.

차. 냉각수순환펌프 : 흡수식 냉동기의 냉각수를 공급하는 역할을 하는 순환펌프이다.

카. 냉난방순환펌프 : 흡수식 냉동기의 냉수 및 태양열 난방수를 부하 존에 공급하는 순환펌프이다.

타. 냉각탑 : 더워진 냉각수를 냉각탑으로 순환시켜 공기와 열교환하여 일정한 온도로 냉각하여 흡수식 냉동기의 냉각수를 공급하는 장치이다.

2. 진공관형 태양열 집열기

1) 집열기 설치

가. 설치 방위각은 정남을 원칙으로 하되 현장여건상 부득이한 경우 동 · 서로 30°의 변위를 가질 수 있다

나. 주변에 일사량을 저해하는 장애물이 없어야 하며, 사용목적에 따라 경사각은 조절할 수 있다.

2) 집열기 시공

가. 집열기의 배열은 각 집열기를 통과하는 유량이 균등하게 분배되도록 한다.

나. 태양열 시스템 운전중에 어떠한 조건에서나 시수주관으로 오염되거나 불결한 열매체가 주입되지 않도록 시공되어야 한다.

다. 밸브조작등 배관을 구별하기 위하여 보온한 후에 배관의 종류 및 유체의 진행방향을 표시하도록 한다.

라. 자동배기 밸브는 시스템의 장애가 일어나지 않도록 시스템의 최상단부에 반드시 설치하여야 한다.

마. 설치 시공 완료 후에는 수압시험(5kg/cm^2)을 하여야 하며 이는 배관의 보온 전에 하여야 한다.

바. 동일한 집열기를 2열 이상 병렬로 설치할 경우에는 집열기의 각 집열기군(Array)을 통과하는 열매체의 유량이 같도록 배열 · 조정되어야 한다.

사. 집열기의 청소 및 보수에 편리한 공간을 확보하거나 이를 위한 이동식 사다리를 설치한다.

아. 집열기를 지붕 일체식으로 설치할 경우에는 집열기와 지붕면의 접촉부위가 빗물이나 눈 등에 의해 습기가 차는 것을 막고 배수가 잘 되도록 집열기와 지붕 사이에 공간을 둔다.

자. 진공관형 집열기 모듈 또는 튜브Box를 크레인에 매다는 경우, 로프에 의해 손상 또는 파손되지 않도록 보강판을 넣는다.

차. 진공관형 집열기는 진공유리관으로 제작되고 있으므로 유리관 표면에 흠집이나 파손이 되지 않도록 취급시 주의하여야 한다.

3. 집열기 설치대의 공사

1) 일반사항

가. 집열기 설치대는 건물의 구조에 집열기의 설계하중을 고려한다.

나. 설치대 기초나 배관설치로 인한 빗물의 누수가 없도록 설계 시점부터 건축공사 및 기타 관련 공사와의 긴밀한 협의를 한다.

다. 외기에 노출되는 집열기 틀 및 지지대는 부식과 뒤틀림 등을 방지할 수 있는 것으로 한다.

라. 집열기 설치는 다른 구조체가 풍하중 또는 설하중에 견딜 수 있도록 설계하여 고정한다.

마. 지면에 설치되는 집열기는 지면으로부터 최소한 300mm 이상의 높이로 설치되게 한다.

바. 설치대의 제작은 치수와 수평도를 정확하게 하여야 한다.

2) 설치대 기초

가. 주각에 인장력이 작용할 경우에는, 주각의 전단력을 앵커볼트로 부담시키고, 인장력과 전단력의 응력의 조합을 고려한다.

나. 기초구조는 상부응력을 하부구조로 균등하게 전달시켜야 하나, 하부구조의 기능(예를 들면 누수 등)도 배려하여 설계해야 한다.

다. 기초패드에는 콘크리트 타설 후 현장 감독관과 협의 후 에폭시 도장 방수 마감을 한다.

라. 기초패드 콘크리트 타설 시 기존 옥상 물탱크 자리에 콘크리트 되메우기를 실시한다.

4. 축열조 설치공사

1) 일반사항

가. 축열조는 원형 압력 탱크 구조형식으로 재료는 스테인리스 스틸계열로 제작한다.

나. 축열조의 최대허용압력은 5kg/cm^2 이상에서 견딜 수 있도록 제작한다.

다. 축열조 입출구 배관에는 하부와 상부의 물이 혼합되지 않도록 축열조 내부에 디퓨져를 설치한다.

라. 축열조 탱크는 공장 또는 현장 제작품으로 바닥 면적을 적게 설계(가로세로비를 가능한 한 크게)하여 설치공간을 줄이고 온도 성층화를 향상시키게 된다.

2) 설치장소의 선정

가. 축열조는 특별한 경우를 제외하고는 반드시 옥내에 설치되어야 한다.

나. 축열조 주변은 450mm 이상의 점검 공간을 확보한다.

다. 집열기와 축열조, 축열조와 급탕 시설과의 사이 배관이 가능한 한 짧은 장소를 선정한다.

3) 기초공사

가. 신축 건물의 내부나 옥상에 설치할 경우 기초와 본체와는 일체구조로 하는 것을 원칙으로 한다.

나. 기존 건물의 내부에 설치할 경우는 기초를 앵커 볼트로 본체에 고정하는 방법이 바람직하나, 방수층을 통과해야 하는 경우가 있으면 이점은 건물주와 충분히 협의한다.

4) 축열조(탱크)

가. 금속 탱크 : 금속탱크는 기계설비 표준시방서 및 건축설비 표준시방서에 따른다.

나. 수압시험 : 탱크 누수와 기초의 침하 상태 등을 확인하게 하기 위하여 탱크 설치가 완료되면 수압시험은 사용압력 7kg/cm^{2}으로 실시하여야 한다.

다. 보온재의 두께는 70mm 이상으로 하고, 재료는 유리면보온재와 함석케이싱 마감처리한다.

5. 배관공사

1) 공사범위

가. 배관공사라 함은 집열매체 배관 및 축열조 배관공사를 말한다.

나. 즉 태양열집열기, 축열조, 열교환기의 연결 라인 축열조내 배관만 배관공사 범위이다.

2) 제한사항

가. 태양열시스템의 운전 중에 어떠한 조건에서나 시수주관으로 오염되거나 불결한 시스템 내의 열매가 유입되지 않도록 시공되어야 한다.

나. 태양열시스템을 구성하는 배관에 있어서 비음료수관은 식수로 마시거나 이용하지 못하도록 배출구에 표시한다.

다. 배관 루프 내에서 어떤 이종 재료간의 결합부에도 모두 절연성 단열재를 사용하는 것이 갈바닉 부식(Galvanic Corrosion)을 예방하기 위해 필수적이다.

라. 각 필요 부분에 설치되는 밸브는 10kg/cm^2 이상을 사용하며, 50mm 이하는 청동게이트밸브, 50mm 이상은 버터플라이밸브를 사용하여야 한다.

마. 급수 및 환수 주배관에는 열팽창을 고려하여 신축이음을 설치하여야 한다.

3) 관재료 및 이음

가. 관 재료는 내구성이 좋은 동관(L-type)을 사용한다.

나. 배관연결방법은 용접으로 한다.

① 집열기와의 연결

- 집열기 열에 연결되는 급수 및 회수 헤더 배관은 가능한 한 집열기 지지 구조물 내에서 회로를 구성해야 한다.
- 주 급수 및 회수 배관은 배관의 전체 길이를 최소화하면서 집열기 열의 헤더들을 전반적인 대칭형으로 유지할 수 있도록 배치되어야 한다.
- 고온에서 다른 금속과의 접합에 의한 부식작용을 막는 데는 가능한 같은 계통의 재료를 사용한다.
- 밀폐식의 집열회로에는 부동액, 방청제의 농도관리를 적합하게 한다(물 : 부동액=7 : 3)
- 집열기 열을 분리시키는 밸브들은 열매체 급수 배관에만 설치되어야 한다. 급수배관에 유량 제어/분리 겸용 밸브를 조합하는 것도 가능하다. 분리 밸브는 필수적이 아니며, 집열기 열로부터의 출구 회수 배관에 설치되어서는 안 된다.
- 액체가 차지 않은 공기 공간은 공기가 집열기 매니폴드에서 빠져 나올 수 있도록 air pin을 설치한다.
- 진공관형 집열기 그룹의 매니폴드 출구에는 최소 2개 이상의 온도측정용 감지기를 설치할 수 있도록 한다.

② 이음쇠

- 동관은 가능한 한 이음쇠 없이 설치한다. 이음쇠가 필요한 곳에는 동합금의 기성품을 사용한다.
- 태양열시스템에 설치될 유니온은 떼어내거나 교체할 필요가 있는 가열장치 및 조절장치 등으로부터 300mm 이내에 설치한다.

4) 밸브류

가. 밸브류는 50A 이하는 나사접속형으로 하고 65A 이상은 플랜지접속형으로 한다.

나. 모든 밸브는 저온(-10℃)에서 강도를 유지하고 제 기능을 발휘하여야 한다.

다. 안전밸브 : 안전(Safety)밸브는 주철제(10kg/cm^2 220C), 디스크와 스프링은 SUS 304에 준한다.

라. 글로브밸브 : 글로브밸브의 사용은 청동제 KS B 2301(10kg/cm^2), 주철제 KS B 2350(10kg/cm^2)에 준한다.

마. 서비스 밸브로 시설할 게이트밸브가 유량 조절을 겸하여야 할 경우에는 게이트밸브 대신에 글로브밸브를 사용한다.

바. 버터플라이밸브 : 50mm 이하는 레버식, 50mm 이상은 기어식으로 한다. 4m밸브 동등품 이상으로 사용하며 물용은 EPDM시트, 증기용은 이중 편심구조이어야 한다.

사. 볼밸브 : 황동제 KS B 2308(10kg/cm^2) 이상 사용.

아. 스트레이너

① 접속배관 구경과 같은 크기로 한다.

② Y-type을 사용한다.

자. 압력계 : 압력계는 규격품으로서 눈금판의 외경은 100mm, 콕크가 붙어 있는 것으로 하고, 눈금에는 사용압력표가 있어야 하며, 최고 눈금은 사용압력의 2배로 한다.

차. 온도계 : L형 또는 바이메탈식을 사용하며, 원형 바이메탈식은 그 직경이 100mm로 하고 온도계의 최고 눈금은 사용온도의 2배로 한다.

5) 시공관의 접합

가. 동관의 접합은 용접식으로 한다.

나. 집열기 출구 또는 진공관형 집열기 시스템의 배관 등에서는 경납용접(Brazing)으로 한다.

다. 나사부에 사용하는 접합재료는 관내에 흐르는 유체의 종류, Space압력, 온도에 따라 내압, 내열성이 우수한 씰테이프를 사용하며, 묽게 반죽한 페인트 등을 사용해서는 안 된다.

라. 관의 재단은 그 구경을 축소하거나 원형 단면을 변형시키지 않도록 Space하여야 하며, 관축심에 대하여 직각으로 절단하고, 절단부는 반드시 리마를 사용하거나 그라인딩하여야 한다.

마. 관은 접합 전에 내부에 쇳가루, 먼지 등의 이물질을 제거하고 접합하도록 한다.

바. 배관도중 일시 배관을 중단할 경우에는 이물질이 들어가지 않도록 봉하여야 하며, 다시 연결할 때는 반드시 해체하고, 점검하여야 한다.

사. 보온을 하지 않는 배관으로서 천장, 바닥, 벽 등을 관통하는 부분이 외부로 노출된 경우에는 관자금을 설치한다.

아. 진동의 전파를 막을 필요가 있는 배관에는 방진이음, 방진행거, 방진기기 철물을 설계도 상세에 의해 시공한다.

자. 플랜지 및 유니온 이음은 보수에 필요한 부분에 설치한다.

6) 관의 지지

가. 관의 지지

① 수평배관의 지지간격은 다음 표에 준한다.

호칭지름(mm)	20 이하	25~40	50	65~80	100~125
최대간격(m)	1.0 이내	1.5m 이내	2.0m 이내	2.5m 이내	3.0m 이내

② 수직관의 지지는 각층마다 1개소(약 3m 간격)로 하며, 진동의 전달을 막기 위한 진동방지 철물을 설치한다.

나. 분기 장소의 지지는 강관의 지지 간격에 관계 없이 필요에 따라 지지한다.

다. 관의 지지 및 고정 철물은 도면 상세도와 같이 제작하여 설치하고, 관의 자유로운 신축을 방해하는 구조로 하여서는 안 되며, 기울기에 변화가 오지 않도록 시공한다.

라. 고정철물, 지지철물, 세트 앵커 등은 워터해머, 신축 응력관의 자중 등에 대해 충분히 견딜 수 있는 구조로 한다.

마. 방진기기를 필요로 하는 경우에는 지지 또는 고정 금구에 반드시 방진고무로 진동의 전달을 차단하도록 도면 상세에 의해 시공한다.

바. 입관의 최하부는 배관의 자중과 충격에 충분히 견딜 수 있는 지지를 도면 상세에 의해 시공하여야 한다.

사. 배관은 시공하기 전에 다른 설비배관 및 기기와의 관련 사항을 상세히 검토하고 기울기를 고려하여 그 위치를 정확히 결정한다.

아. 건축물 내에 시공할 경우에는 공사의 진행에 따라 지지물의 설치 및 배관 슬리브의 개입을 지체 없이 하여야 한다.

자. 펌프 및 집열기, 기타의 기기와 연결되는 배관에서는 특히 바닥에서부터 지지철물을 설치하고, 방진에 만전을 기하여야 한다.

차. 배관도중 시설되는 중량물의 부속 및 기기에는 반드시 그 중량을 지지할 수 있는 방식으로 행거 또는 앵커를 설치하여야 한다.

카. 배관 지지대로 인해 배관의 단열재가 문드러지는 일이 없도록 주의해야 한다.

7) 집열배관공사

가. 집열기 주변의 배관

① 배관방식은 각 집열기의 유량 Balance를 취해야 하므로 반드시 역회수(Reverse Return)방식으로 한다.

나. 축열조

① 축열 설비를 자동 또는 수동으로 운전할 수 있어야 한다.

② 축열조 하단과 상단에 온도감지기를 설치하여 축열운전 및 부하운전의 제어에 활용한다.

6) 기타 기능

가. 제어용 패널은 향후 제어포인트의 증가 및 기능 추가를 고려하여 약 10% 정도의 설치여유공간을 확보하여야 한다.

나. 모든 장비는 최대한 유지 보수시 교체가 용이하도록 설계 제작되어야 한다.

다. 정전이 발생한 후 다시 통전이 되더라도 운전자의 별도 조작 없이 복귀되어 자동으로 운전이 재개되어야 한다.

라. 센서 보호

- 센서가 설치된 파이프 또는 구성요소는 용접에 의한 불에 센서를 노출시키면 안 된다.
- 직접적인 비에 대한 노출로부터 센서를 보호해야 한다.
- 센서를 물 속에 넣을 때는 Thermowell을 설치한다.

마. 센서선 보호

- 금속 방수용 철판이나 전선관(Conduit)을 통해 전선을 잡아당길 때 날카로운 금속 모서리에 의해 전선이 벗겨지거나 끊어질 수 있기 때문에 주의해야 한다
- 설치작업 이전에 센서의 정확도를 확인하라. : 기준온도와 0.5℃ 안으로 읽혀진 센서만 사용한다.

바. 센서 설치

- 센서를 구부리지 말아야 한다.
- 유체가 흐르는 Thermowell에 설치된 센서는 그 흐름을 지체시키거나 막아서는 안 된다.
- 설치될 표면에 센서를 땜질하거나 테이프를 사용해 붙이지 말아야 하며, 현장여건상 여의치 못할 경우 열 전달을 잘 하기 위해 열적으로 전도성 있는 윤활유(Grease)를 사용하라.
- 외기 온도의 영향을 최소화하기 위하여 각각의 센서와 인접한 파이프 배관을 철저하게 단열하는 데 특별히 주의하라.
- 센서 선을 배선할 때 전선을 덧이을 필요가 없도록 각 센서의 위치에 전선의 여분 길이를 남겨두어라.
- 센서 선과 전원선은 분리하여 설치되어야 한다.
- 집열기 내부에 센서를 설치할 경우 설치 후 빗물이 들어가지 않도록 밀봉하고 단열되어야 한다.
- 각각의 센서 선에 인식표(Identification Tag)를 붙여라.

9. 시스템의 세척, 압력시험 및 시운전

1) 시스템의 세척

가. 집열기, 펌프, 열교환기, 축열조 등의 구성품을 설치 전에 세척한다.

나. 시스템 배관작업이 끝나면 압력시험 전에 시스템을 세척한다.

2) 압력시험

가. 시스템의 보온시공 전에 모든 압력 및 누설검사가 수행되어야 한다.

나. 압력시험에 사용하는 유체는 물을 사용하고 이물질의 침입이 없는 상태에서 행하여야 한다.

다. 압력시험은 작동압력의 1.5배 이상으로 한다.

라. 글리콜과 오일 등은 물이 누설되지 않더라도 누설될 염려가 있으므로 최종 압력시험은 자동유체로 한다.

마. 배기밸브, 안전밸브 및 기타의 기기들은 압력시험 중에 손상을 입을 우려가 있으므로 떼어내거나 마개로 대체한다.

사. 모든 누설은 수리된 다음, 재 누설 검사가 수행되어야 한다.

아. 압력시험은 과열된 태양열집열기 내로 차가운 유체가 들어가 열충격이 발생되거나 집열기의 입계조건을 만들어 주지 않게 하기 위하여 일사량이 없을 때에 수행한다.

자. 압력 측정에 사용하는 압력계는 감리자의 확인 후 설치한다.

차. 편의상 전 기기에 대하여 연결배관을 한 후 동시에 압력시험을 할 수 있다.

카. 압력시험은 감독관의 입회하에 실시하여야 한다.

타. 최소한 30분 이상 시험 압력을 유지하고 모든 연결 부위와 구성요소를 시험한다.

3) 시운전

가. 제한사항

① 열전달 매체를 채우기 전에 모든 여과기나 트랩은 청결하게 되어 있어야 한다.

② 배관 및 열교환기 내의 유해물질을 제거해내기 위하여 물로 씻어낸 다음 작동을 시작한다.

③ 시스템에 열전달 매체를 주입할 경우에는 펌프의 작동으로 집열기내 임계조건을 만들어 주게 되거나 제어장치가 고장나는 것과 열충격을 방지하기 위하여 일사량이 적은 상태에서 한다.

④ 공기가 차있는 상태에서 펌프를 가동해서는 안 된다.

나. 점검과 시운전

① 유량과 압력은 설계조건에 적합한지 검사한다.

② 시스템의 제어작동이 제대로 되는지 여러 작동조건에서 운전상태를 검사한다.

③ 압력 안전밸브는 정상적으로 작동되는지 검사한다.

④ 집열회로와 집열기 내에 적정 유량이 통과되는가 검사한다.

⑤ 눈으로 관찰

- 열매체를 채우고 그 작동을 점검하기 전에, 마지막 눈으로의 점검은 시스템이 완전하고 올바르며 규정된 대로 설치되었다는 것을 확인하기 위해 시행한다.
- 구성요소와 재료들이 모든 작업에 대해 표준 설치 예를 따라 사용했음을 확인한다.
- 시스템 설계와 시방서로부터 벗어난 모든 것을 수정한다.
- 모든 구성품과 재료의 손상을 확인한다.
- 최종적으로, 이미 만들어진 도면과 시방서의 현장 이용가능성, 설계자에 의해 준비되는 모든 설치 점검 절차, 그리고 모든 제조업자의 제품 문헌과 작동, 모든 중요한 구성품에 대한 유지보수 설명서를 포함하는 매뉴얼을 확인해야만 한다.

⑥ 열매체 주입 및 압력유지

- 시스템 청소와 세척, 압력시험 후에 실시한다.
- 집열기가 직사광선에 노출이 없을 때 전체 시스템을 채운다.
- 모든 배관과 구성품의 누수에 대한 점검을 한다.

12.3.4 태양열 집열기 규격서

1. 적용범위 및 분류

1) 적용범위

본 규격은 태양에너지를 열에너지로 변환해서 온수급탕, 냉난방 등에 이용할 수 있도록 제작된 태양열 집열기에 대하여 적용한다.

2) 분류

진공관형 태양열 집열기의 분류는 특성에 따라 아래와 같이 분류한다.

특성	분류
형상 및 집열기 방식	단일 진공관형, 이중 진공관형
흡수판 재질	금속재
집열매체	액체식, 상변화식(히트파이프식)
집광유무	집광형, 비집광형

진공관형 집열기 : 태양에너지의 빛을 흡수하는 흡수판으로부터 열손실(대류, 전도)을 줄일 목적으로 투과체 내부가 진공으로 된 집열기로 진공관을 투과체로 사용하고 그 내부에 특수코팅된 흡수판이 있다.

2. 적용자료 및 문서
1) KS B 8203(태양열 집열기)
2) KS B ISO 9806-1,2,3(태양열집열기 시험방법)

3. 용어의 정의
1) 집열기 : 입사한 태양에너지를 흡수하여 열에너지로 변환, 집열매체에 전열하는 부분
2) 집열 매체 : 집열기로부터 열에너지를 취출하여 열이용 시스템에 운반하는 매체
3) 작동 유체 : 히트 파이프식 집열기 등에서 집열한 열에너지를 열교환부로 빠르게 열을 이송하는 작동유체로서 증류수, 냉매, 알코올 계통을 말한다.
4) 부동액 : 물의 동결에 의하여 집열기, 배관, 매니폴더 등이 파손하는 것을 방지하기 위하여 사용하는 액체, 여기서는 수용액에 한한다.
5) 투과체 : 집열기의 표면에 사용하며 태양광선을 투과하고, 흡수판으로부터 대류 및 전도 등의 열손실을 최소화하고, 내열, 외부 열충격 등에 견딜 수 있는 부분
6) 배관 접속부 : 집열기의 상부에 위치하여 집열기 및 열매체관을 연결할 수 있도록 구성된 부분
7) 매니폴드 : 집열기에서 태양에너지를 흡수한 열에너지를 집열 매체와 열교환하는 부분과 배관접속부로 구성된 부분

4. 집열기 및 각부의 명칭

종 류	내 용	비고
단일 진공관형	단일 유리관 내부에 태양에너지를 잘 흡수하도록 하는 특수 티타늄코팅 처리된 흡수판과 히트파이프를 용접한 집열판을 진공유리관 내부에 유지하여 집열판에서 얻어진 태양에너지를 히트파이프를 통해 열을 집열하는 형식의 것	

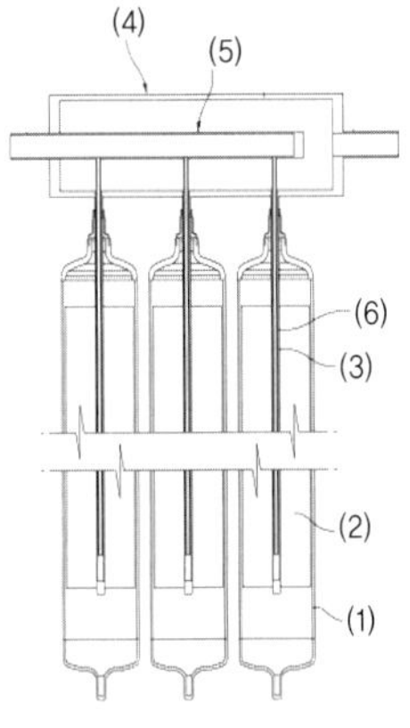

번호	명 칭
(1)	단일진공 투과체
(2)	흡수판
(3)	히트파이프
(4)	매니폴드
(5)	배관 접속부
(6)	히트파이프 작동유체

단일진공관형 태양열 집열판

5. 필요조건
1) 재료

집열기의 재료는 다음 각항을 만족하여야 한다.

가. 집열기에 사용되는 모든 부품은 각부의 목적에 적합한 KS제품 또는 동등 이상의 품질을 갖는 것으로

구성 및 강도에 이상이 없어야 한다.

나. 태양복사일사에 노출되는 재료는 자외선 등 내후성이 있는 재료를 사용해야 한다.

다. 투과체에 사용되는 재료는 투과율이 우수해야 하고 예상되는 내부의 최고온도에 견뎌야 하며, 충분한 강도를 지니는 재료를 사용해야 한다. 또한 먼지 등에 대한 청소가 가능하여야 한다.

라. 단열재는 단열재에 접하는 온도에 견딜 수 있어야 하며, 집열기의 성능에 심각한 영향을 주는 가스발생 등의 반응이 없어야 한다.

마. 외장재는 부식이 없는 재료거나 부식방지 코팅처리되어야 하며, 내구성이 있는 재료를 사용하여야 한다.

바. 반사체는 반사율이 높아야 하며, 시간 경과에 따른 반사율 저하가 적으며, 청소가 용이해야 한다.

2) 구조 및 겉모양

구조 및 겉모양은 다음 각항에 적합하여야 한다.

가. 사용 중 열매체가 누설되지 않는 구조이어야 한다.

나. 각 부분은 사용상 충분한 강도를 가져야 한다.

다. 열매체의 출입이 용이한 구조이어야 한다.

라. 배관접속부는 외부배관과 용이하게 접속되는 구조이어야 한다.

마. 동파가 방지될 수 있는 구조이어야 한다.

바. 사용 중 소음 및 진동을 내지 않는 구조이어야 한다.

사. 흡수판과 집열관(지관)은 용접 혹은 압착되어 이탈 및 틈이 없는 구조이어야 한다

아. 빗물의 침입이 없고 바람 등으로 이동되지 않으며 점검 및 보수가 용이한 구조이어야 한다.

자. 부식 및 녹방지를 위해 방청처리를 하여야 한다.

차. 마감상태 등 겉모양이 미관상 심각할 정도로 거칠지 않아야 한다.

카. 진공관형 집열기는 집열관 및 반사체의 교체가 가능한 구조이어야 한다.

타. 진공 유리관 내에는 흡기제(Getter)를 장착하여야 한다.

파. 집열기의 모든 부품은 설치과정에서나 외기조건(태풍, 적설 등)하에서 그 형상이 변화되지 않을 정도의 충분한 구조적 강도를 지녀야 한다.

3) 제조 및 가공

가. 모든 기자재는 관계법규(신 · 재생에너지설비의 원별 설치기준(제15조제1항 관련) 및 규정에 저촉되지 않도록 설계, 제작, 설치되어야 한다.

나. 제작자는 설계, 제작 및 시험에 대해 다음의 기준 중 최신의 것을 적용하여야 한다. 만일 KS 제품이 없는 것은 국내 최상품으로 사용하여야 한다.

다. 설계 및 제작시 고려 사항

각 기기 및 기구는 주어진 사양서에 맞고 외부와 내부에서 발생하는 기계적인 힘이나 열에 충분히 견딜 수 있어야 하고, 전진적으로 매우 안전하며 점검 및 보수에 편리한 구조로 제작하여야 한다.

라. 기능 및 성능

집열기의 성능은 아래 기준에 적합하여야 한다.

마. 태양열 집열기의 인증 또는 시험성적서 집열성능은 다음과 같다.

– 단일진공관형 태양열집열기 → 일일집열량 : 2,451.17 kcal/m^2.day(전면적 기준)

집열기의 성능

항 목		성 능	비고
집열기 열성능	집열성능	집열기는 다음의 (1)효율과 (2)열손실을 만족하고 또한 (3)을 만족해야 함 (1) $F_R(\tau\alpha)_{e.n}$: 0.68(68%) 이상일 것 (진공관형은 0.62(62%) 이상일 것) (2) $F_R U_L$: 6.0 W/℃ 이하일 것 (진공관형은 3.0 W/℃ 이하일 것) (3) 집열량은 일사량이 5,000kcal/m^2 · day, $t_{in}-t_a$가 30℃일 때, 2,000kcal/m^2 · day 이상일 것.(전면적 기준)	인증서 또는 시험성적서
	압력손실	압력손실 특성 선도가 표시되어 있을 것.	시험성적서

6. 검사 및 시험

1) 검사 및 시험의 종류

부품명	용도	관리(검사) 방법
겉모양 검사	진공관 집열기투과체	육안검사, 치수 및 진원도 측정
구조검사	진공관 전체 구조체	육안검사 및 외관상태 검사
유리관 검사	진공유리관	육안검사, 치수 및 진원도 측정
집열판 검사	태양열 흡수판	외관 및 치수, 육안검사
매니폴드	열교환용 다기관	치수측정 및 외관상태 검사
유리관 받침대	진공관 집열기 고정용	치수 및 외관상태 검사
게터	진공유지용	진공 상태 육안검사
프레임	집열기 받침대	치수 검사 및 육안검사
반사판	투과된 빛을 반사	육안검사 및 외관상태 검사

2) 시험 및 검사방법

가. 겉모양 검사

눈 및 손의 촉감 등으로 검사하여 흠이나 갈라짐이 없어야 한다.

나. 구조검사

① 진공관형 태양열집열기의 구조는 진공유리관, 집열판, 히트파이프(or U-tube), 매니폴더의 4개 부분으로 구성되며 각 부분은 철구조물에 별도 가공없이 설치, 고정할 수 있는 구조로서 구성요소 간의 조립이 용이하여야 한다.

② 검수시험시 구조검사는 인증시험 시료와 동일한 부품을 사용하였는지 확인할 수 있는 공인기관의 시험성적서와 비교하여 이상이 없어야 한다.

다. 유리관 검사

① 진공유리관의 내 · 외부에는 어떠한 긁힘이나 흠집이 없어야 한다.

② 유리관의 치수를 측정하여 규격과 이상이 없는지 확인한다.

③ 진공유리관 내부는 진공 유지를 위한 이물질이나 오염이 없어야 한다.

라. 집열판 검사

① 집열판의 코팅부에 긁힘이나 찌그러짐 등의 손상이 없어야 한다.

② 집열판과 히트파이프는 초음파용접으로 단단히 접합하고 접합은 진공유지에 영향을 주지 않아야 한다.

③ 안쪽 유리관 외부의 코팅부에 긁힘 등의 손상이 없어야 한다.

④ 집열판과 U-tube는 끼워맞춤으로 단단히 조립되어야 한다.

⑤ 집열판의 표면이 오염되지 않아야 한다.

⑥ 집열판이 구겨지거나 찌어지지 않아야 한다.

⑦ 안쪽과 바깥 유리관 사이에 게터가 활성화되어야 한다.

⑧ 흡수판 태양열을 효율적으로 흡수할 수 있도록 선택적 코팅 방법에 의하여 코팅되어야 한다.

마. 열교환기

① 외부의 찌그러짐이나 흠집이 없어야 한다.

② 열교환기 내부 표면의 상태를 관찰하여 이물질이나 돌출부 등이 없어야 한다.

바. 매니폴드

① 매니폴드 및 열교환부, 진공관형 태양열 집열기 본체가 조립되어서 단단히 시스템 고정대에 고정할 수 있는 구조이어야 한다.

② 매니폴드는 외부 공기와의 접촉을 피하기 위해 고정대에 고정되기 전에 보온 및 단열처리 되어야 한다.

③ 매니폴드의 케이싱에 사용되는 모든 금속 재료는 외부 기후 환경영향으로 부식방지 표면처리를 하여야 한다.

사. 유리관 받침대

① 고정대에 진공유리관이 단단히 고정되고 진공유리관에 무리한 힘이 가해지지 않는 구조로 제작되어야 한다.

아. 게터

① 집열판에 단단히 고정되어 있어야 한다.

② 안쪽유리관 외부와 바깥쪽 유리관 내부 사이에 단단히 고정되어 있어야 한다.

③ 유리관 내부에서 게터가 활성화되어 유리관 내부 표면에 증착되어 있어야 한다.

자. 프레임

① 사용되는 모든 금속 재료는 운용 및 운송 과정의 외부 기후 환경에 변함이 없어야 하며 표면처리를 하여야 한다.

② 제작에 사용되는 모든 금속재료는 내식성이 있는 재료를 원칙으로 하며 그러하지 않는 경우에는 내식성 도금처리하여야 한다.

③ 스크류, 너트 등의 체결부품은 KS 해당 규격에 따라 스테인리스, 아연도금 혹은 크롬도금 등의 제품을 사용한다.

3) 시험 및 검사의 판정

가. 검수시험

① 집열기의 성능은 제품 인증기관인 국가공인시험기관에서 시행한 시험성적서에 의한다.

② 검수시험에 대한 판정은 6.2항(시험 및 검사방법)에 따른다.

7. 표시 및 포장

집열기의 보기 쉬운 곳에 다음 사항을 기재한 명판을 취부하여야 한다.

1) 명판은 내부식성 재질로 장시간 사용에도 지워지지 않는 방법으로 기재하여 견고하게 부착하도록 한다.

- 명판 표기사항 -

가. 업체명 및 소재지	나. 제품명	다. 규격
라. 모델명	마. A/S연락처	바. 제조년월일
사. 인증부여번호	아. 신재생에너지 절약마크	

자. 기타 전기용품안전인증서등 법으로 정한 사항

2) 포 장

가. 운반 및 취급이 용이하고 보관중에 외상이나 부식 및 기타 이상이 발생하지 않도록 견고하게 포장하도록 한다.

나. 진공유리관과 매니폴더는 별도 분리된 포장을 하여 납품을 원칙으로 한다. 다만, 부득이한 경우 전체 조립하여 납품이 가능하나 현장 설치시 시공업체에서는 집열기 차폐장치(덮개 등)를 하여 시공하여야 한다.

다. 포장 외면에는 보기 쉬운 곳에 다음 사항을 표기하도록 한다.

- 명칭 – 수량 – 제조자명 – Lot No

8. 용도 및 재원 등

1) 용도

가. 대용량 온수 급탕 및 냉 · 난방 열원

- 아파트 단지, 공동주택
- 상업용 건물, 공공건물 및 복지 시설(병원, 호텔, 사우나, 골프장, 휴게소 등)
- 농어촌 대체에너지원, 시설 온실, 양어장

나. 산업공정열원(100℃ 이하)

- 식품 용기(병 & 캔) 세척용 온수

- 콘크리트, 벽돌 양생, 염색 공정

다. 산업공정열원(100℃~150℃ 이하)

- 식품가공업, 섬유제조업, 제지 및 펄프 공정의 건조

2) 발주재원

집열기 기본 사양

가. 태양열 집열기의 형식은 단일 진공관형 히트 파이프식 태양열 집열기 제품이어야 한다.

나. 태양열 집열기의 규격은 다음과 같아야 한다.

① 단일 진공관형 태양열 집열기 제품

- 형식 : 단일 진공관형 히트 파이프식
- 집열기 유리관 : 붕규산염 유리(ϕ102×2.5t)
- 집열판 : 티타늄 코팅 동판
- 집열기 케이스 : 알루미늄 압출형재
- 규격(L×W×H) : 2185×1165×162
- 단열 : 진공단열
- 집열판+동관 : 초음파용접

다. 태양열 집열기의 내구성과 신뢰성을 확보하기 위해 에너지관리공단의 성능 시험성적서를 획득한 인증제품이어야 한다.

9. 집열기 규격

1) 단일 진공관형 태양열 집열기

항 목			규 격
모델			SP-10
종류			단일 진공관형 태양열집열기
형식			히트파이프식
집열관수(본)			10 tubes/module
집열기면적(m^2)			2.55
유효집열면적(m^2)			1.87
외형치수(L×W×H)(mm)			2,185×1,165×162
집열판 접합방식			동판+동관 초음파용접
보유수량(ℓ)			5
중량	제품(kg)		60
	만수시(kg)		65
배관구경	급수구		25A
	출탕구		25A
수압검사압력(kg/cm^2)			7kg/cm^2
재 질	집열판		0.2t, 동판, 티타늄코팅(α≤95%, ε≥5%)
	유리관		붕규산염유리(외경 102mm, 두께 2.5mm)
	히트파이프		무산소동관
	매니폴드		인탈산동
	단열재	집열부	진공단열, 10-6 torr
		매니폴드부	우레탄발포단열
	외장케이스		알루미늄

Chapter Four

지열에너지 (Geothermal Energy)

1 지열에너지(Geothermal Energy) 개요

지열은 지구 자체가 품고 있는 땅속의 열(지열)로 인간생활에 필요한 에너지이다. 태양열의 약 47%가 지표를 통해 저장되는데, 이 양은 현재 사용 중인 에너지양의 약 500%에 해당되는 규모로, 지구는 중심부로 갈수록 뜨거워지며 100M마다 약 2℃의 온도가 증가하고, 3km 이하만 내려가도 약 100℃ 이상의 온도를 얻을 수 있다.

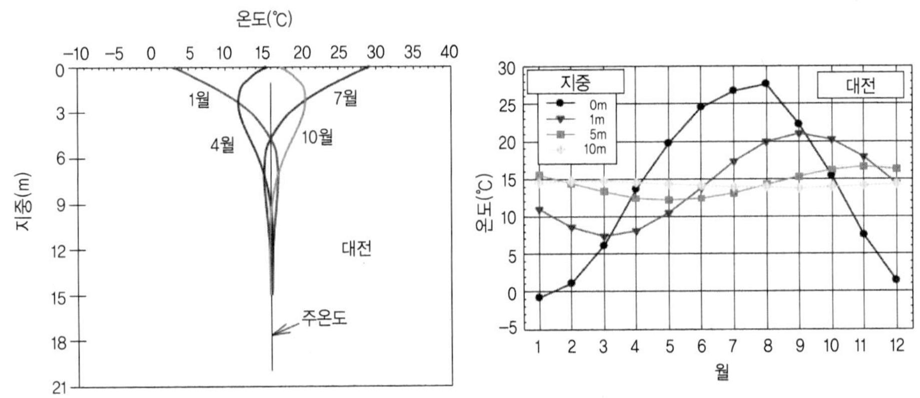

계절별 지중온도 월별 지중온도

그림 4-1 계절별 월별/지중온도 (출처 : 지질자원연구소, 에너지관리공단)

표 4-1 지표면으로부터 깊이에 따른 분류

구 분	천 부 지 열	심 부 지 열
깊 이	150~200m 깊이	200m 이상 깊이
평균온도	10℃~15℃(15℃± 5℃) 유지	40℃~150℃ 이상의 온도 유지
특 징	• 어느 지역이나 무한정 분포 • 채열이 용이 • 히트펌프를 이용하여 냉난방 온수공급 가능	• 고효율의 에너지 발전 및 온천에 직접 이용 • 채열이 어려움 • 한정된 분포로 대중화에 어려움

지열에너지(Geothermal Energy)는 물, 지하수 및 지하의 열 등을 뜻하며, 지열에너지 설비는 물, 지하수 및 지하의 열 등의 온도차를 변환시켜 에너지를 생산하는 설비를 말한다. 태양열을 통해 지하에 저장된 열은 지형에 따라 다르지만 지표면 가까운 땅속의 온도는 10℃~20℃ 정도가 형성된다. 일반적으로 지열은 천부지열(지하 200m 이내)과

심부지열(지하 200m 이하)로 나누어지며, 지열 냉난방 시스템에서는 천부지열을 이용한다. 천부지열 이용 시 지중온도는 지역마다 차이를 보이지만 평균 10℃~20℃ 가량이다.

2 지열에너지 활용

10℃~20℃의 지열에너지를 히트펌프를 활용하여 냉난방에 활용하는 것이 지열 냉난방 시스템이다. 심부(지중 1~2km)의 지중온도가 80℃ 정도인 일부 지역의 지열에너지는 히트펌프 없이 직접 냉난방에 이용되며, 화산지역에서는 수 km를 굴착하여 고온은 지열을 이용한 지열발전에 활용되고 있다.

2.1 지열에너지 직접이용(Direct Use of Geothermal Energy)

지열에너지 직접이용방식은 가장 오래된 기술로서 지열히트펌프, 온천, 건물 냉난방, 시설원예 난방, 지열 지역난방 등이 대표적 기술이다.

땅에서 중온수(30~150℃)를 추출하여 사용자에게 직접 공급(집단 에너지 개념)할 수 있으며, 또한 히트펌프나 냉동기와 같은 에너지 변환기기의 열원으로 활용하여 냉난방에 이용한다. 중온수의 직접 이용은 수량이 풍부한 지역(온천지역)에서 가능하기 때문에 지리적 제약이 있다.

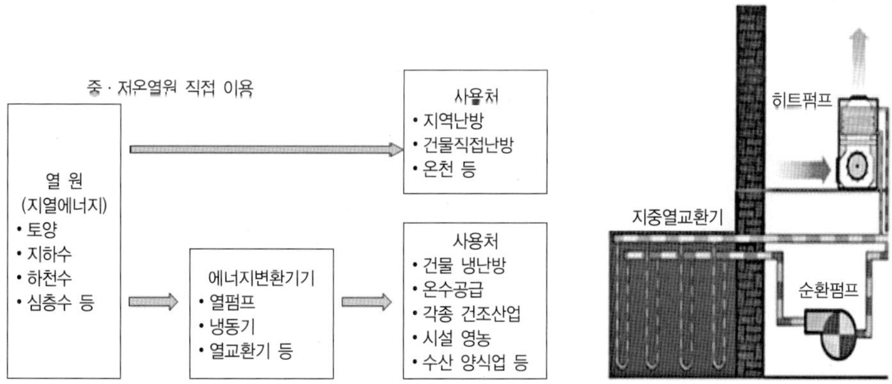

그림 4-2 지열의 직접이용-냉난방 (출처 : 에너지관리공단)

2.2 지열에너지 간접이용(Indirect Use of Geothermal Energy)

땅에서 추출한 고온수나 증기(120℃~350℃)의 열에너지로 터빈을 구동하여 전기를 생산하는 방식(Geothermal Power Generation)이다. 최종 생산물은 전기이며 화산지대에서 유리하기 때문에 지리적 제약이 크다. 지열을 이용한 발전방식은 건증기 방식, 습증기 방식, EGS(Enhanced Geothermal System)발전으로 구분된다.

EGS(Enhanced Geothermal System) 발전

최근 들어 주목받는 기술로 미국과 유럽의 일부 국가에서 기술개발 중이며, 지하심부의 뜨거운 암반층(Hot Dry Rock)까지 보어홀을 시추하고 인공 파쇄대를 형성한 후 이 안으로 물을 주입하여 고온수의 수증기를 생성, 이 수증기를 지상 플랜트의 터빈으로 공급하여 전기를 생산하는 방식

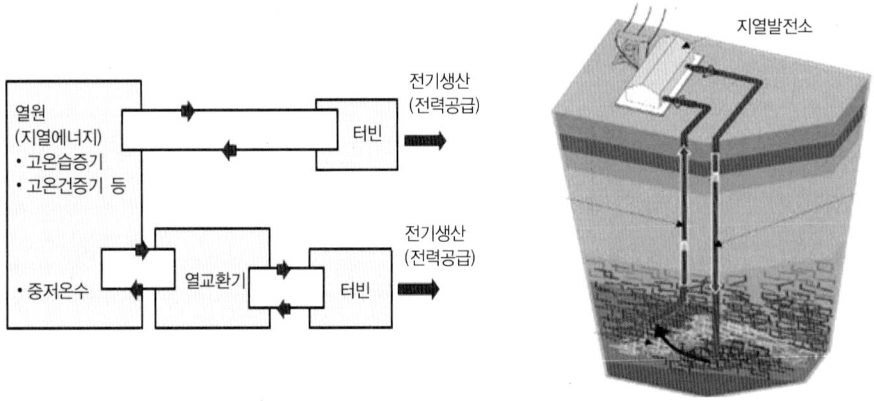

그림 4-3 지열의 간접이용-지열발전 (출처 : 에너지관리공단)

3 지열에너지 특징

지열에너지는 무공해, 무제한 청정에너지원으로 기후조건에 영향을 받지 않는 신뢰성 있는 무궁한 에너지원으로 다른 신재생에너지원에 비해 경쟁력을 보유한 에너지원이지만, 채열이 어렵고 넓은 부지가 필요하며 심부지열의 경우 지역적인 분포가 한정되어 있다.

장 점	단 점
• 무공해, 무제한 청정에너지원 • 환경부하 저감 • 다른 에너지원에 비해 효율적이고 경쟁력 보유 • 화석연료를 대신하여 자원고갈에 대비한 대체 에너지원 • 기후조건의 영향을 받지 않는 신뢰성 있고 무궁한 에너지원 • 열의 저장이나 수송을 필요로 하지 않는 열원	• 초기 설치비용이 많음 • 넓은 설치면적이 필요 • 심부지열의 이용에는 지역적인 분포가 한정적이며, 채열이 어려움 • 장시간 냉난방 이용 시 열적 성능저하(열회복 시간 필요)

4 지열히트펌프 냉난방 시스템

4.1 개 요

지열을 이용한 냉난방 시스템은 외기의 급격한 온도변화에 영향을 받지 않아 연중 일정한 온도(10℃~20℃)를 유지하고 있는 천부의 지열을 "지열 히프펌프"를 이용하여 냉난방에 활용하는 방식이다. 지열이용 냉난방 시스템은 냉난방방식 중에서 효율이 가장 높고, 환경친화적인 방법으로 알려져 있으며, 공기열원 히트펌프 시스템에 비해 40% 이상, 전열기 및 에어컨을 이용하는 냉난방 시스템에 비해 약 70% 이상의 에너지 절감이 가능한 시스템이다.

4.2 지열히트펌프 냉난방 시스템 구성요소

지열히트펌프 시스템은 히트펌프 유닛과 지중열교환기, 배관, 펌프 시스템으로 구성된다. 일반적으로 지중열교환기는 지중에 매설된 폴리에틸렌 파이프로서, 파이프 내부를 부동액이 순환하면서 지중으로 열을 흡수하거나 방출하는 시스템이다.

4.2.1 지열히트펌프 유닛

지열 냉난방 시스템에서 중요한 요소 중 하나인 히트펌프는 압축기, 증발기, 응축기 팽창밸브 및 4방 밸브로 이루어져 있으며, 가동 시 응축기에서 방출되는 고온의 열을 난방 및 온수에 이용하고 증발기에서 차가워진 냉열을 냉방에 이용한다.

히트펌프는 에어컨과 기본적으로 같은 구조로 되어 있는데, 지열히트펌프는 공기와 열교환하는 공기열원 히트펌프와 달리 지중의 열과 열교환하도록 열교환기가 지중에 설

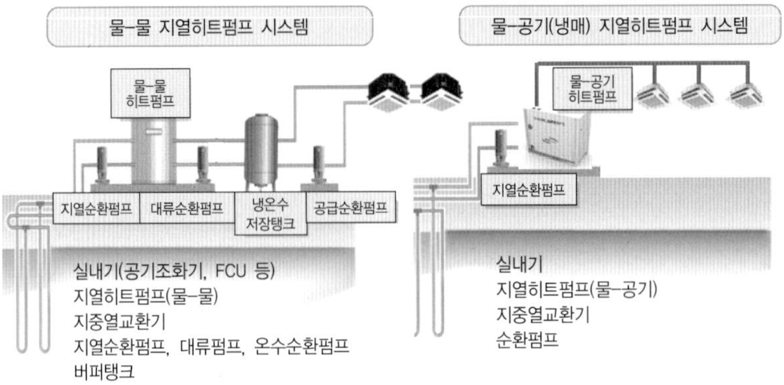

그림 4-4 지열히트펌프 시스템 구성요소

그림 4-5 지열히트펌프 유닛

치된 것이라 보면 되는데, 일반적으로 지열히트펌프가 냉난방 운전을 할 때 필요한 에너지의 대부분(약 75%)을 지중을 통하여 흡수하고, 부수적으로 약 25%의 전기를 소비한다고 보면 된다.

4.2.2 배관

지열히트펌프 시스템 배관은 지중열교환기 설치 및 옥외 트렌치 배관과 기계실 배관공사로 구분하며, 옥외 배관공사에 사용되는 배관재료로는 지중에 매립되는 특성상 내부식성이 약한 금속재 배관재료보다는 절연성, 성형성, 내부식성, 내화학성이 유리한 플라스틱 계열의 고밀도 폴리에틸렌 파이프(HDPE Pipe ; High Density Poly Ethylene

기계실 배관

옥외 배관

배관용 동파이프

HDPE 파이프

- 지중열교환기 배관 : 수도용 HDPE관(고밀도 폴리에틸렌 파이프)
- 옥내인입 지열배관 : 수도용 HDPE관(고밀도 폴리에틸렌 파이프)
- 지열관이음 : HDPE관 이음쇠
- 기계실 배관 : 동관 또는 스테인리스 배관
- 기계실 배관이음 : 동관 또는 스테인리스 배관용 이음쇠

그림 4-6 지열히트펌프 냉난방 시스템 배관재료

Pipe)가 사용되며, 건물 기계실에 설치되는 배관재료로는 일반 공조설비 배관재료인 동관 및 스테인리스 배관이 사용된다.

4.2.3 순환펌프

지열히트펌프 시스템에 사용되는 순환펌프는 히트펌프 유닛 내부 냉매회로와 지중열교환기 내부를 순환시키는 열매체 순환펌프와 온수 및 냉수를 사용하는 경우 실내에 설치된 팬코일 유닛 등의 냉난방기와 히트펌프 유닛 사이에 설치되어 온냉수를 순환시키

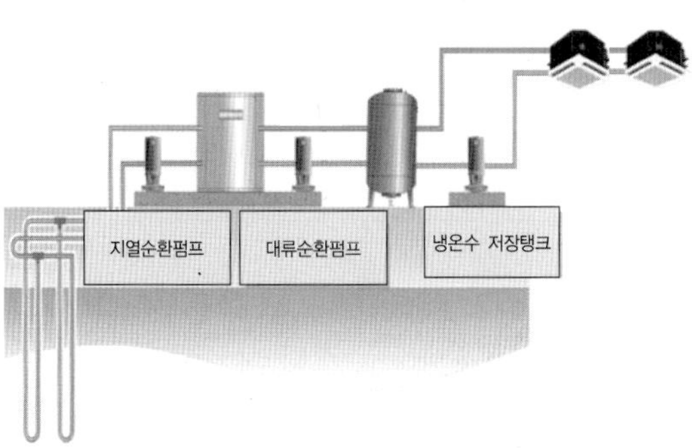

그림 4-7 지열히트펌프 순환펌프

는 순환펌프가 있으며, 원심펌프가 주로 사용된다.

4.2.4 지중열교환기

지중열을 이용하는 냉난방 시스템에서는 겨울철 땅속에서 열을 얻고, 여름에는 땅속으로 열을 배출하는 설비가 필요하다. 지중열교환기는 연중 일정한 지중의 열을 이용하는 방식과 지하수의 수온을 이용하는 방법이 있는데, 이용방식에 따라 수직형, 수평형, 스파이럴형, 개방형 등이 있으며 국내에서는 주로 수직형, 수평형, 개방형이 적용되고 있다.

수직형의 경우 땅속 약 150~200m까지 천공(지하수공)한 후 이 안에 U자형태의 열교환용 파이프를 설치하고 파이프 내부에 열매체(물+부동액)를 순환시켜 지중으로부터 열을 얻거나 방출하는 역할을 한다.

냉방운전모드에서 실내에서 흡수한 열을 지중열교환기를 통해 지중으로 방출하는 역할을 하고, 난방운전모드에서는 지중열교환기를 통해 지중에서 열을 흡수하여 실내로 공급하는 역할을 담당하는 주요 구성요소이다. 따라서 지중열교환기의 설계는 해당 지역의 지질이나 지하수의 상태 등 지하성상을 기본 데이터로 하여 설계가 이루어지며, 지열설계 시스템 설계교육을 이수한 전문가에 의해 전용 프로그램(GLD 등)에 의해 설계된다.

표 4-2 지중열교환기 분류 (출처 : 에너지관리공단 신재생센터)

구 분	수직형	수평형	개방형	
			단일관정형	이중관정형
구 조				
시공깊이	150~200m	1.8~2.5m	300~400m	100m
천공당 용량	3RT	면적에 비례	20~40RT	유량에 비례
설계인자	관정의 깊이 파이프 관경 그라우팅 재료 암반 종류 등	트렌치 깊이 파이프 관경 토양의 종류	천공 깊이 암반 종류 지하수의 양 등	지하수의 양

4.3 지열히트펌프 시스템 냉난방 운전 원리

4.3.1 표준 냉방 사이클

냉방기기의 표준 냉방 사이클은 냉매를 사용하는 증기 압축식 사이클로 이루어지며 압축기, 응축기, 팽창밸브, 증발기로 구성된다.

압축기에서 고온·고압으로 압축된 냉매가스(고온·고압기체, 90~100℃)는 응축기를 지나며 공급되는 수(또는 공기)열원으로 열을 전달시키고, 고압응축액(중온고압액체, 35~45℃)이 된다. 이 액의 냉매는 과냉각기를 통하여 과냉각된 후 액관을 따라 팽창밸브로 보내지고 전동팽창밸브를 지나며 팽창을 하여 저온·저압의 포화냉매(저온·저압 분무액, -10℃)로 되어 증발기로 유입되고 주위에서 열을 흡수하여 증발하게 되어 냉방을 수행한다. 이 증발된 저온·저압의 냉매가스는 어큐뮤레이터를 지나 냉매가스만 압축기로 유입되는데, 어큐뮤레이터는 비정상 운전 시 압축기로의 액냉매 유입을 차단하기 위하여 설치한 기체냉매와 액체냉매를 분리하는 기능을 한다.

압축기로 유입된 저온·저압의 냉매가스는 압축기에서 압축과정을 거쳐 고온·고압의 냉매가스로 되어 재순환하는 냉방 사이클을 구성한다.

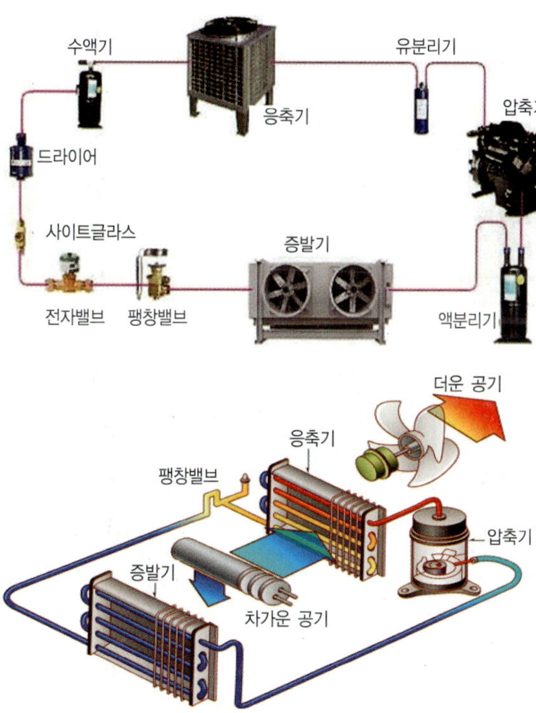

냉매가 압축기 → 응축기 → 팽창밸브→ 증발기를 거쳐 냉각(냉방)

- 압축기 : 저온저압의 냉매가스를 압축기의 압축운동에 의하여 고온고압의 기체 냉매가스 상태로 만듦. 압축기는 냉매를 순환시키는 힘이다.
- 응축기 : 압축기에서 나온 냉매가스를 열원(공기, 물, 지열)과 열교환시켜 냉매 액체상태로 상변화시킨다.(에어컨의 실외기)
- 팽창밸브 : 압력을 낮추는 역할. 증발기에서 증발을 쉽게 하려면 냉매 압력을 낮추어야 증발이 용이하므로 갑자기 좁아지는 팽창변화를 강제로 통과하는 액체냉매는 팽창밸브 출구에서 갑자기 넓어지는 관로를 만나면서 증발하기 용이하게 된다.
- 증발기 : 실내에 있는 증발기를 통해 증발하면서 기체상태로 상변화하면서 실내 더운 열을 흡수 실외기로 보낸다. 증발기에서 냉방(냉동)작용이 이루어진다.

그림 4-8 냉방(냉각) 사이클 구성요소

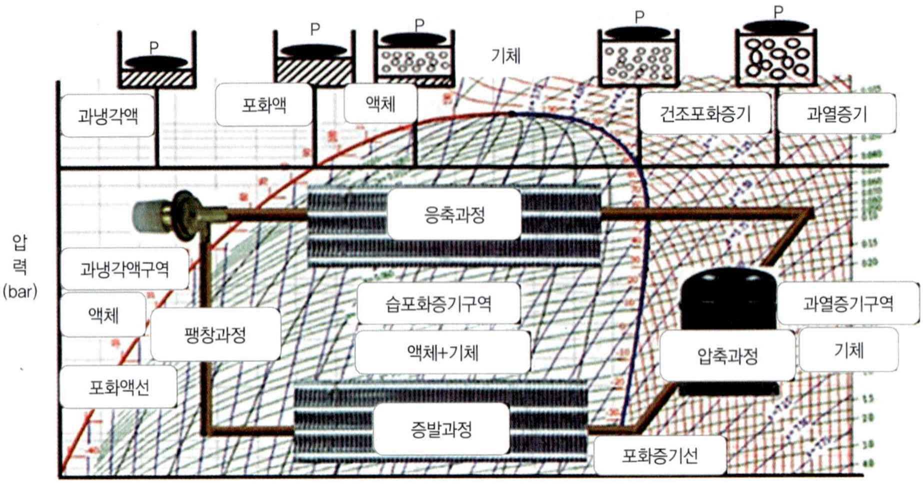

그림 4-9 냉방 사이클 및 냉매의 상태변화

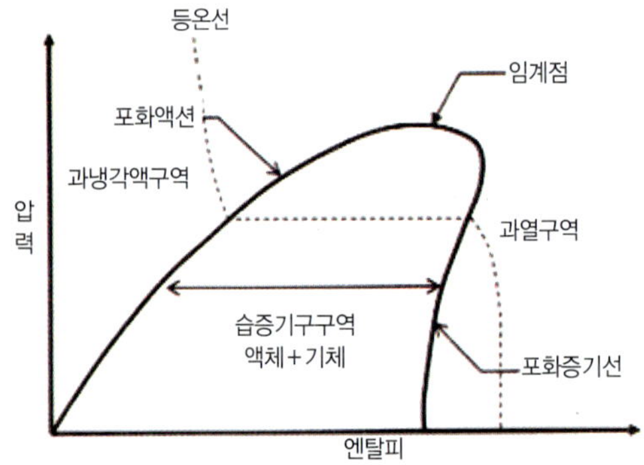

- 압축기 : 증발기로부터 저온저압의 냉매를 흡입 · 압축하여 고온고압(90~100℃)의 냉매증기로 만듦
- 응축기 : 압축된 고온고압의 냉매증기를 냉각시켜 고열원으로부터 열을 방출하고 냉매를 액체상태로 응축시킴(난방 시 사용)
- 팽창밸브 : 중온고압의 액체상태 냉매를 팽창시켜 저온저압의 기체와 액체가 혼합된 상태의 냉매를 만듦
- 증발기 : 저열원으로부터 흡수한 열을 이용하여 저온저압의 증기상태인 냉매를 증발시켜 저온저압의 냉매증기를 만듦(냉방 시 사용)

그림 4-10 냉동사이클–몰리에르선도

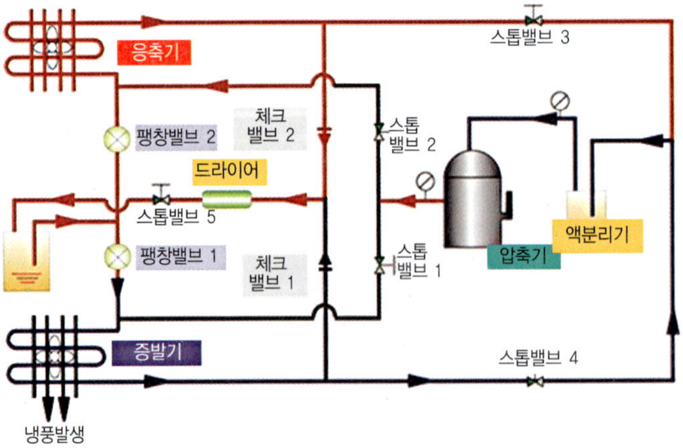

그림 4-11 히트펌프 냉동사이클 이해

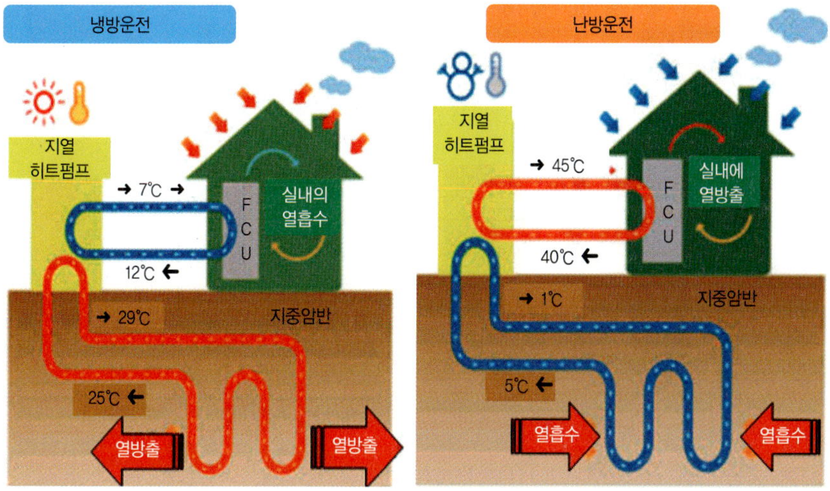

그림 4-12 지열히트펌프 냉난방 운전 원리 (출처 : 에너지관리공단)

4.3.2 지열히트펌프 냉방운전

냉방운전은 히트펌프 내부의 열교환기(응축기)를 지나는 뜨거운 기체냉매가 열매체수(물+부동액)로 열을 방출하여 액체로 상변화를 하고 응축과정 후 온도가 상승된 열매체수는 지중열교환기를 순환하면서 온도를 회복하며 구동된다. 이때 지중은 열을 방출하는 히트싱크(Heat Sink)의 역할을 수행한다.

냉방사이클은 압축기에서 발생된 고온 · 고압의 냉매가스가 4방 밸브를 경유하여 응축

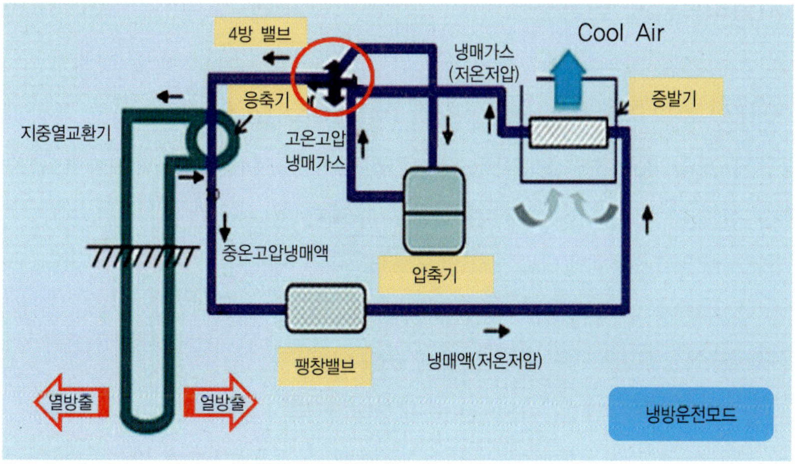

그림 4-13 지열히트펌프 시스템 냉방운전

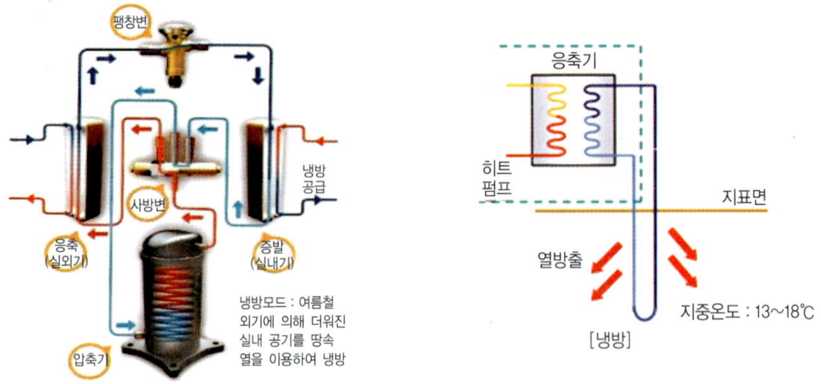

그림 4-14 지열히트펌프 시스템 냉방운전 원리

기로 전달되는데 이때 응축기에 부착된 열교환기에서 지중으로 올라온 지열에 2차적으로 열을 빼앗긴 후 팽창밸브를 통과하며 저온(보통 7℃ 이내), 저압으로 냉각된 후 증발기에서 더운 실내공기 또는 냉방순환수와 열교환되는데 이 냉열이 냉방에 이용된다.

증발기에서 실내공기 또는 냉방순환수에 열을 빼앗기고 다시 반기체상태로 변한 냉매는 압축기를 통해 고온 · 고압가스로 압축되는 사이클을 반복한다.

기존의 멀티 에어컨이나 시스템 에어컨은 냉방 사이클 중 응축기에서 고온의 열을 더운 외기 중으로 배출하여야 하므로 많은 에너지가 사용되어 에너지 효율이 낮은데(EER 5~6 이내) 비해, 지열을 이용한 냉방은 평균 15℃ 수준의 저온 지중으로 열을 배출하는 시스템이어서 에너지효율이 높고 냉방능력이 증대(EER 13.5 이상)된다.

4.3.3 지열히트펌프 난방운전

난방은 히트펌프 내부의 열교환기(증발기)를 지나는 차가운 액체 냉매가 부동액(지중열교환기 내의 순환유체)으로부터 열을 흡수하여 증기로 상변화를 하고 증발과정 후 온도가 하강된 부동액은 지중열교환기를 순환하면서 다시 온도를 회복하며 구동된다. 이때 지중은 히트소스(Heat Source)의 역할을 수행한다.

압축기(Compressor)에서 고온 · 고압으로 압축된 냉매는 가스(Super Gas)의 형태가 되어 4방 밸브를 통해 응축기로 전달되며 응축기에 부착된 열교환기에서 실내공기 또는 난방순환수와 열교환되어 이 열이 난방에 이용된다.

열교환에 의해 열을 빼앗긴 냉매는 액체상태가 되어 증발기(Evaporator)에 도달되면 증발기에 부착된 지중열교환기에서 지중으로부터 올라온 지열에 의해 기화된 후 압축기로 보내져 다시 고온 · 고압의 가스가 되는 사이클을 반복한다.

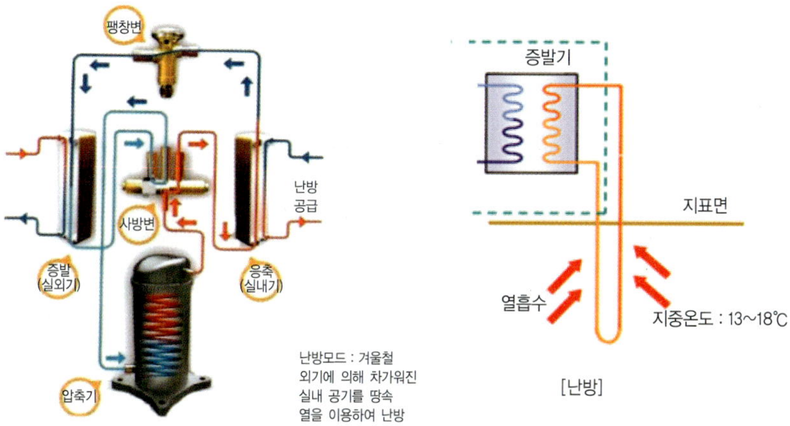

그림 4-15 지열히트펌프 시스템 난방운전 원리

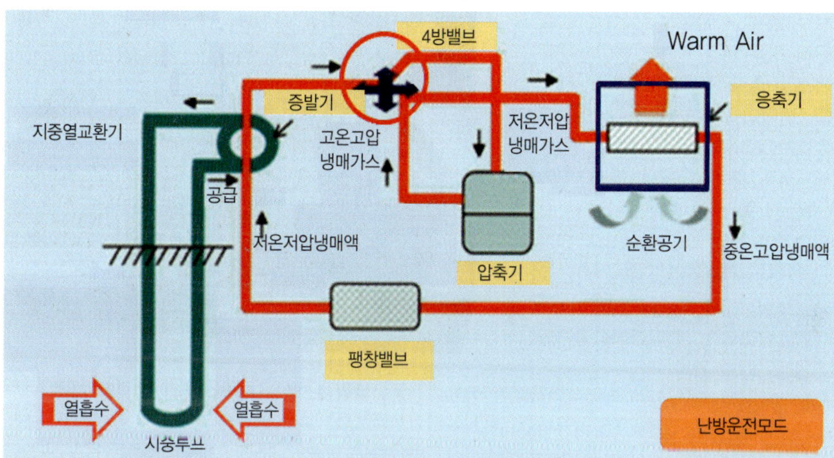

그림 4-16 지열히트펌프 시스템 난방운전

실외공기를 이용하는 기존의 멀티에어컨이나 시스템에어컨은 난방 사이클 중 증발기가 영하의 외부 공기로부터 열을 흡수하여야 하므로 많은 에너지가 소요되며(COP 1 이내) 혹한기 중에는 별도의 보조열원을 부착해야 난방공급이 가능한데 비해 지열시스템은 혹한기에도 13~16℃ 이상의 지중열이 공급되므로 3배에 가까운 에너지효율 COP 3.5 이상)이 가능하다.

4.4 지열히트펌프 냉난방 시스템 특징

지열히트펌프 시스템은 기존 냉난방 시스템(EHP, GHP) 등에 비하여 공유면적이 필요하고, 초기투자비가 높다는 단점이 있지만, 친환경적인 무공해 청정 에너지원인 지열을 사용함으로써 환경부하를 저감할 수 있고, 에너지 효율(COP)이 높으며, 옥외에 노출되는 기기가 없어 건물의 미관을 해치지 않고, 실외기 운전에 따른 소음을 줄이는 장점을 가지고 있다. 또한 시스템 운영에 법정 운영자가 불필요하며 운영의 탄력성을 기할 수 있어 에너지 절감 및 환경개선 측면에서 가장 주목받는 시스템이다.

지열 이용 냉난방 시스템의 특징

- 친환경적인 무공해 청정 에너지원의 사용으로 환경부하 저감
- 유지관리 비용 저감
- 온실가스 배출량 저감 : 가스 대비 50%
- 기존의 전기이용 냉난방방식 대비 약 50~60%의 에너지 절약 효과
- 냉각탑, 굴뚝 등 노출되는 장비가 없어 공간 효율성 증대 및 경량화
- 수명이 반영구적임, (ASHRAE에서 35년 및 EGSHPA(국제지열협회)에서 50년 이상 수명 보장
- 법정 운영자격자가 불필요하여 운영의 탄력성을 기할 수 있음

그림 4-17 지열히트펌프 냉난방 개념

5 지열히트펌프 시스템 분류

지열을 이용한 냉난방 시스템은 사용열원, 열전달매체의 순환방법 및 지중열교환기 시공방법, 열교환방법 등에 의해 다음과 같이 분류된다.

표 4-3 지열히트펌프 시스템 분류

구 분	종 류	특 징	비 고
열원이용에 따른 분류	지중열 이용 지열 시스템	지중의 열을 이용	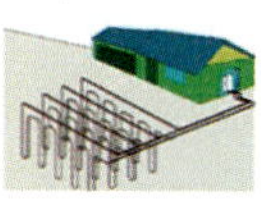 
	지하수 이용 지열 시스템	지하 300~400m의 지하수 이용	
	지표수 이용 지열 시스템	하천수, 지표수 이용	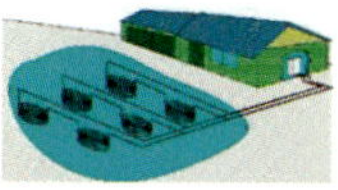
	하이브리드 지열 시스템	지열원+보조열원 이용 (냉각탑, 보일러, 심야전기-수축열)	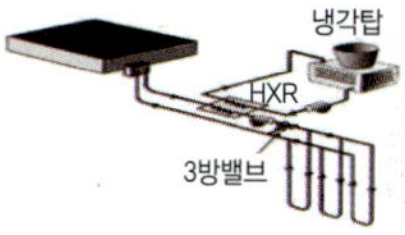
순환루프에 의한 분류	개방형 (단일관정형) (이중관정형)	지하수, 지표수 등 열전달 유체를 펌핑하여 열교환 후 재주입	 
	밀폐형	지중에 매설된 폐쇄형태의 열교환 회로에 열전달매체가 순환	
시공방법에 따른 분류	수직형	지중 150~200M 천공하여 수직으로 열교환 파이프를 매설	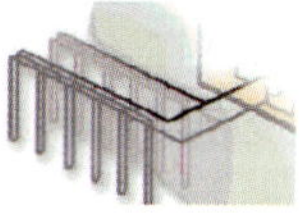
	수평형	지표면 아래 1.5~2.5M 깊이에 수평으로 열교환 파이프를 매설	
	슬링키형 (코일형)	지중 또는 하천 등지에 코일형 열교환 파이프 매설	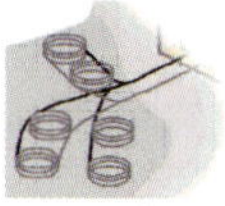
열교환 방식에 의한 분류	물-물 교환방식	지열원과 물을 열교환하여 냉난방에 이용	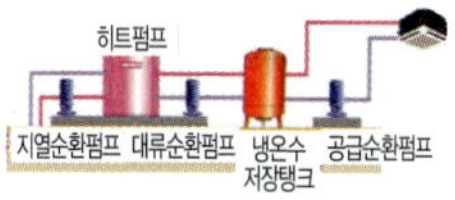
	물-공기(냉매) 교환방식	지열원과 공기, 냉매를 열교환하여 냉난방에 이용	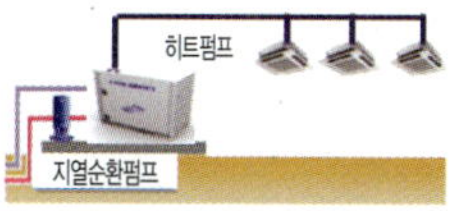

5.1 열원이용에 따른 분류

지열히프펌프 시스템은 열원의 종류에 따라 지중열 이용, 지하수 이용, 지표수 이용, 지열 시스템과 타 열원 및 보조열원을 이용하는 하이브리드 지열 시스템으로 구분된다. 지중열을 이용하는 방식은 PE파이프(폴리에틸렌 파이프)를 지중에 매설하여 지중의 열을 이용하는 지열히트펌프 시스템으로 일반적인 지열이용 방식이라 인식될 정도로 가장 많이 보편화되어 있으며 설계 및 시공 노하우가 풍부한 방식이다.

지하수를 이용하는 히트펌프방식은 오래 전부터 사용해 온 개방형 시스템으로서 최근에 중소형보다는 대용량에서 초기 설치비용과 효율면에서 유리하므로 적용 빈도가 높다.

지표수를 열원으로 이용하는 방식은 하천수, 우물물 같은 지표수에도 태양열과 지열이 저장되어 있으므로 열원으로의 이용이 가능하며 이를 이용하는 히트펌프 시스템이다.

하이브리드 지열히트펌프 시스템은 지열 열교환기의 설치 부지와 설치비용이 제약을 받는 건물에서 지열시스템과 냉각탑 및 보조열원과 같이 사용함으로써 지중열교환기의 길이 및 개수를 조정할 수 있는 방식이다.

5.1.1 지중열 이용 지열 시스템

지중열 이용 지열냉난방 시스템은 연중 일정한 지중의 열을 이용하는 방식으로 수직형과 수평형으로 구분된다. 수직형 지중열교환기는 토양 속에 수직으로 매설되며, 수평형 지중열교환기에 비해 지중열교환기 매설에 필요한 부지가 상대적으로 적다. 또한 지중열교환기를 냉난방 용량에 따라 다양한 깊이로 매설할 수 있으며, 배관 및 부동액 이송동력이 적게 소요되기 때문에 수직형 지중열교환기는 직경 100~150mm, 깊이 100~200m의 보어홀을 지면에서 천공한 후 U-Type 고밀도 폴리에틸렌 파이프를 삽입한다.

지면에 수평으로 매설되는 수평형 지열 냉난방 시스템의 시공비는 수직형에 비해 저렴하다. 하지만 설치공간의 제약이 많아 학교 또는 공공기관의 운동장이나 주차장 등과 같이 지중열교환기를 설치할 수 있는 부지가 충분한 경우 경제적이다. 반면 지중열교환기 파이프가 지면에서 0.5~1.8m의 깊이로 굴착한 트렌치(Trench)에 매설되기 때문에 매설 위치에서 지중온도 및 지중열 물성치 등이 계절 및 강우 등에 영향을 많이 받아 효율이 수직형 시스템에 비해 낮다.

슬링키형(Slinky Type)은 제작 및 시공이 간편한 슬링키형 지중열교환기 파이프를 이용한다. 슬링키형 지중열교환기의 설치 면적은 수평형 시스템 보다 상대적으로 적게 소요되는 반면 지중열교환기의 파이프 길이가 길어지는 단점이 있다.

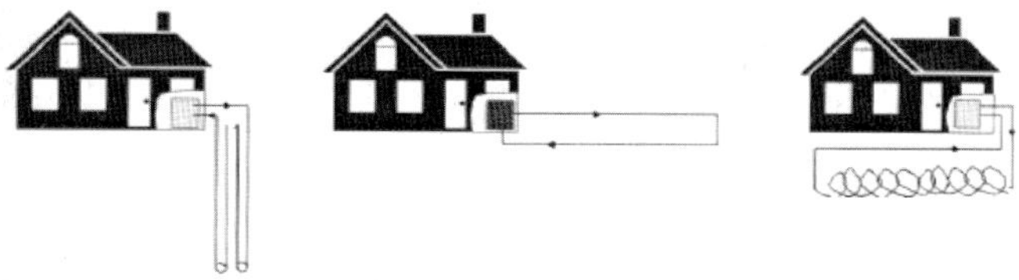

그림 4-18 지중열 이용 지열 시스템 (출처 : 에너지관리공단)

5.1.2 지하수 이용 지열 시스템

지하수 이용 지열 냉난방 시스템은 지열 냉난방 시스템 중 가장 오래 전부터 사용된 시스템 중 하나이다. 그러나 이 시스템은 외형적으로 단순해 보이지만 효율적이고 신뢰성 있는 시스템 구축을 위해 지하수정 설계, 지하수 유량 및 지하수 처리 등에 대한 심도 있는 검토가 필요하다. 지하수 이용 지열 냉난방 시스템은 양질의 지하수가 풍부할 때 이를 이용한 시스템이다. 지하수 이용 시스템은 효율이 우수하지만 물속의 슬러지나 오염물질로 인해 배관 및 열교환기에 스케일을 일으킬 수 있다. 이 스케일은 주기적인 세척에 의해 제거할 수 있으나, 유지보수 비용을 필요로 한다. 따라서 지하수의 수질과 수량이 우수하다고 판명되었을 때 이 시스템을 적용할 수 있다. 그러나 시스템 설계가 적절하지 못하거나 수원이 깊으면 펌프의 소비동력이 증가하여 운전효율이 하락한다.

① 단일관정형(단수정) 지열 냉난방 시스템은 단일 홀에 취수구와 입수구가 설치되어 있어 운전 중 유량변화가 적은 장점이 있지만, 열교환량을 확보하기 위해 보어홀 깊이를 깊게 해야 하는 단점이 있다.

② 이중관정형(복수정) 지열 냉난방 시스템은 취수구와 입수구를 별도로 설치한 시스템으로 열교환 효율이 단수정 시스템보다 우수하나, 입수구에서 지하수 유입에 특별한 기술을 필요로 한다.

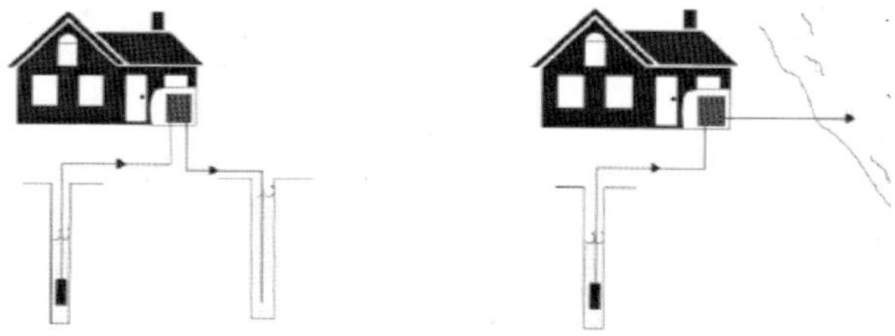

그림 4-19 지하수 이용 지열 시스템 (출처 : 에너지관리공단)

5.1.3 지표수 이용 지열 시스템

지표수 이용 지열 냉난방 시스템은 연못, 호수, 강 및 바다 등을 Heat Source 또는 Heat Sink로 이용하는 것이다. 지표수 이용 지열 냉난방 시스템은 크게 밀폐형과 개방형으로 나눌 수 있다.

① 밀폐형은 일반적으로 나선형의 수중 열교환기나 설치면적을 줄인 슬림짐(Slim Jim) 등을 물속에 넣어 순환유체를 통해 냉난방하는 시스템이다. 수중 열교환기나 슬림짐은 물속에서 부력에 의해 뜰 수 있기 때문에 설치에 주의를 기울여야 한다.

② 개방형은 호수나 강 등의 지표수를 직접 이용하는 방식이다. 개방형은 지하매설이 없으므로 설치비용이 저렴한 장점이 있는 반면, 수질이 나쁘거나 수원 규모가 작은 경우 열원의 온도변화가 심하여 이용에 많은 문제점이 발생될 소지가 있다.

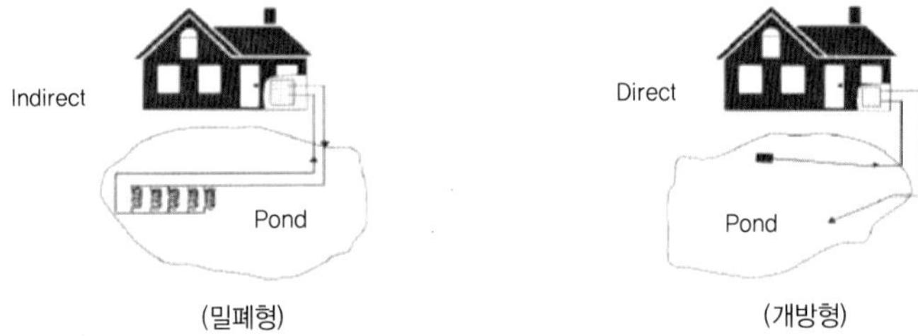

그림 4-20 지표수 이용 지열 시스템 (출처 : 에너지관리공단)

5.1.4 하이브리드 지열 시스템

일반적인 토양 이용 지열 냉난방 시스템은 지중열교환기 설치를 위한 부지와 설치비용면에서 제약을 받는다. 이러한 단점을 보완하기 위하여 하이브리드 지열 냉난방 시스템이

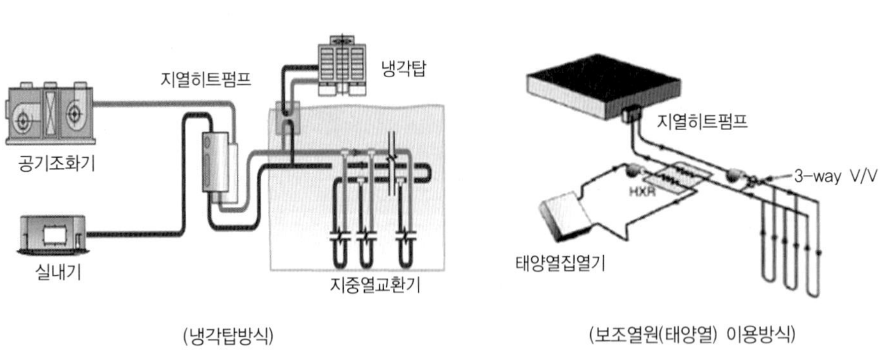

그림 4-21 하이브리드 지열 시스템 (출처 : 에너지관리공단)

도입되었다. 이 시스템은 피크부하 시 냉각탑이나 보조열원을 이용하기 때문에 지중열교환기의 길이 및 개수 등을 줄일 수 있다. 냉각탑 이용 시스템은 냉방부하가 지중열교환기가 감당하는 부하를 초과하면 냉각탑을 이용하여 초과된 부하를 감당하는 시스템이다. 보조열원 이용 시스템은 난방부하가 지중열교환기가 감당하는 부하를 초과하면 보조열원(일반적으로 보일러, 태양열 등을 이용)을 이용하여 초과된 부하를 감당하는 시스템이다.

5.2 순환루프에 의한 분류

지열히트펌프 시스템은 열전달매체의 순환방식에 따라 개방형(개회로방식)과 밀폐형(폐회로방식)으로 분류할 수 있다.

개방형은 지하수 또는 지표수를 직접 이용하는 방법과 같이 열전달 유체를 펌핑하여 열교환 후 다시 새로운 유체를 펌핑해오는 방법으로 펌핑에 비교적 많은 동력이 소비되며, 펌핑에 소비되는 동력이 전체 동력의 15% 이상이면 설계가 불량한 것으로 본다. 최근 개방형에는 단일관정을 이용하여 하나의 관정에서 물을 추출하여 열교환 후 이를 다시 동일한 관정에 주입하는 스탠딩컬럼웰(SCW ; Standing Column Well)방식의 보급이 증가하고 있다.

밀폐형 방식은 폐쇄된 PE파이프 회로 내에 열전달 매체가 순환하는 방식이다. 지중에 PE파이프가 매설되어 있어 열전달매체는 파이프를 순환하면서 지중으로 열을 흡수하거나 방출하는 방식으로 펌핑 동력이 크게 소비되지 않으며 펌핑동력은 대략 전체 소비동력의 5% 수준이다.

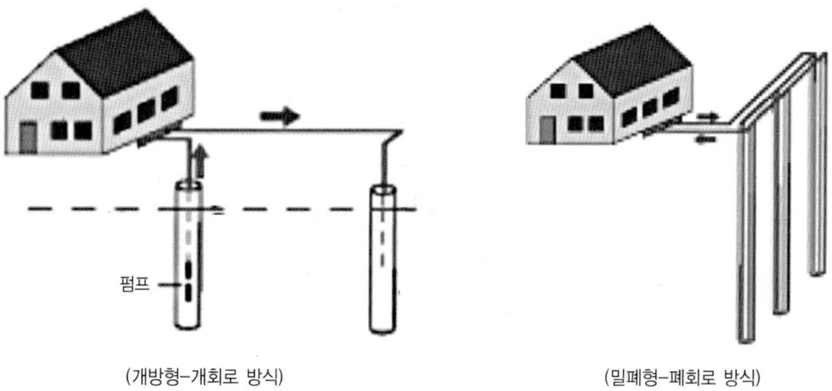

그림 4-22 지열히트펌프 시스템 순환루프에 의한 분류 (출처 : 에너지관리공단)

5.2.1 개방형 시스템

개방형 시스템은 히트펌프 유닛과 지중열교환기가 수중에 개방되어 있는 방식으로 지하수, 지표수를 이용하는 방법과 같이 열전달 유체를 펌핑하여 열교환 후 처리하고, 다시 새로운 유체를 펌핑해오는 시스템으로 수중펌프 동력이 비교적 많이 든다. 지하수 및 지표수를 열원으로 한 방식에 적용되며, 하나의 관정에서 지하수를 끌어올려 히트펌프와 열교환 후 다시 그 관정에 주입하는 단일관정형과 지하수(또는 지표수)를 열교환 후 다른 관정으로 주입하는 이중관정형 방식이 있다.

개방형은 지하수가 풍부한 지역에서의 적용이 유리하며, 지하수의 직접 이용으로 효율이 양호하며, 밀폐형에 비해 천공 숫자를 현저히 줄일 수 있다는 장점이 있어 지열 천공부지가 비교적 적은 도심지와 지열이 담당하는 부하용량이 큰 대형 건축물에 적용성이 우수하다.

그러나 지하수의 직접 이용에 따른 지하수질 오염에 대한 문제점과 대기에 개방되는 시스템으로 부식 및 스케일 발생으로 인한 효율 저하, 수중 이물질로 인한 펌프손상, 지하수 고갈에 따른 효율저하, 천공 후 공의 무너짐 현상이 발생하여 공이 막혀 사용을 못하는 경우가 발생하는 문제점 등이 풀어야 할 관건이며, 수중에 설치되는 심정펌프의 유지관리, 지하수법에 의한 수질 테스트 비용 등 유지관리 비용이 많이 든다. 최근 천공 후 무너지는 문제점을 보완하고자 지하수를 주입하는 부위에 가공된 자연석으로 충진

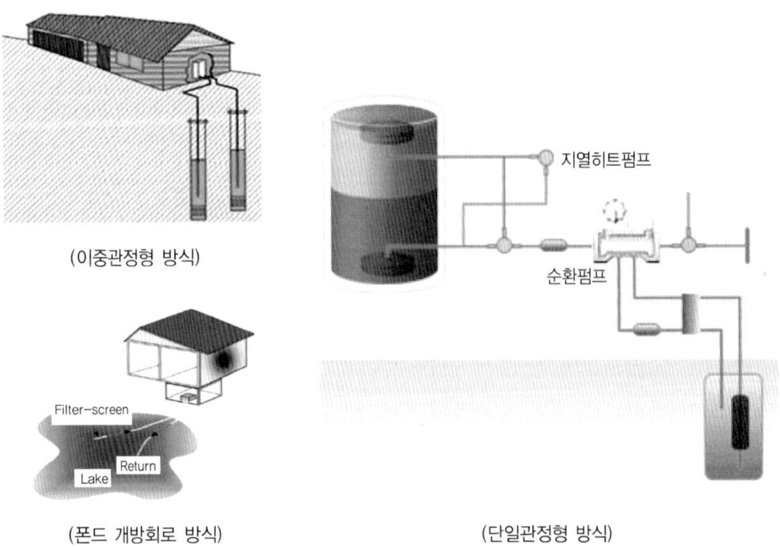

그림 4-23 개방형 지열 시스템 (출처 : 에너지관리공단)

하여열교환기의 전열열면적을 극대화시키고, 외력으로부터의 붕괴와 함몰의 위험성을 감소시킨 공법이 개방형 시스템에 적용되고 있다.

(1) 개방형 지열히트펌프 시스템(Standing Column Well : SCW)

지하수를 이용하는 지열히트펌프방식은 역사가 가장 오래된 지열 시스템이며, 효율이 가장 높은 개방회로방식으로 2개의 관정을 이용하여 하나의 관정에서 물을 퍼내고 열교환 후 다른 관정에 주입하는 복수정방식과 최근에 하나의 관정을 이용하는 우물관정형(SCW)방식으로 나눌 수 있다.

우물관정형 공법은 하나의 관정에서 열매체로 물을 순환하여 열교환 후 이를 다시 동일한 관정에 주입하는 방식으로서 암반절리가 발달된 지역에 유리하며, 주요 성능 인자로는 암반의 종류 및 상태, 지하수 조건 등이 있다.

현장에서 높은 성능이 검증됨과 동시에 연구 또한 병행하여 진행되고 있으며, 주요 연구는 오클라호마대학, 루이지애나대학 등이 진행하였다. 다른 지열 시스템과 비교하여 적은 관정의 개수와 안정적인 지하수 온도가 우물관정형 공법의 상업적 적용을 확대시키고 있다.

기본적으로 우물관정형 공법은 관정에 대한 시험없이 설계 및 성능에 대한 기대치가

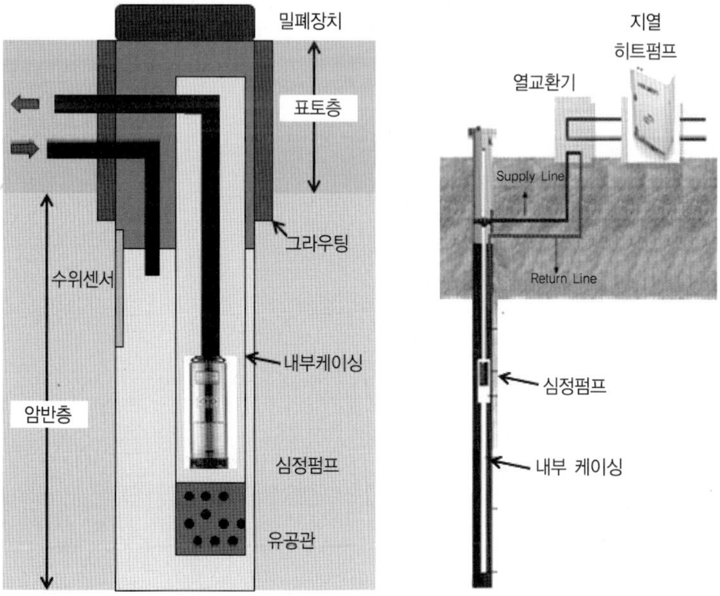

그림 4-24 우물관정형 지열히트펌프 시스템 (출처 : 에너지관리공단)

(심정천공 및 보호공설치)

(수중펌프 설치)

(옥외배관)

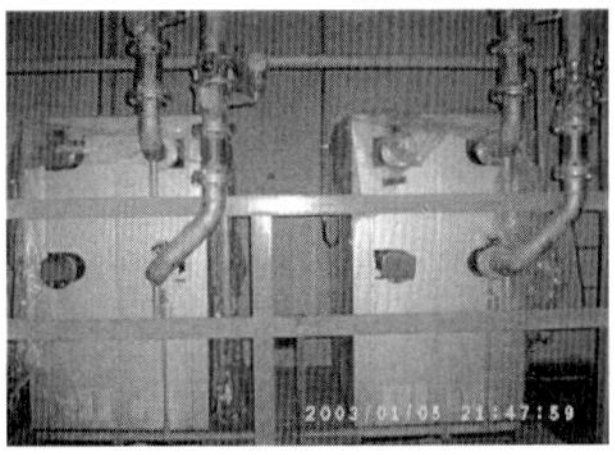
(히트펌프 주위배관)

(기계실 배관)

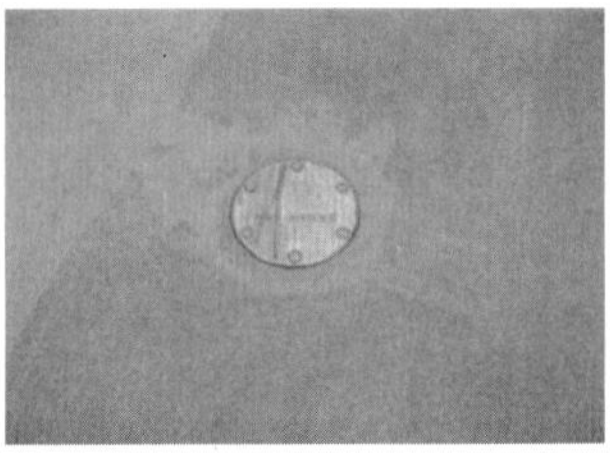
(관정 마감)

그림 4-25 우물관정형 시스템 시공

가능한 공법이다. 즉 300~400m 심도의 우물관정을 이용하면 약 35~40ton 용량을 일반적으로 사용할 수 있으며, 지하수의 흐름이 있는 암반에서는 시스템 성능이 더욱 좋아진다. 이러한 설계특성은 설계단계에서 특별한 조사 없이도 용량설계가 가능하게 만들어주고 이후 현장에서 관정을 통한 암반조사 및 유량 Test 등을 통해 설계를 보정하여 총 우물관정의 길이를 절감하게 된다.

우물관정형 시스템 특징

■ 우물관정형 시스템 장점

- 일반적인 폐회로 지열펌프로서는 수행할 수 없는 다량의 지하수를 이용할 수 있는 곳에서 적용 가능한 냉난방시설로서 유량을 임의로 조절할 수 있어 수량에 따라 냉난방의 규모를 조절할 수 있다.
- 지하수위가 높거나 기존 우물이 가용한 경우에 가장 경제적이다.
- 부동액을 사용하지 않아도 된다.

■ 우물관정형 시스템 단점

- 1개 지역에서 대용량의 지하수를 공급정과 주입정을 통해 순환시킬 때 여러 가지 원인으로 인해 공이 무너지거나 막히는 경우가 발생할 수 있다.
- 지하수가 다량의 이온과 광물질 함유하고 있을 경우, 특히 경도가 높은 지하수를 이용할 때 지열펌프의 열교환기 코일에 스케일이 발생할 수 있다.
- 철 및 칼슘의 함량이 높으면 장비부식의 원인이 되므로 사용할 수 없다.
- 지하수 채수비용이 높다. (펌프 소용동력)
- 보수비용이 높다. (스크린 청소비용 등)
- 지하수 고갈시 이용에 한계가 있으며, 지하수를 오염시킬 수 있다.
- 5년마다 지하수 수질검사를 받아야 한다. (검사비용 발생)

(2) 우물관정형 시스템 적용 시 유의사항

가. 관정 자립도 유지

우물관정형 공법의 가장 큰 문제로 인식되는 것은 관정의 붕괴이다. 관정의 붕괴는 관정 내에서 물의 순환(공급, 환수의 수직이동)을 가로막아 지중수의 열교환을 방해하고, 지중수 순환량에 영향을 주게 된다. 관정의 붕괴를 막기 위해서는 사전에 충분한 지반조사가 이루어져야 하며, 작업 시 구간에 따른 지반의 상태 파악 등 치밀한 시공관리가 이루어져야 한다.

우물관정형 공법에 부적합한 암반은 경도가 약한 암으로 퇴적암 등을 들 수 있으며, 석회암은 수용성이 있어 우물관정형 공법에 적용할 수 없다. 우리나라의 동해안 일부 지역은 암의 경도가 낮아 시공중이나 시공 후 관정이 붕괴할 가능성이 높으며, 일부 석회암질이 발달해 있는 지역 또한 우물관정형 공법 적용을 삼가야 한다. 공의 붕괴를 막기 위해서는 철저한 검증이 필요하며, 천공 시 발생하는 암의 형태를 통해 확인이 가능하고 천공 후 수중 카메라를 통해 붕괴 가능성을 차단한다. 일정한 구간에서 띠의 형태로 발생하는 연약층에 대해서는 케이싱으로 차단 후 시공하면 문제를 해결할 수 있다.

나. 관정 내 오염(지하수 오염)

관정 내의 오염은 불순물이 토양 내부에서 관정 내로 스며드는 것과 관정의 상부를 통해 유입되는 것으로 구분할 수 있다. 토양 내부에서 스며드는 것은 관정 외부를 그라우팅 및 암반층까지의 케이싱을 통하여 방지될 수 있으며, 관정의 상부를 통해 유입되는 불순물은 밀폐 보호정을 사용할 경우 외부에서의 불순물 유입을 완벽히 차단할 수 있다.

다. 지하수 고갈

열매체로 지하수를 사용하기 때문에 지하수의 고갈은 히트펌프를 작동하지 못하는 치명적인 문제가 발생된다. 하지만 골프장이나 대형 위탁시설 등 지하수 이용이 많은 지역을 제외하고 지하수는 고갈되지 않으며, 갈수기와 홍수기간에 지하수위의 차이가 7~10m로 적다. 특히 우물관정형 공법은 지하수를 순환시키는 공법으로 지하수 개발과 근본적인 차이가 있으며, 양수시험을 통해 안전수위를 평가하고 심정펌프를 여유심도에 위치시키면 지하수위 변화 문제를 해결할 수 있다. 그러나 자연수위가 40m 이하인 곳에서는 펌핑효율 등의 문제로 우물관정형 공법 적용에 주위가 필요하다.

라. 관정 하부 슬러지 적층

지하수의 순환으로 암반층의 슬러지가 관정 하부에 적층되면 유공관의 흡수면적이 좁아져 시스템 성능이 저하될 수 있다. 현재 우물관정형 공법으로 시공한 후 5년 이상 운전한 사이트 중 하단부 슬러지 때문에 문제가 발생한 사례는 없지만, 가능성을 완전히 배제할 수 없기 때문에 안전율을 고려한 유공관 설계, 설치가 필요하다.

5.3 시공방식에 의한 분류

지중열을 이용하는 지열히프펌프 시스템에서는 시공방법에 따라 수평형과 수직형이 있다. 수평형과 수직형 방식의 결정은 설치 가능 면적과 토양에 따라 효율적이고 경제적인 방법을 선정한다.

5.3.1 수평형

수평형은 지표면 아래 1.5~1.8m의 깊이로 트렌치를 만들어 PE파이프를 매설하는 방식이다. 냉난방 부하에 따라 지중루프의 설치공간이 제한 없는 곳에 설치하며 동결선 아래에 열교환기를 설치하는 것을 추천하고 있는데, 국내에서 가장 추운 강원도지역에서 동결심도는 약 60cm 정도이다. 천공을 하지 않고 그라우팅 과정도 없이 트렌치를 만든 후 관부설 후 되메우기하는 방식이므로 시공이 용이하고 설치비용이 저렴하다.

그러나 수직형에 비해 설치면적이 많이 필요하며 지중에 설치되는 PE관의 양도 수직형에 비해 약 50% 정도 더 많다. 1RT당 소요되는 지열용 파이프는 150~180m 정도이며 열적성능이 수직형보다 적으며 국내 시공 경험 또한 적다.

(수평형-밀폐형)

(수직형-밀폐형)

그림 4-26 시공방식에 의한 분류 (출처 : 오른에너지)

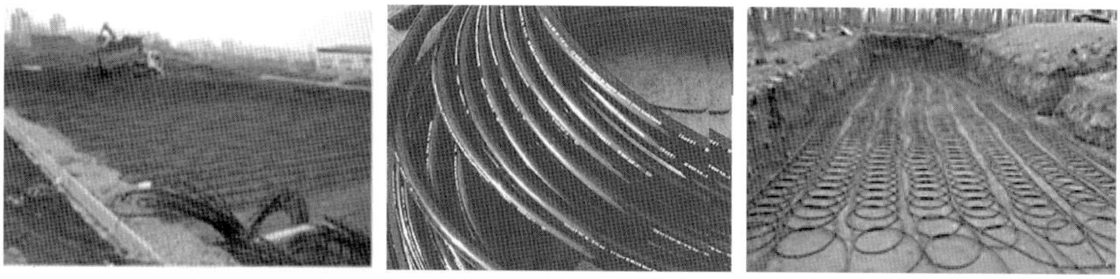

(스트레이트 방식) (지중열교환용 PE 파이프) (슬링키 방식)

(코일 방식) (Pond용 열교환기-PE관) (Pond 이용 지열 시스템)

그림 4-27 수평형 지열히트펌프 시스템 지중루프 (출처 : 오른에너지)

설치방법에 따라 수평형의 일종으로 슬링키방식과 스파이럴방식, 호수 및 저수지 등에 동관이나 PE관을 설치하여 열전달매체를 순환시켜 이용하는 폐회로방식의 Pond Loop식 있는데 설치면적과 경제성 등을 고려해야 한다.

5.3.2 수직형(수직밀폐형)

수직형(수직밀폐형) 지열히트펌프 시스템은 열에너지원으로 지하수가 부존되어 있지 않은 지역에서 지하수 대신 지중에 저장되어 있는 천부지열을 이용하는 시스템이다. 이 시스템은 에너지를 보유하고 있는 지중에 주로 PE파이프로 이루어진 폐회로를 매설하고 이들 폐회로에서 물 또는 부동액이 혼합된 순환수를 순환하여 순환수가 지중에 열을 흡열 · 방열한다. 지중 약 150~200m의 지중열을 냉난방에 이용하는 방식이므로 수직천공 후 천공홀에 지중열교환용 PE파이프를 삽입하고, 그라우팅하는 방법으로 시공되며, 냉난방부하가 크고

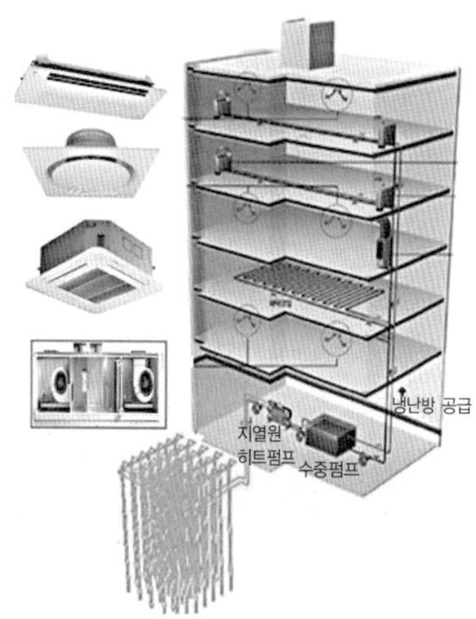

그림 4-28 수직밀폐형 지열시스템
(그림출처 : 스마트에너지)

지열 설치공간이 제한된 곳에 적합하여, 지열이용방식에서 가장 일반적인 형태이다. 지질에 따라 다르지만 국내 지질기준으로 지중 50~60m를 굴착하면 1RT의 에너지를 얻을 수 있다.

보어홀은 보통 10~15cm의 직경으로, 수직으로 굴착한 후 여기에 폴리에틸렌 U-관을 매설하고 U-관 주위를 그라우트 채움(Grouting)하여 주위 토양과의 열적 접촉을 양호하게 할 뿐만 아니라 일체의 지하오염 등 공해가 발생하지 않도록 하는 거의 반영구적인 지중시설이다.

매설된 U-관 내부로 보어홀 유체(부동액)를 순환시켜 지중 토양과 열교환하게 한다. 단일 U-관을 매설하는 2관식(Single U-tube Type)이 많으나 2중 U-관을 매설하는 4관식(Double U-tube Type)도 있으며, 이 외에도 6관식(Triple U-tube Type) 등도 있다.

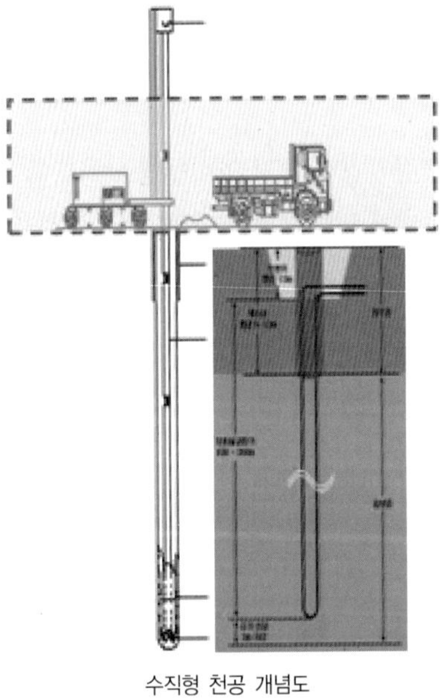

수직형 천공 개념도

(보어홀 천공작업)

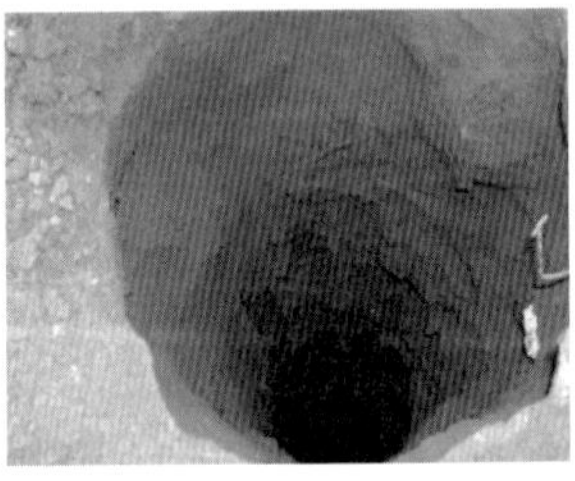

(천공 홀)

지중열교환기용 PE관(하부U자 형태)

지중열교환기 삽입

그림 4-29 수직밀폐형 지열시스템 천공 및 지중열교환기 설치

수직형(수직밀폐형) 시스템 특징

■ 수직밀폐형 지열시스템 장점
- 폐회로 내에서 순환하는 순환수는 누수 우려가 거의 없다.
- 순환수의 수질악화에 영향이 없다.
- 스케일 및 부식과 같은 문제를 최소화시킬 수 있다.
- 개회로형에 비해 지열 순환수의 순환동력이 적게 소비된다.(개회로 대비 약 50%)
- 순환수 펌프는 기계실에 설치할 수 있어 보수가 용이하다.
- 순환수 펌프의 용량이 적어 펌프 유지비가 저렴하다.
- 지하수 개발 이용 허가 등과 관련한 법적 규제가 적다.
- 지하수의 부존과 수질문제의 유무에 무관하게 설치가 가능하다.
- 지열의 가장 일반적인 형태이므로 시공 노하우가 풍부하다.
- 열적 성능이 수직형보다 우수하다.

■ 수직밀폐형 지열시스템 단점
- 지중의 조건(연암, 경암 지역)에 따라 천공비용이 과다하게 소요된다.
- 폐회로 내 순환수의 온도가 동결온도 이하로 내려가면 히트펌프의 성능이 떨어진다.
- 수직밀폐형 지중열교환기는 보수가 어렵다.
- 폐회로 내 기포가 발생하면 순환수의 순환이 어렵다.

그림 4-30 수직밀폐형 지열시스템 (출처 : 신성엔지니어링)

5.4 열교환방식에 의한 분류

지열히트펌프의 대부분은 지중에 설치된 PE파이프 회로 안에 순환하는 유체가 지중 또는 지하수로부터 열을 흡수하거나 방출하는 방식이 대부분이다. 물을 열원으로 이용하는 지열히트펌프는 물-물교환방식 히트펌프 시스템, 물-냉매교환방식 히트펌프 시스템, 물-공기교환방식 히트펌프 시스템이 있다. 물-물교환방식은 히트펌프에서 지중열과

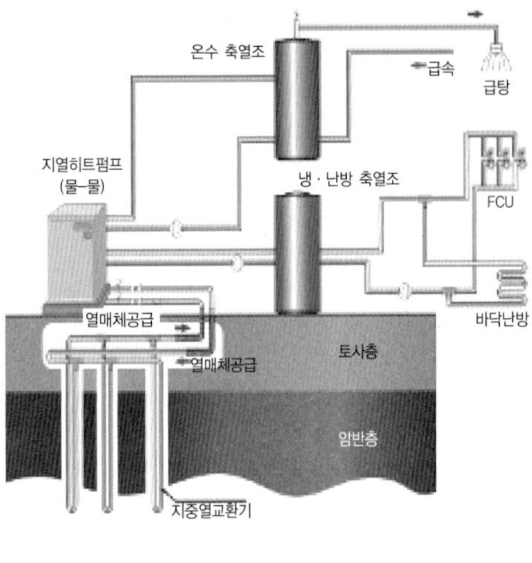

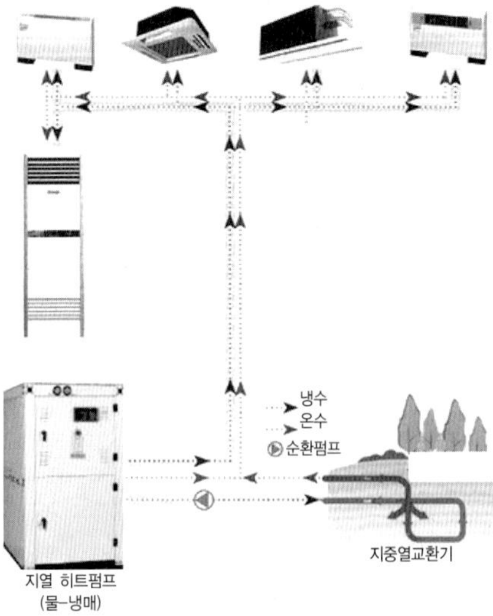

그림 4-31 열교환방식에 의한 지열이용 시스템 분류 (출처 : 귀뚜라미)

열교환 후 발생된 냉수와 온수를 순환펌프에 의해 2차 측에 열원을 이송시켜 냉난방을 하는 방식으로 주로 대용량의 지열시스템에 적용하며, 물-냉매교환방식은 히트펌프 2차 측에 냉매배관을 실내측으로 연장하여 실내부하 및 용도에 맞도록 다양한 실내기를 선택하여 냉난방하는 멀티에어컨 시스템과 결합한 방식이다. 물-공기교환방식은 지열히트펌프 유닛에서 지중열과 공기를 직접 열교환하여 나온 공기를 이용하여 해당 실내에 직접 냉난방하거나 덕트를 이용하여 필요한 곳으로 공기를 보내는 방식이며 주로 10RT 이하의 소형 대상물에 이용된다. 국내에서 주로 물-물교환방식과 물-냉매교환방식이 가장 많이 적용되고 있다.

5.4.1 물-물교환방식 지열히트펌프 시스템

물-물교환방식 지열히트펌프 시스템은 히트펌프의 열원으로 지중열을 이용하고, 건물의 냉난방 열반송 매체로 물을 이용하여 건물을 냉난방하는 방식이다.

물-물방식은 물을 생산하여 냉난방하기 때문에 기계실에 대용량의 물저장 탱크와 실내 부하측에 열을 공급하는 반송장치가 필요하며 이를 설치하기 위한 기계실의 면적 확보와 펌프 등 기기들을 가동하기 위한 운전비가 별도로 필요하다. 또한 실외 개별 운전에 따른 개별 제어가 용이하지 않은 문제가 있을 수 있다. 히트펌프에서 생산되는 물온도는 난방시 기준으로 45℃~50℃의 물을 생산할 수 있으므로 건축물 내에 다량의 물을

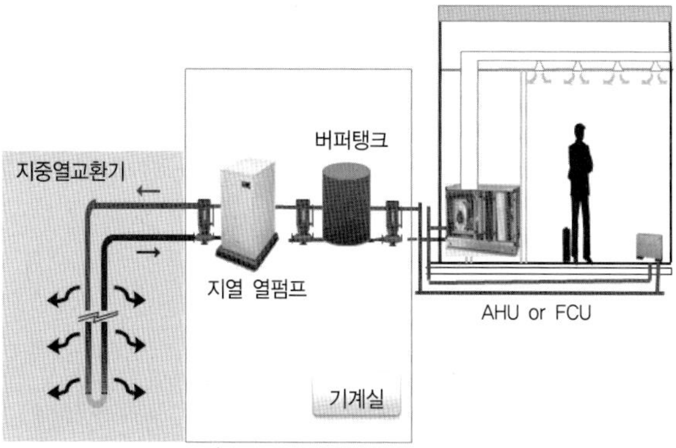

그림 4-32 물-물교환방식 지열히트펌프 시스템

저장할 필요가 있고, 이를 위해 기계실 내에 물을 저장해야 하는 저장탱크 용량이 커져 기계실 면적이 많이 필요할 수 있다. 또한 수배관 설치를 위한 비용 등이 많이 발생할 수 있다.

물 - 물교환방식 특징

■ 물-물교환방식 장점
- 지열이용 시스템의 일반적 방식으로 설계 및 시공 노하우 풍부
- 대용량 설비에 적합

■ 물-물교환방식 단점
- 2차측 장비(FCU 및 AHU 등) 및 수배관이 필요
- 장비가 복잡함
- 기계실 면적 증가
- 공사비 증가

5.4.2 물 냉매교환방식 지열히트펌프 시스템

물-냉매방식 시스템은 히트펌프의 열원으로 지중열을 이용하고 히트펌프에서 만들어진 열은 냉매배관을 이용하여 실내로 보내져 실내를 냉난방하는 시스템이다. 하나의 실외기에 여러 타입의 실내기를 연결하여 실내의 이용 특성에 따라 실별로 또는 같은 실내에서도 각각의 실내기를 개별적으로 제어가 가능하며, 실내기의 개별 부하에 따라 실외기의 용량을 가변제어할 수 있을 뿐만 아니라 실내의 부하에 따라 실외기의 인버터 압축기에 의한 부분부하 운전이 가능함으로써 운전에너지를 절약할 수 있는 장점이 있다.

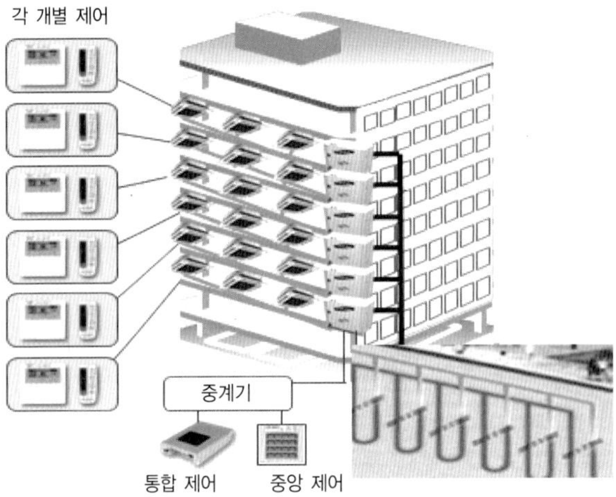

그림 4-33 물 - 냉매교환방식 지열히트펌프 시스템 (출처 : 삼성전자)

물 - 냉매교환방식 특징

■ 물 - 냉매교환방식의 장점
- 개별 제어가 가능하다.
- 장비가 간단하여 유지관리가 양호하다.
- 버퍼탱크 및 순환펌프 등이 필요 없어 기계실 소요면적이 적다.
- 2차측이 수배관이 아닌 냉매배관이므로 동파 우려가 없다.
- 설계 디자인의 유연성을 기대할 수 있다.
- 시공이 간편하다.
- 공사비가 물-물방식보다 적다.

■ 물 - 냉매교환방식의 단점
- 냉매의 정교한 유량조정이 필요하다.
- 대공간 및 부하가 큰 장소에 적용은 곤란하다.

5.4.3 물-물교환방식과 물-냉매교환방식 비교

물-물교환방식의 지열히트펌프 시스템은 건물의 냉난방용 반송매체로 물을 사용한다. 지열히트펌프를 운전하여 물을 가열 또는 냉각하고 이를 탱크에 보관했다가 FCU 등 실내기로 보내어 냉난방 운전을 한다. 물-물교환방식 히트펌프 시스템은 전체 건물의 냉난방 및 급탕에 필요한 냉수 혹은 온수를 만들어 탱크에 보관해야 하며 상대적으로 큰 용량의 히트펌프를 적용해야 한다.

물-냉매교환방식의 히트펌프 시스템은 축열탱크가 불필요하고 히트펌프로부터 직접 실내를 냉난방할 수 있다. 또한 실내에 설치된 다양한 실내기의 냉매 제어 밸브의 선형 제어를 통해 최적의 개별 운전을 할 수 있다.

물-물교환방식의 지열히트펌프 시스템은 지중열교환기, 지열순환펌프, 물-물 히트펌프, 온수순환펌프, 축열조, 버퍼탱크, 실내기 등으로 구성되어 있다. 물-물방식은 실내측으로 열을 이송할 때 반드시 펌프를 이용해야 하므로 이에 따른 반송동력이 필요하기 때문에 추가적인 운전비가 필요하다. 반면 물-냉매방식은 실내측으로 열원을 이송할 때 냉매의 압축과 팽창에 따라 직접 전달됨으로써 실내측으로 열운송에 필요한 반송동력이 필요 없게 되어 운전비를 절약할 수 있다.

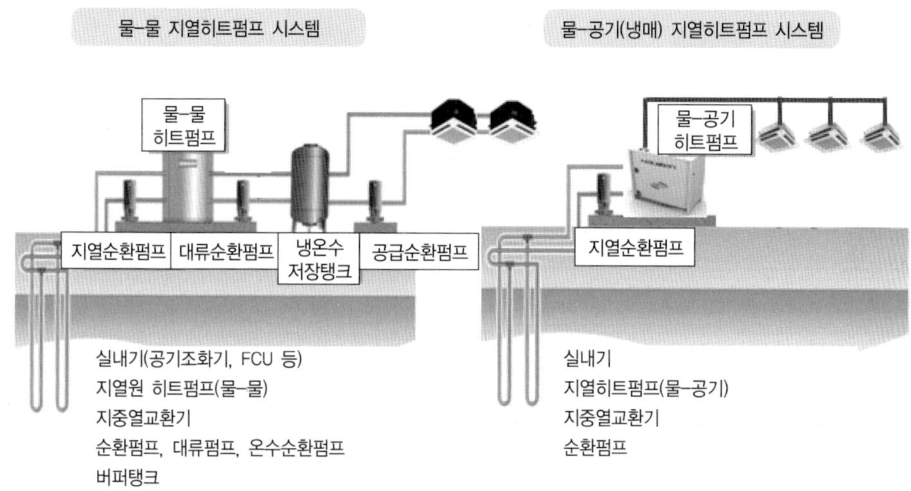

	물-물교환방식	물-냉매교환방식
기 계 실	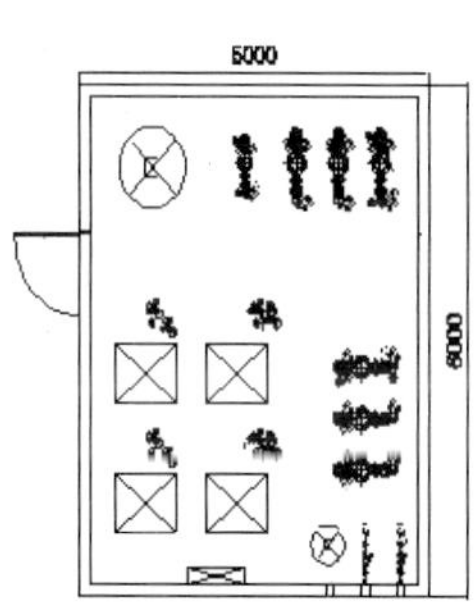	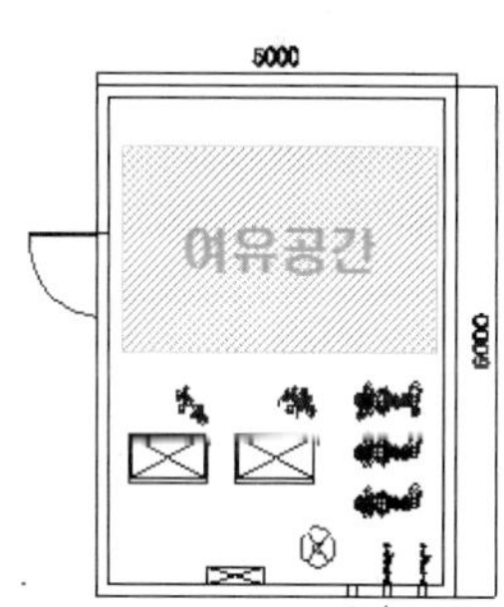
주요장비	지열히트펌프(물-물) 버퍼탱크 1, 2, 3차측 순환펌프	지열히트펌프(물-냉매) 1측 순환펌프
2차측 장비	공기조화기 또는 FCU 등	시스템 냉난방기
운전특성	• 부분부하 효율이 낮아 실제 운전시 비용 상승 • 열교환 횟수가 많아 시스템 전체 효율의 저하 (냉매→물→공기 순의 간접 열교환방식)	• 고효율 부분부하 운전이 가능하여 에너지 절감에 탁월 • 열교환 횟수의 최소화로 시스템 전체 효율이 우수 • 각 실별, 존별 개별 제어 가능

그림 4-34 물-물교환방식과 물-냉매교환방식의 지열히트펌프 시스템 비교 (출처 : 삼성전자)

6 열원방식별 냉난방 시스템 비교

표 4-4 열원방식별 냉난방 시스템 비교

구 분	흡수식 냉온수기+공기조화기 시스템(중앙방식)	공기열원 히트펌프 멀티형 냉난방 시스템(EHP)(개별방식)	지열원 히트펌프 멀티형 냉난방 시스템(물-냉매)(개별방식)
시스템 개 요	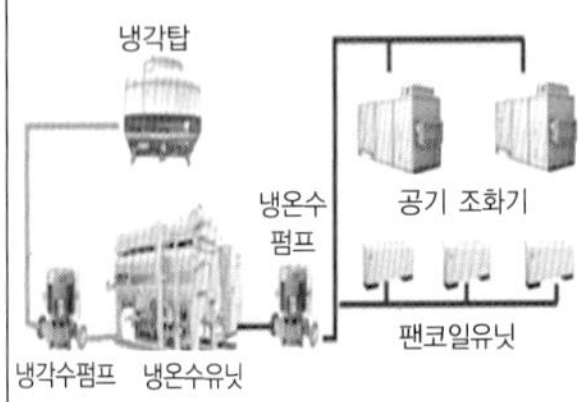	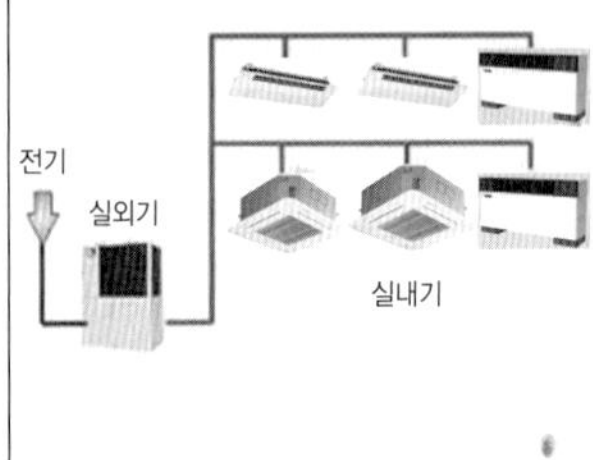	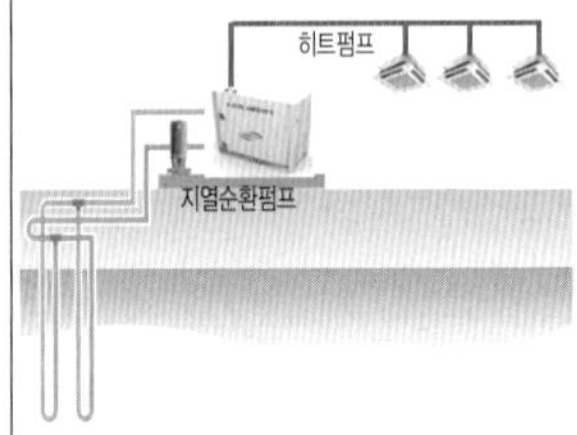
장 점	• 운전비 저렴 • 중앙제어 가능 • 가습 가능 • 외기도입 가능 • 실 청정도 우수 • 대규모 냉난방 공조시스템에 적합	• 시스템 간단 • 운전 및 유지관리 용이 • 개별 및 중앙제어 가능 • 기계실 공조실 면적이 불필요 • 법정 운전인력 불필요 • 냉매방식이므로 동파, 누수로 인한 피해 없음 • 층고 감소 및 PD, AD면적 축소→건축비 감소	• 시스템 간단 • 외기온도 조건에 영향을 받지 않음 • 친환경 냉난방 시스템 • 운전 및 유지관리 용이 • 개별 및 중앙제어 가능 • 운전효율이 높음 • 법정 운전인력 불필요 • 시스템 수명이 길다 • 냉매방식이므로 동파, 누수로 인한 피해 없음 • 층고 감소 및 PD, AD면적 축소→건축비 감소 • 온실가스배출량이 적음
단 점	• 기계실, 공조실 면적이 크다 • 법정 운전자격자 필요 • 자동제어 등 시스템이 복잡 • 덕트, 배관 설치 면적이 큼→층고 증가→건축비 증가 • 시스템이 복잡하여 유지 관리 불편 • 개별 제어가 어려움 • 온실가스 배출량 많음	• 혹한온도 대응력 저하 • 가습 불가(별도 가습장치 필요) • 외기 도입 불가 • 실 청정도 저하 • 별도의 환기 및 외기도입 장치 필요 • 대용량인 경우 수전설비 필요 • 실외기 설치 위치 제한 • 전기사용량 많음 • 한전의 전력수요관리대상 • 온실가스 배출량 많음	• 초기투자비가 크다 • 시공기간이 길다 • 기계실 면적 필요 • 가습 불가 • 외기도입 불가 • 실 청정도 저하 • 별도의 가습 및 외기도입 장치 필요

7 지중열교환기 보어홀 그라우팅

7.1 개 요

그라우팅(Grouting)이란 적절한 열전도도를 가지며, 동시에 투수도가 작은 그라우팅 재료로 보어홀(Bore Hole, 시추공)과 지중열교환기 파이프 사이의 빈 공간을 채우는 일련의 시공과정을 말한다.

지중열교환기를 설치하기 위해서는 우선 지중열교환기를 설치하고자 하는 지역의 지중 특성에 따라 적절한 시추기계를 선정하여 지표면에서 깊이 방향으로 보어홀을 시추한 후, 관 끝을 U자관 형상으로 제작된 PE파이프 재질의 지중열교환기를 보어홀 안으로 삽입한다. 마지막으로 보어홀과 지중열교환기 파이프 사이의 빈 공간을 그라우트로 완전히 채워 지중열교환기를 완성한다. 지중열교환기 설치 후 천공된 보어홀과 지중열교환기 사이의 공간을 채우는 그라우팅의 주된 목적은 토양 또는 암석으로 구성된 보어홀 주변의 지중과 지중열교환기 파이프 내를 순환하는 작동유체(물 또는 부동액) 사이에 열전달이 원활하게 일어나도록 하는 데 있다. 만약 그라우트로 보어홀 내를 완전히 채우지 않거나 열전도계수가 작은 재료로 보어홀 내를 채우게 되면 지중열교환기의 열전달 능력은 감소하게 되며, 이는 전체 시스템의 성능 감소로 이어진다.

그림 4-35 수직밀폐형 그라우팅

7.2 그라우팅 목적

그라우팅은 지표 또는 지표면 바로 아랫 부분의 토양 등에 존재할 수 있는 오염물질 또는 오염된 물 등이 지중열교환기 파이프를 따라 지하로 침투하여 상수원을 오염시키는 것을 방지하고, 지하 대수층의 지하수가 유동하여 각각의 대수층 지하수 고유성분이 변하는 것을 방지한다. 또한 지중열교환기를 따라 지하수가 지상으로 방출되는 것을 방지하고, 지중열교환기 순환유체와 지중 사이의 원활한 열전달을 촉진시키기 위해 꼭 필요한 시공 과정이다. 따라서 그라우팅 시공 시 환경보호와 지하수 오염 방지 측면에서 보어홀 내를 그라우팅 재료로 완전히 채워야 한다.

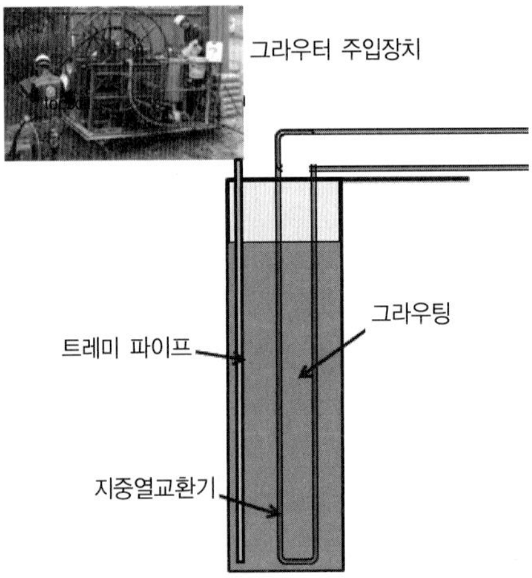

• 그라우팅은 원활한 열전달, 지하수 오염방지 및 보어홀의 붕괴방지를 위해 시공
• 지중열교환기 보어홀 바닥까지 그라우트 주입용 파이프 삽입
• 바닥부터 주입하며 파이프를 적정속도로 감아올림
• 1차 그라우팅 완료 후 1일 경과한 후 침하가 발생하였을 경우 2차 그라우팅을 실시

그림 4-36 그라우팅 시공방법 (출처 : 에프티 이앤이)

7.3 그라우팅 재료

지중열교환기의 성능이 지열 열펌프 시스템의 전체 성능에 직결될 정도로 시스템에서 지중열교환기가 차지하는 비중은 매우 크다. 이와 같은 기계적 관점뿐만 아니라 경제적 관점에서도 지중열교환기는 매우 중요하다.

이는 전체 공사비에서 지중열교환기의 시공비용이 가장 큰 비율을 차지하는 것에서 확인된다. 결국, 최적의 지중열교환기는 최적의 그라우팅 재료를 선정하고 이를 이용하여 지중열교환기를 시공하는 것으로부터 나온다.

적절한 그라우팅 재료(또는 그라우트) 선정은 보어홀 직경, 보어홀이 관통하고 있는 지층의 구조, 지하수의 위치, 그리고 자유면 대수층 상단부 토양의 수분함유량 등에 영향을 받는다. 또한 최적의 그라우트를 선정하는 것은 그라우트를 혼합한 후 보어홀 안으로 주입하는 데 사용되는 장비와도 밀접한 관련이 있다. 그라우팅 재료로 벤토나이트 및 벤토나이트와 첨가제 혼합물, 시멘트 및 시멘트와 첨가제 혼합물, 콘크리트, 모래, 그리고 점토와 모래 혼합물 등과 같은 다양한 종류의 물질을 고려할 수 있다. 보어홀을 시추하는 과정에서 발생하는 토양 또는 암석 파쇄물과 시추용 벤토나이트 슬러리 등이 그라우팅 재료로서 적절치 못하다. 또한 그라우트 재료에 대한 연구결과는 벤토나이트계열과 시멘트계열 그라우트가 기술적 측면이나 지중 환경보호 및 지하수 보호 측면에서 타 그라우팅 재료보다 우수하다는 것을 나타내고 있다.

표 4-5 그라우트 재료 비교

종 류	장 점	단 점
시멘트류	• 즉시 이용 가능 • 적당한 투과성 • 혼합과 이송이 유리	• 수화열에 의한 지중열교환 파이프 손상 우려 • 지중열교환 파이프에 밀착되지 않을 수 있음 • 양생시간 필요 • 밀도가 높고 수축 가능성
벤토나이트류	• 수화작용에 의한 발열 작용이 없음 • 공정시간이 짧음 • 적당한 투관성 • 낮은 밀도	• 혼합이나 이송이 곤란 • 지층에 수분이 적을 경우 수축 또는 균열의 발생 소지가 있음 • 염분이나 유기산에 영향을 받음

시멘트계열 그라우트는 시간이 경과할수록 처음 자신이 갖고 있던 양호한 물리적 성질과 열교환기 파이프 재료인 플라스틱에 대한 접착력이 다소 감소하는 단점을 갖고 있다. 그라우트의 접착력이 감소하면 그라우트와 파이프의 접촉면에 미세한 틈새(공극)가 형성되며, 이는 결국 그라우트의 투수도를 증가시켜 지중열교환기의 열전달 능력 감소를 초래한다. 이와 같은 이유로 현재 벤토나이트계열의 그라우트가 주로 선호된다. 하지만 벤토나이트계열의 그라우트를 사용하기에 일부 조건이 일치하지 않을 경우가 있다. 이러한 경우에 대해서 밀도가 크고 강성이 우수한 시멘트계열의 그라우트를 사용해야 한다. 아울러 건물의 난방부하가 냉방부하보다 큰 지역에 시공되는 지중열교환기 보어홀에 시멘트계열의 그라우트를 사용할 경우, 시공에 앞서 세심한 검토가 필요하다. 지중열교환기 파이프는 지중으로 열을 방출하는 과정에서 미세하게 팽창하며, 반대로 지중으로부터 열을 흡수하면서 수축한다. 가장 이상적인 경우는 지중열교환기 파이프가 주기적으로 팽창과 수축을 하는 경우이다. 이는 건물의 냉방부하와 난방부하가 거의 동일하다는 것과 같은 의미를 갖는다. 그러나 건물의 난방부하가 냉방부하보다 클 경우, 즉

겨울이 긴 지역에서는 지중열교환기 파이프가 지중에서 열을 흡수하는 기간이 오랫동안 지속된다. 따라서 지중열교환기 파이프는 주로 수축된 상태로 있다. 이러한 지역에 시멘트계열의 그라우트를 사용할 경우, 수축된 지중열교환기 파이프 표면과 그라우트 사이에 미세한 틈이 발생하여 지중열교환기의 열전달 성능이 감소할 수 있다.

7.4 그라우팅 재료의 구비 조건

① 보어홀 벽면과 지중열교환기 순환유체 간에 열전달이 원활하게 일어날 수 있도록 열전도계수가 클 것.
② 보어홀 안으로 그라우트를 원활하게 주입할 수 있도록 적절한 점도를 유지할 것.
③ 보어홀 내에 주입된 그라우트가 응고되는 과정에서 미세공극 또는 작은 기포들이 형성되지 않도록 재료의 수축이 없을 것.
④ 교반과정에서 일정부피의 팽윤현상이 일어날 것.
⑤ 수직 보어홀이 관통하는 여러 대수층에 존재하는 지하수의 상호 유동을 방지할 수 있을 정도로 투수도가 작을 것.
⑥ 그라우트를 보어홀 내로 주입하는 동안에는 충분히 낮은 점도를 유지하여 지중열교환기와 보어홀 내의 빈 공간을 미세기포의 발생 없이 완전히 채울 수 있을 것.
⑦ 그라우트 주입이 완료된 후에는 높은 점도를 유지하여 그라우트가 응고되는 과정에서 수축이 발생하지 않아 미세기포가 형성되지 않을 것.
⑧ 그라우트 슬러리를 구성하는 재료 간에 화학적으로 안정되어야 하며, 지하수와 접촉하였을 때 화학적 불활성을 유지할 수 있을 것.
⑨ 혼합이 용이해야 할 것.
⑩ 그라우트 펌프를 이용하여 보어홀 내로 주입할 때 일정 주입량을 유지할 수 있을 것.
⑪ 그라우트 혼합기(Mixer) 또는 그라우트 펌프 사용 후 쉽게 세척할 수 있을 것.
⑫ 가격이 저렴하고, 작업자가 다루는 데 안전할 것.

8 지중유효열전도도

8.1 개 요

열전도율이란 열전도방정식으로부터 알 수 있는 바와 같이 단위 온도경사 하에서 단위시간당 단위면적을 통과하는 열량이다. 지중에서도 부분적으로는 대류, 복사, 증발, 응축 등에 의한 열전달이 발생될 수도 있으나 대부분의 열전달은 열전도에 의존하므로 열전도도는 지중열전달에서 가장 중요한 인자가 된다. 그러나 지중구조는 흙이나 암반 이외에 물, 기체 등과 같은 여러 가지 물질에 의하여 복합적으로 이루어져 있고 각각의 구성 비율도 위치에 따라 다르다.

지열 냉난방 시스템을 시공하기 위해서는 땅 속의 열전도도를 확실히 알고 있어야 하므로 이를 위하여 적용할 수 있었던 기존의 한 가지 방법은 시험공을 1공 이상 천공하여 그 시추공에 지중열교환기를 직접 시공, 열펌프를 가동하는 현장실험이었다. 이는 비교적 신뢰할 수 있는 방법이지만 경제적인 측면에서는 가장 비효율적인 방법이기도 하다.

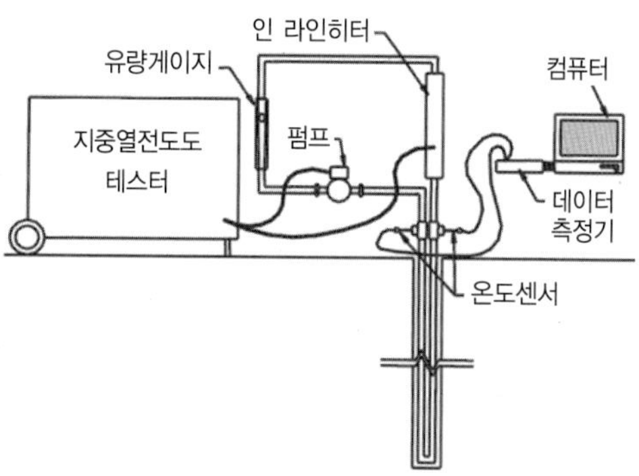

그림 4-37 지중열도도 테스트 개념도 및 측정기관

> **국내 지중열전도도 측정기관 (2014.05월 기준)**
>
> • 한국냉동공조 인증센터 • 한국시실사원연구원
> • 한국에너지기술연구원 • 지열인력 양성센터 • 한국건설기술연구원
> • 기계공학과 및 설비공학과를 운영하는 대학 및 대학원, 기타 센터의 장이 측정장비 및 기술인력 등을 심사하여 열전도도를 측정할 능력이 있다고 인정하는 자

지중열전도도 측정은 설치하고자 하는 위치에 실험용 보어홀을 먼저 설치하고 그림 4-37에서 보는 바와 같이 여기에 온수(혹은 냉수, 주로 온수를 많이 이용)를 순환시키며, 순환구의 입·출구 온도를 일정한 시간간격(10분 또는 그 이하)으로 측정하는 것이다. 실험은 보통 48시간 계속한다. 실험용 보어홀은 설치하고자 하는 보어홀과 같은 크기, 형태에 같은 종류의 그리우트 채움을 하는 것이 일반적이다. 온수순환을 통하여 지중으로 전달

되는 열량은 대략 보어홀 단위길이당 54~69kcal(50~80) 수준이다. 이 정도의 전열량은 실제 지열원 열펌프 가동시의 최대부하 범위에 속하는 것이며, 보통 보어홀 50~70m당 1RT 정도이다. 천공 및 지중열교환기 설치, 그라우팅 모든 작업이 완료되면 지중열전도도 테스트를 위한 시험장비를 세팅하고 가동을 시작한다.

그림 4-38 열전도도 측정장치

(출처 : 에너지관리공단)

실험 초기에는 먼저 가열장치를 작동하지 않고 물만 순환시켜 지중 토양의 초기온도를 측정한 후 가열장치를 작동시킨다. 온수가열기를 제어하여 지중으로 전달되는 열량이 가능하면 변화가 적어 일정에 가깝도록 하여야 하며, 온수 유량은 온수의 입 · 출구 온도차가 3.5~7℃ 정도가 되도록 권장한다. 이 온도차 역시 실제 동시의 온도차 범위이다.

측정된 데이터를 해석하는 방법에는 선형 열원모델, 실린더 열원모델, 수치모델이 있으며, 수치모델에는 1차원 모델 또는 2차원 모델 등이 있다.

해석결과의 주관심은 지중열전도도 k의 평가이지만 설치되어 있는 보어홀의 전열저항 Rb도 함께 평가될 수 있다. 여기서 평가되는 Rb의 값은 설치과정에서 튜브 위치의 변화, 그라우트 채움의 불량 등으로 인하여 설계치와는 상당히 다르게 나타날 수도 있으며, 이러한 비교를 통하여 설치기술도 함께 평가될 수 있다.

지중열전도도 측정 순서

- 지중열전도도 시험기의 출구단에 히터모듈 상단부를 연결한다.
- 히터모듈 하단부를 지중열교환기와 연결한다.
- 지중열교환기의 귀환부는 기존 지중열전도도 시험기와 연결한다.
- 히터모듈 하단부에 온도센서를 장착한다.
- 그 값을 기존 지중열전도도 시험기의 데이터 로거에 출력하도록 조치한다.
- 히터모듈에 공급되는 전원은 기존 지중열전도도 시험기에서 측정되도록 한다.
- 배관, 센서의 연결선 및 전원선을 연결한 후 펌프를 30분 이상 가동한다.
- 히터를 48시간 동안 ON하고 가동한다.
- 48시간 후 데이터 로거에 저장된 값을 디스켓에 저장한다.

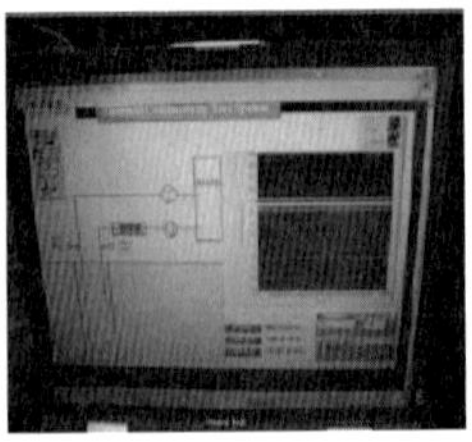

그림 4-39 지중열전도도 측정

표 4-6 열전도도 측정기록 및 시험결과

시험항목	기본값	단위
측정시간	48	hr
측정간격	5	min
초기지중온도	16.8	℃
지중입구 순환 수평균온도(고온부)	37.1	℃
지중입구 순환 수평균온도(저온부)	32.5	℃
입출구 평균온도차	4.6	℃
순환수 평균유량	32.8	lpm
평균 전류	49.1	A
평균 전압	218.2	V
평균 소비전력	10,704	W
열전달량	10,585	W
기울기	2.2906	–
열전도도	2.16	W/m^2K
보어홀 열저항	0.155	m^2K/W

8.2 지중열교환기 방식별 지중열전도도 측정기준

8.2.1 수직 밀폐형 열전도도 측정기준

① 열전도도 측정장치는 일정 열량을 가할 수 있도록 설계 제작할 것.

② 온도나 유량 등 데이터 측정장치는 고정밀도를 유지하고, 검정 및 교정을 받은 장치를 사용할 것.

③ 10분 이상 가열 없이 펌프 구동하며 순환수 온도 측정(초기 지중온도 측정)

④ 히터 전원 투입 후 48시간 연속 측정하며, 측정데이터는 10분 이하의 간격으로 수집할 것.

⑤ 라인소스법에 의해 지중열전도도 계산할 것.(계산 시 초기 12시간의 데이터는 제외)

⑥ 지중열전도도 시험성적서에는 측정시간, 초기 지중온도, 지중열전도도, 보어홀의 열저항 및 천공깊이의 내용이 포함될 것.

⑦ 측정항목 및 기준

순 번		항 목	기 준	비고
측정 시간	1	열전도도 측정 개시	그라우팅 완료 후 벤토나이트 그라우트의 경우 72시간 이후, 시멘트 그라우트의 경우 14일 이후	
	2	제외 시간	시험 시작 후 12시간 데이터 제외	
	3	유효데이터의 연속 취득시간	48시간 이상 연속 취득	
	4	데이터 취득 간격	10분 이하	
측정 조건	5	측정공 투입 전력량	2관식 : 50~80W/m 3관식 : 60~95W/m 4관식 : 65~105W/m	
	6	Loop 입 · 출구 온도차 (이 온도범위에서 유량 조절)	3.5~7℃	
오차	7	측정온도의 오차	± 0.3℃ 이하(평균온도에 대한 표준편차)	
	8	입력전력의 오차	± 3% 이하(평균전력에 대한 표준편차)	
재측정	9	재측정 개시	지중 초기온도의 0.3℃ 이내까지 회복 후 재측정	

8.2.2 수평형 열전도도 측정기준

① 현장의 교란 시료 또는 비교란 시료를 이용하여 열전도도를 측정함.

② 시료채취는 지중열교환기를 설치하는 위치와 동일한 깊이의 토양을 채취하며, 최소 2m 간격으로 3군데 이상의 시료를 채취할 것.

③ 지중열교환기를 수직열로 설치할 경우 각각 깊이에 대한 시료를 채취하여 평균할 것.

④ 토양의 열확산계수를 측정할 것.

⑤ 현장의 교란 시료 이용 시 측정항목 및 기준

순 번	항 목	기 준	비 고
1	함수비 산정	KS F 2306 Nuclear Density Moisture Meter 이용 가능	
2	단위 중량 측정	KS F 2311 또는 KS F 2347 Nuclear Density Moisture Meter 이용 가능	
3	공시체 제작	KS F 2312	
4	열전도도 시험법	ASTM D 5334-08	
5	탐침시험 장치	ASTM D 5334-00, ASTM D 5930-97	
6	평균 열전도도 산정	통계적 방법에 의한 엽각(극단값) 판정 후 평균 열전도도 산정	
7	산정값 표준편차	열전도도 산정값의 표준편차는 10% 이내	

⑥ 현장의 비교란 시료 이용 시 측정항목 및 기준

순번	항 목	기 준	비 고
1	Block 샘플 채취	ASTM D 7015-07 대구경시료채취기(KICT형) 사용 가능	
2	열전도도 시험법	ASTM D 5334-08	
3	탐침시험 장치	ASTM D 5334-00, ASTM D 5930-97	
4	평균 열전도도 산정	통계적 방법에 의한 엽각(극단값) 판정 후 평균 열전도도 산정	
5	산정값 표준편차	열전도도 산정 값의 표준편차는 10% 이내	

8.2.3 스탠딩 컬럼웰형 열전도도 측정기준

① 열전도도 측정장치는 일정 열량을 가할 수 있도록 설계 · 제작할 것.

② 온도나 유량 등 데이터 측정장치는 고정밀도를 유지하고, 검정 및 교정을 받은 장치를 사용할 것.

③ 30분 이상 가열 없이 펌프 구동하며 순환수 온도 측정(초기 지중온도 측정)

④ 보일러 열량 투입 후 12시간 연속 측정하며, 측정 데이터는 10분 이하의 간격으로 수집할 것.(2회 실시하여 평균값을 제시하는 것을 원칙으로 하며, 2차 시험은 1차 시험 종료 후 재측정 기준을 준수하여 시작할 것)

⑤ 라인소스법에 의해 지중열전도도 계산할 것.(계산 시 초기 2시간의 데이터는 제외)

⑥ 지중열전도도 시험성적서에는 측정시간, 초기지중온도, 및 천공깊이 등 지중열전도도 내용이 포함될 것.

⑦ 측정항목 및 기준

순 번		항 목	기 준	비고
측정 시간	1	열전도도 측정 개시	천공 완료 후 72시간 이후	
	2	제외 시간	시험 시작 후 2시간 데이터 제외	
	3	유효데이터의 연속 취득시간	12시간 이상 연속 취득	
	4	데이터 취득 간격	10분 이하	
측정 조건	5	측정공 투입 열량	200~500W/m	
	6	Loop 입 · 출구 온도차 (이 온도범위에서 유량 조절)	3.5~7℃	
오차	7	측정온도의 오차	± 0.3℃ 이하 (평균온도에 대한 표준편차)	
	8	보일러 공급 열량의 오차	± 3% 이하 (평균열량에 대한 표준편차)	
재측정	9	재측정 개시	지중초기 온도의 0.3℃ 이내까지 회복 후 재측정	

지중열전도도 시험성적서

TEST REPORT

성적서 번호 Test No.		(현재페이지)/(전체페이지)

1. 의뢰자

기 업 명		대 표 자	
사업자등록번호		E-mail	
대표 전화번호		담당자 전화번호	
주 소			

2. 시험성적서 용도 : 지열이용검토서 검토 제출용(신재생에너지센터)

3. 지중열전도도 측정시료 현황

현 장 명		지중초기온도	℃
측 정 시 간	min	측정간격	min
보어홀 깊이	m	지중열교환기 길이	m
사 용 유 체		지중열교환기 관경	mm
현장주소			

4. 시험기간 : 년 월 일~ 년 월 일

5. 시험방식(Test Method Used)

( ) 수직밀폐형 ( ) 지중수형형 ( ) 에너지파일형 ( ) 스탠딩컬럼형

6. 시험환경 : "시험시의 평균 습구온도 및 상대습도" 기록

7. 시험결과(Test Results) : [첨부] 시험결과 참조

작성자(Tested by)	승인자(Approved by)
부서명 : 직위 : 성 명 : (서명)	부서명 : 직위 : 성 명 : (서명)

년 월 일

OOOO 대표 (직인)

시 험 결 과

TEST RESULT

성적서 번호 Test No.		(현재페이지)/(전체페이지)

1. 일반사항

지식경제부 고시 제OOOO-OOO호 "신재생에너지설비의 지원 등에 관한 기준" 제43조 및 "신재생에너지설비의 지원 등에 관한 지침"[별표3] 지열설비의 이용검토서 신청기준에 따라 시험 실시하며 열전도도 및 보어홀 열저항은 아래 표에 따름

	라인소스방법(Line source Theory)
열전도도 (k)	$k=Q/(4\times\pi\times L\times a)$[W/mK] 여기서, $a=(T_2-T_1)/(\ln t_2-\ln t_1)$ ※ k는 그라우트/토양의 혼합층의 유효 열전도량, Q는 전열기로부터의 열전달량, L은 보어홀의 깊이, a는 시간에 대한 온도의 평균 기울기
열전달량 (Q)	여기서, $Q=m\times C_p\times(T_2-T_1)$[W] ※ m은 유량(lpm)

2. 시험결과

시험항목	기본값	단위
EWT(고온부, T_2)		℃
LWT(저온부, T_1)		℃
입·출구 평균온도차		℃
평균전압		V
평균전류		A
평균소비전력		W
열전달량(Q)		W
기 울 기(a)		-
열전도도(k)		W/(m·K)

<table>
<tr><td colspan="3">시 험 결 과
TEST RESULT</td></tr>
<tr><td>성적서 번호
Test No.</td><td></td><td>(현재페이지)/(전체페이지)</td></tr>
</table>

3. 측정 그래프

○ 초기지중온도

○ 지중열교환기 순환수 온도

○ 유량 및 소비전력

○ 온도-시간대수에 의한 기울기

※ 참고 : 측정 그래프에는 초기 지중온도, 순환수의 입·출구 및 평균온도, 순환유량과 평균 소비전력 및 온도-시간대 수에 의한 기울기가 표시되어야 하며, 2가지 이상의 그래프를 복합적으로 나타내어도 무방함

시 험 결 과

TEST RESULT

성적서 번호 Test No.		(현재페이지)/(전체페이지)

4. 시험 현장사진

[사진명 :]	[사진명 :]
[사진명 :]	[사진명 :]

※ 참고 : 현장사진에는 지중열교환기 매몰상태, 측정장비 연결상태, 보온상태, 설치완료상태가 확인되도록 하여야 하며, 시험 일시와 현장위치를 모든 사진에 나타내야 함

5. 지중열전도도 시험측정 가능기관
   ① 한국냉동공조 인증센터,
   ② 한국지질자원연구원,
   ③ 한국에너지기술연구원,
   ④ 지열인력 양성센터
   ⑤ 한국건설기술연구원
   ⑥ 기계공학과 및 설비공학과를 운영하는 대학 및 대학원
   ⑦ 기타 센터의 장이 측정장비 및 기술인력 등을 심사하여 열전도도를 측정할 능력이 있다고 인정하는 자.

9 지열 냉난방 시스템의 설계

9.1 개요

지열이용 히프펌프의 설계는 우선 해당 부지에 적합한 지중열교환기를 선정하고, 건축물에 대한 냉방 및 난방부하를 계산하여 지열시스템이 담당해야 할 용량을 결정한 다음, 지중열전도도 테스트를 통해 산출된 해당 부지의 지중열전도도값을 토대로 지열시스템 전용 설계프로그램(수직밀폐형 : GLD, EED, GLHEPro, Gchp Caic, 수평밀폐형 : GLD, 개방형 : GLHEPro)에 의해 지중열교환기 및 지열히트펌프 시스템에 대한 세부 설계를 진행한다.

지열히트펌프 시스템 설계목적

1. 최적설계에 의한 초기 투자비 감소
2. 정확한 냉난방 부하계산 및 지역별 기후조건을 고려한 지중열교환기 설계
3. 시스템 과용량 설계로 인한 초기 투자비 및 운전비용 손실 방지
4. 국내 기준에 적합한 지열시스템의 설계

수행내용

1. 시스템 냉난방 부하 처리를 위한 지중열교환기의 실제 부하 산정
2. 설치현장의 열전도도 테스트를 통한 지질 및 열적 특성 파악
3. 냉난방 부하 및 장비부하의 연동을 통한 지중부하 산정

설계 시 고려사항

1. 주요 시스템 결정 : 히트펌프 유닛, 지중열교환기 등의 적용방법 결정
2. 지열히트펌프 시스템의 요소 설계
   - 시스템 설계를 바탕으로 히트펌프 유닛 선정, 지중열교환기, 순환시스템, 실내공기 분배 시스템 설계 수행
   - 타 열원과의 연계 시스템 적용 여부 결정
3. 주요 검토 사항
   - 초기 투자금액 및 투자회수 기간
   - 지열 시스템의 효율(COP)과 용량이 부합하는지 검토

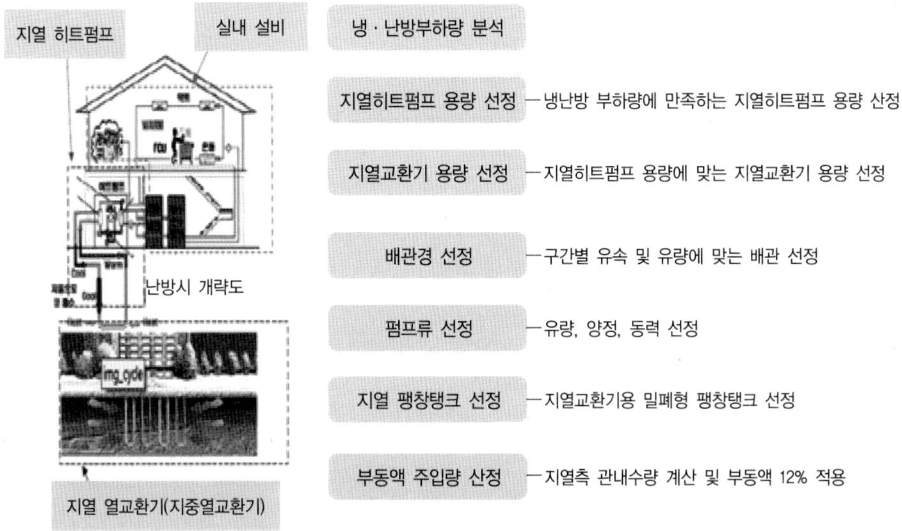

그림 4-40 지열히프펌프 냉난방 시스템 설계 FLOW

9.2 건축물 부하계산

지열 냉난방 시스템을 이용하기 위해서 일반적인 냉난방 시스템과 같이 건축물의 부하를 산정하여야 한다. 공조부하(열부하)는 공조대상 공간의 설계조건으로 규정된 실내 온 · 습도 조건이나 청정도를 유지하기 위한 부하로 냉방을 위해 제거해야 하는 열량을 냉방부하, 난방을 위해 실내에 공급해야 하는 열량을 난방부하라 한다. 이 냉난방 부하의 크기 및 변동상태에 따라 선정할 지열시스템방식의 용량이나 공조방식, 주변설비 각부의 기기 및 덕트 · 배관 등의 용량, 치수 등이 결정된다. 건축물의 냉난방 부하는 다음과 같은 방법으로 산정하며, 산정된 부하는 지중열교환기 설계에 사용된다.

9.2.1 냉난방 부하계산 실내 온 · 습도 조건

구 분	설 계 조 건
부유 분진량	0.15mg 이하
CO	10ppm 이하
CO_2	1,000ppm 이하
온도 습도	냉방 : 26~28℃, 50~55%
	난방 : 18~20℃, 50~55%
기류	0.5 m/sec 이하

9.2.2 냉 · 난방 부하 구성요소

표 4-7 건축물 냉난방 부하계산 구성요소 (1)

실내 취득 부하

벽체로부터의 부하	현열부하	현열부하	
유리로부터의 부하	직달일사에 의한 부하	현열부하	
	전도대류에 의한 부하	현열부하	
틈새바람에 의한 부하	온도차에 의한 부하	현열부하	
	습도차에 의한 부하		잠열부하
인체에 의한 부하	체온과 실내온도차의 부하	현열부하	
	호흡 및 땀에 의한 부하		
조명, 장비, 기구 등에 의한 부하	단순발열	현열부하	
	수분발생		
계		q_s	q_L

→ 송풍량결정 (공조기코일 용량결정)

송풍 시스템 부하 → 송풍량결정

송풍기에 의한 부하	현열부하
덕트에서의 부하	현열부하

재 열 부 하

실내현열비가 작을 때, 실제 송풍량이 계산값보다 클 때

외 기 부 하

실내의 청정도를 유지하기 위하여 공조기에서 취입하는 외기에 의한 부하(현열+잠열)

펌프 및 배관부하

(냉동기 용량결정)

표 4-8 건축물 냉난방 부하계산 구성요소 (2)

구분		요인	내용	매체	열의 종류		열취득	열손실
					현열	잠열	냉방부하	난방부하
실내 부하	외부로부터의 부하	일사, 야간복사	유리면을 투과하는 일사	창유리	○		○	
			외기에 면하는 벽체, 유리의 표면온도를 상승시키는 일사, 하강하는 야간복사	지붕 외벽 유리	○		○	○
		주위와의 온도차	외기와의 온도차에 의한 전도열	지붕, 외벽, 유리	○		○	○
			옆방, 코어부와의 온도차에 의한 전도열	내벽, 바닥, 천장	○		○	○
		침입공기 온도 습도	새시, 문으로부터 침입하는 틈새바람	창문, 문, 개구, 틈새	○	○	○	○
			비공조영역으로부터 침입하는 틈새바람	개구, 틈새	○	○	○	○
	내부 부하	내부발열	조명 발생열	조명기구	○		○	
			인체발열	인체	○	○	○	
			기기발열	실내기기	○	○	○	
외기 부하	외기 온습도	환기부하	실내 청정도 유지를 위해 도입하는 외기에 의한 부하	외기 도입기기	○	○	○	○
배관 열손실 부하	장치 부하	펌프 및 배관부하	덕트계의 손실, 팬의 동력열 등	공조기기	○		○	○
			배관에서의 손실, 펌프의 동력열 등	공조기기	○		○	○

9.2.3 난방부하

난방부하는 실내환경을 쾌적하게 하기 위하여 건물이나 주택 등의 온도가 낮은 외부로 빼앗기는 열량(Heat Loss)을 뜻한다. 동절기에는 태양열을 직접 받거나 실내에 설치된 각종 기기 및 인체로부터 생성되는 발열량 등이 난방을 돕는다. 설계조건, 실내부하, 외기부하, 기타 배관 및 장치부하 등을 난방부하계산 시 고려하여야 한다. 설계조건은 부하계산 대상의 크기, 외벽조건, 해당 지역의 외기 및 실내 조건 등을 뜻한다. 여기서 외기조건은 해당지역의 최저 외기온도를 뜻하며, 실내조건은 온열환경으로서의 실내 온·습도의 폭으로 규정하지만 부하계산 시에는 일정한 값을 이용한다.

관류부하는 구조체의 열전도성에 따라 실내에서 실외로 손실되는 열이며, 계산식은 다음과 같다.

가. 외벽이나 지붕으로부터 관류부하(q_1)

$$q_1 = \text{열관류율} \times \text{외벽 또는 지붕면적} \times \Delta t\,(\mathrm{W})$$

여기서, Δt = 외기온도 − 실내온도

열관류율(W/m²K) : 벽 등을 구성하고 있는 재료의 종류, 두께 및 표면상태 등에 따라 좌우되는 벽을 통과하는 열의 이동성을 나타내는 단위이며 $W/m^2 \cdot K$로 표시한다.

나. 외기와 접하지 않는 벽으로부터 통과부하(q_2)

$$q_2 = \text{열관류율} \times \text{외기와 접하지 않는 벽의 면적} \times \Delta t\,(\mathrm{W})$$

여기서, Δt = 비공조실 온도 − 실내온도 : 난방이 되지 않는 거실이 인접해 있을 때 실내 온도차 계수를 곱하여 옆방과의 온도차를 가정한다.

틈새부하(극간풍에 의한 부하)는 겨울철에 문을 닫거나 창의 틈새로 차가운 외기가 실내에 유입됨으로써 발생하는 부하이다. 실내로 유입되는 틈새바람의 양은 건물의 기밀성이나 사람의 출입 등으로 인해 다양하게 변하기 때문에 간단히 환기횟수법을 이용하여 현열과 잠열을 산정한다.

외기부하는 실내공기를 깨끗하고 신선하게 유지시키기 위하여 유입된 외기로 인해 발생히는 부하(환기부하)이며, 계산방법은 틈새바람 부하계산방법과 같은 방법이다.

9.2.4 냉방부하

냉방부하 또한 난방부하와 같이 실내환경을 쾌적하게 하기 위해 제거해야 할 열량(Heat Loss)을 뜻한다. 부하계산은 난방부하와 같이 설계조건, 실내부하, 외기부하, 배관 및 장치부하를 이용하지만, 하절기에는 태양열이나 실내의 기기 및 인체로부터 생성되는 발열량으로 일사부하 및 내부발열부하 등이 추가된다.

일사에 의한 부하는 태양광에 의하여 유리창에 투과 및 흡수되는 열(일사열 획득)을 말한다. 일사부하 산정은 유리창의 면적, 일사 차폐계수 및 일사열 획득의 곱으로 나타낸다. 내부 발열부하는 냉방시 실내에서 발생하는 모든 발열량을 말한다. 내부 발열원으로는 기기, 인체, 조명 등이 있다.

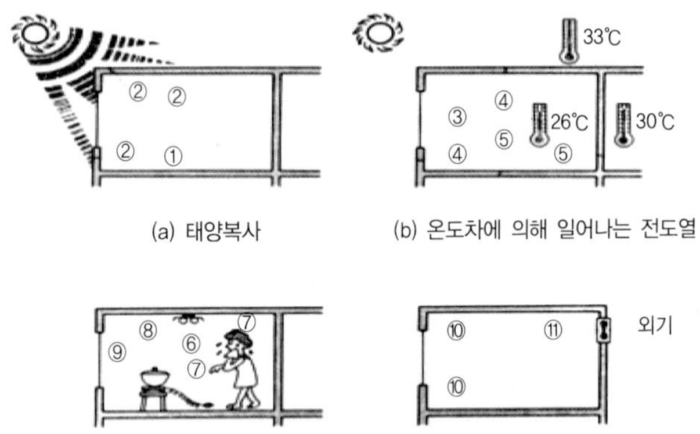

(a) 태양복사 (b) 온도차에 의해 일어나는 전도열

(c) 실내에서 발생하는 열 (d) 외기부하(침입외기, 도입외기)

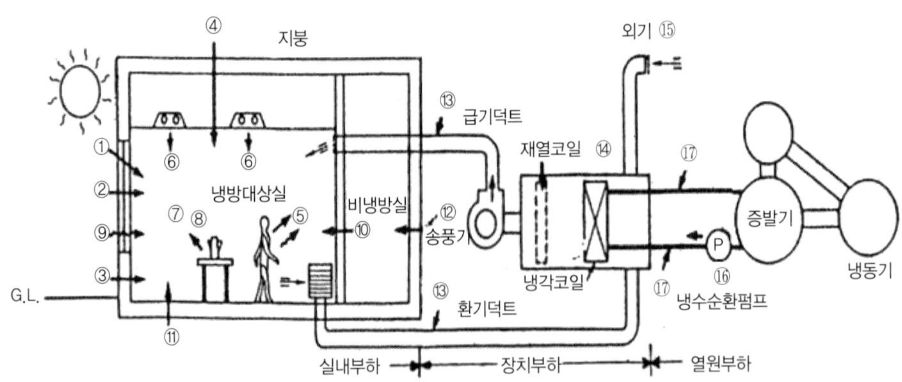

그림 4-41 건축물 냉방부하 발생 요인 (출처 : 공기조화설비(기문당))

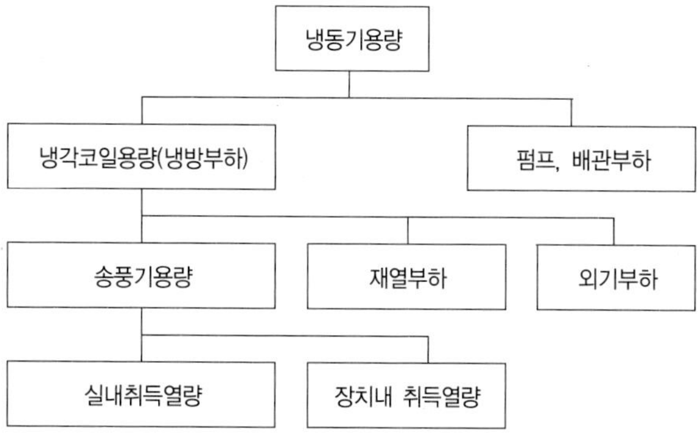

그림 4-42 냉방부하와 기기용량의 관계

표 4-9 냉난방 부하 개략 수치

실의 종류				냉방부하 W/m^2h	단위 바닥면적당 냉난방 부하 산출조건				
					환기횟수	창면적(%)	재실자수(인/$10m^2$)	조명(W/m^2)	비 고
일반 사무실	창없음	최상층		145	1	0	2	20	
		중간층		107					
	남향	최상층		140	1	20	2	20	
		중간층		160					
	서향	최상층		232	1	20	2	20	
		중간층		170					
일반상점	사람출입 많음			180	2	40	3	40	햇볕 없음
	사람출입 적음			160	1				
호텔객실 병원객실	남향			116	1	20	1	20	
	서향			170					
식당	소형창	환기팬 없음	남향	191	1	40	6	20	주방의 발열은 포함하지 않음
			서향	220					
		환기팬 사용	남향	261	1				
			서향	290					
	대형창	환기팬 없음	남향	128	1	40	6	20	
			서향	302					
		환기팬 사용	남향	290	4				
			서향	371					
미용실				290	1	20	2	20	기구발열 포함 안함
이발소				232	1	20	2	20	
사진관				116	1	10	2	20	

9.2.5 건물 냉 · 난방 부하계산

(1) 실별 냉 · 난방 부하계산

표 4-10 실별 냉 · 난방 부하 집계표 (견본)

실명	면적 (m^2)	냉방부하			난방부하	비 고
		현열(W)	잠열(W)	전열(W)		
문서창고	89	3,135	822	3,957	2,415	
소강당-객석	173	17,895	8,885	26,780	3,909	
준비실	17	848	365	1,213	597	
조정실	8	787	123	910	203	
소강당홀	63	2,243	639	2,882	1,668	
복도-2	43	1,503	457	1,960	699	
준비실-1	18	856	365	1,221	959	
분장실-1	17	743	365	1,108	400	
준비실-2	18	856	365	1,221	959	
분장실-2	17	746	365	1,111	395	
			↓			
조정실	14	1,397	246	1,643	432	
대강당-객석	454	48,164	22,550	70,714	15,687	
기획과	155	14,989	986	15,975	6,066	
일반교수실-1	21	1,803	185	1,988	964	
일반교수실-2	22	1,850	185	2,035	975	
일반교수실-3	23	1,882	185	2,067	931	
일반교수실-4	21	1,803	185	1,988	968	
ELEV.홀-1	24	865	274	1,139	554	
			↓			
대회의실	99	11,977	3,080	15,057	3,929	
비서실	43	2,664	308	2,972	998	
탕비실-3	5	302	62	364	75	
원장미팅룸-1	46	7,328	1,417	8,745	2,618	
원장실	110	12,815	678	13,493	5,654	
			↓			
회의실-1	26	2,906	801	3,707	1,569	
회의실-2	22	3,419	678	4,097	1,257	
회의실-3	14	2,521	431	2,952	1,222	
			↓			
합 계	7,340	723,289	126,188	849,477	313,506	

(2) 열원부하 집계

표 4-11 부하계산에 따른 열원부하 집계(견본)

구분			냉방부하(kcal/h)	난방부하(kcal/h)	비고
OO동	지열 (물-물)	AHU 01-01	88,460	43,621	
		AHU 01-02	32,856	17,236	
		AHU 01-03	66,750	68,662	
		AHU 01-04	87,182	84,074	
		AHU 01-05	63,848	65,677	
		AHU 01-06	54,174	55,726	
		AHU 01-07	56,862	48,924	
		AHU 01-08	66,971	41,400	
	소 계		517,103	425,320	
	지열 (물-냉매)	GEHP	484,266	522,364	
	합 계		1,001,369	947,684	

지열히트펌프 장비 용량 계산

지열(물-물) 지열히트펌프 유닛

- 지열 냉방부하 : 517,103 (kcal/h) = 601,283W
- 지열 난방부하 : 425,320 (kcal/h) = 494,558W
- 지열히트펌프 유닛 선정(물-물)

장비번호	대수	냉방능력(W)	총 난방능력(W)	난방능력(W)	총 난방능력(W)
HP-01	4	157,200	628,800	150,500	602,000

지열(물-냉매) 지열히트펌프 유닛

- 지열 냉방부하 : 484,266 (kcal/h) = 563,100W
- 지열 난방부하 : 522,364 (kcal/h) = 607,400W
- 지열히트펌프 유닛 선정(물-냉매)

장비번호	대수	냉방능력(W)	총 난방능력(W)	난방능력(W)	총 난방능력(W)
HP-02	3	28,000	84,000	32,500	97,500
HP-03	7	69,000	483,000	75,200	526,400
			567,000		623,900

* 적정 여유율 및 장비능력을 고려

⊙ 인증제품 : 물-공기 지열히트펌프 유닛

표 4-14 물-공기 지열히트펌프 유닛 신재생에너지 인증제품

(출처 : 에너지관리공단 신재생에너지센터(2014.08월 기준))

번호	인증번호	인증일자	모델명	제조국	제조사	기술기준규격	인증서 유효기간	비고
13	GT-WAH-1-0013	2014.05.27	ADH -SLX12WHB	한국	㈜아산	GT 102 : 2013	2017.05.26	
12	GT-WAH-1-0012	2013.12.19	AHP -SLX15WGB	한국	㈜아산	GT 102 : 2012	2016.12.18	
11	GT-WAH-1-0011	2009.10.05	LRG -N5801XM	한국	LG전자㈜	GT 102 : 2008	2015.12.14	
10	GT-WAH-1-0010	2009.08.21	DVMGEO -003	한국	삼성전자 ㈜	GT 102 : 2008	2012.12.14	인증취소 (자동만료) 12.12.15
9	GT-WAH-1-0009	2009.08.04	LRG -N5801W	한국	LG전자㈜	GT 102 : 2008	2012.12.14	인증취소 (자동만료) 12.12.15
8	GT-WAH-1-0008	2009.08.04	LRG -N5801XL	한국	LG전자㈜	GT 102 : 2008	2015.12.14	·
7	GT-WAH-1-0007	2009.07.01	DVMGEO -002	한국	삼성전자 ㈜	GT 102 : 2008	2012.12.14	인증취소 (자동만료) 12.12.15
6	GT-WAH-1-0006	2009.07.01	DVMGEO -001	한국	삼성 광주전자 ㈜	GT 102 : 2008	2012.12.14	인증취소 (자진반납) 11.08.18
5	GT-WAH-1-0005	2009.05.13	LRG -N5801Y	한국	LG전자㈜	GT 102 : 2008	2015.12.14	
4	GT-WAH-1-0004	2009.05.13	LRG -N5801X	한국	LG전자㈜	GT 102 : 2008	2015.12.14	
3	GT-WAH-1-0003	2009.05.02	LRG -N5801Z	한국	LG전자㈜	GT 102 : 2008	2015.12.14	
2	GT-WAH-1-0002	2009.01.22	RWXDHN 200H1	한국	삼성 광주전자 ㈜	GT 102 : 2008	2012.12.14	인증취소 (자진반납) 11.08.18
1	GT-WAH-1-0001	2008.11.07	GTHP -M070	한국	㈜탑솔	GT 102 : 2008	2015.12.14	

⊙ 인증제품 : 물-공기 멀티형 지열히트펌프 유닛

표 4-15 물-공기 멀티 지열히트펌프 유닛 신재생에너지 인증제품

(출처 : 에너지관리공단 신재생에너지센터(2014. 08월 기준))

번호	인증번호	인증일자	모델명	제조국	제조사	기술기준규격	인증서 유효기간	비고
12	GT-WAMH-1-0012	2014.01.13	AM120 FXWAHR1	한국	삼성전자㈜	GT 103 : 2012	2017.01.12	
11	GT-WAMH-1-0011	2014.01.13	AM100 FXWAHR1	한국	삼성전자㈜	GT 103 : 2012	2017.01.12	
10	GT-WAMH-1-0010	2014.01.13	AM200 FXWAHR1	한국	삼성전자㈜	GT 103 : 2012	2017.01.12	
9	GT-WAMH-1-0009	2014.01.13	AM080 FXWAHR1	한국	삼성전자㈜	GT 103 : 2012	2017.01.12	
8	GT-WAMH-1-0008	2013.08.19	RGUW 200C9C	한국	LG전자㈜	GT 103 : 2012	2016.08.18	
7	GT-WAMH-1-0007	2012.02.19	LRG -N2901DC	한국	LG전자㈜	GT 103 : 2011	2015.02.18	
6	GT-WAMH-1-0006	2011.12.28	RD260 DHXH1	한국	삼성전자㈜	GT 103 : 2011	2014.12.27	
5	GT-WAMH-1-0005	2011.08.18	RD200 DHXH1	한국	삼성전자㈜	GT 103 : 2011	2014.08.17	
4	GT-WAMH-1-0004	2011.08.18	RD100 DHXH1	한국	삼성전자㈜	GT 103 : 2011	2014.08.17	
3	GT-WAMH-1-0003	2011.07.05	RD300 DHXH1	한국	삼성전자㈜	GT 103 : 2009	2014.07.04	인증취소 (자동만료) 14.07.05
2	GT-WAMH-1-0002	2011.04.28	LRG -N5801DC	한국	LG전자㈜	GT 103 : 2009	2017.04.27	
1	GT-WAMH-1-0001	2010.09.17	LRG -N5801YL	한국	LG전자㈜	GT 103 : 2009	2013.09.16	인증취소 (자동만료) 13.09.17

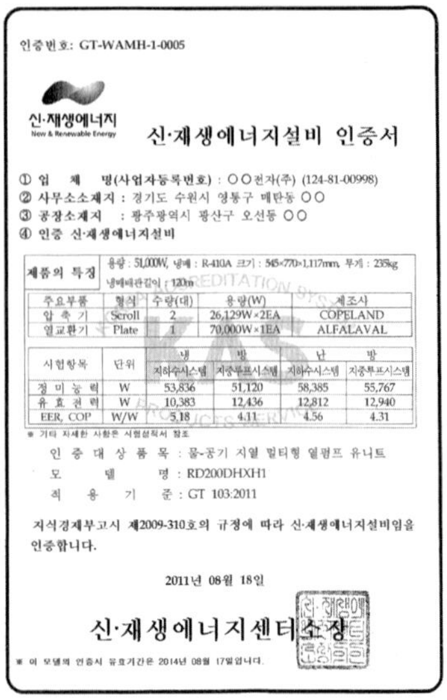

인증번호: GT-WAMH-1-0005

신·재생에너지 New & Renewable Energy

신·재생에너지설비 인증서

① 업 체 명(사업자등록번호) : ○○전자(주) (124-81-00998)
② 사무소소재지 : 경기도 수원시 영통구 매탄동 ○○
③ 공장소재지 : 광주광역시 광산구 오선동 ○○
④ 인증 신·재생에너지설비

제품의 특징	용량 : 51,000W, 냉매 : R-410A 크기 : 545×770×1,117mm, 무게 : 235kg 냉매배관길이 : 120m

주요부품	형식	수량(대)	용량(W)	제조사
압 축 기	Scroll	2	26,129W×2EA	COPELAND
열교환기	Plate	1	70,000W×1EA	ALFALAVAL

시험항목	단위	냉방		난방	
		지하수시스템	지중루프시스템	지하수시스템	지중루프시스템
정 미 능 력	W	53,836	51,120	58,385	55,767
유 효 전 력	W	10,383	12,436	12,812	12,940
EER, COP	W/W	5.18	4.11	4.56	4.31

※ 기타 자세한 사항은 시험성적서 참조

인 증 대 상 품 목 : 물-공기 지열 멀티형 열펌프 유니트
모 델 명 : RD200DHXH1
적 용 기 준 : GT 103:2011

지식경제부고시 제2009-310호의 규정에 따라 신·재생에너지설비임을 인증합니다.

2011년 08월 18일

신·재생에너지센터소장

※ 이 모델의 인증서 유효기간은 2014년 08월 17일입니다.

그림 4-44 지열히트펌프 유닛 신재생에너지 설비 인증서 (출처 : 삼성전자)

9.3.2 열원부하의 집계(OO동 신축공사)

구 분			냉방부하(kcal/h)	난방부하(kcal/h)	비 고
OO동	지열 (물-물)	AHU01-01	88,460	43,621	
		AHU01-02	32,856	17,236	
		AHU01-03	66,750	68,662	
		AHU01-04	87,182	84,074	
		AHU01-05	63,848	65,677	
		AHU01-06	54,174	55,726	
		AHU01-07	56,862	48,924	
		AHU01-08	66,971	41,400	
	소 계		517,102	425,320	열원 : 지열히트펌프
	지열 (물-냉매)	GEHP	484,286	522,364	열원 : 지열히트펌프
	합계		1,001,369	947,683	

9.3.3 지열히트펌프 장비용량 선정(물-물, 물-냉매)

(1) 지열 물-냉매 지열히트펌프 선정

장비번호	대수	냉방능력(W)	총 난방능력(W)	난방능력(W)	총 난방능력(W)	비 고
HP-02	3	28,000	84,000	32,500	97,500	
HP-03	7	69,000	483,000	75,200	526,400	
			567,000		623,900	

(2) 지열 물-물 지열히트펌프 선정

HP-01-03	4	157,200	628,800	150,500	602,000	
합 계	14		1,156,200		1,225,900	

※ 적정여유율 및 장비능력을 고려하여 장비 선정

9.4 지중열전도도 테스트

지중에서는 부분적으로 대류, 복사, 증발, 응축 등에 의한 열전달이 발생될 수 있으나 대부분의 열전달은 열전도도에 의존하므로 지중 유효 열전도도는 지중열전달 및 지중열교환기 길이를 결정하는 중요한 인자이다. 지중 유효 열전도도 산정에는 원통열원모델, 선형열원모델 등이 사용되지만 현재는 현장에서 측정한 데이터를 이용하여 적용하기 쉬운 선형 열원모델을 사용한다. 지중 유효 열전도도는 실제로 시공되는 지중열교환기와

표 4-16 지중열전도도 테스트 측정 절차

절 차	비 고
1. 천공 위치 결정 및 굴착행위 신고	관할 시 군 구청
2. 시험공 설치	
3. 수전설비 완료	한전수전, 발전기
4. 심도 측정 및 누수검사	
5. 열전도 테스트 장비 설치	그라우팅 이후 72시간
6. 지중평형 상태	무부하 운전-초기 온도 측정
7. 48시간 연속 데이터 측정	
8. 지중열전도도 계산	

동일한 사양의 지중열교환기를 설치하고 지중 유효열전도도 시험기를 48시간 이상 가동하여 측정된 데이터를 선형 열원모델에 적용하여 산정하며, 측정기준은 지식경제부 고시 신·재생 에너지 설비의 지원·설치·관리에 관한 기준'을 따른다.

지중열전도도 값을 정확히 산출하여 지열 시스템 최적설계에 이용하며, 보어홀 열교환기 입·출구 온도, 히터열량 등 데이터 값을 측정하고, 지중 깊이에 따라 토양 물성치가 상이하므로 지중 토양 물성치의 평균값으로 설계한다.

표 4-17 지중열전도도 측정항목 및 기준

순 번		항 목	기 준
측정 시간	1	열전도도 측정 개시	천공 완료 후 72시간 이후
	2	제외 시간	시험 시작 후 2시간 데이터 제외
	3	유효데이터의 연속 취득시간	12시간 이상 연속 취득
	4	데이터 취득 간격	10분 이하
측정 조건	5	측정공 투입 열량	200~500W/m
	6	Loop 입·출구 온도차(이 온도범위에서 유량조절)	3.5~7℃
오차	7	측정온도의 오차	± 0.3℃ 이하(평균온도에 대한 표준편차)
	8	보일러 공급 열량의 오차	± 3% 이하(평균열량에 대한 표준편차)
재측정	9	재측정 개시	지중 초기 온도의 0.3℃ 이내까지 회복 후 재측정

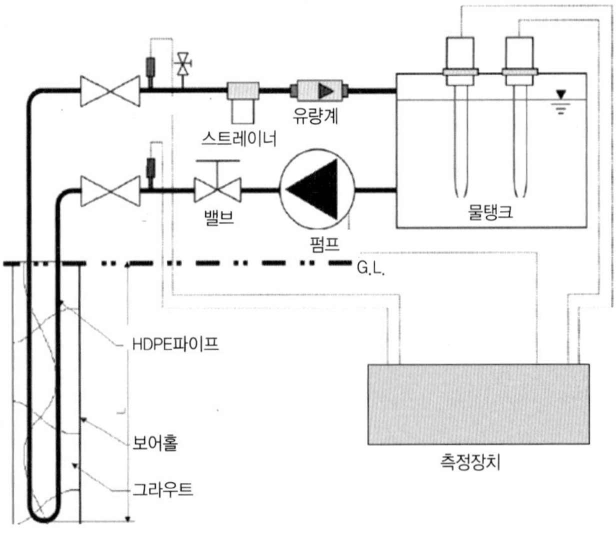

그림 4-45 지중열전도도 테스트 시스템 개념도

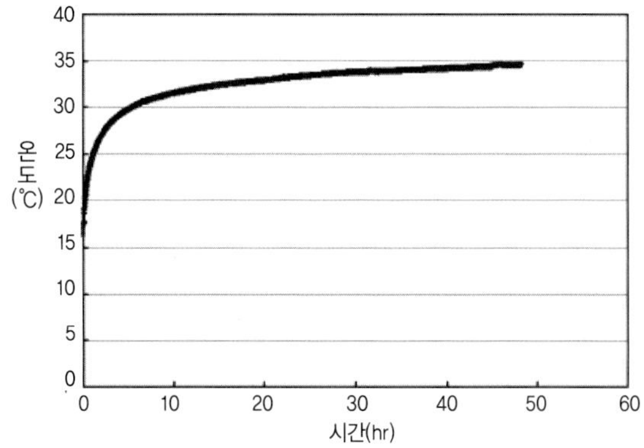

시험항목	기본값	단위
측정시간	48	hr
측정간격	5	min
초기지중온도	16.8	℃
지중입구 순환 수평균온도(고온부)	37.1	℃
지중입구 순환 수평균온도(저온부)	32.5	℃
입출구 평균온도차	4.6	℃
순환수 평균유량	32.8	lpm
평균 전류	49.1	A
평균 전압	218.2	V
평균 소비전력	10,704	W
열전달량	10,585	W
기 울 기	2.2906	-
열전도도	2.16	W/m^2K
보어홀 열저항	0.155	m^2K/W

그림 4-46 지중열전도도 테스트 열응답시험 결과

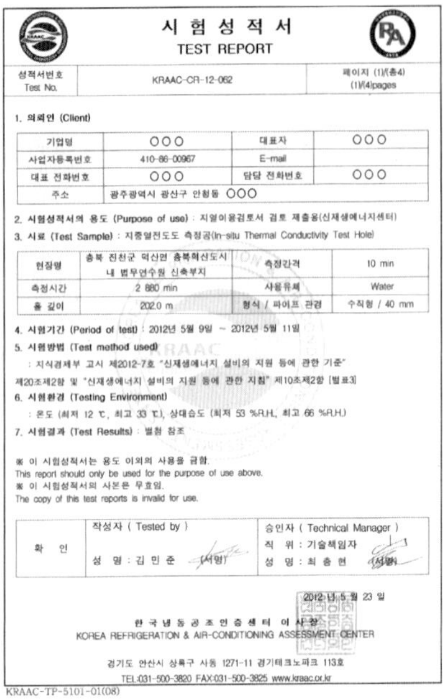

시 험 성 적 서
TEST REPORT

성적서번호 Test No.	KRAAC-CR-12-062	페이지 (1)/(총4) (1)/(4)pages

1. 의뢰인 (Client)

기업명	○○○	대표자	○○○
사업자등록번호	410-86-00967	E-mail	
대표 전화번호	○○○	담당 전화번호	○○○
주소	광주광역시 광산구 안청동 ○○○		

2. 시험성적서의 용도 (Purpose of use) : 지열이용검토서 검토 제출용(신재생에너지센터)

3. 시료 (Test Sample) : 지중열전도도 측정공(In-situ Thermal Conductivity Test Hole)

현장명	충북 진천군 덕산면 충북혁신도시 내 법무연수원 신축부지	측정간격	10 min
측정시간	2 880 min	사용유체	Water
홀 깊이	202.0 m	형식 / 파이프 관경	수직형 / 40 mm

4. 시험기간 (Period of test) : 2012년 5월 9일 ~ 2012년 5월 11일

5. 시험방법 (Test method used)
: 지식경제부 고시 제2012-7호 "신재생에너지 설비의 지원 등에 관한 기준" 제20조제2항 및 "신재생에너지 설비의 지원 등에 관한 지침" 제10조제2항 [별표3]

6. 시험환경 (Testing Environment)
: 온도 (최저 12 ℃, 최고 33 ℃), 상대습도 (최저 53 %R.H., 최고 66 %R.H.)

7. 시험결과 (Test Results) : 별첨 참조

※ 이 시험성적서는 용도 이외의 사용을 금함.
This report should only be used for the purpose of use above.
※ 이 시험성적서의 사본은 무효임.
The copy of this test reports is invalid for use.

확 인	작성자 (Tested by) 성 명 : 김 민 준 (서명)	승인자 (Technical Manager) 직 위 : 기술책임자 성 명 : 최 충 현 (서명)

2012 년 5 월 23 일

한 국 냉 동 공 조 인 증 센 터 이 사 장
KOREA REFRIGERATION & AIR-CONDITIONING ASSESSMENT CENTER

경기도 안산시 상록구 사동 1271-11 경기테크노파크 113호
TEL:031-500-3820 FAX:031-500-3825 www.kraac.or.kr

KRAAC-TP-5101-01(08)

그림 4-47 지중열전도도 테스트 시험성적서 (4-1)

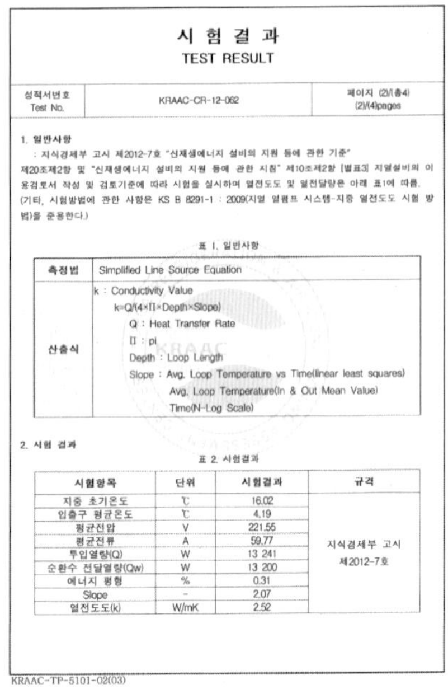

시 험 결 과
TEST RESULT

성적서번호 Test No.	KRAAC-CR-12-062	페이지 (2)/(총4) (2)/(4)pages

1. 일반사항
: 지식경제부 고시 제2012-7호 "신재생에너지 설비의 지원 등에 관한 기준" 제20조제2항 및 "신재생에너지 설비의 지원 등에 관한 지침" 제10조제2항 [별표3] 지열설비의 이용검토서 작성 및 검토기준에 따라 시험을 실시하며 열전도도 및 열전달량은 아래 표1에 따름.
(기타, 시험방법에 관한 사항은 KS B 8291-1 : 2009(지열 열펌프 시스템-지중 열전도도 시험 방법)을 준용한다.)

표 1. 일반사항

측정법	Simplified Line Source Equation
산출식	k : Conductivity Value k=Q/(4×Π×Depth×Slope) Q : Heat Transfer Rate Π : pi Depth : Loop Length Slope : Avg. Loop Temperature vs Time(linear least squares) Avg. Loop Temperature(In & Out Mean Value) Time(N-Log Scale)

2. 시험 결과

표 2. 시험결과

시험항목	단위	시험결과	규격
지중 초기온도	℃	16.02	지식경제부 고시 제2012-7호
입출구 평균온도	℃	4.19	
평균전압	V	221.55	
평균전류	A	59.77	
투입열량(Q)	W	13 241	
순환수 전달열량(Qw)	W	13 200	
에너지 평형	%	0.31	
Slope	-	2.07	
열전도도(k)	W/mK	2.52	

KRAAC-TP-5101-02(03)

그림 4-48 지중열전도도 테스트 시험성적서 (4-2)

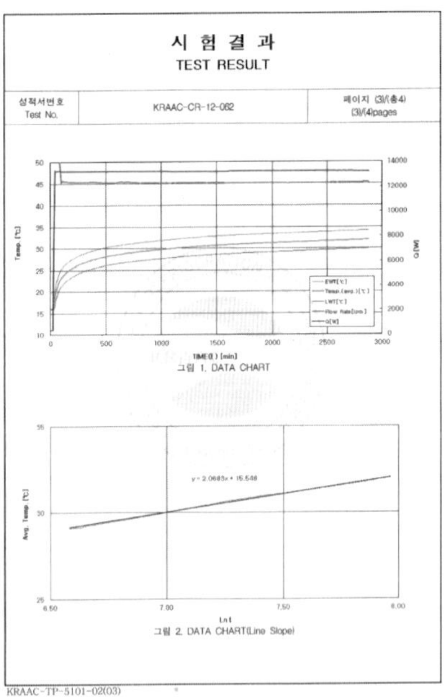

시 험 결 과
TEST RESULT

성적서번호 Test No.	KRAAC-CR-12-062	페이지 (3)/(총4) (3)/(4)pages

그림 1. DATA CHART

그림 2. DATA CHART(Line Slope)

KRAAC-TP-5101-02(03)

그림 4-49 지중열전도도 테스트 시험성적서 (4-3)

시 험 결 과
TEST RESULT

성적서번호 Test No.	KRAAC-CR-12-062	페이지 (4)/(총4) (4)/(4)pages

3. 시험 사진

그림 3. 홀 깊이 측정

그림 4. 설치상태-1

그림 5. 설치상태-2

그림 6. 설치상태-3

그림 7. 설치상태-4

그림 8. 설치상태-5

KRAAC-TP-5101-02(03)

그림 4-50 지중열전도도 테스트 시험성적서 (4-4)

표 4-18 지중열전도도 테스트 시험기록

지중 열전도 시험 기록 DATA(원본)

CHANNEL NAME:		EWT(min.)	EWT(max.)	LWT(min.)	LWT(max.)	FR(min.)	FR(max.)	VOLTS(min.)	VOLTS(max.)	AMPS(min.)	AMPS(max.)
Date	Time	℃	℃	℃	℃	lpm	lpm	volts	volts	amps	amps
2012-05-16	오전 10:30:00	15.17	16.62	14.97	16.44	44.78	51.21	219.41	220.78	1.78	1.96
2012-05-16	오전 10:40:00	15.73	16.03	15.45	15.78	47.97	48.36	220.44	220.74	1.93	1.96
2012-05-16	오전 10:50:00	15.85	15.96	15.62	15.78	47.98	48.31	220.38	220.65	1.93	1.97
2012-05-16	오전 11:00:00	15.85	15.96	15.67	15.78	47.71	48.27	220.32	220.59	1.93	1.97
2012-05-16	오전 11:10:00	15.85	18.79	15.71	15.80	34.44	48.36	216.04	220.56	1.93	44.11
2012-05-16	오전 11:20:00	18.83	21.22	15.71	17.48	33.90	34.25	216.47	220.83	42.79	43.82
2012-05-16	오전 11:30:00	20.86	22.71	17.44	18.77	33.99	34.34	216.37	221.19	43.15	44.59
2012-05-16	오전 11:40:00	22.34	23.97	18.74	19.77	34.01	34.39	220.69	221.15	44.34	44.65
2012-05-16	오전 11:50:00	23.34	24.64	19.70	20.50	34.06	34.40	220.66	220.96	44.34	44.64
2012-05-16	오후 12:00:00	23.99	25.28	20.49	21.11	34.11	34.44	220.66	220.91	44.00	44.66
2012-05-16	오후 12:10:00	24.64	25.74	21.10	21.57	34.15	34.44	220.64	220.89	43.83	44.66
2012-05-16	오후 12:20:00	25.06	26.23	21.55	22.06	34.16	34.45	220.55	220.88	44.45	44.67
2012-05-16	오후 12:30:00	25.49	26.79	21.97	22.43	34.16	34.46	220.49	220.83	44.19	44.67
2012-05-16	오후 12:40:00	25.86	26.98	22.37	22.78	34.17	34.49	220.46	220.79	43.96	44.58
2012-05-16	오후 12:50:00	26.65	26.68	22.93	22.95	34.34	34.42	220.52	220.61	44.46	44.47
2012-05-16	오후 1:00:00	26.44	27.56	22.93	23.08	34.25	34.49	220.38	220.66	44.29	44.58
2012-05-16	오후 1:10:00	26.51	27.47	23.02	23.41	34.18	34.53	220.39	220.72	43.91	44.58
2012-05-16	오후 1:20:00	26.82	27.89	23.30	23.60	34.22	34.54	220.38	220.72	44.22	44.60
2012-05-16	오후 1:30:00	27.02	28.01	23.56	23.86	34.27	34.56	220.39	220.74	43.84	44.59
2012-05-16	오후 1:40:00	27.24	28.28	23.79	24.07	34.24	34.62	220.35	220.68	44.16	44.73
2012-05-16	오후 1:50:00	27.66	28.73	24.16	24.39	34.33	34.62	220.21	220.53	44.37	44.59

2012-05-18	오전 8:00:00	34.24	35.34	30.76	30.93	34.34	34.69	220.51	220.83	44.32	44.35
2012-05-18	오전 8:10:00	34.31	35.43	30.77	30.93	34.38	34.66	220.47	220.79	44.32	44.35
2012-05-18	오전 8:20:00	34.33	35.31	30.79	30.92	34.38	34.69	220.51	220.78	44.27	44.35
2012-05-18	오전 8:30:00	34.35	35.41	30.79	30.93	34.37	34.69	220.51	220.78	44.23	44.36
2012-05-18	오전 8:40:00	34.40	35.40	30.81	30.95	34.37	34.68	220.29	220.74	44.23	44.35
2012-05-18	오전 8:50:00	34.40	35.52	30.83	30.93	34.34	34.67	220.38	220.75	44.33	44.36
2012-05-18	오전 9:00:00	34.35	35.45	30.81	30.97	34.38	34.67	220.38	220.71	44.33	44.36
2012-05-18	오전 9:10:00	34.37	35.40	30.79	31.00	34.40	34.69	220.41	220.65	44.27	44.32
2012-05-18	오전 9:20:00	34.41	35.56	30.81	30.99	34.42	34.66	220.41	220.65	44.27	44.32
2012-05-18	오전 9:30:00	34.39	35.33	30.83	30.99	34.41	34.67	220.38	220.67	44.26	44.33
2012-05-18	오전 9:40:00	34.32	35.38	30.83	31.00	34.49	34.68	220.35	220.63	44.27	44.33
2012-05-18	오전 9:50:00	34.35	35.51	30.84	31.02	34.45	34.68	220.35	220.55	44.27	44.33
2012-05-18	오전 10:00:00	34.27	35.40	30.84	31.02	34.44	34.67	220.34	220.54	44.37	44.41
2012-05-18	오전 10:10:00	34.51	35.49	30.86	31.04	34.40	34.68	220.31	220.52	44.27	44.33
2012-05-18	오전 10:20:00	34.39	35.52	30.86	31.06	34.44	34.65	220.33	220.39	44.28	44.33
2012-05-18	오전 10:30:00	34.48	35.35	30.86	31.08	34.43	34.66	220.30	220.48	44.29	44.33

9.5 지중열교환기 부하계산

지중열교환기 설계는 냉난방 부하, 히트펌프 성능, 지중 유효 열전도도, 지중열교환기 배열 등을 이용하여 이루어진다. 지중열교환기 설계는 지중열교환기 설계 전문 프로그램인 GLD(Ground Loop Design), GLHEpro 등을 이용하며, 이를 통하여 얻어진 지중열교환기 개수를 이용하여 지중열교환기 배치 및 루프를 설계한다.

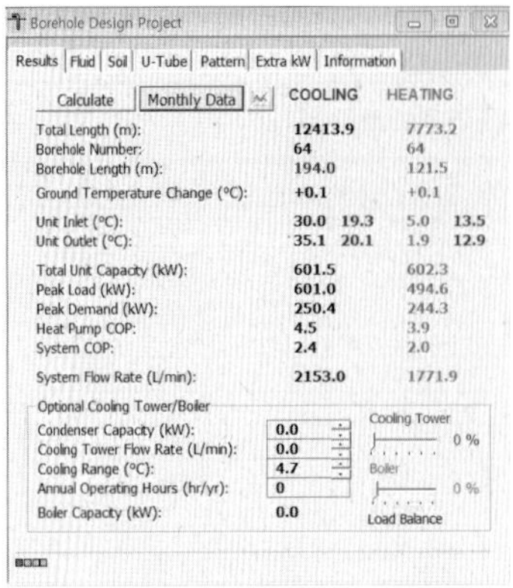

GLD 결과

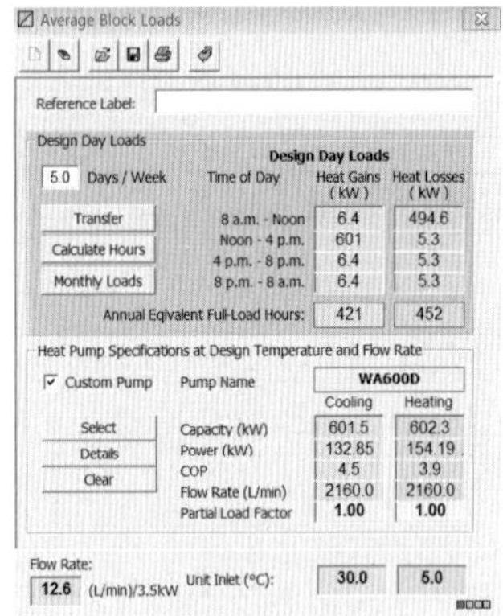

지열히트펌프 선정

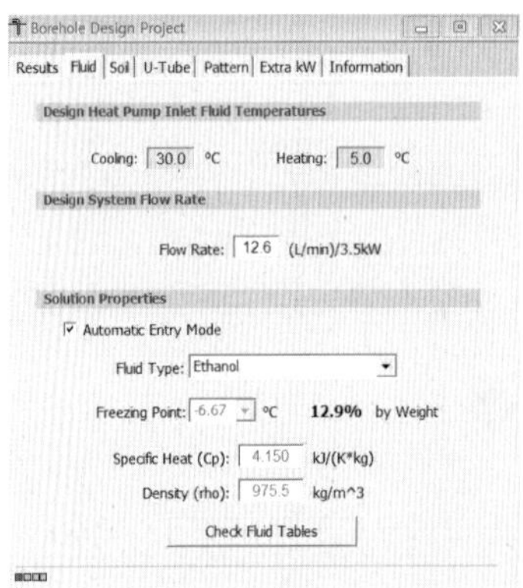

EWT 조건

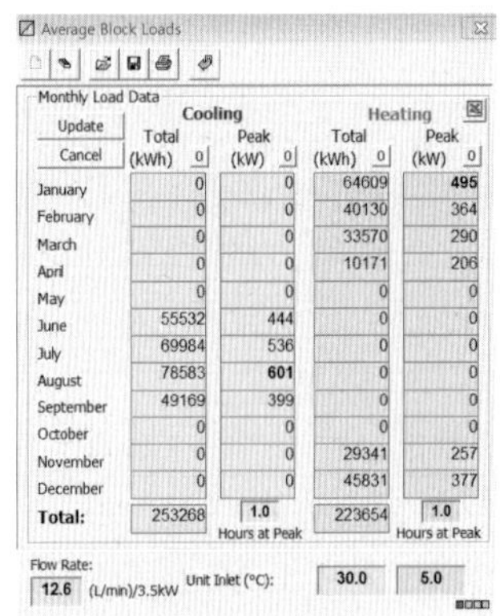

냉난방 부하 입력

그림 4-51 GLD 프로그램에 의한 지중열교환기 설계 (1)

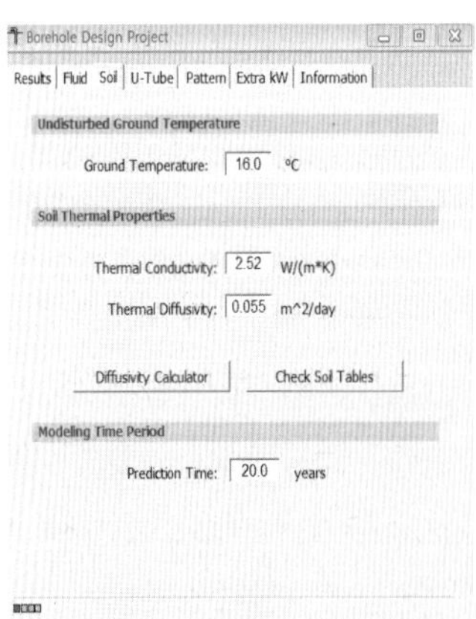

지중온도

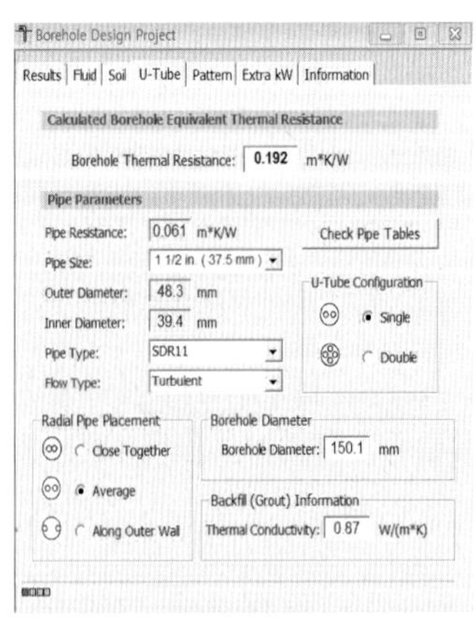

보어홀 열저항

그림 4-52 GLD 프로그램에 의한 지중열교환기 설계 (2)

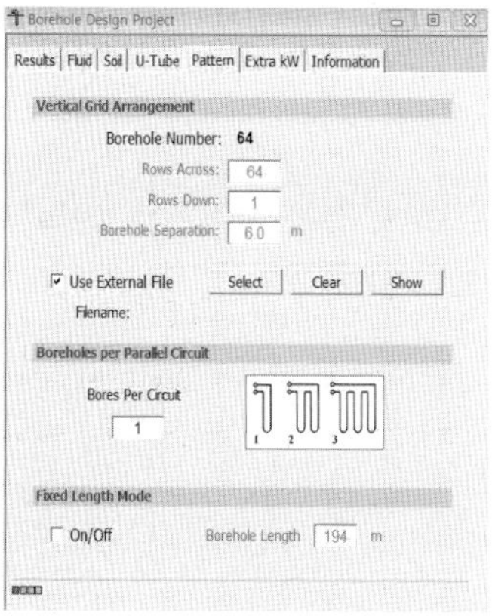

보어홀 배치

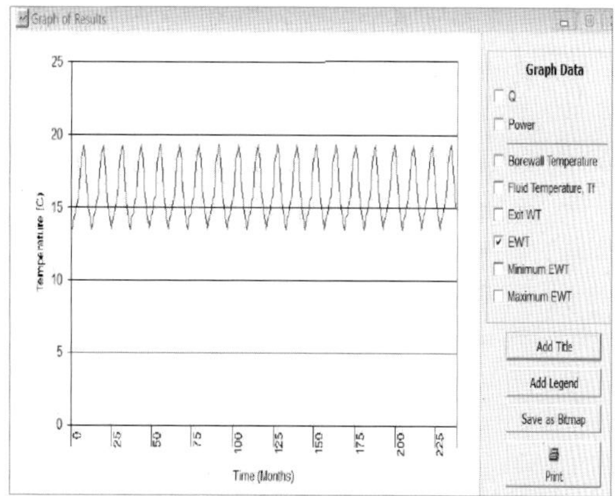

EWT 변화

그림 4-52 GLD 프로그램에 의한 지중열교환기 설계 (2) (계속)

9.6 지중열교환기 루프 설계

지중열교환기 설계 프로그램을 이용하여 지중열교환기를 설계해도 지중열교환기의 배열과 지중열교환기 루프 설계가 잘못되면 지중열교환기의 성능을 최대로 얻어낼 수 없고 심하면 지열 냉난방 시스템이 가동하지 않을 수 있다. 지중열교환기의 성능은 일정한 지중온도를 유지함에 있다. 만약 지중온도가 상승하거나 하강하면 열교환 성능이 나빠진다.

지중열교환기 계산 및 설계 순서

- 지중열교환기 순환유체의 최저유속 결정
- 매설되는 파이프 위치 결정
- 지중온도 결정
- 특정 깊이에서의 연간 최고온도 및 최저 온도 결정
- 히트펌프로 유입되는 순환유체의 온도 결정
- 지반과 루프의 온도차 계산
- 토양의 열전도 및 열 확산 계산
- 지중열교환기 길이의 계산

지중열교환기를 장방(바둑판)형으로 배열하면 중심부에 위치한 지중열교환기의 성능이 빠르게 나빠질 수 있으므로 최소 6m 이상의 간격을 유지하여야 한다. 선형으로 지중열교환기를 배열하면 열을 흡수하거나 배출할 수 있는 체적이 커짐으로써 최소 4m의 간격을 유지하도록 한다.

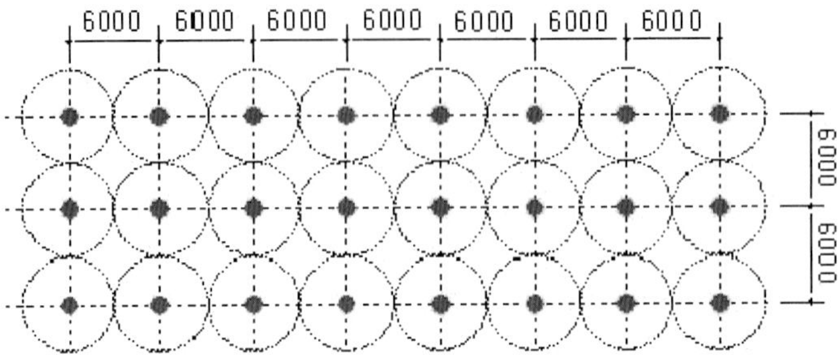

♦ 장방형 배치시 가로 세로 6m 이상, 선형배치 시 좌우간격 4m 이상

그림 4-53 지중열교환기 배열 예

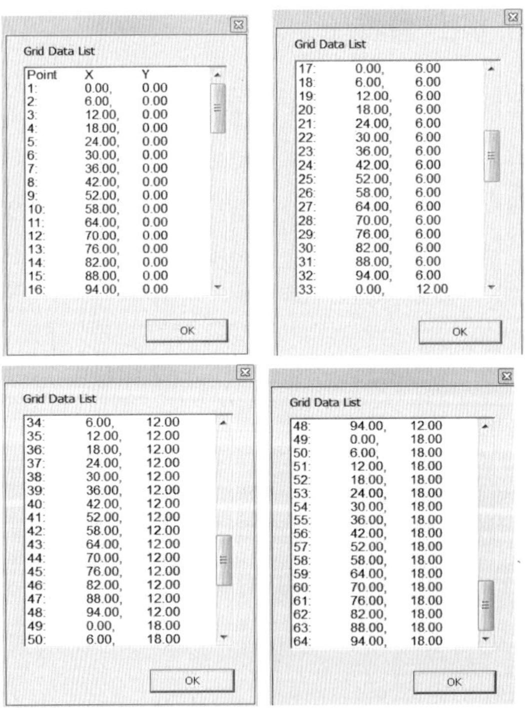

Grid Data List

Point	X	Y
1:	0.00,	0.00
2:	6.00,	0.00
3:	12.00,	0.00
4:	18.00,	0.00
5:	24.00,	0.00
6:	30.00,	0.00
7:	36.00,	0.00
8:	42.00,	0.00
9:	52.00,	0.00
10:	58.00,	0.00
11:	64.00,	0.00
12:	70.00,	0.00
13:	76.00,	0.00
14:	82.00,	0.00
15:	88.00,	0.00
16:	94.00,	0.00

OK

Grid Data List

17:	0.00,	6.00
18:	6.00,	6.00
19:	12.00,	6.00
20:	18.00,	6.00
21:	24.00,	6.00
22:	30.00,	6.00
23:	36.00,	6.00
24:	42.00,	6.00
25:	52.00,	6.00
26:	58.00,	6.00
27:	64.00,	6.00
28:	70.00,	6.00
29:	76.00,	6.00
30:	82.00,	6.00
31:	88.00,	6.00
32:	94.00,	6.00
33:	0.00,	12.00

OK

Grid Data List

34:	6.00,	12.00
35:	12.00,	12.00
36:	18.00,	12.00
37:	24.00,	12.00
38:	30.00,	12.00
39:	36.00,	12.00
40:	42.00,	12.00
41:	52.00,	12.00
42:	58.00,	12.00
43:	64.00,	12.00
44:	70.00,	12.00
45:	76.00,	12.00
46:	82.00,	12.00
47:	88.00,	12.00
48:	94.00,	12.00
49:	0.00,	18.00
50:	6.00,	18.00

OK

Grid Data List

48:	94.00,	12.00
49:	0.00,	18.00
50:	6.00,	18.00
51:	12.00,	18.00
52:	18.00,	18.00
53:	24.00,	18.00
54:	30.00,	18.00
55:	36.00,	18.00
56:	42.00,	18.00
57:	52.00,	18.00
58:	58.00,	18.00
59:	64.00,	18.00
60:	70.00,	18.00
61:	76.00,	18.00
62:	82.00,	18.00
63:	88.00,	18.00
64:	94.00,	18.00

OK

그림 4-54 지중열교환기 배열 계산

지중열교환기의 배열은 천공부지 조건에 따라 한 곳에 배열하거나 건축물 주변에 배열하게 된다. 배열한 지중열교환기는 조닝(Zoning)을 통하여 추후에 발생할 수 있는 지

중열교환기의 파손 등을 대비한다. 조닝된 지중열교환기들은 지열 순환수의 동일한 유량 분배를 위하여 리버스 리턴방식의 배관정렬법을 이용한다.

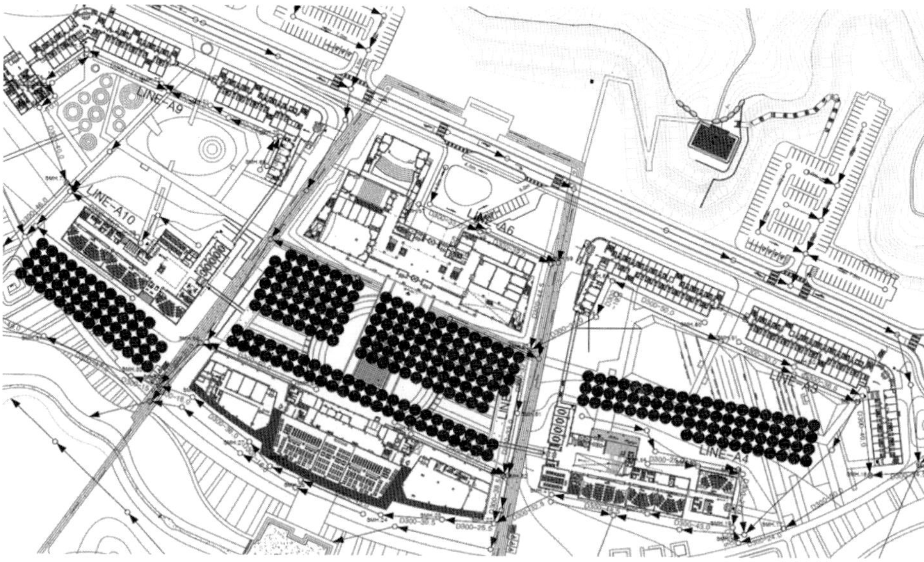

그림 4-55 지중열교환기 보어홀 배치

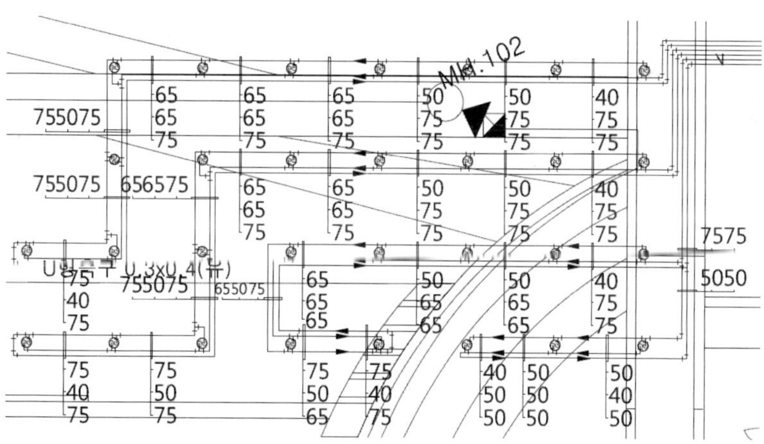

그림 4-56 지중열교환기 리버스리턴 배관방식

9.7 펌프류 및 팽창탱크 선정

9.7.1 지열순환펌프 선정

표 4-19 지열순환펌프 용량 선정표(견본)

1. 유량	히트펌프	FACTOR	수량	유량
	HP-1	540LPM	1	540LPM
	소계			540LPM
	선정			540LPM
2. 양정	**항목**	**FACTOR**	**수량**	**양정(M)**
	배관손실	20mmAq	660	13.2
	부속저항	배관의 50%	1	6.6
	히트펌프	3.5	1	3.5
	밸브류	3.0	1	3.0
	열교환기	10.0		
	안전율	15%	1	3.9
합계	산출			30.2
	산정			31
3. 동력	**펌프 제조사 전정표 이용**		**산출**	4.94
			선정	7.5kW
4. 펌프선정	**명칭**		**지열순환 펌프(GP-01)**	
	형식		인라인	
	용도		지열수 순환용	
	수량	EA	4	
	유량	LPM	540	
	양정	m	31	
	동력	kW	7.5	
	구경	mm	흡입	80
			토출	80
	효율	%	56.1	
	설치 위치		기계실	
	전원		3-380-60	
	비고		직입기동, 메커니컬 실	

9.7.2 지열용 팽창탱크 용량 선정

표 4-20 지열용 팽창탱크 용량 선정표(견본)

항 목	FACTOR
1. 배관시스템 전체 보유수량	23,344 Lit
2. 배관시스템의 최저온도(t_i)	4℃
배관시스템의 최고온도(t_f)	35℃
3. 팽창탱크의 최저 운전압력 (P_i)	0.9kg/cm²
$P_i = P_h + P_p =$	
P_h : 팽창탱크로부터 배관 최고 위치까지의 수직높이에 따른 정수두	
P_p : 에어벤트의 공기배출압 또는 증발방지를 위한 적정 가압	
4. 팽창탱크 최고 운전압력(P_f)	2.3kg/cm²
$P_f = P_i + \Delta P_{\max}\,(<B+0.3)\text{or}\ C) = D$	
$\Delta P_{\max} = P_e - (A+B+E)$	1.4kg/cm²
(안전을 고려하여 $\Delta P_{\max}$는 2kg/cm²이 넘지 않도록 권장한다)	
P_e : 기기 및 배관의 내압 또는 안전밸브 설정압력(kg/cm²)	
A : 안전밸브 설정압력에 따른 여유($P_e + 0.1$)	
B : 기기 및 배관에 걸리는 정수두압(kg/cm²)	
C : 시스템에 보급되는 보충수 압력(kg/cm²)	
D : 배관 하부에서 팽창탱크까지의 정수두(kg/cm²)	
E : 기기 및 배관에 미치는 순환펌프의 압력(kg/cm²)	
5. 팽창수량(V_e)	146 Lit
$V_e = V_s \times (V_f - V_i)$	
V_f, V_i : T_f, T_i에서의 물의 비체적	
6. 유효용량 계수(A.F)	
A.F(Acceotance Factor) $= 1 - \dfrac{P_i + 1.0332}{P_f + 1.0332}$	
7. 팽창탱크 용량	
$V_t = V_e / A.F$	
8. 팽창탱크 용량 선정	

탱크용량 : 500Liter	제품중량 : 250kg
수 량 : 1EA	최고사용온도 : 95℃
규 격 : 610×2,070mm	격막형식 : BLADDER
최고사용압력 : 9.0kg/cm²	재 질 : SS400
접속구경 : 40A	특기사항 : 한국산업안전공단 검정품

9.8 지열 냉난방 시스템 설계도면 작성

9.8.1 설계 개요

가. 신재생에너지 적용 비율

연면적	예상에너지 사용량	신재생에너지 생산량	신재생에너지 적용비율	비 고
63,000m^2	40,509 MWh/year	4,643 MWh/year	11.5%	

나. 신재생에너지 반영 내용

구 분	형식	설치규모	에너지생산량	비 율	비 고
태양광	고정식	51.00kW	287MWh/y	6.2%	A동
태양열	이중 진공관형	30.20m^2	35MWh/y	0.8%	A동
지 열	수직밀폐형	3,023kW	4,321MWh/y	93%	A, B, C, D동
소계			4,643MWh/y	100%	

다. 지열이용 시스템 공사 개요

구 분	지 열		적용용량(kW)	천공깊이	천공수	비 고
	냉방용량(kW)	난방용량(kW)				
A 동 (물-물)	601	602	602	194M	64공	
A 동 (물-냉매)	574	626	626	178M	66공	
B 동 (물-물)	451	452	452	185M	48공	
C 동 (물-냉매)	710	753	753	165M	76공	
D 동 (물-냉매)	548	592	592	169M	60공	
합 계	2,884	3,025	3,025		314공	

라. 지열 냉난방 시스템 적용 방식

• 지열 물-물 시스템(A동, B동)
- 1, 2차측 모두 물을 이용
- 지열히트펌프에서 물과 물이 열교환
- 히트펌프에서 온수 및 냉수를 발생시켜 순환펌프에 의해 2차측에 열원을 이송시켜 냉난방하는 방식
- 공기조화기 및 FCU 등의 시스템에 적용
- 중앙제어시스템

• 지열 물-냉매 시스템(A동, C동, D동)
- 1차측은 물, 2차측은 냉매를 이용
- 지열히트펌프에서 물과 냉매가 열교환
- 냉매배관을 실내측으로 연장하고 실내부하 및 용도에 맞게 실내기를 다양하게 선택하여 냉난방을 실시하는 멀티 시스템 에어컨과 결합한 형식
- 냉매형 실내기에 적용
- 중앙 및 개별 제어 시스템

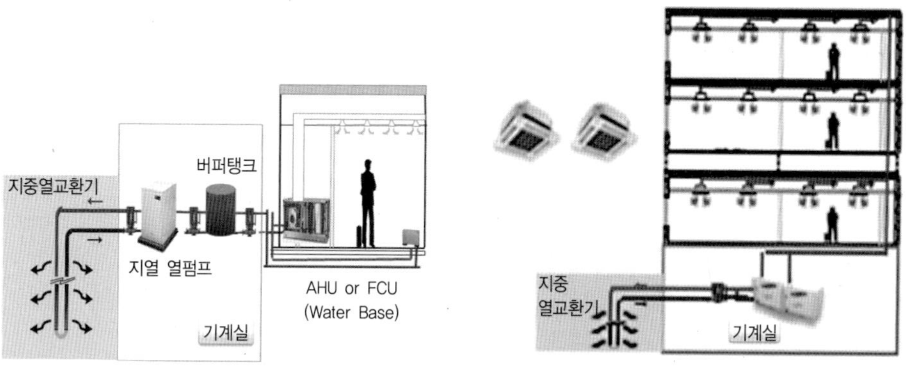

그림 4-57 지열 냉난방 시스템 적용방식

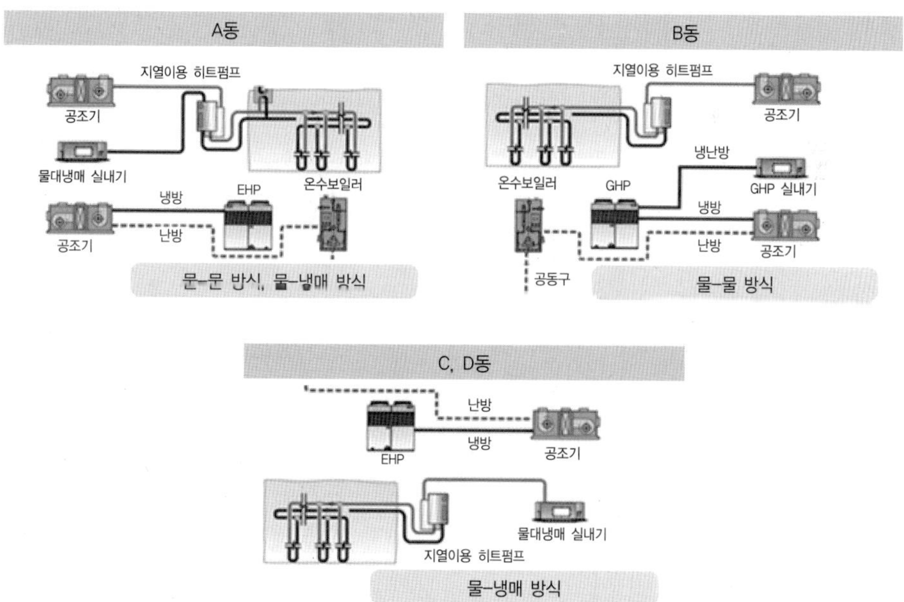

그림 4-58 동별 지열 냉난방 시스템 적용방식

마. 동별 냉난방 방식 개요

A동

■ 물-물방식(지열용 공기조화기 이용)

- 지열히트펌프에서 물과 물이 열교환하여 기계실에 설치된 공기조화기에 냉수, 온수를 공급하여 실내공기를 조화시켜 냉난방 수행
- 교수연구실 및 각 과사무실, 회의실, 도서관, 강당동 환기부하 담당

■ 물-냉매방식

- 지열히트펌프에서 물과 냉매가 열교환 후 각실에 설치된 실내기에 냉매액을 공급하여 냉난방을 수행
- 교수연구실 및 각 과사무실, 회의실, 도서관 등의 냉난방부하 담당
- 개별 제어 및 중앙제어 시스템 방식 운영

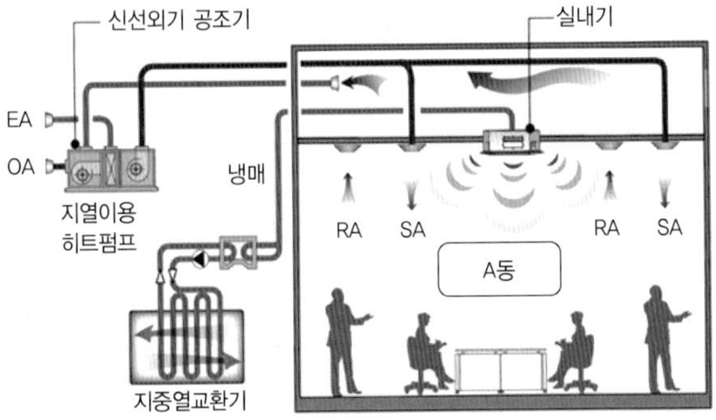

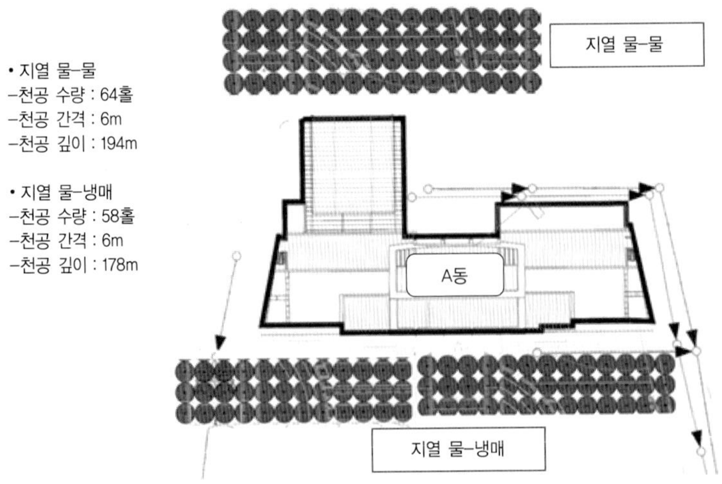

그림 4-59 동별 지열 냉난방방식 개요(1)

B동

■ 물-물방식(지열용 공기조화기 이용)

- 지열히트펌프에서 물과 물이 열교환하여 기계실에 설치된 공기조화기에 냉수, 온수를 공급하여 실내공기를 조화시켜 냉난방 수행
- 식당존 냉난방 및 환기부하 담당

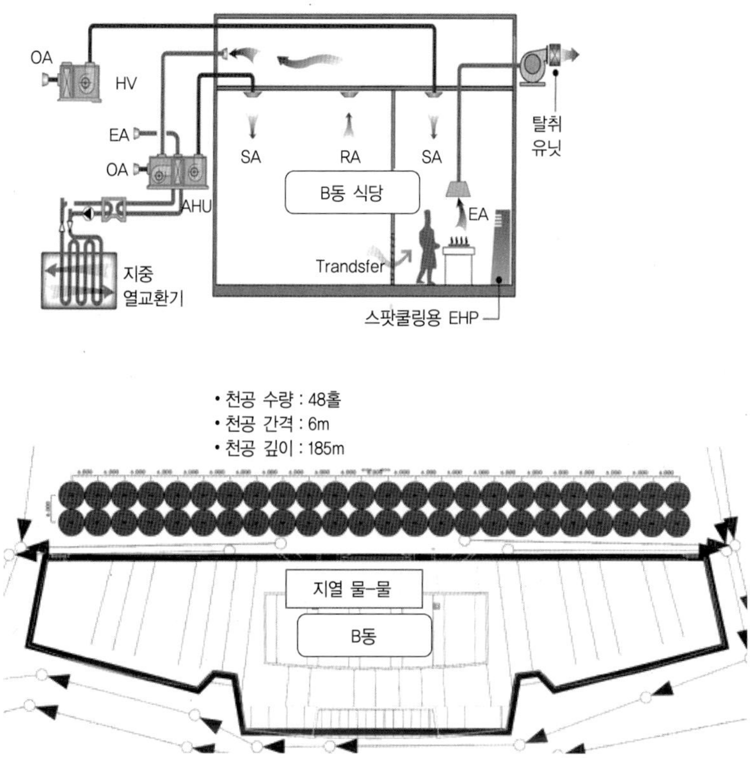

그림 4-60 동별 지열 냉난방방식 개요(2)

C, D동

■ 물-냉매방식

- 지열히트펌프에서 물과 냉매가 열교환 후 각 실에 설치된 실내기에 냉매액을 공급하여 냉난방을 수행
- 강의실 및 회의실 등의 냉난방 부하 담당
- 개별 제어 및 중앙제어 시스템방식 운영

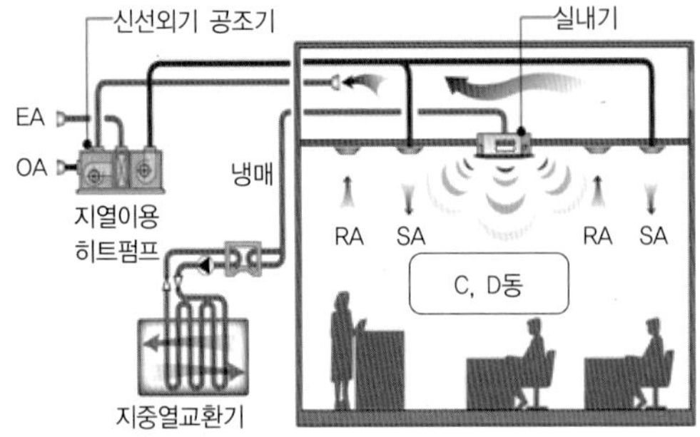

• 천공 수량 : 70홀
• 천공 간격 : 6m
• 천공 깊이 : 165m

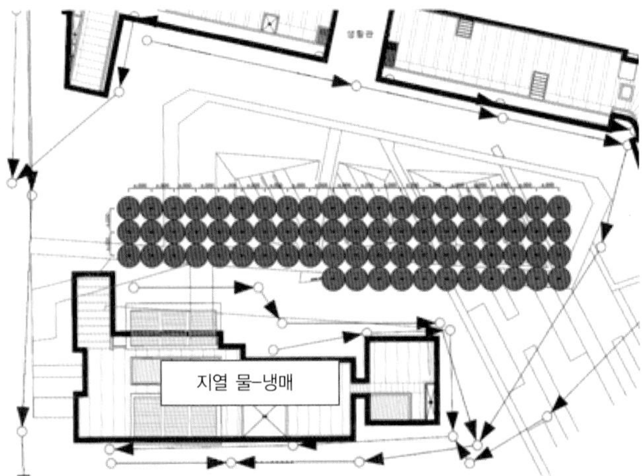

그림 4-61 동별 지열 냉난방방식 개요(3)

바. 지열 시스템 천공계획도 및 시스템 계통도

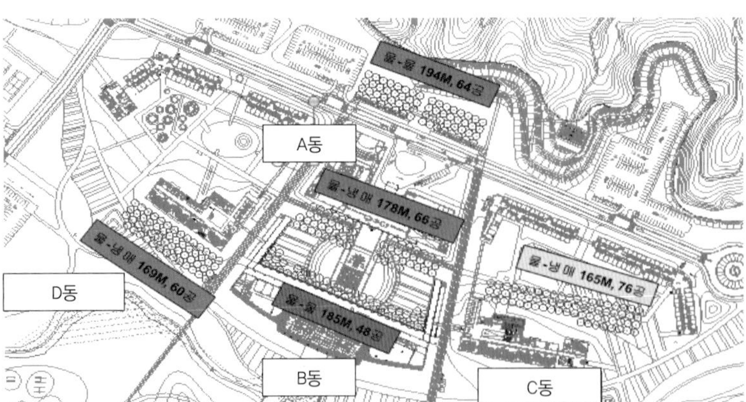

그림 4-62 지열 시스템 천공계획도 및 시스템 계통도

9.8.2 지열 설계도면 작성

- 지열시스템 계통도

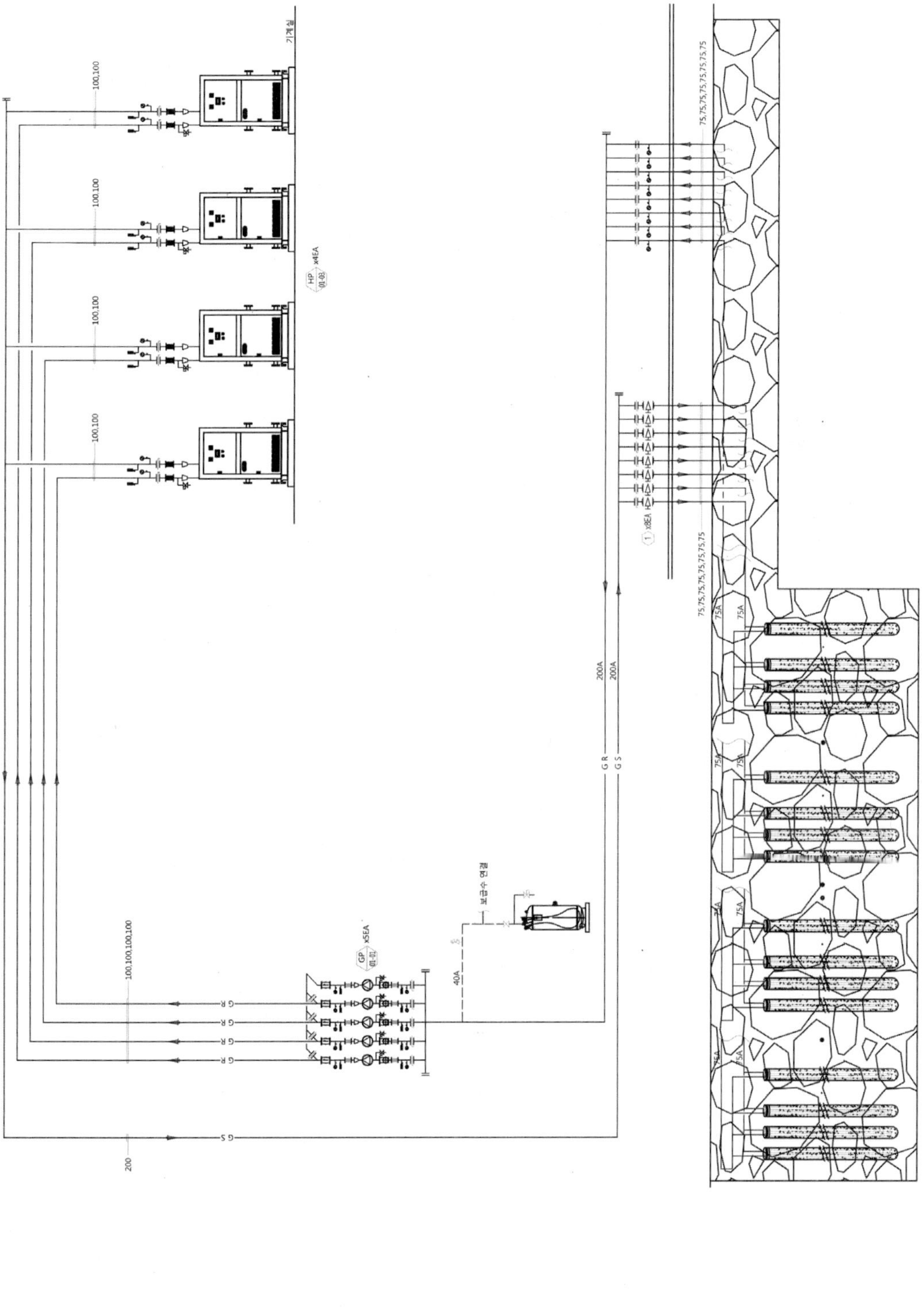

• 지열 시스템 옥외배관 평면도

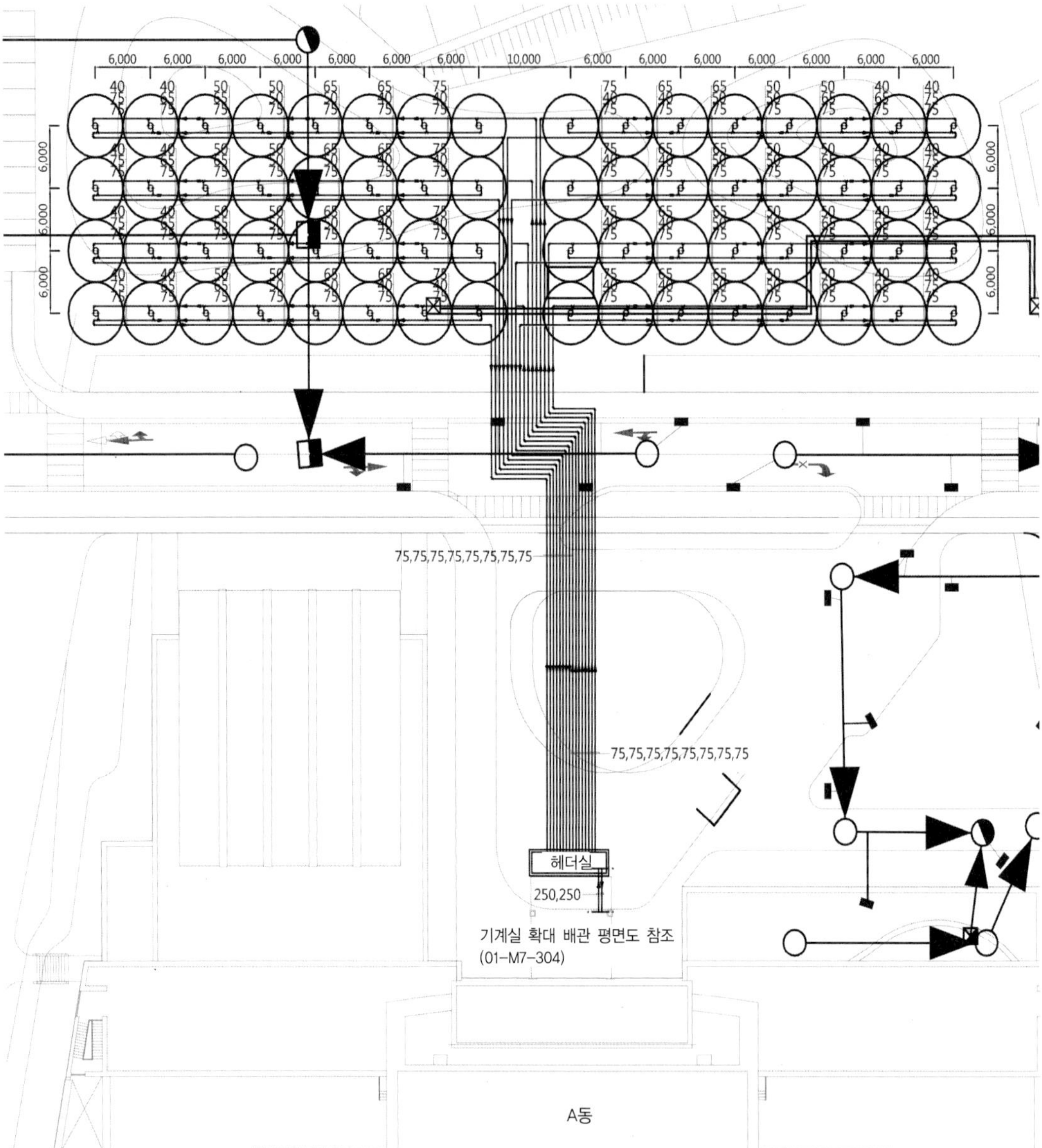

• 지열 시스템 보어홀 배치도

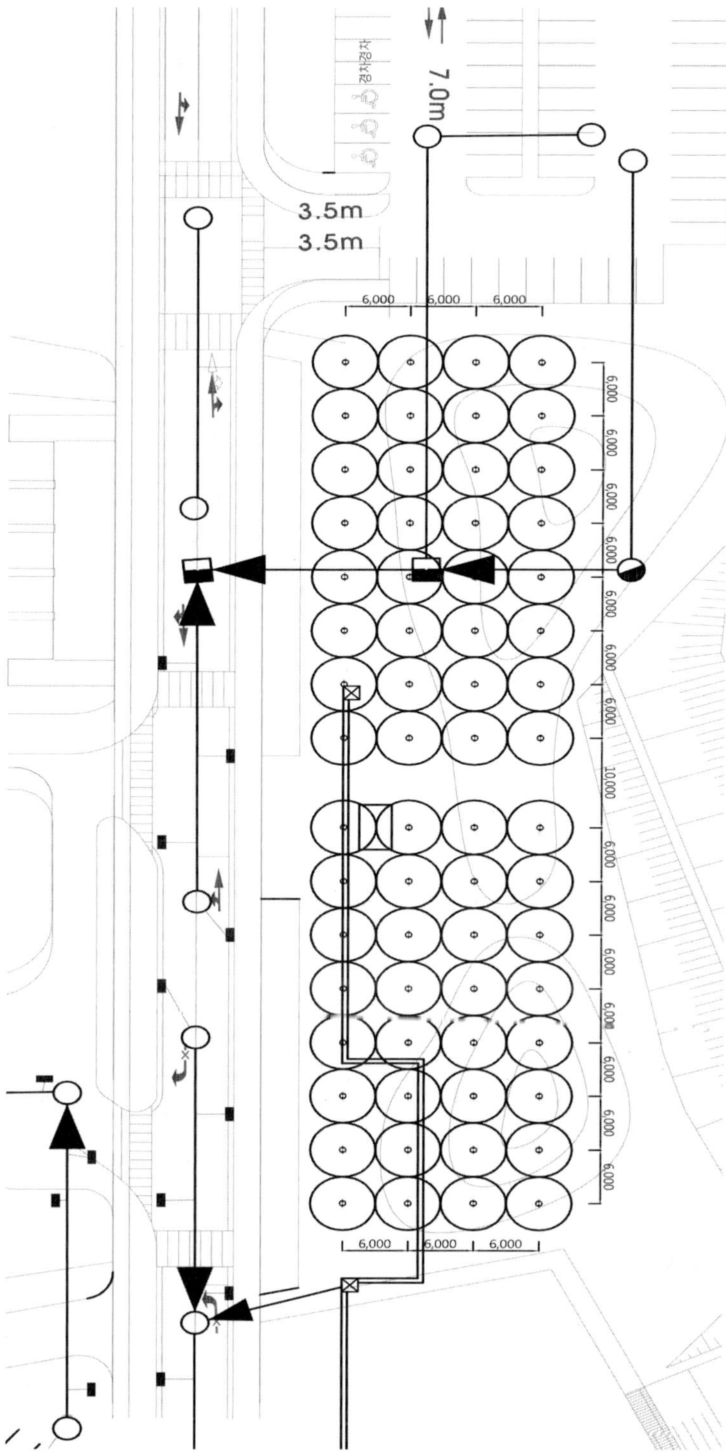

• 지열 시스템 기계실 배관 평면도

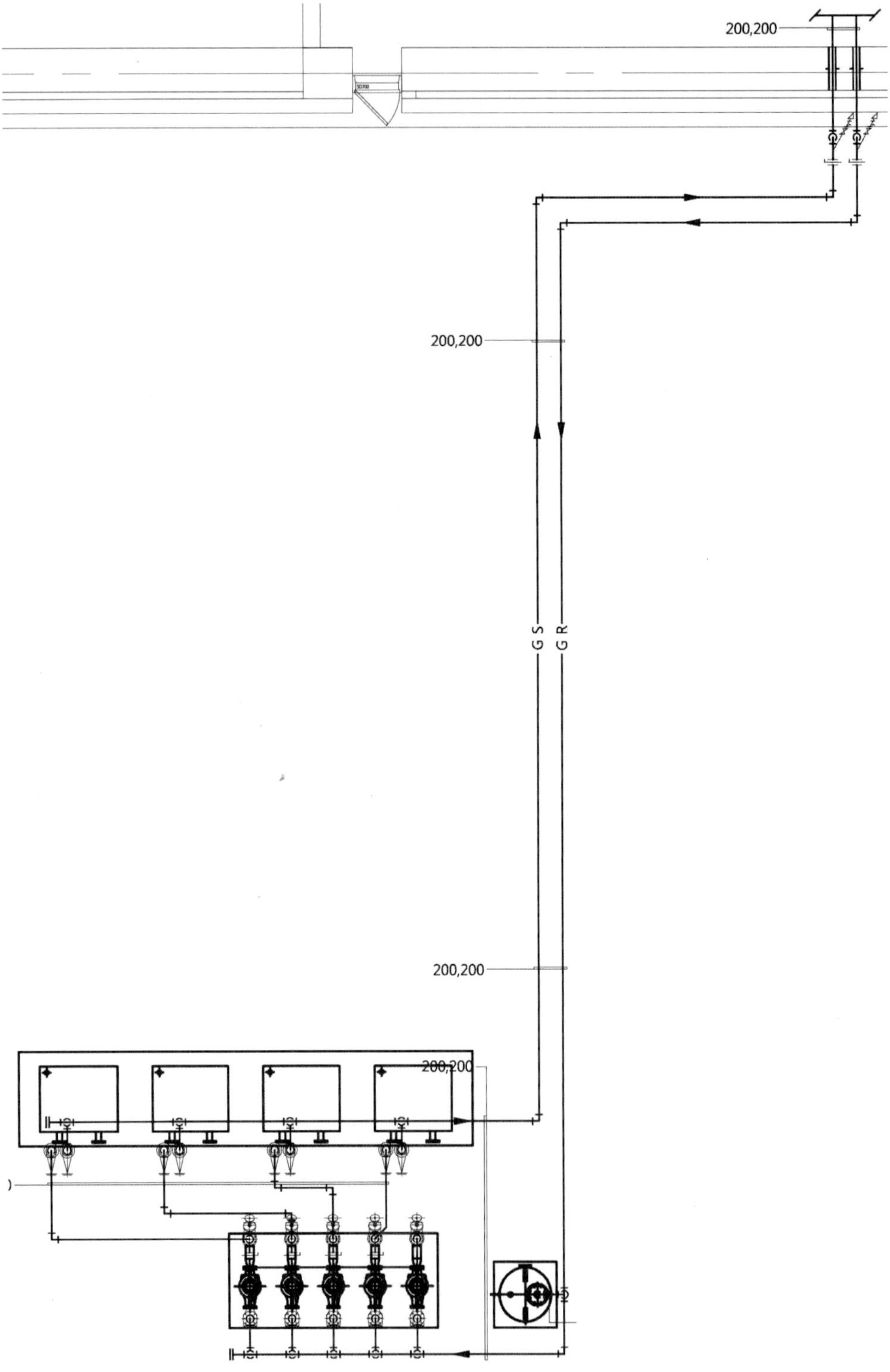

• 지열 시스템 옥외배관 시공 상세도

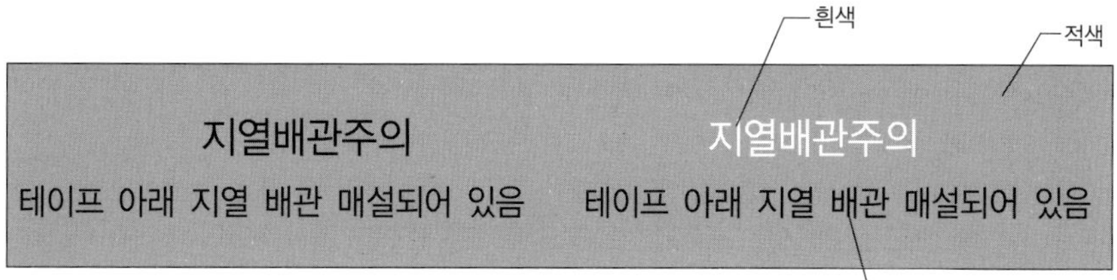

지열 경고테이프 상세도

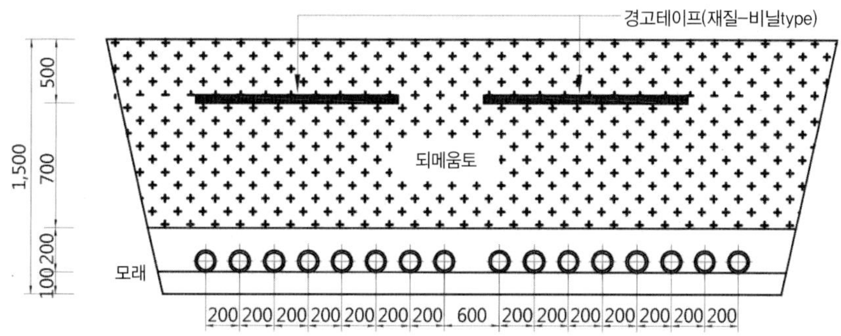

"A" 트렌치 단면 상세도

1. 되메움시 지면으로부터 약 0.5m 깊이에 지열배관이 매설이 되어 있다는 경고표지를 설치하여야 한다.
2. 트렌치 배관 시공 시 배관이 수평을 유지할 수 있도록 평탄작업을 실시한 후 매설하여야 한다.
3. 되메우기 전에는 배관에 손상을 가하거나 하중을 가할 수 있는 날카로운 돌, 바위 등을 제거하여야 한다.
4. 트렌치 배관은 동결심도 이하의 깊이에 매설하여야 한다.
5. 양질의 토사를 이용하여 파이프 직경의 두배 이상의 두께로 되메우되 지반침하가 일어나지 않도록 기계다짐을 하여야 한다.
6. 보어홀의 깊이는 설계도서 상의 깊이와 직경을 준수하되, 트렌치 바닥부터 산정하여야 한다.
7. 지열 파이프는 고밀도 폴리에틸렌 파이프를 사용하여야 하며, 누수방지를 위하여 열융착법으로 연결하여야 한다

• 지열 시스템 케이싱 상세도

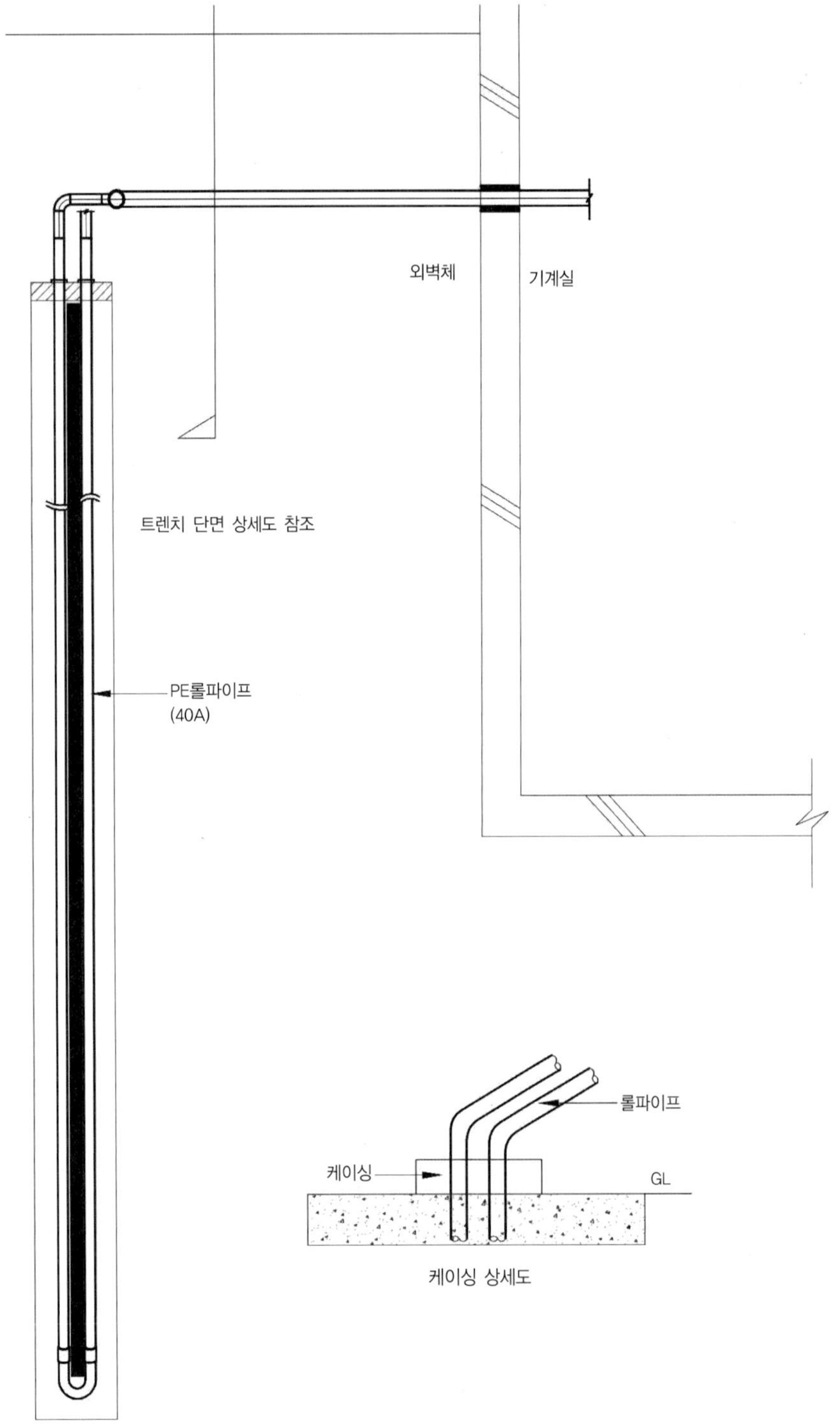

케이싱 상세도

• 지열 시스템 배관 상세도

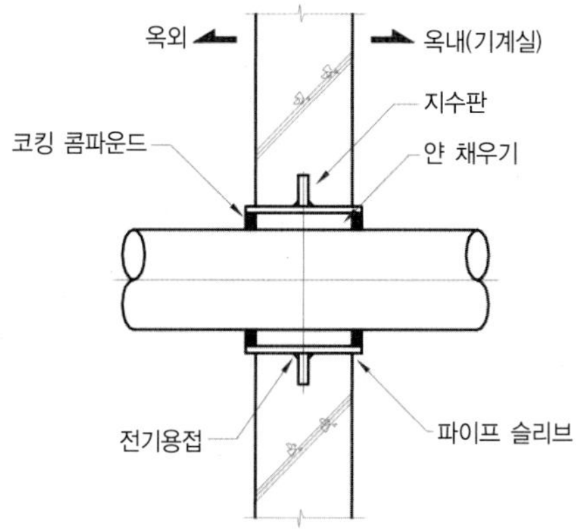

외벽 지수판 슬리브 상세도

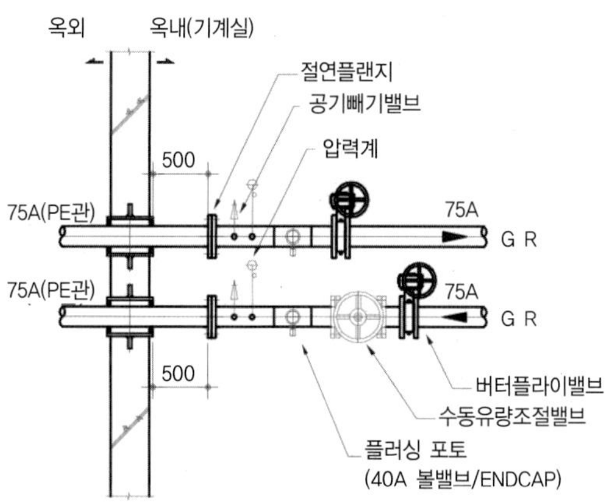

옥내인입 지열배관 설치 상세도

• 지열시스템 자동제어 계통도

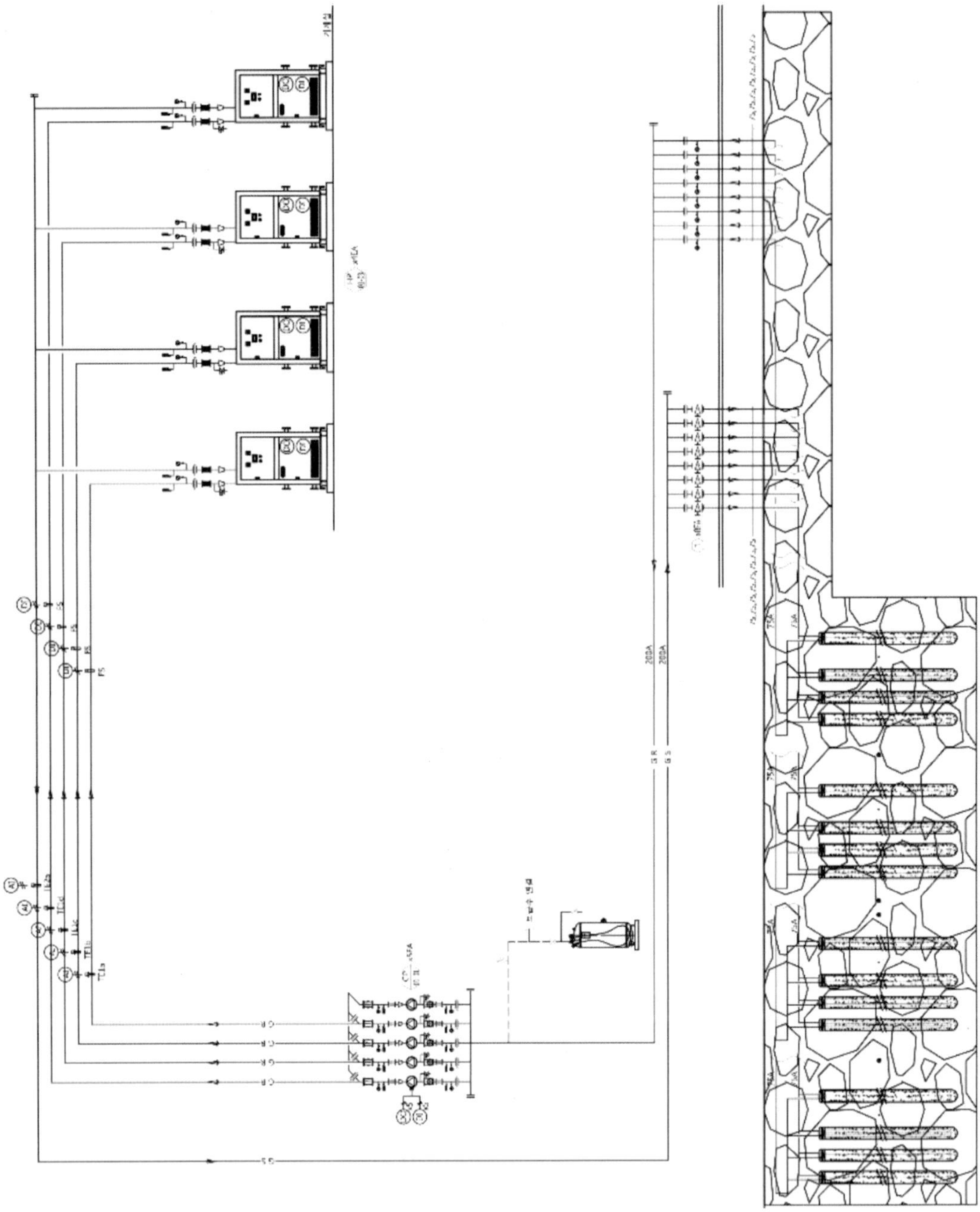

9.8.3 지열 냉난방 시스템 시방서

O O 신축공사 지열 냉난방 설비공사 시방서

1. 일반사항

1.1 공 사 개 요

(1) 공 사 명 : OO 공사 中 지열시스템 설치공사

1.2 적 용 범 위

(1) 본 시방서는 지열원 열펌프시스템 설비 시공에 관한 사항으로 수직 지중 루프열교환기를 이용하는 토양 열원 열펌프 설비에 적용된다.

(2) 본 시방서에 명기되지 않는 일부 기계설비 공사 및 전기공사 등은 국토교통부 제정 '건축기계설비 공사 표준시방서'와 '건축전기설비 표준시방서' 그리고 한국산업규격(KS) 및 국제표준규격(ISO) 등에 따른다.

1.3 공사 자격조건

(1) 에너지관리공단 지열 전문기업 등록업체일 것.

(2) 지열시스템 OOO OUSRT 이상의 시공실적이 있는 업체일 것.
(에너지관리공단 발행 신재생에너지 설치확인서 제출)

(3) 건설산업기본법 규정에 의거 기계설비공사업 보링 그라우팅공사업 등록면허를 보유한 업체일 것.

(4) 지하수법에 의거 지하수개발 -이용 시공업 면허를 등록한 업체일 것.

1.4 지열시공 업체 공사범위

(1) 장비설치공사(지열히트펌프, 지열 팽창탱크, 지열 보충수 탱크, 지열 순환펌프)

(2) 지열 열교환기 설치공사

(3) 기타 준공까지의 대 관청 관련업무

1.5 용어 해석

본 시방서에서 사용되는 용어는 다음과 같이 정의한다.

(1) 감리자 : 건축주가 지정한 감리 책임자로서 건축법 및 기술관리법에서 정한 바에 따라 설계도서대로 실시되는지 여부를 확인하고 시공방법을 지도하는 자를 말한다.

(2) 감독원 : 공사감독을 위해 건축주가 지정한 책임기술자로서 공사관리, 기술관리 등을 하는 자를 말한다.

(3) 현장대리인 : 건설공사 도급계약조건 제7조(현장대리인) 및 건설업법 제33조(건설기술자의 배치), 기타 관계법에 의거하여 공사 사업자가 지정하는 책임시공기술자로서 공사관리, 기술 관리 및 기타 공사업무를 시행하는 현장원을 말한다.

(4) 작업원 : 기계설비시공에 필요한 기능을 갖고 기계설비공사의 작업에 종사하는 사람을 말한다.

1.6 적용 방법

(1) 본 시방에 명기가 없는 사항은 당해 표준시방서에 준하며 내용이 상이할 때는 본 시방이 우선한다.

(2) 본 시방, 도면 또는 표준시방이 정한 공법, 자재 및 제품 등의 내용이 현실적으로 이행하기 불가능할 때는 반드시 건설사업 관리자로부터 서면으로 대안에 관한 승인을 얻은 후 시공한다.

(3) 설계도서 및 각 시방의 내용이 상이하거나 누락, 오기되었을 경우에는 반드시 건설사업 관리자와 협의하여야 하며, 견해의 차이가 발생되었을 경우 건설사업 관리자의 지시에 따른다.

1.7 시공 계획서

(1) 도급자는 자재운반, 장비사용 또는 기타 필요한 시공계획서를 상세히 작성하여 공사 착수 전에 건설사업 관리자의 승인을 받아야 한다.

(2) 시공계획서 중 특히 중량물 반입, 설치 등 위험을 수반하는 공사에 대해서는 공사의 방법과 사용 장비를 명시하여야 한다.

(3) 도급자는 현장상황에 따른 정확한 시공을 위하여 시공 및 제작에 대한 승인도를 작성 · 제출하여 건설사업 관리자의 승인을 받는다.

1.8 관계법규 및 인허가의 제 수속

(1) 제반 공사는 관계법규 및 조례 등을 준수하여 시공하고, 공사시공에 따른 관계관청에 제출해야 할 제 도서는 계약자 비용으로 하고 또한 인허가(지하수개발, 고압가스)를 득해 공사진행에 차질이 없도록 하고, 인허가 제출 서류는 공사완료 후 감리자에게 제출해야 한다.

1.9 기기 및 재료

(1) 기기 및 재료(기자재 및 부속품)는 KS 또는 공산품 품질관리법 등의 규정에 적합한 국산품을 사용하며 없을 시는 국산 최상품을 사용한다.

(2) 도면 및 시공기준에 기기 및 재료의 품질이 명시되지 않는 경우의 기기 및 재료의 품질은 기타 제반 설비와의 균형을 고려하여 감리자에게 승인을 받아 선정한다.

(3) 기기 또는 장치에는 제작회사, 제조번호, 제조년월일, 형식 및 성능 등을 명시한 명판을 부착하여야 한다.

(4) 자재 반입은 공정표를 검토, 적정한 시기에 반입하여 공사가 지연되는 일이 없도록 한다.

1.10 기기 및 재료의 관리와 검사

(1) 검사 및 시험에 합격한 기기 및 재료는 건설사업 관리자가 지시하는 장소에 보관하고 불합격품은 즉시 현장 외로 반출시켜야 한다.

(2) 자재 관리시 자재의 특성을 감안하여 변형, 부식, 파손 등 보관에 주의하여야 하며, 위험물과 인화성 자재는 방화안전대책(소화기설치 등)을 강구한다.

(3) 기기, 제품의 시험 및 검사는 공정 중 특기시방에 명시되었거나 필요한 단계에서 건설사업 관리자의 입회하에 행하여 검사를 받고 합격한 후가 아니면 후속 작업을 행할 수가 없다.

1.11 공사 현장관리

(1) 공사현장은 항상 기기 및 재료 등을 깨끗이 정리정돈하며 화재, 도난, 사고방지에 최선을 다한다.

(2) 공사장에 발생하는 모든 인적, 물적 사고의 책임은 전적으로 도급자에게 있고 또한 기존 시설에 손상을 주었을 경우에는 즉시 원상복구하여야 한다.

1.12 시공

(1) 모든 공사는 설계도면 및 시공기준에 따라 제반 설비의 기능을 완전히 발휘할 수 있도록 정확한 시공을 하여야 한다.

(2) 공정표 및 시공계획서 : 수급자는 착공에 앞서 공정표 및 시공계획서 등을 작성하여 감리자의 승인을 받아야 하며, 공정표에 변경이 생긴 경우에는 지체 없이 작성하고 감리자의 승인을 받아야 한다.

(3) 제작도 및 시공도

1) 기기의 제작 및 시공상 필요한 도면을 지체 없이 작성하여 건설사업 관리자의 승인을 받아야 한다.

2) 먼저 승인을 받은 도면이라도 시공사에 대하여 건설사업 관리자 및 건설사업 관리자가 변경을 요구할 시는 상호 합의하여 변경 시공할 수 있다.

(4) 시공에 대한 시험 및 검사

공정 중 특기시방에 명시되었거나 필요한 단계에서 반드시 건설사업 관리자의 입회하에 시험 및 검사를 행하고, 시공 후에 검사가 불가능하거나 곤란한 공사 부분은 건설사업 관리자의 입회하에 시공한다.

1.13 준공검사 및 공사인도

(1) 시운전 완료 시점을 공사 완성으로 한다.

(2) 준공도 및 취급 설명서

도급자는 공사 준공도 및 유지보수 관리에 필요한 취급설명서를 작성하여, 준공도서 1부를 제출한 후 감리자의 검토를 받아 미비한 사항을 수정한 후 요구하는 부수의 준공도서를 제출하여 감리자의 승인을 득한다.

(3) 인계인수

공사완성 후 조정 및 시운전의 기간을 30일로 한다.

1.14 하자보증기간

종합시운전 완료 후에도 3년 이내의 하자사항은 소모품 및 운전자의 고의 또는 부주의에 의한 경우를 제외하고 계약자가 무상으로 수리하여야 한다.

2. 지열히트펌프 시스템 설치공사 범위 및 기본사항

2.1 공사범위

(1) 지중열교환기공사

(2) 장비설치공사

(3) 기계실배관설치공사

(4) 모니터링 설비 공사

(5) 지열자동제어공사(점접제공 및 협의)

(6) 기타 준공까지의 대관청 관련업무

(7) 제외공사

MCC패널 설치공사(전기공사분)

장비용 기초공사(건축공사분)

2.2 관재료 및 이음

(1) 지중열교환기 배관 : 수도용 HDPE관

(2) 옥내인입 지열배관 : 수도용 HDPE관

(3) 지열관이음 : HDPE관 이음쇠

(4) 기계실 지열헤더 이후 배관 및 냉 · 온수배관 : KS D 5301 L TYPE 동파이프

(5) 기계실 배관이음 : 동관 이음쇠

2.3 밸브류

(1) 밸브

종 류	규 격	형 식(kg/cm^2)	사 용 처	구 경(MM)
게이트밸브	KS B-2301 KS B-2350	청동 나사식 10K 주철 플랜지 10K	냉 수, 온 수	15~50 15~250
스윙체크밸브	KS B-2301 KS B-2350	청동 나사식 10K 주철 플랜지 10K	냉 수, 온 수	15~50 65~250
수격방지용 체크밸브		주철 플랜지 10K	냉 수, 온 수	50~250
볼밸브	KS B-2308	황동 나사식 10K	냉 수, 온 수	15~50
버터플라이밸브		레버핸들 부착형	냉 수, 온 수	50~65
		기어핸들 부착형		80-250

(2) 안전밸브

- 안전밸브의 종류는 스프링식 안전밸브(전량식, 물용)로 하며 밸브시트나 몸체에서 누설이 없어야 하며, 용량은 해당 배관계통 압력을 일정하게 유지할 수 있는 값 이상으로 한다.
- 안전밸브의 작동 시 안전을 위해 유량도피 유도관을 설치하여야 한다.

(3) 자동공기빼기 밸브(액체용)

- 황동 또는 청동제로 기능이 확실한 것으로서 한다.
- 가능한 한 스트레이너 · 스톱밸브 · 체크기능이 내장된 것으로 한다.
- 배관내 공기체류가 예상되는 곳에 설치하며, 감독자가 지정하는 개소에는 반드시 설치해야 한다.

(4) 펌프토출밸브(Three-One Valve)

- 한국산업규격에 따라 헤머레스 체크밸브 겸 게이트밸브 및 밸런싱밸브 역할을 할 수 있는 밸브로 기능이 확실한 것으로 한다.
  - 몸 체 : 주철
  - 시이트 : 황동
  - 스프링 : 스테인리스강
  - 사용압력은 10 kg/cm^{2}로 한다.

(5) 펌프흡입스트레이너 (Suction Diffuser)

- 한국산업규격에 따라 엘보형 스트레이너로 상부에서 연결되는 펌프 흡입측에 설치하여야 한다.
  - 몸 체 : 주 철
  - 내부 스트레이너 : 스테인리스강
  - 외부 스트레이너 : 황 동

(6) Y형 스트레이너

- 50mm 이하는 청동제 나사식으로 하고 65mm 이상은 주철제 플랜지식으로 한다.
- 청소용 플럭이 반드시 하부에 오도록 설치한다.
- 스트레이너 부분은 스테인리스강제 또는 황동제로 하고 그물의 크기는 사용처에 적당하며 충분한 유효면적을 가진 것으로 한다.

(7) 플렉시블 조인트

- 스테인리스강제의 벨로우즈형으로 벨로우즈와 그 보호강대는 KS D-3698(냉간압연 스테인리스강판) STS 304 또는 KS D-5506에 따른다.
- 이음쇠는 관의 신축에 있어서 새지 않고 작동이 확실한 것으로 하며 충분한 강도를 갖는 고정대가 있는 것으로 한다.
- 동관용은 보호외통을 갖는 벨로우즈형으로 하고 접속부분은 KS D-5578(동 및 동합금 관이음식)에 따르고, 그 밖의 것은 강관용에 준한다.
- 신축이음쇠 양 측면에 반드시 가이드슈를 견고히 설치하여야 한다.

(8) 관 슬리브

- 원칙적으로 강관제로 하며 배관직경보다 2단계 큰 것으로 한다.
- 슬리브나 배관과의 사이에 암면 또는 글라스울로 충진하여야 한다.
- 방수층을 통과하는 슬리브는 배관과 배관 사이에 암면 또는 글라스울로 충진하고 앞뒷면에 방수에 지장이 없는 구조로 한다.

2.4 보온공사

배관 및 기기류의 방로, 보온 및 보냉을 위한 재료 및 시공에 적용한다.

(1) 재료

보온재의 규격 및 특성 등은 "건축설비공사 표준시방서"에 준한다.

(2) 배관의 보온두께

가) 보온두께는 보온재만의 두께를 말하며 외장재, 보조재 등의 두께는 포함하지 않는다.

나) 방로 및 방동이 동시에 필요한 경우의 보온두께는 두께가 큰 쪽의 시방을 적용한다.

종별 \ 호칭경	15	20	25	32	40	50	65	80	100	125	150	200	250
두께	25	25	25	25	25	25	40	40	40	40	40	40	40

(3) 배관 보온재

사 용 구 분	재 료	재 료 규 격
냉 온 수 배 관	고무발포 보온재	각 관경별 25t~40t

2.5 지열시스템 설비공사 장비 특기 시방서

2.5.1 히트펌프 : 신재생에너지센터 인증제품

(1) 지열히트펌프 적용 범위 및 분류

지열히트펌프는 신재생에너지센터의 인증서에 준한다.

시험항목	모델명	능력(W)		사용전력
히트펌프	LRG-WA050D	냉방	95,000	AC,3상,4선 380V 60HZ
		난방	94,700	
	LRG-WA050D	냉방	157,000	
		난방	150,000	

(2) 공급범위

1) 히트펌프(제어부 포함) : 모든 부품을 밀폐형으로 제하여 내압시험 후 출고한다.
2) 냉매(R-410A) : 용량에 따라 정격 봉입량을 충전 후 출고한다.
3) 압축기 윤활유(POE/160SZ) : 제품 용량에 따라 정격 봉입량 충전 후 출고한다.
4) 단열 : 단열이 필요하다고 판단되는 패널부, 압축기, 열교환기,
   냉매배관, 물배관
   ▫단열재 : 난연성 발포 고무 발포재
   ▫두께(mm) : 열교환기, 패널부, 압축기, 냉매배관, 물배관
5) 히트펌프 사용자 매뉴얼 및 결선도 1부

(3) 일반 제작사양

1) 본 규격서에 명기되지 않은 부품 및 재료는 KS 규격품 또는 동등 이상의 것을 사용하며 모든 부품은 교환, 보수 및 점검이 용이한 구조로 설계되어 있어야 한다.
2) 기기에 이상이 발생하거나 냉매누설 등의 이상상태가 발생되었을 경우 즉시 지열히트펌프 시스템의 운전을 정지하고, 이를 용이하게 식별하도록 하는 표시 장치 또는 기능을 구비하고 있어야 한다.
3) 한전측의 정정 및 수시 전압 변동으로 인한 기계손상을 방지할 수 있도록 회로보호가 되어야 한다.
4) 지열히트펌프 시스템은 이상소음 및 이상진동 없이 정숙 운전이 가능하여야 한다.
5) 모든 실내기는 중앙제어 컨트롤러 또는 제품에 장착된 PLC를 운전 · 정지 조작이 가능하도록 회로가 구성되어 있어야 한다.
6) 히트펌프와 실내기 간의 배관작업 후 배관 설치에 따른 열손실 및 이슬 맺힘을 방지하기 위하여 고/저압관측 모두 규정된 단열재 두께를 선정하여 단열작업을 실시하여야 한다.
   ▫ 단열재는 사용환경 온도가 -57~125℃인 고무발포 보온재(이하 EPDM : Ethylene Propylene Diene Monemer) 이상의 성능을 가진 단열재를 사용하도록 열전도율 0.035kcal/m,h℃ 이하이어

야 하며 KS M3014(폴리에틸렌 발포제품 시험방법)에 의해 성능이 확인된 것을 사용해야 한다.

7) 히트펌프의 주 전원선은 용량별로 지정된 사양 이상의 것을 사용하여야 하며, 각각의 통신선 및 전원선은 보호를 위한 전선관을 사용하고 설치 환경에 따라 외부 노이즈를 차단할 수 있는 재질의 전선관을 사용하여야 한다.

(4) 히트펌프 제품사양

1) 시스템의 개요

모든 부품이 일체형으로 제작된 유닛으로 사방밸브의 전환을 통해 냉난방 운전으로 전환하는 시스템

2) 구성

- 압축기 : 스크롤 압축기 : 2EA
- 열교환기 : 판형 열교환기(냉난방용) / 판형 열교환기(지열용)
- 냉 · 난방 전환밸브 : 사방밸브 : 2EA
- 냉매배관 계통 : 2SET
- 제어부 : 1 SET

3) 규격

- 형식 : 물-물방식 지열히트펌프
- 성능 : 에너지관리공단 인증능력-사양서 참조
- 냉매 : 친환경냉매(R410A)
- 전기사양 : 주전원 : 380V-3상-4선-60hz
- 사용 냉 온수 : 상수 및 지하수

(5) 구성부품

1) 케이스(Case)

- 유지 · 보수가 용이하도록 분해 · 조립이 간편한 구조이어야 한다.
- 미려한 외장을 가지며 결로방지를 위해 단열처리가 되어 있어야 한다.
- 진동 및 이상소음이 발생하지 않는 구조이어야 한다.
- 접지를 할 수 있는 구조이어야 한다.

2) 판형 열교환기

- 전열교환을 높일 수 있는 구조이어야 한다.
- 판형 열교환기 Plate에는 산화현상이 생기지 않아야 한다.
- 기밀시험을 행한 후 내부를 완전히 건조시켜 수분이 없도록 한다.
- 사이클을 구성하는 핵심부품으로서 냉방시 컴프레서를 통과한 고온, 고압의 냉매가 들어와 이 판형 열교환기를 통하는 동안 지중열교환이 이루어지고, 난방시는 저온, 저압의 냉매가 들어와 이 판형 열교환기를 통하는 동안 지중열교환기로 순환한 열원수로부터 열을 흡수하여 냉매 자신은 증기로 변하는 과정의 열교환이 이루어지는 부품이다.

3) 압축기

- R410A 냉매를 사용하며 케이스 형상은 밀폐형이고 Type은 정속 스크롤압축기 2대의 조합으로 부하 대응에 탄력적이고, 에너지 효율을 최적화할 수 있어야 한다.
- 운전시 소음 및 진동의 전달을 방지하기 위하여 방진고무를 사용하여야 한다.

4) 온도식 자동 팽창밸브

- 응축기 출구의 고압의 액체 냉매를 저온, 저압의 상태를 단열팽창시키는 부품으로 냉방 운전시, 실내기, 난방 운전시 히트펌프에 장착된 온도식 자동 팽창밸브가 작동하여 흡입온도에 따라 적정 냉매량을 조절할 수 있어야 한다.

5) 운전조작 장치

- 히트펌프에 전체 시스템이 최적으로 운전되도록 하는 히트펌프용 제어기로 흡입 냉매가스 온도 및 열교환기 물온도 등 최소한 2개의 센서값을 바탕으로 운전부하를 제어할 수 있어야 한다.
- 자체 보호 장치 및 시스템 보호 기능을 갖추고 있어야 한다.

6) 각종 압력 용기류는 공인 검사기관에 의해 검사에 합격한 것을 사용한다.

7) 운반 및 납품

- 모든 제품은 유닛별로 완전 조립된 상태로 운반 및 납품을 한다. 만약, 완전 조립된 상태로 납품이 불가능할 때에는 상호 협의 후에 결정하여 운반 및 납품을 한다.

● 압축기 사양

압축기	업체	-	A	B
	형식	-	스크롤	스크롤
	압축기수	EA	2	2
	Piston	cc/Rea	152	228
	오일명칭(윤활유)	-	POE/160SZ	POE/160SZ
	오일충진량	cc	3300/3300	6700/6700
Sump Heater	소비전력	kW	0.13	0.15
냉매	종류	-	R410A	R410A
	제품봉입량	kg	4.5/4.5	9.1/9.1
응축기	형식	-		
	수두손실	kPa	25.5	34.2
	사용최대압력	kg/cm^2	41.8	41.8
	유량	lpm	342	342
	입/출구 연결 배관경	mm	65A/65A	65A/65A
증발기	형식	-	Plate	Plate
	수두손실	kPa	24.7	31.2
	사용최대압력	kg/cm^2	41.8	41.8
	유량	lpm	342	540
	입/출구 연결 배관경	mm	65A/65A	65A/65A
Expansion Valve Type			TXV	TXV
본체치수	제품중량	kg	420	633
	제품치수	W H D	850×1650×900	1100×1650×900
	제품치수	W H D	개방형 포장	개방형 포장
보호장치	고저압보호	-	O	O
	결빙장치	-	O	O
	토출온도제어장치	-	Internal	Internal
	압축기보호장치	-	OCR	OCR
	역상감지기	-	O	O
	Flow Switch	-	O	O
	비상스위치	-	O	O
Power	전원선	mm^2	16.0×5C	25.0×5C
열원수 사용온도범위	냉방	℃	10~45	10~45
	난방	℃	-5~25	-5~25
누전차단기		A	100	100

(6) 컨트롤 패널

1) 사양

- 전원 : 380V-3상-4선-60HZ

- 조작 : 조그셔틀

(7) 안전장치

1) 고압스위치(HP) : 고압부의 압력이 설정값 이상되었을 때 제품의 운전을 정지시킨다.

2) 저압스위치(LP) : 저압부의 압력이 설정값 이하가 되었을 때 제품의 운전을 정지시킨다.

3) 유량스위치 : 순환수의 흐름에 이상이 있을 때 제품의 운전을 정지시킨다.

4) 역상감지기 : 압축기의 역회전을 방지하기 위해 입력전원의 상이 바뀌었을 때 작동한다.

(8) 히트펌프 제품 사양표

1) 정격 난방 능력 기준

- 냉방능력 : 부하측 12℃, 열원수 입구온도 25℃ 기준에서 수치임
- 난방능력 : 부하측 40℃, 열원수 입구온도 5℃ 기준에서 수치임

2) 열원수 5℃ 이하 설계시 반드시 부동액이 포함되어야 한다. 부동액 투입시 능력이 다소 저하될 수 있다.

3) 제품 외형 치수는 LEG의 높이를 제외한다.

4) 능력, 소비전력 등은 제품 설치조건(온도, 사용조건)에 따라 차이가 발생할 수 있다.

5) 히트펌프는 원활한 통풍, 보수 및 점검을 위하여 서비스 공간이 충분히 확보되는 장소에 설치하여야 한다.

6) 메인 전원선은 50M 미만을 기준으로 한다.

2.5.2 팽창탱크

(1) 강판제 용접구조의 압력용기로서 용기 내에 블래더(Bladder)에 의해 팽창수를 접수할 수 있는 수실과 압축공기를 봉입하는 공기실이 완전히 분리되어 있는 구조로 한다.

(2) 블래더의 파손 또는 노후 시 교환할 수 있는 구조로 하기 위해 탱크 경판에는 블래더용 액세스홀을 설치하고 플랜지(Flange)로 마감한다.

(3) 팽창탱크의 구조는 아래와 같은 조건을 갖는다.

구　분	설　계	최고사용압력
압 력	5kg/cm^2.G	6.0kg/cm^2.G
온 도	95℃	95℃

(4) 공기실의 하부에는 압축공기의 응축수 또는 기타 드레인을 위해 배수구를 설치하고 플러그(Plug)로 마감한다.

(5) 팽창수의 배관 연결구는 탱크 상부 경판에 25A 소켓(나사)으로 한다.

(6) 명판(Name Plate)은 모델, 용량, 제조일, 봉입공기압력, 최고사용온도, 최고사용압력 등을 표기하여 관리가 용이하도록 한다.

(7) [산업안전보건법 제34조 및 동법 시행규칙 내지 제58조 외]에 의한 안전검사 합격품이어야 한다.

2.5.3 지열순환펌프

(1) 본 시방서는 인라인펌프를 제작함에 있어 규격, 성능 및 품질검사에 사항을 적용함.

(2) 펌프의 구조와 모양

1) 펌프 하우징

- 펌프의 설치 및 배관작업이 용이하고, 흡입 및 토출구가 동일선상에 있는 인라인형으로 구성되어야 한다.
- 펌프모터의 수리 및 교체가 필요할 경우 배관으로부터 펌프하우징의 분리 없이 수리 및 교체가 이루어져야 한다.
- 플랜지 규격은 규격에 따라 ISO 70052 / DIN 2501, PN6, PN10, PN16에 따른다.

- 펌프 내부에 수로를 보유하고, 순환수의 와류 및 캐비테이션을 방지할 수 있어야 한다.
- 최고운전압력은 사양에 따라 10Bar, 20Bar이고, 사용온도는 –15C~140℃까지 사용이 가능하여야 한다.
- 누수방지에 용이한 메커니컬-실을 사용하고, 유지보수가 용이하여야 한다.

2) 임펠러
- 임펠러는 모터축과 직결형으로 축동력을 전달할 수 있도록 하여야 한다.
- 역학적인 유동을 고려하여 물과의 마찰을 최소화한 밀폐형 임펠러야 한다.

3) 샤프트(주축)

모터와 펌프의 축은 일체형 또는 커플링 연결형이며 이 축에 임펠러와 메커니컬-실이 직접 설치될 수 있는 공간이 확보되어야 한다.

4) 모터
- 전폐형 팬 냉각방식 농형 유도 전동기 타입 모터로 DIN 및 IEC 규격에 따른다.
- 보호등급 : IP 55이어야 하고,
- 절연등급 : B 등급 이상이어야 한다.
- 최대 주위온도는 40℃이고, 사용전압은 표준전압에 적합하여야 한다.

6) 모터 샤프트

누수 방지용 메커니컬-실의 설치가 가능하여야 한다.

2.5.4 지중열교환기

(1) 천공작업

1) 시공자는 천공작업 시작 전에 작업에 대한 계획서를 작성하고 천공작업 전반을 관장하는 감독원의 승인을 받아 실시하여야 한다.
2) 천공작업에 앞서 감독원이 지시하는 기준점으로부터 기준점 측량을 행하여 보링, 표고 및 좌표를 정하고 위치를 평면도에 명기한다.
3) 천공심도는 지열설계 도서에 준하며, 변경사항 또는 문의사항은 감독원과 협의하여야 한다.
4) 천공작업 이전에 가능한 작업상 방해가 되는 요소들을 확인한다.

5) 천공작업 시 암반면 전까지 표토층의 붕괴 방지를 위해 케이싱을 설치해야 하고, 게이싱의 길이는 시

역의 지형이나 토양의 성질에 따라 달라질 수 있다.

6) 예정심도의 천공작업을 완료한 경우 감독원에게 보고하고 지시를 받아야 한다.

7) 예정심도 이상을 천공할 수 있는 장비를 투입하여야 하며 본 공사를 수행할 수 있는 능력의 장비를 투입한다.

8) 천공작업 전에 지하매설물을 상세히 조사하여 시공에 지장이 없도록 조치하여야 한다.

9) 천공작업 시 소음, 진동 등 공공의 피해를 최소화시킬 수 있는 조치를 취하여야 한다.

10) 천공작업 시 지상 또는 지하의 기존 구조물이 손상되지 않도록 조치를 취하여야 한다.

11) 그라우팅 후 지열천공을 위하여 사용된 케이싱은 제거함을 원칙으로 한다.

(2) 지중열교환기 자재 및 설치

1) 자 재

- 지중에 매설되는 지중열교환기 파이프는 원료 폴리에틸렌 재료를 압출하여 제작된 것을 사용해야 한다. 파이프 또는 열융착재료로 재생품은 사용할 수 없다.
- 지중열교환기 파이프로 외경 및 두께 등이 허용 오차범위에 맞추어 제작된 것을 사용해야 한다.

2) 지중열교환기 설치점검

설계된 필요 천공수에 따라 천공 위치는 주변 건물과 부대시설 및 기계실 위치를 감안하여 현장을 점검하여야 한다. 이때 필요한 전원이나 용수의 유무도 함께 점검한다.

3) 지중열교환기 설치

① 지열교환기를 천공홀에 삽입하는 동안 꼬이거나 홈이 파지면 안 된다.

② 지열 파이프를 삽입하기 전 표면의 흠이나 손상 부위를 점검한다. 잘린 부위나 파진 홈이 관의 최소 벽두께의 10%보다 깊을 경우, 그 부위를 제거하거나 파기시킨다.

③ 열융착이 끝난 지열교환기는 상온상태에서 삽입하여야 한다.

④ 지중열교환기 삽입 시에는 부력상쇄 효과를 위해 물을 채우도록 하며 도면에 명시된 천공 깊이까지 삽입한다.

⑤ 최종 연결이 될 때까지 지열교환기의 열려 있는 끝부분은 이물질이 들어가지 않도록 밀봉해야 한다.

⑥ 지열 열교환기 삽입 시 그라우팅을 위한 그라우트 파이프는 지열 열교환기와 동시에 삽입하여 열교환기 U벤트의 말단에서부터 상부로 그라우팅되도록 한다.

4) 수평 트렌치 배관

① 지열 수평 트렌치 배관의 매설깊이는 해당 지역의 동결선 밑으로 설치되어야 한다.

② 시추공에 삽입된 지열파이프는 트렌치(Trench)에서 헤더(Header)에 결합되고 공급 및 환수관 간의 최소한 이격거리는 45cm이고 겹쳐지는 부분을 최소화해야 한다.

③ 지열파이프가 트렌치 배관에 결합될 때 구부러짐(Folding)을 방지하기 위해 성토작업에 주의한다.

④ 경고테이프를 매설하여 추후 터파기공사에 대비한다.

5) 터파기 및 되메우기

① 터파기 폭은 배관작업에 지장을 주지 않는 선에서 최대한 좁게 하는 것이 좋다.
② 터파기 바닥은 딱딱하지 않으며, 암석이 없어야 한다.
③ 파이프에 하중을 가할 수 있는 바위, 표석이나 커다란 돌들은 사전에 제거되어야 한다.
④ 초기 되메우기 재료는 큰 흙덩어리나 동결된 흙, 목재 파편 등이 들어 있어서 안 되며, 자갈을 제거한 흙 또는 모래를 최소 20cm 이상 덮어야 한다.
⑤ 되메우기는 지열 파이프 위로 최소 100cm 이상으로 덮어야 하며, 지상에서 약 45cm 아래에 경고 테이프를 매설한다.
⑥ 지열파이프 매설작업 후에 콤팩트나 기타 지반 토양다짐기를 이용해서 땅을 다짐한다.

2.5.5 그라우팅

(1) 목적

1) 표층수 등으로부터 오염된 물이 지하수층으로 흘러 들어가 오염되는 것을 방지.
2) 지열교환기와 지중과의 열전달률을 향상시켜 가용 열용량을 향상시킴.

(2) 유의사항

1) 보어홀 중간에 그라우팅이 비는 공간이 발생하지 않도록 주의하여야 함.
2) 시공자는 그라우팅 제조사에서 제공하는 그라우팅 재료의 기술적인 데이터, 제조사가 명시하는 혼합방법 및 혼합비율 등 제조사 시방에 따른다.
① 그라우팅 재료의 물성표(팽윤량, 열전도도), 그라우팅 재료의 전체 소요량 등을 감리자와 발주자에게 제출하여야 한다.
② 그라우팅 기계의 애지테이터 회전속도를 30~40rpm으로 하여 재료를 혼합한다.
③ 물과 그라우팅재가 골고루 섞인 즉시 천공홀의 지하 바닥부터 그라우팅을 시작한다.

(3) 재료

1) 그라우트
① 순수 벤토나이트 및 벤토나이트 첨가제 혼합물
② 순수시멘트 및 시멘트 첨가제 혼합물
③ 사용금지 대상
- 보어홀을 시추하는 과정에서 발생하는 토양 또는 파쇄물
- 시추용 슬러리 등

(4) 시 공

1) 일관되게 그라우팅이 진행될 수 있도록 전문인력이나 장비가 준비되어 있어야 한다.
2) 물과 그라우팅 재료를 적정 비율로 혼합한다.(그라우트제조사 자료 참조).
3) 그라우트 이송펌프를 이용하여 그라우트슬러리를 그라우트 파이프(Tremie)를 사용하여 보어홀의 최하단부부터 상부로 채워 나간다.
4) 그라우트 펌프에 적절한 크기의 흡입 및 배출호스를 연결한다.
5) 그라우트 파이프는 그라우트의 채움에 따라 서서히 제거되거나 또는 그라우팅이 끝난 후 제거할 수도 있다.
6) 그라우팅 파이프의 경우 보어홀 하부와 접촉하여 파이프의 토출부가 막히는 경우가 발생하므로 이를 방지하기 위하여 끝단 90cm 이내에 여러 토출 홀을 가공하여 파이프 끝단이 막히더라도 그라우팅 작업이 원활히 될 수 있도록 조치한다.
7) 그라우트 펌프의 배출라인에 압력계를 부착하여 그라우팅 중 압력변화를 확인한다.
8) 그라우트 펌프에 사용되는 흡입호스 및 배출호스는 속결이형 연결부를 이용한다.
9) 그라우팅에 사용되는 물은 항상 충분한 수량이 공급될 수 있도록 한다.

2.5.6 지중열전도 테스트 및 열교환기 설계검토

(1) 지중열교환기의 정확한 설계보완 및 시공을 위하여 최소 1개의 시험용 보어홀을 시공한 후 그라우트/토

양 혼합층의 열전도도 시험을 실시한다.

(2) 시험용 보어홀 시공

시험용 보어홀을 지면에서부터 시추한다. 시험용 보어홀과 지중열교환기 파이프 사이의 빈 공간을 실제 사용하고자 하는 그라우트를 이용하여 완전히 채운다. 이때, 그라우팅 재료의 혼합비를 포함하여 그라우팅 방법 및 절차는 실제 지중열교환기 시공에 적용하고자 하는 방법과 동일해야 한다.

(3) 시험용 보어홀에 대한 열전도도 측정시험은 최소 48시간 이상 시험을 실시한다.

(4) 시험용 보어홀의 개수 및 시험 수행시간 등의 변경은 발주처와 협의한 후 결정한다.

(5) 획득된 열전도도 측정결과를 지중열교환기 설계 프로그램의 기본자료로 활용하여 설계의 적정성을 검토하여야 한다.

(6) 지중열교환기 설계 결과를 감리자 또는 발주자와 검토 · 협의한 후 시공에 착수하여야 한다.

2.5.7 융 착

(1) 융착의 일반적인 지침

1) 열융착 과정 전반에 걸쳐 단상, 220V, 60Hz의 적절한 전력공급이 유지되어야 한다.
2) 전용 융착기를 사용하고 파이프의 연결 부위를 깨끗하게 닦아 히터를 장착한다.
3) 배관을 일정한 압력으로 히터와 밀착시켜 용융시킨다.
4) 일정한 비드가 형성되기 시작하면 압력이 없는 상태에서 가열을 유지한다.
5) 가열 유지가 끝난 후 히터에서 배관을 분리하여 신속히 두 용융면을 압착한다.(3초 이내)
6) 압착 후 일정시간 냉각시키고(30초) 융착기에서 탈착시킨다.
7) 융착된 배관을 관경에 따라 30분~20분 내에 강제적으로 비틀거나 휘는 것을 금지해야 한다.
8) 일반적으로 75A 이상의 관에서는 버트융착을, 미만에서는 소켓융착을 적용한다.
9) 비오는 날이나 외기의 상대습도가 90% 이상인 날에는 옥외 융착작업은 원칙적으로 피하지만 우수의 침입을 완전히 배재할 수 있는 조치를 한 후 작업을 실시할 수 있다.

(2) 소켓융착의 작업순서

항 목	작 업 순 서
기기준비	1) 전원 확인 2) 적절한 어댑터와 가열기 3) 깊이 게이지(Gauge) 4) 콜드링(Cold Ring) 5) 파이프절단기 6) 온도감지기 7) 깨끗한 마른 헝겊
융착의 적절한 준비	1) 가열기 내의 가열판에 정확한 소켓면을 단단하게 고정한다. 2) 소켓면의 상태를 반드시 확인(청결 및 손상 여부) 3) 파이프(Pipe)는 직각으로 정확하게 자름 4) 모든 융착면은 헝겊을 이용하여 이물질을 제거함. 5) 가열기에 적합한 전원이 사용되는지 여부 확인 및 전원선을 다른 기기와 동시에 사용하지 말 것.

항 목	작 업 순 서
가열기 청소 및 적절한 가열온도 유지	1) 가열면은 반드시 융착 후 즉시 깨끗하고 마른 헝겊으로 닦음. 2) 온도는 260℃~275℃를 유지하며, 외기가 차가울 경우 특히 중요함. 3) 가열기 온도는 기구 헤드(Head)(소켓)의 온도를 나타내며, 가열면 온도를 나타내는 것은 아님. 4) 수시로 가열면 온도를 고온용 온도계 또는 온도검출용 크레용으로 체크할 것.
깊이Gauge 및 콜드링 사용	1) Pipe와 소켓면의 청결함과 결함 여부를 확인한 후, 깊이 측정기를 파이프 끝단에 장착함 2) 깊이측정기를 단단히 잡고 파이프 외면에 콜드링을 깊이 게이지 쪽으로 밀착하면서 장착함.
파이프 및 소켓가열	1) 콜드링 뒷면의 파이프를 잡는다. 2) 가열기의 숫면과 암면에 각각 피팅(Fitting)과 파이프를 장착 3) 피팅과 파이프에 동일한 압력이 수직으로 작용하도록 하며 콜드링과 암면의 돌출된 면이 살짝 접촉하도록 함. 4) 피팅과 파이프가 가열면에 정확히 장착되면 타임(Timer)를 사용하여 18초간 유지
파이프의 융착 및 냉각	1) 가열면 온도를 다시 한 번 확인 2) 타이머가 울리기 시작하면, 가열기에서 파이프와 피팅을 신속히 제거 3) 3초 안에 피팅에 파이프를 콜드링 위치까지 접속함. 이때 돌리면서 접속하지 않도록 주의함. 4) 파이프와 피팅을 30초 간 단단히 잡고 기다림. 단단히 잡지 않는다면 파이프가 뒤로 밀릴 우려가 있음. ◑ 아래의 시간이 경과할 때까지 융착된 파이프에 힘을 가하거나 비트는 것을 금함. a. 3/4"~11/2" Pipe : 약 20분 이상 b. 2" Pipe : 약 30분 이상 융착이 끝난 후 반드시 가열면을 청결한 헝겊으로 깨끗이 닦을 것

(3) 맞대기 융착의 작업순서

항 목	작 업 순 서
기기준비	1) 전원 확인　2) 관 절단기　3) 파이프 페이서(Pipe Facer) 4) 어댑터와 가열기　5) 깨끗하고 마른 헝겊　6) 융착기
융착기계의 적절한 준비	1) 적절한 파이프 인서트(Insert)를 융착기계 내 클램프에 설치 2) 가열기에 전원을 연결한 후 보온함에 넣어 온도가 상승하도록 함
가열기 청소 및 적절한 가열온도 유지	1) 가열기의 가열면을 깨끗한 헝겊으로 닦음 2) 온도조절기가 부착된 가열기의 경우 온도조절기를 사용하여 적절한 온도로 설정(210℃~220℃) 3) 가열기면을 주기적으로 고온용 온도계 또는 서모스틱(Thermo Stick)으로 가열면 온도 확인. 4) 외기가 차가울 경우 가열기온도 올림
융착을 위한 파이프 양 끝단 준비	1) 융착할 두 파이프 양 끝단의 형태, 결함 여부 등을 확인 2) 파이프의 양 끝단을 청소 및 건조시킴 3) 융착기 내 클램프에 융착할 두 파이프 설치 4) 면취기를 위치시키고 면취기를 Guide Rod에 고정시킴 5) 파이프와 면취기의 거리를 적당히 조절하여 파이프가 직각으로 면취될 수 있도록 함. 6) 면취기와 양쪽의 파이프가 맞닿은 상태에서 면취기 핸들을 강하게 회전시킴. 7) 면취기의 틈이 바닥을 향하게 되어 면취기 핸들이 자연스럽게 회전될 때까지 계속 회전시킴. 8) 면취기를 제거한 후 파이프에서 꼼꼼하게 모든 찌꺼기들을 제거함. 9) 두 파이프의 중심을 잘 일치시킨 후 클램프에 파이프를 단단히 고정함.
양쪽 파이프 가열	1) 가열기를 두 파이프의 양단 사이에 장착함 2) 파이프 양단을 가열면에 밀착 후 용융비드가 생성될 때까지 밀착을 지속 3) 용융형태가 둥그렇게 나무이쑤시개 정도의 크기가 되면 가열면에서 분리시킴. 4) 용융상태를 점검 후 즉시 두 파이프를 융착시킴.
파이프의 융착 및 냉각	1) 두 파이프에 충분한 압력을 가하여 2중 비드가 생성되도록 함 2) 융착된 부위가 손으로 충분히 만질 수 있을 때까지 냉각시킴 3) 육안검사 : 균일한 비드 형성될 것, 틈새나 결함이 없을 것

2.5.8 부동액

(1) 부동액

1) 부동액은 염화칼슘, 에틸알코올(에탄올), 에틸렌글리콜, 메틸알코올(메탄올), 포타슘, 아세테이트(아세트산 칼륨), 포타슘카보나이트(탄산칼륨), 프로필렌글리콜, 소디움 클로라이드(염화나트륨) 등을 사용한다.

(2) 부동액 소요량

1) 시스템에 필요한 부동액 양 계산

시스템에 소요되는 부동액의 양(체적)을 다음의 식을 이용하여 계산한다.

$$V_{AF} = \frac{V_{total}}{1 + \frac{\rho_{AF}}{\rho_{water}}\left(\frac{1}{w_{AF}/100} - 1\right)}$$

여기서, V_{AF} : 부동액 체적(부피, gal)

V_{total} : 시스템의 총 체적(gal)

ρ_{AF} : 부동액의 밀도(lb/ft^3)

ρ_{water} : 물의 밀도(lb/ft^3)

w_{AF} : 혼합되는 질량 비율(Weight %)

(3) 부동액 주입

1) 시스템 내에서 모든 공기가 제거될 때까지 퍼지한 다음 부동액을 주입하기 전에 압력을 가하여 누수를 확인한다.

2) 인체에 해를 미칠 수 있는 가능성이 있는 부동액을 혼합하고 주입할 때, 작업자는 특별한 주의를 기울인다. 또한 독성이 있는 부동액의 혼합은 통풍이 잘되는 실내에서 실시한다.

3) 지열원 열펌프 설비에 부동액 충전밸브를 설치한 후, 부동액을 시스템에 주입한다.

4) 지열루프 배관을 보급수 배관에 연결한다.

5) 보급수 배관의 밸브를 열어 지열루프 내의 열매체를 순환시킨다.

6) 지열 루프 내로 소량씩 부동액을 주입하면서 적정 부동액의 농도를 맞춘다.

7) 부동액 주입을 완료한 후 보충수 밸브를 닫고, 지열루프 내의 압력을 $2.5kgf/cm^2$으로 유지한다.

3. 기계실 배관공사 특기시방서

3.1 시공 전 제출서류

(1) 시공자가 작성한 공사시방서

(2) 시공계획서, 시공 공정표

3.2 시공 전 협의

(1) 시공자는 수직 루프형 지중열교환기 매설에 필요한 부지 확보 및 타 공정과의 간섭 여부 등을 충분히 검토한 후 이에 대한 내용을 발주자 또는 감리자와 협의한다.

(2) 기타 협의를 요하는 사항이 발생할 경우 시공자는 지체 없이 발주자 또는 감리자와 협의한다.

3.3 공사의 구분

NO	항 목	건축토목	설비	전기	지열업체	비고
1	현장 외벽 펜스 이설 필요 시	●				
2	열전도도 테스트				●	
3	옥외공사를 위한 가설전기, 용수공급			●		
4	장비기초 콘크리트공사	●				
5	전기 MCC 설치공사			●		
6	BAS와 자동제어 연계공사		●			자동제어 공사분
7	시운전을 위한 임시전력 공급			●		지열 패널까지
8	시운전을 위한 용수공급		●			
9	기타 사항은 일반설비의 공사한계 내용과 동일					

3.4 기계실 배관공사

3.4.1 일반사항

배관작업을 철저히 하지 않으면 히트펌프 운전에 지장을 주며 소음발생, 유지보수, 서비스 곤란 등의 문제가 발생한다. 배관작업 시는 다음 사항에 유의해야 한다.

(1) 배관시공에 앞서 타 설비의 관류 및 기기와의 관련 사항을 상세히 검토하고 기울기를 고려하여 그 위치를 정확히 결정한다. 공사의 진행에 따르는 관지지철물의 부착, 고정 및 관 슬리브 매입은 지체 없이 하여야 한다.

(2) 관은 접합 전에 그 내부를 점검하고 이물질이 없는지 확인한 후에 접합한다.

(3) 방화구획 등을 관통하는 관은 그 틈새를 암면보온재 및 기타 불연재료로 충진시킨다.

(4) 관은 직각으로 절단하여야 하며 절단할 때 관경이 축소되거나 도금 또는 도복장재의 칠이 벗겨지는 절단기기 및 공구를 사용해서는 안 된다.

(5) 관을 절단 후 반드시 리마를 행하여 절단 부위 내부를 매끈하게 가공하며 절대로 관경이 축소되지 않게 한다.

(6) 일시 배관공사를 중단할 때에는 배관 끝을 플러그 및 캡 등으로 완전히 폐쇄하고 이물질이 들어가지 않도록 한다.

(7) 신축이음쇠를 설치한 배관에는 그 신축 부분을 기점으로 유효한 곳에 고정철물을 설치한다.

(8) 배관의 재질 및 밸브 사용 구분은 공통사항을 참소한다.

(9) 결로방지 및 보온을 하지 않는 배관에서 천장, 바닥 및 벽 등을 관통하는 곳으로서 보이는 곳에는 관 스플릿와셔를 설치한다.

(10) 신축이음쇠를 설치한 배관에는 그 신축 부분을 기점으로 유효한 곳에 고정철물을 설치한다.

(11) 관의 지중매설 깊이는 일반부지에서는 450mm 이상, 차량 통로에서는 750mm 이상, 중차량 통로에서는 1,200mm 이상으로 한다. 다만, 한랭지에서는 동결심도 이상으로 한다.

(12) 도로 횡단부 또는 특히 하중이 걸리는 부분과 지반이 연약한 곳에서 소요의 매설심도가 없을 때에는 콘크리트 또는 콘크리트관 등으로 보호한다.

(13) 기기 주위의 배관은 기기의 조작, 보수 등의 여유를 확보함과 동시에 필요한 장소에 배관 분리용 플랜지 등을 설치한다.

(14) 재질이 다른 금속배관이나 기기와 배관의 연결 부위에는 부식방지용 절연이음쇠를 설치한다.

(15) 관의 보온 및 도장공사는 공통사항을 참조한다.

3.4.2 냉 · 온수 배관

(1) 모든 관은 온도변화에 따른 신축을 고려하여 배관하고 팽창 시에는 배관의 각 부분에 과대한 응력이 걸리지 않도록 하며 배관의 기울기가 틀리지 않도록 해야 한다

(2) 수직관 아랫부분, 기타 각종 장치와 연결되는 최하부에는 20mm 이상의 배수밸브를 설치하여야 한다. 단, 주관관경이 20mm 이하일 때에는 주관 관경으로 한다.

(3) 냉 · 온수배관의 수평관은 원칙적으로 공급관은 역기울기, 환수관은 순기울기로 하고 기울기는 1/250 이상으로 한다.

(4) 각종 장치와 연결되는 부분 등 필요한 장소에는 플랜지 이음쇠를 삽입하여 관과 기기류의 분리를 용이하게 한다.

(5) 수평관을 브래킷 등으로 밑에서 지지할 때에는 롤러 철물을 사용한다.

(6) 동관의 이음은 삽입식 용접을 원칙으로 한다.

(7) 동관이 철과 접촉되는 부분은 반드시 절연이음쇠를 사용하여야 한다.

(8) 동관을 지지할 때에는 고무 등으로 관을 보호한다.

3.4.3 온도계, 압력계 설치

(1) 다음 각호의 기기 및 배관 등에는 운전상태를 확인할 수 있는 온도계 및 압력계를 설치한다.

1) 열교환기의 입출측 배관 : 압력계 및 온도계

2) 펌프의 입출측 배관 : 압력계, 토출측 온도계

3) 지열히트펌프의 입출측 배관 : 압력계 및 온도계

(2) 온도계 및 압력계의 설치규격은 다음과 같다.

1) 온도계 및 압력계의 측정범위는 열매체 설계조건의 1.5배 이내이어야 한다.

2) 온도계는 보호용 설치구(Thermo-well 또는 Sensor Pocket) 안에 설치한다.

3) 압력계의 도압관에는 차단밸브를 설치한다.

4) 압력계는 부르돈관식으로서 계측이 쉬운 구조이어야 한다.

5) 온도계 및 압력계 지시부의 크기는 100mm 이상이어야 한다.

6) 온도계는 바이메탈식의 계측이 쉬운 구조로 감온부가 배관내 1/2 이상 삽입되어야 한다.

(3) 시험 및 검사

1) 각종 배관은 수압시험을 완료한 후 피복공사를 하여야 하며, 수압시험은 60분 이상으로 한다.

2) 냉온수관의 수압시험은 최고 사용압력의 2배 이상으로 한다. 단, 사용압력이 10kg/cm^2 이하일 때에는 10kg/cm^{2}으로 한다.

4. 시 험

4.1 파이프 기밀 테스트(Pipe Leak Test)

4.1.1 일반사항

(1) 압축 공기(DCA, Dry Oil-free Compressed Air) : 오일이 섞이지 않은 순수 공기 사용.

(2) 파이프 기밀 테스트 동안 테스트 압력, 테스트 방법, 테스트된 배관라인, 테스트 시행일자 등을 기록하여 보관하고 1부는 감독관에게 제출한다.

(3) 배관의 모든 설치가 완료된 후에 시행한다.
[유의사항 : 지열파이프는 U-벤드 형태로 지중에 삽입되고 헤더 연결이 끝난 상태로 되메우기 전 1회를 시행한다.]

(4) 밸브, 플랜지, 용접부위, 기타 연결 부위에 대해서 누설을 검사한다.

(5) 파이프나 부속품에 크랙이나 깨짐 등 결함이 있는지 검사한다.

(6) 테스트하는 동안 모든 연결부위(용접부위, 접착부위, 융착부위 등)는 단열하지 않은 상태로 외부로 드러나도록 한다.

(7) 공압 테스트시 관련되지 않은 사람은 현장에 접근하면 안 된다.
(8) 테스트가 정상적으로 수행될 때까지 결함이 있는 부분을 수리한다.
(9) 최소 30분 동안 테스트 압력을 유지한다.
[유의사항 : 일광이나 온도에 의해 테스트 압력이 변동될 수 있다.
몇몇 배관에서는 팽창에 의한 테스트 압력이 떨어질 수 있으며, 이러한 경우에는 테스트 압력까지 올린 후, 최소 30분 동안 평형이 되도록 한다. 압력이 평형상태가 되면 그 후 30분 동안을 테스트 구간으로 간주한다.]
(10) 밸브, 플랜지, 용접 부위 등 연결 부위에 결함이 있는지 검사한다.
(11) 시스템으로부터 테스트 유체를 드레인시킨다.
(12) 테스트 장비와 기구를 분리시킨다.
(13) 모든 연결 부위가 시스템 내에서 밖으로 테스트 유체가 새는 일이 없어야 한다.
(14) 지중에 묻히는 모든 루프는 설치 이전에 압력 테스트가 행해져야 하며, 되묻음 작업 이전에 지열 열교환기의 모든 구성 요소의 압력 테스트가 행해져야 한다.
(15) 지열 열교환기는 모든 융착 부위가 최소한 8시간 이상 냉각되지 않은 상태에서는 테스트를 시행하면 안 된다.
(16) 배관청소(Cleaning) : 파이프 기밀 테스트나 기타 테스트를 위해 배관 내를 청소한다. 세관 이전에 밸브를 완전히 개방하고 깨끗한 물을 배관 내에 주입하여 순환시킨다.

4.2 에어퍼징(Air Purging) 및 플러싱

4.2.1 일반사항

(1) 본 절은 지열원 열펌프 설비 중, U자 관 지중열교환기 파이프, 수평 트렌치 파이프 및 지중열교환기 상부 헤더, 그리고 열펌프의 물-냉매 열교환기에서 부동액 유동배관 등의 플러싱과 퍼징에 적용한다.
(2) 파이프를 연결하는 과정에서 파이프 내부에 남아 있을 수 있는 이물질 등을 제거하기 위하여 깨끗한 물을 고속으로 순환시켜 파이프 내부를 세척한다.(플러싱, Flushing)
(3) 깨끗한 물을 고속으로 순환시켜 파이프 내부에 존재할 수 있는 공기 등을 제거해야 한다.
(4) 플러싱 유닛(Flushing Unit 또는 Purging Unit)을 이용하여 시스템에 부동액을 충전하거나 또는 압력을 가할 수 있다.
(5) 부동액 순환펌프나 지중열교환기 파이프 내부에 공기가 존재하면, 캐비테이션(Cavitation)이 발생할 수 있다. 이를 방지하기 위하여 플러싱 유닛을 이용하여 시스템에 압력을 가한다.

4.2.2 플러싱 또는 퍼징작업

(1) 파이프를 연결하는 과정에서 파이프 내부에 남아 있을 수 있는 이물질 등을 제거하기 위하여 깨끗한 물을 고속으로 순환시켜 파이프 내부를 세척한다.(플러싱)
(2) 물을 고속으로 순환시켜 파이프 내부에 존재할 수 있는 공기 등을 제거해야 한다.(퍼징)
(3) 파이프 내에 존재하는 이물질이나 공기를 완전히 제거하기 위하여 최소 10분 동안 유체(물)를 2.0ft/sec(0.61m/s) 이상의 속도로 순환시킨다.
(4) 지중열교환기 파이프 가압
1) 부동액 순환펌프나 지중열교환기 파이프 내부에 기포가 존재하게 되면, 캐비테이션이 발생할 수 있다. 이를 방지하기 위하여 보충수 유닛을 이용하여 시스템 압력을 가한다.
2) 배관 내 가압압력은 동계 운전 시 2.5~3.5kg/cm^2, 하계 운전 시 1.5kg/cm^2~2kg/cm^{2}를 유지되게 가압한다.
3) 배관 내의 용존 공기가 A.A.V를 통하여 배출되면 배관 내의 압력이 저하하게 되며, 이때 보충수 유닛을 이용하여 다시 기준압으로 가압한다.

5. 시운전 및 관리

5.1 유지 관리

(1) 장비의 유지 · 보수를 할 수 있도록 접근이 용이하게 충분한 공간이 확보되어야 한다.

(2) 장비의 철거가 가능하도록 장비에 설치되는 배관이 고정되어서는 안 된다.

(3) 모든 전기결선 부위에 접근할 수 있도록 하여야 한다.

5.2 운전 교육

(1) 공사가 완료된 시점에서 시스템의 적절한 유지 관리, 운전을 위해서 설치업체로부터 교육받아야 하며, 교육내용에는 히트펌프 운전 및 시스템 운전에 대한 주기적 관리방안도 포함한다.

5.3 시운전

(1) 상기와 같은 과정이 끝나면 지열시스템을 설치한 업체에서 최종적으로 본 시스템을 점검하고 히트펌프 설치 매뉴얼에 따라 운전한다.

(2) 시운전이 완료되면 다음 서류는 감독관에게 제출되어야 한다.

- 지열열교환기 설치 위치 및 트렌치 길이 등의 현장 레이아웃
- 천공완료 사진
- 관련 시스템 도면(배관도, 배선도)

6. 자동제어

6.1 일반사항

6.1.1 시스템 개요

지열설비 장비의 운영을 위하여 시스템에 필요한 감지부, 조절부 조작부를 공급 · 설치하는 것이며, 제어 및 감시 대상은 자동제어 도면 및 본 사양에 준한다.

6.1.1 공사범위

자동제어 공사범위는 시스템이 기능을 수행하는 데 필요로 하는 감지기류, 제어기기류, 밸브류, 현장 제어장치 공급, 운반, 취부 및 설치공사이며 범위는 다음과 같다.

(1) 현장설치 및 시공에 필요로 하는 배관, 배선용 자재의 공급 및 시공

(2) 감지기류, 제어기기류 및 현장제어장치의 취부 및 결선, 이에 필요한 자재공급 및 시공

(3) 제어반(Panel) 설치 및 운영에 필요한 기자재 공급 및 시공

(4) 제어기기 공급 및 설치작업, 자재 공급 및 시공

(5) 공급 기자재의 검사, 시운전 및 조정

(6) 기타 이에 관계되는 공사

6.1.2 시공

(1) 공사에 소요되는 전선 및 전선관(동력선 포함) 설치는 도면 및 특기시방에 따르고, 이외 사항은 전기시공 및 시공 관례에 준하여 수행한다.

(2) 설치공사에 소요되는 전선관, 전선, 슬리브, 절연부싱, 터미널 박스, 풀박스(Pull Box), 연결박스 및 앵커 등은 한국산업규격(KS 품목)의 요구사항에 준하여 KS 품목이 없을 때에는 국내 최상품을 사용한다.

(3) 계통도에 나타나는 기자재의 위치는 설치 및 취부 전에 관련 도면을 참조하여 타 공정계획(건축, 설비 및 전기 등)을 참조 · 조정할 수 있으며 조정되는 위치는 사전 승인을 득하여야 한다.

(4) 감지기 또는 조절기는 그 기능을 충분히 발휘할 수 있는 장소에 설치하며 발주자의 사전승인 없이 설치된 기자재가 적절한 기능을 발휘할 수 없다고 인정되는 곳에 설치한 것은 발주자의 지시에 의하여 재설치하여야 하며, 이때 발생되는 경비는 설치자의 비용으로 한다.

(5) 중앙제어장치는 건물관리가 용이하고 컴퓨터 사용에 지장을 주지 않도록 통합 방재센터 및 중앙감시실에 설치한다.

6.1.3 기타 사항

(1) 본 시방서에 명기되지 않은 사항은 도면을 참조한다.

(2) 이외의 사항은 일반시방에 명기한 바와 같이 이에 따르며, 감독관의 별도 지시가 없는 한 일반시방, 공사시방 및 특기시방을 원칙으로 한다.

6.2 모니터링 특기사항

6.2.1 시스템 개요

지열자동제어 시스템은 지열시스템을 자동으로 제어하기 위하여 현장 제어장치로부터 데이터의 감시, 분석 및 제어 등을 행하는 주변기기로 하며, 모니터링은 자동제어 시스템에서 각종 데이터를 연결하여 모니터링 하는 것을 의미한다.

6.2.2 중앙관제장치 사양(자동제어 업체 공사분)

(1) 기본 기능

1) 상태 경보 감시(Digital Point Monitoring)

2) 상태 조작(Digital Control Point)

3) 아날로그 포인트 또는 디지털(Analog, Digital Point Monitoring) 포인트 감시

4) 스케줄(Schedule)

6.2.3 중앙제어항목

(1) 지열시스템 제어반에서 지열히트펌프를 기동/정지한다. 이때 히트펌프가 운전되기 전에 지열 순환펌프와 냉·온수 순환펌프의 순으로 순차 기동되어야 하며(히트펌프 정지 시 역순제어) 히트펌프로의 유량이 확보된 후에 히트펌프가 운전되며, 히트펌프가 정상적으로 가동된다.

(2) 지열시스템 제어반에서 지열히트펌프의 냉·난방 전환 운전을 제어한다 .

(3) 온도검출을 위한 적정한 위치에 설치된 온도검출기(PTD)의 검출온도에 의해 지열히트펌프 운전을 zone 별로 제어한다. 제어와 비례하여 지열순환펌프의 대수 및 유량제어한다.

▣ 지열히트펌프 설치공사 특기 시방서

1. 일반사항

1) 설치 및 시공작업은 반드시 전문가에 의해 실시되어야 한다.

2) 무자격자에 의해 설치될 경우 누수나 감전 혹은 화재 등 중요 문제가 발생될 수 있으므로 반드시 유자격 전문가가 설치하여야 한다.

3) 설치작업은 설치 안내서에 따라 수행하여야 한다.

4) 명시되지 않은 부품의 사용은 실외기 설치 불안정 및 누수, 감전 혹은 화재를 발생시킬 수 있으므로 설치공사 부품은 반드시 부속품 및 지정된 사양 부품을 사용해야 한다.

2. 지열히트펌프의 설치

1) 지열히트펌프 유닛설치장소

• 실외기는 반드시 실내(기계실 등)에 설치한다.(실외에 설치할 경우 겨울철 동파의 우려기 있음.)

• 기계의 발열을 충분히 처리할 수 있는 통풍구, 환기구가 설치되어 기계의 주위온도가 0~40℃, 습도가 80%를 넘지 않는 곳에 설치한다.
• 실외기는 빗물이 새거나 고일 우려가 없도록 바닥이 평탄한 곳에 기울어짐 없이 설치되어야 한다.
• 주거 공간과 인접한 곳에 설치 시, 실외기 운전 중 진동 방지를 위하여 별도의 진동 흡수용 설치대를 사용하여야 한다.
• 기초 주변에 배수구를 마련하여 실외기의 배수에 특별한 주의를 기울인다.
• 실내기와 실외기의 냉매배관 접속이 허용길이 내에서 가능한 장소에 설치하여야 한다.
• 황산화물, 암모니아, 유황가스 등 부식성 가스가 존재하는 곳에 설치시에 동관 및 경납땜이 부식될 수 있으므로 온천지역, 화장실 배기구 및 환기구 출구 등과 인접한 곳에는 설치하지 않는다.
• 통풍이 잘 되고 보수 및 점검을 위한 서비스 공간이 충분히 확보된 장소에 설치하여야 한다. 서비스 공간을 고려하여 필요 공간을 확보하여 설치한다.

2) 지열히트펌프 유닛 기초공사 및 방진

• 실외기를 목재 팔레트 위에 설치하여서는 안 되며, 앵커볼트를 이용하여 실외기를 기초지반 위에 완전히 고정시켜야 한다.
• 빗물 등 외부 조건으로부터 실외기를 보호하기 위해 기초지반의 높이를 150mm 이상 높게 하고, 주변에는 배수구멍을 설치하여 배수관이 배수로로 연결되어야 한다.
• 기초지반은 실외기의 중량이나 진동을 고려하여 진동, 소음이 발생하지 않도록 강도를 튼튼히 시키고 상단에는 빗물이 고이지 않도록 수평을 유지해야 한다.
• 기초지반의 면적은 실외기 바닥면적의 1.5배 이상으로 하여야 한다.
• 실외기는 풍속 30m/s 이상에서 견딜 수 있도록 반드시 고정해야 한다. 바닥에 고정할 수 없는 경우에는 측면을 고정하거나 별도의 구조물을 이용할 수 있다.
• 기초 지반을 위한 콘크리트 공사 시 와이어 메시나 철근을 보강하여 전체 파손 및 깨짐이 없게 하여야 한다.
• 실외기를 동일 장소에 여러 대 설치할 경우 기초지반 위에 H빔 또는 방진프레임을 시공하여 실외기를 설치한다. 기초지반에서 튀어나오도록 H빔을 설치한다.(150mm×150mm×t10 : 기본사양)
• H빔 또는 방진 프레임 시공 후 녹방지용 방청도장 및 설치장소를 고려한 추가 도장처리를 해야 한다.
• 외기 설치를 위한 콘크리트공사가 완료되면 실외기 바닥면과 H빔 사이에 방진패드(t=20mm 이상) 또는 방진 프레임을 설치하여 실외기의 진동음이 기초지반으로 전달되지 않도록 하여야 한다.
• 실외기를 H빔 또는 방진 프레임 위에 안착한 후 볼트, 너트, 와셔를 이용하여 실외기를 H빔 또는 방진 프레임에 고정하여야 한다. (앵커볼트 지지력은 3.5kN 이상일 것).

3) 지열 히트펌프 유닛 배수관공사

• 배수배관의 재질은 (경질연화비닐관) PVC관 및 금속관으로 한다.
• 배수관은 이물질의 침투를 막기 위하여 양 끝단을 CAP 등으로 밀봉하여 보관한다.
• 집중배수관에 트랩이 없도록 하며, 역류가 발생하지 않도록 1/50 이상의 기울기로 배수관을 설치하여야 한다.
• 배수관 공사 완료 후 반드시 배수 상태 및 누수 여부를 확인하여야 한다.
• 내압에 의한 역류 발생이 없도록 이음부의 상부를 대기에 개방하여야 한다.
• 배수관 동결이 우려되는 경우 배수관 및 배수플러그는 두께 10mm 이상의 단열재를 이용하여 단열하여야 한다.
• 배수관 동결을 방지하기 위해 정온전선을 설치하여야 한다.
• 배수관 동결방지용 히터 설치시 히터용 안전장치를 설치하여야 한다.

※배수관 설치 방법

-제품 하부의 드레인 소켓(PT 1/2)에 배수관을 연결한다.

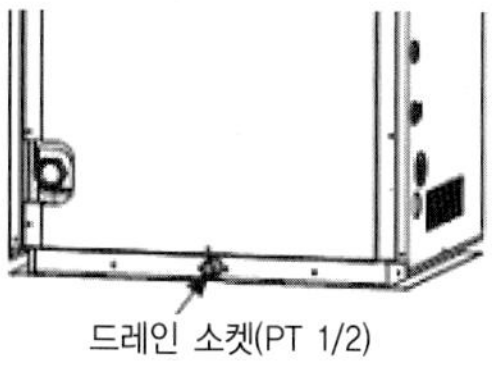

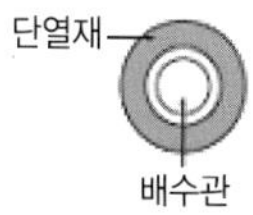

※ 단일 설치

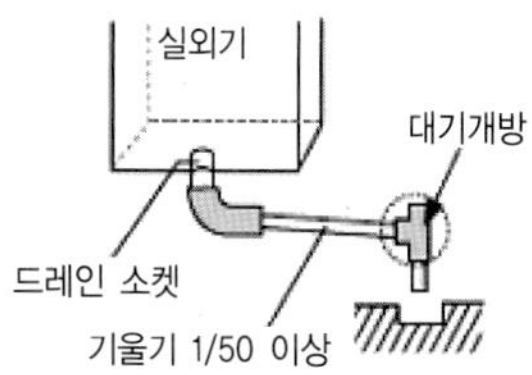

※ 조합 설치

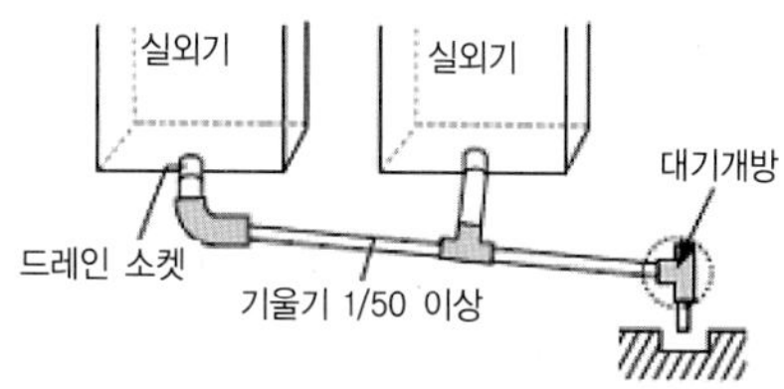

※ 앵커 볼트 사양

규격	드릴비트 직경(a)	앵커 길이(b)	슬리브 길이(c)	삽입 길이	체결토크
M10	14mm	75mm	40mm	50mm	30N · m

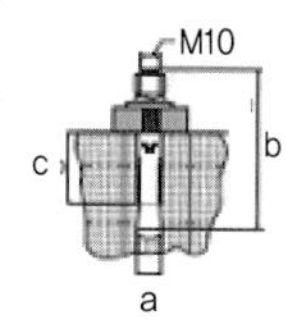

※기초지반 공사 및 실외기 설치

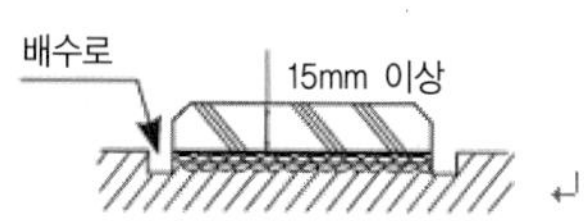

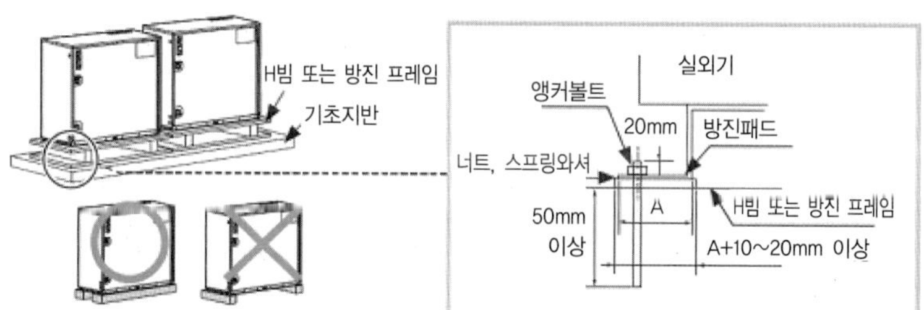

※실외기 고정

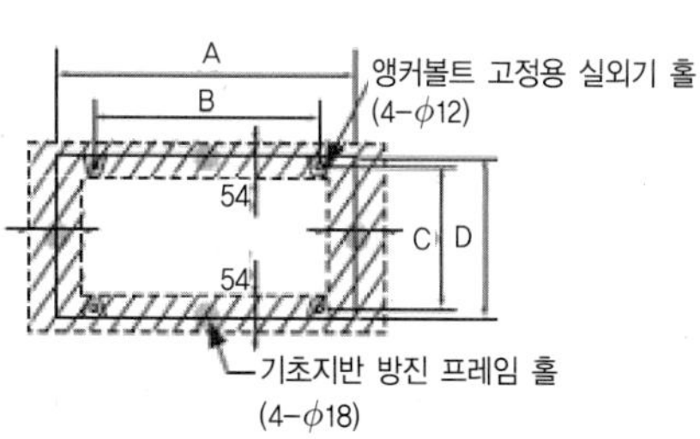

※ 앵커 볼트 사양 (단위 : mm)

구분	소형	대형
적용모델	AM080/100/120FXWA**	AM200FXWA**
A	770	1100
B	648	976
C	527	528
D	550	550

3. 지열히트펌프 주위배관

1) 지열히트펌프 주위배관 구성

• 지열히트펌프 시스템의 배관방식은 밀폐회로가 되도록 구성하여야 한다.

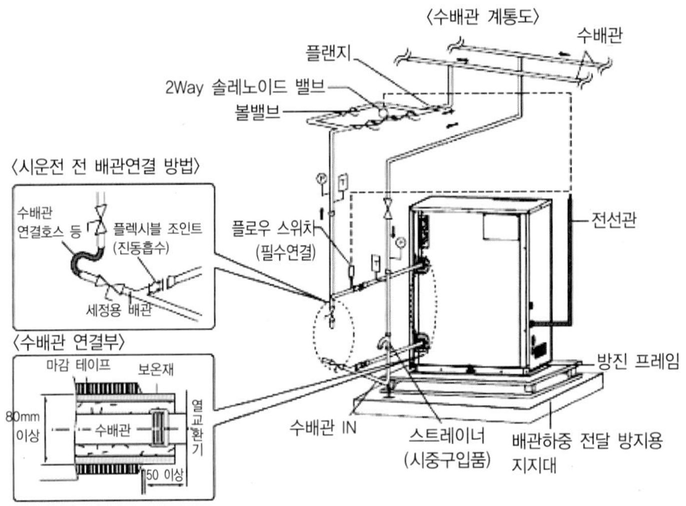

(지열히트펌프 주위배관)

2) 지열히트펌프수배관 일반사항

• 수배관 설계온도 조건은 아래 조건을 따른다.

방식	순환수	운전	입구수온		
			표준	주 사용	사용한계
수열원	물 루프(Water Loop)	냉방	30℃	20~35℃	10~45℃
		난방	20℃	20~35℃	
지열원	지표수(Ground Water)	냉방	15℃	냉방 15~35℃ 난방 5~25℃	냉방 10~45℃ 난방 -5~45℃ (난방 -10~45℃)
		난방	10℃		
	지면 루프(Ground Loop)	냉방	25℃		
		난방	5℃		

• 난방 입수온도 10℃ 이하 또는 지열 조건으로 사용할 경우 부동액을 사용해야 하며, 입수온도에 적합한 부동액 농도를 유지하여야 한다.

• 엄격한 부동액 농도관리가 필요하며 설계에 맞는 농도를 적용한다.

• 플로우 스위치(필수연결), 2Way 솔레노이드 밸브(선택사양)는 수평방향으로 설치한다.

• 수배관 회로의 동결은 판형 열교환기 파손의 원인이 되므로 상황에 맞게 적절한 방지책을 수립하여야 한다.(정온전선 등)

• 수배관이 연결되는 실외기 접속구경은 32A이며, 용량이 다른 실외기를 혼합 · 설치하는 경우, 각 실외기별 정격유량 확보를 위해 정유량 밸브를 설치한다.

• 수배관 계통은 KS규격품을 사용해야 하며, 실외기 연결 수배관 계통의 사용수압은 1.96 MPa 이내로 유지

하여야 한다.

- 실외기 수배관은 수배관 계통도와 동일하게 밸브 및 계기류를 설치하여야 하며, 스트레이너와 Flow 스위치는 실외기로부터 1~2m 이내에 설치하여야 한다.(스트레이너는 입구측에 설치)
  - 스트레이너를 설치하지 않을 경우 모래, 먼지, 녹 등의 이물질 등에 의해 제품 파손의 위험이 있다.
  - 최소유량 이상에서 작동되는 Flow 스위치를 반드시 설치하여야 한다. 수배관 내 적정유량이 형성되지 않을 경우, 실외기 내 열교환기 파손의 위험이 있다.
- 수배관 입구는 열교환기 하부, 출구는 열교환기 상부이다.
- 실외기는 상온의 실내에 설치되어야 하며, 실외기 입출구는 수배관 계통도에 표시된 바와 같이 열교환기를 포함하여 단열하여야 한다.
- 제품외면 및 실내외 수배관에 응축수가 생기지 않도록 방습, 보냉, 단열공사를 철저히 하여야 한다. 작업이 철저하지 않으면 열손실뿐만 아니라 혹한기에 수배관 동결이 손해가 발생할 수 있다.
- 제품을 장기간 사용하지 않거나 야간에 운전을 정지하는 경우, 실외기 주변온도가 0℃ 이하인 경우에는 수배관 회로의 자연동결 우려가 있고, 이는 판형 열교환기 파손의 원인이 되므로 상황에 맞게 적절한 방지책을 수립하여야 한다.
  - 수배관 내부에 잔류하는 물을 배수
  - 수배관에 정온전선 설치

3) 지열히트펌프 주위배관(밸브장치)

- 입구수온이 10℃ 미만일 경우 사용 온도환경에 적합한 부동액을 사용해야 한다.
  - 입구수온 최저온도가 -3℃일 경우 부동액 빙점 -6℃(-8℃ 권장) 이하
  - 입구수온 최저온도가 -10℃일 경우 부동액 빙점 -15℃ 이하
- 수배관에 입상관이 있거나 관내에 공기가 잔류하기 쉬운 곳의 다수 개소에 자동 공기배출 밸브를 설치하여야 한다.
- 사용한계 범위에서는 제품이 연속운전하지 않을 수 있으므로 입구수온은 주 사용 범위를 지키도록 한다.
- 판형 열교환기는 수질 및 종류에 따라 물때가 발생할 수 있으므로 정기적인 약품세정을 할 필요가 있다. 또한, 장기간 운전을 하지 않을 경우를 대비하여 수배관 설치 시에는 열원수 차단밸브도 함께 설치하고 차단밸브와 실외기 사이의 배관에는 이물질 제거작업(플러싱) 및 약품세정용 볼밸브를 설치하여야 한다.
- 실외기 판형 열교환기에 오염물질이 누적되어 발생할 수 있는 파손 또는 불량을 방지하기 위하여 제품을 시운전하기 전에 입출구 측에 설치된 세정용 배관을 서로 연결한 뒤, 실외기 판형 열교환기로 순환수가 유입되지 않도록 조치(블라인드 플랜지 등)를 취한 다음에, 순환펌프를 이용하여 수배관계통의 이물질을 충분히 제거하고 스트레이너를 청소해야 한다.

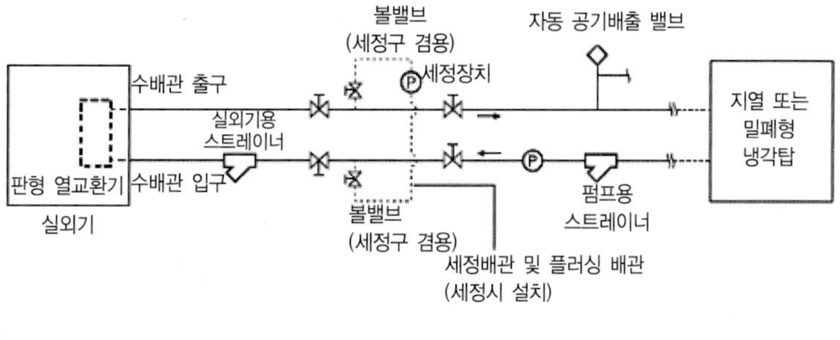

4) 지열히트펌프 주위배관(모니터링 장치)

- 지정된 법적 대상 설비인 경우, 수배관에 모니터링용 전자식 센서 및 전자식 유량계를 설치한다.
- 지열히트펌프와 연결된 수배관 밸브는 수배관의 이물질 제거작업(플러싱)이 완료된 후 개방한다.
- 히트펌프 냉매측 서비스밸브는 수배관의 공기배출이 충분히 완료되어 순환수량이 확보된 것을 확인한 후

개방한다.

• 히트펌프 운전 중에 순환수가 정지할 경우 판형 열교환기 파손의 원인이 되므로 Flow 스위치 등의 수단으로 순환수 흐름을 항상 체크하도록 한다.

5) Flow 스위치결선(필수연결)

• Flow 스위치를 사용하면 열원수 흐름동작 신호를 받아 열원수 순환 이상 여부를 판단한 후 히트펌프가 동작하게 된다.

• Flow 스위치 접점신호가 입력되지 않으면 '열원수 순환 이상'으로 판단하고 히트펌프 보호를 위하여 실외기 운전이 되지 않는다.

6) 2-Way 솔레노이드 밸브설치

• 공통 수배관에 여러 대의 히트펌프를 설치할 경우, 2Way 솔레노이드 밸브를 설치하면 정지된 히트펌프에 공급되는 냉각수를 차단할 수 있어 전체 시스템의 효율을 향상시킬 수 있으며, 실내 · 외기의 운전 상황에 따라 2Way 솔레노이드 밸브는 자동으로 동작한다.

7) 냉각수 수질관리

• 히트펌프에 공급되는 냉각수는 수질관리가 철저하게 이루어져야 하며, 이물질이 많이 함유된 냉각수는 응축기 및 배관에 부식 또는 스케일 생성의 원인이 되어 성능과 수명에 영향을 줄 수 있다.(다음 수질 기준표에 적합한 열원수를 사용하도록 한다.) 냉각탑의 보급수에 상수도 이외의 물을 사용할 경우에는 반드시 수질검사를 실시하도록 한다.

• 보충수 및 공급수는 정수된 물, 중성수, 연수 등을 제외한 수돗물, 산업용수 및 지하수로 공급하여야 한다.

• 밀폐형 수냉식 열원수에 관한 수질관리는 상기 기준표에 맞게 관리하여야 한다.

구분	항목	밀폐형 시스템		영향		권장 수질검사 횟수
		열원수	보충수	부식	스케일	
기준 항목	pH(25℃)	7.0~8.0	7.0~8.0	○	○	월 2회
	전기전도율(25℃)(S/m)	30 이하	30 이하	○	○	
	염화이온(mg Cl^-/L)	50 이하	50 이하	○		월 1회
	황산이온(mg SO_4^{2-}/L)	50 이하	50 이하	○		
	산소비량(pH(4.8)(mg $CaCO_3$/L)	50 이하	50 이하		○	
	전경도(mg $CaCO_3$/L)	70 이하	70 이하		○	
	칼슘경도(mg $CaCO_3$/L)	50 이하	50 이하		○	
	이온상 실리카(mg SiO_2/L)	30 이하	30 이하		○	
참고 항목	철(mg Fe/L)	1.0 이하	0.3 이하	○	○	월 1회
	동(mg Cu/L)	1.0 이하	1.0 이하	○		
	황산이온(mg S^{2-}/L)	검출되지 않을 것	검출되지 않을 것	○		
	암모늄이온(mg NH_4^{2}/L)	0.3 이하	0.1 이하	○		
	잔류 염소(mg Cl/L)	0.25 이하	0.3 이하	○		
	자유 이산화탄소(mg CO_2/L)	0.4 이하	0.4 이하	○		
	안정도 지수	-	-	○	○	

8) 시운전관리

• 시운전 전에 건물 수배관 설비공사가 적절하게 시공되었는지 확인한다.

- 특히 스트레이너, 자동 공기배출 밸브, 자동급수 밸브, 팽창 탱크의 설치위치가 적절한지 확인한다.
- 실외기로 순환구가 유입되기 전에 수배관 계통의 이물질 제거 작업(플러싱)을 실시한다.

9) 플러싱 유량관리

• 팽창탱크에 물을 충분히 채우고 수배관 펌프 단독운전을 실시하여 수배관 계통 내의 공기를 배출하고, 실외기 판형 열교환기 입구와 출구의 수압손실을 계측하여 제품공급 열원수가 정격 유량이 흐르는지 확인한다.
  - 유량이 부족하면 제품의 안정적인 운전이 확보되지 않으며, 경우에 따라 판형 열교환기의 동결(동파)로 이어진다.
  - 스트레이너 막힘, 공기배출 불량, 순환펌프 불량 등으로 인한 유량 감소가 없는지, 판형 열교환기 입·출구 온도차 혹은 압력차를 측정한 후 점검하도록 한다.
  - 공기가 있거나 유량이 부족할 경우 판형 열교환기의 동결을 초래할 우려가 있음.
  - 설계유량이 아닌 경우 시운전을 중지하고 대책을 마련하여야 한다.

• 판형 열교환기는 분해세정이 불가능한 구조로 되어 있으므로 판형 열교환기의 부식방지 및 물때 생성방지를 위하여 해당 냉각수의 수질관리 기준을 준수하도록 한다.

9.9 지열 냉난방 시스템 설계적용 사례

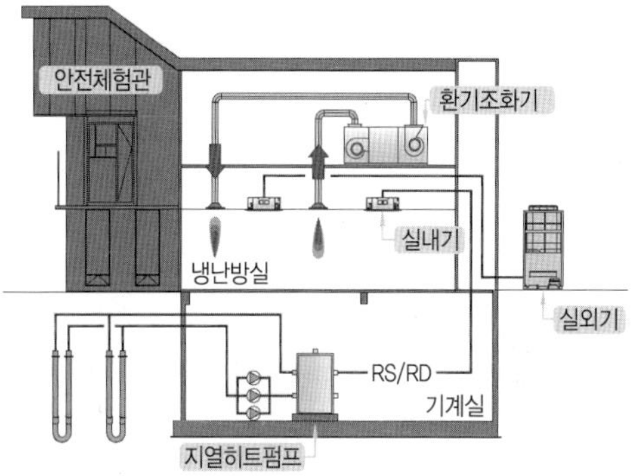

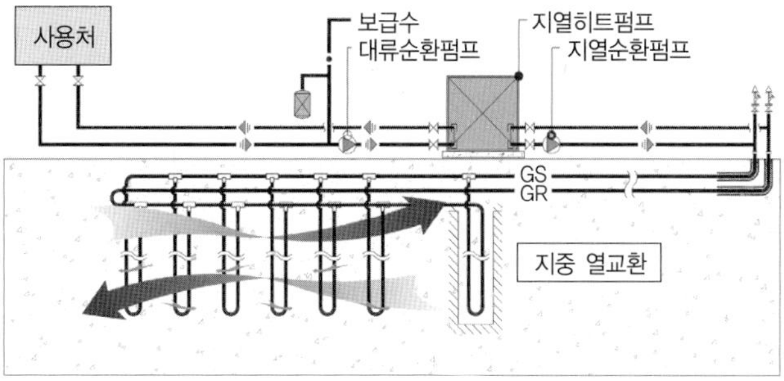

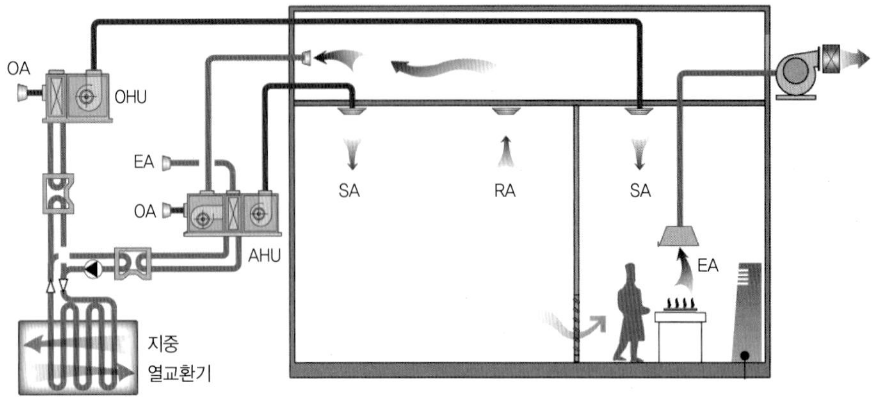

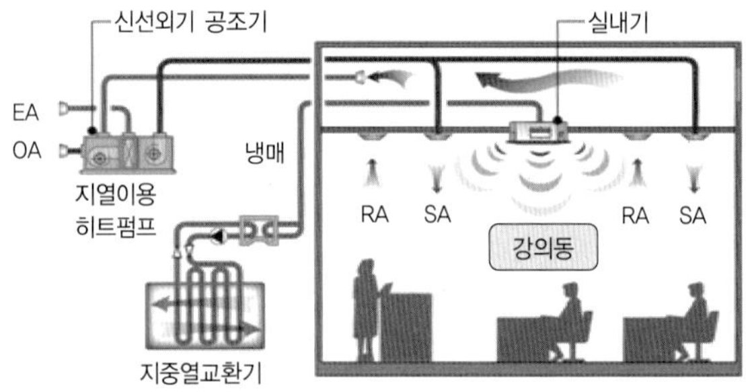

10 지열이용 시스템 설치계획 확인서 및 지열이용검토서

10.1 신재생에너지 설비 설치계획서

신재생에너지 이용 시스템의 민간 보급 확대를 위하여 공공기관의 선도적 역할로 신재생에너지 설비의 양산체제 구축 및 생산비용 저감으로 민간수요의 자발적 확산을 기하고자 2004년부터 공공기관이 일정규모 이상 신축 및 증축하고자 하는 경우에는 해당 건축물의 예상에너지 사용량의 일정비율을 신재생에너지를 이용하여 의무적으로 공급하여야 함에 따라 설치 의무기관의 장 및 신재생에너지 정부지원 보조를 받고자하는 자는 건축허가 신청 전에 신재생에너지 설비 설치 계획서를 작성하여 신재생 에너지센터의 장에게 제출하여 설계용량 및 시스템의 적합성에 대하여 검토·확인을 받은 후 관련 공사를 진행하여야 한다.

관련 법령

- 신에너지 및 재생에너지 개발 · 이용 · 보급 촉진법 제12조 제2항 및 동법 시행령 제15조(04.3.29 시행)
- 신재생에너지설비의 지원 · 설치 · 관리에 관한 기준
- 공공기관의 에너지이용합리화 추진 지침

설치계획 확인서 (확인번호:0102)

건물명	신축공사			건축물의용도	교육연구시설(문화/사회용)	
건물주소	충북 음성군					
건축연면적	지상층(60,123.51㎡) 지하층(3,549.37 ㎡) 합계(63,672.88 ㎡)				층수	지상(4 층) 지하(1층)
신축건축물 연간에너지사용량	연료및 열 사용량 (494.32 TOE). 전력사용량(.00 MWh). 총 에너지사용량(494.32 TOE)					
설치될 신·재생 에너지 설비의 개요	신재생에너지 설비종류	생산에너지 종류	설치용량	연간에너지생산량	투입예산(백만원)	신재생에너지 생산량 (kwh/㎡·yr)
	지열	연료및열	4,015.30	.00	5,059	5,747,902
			.00	.00	0	0
			.00	.00	0	0
			.00	.00	0	0
	총계			(.00)TOE	(5,059)	5,747,902
적용 신·재생 에너지의 비율	예상 에너지사용량(가)		「별표 3」에 따른 예상 에너지사용량 = (40,947,863.58kwh/㎡·yr)			
	신·재생에너지 생산량(나)		(5,747,901.95kwh/㎡·yr)			
	예상 에너지사용량의 신·재생에너지 공급의무비율 (나/가*100)		예상 에너지사용량의 (14.04 %)			
	연간에너지사용량에 대한 비율		연간연료및 열사용량의 (0 %) 연간전력사용량의 (0 %) 총에너지 사용량의 (0 %)			
신재생에너지개발및 이용보급촉진법 시행령 제 17조의 규정 에 의하여 귀 기관이 제출한 신재생에너지설비 설치계획서에 대한 검토결과는 아래와 같습니다						
종합검토의견	적합(O) 부적합( ) 일부보완필요( )					
	지식경제부 고시 제2012-46호(2012.2.17)「신재생에너지 설비의 지원 등에 관한기준」제17조 및 신재생에너지 센터 공고 제2012-7호(2012.4.6)「신재생에너지 설비의 지원 등에 관한 지침」에서 정한 시공기준에 따라 설치하고, 설비의 설치는 고시 제18조에 규정에 의거하여 시공하여야 하며, 설치확인신청은 고시 제20조에 의거 반드시 득하여야 함. 지열설비는 환경오염 방지를 위한 시공상 주의를 요함.					

OOOO년 O월O일

※건축물의 연간에너지사용량, 신 · 재생에너지설비의 연간에너지생산량, 이에대한 비율은 설계자가 제시한 기준임

신·재생 에너지 센터 소 장

그림 4-63 신재생에너지(지열) 설치계획 확인서

처리절차

- 설치의무기관의 장은 건축허가 신청 전에 신재생에너지 설비 설치.계획서를 작성하여 신재생에너지센터의 장에게 제출.
- 센터의 장은 설치계획서 검토 후 결과 통보(평균 7일 이내)
- 신재생에너지설비의 설치가 불합리하다고 판단될 경우 설비 설치 면제신청서를 작성하여 수시로 제출할 수 있음.
- 설치 의무기관의 장은 설비 설치 완료 후 30일 이내에 센터의 장에게 제출
- 지열의 경우는 사전에 기술검토(지열이용검토서 작성) 후 설비 설치계획서를 신재생에너지센터의 장에게 제출한다.

10.2 지열이용검토서 검토 기준

10.2.1 개 요

지열히트펌프 시스템을 설치하고자 하는 기관 및 사업주는 지열히트펌프 설치 지점에 대한 지열이용검토서를 제출하여, 에너지관리공단 신재생에너지센터의 승인을 받아야 한다.(단, 그린홈 100만 호 보급사업은, 지열이용검토서 제출을 생략할 수 있음) 지열이용검토서 작성기준은 신재생에너지센터에서 고시한 "지열이용검토서 세부수행지침"에 따라 작성하며, 지중열전도도는 센터에서 정한 기관에서 측정하여야 한다.

지하수를 이용하는 지열히트펌프 시스템(개방형, 우물관정형(SCW) 등) 반경 500m 안에 지열열펌프 시스템의 성능에 영향을 미치는 시설 및 지하수 이용으로 인한 오염 영향요인이 있는지 확인하여야 한다. 지열열펌프 시스템의 성능에 영향을 미치는 시설이 있을 경우, 설치하고자 하는 지열열펌프 시스템의 적용 가능 여부를 검토하고 결과를 '지하수 이용 조사서'에 첨부하여 제출하여야 한다.

설계자는 지열열펌프 시스템 설치에 앞서 현장조사를 실시하여야 하며, 사업주 및 건축물의 소유주는 현장조사 결과와 지열열펌프 시스템의 설계 · 설치와 관련된 각종 도서(지열이용검토서, 사업비내역서, 시방서 등)를 센터에 제출하여 센터의 검토 및 승인 후 사업에 착수하여야 한다.

10.2.2 지열이용검토서 처리 절차

표 4-21 지열이용검토서 처리절차

절 차	내 용
굴착 행위 신고	• 설치현장 시 · 군 · 구청 신고
시험용 지중열교환기 설치	• 현장 설치
열전도도테스트	• 측정 가능 기관에서 측정
지열이용검토서 작성 및 제출	• 지열시스템분석 및 설계자료 • 에너지관리공단 온라인 접수
지열이용검토서 검토	• 에너지관리공단 • 전문위원 배정 및 자료 검토 • 온라인 검토
적정 및 부적정 통보	• 합격 및 수정 제출 등

10.2.3 지열이용검토서 작성 및 검토 기준

(1) 지중열전도도 측정 및 지중열원부 설계

① 수직밀폐형의 경우 현장에 시험용 지중열교환기를 시공한 후 현장 열응답 시험을 적용하여 지중열전도도(k)를 측정한다.

② 지중수평형의 경우 지중열교환기 설치 위치와 동일한 깊이에서 토양 시료를 채취하여 열전도도(k)를 측정한다.

③ 에너지 파일형의 경우 파일 설치 위치에서 서로 다른 공학적 특성을 가진 모든 층에 대해 토양 시료를 채취하여 열전도도(k)를 측정한다.

④ 스탠딩 컬럼웰형의 경우 양수시험, 수질시험 등 지하수영향조사를 실시하고, 현장

에 시험용 지열우물공을 시공한 후 현장 열응답 시험을 적용하여 열전도도(k)를 측정한다.

⑤ 지중 유효 열전도도 측정을 위한 각 방식별 측정항목 및 기준, 절차 등은 '지열이용검토서 세부수행지침'을 따른다.

⑥ 사업용량이 175kW(50USRT) 이하인 수직밀폐형의 경우 지중열전도도(k) 2.0 또는 시험측정한 지중열전도도 값을 적용할 수 있다.

⑦ 각 지중열교환기방식에 대해 지중열전도도와 같은 지중열원부 성능에 영향을 미치는 설계 변수들을 명확히 산정하고, 이를 충분히 고려하여 지중열원부를 설계하여야 한다.

(2) 지중열교환기 설계

① 지중열교환기는 충분한 열용량을 확보할 수 있도록 설계되어야 하며, 설계에 이용되는 프로그램은 다음과 같은 특성이 있어야 한다.

- 열부하 특성, 지중 조건, 열전달 특성, 지열열펌프 특성 등 관련 특성을 반영할 수 있어야 한다.
- 장기간 운전에 따른 지중온열환경 변화를 예측할 수 있어야 한다.
- 형식별 지열교환기 특성을 반영할 수 있어야 한다.

② ①항의 특성을 국제적으로 통용 · 인정하는 전문 설계프로그램으로 하되 수직밀폐형은 GLD, GLHEPro, Gchp Calc, EED, 지중수평형과 에너지파일형은 GLD, 스탠딩컬럼웰형은 GLHEPro를 이용하여 지중열교환기를 설계해야 한다. 이외의 설계방법 및 프로그램을 적용하는 경우에는 센터 자문위원회의 심의를 받아야 한다.

③수직밀폐형, 에너지파일형, 스탠딩컬럼웰형 설계시 기간을 20년 이상 EWT(Entering Water Temperature) 변화를 시뮬레이션(Simulation)하여야 한다. 이때 시뮬레이션 결과는 설계 시 적용한 냉방 EWT와 난방 EWT의 범위에 있어야 한다.

(3) 지열 열펌프 시스템 설계 변경

현장 여건 등으로 인해 부득이 설계를 변경할 경우, 다음 중요 항목에 대해서는 설계변경 전에 설계변경 사유를 센터에 제출하고, 지열이용검토서의 재검토를 통해 센터의 승인을 득하여야 한다.

① 지열열펌프 유닛 변경(총 설치용량 감소, 냉방 및 난방 COP 감소, 열펌프의 인증

시험 정격유량 증가)

② 지열열펌프방식 변경(예 : 물-냉매방식에서 물-물방식으로 변경 등)

③ 지중열교환기방식 변경(예 : 지중수평형에서 수직밀폐형으로 변경 등)

④ 지중열교환기 사양 변경(단, 수직밀폐형 및 에너지 파일형의 경우 전체 보어홀 및 지열파일 수의 10% 이내에서 변경할 경우, 총 길이를 만족하면 승인을 득하지 않아도 된다.

위 내용 외의 경미한 항목에 대해서는 설치확인 신청 시 설계변경 내용을 함께 제출하여야 한다.

(4) 지열이용검토서 제출 서류 및 내용

가. 수직 밀폐형

① 제출서류 : 설계요약서, 주요자재 설치사양, 기초안정성 검토서, 설계계산서, 설계도면, 지중열전도도 시험성적서

② 설계계산서 : 부하계산서, 지중열교환기 설계계산서, 지열열펌프의 신재생에너지인증서 및 시험성적서, 지열열펌프 성능표, 지중 순환펌프 설계계산서, 탱크류 및 배관계 설계계산서, 하자보수 계획서

③ 설계도면 : 장비 일람표, 보어홀 배치도, 트렌치 배관도, 지중열교환기 설치상세도, 시스템 계통도, 배관계통도, 기계실 장비배치도, 자동제어 설계도, 냉매 배관도

나. 지중 수평형

① 제출서류 : 설계요약서, 주요자재 설치사양, 주변영향 검토서, 설계계산서, 설계도면, 지중열전도도 시험성적서

② 설계계산서 : 부하계산서, 지중열교환기 설계계산서, 지열열펌프의 신재생에너지인증서 및 시험성적서, 지열열펌프 성능표, 지중 순환펌프 설계계산서, 탱크류 및 배관계 설계계산서, 하자보수 계획서

③ 설계도면 : 장비 일람표, 트렌치 배치도, 지중열교환기 설치상세도, 시스템 계통도, 배관 계통도, 기계실 장비배치도, 자동제어 설계도, 냉매 배관도

다. 스탠딩 컬럼웰형

① 제출서류 : 설계요약서, 주요자재 설치사양, 기초안정성 검토서, 설계계산서, 설계도면, 지중열전도도 시험성적서, 조사지점의 지형도 및 지질도, 지하수법에 의거한

지하수 영향 조사서 및 지하수 개발 · 이용 허가서, 지하수의 수질 조성 및 지하수 채취가 주변에 미치는 영향 분석, 지열우물공 공내검층과 슬라임(Slime) 감정 및 지열 우물공 청소방법, 스탠딩 컬럼웰형 설치 확인서

② 설계계산서 : 부하계산서, 지열우물공 열용량 설계계산서, 지열열펌프의 신재생에너지인증서 및 시험성적서, 중간열교환기 설계계산서, 심정펌프 설계계산서, 중간순환펌프 설계계산서, 탱크류 및 배관계 설계계산서, 하자보수 계획서

③ 설계도면 : 장비 일람표, 지열우물공 배치도, 지열우물공 설치상세도, 시스템 계통도, 배관 계통도, 기계실 장비배치도, 자동제어 설계도, 냉매 배관도

라. 에너지파일형

① 제출서류 : 설계요약서, 주요자재 설치사양, 기초안정성 검토서, 설계계산서, 설계도면, 지중열전도도 시험성적서

② 설계계산서 : 부하계산서, 지중열교환기 설계계산서, 지열열펌프의 신재생에너지인증서 및 시험성적서, 지열열펌프 성능표, 지중 순환펌프 설계계산서, 탱크류 및 배관계 설계계산서, 하자보수 계획서

③ 설계도면 : 장비 일람표, 지열파일 배치도, 트렌치 배관도, 지열파일 설치상세도, 시스템 계통도, 배관 계통도, 기계실 장비배치도, 자동제어 설계도, 냉매 배관도, 지중열교환기가 설치되는 구조물의 기초 설계도면

(5) 지열이용검토 세부수행지침

가. 공통사항

① 설계요약서 : 각 방식별로 센터에서 정해진 서식에 따라 작성한다.

② 주요자재 설치사양 : 각 방식별로 센터에서 정해진 서식에 따라 작성하며, 추후 설치 확인 시 기준이 되는 자료이므로 작성 시 주의를 요함.

③ 부하계산서 : 연간 최대 냉난방부하량과 연간에너지(일별)부하량에 대한 분석이 포함된 건축물의 냉난방 부하계산서를 제출한다.

④ 지중열교환기 설계계산서 : 지열이용검토 기준의 지중열교환기 설계프로그램을 사용하여 계산한 계산 결과를 제출한다. 이 외의 프로그램을 사용할 경우나 설계프로그램을 사용하지 않을 경우에는 이에 대한 설명서 및 공인된 근거자료를 제출하여야 하며, 이에 대한 인정 여부는 분야별 위원회에서 결정함. 지중열교환기 설계 시

20년 이상 기간의 EWT(Entering Water Temperature) 시뮬레이션 결과를 제출한다. 단, 지중수평형의 경우는 1년 기간으로 시뮬레이션 함.

⑤ 지열열펌프 인증서 : 설계에 적용한 지열열펌프의 센터에서 발급한 '신재생에너지 인증서'를 제출하며, '시험성적서'는 한국인정기구(KOLAS)에서 인정한 시험기관에서 수행한 지열열펌프의 '시험성적서'를 제출한다. 지열열펌프 성능표는 '시험성적서'를 근거로 열펌프 공급업체에서 작성한 지열열펌프의 성능표로서, 성능표 작성시 내삽법 사용이 가능하며 측정 온도점 간의 온도차는 10℃ 이하로 한다.

⑥ 순환펌프 : 지중 순환펌프, 심정펌프, 중간순환펌프 설계계산서는 지중 순환펌프의 효율표 및 효율곡선을 기준으로 가능한 최대 효율을 낼 수 있도록 설계한다. 지중 순환펌프에 관련된 사양서, 효율표 및 효율곡선, 설계계산식을 제출한다.

⑦ 탱크류 : 탱크류 및 배관계 설계계산서는 설계계산식을 제출한다.

⑧ 냉매 배관도 : 냉매 배관도는 물-공기 멀티형 지열열펌프 유닛이 설치될 경우에만 제출하며, 도면에는 모든 지열열펌프 유닛부터 실내기까지의 배관길이(수평, 수직)가 나타나 있어야 하며, 각 유닛에 대해 유닛부터 각 실내기의 배관길이를 표로 작성 제출한다.

⑨ 하자보수 계획서 : 하자보수 계획서에는 다음과 같은 내용이 포함될 것

- 지열열펌프 주요단품(기계부품, 제어부품)의 수급 계획
- 지열열펌프 제조사의 A/S 전문기술 인력
- 지열열펌프에 A/S업체와 연락처 명기 여부
- 심정펌프의 교체 방법 및 지열 우물공 내부 청소 방법(스탠딩 컬럼웰형만 해당)

⑩ 장비일람표 : 장비 일람표에는 반드시 지열열펌프, 순환펌프, 탱크류에 대한 사양이 포함될 것. 지열열펌프의 경우 열원과 부하측의 입·출구 설계온도가 포함될 것.

나. 수직밀폐형

① 설계요약서 및 기타

- 설계요약서, 주요자재 설치사양, 기초안정성 검토서
- '기초안정성 검토서'는 보어홀을 건축물 기초 하부에 설치할 경우에만 제출함.

② 설계도면

- 보어홀 배치도에는 건물에 가장 인접한 보어홀과 건물 기초 사이의 거리, 보어홀과 보어홀 사이의 거리가 반드시 포함될 것.
- 트렌치 배관도는 배관의 길이 및 배관의 직경을 나타낼 것.

- 보어홀 배치도, 트렌치 배관도, 지중열교환기 설치상세도, 시스템 계통도, 배관 계통도, 기계실 장비 배치도, 자동제어 설계도는 JPEG형식의 그림파일로 전환하며 내용의 식별이 가능하도록 제출한다.

③ 지중열전도도 시험성적서 : 지중열전도도 측정공은 설계된 공중에서 가장 긴 공의 깊이와 동일한 깊이로 한다.

다. 지중 수평형

① 설계요약서 및 기타

- 설계요약서, 주요자재 설치사양, 주변영향 검토서
- '주변영향 검토서'는 지중열교환기 및 트렌치 배관 설치 위치 주변에 구조물이 있거나 연약지반인 경우에만 제출함.

② 설계도면

- 트렌치배치도에는 트렌치 사이의 거리를 반드시 명기한다.
- 지중열교환기 설치상세도에는 트렌치 폭, 열교환기의 매설깊이, 간격 등 지중열교환기 설치에 관련된 내용을 명시한다.
- 트렌치 배치도, 지중열교환기 설치상세도, 시스템 계통도, 배관 계통도, 기계실 장비배치도, 자동제어 설계도는 JPEG형식의 그림파일로 전환하며 내용의 식별이 가능하도록 제출한다.

③ 지중열전도도 시험성적서 : 지중열전도도 측정위치는 지중열교환기 설치위치와 동일한 깊이에서 실시한다.

라. 스탠딩 컬럼웰형

① 조사지점의 지형도 및 지질도

- 지형도는 조사지점을 중심으로 반경 1km의 1 : 5,000 축척의 지형도를 제시하고 지형(산계, 수계 등)의 특성을 기술함.
- 지질도는 조사지점을 중심으로 반경 5km의 1 : 50,000 축척의 지질도(필요시 정밀지질도도 가함) 및 그 지역의 지질 및 지질구조의 특성분석 자료를 제시한다. 단, 현재 지질도가 완성되어 있지 않은 지역은 지하수법 제27조에서 규정하고 있는 지하수영향조사기관에서 수행 제시함.

② 설계요약서 및 기타

설계요약서, 주요자재 설치사양

③ 설계도면

- 지열우물공 배치도에는 건물에 가장 인접한 공과 건물 기초 사이의 거리, 공과 공 사이의 거리가 반드시 포함될 것.
- 지열우물공 설치상세도에는 내부 케이싱과 심정펌프의 사양과 설치심도, 암반 붕괴 가능성 구간이 있는 경우 처리 방안에 대한 자세한 내용을 반드시 포함한다.
- 지열우물공 배치도, 지열우물공 설치상세도, 시스템 계통도, 배관 계통도, 기계실 장비 배치도, 자동제어 설계도는 JPEG형식의 그림파일로 전환하며 내용의 식별이 가능하도록 제출한다.

④ 지하수법 관련자료

◘ 지하수법 : 지하수영향조사서 및 지하수 개발 · 이용 허가서

- 지하수법 제27조에 따른 '지하수영향조사기관'에서 수행하고, 지하수법 제7조 및 시행령 제12조에 의거하여 작성한 '지하수영향조사서'를 제출한다.
- 지하수법 제7조 및 제8조에 따른 '지하수 개발 · 이용허가서'를 제출한다.

⑤ 지하수질 및 지하수 채취 영향분석

◘ 지하수의 수질 조성 및 지하수 채취가 주변에 미치는 영향 분석

- 지하수법 시행령 31조에 규정한 생활용수 기준을 만족해야 하므로 생활용수 기준 항목조사 분석 자료를 제출한다.
- 주 양이온(Ca, Mg, Na, K), 주 음이온(Cl, SO_4, HCO_3, CO_3) 및 TDS를 이용한 지하수의 유형을 제출한다.
- 수질특성 인자(pH, CO_2, H_2S, 산소) 분석, Ryznar지수, 포화지수를 통한 열펌프 및 순환시스템의 부식과 스케일링에 주는 영향을 조사 분석하고, 영향이 있을 경우 이에 대한 대책을 반드시 제시한다.

⑥ 공내검층 슬라임감정 우물공청소

◘ 지열우물공 공내 검층과 슬라임(Slime) 감정 및 지열우물공 청소방법

- 슬라임 감정과 공내 영상촬영을 통해 공내 사항을 분석하고 조사기관의 평가 및 확인서를 제출함.
- 시험관측정의 우물 및 지질주상도를 제출한다.
- 파쇄대 구간 및 대수대 발달구간 확인 제출한다.
- 암반구간, 붕괴 가능성 구간 확인과 보강공사 방안을 제출한다.
- 공내 온도 검층 결과와 지온 증가율을 제출한다.
- 지열우물공 청소방법을 제출한다.

⑦ 지중 열전도도 시험성적서

지중열전도도 측정 지열우물공은 설계된 우물 중에서 가장 긴 우물의 깊이와 동일한 깊이로 한다.

⑧ 스탠딩 컬럼웰형 설치확인서

'스탠딩컬럼웰형 설치확인서'를 제출한다.

10.3 지열이용검토서 작성(수직밀폐형)-견본

10.3.1 지열이용검토서 체크리스트(에너지관리공단 신재생에너지센터)

(1) 첨부서류 검토 확인

구 분	첨부 여부		비 고	근거자료 페이지
	O	×		
1. 설계요약서	O			
- 설계요약서	O			4~5
- 주요자재 설치사양서	O			6
- 기초안정성 검토서		×	지열천공 위치 - 옥외	
2. 설계계산서				
- 부하계산서	O		Peak Load, 일별, 월별 및 연간 냉난방부하계산서	10~26
- 지중열교환기 설계계산서	O		GLD, GLHEPro, EED 등(화면 캡처 및 분석보고서)	28~35
- 지열 열펌프 인증서 및 시험성적서	O		신재생에너지센터 발급 인증서 및 공인기관 시험 성적서	37~101
- 지중 순환펌프 설계계산서	O		설계계산식, 순환펌프 사양서, 효율표 및 효율곡선	118~121
탱크류 및 배관계 설계계산서	O		1, 2차측 배관계산서	130~131
- 하자보수 계획서	O		열펌프 명판사진(제조사, A/S 신고센터 등), 주요단품 수급계획	110~116
3. 설계도면				
- 장비일람표	O			141
- 보어홀 배치도	O			144~145
- 트렌치 배관도	O			146~147
- 지중열교환기 설치상세도	O			150~151
- 시스템 계통도	O			142~143
- 배관 계통도	O		지열 시스템 계통도 대체	142~143
- 기계실 장비배치도	O		기계실 확대 배관 평면도 대체	148~149
- 자동제어 설계도	O			152~155
- 냉매배관 평면도	O		물-냉매 지열 열펌프	159~163
- 지중열전도도 시험성적서	O			

(2) 설계요약서 검토 내용 및 검토방법

검토 순서	검토 내용	검토결과 O	검토결과 X	검토방법	근거자료 페이지
사업용량 검토방법은?					
1	지열 시스템 설치용량 중 큰 용량+급탕 용량이 '신재생에너지 인증서'의 정미용량과 대수를 만족하는지? 냉방설치용량 < 난방설치용량 (1,199.97kW) (1,212.79kW)	O		• 지열 시스템 설치용량 중에서 큰 용량 +급탕 용량이 타당한지 확인합니다. • '신재생에너지 인증서'의 정미용량을 기준으로 사업용량 및 열펌프 장비 대수를 결정합니다.	4 4
2	사업용량이 '지열 담당부하량'이상 설치되는지?	O		• 사업용량 및 지열 시스템 설치용량이 지열 담당 부하량보다 크게 선정되었는지 확인합니다.	4
3	지열 열펌프 시스템 여유율의 검토방법은? 부하량의 106.6%	O			
	사업용량(지열시스템 설치용량)의 타당한 용량의 검토방법은? 지열담당 부하량의 106.6%	O		• 사업용량(지열시스템 설치용량)의 검토는 지열 담당 부하량의 최대 120% 이내인지 확인합니다.	4
4	지열 시스템이 담당하는 냉난방부하 면적 검토 방법은? 부하계산서 냉방면적합계 : 8073.5m^2	O		• '냉난방 부하계산서'를 확인하여 지열 시스템이 담당하는 냉난방 연면적을 확인합니다.	4, 10
'지열 시스템 설치용량' 검토방법은?					
5	'신재생에너지 인증서'의 냉난방 정미용량과 대수가 지열 담당 부하량 이상의 용량으로 열펌프가 설치되는지?	O		• 지열 시스템 설치용량은 '신재생에너지 인증서'의 냉난방 정미용량을 기준으로 지열 담당 부하량 이상 설치되어야 합니다.	4 37~40
'지중열전도도 측정 시험'의 검토방법은?					
6	지중열전도도와 지중 초기온도의 적정성 여부를 판단하는 방법은? 지중온도 : 15.66℃, 열전도도 : 2.87	O		• 지중열전도도 시험성적서의 데이터와 적합 여부를 확인합니다. – 지중 초기온도 및 열전도도	136
'지열 열펌프(설계자료)' 검토방법은?					
7	적용된 지열 열펌프 인증 여부의 검토방법은? 성적서 및 인증서 참조	O		• 적용된 열펌프의 '신재생에너지 인증서' 및 '시험성적서' 발급 여부로 판단합니다.	37~101
'지열 열펌프(설계자료)' 검토방법은?					
8	총유량/총설계용량 계산의 적정성 여부를 검토하는 방법은? 총 유량 : 4,235 lpm 총 설계용량 : 1,118.852kW 설계유량 : 3.78lpm/kW(냉방기준)	O		• 총유량(lpm) : 시험성적서상 순환수 유량(lps)×60(min)×열펌프 설치대수 • 총 설계용량(kW)/3.5 : (열펌프 설계기준에 의거한 정미용량×설치대수)÷3.5 • '인증서'상의 유량과 '설계요약서'에 표기된 유량이 적합한지 여부를 검토합니다. • '지중 순환펌프 설계계산서'상의 유량이 총 유량과 적합한지 여부를 검토합니다.	7
9	지열 열펌프의 설계용량과 수량, 그리고 COP에 대한 검토방법은? 설계용량 : • 냉방 : 1,118.523kW(30℃ 기준) • 난방 : 1,212.791kW(5℃ 기준)	O		• 지열열펌프 설계온도기준(EWT 5, 30℃)의 열펌프 '시험성적서'의 정미능력을 기준으로 결정합니다. – 냉방시 30℃ – 난방, 급탕시 5℃ • 설계온도기준의 열펌프 COP와 시험성적서 상의 COPC, COPH와 동일한 수치 여부를 확인합니다.	4 29,33

검토순서	검토 내용	검토결과 O	검토결과 X	검토방법	근거자료 페이지
10	시스템 COP의 적정성 여부를 검토하는 방법은? 열펌프 COP(냉, 난) : 3.97, 4.11 시스템 COP(냉, 난) : 3.49, 3.61	O		• 총 생산열량/(순환펌프+열펌프 유효전력) – 총 생산열량 : 설계온도 조건에서 정미용량 ×설치대수 – 순환펌프+열펌프 유효전력 : 순환펌프 소비동력+열펌프 설계온도조건에서 유효전력	8
		O		• 열펌프 COP 대비 최소 87%(1 : 0.87) 이내인지 확인합니다.	8
		O		• 냉난방 시스템 COP는 최소 3.0 이상을 만족하여야 합니다.	8

'보어홀' 검토방법은?

검토순서	검토 내용	검토결과 O	검토결과 X	검토방법	근거자료 페이지
11	보어홀(지중열교환기)에 대한 검토방법은? 전체길이 : 24,032m / 보어홀 수량 : 130홀 보어홀 깊이 : 150m / 보어홀 간격 : 6.0m 보어홀 직경 : 150mm / 파이프 규격 : 40mm	O		• '지중열교환기 설계계산서'상의 전체 길이, 보어홀 깊이, 보어홀 수량, 홀간 간격, 보어홀 직경에 대한 수치를 확인하여 적정성 여부를 판단합니다. • 열교환기 길이가 10% 이상 차이 날 경우 반드시 재검토되어야 합니다. • '보어홀 배치도' 및 '열교환기 설치 상세도'에 분석 결과 수치를 확인합니다.	144~145

'트렌치 배관 깊이'에 대한 검토방법은?

검토순서	검토 내용	검토결과 O	검토결과 X	검토방법	근거자료 페이지
12	트렌치 배관 깊이에 대한 적정성 여부 검토방법은? 트렌치 배관 깊이 : 1.5m	O		• 지중 매설물이 없을 경우 1.5m 이상 • 지중 매설물이 있을 경우 지중매설물 이하에 설치합니다.	150~151
				• '트렌치 단면도' 부분에서 트렌치 배관 깊이의 적정성을 확인합니다.	150~151

'기계실 배관 재질'의 검토방법은?

검토순서	검토 내용	검토결과 O	검토결과 X	검토방법	근거자료 페이지
13	기계실 배관 재질에 대한 검토방법은? 기계실 배관재료 : 동관	O		• 적용된 파이프 재료의 재질로 적합성 여부를 판단합니다. • 부식성 강관류의 사용은 제한합니다. • 배관 재질, 종류 및 구경별 손실수두(양정) 계산을 '순환펌프 설계계산서'에서 확인합니다. • 발주처의 일반기계공사 시방을 적용합니다.	5 118~121

'그라우팅 재료'의 검토방법은?

검토순서	검토 내용	검토결과 O	검토결과 X	검토방법	근거자료 페이지
14	그라우팅 재료의 종류에 대한 검토방법은?	O		• '신재생에너지 설비 지원 등에 관한 지침서'의 지열용 벤토나이트 종류에 한하여 적용 가능합니다.	5 30,34

'지중 순환수'의 검토방법은?

검토순서	검토 내용	검토결과 O	검토결과 X	검토방법	근거자료 페이지
15	지중 순환수(순환유체)의 부동액 열물성에 대한 검토방법은? 부동액 종류 : 에탄올 (12.9%) 동결점 온도 : −6.67℃	O		• 무독성 재료(에탄올(에틸알코올), 프로필렌글리콜 부동액 등)의 사용을 유도합니다. • 지중 순환수의 동결점 온도는 최소 −6℃ 이하가 되도록 혼합합니다. • '순환펌프 설계계산서'에 사용된 부동액의 환산계수 적용 여부를 확인합니다. • '지중열교환기 설계계산서'에 부동액 물성에 대한 입력값과 적합 여부를 확인합니다.	5 29,33

<table>
<tr><th rowspan="2">검토
순서</th><th rowspan="2">검토 내용</th><th colspan="2">검토결과</th><th rowspan="2">검토방법</th><th rowspan="2">근거자료
페이지</th></tr>
<tr><th>O</th><th>X</th></tr>
<tr><td colspan="6">'보온재료'의 검토방법은?</td></tr>
<tr><td>16</td><td>보온재에 대한 검토방법은? 고무발포 보온재</td><td>O</td><td></td><td>• 지열 설비 설치 기준 준수
예) 아티론 재질 보온재 기준
<table><tr><th>배관 구경</th><th>보온재 두께</th></tr><tr><td>15A~40A</td><td>25 이상</td></tr><tr><td>40A 이상</td><td>40 이상</td></tr></table></td><td>5</td></tr>
<tr><td colspan="6">'지열 순환펌프'의 검토방법은?</td></tr>
<tr><td>17</td><td>지열 순환펌프의 적정성 여부 검토방법은?
<table><tr><th>양정</th><td>35m</td><td>35m</td><td>35m</td><td>31m</td></tr><tr><th>유량</th><td>570lpm</td><td>457lpm</td><td>460lpm</td><td>540lp</td></tr><tr><th>효율</th><td>66.0%</td><td>61.7%</td><td>63.4%</td><td>64.5%</td></tr></table></td><td>O</td><td></td><td>• '순환펌프 설계계산서'를 바탕으로 양정 및 유량을 확인합니다.
• 고효율 모터 사용을 유도합니다.
• '지중열교환기 설계계산서'에 순환펌프 용량 및 효율 입력여부를 확인합니다.
• '장비 일람표'에 표기된 순환펌프 사양의 적합성을 확인합니다.</td><td>118~121
141</td></tr>
<tr><td colspan="6">'팽창탱크/버퍼탱크'의 검토방법은?</td></tr>
<tr><td>18</td><td>팽창탱크용량의 적정성 여부 검토방법은?
팽창탱크 용량
1,000lit×1
1,200lit×1</td><td>O</td><td></td><td>• 1, 2차측 배관 보유 수량 및 팽창률 등을 총합하여 팽창탱크 용량을 검토합니다.
• '탱크류 계산서'를 확인하여 적정성을 판단합니다.</td><td>130~133</td></tr>
<tr><td>19</td><td>버퍼탱크용량의 적정성 여부 검토방법은
175kW 이상</td><td>O</td><td></td><td>• 175kW(50RT) 이하 지열 시스템 설치용량(사업용량) 시스템의 경우 버퍼탱크는 반드시 설치되어야 합니다. 단) 2차측 배관 보유수량 계산을 통해 최소 10분간 운전시간을 확보할 경우 삭제가 가능합니다.
• 총 유량(lpm)×10(min) = 버퍼탱크 용량(lit)</td><td>175kW
이상</td></tr>
<tr><td colspan="6">'모니터링 계획'의 검토방법은?</td></tr>
<tr><td>20</td><td>모니터링 계획에 대한 검토방법은?
모니터링 계획 준수</td><td>O</td><td></td><td>• 현장 모니터링 계획 준수여부
- 측정 센서 종류 및 기기류의 부착 여부를 확인합니다.
- 최소 3년간의 운전데이터 저장이 가능해야 합니다.
- 디스플레이 기능을 확인합니다.</td><td>154~155</td></tr>
<tr><td colspan="6">'주요자재설치사양서' 검토방법은?</td></tr>
<tr><td>21</td><td>주요자재 설치사양서 검토 방법은?
(설계요약서와 동일하게 작성)</td><td>O</td><td></td><td>• '설계요약서'와 표기된 수치가 동일한지 여부를 확인합니다.</td><td>4,7,8</td></tr>
<tr><td colspan="6">'기초 안정성 검토서'의 검토방법은?</td></tr>
<tr><td>22</td><td>기초 안정성 검토서의 검토방법은?</td><td></td><td>X</td><td>• 건축물 하부에 지중열교환기 설치시 현장 감리 혹은 감독기관에서 발급한 '현장 감리 확인서'를 확인합니다.</td><td>옥외
천공</td></tr>
</table>

(3) 설계 검토서 검토 내용 및 검토방법

검토 순서	검토 내용	검토결과 O	검토결과 X	검토방법	근거자료 페이지
'부하계산서' 검토방법은?					
1	부하계산서에 대한 검토방법은?	O		• 지열 담당 최대 피크(Peak) 부하에 맞춰 열펌프 설치 용량을 확인합니다.	14~15
		O		• 일별, 월별 부하계산서가 제출되어야 하며, 월별 Peak 부하가 계산되어야 합니다.	10~26
		O		• 연간 냉/난방 부하가 계산되어 전체 운전시간에 대한 결과가 확인되어야 합니다.	10~26
'지중열교환기 설계계산서' 검토방법은?					
2	지중열교환기 설계계산서의 검토방법은?	O		• '설계요약서', '부하계산서' 등의 자료를 바탕으로 입력된 수치의 적정성을 검토합니다.	4
		O		• 부하 및 등가시간의 적합성 여부를 확인합니다. – 냉난방 피크 부하 – 월별 부하량 및 피크 부하	16~26
		O		• 적용 열펌프의 모델 및 설계온도기준(EWT)에 따른 용량 및 유량을 확인합니다.	29,33
		O		• '지중열전도도 시험성적서'의 지중 초기온도, 지중열전도도 입력값을 확인합니다.	30,34 136
		O		• 순환유체 및 지중열교환기 구성재료의 적정성을 검토합니다. – 지중 순환수의 적정 밀도 및 비중 – 그라우팅 및 배관 재료의 열물성 값 – 지중열저항	30,34 136
		O		• '보어홀 배치도'를 기준으로 지중열교환기 이격거리 및 보어홀 배치를 검토합니다.	144~145
		O		• 운전에 따른 지중 온열 환경변화 검토 – 20년간 지중 온도변화 그래프의 변화폭 최대 ±3.5℃ 이내 여부를 확인합니다.	31,35
		O		• 순환펌프를 적용하여 시스템 COP 계산결과를 '설계요약서'와 비교 검토합니다.	122~129
'지열 열펌프 인증서 및 시험성적서'의 검토방법은?					
3	지열 열펌프 인증서 및 시험 성적서의 검토방법은? 인증서 및 성적서 첨부	O		• '신재생에너지 인증서' 및 공인기관 '시험성적서' 첨부 여부를 확인합니다.	37~101
'순환펌프 설계계산서'의 검토방법은?					
4	순환펌프의 적정 용량 검토방법은? 지열 순환펌프 선정서 참조	O		• 지중열교환기 손실수두(양정) 계산결과 및 '지중열교환기 설계계산서'상의 부동액에 따른 환산계수 적용 여부를 검토합니다.	118~121
'탱크류 및 배관계 설계계산서'의 검토방법은?					
5	팽창탱크 용량의 적정성 검토방법은?	O		• 1, 2차측 배관 보유수량 및 팽창률을 고려하여 선정된 팽창탱크 용량의 적정성을 판단합니다.	130~133

검토 순서	검토 내용	검토결과 O	검토결과 X	검토방법	근거자료 페이지
	버퍼탱크 용량의 적정성 검토방법은? 175kW 이상	O		• 175kW(50RT) 이하의 지열 시스템 설치용량(사업용량)일 경우 반드시 설치되어야 합니다. 단, 2차측 배관 보유수량 계산을 통해 최소 10분간 운전시간을 확보할 경우 삭제 가능합니다. • 총 유량(lpm)×10(min)=버퍼탱크 용량(lit)	175kW 이상
	배관계 설계계산서	O		• '트렌치 배관도', '기계실 배관도' 등의 최적 유량에 따른 관경 계산결과로 적합 여부를 판단합니다.	146~149
'하자보수 계획서'의 검토방법은?					
6	하자보수 계획서 검토방법은?	O		• 열펌프 명판 사진 – 제조사, 설치 전문기업 및 A/S 신고 센터 등	111~116 109
		O		• 주요 단품 수급계획	115~116
		O		• 점검내역서 및 유지관리 자료 제출 여부로 판단합니다.	

(4) 설계 도면 검토 내용 및 검토방법

검토 순서	검토 내용	검토결과 O	검토결과 X	검토방법	근거자료 페이지
'장비 일람표' 검토방법은?					
1	지열 시스템 구성 장비 일체를 나타내는 장비일람표'의 검토방법은?	O		(공통) • 열펌프, 순환펌프, 탱크류 등 장비 일체의 도면 표기, 그리고 입력수치의 적합성 여부를 확인합니다. – 설계요약서 – 신재생에너지 인증서 및 시험성적서 – 순환펌프 설계계산서 – 탱크류 설계계산서	4,5 37~101 118~121 130~133
	물-공기 멀티형 지열 시스템의 '장비일람표' 검토방법은?		X	• 조합률 50~120% 이내(GT 103) – 조합률 : 실내기 용량 / 실외기 용량 – 설계온도 기준의 열펌프 정미용량	
'보어홀 배치도'의 검토방법은?					
2	보어홀 배치도를 검토하는 방법은?	O		• 지중열교환기 길이차는 최대 10% 이내인지 확인합니다.	146~147
		O		• 정유량 밸브 적용시 열교환기 길이차는 최대 30%까지 구성될 수 있습니다.	146~147
		O		• 존(zone)별 열교환기 개수 : 8~10개	146~147
		O		• 건물과 보어홀 간의 이격거리를 확인합니다.	146~147
		O		• 보어홀 간 이격거리를 '설계요약서' 및 '지중열교환기 설계계산서'와 비교합니다.	146~147
'트렌치 배관도'의 검토방법은?					
3	트렌치 배관도 검토방법은?	O		• 트렌치 배관 관경이 도면에 표기되었는지 확인합니다.	146~147

검토 순서	검토 내용	검토결과 O	검토결과 X	검토방법	근거자료 페이지
		O		• 각 존별 리버스 리턴 배관 구성 여부를 확인합니다.	146~147
		O		• '트렌치 단면도'를 통해 되메움재료 구성을 확인합니다.	150~151
'지중열교환기 설치 상세도'의 검토방법은?					
4	지중열교환기 설치 상세도의 검토 방법은?	O		• 도면상에 배관 및 그라우팅 재료 물성 표기 여부를 확인합니다. • 케이싱 파이프 설치심도의 수치 작성 여부를 확인합니다.	150~151
'계통도'의 검토방법은?					
5	시스템 계통도 확인방법은?	O		• 실외 및 실내 배관 유로(순환수 흐름)를 확인합니다. • 각종 밸브류 및 부품류의 설치 여부를 확인합니다.	142~143
6	배관계통도에서 확인하여야 할 사항은?	O		• 각 장비(열펌프)별 유량 배분을 확인합니다.	142~143
'기계실 장비 배치도'의 검토방법은?					
7	기계실 장비 배치도 검토방법은?	O		• '장비 일람표'상의 시스템 구성 부품들에 대한 배치 여부를 확인합니다. • 장비 유지보수를 위한 최소 공간 확보 여부를 확인합니다.	141 148~143
'자동제어 설계도'의 검토방법은?					
8	자동제어 설계도에서 검토하여야할 사항은?	O		• 각종 계측기 사양 및 설치 위치 등의 표기 여부를 확인합니다. • 운전 스케줄 및 현장 모니터링방식 등을 확인합니다. • 측정 센서 및 기기류의 사양 및 부착 위치가 정확히 표기되었는지 확인합니다. • 연간 운전데이터 저장 여부를 확인합니다.	142~143
'냉매 배관 계통도'의 검토방법은?					
9	냉매 배관 계통도 검토 방법은			• 물-공기 멀티형 시스템 이용시 제출합니다.	152~153
			X	• '신재생에너지 인증서' 및 '시험성적서'를 바탕으로 수평, 수직, 그리고 실내기 용량 표기 여부를 검토합니다.	
'지중열전도도 시험 성적서'의 검토방법은?					
10	지중열전도도 시험성적서의 검토방법은?	O		• 지중열전도도 시험성적서를 확인합니다.	135~138

가. 지열 열펌프 시스템 설계요약서

지열열펌프 시스템 설계요약서(수직밀폐형)

사업구분	⑤의무	사업용량(kW)	1,212.79kW (8,073.5m^2)
기관명	법무부	건물명	법무연수원 이전 신축공사

설계자				
설계자	성명	○○○	소속	○○○
	이메일	○○○@ftene.com	전화번호	02)○○○-○○○○

열에너지 부하량 및 설치 용량		건축물 전체 부하량(kW)	지열 담당 부하량(kW)	지열시스템 설치용량(kW)
	냉방	1,312.308	1,125.453	1,199.97
	난방	707.781	669.607	1,212.79
	급탕			

지중열전도도 측정 시험				
지중열전도도 측정 시험	지중열전도도	2.52(W/m.k)	지중초기온도(℃)	16.02
	보어홀 저항(m.k/w)	0.192	케이싱 길이(m)	30
	천공 소요 시간(h)	10	공 무너짐	없음

지열열펌프 (설계 자료)							
지열열펌프 (설계 자료)	인증 여부	○	총 유량/총 설계용량(lpm/kW)		3.78		
	냉방	설계용량(kW) ×수량	COPc	열원측		부하측	
				EWT(℃)	유량(lps)	EWT(℃)	유량(lps)
		150.400×4	4.5	30	9.0	12	9.0
		67.204×3	3.3	30	4.75	27/19	
		59.464×2	3.8	30	3.83	27/19	
		49.178×4	3.3	30	3.16	27/19	
	난방	설계용량(kW) ×수량	COPh	열원측		부하측	
				EWT(℃)	유량(lps)	EWT(℃)	유량(lps)
		150.544×4	3.9	5	9.0	40	9.0
		81.213×3	3.9	5	4.75	20/15	
		71.954×2	5.2	5	3.83	20/15	
		55.767×4	4.3	5	3.16	20/15	

시스템 COP	냉방	3.49	난방	3.61	급탕	

보어홀				
보어홀	보어홀 깊이(m) ×수량	194m×64(물-물) 176×66(물-냉매)	총 보어홀 길이(m)	24,032
	최소 보어홀 간격(m)	6	지중열교환기방식	①싱글 U
	보어홀 직경(mm)	150	파이프 규격	HDPE, 40A, SDR-11

<table>
<tr><th colspan="7">지열열펌프 시스템 설계요약서 (수직밀폐형)</th></tr>
<tr><td>배관</td><td>트렌치
배관 깊이</td><td colspan="2">1.5</td><td>기계실
배관 재질</td><td colspan="2">동관</td></tr>
<tr><td>그라우팅</td><td>종류</td><td colspan="2">벤토나이트(세트코코리아)
유동화재(세트코코리아)
실리카샌드(세트코코리아)</td><td>혼합비율(%)</td><td colspan="2">물 : 벤토나이트 : 실리카샌드
(75 : 20 : 5)</td></tr>
<tr><td rowspan="2">지중 순환수</td><td>종류</td><td colspan="2">에탄올</td><td>혼합비율(%)</td><td colspan="2">물 : 에탄올(87.1 : 12.9)</td></tr>
<tr><td>비중</td><td colspan="2">0.9755</td><td>동결온도(℃)</td><td colspan="2">-6.67</td></tr>
<tr><td>보온재</td><td>재질</td><td colspan="2">고무발포(EPDM)</td><td>두께(mm)</td><td colspan="2">25T</td></tr>
<tr><td rowspan="6">지열 순환펌프</td><td colspan="3">총소비전력/열펌프 총설계용량(kW/kW)</td><td colspan="3">0.0344</td></tr>
<tr><td>형식</td><td>정격용량(kW)</td><td>소비전력(kW)</td><td>유량(lpm)×수량
(예비 펌프 여부)</td><td>양정(m)</td><td>효율</td></tr>
<tr><td>인라인</td><td>5.5</td><td>4.51</td><td>540LPM×5
(예비 1대 포함)</td><td>31</td><td>64.5%</td></tr>
<tr><td>인라인</td><td>7.5</td><td>5.59</td><td>570LPM×3
(예비 1대 포함)</td><td>35</td><td>66.0%</td></tr>
<tr><td>인라인</td><td>7.5</td><td>5.16</td><td>475LPM×2
(예비 1대 포함)</td><td>35</td><td>61.7%</td></tr>
<tr><td>인라인</td><td>5.5</td><td>4.16</td><td>460LPM×1
(예비 없음)</td><td>35</td><td>63.4%</td></tr>
<tr><td rowspan="3">팽창 탱크</td><td>형식</td><td colspan="2">용량(l)×수량</td><td colspan="3">재질</td></tr>
<tr><td>밀폐형(냉난방)</td><td colspan="2">1,200liter×1</td><td colspan="3">SS400</td></tr>
<tr><td>밀폐형(냉난방)</td><td colspan="2">1,000liter×1</td><td colspan="3">SS400</td></tr>
<tr><td rowspan="3">버퍼 탱크</td><td>형식</td><td colspan="2">용량(l)×수량</td><td colspan="3">재질</td></tr>
<tr><td></td><td colspan="2"></td><td colspan="3"></td></tr>
<tr><td></td><td colspan="2"></td><td colspan="3"></td></tr>
<tr><td>타열원의 백업
여부</td><td colspan="6">※다 열원설비의 배업용이 아니며, 지열열펌프 시스템에 대한 백업설비를 설치하지 않음.</td></tr>
<tr><td>모니터링 계획</td><td colspan="6">*에너지관리공단의 모니터링 설치계획 준수
*배관용 온도감지기, 전력량계, 유량계로 계측 후 모니터링 계획</td></tr>
<tr><td>참고 사항</td><td colspan="6">1. 본관동 지열 열원공급은 물-물 방식, 물-냉매 방식으로 나누어짐 물-물방식의 경우 공조기(AHU) 부하를 담당, 물-냉매 방식은 각 실내기로 열원을 공급함.
2. 지중열교환기 설계(GLD)는 물-물, 물-냉매 방식으로 나누어 지중열교환기 설계하였음.</td></tr>
</table>

건축물 지열에너지 설비의 설계와 위의 내용이 틀림 없음을 확인합니다.

2014년 01 월 일

(기관명) (대표)

직인

나. 주요자재 설치 사양서

주요자재 설치사양(수직 밀폐형)

사업구분	⑤의무		사업용량(kW)	1,212.79kW (8,073.5m²)		
기관명			건물명	법무연수원 이전 신축공사		
설계자	성명	OOO	소속	OOO	전화	02)OOO-OOOO
설치용량(kW)	냉방	1,199.97	난방	1,212.79	급탕	

구분		정미능력(kW)×수량	COPc	유량(lps) 열원측	유량(lps) 부하측
지열열펌프	냉방	150.400×4	4.5	9.0	9.0
		67.204×3	3.3	4.75	
		59.464×2	3.8	3.83	
		49.178×4	3.3	3.16	
		정미능력(kW)×수량	COPh	유량(lps) 열원측	유량(lps) 부하측
	난방	150.544×4	3.9	9.0	9.0
		81.213×3	3.9	4.75	
		71.954×2	5.2	3.83	
		55.767×4	4.3	3.16	

보어홀	보어홀 깊이×수량	194m×64(물-물) / 176×66(물-냉매)		
	최소 보어홀 간격	6	열교환기방식	①싱글U
	천공 직경(mm)	150	파이프 규격	HDPE, 40A, SDR-11
배관	트렌치배관 깊이	1.5	기계실배관재질	동관
그라우팅	종류	벤토나이트(세트코코리아) 유동화재(세트코코리아) 실리카샌드(세트코코리아)	혼합비율(%)	물 : 벤토나이트 : 실리카샌드 (75 : 20 : 5)
보온재	재질	고무발포(EPDM)	두께(mm)	25T
지중 순환수	종류	에탄올	혼합비율(%)	12.9 / 비중 0.9755

지열 순환펌프	형식	정격용량(kW)	소비전력(kW)	유량(lpm)×수량 (예비 펌프 여부)	양정(m)	효율
	인라인	5.5	4.51	540LPM×5 (예비 1대 포함)	31	64.5%
	인라인	7.5	5.59	570LPM×3 (예비 1대 포함)	35	66.0%
	인라인	7.5	5.16	475LPM×2 (예비 1대 포함)	35	61.7%
	인라인	7.5	4.16	460LPM×1 (예비 없음)	35	63.4%

구분	형식	용량(l)×수량	재질
팽창 탱크	밀폐형	1,200liter×1	SS400
	밀폐형	1,000liter×1	SS400
버퍼 탱크	형식	용량(l)×수량	재질

건축물 지열에너지 설비의 설계와 위의 내용이 틀림 없음을 확인합니다.

2014년 01 월 일

사업주 ____________ 사업주의 장 ____________ 직인

다. 계요약서 첨부 자료

① 유량/총 설계용량(LPM/kW)

$$\text{계산식} \quad \frac{\text{지열히트펌프 유량의 합계}}{\text{지열히트펌프 총 설계용량}}$$

ⓐ 냉방 설계유량

$$\frac{4,235(540\times4)+(570\times2)+(475\times1)+(460\times1)}{1,118.85(150.4\times4)+(67.20\times3)+(59.46\times2)+(49.17\times4)}$$

$$=3.78\text{LPM/kW}$$

ⓑ 난방설계유량

$$\frac{4,235(540\times4)+(570\times2)+(475\times1)+(460\times1)}{1,212.79(150.54\times4)+(81.21\times3)+(71.94\times2)+(55.76\times4)}$$

$$=3.49\text{LPM/kW}$$

② 시스템 COP

$$\text{계산식} \quad \frac{\text{지열히트펌프 총설계 용량}}{\text{지열히트펌프 총 유효전력}+\text{지중 순환펌프 총 소비동력}}$$

ⓐ 냉방 시스템COP

$$\frac{1,118.85(150.4\times4)+(67.20\times3)+(59.46\times2)+(49.17\times4)}{320.06(33.2\times4+20.19\times3+16.62\times2+14.22\times4)+(4.51\times4+5.59\times2+5.16\times1+4.16\times1)}$$

$$=3.49$$

ⓑ 난방 시스템COP

$$\frac{1,212.77(150.4\times4)+(81.21\times3)+(71.94\times2)+(55.76\times4)}{335.51(38.5\times4+20.47\times3+13.88\times2+12.94\times4)+(4.51\times4+5.59\times2+5.16\times1+4.16\times1)}$$

$$=3.61$$

③ 시스템 COP 적정 여부

구분	냉방	난방	비고
히트펌프 COP	3.97	4.11	
시스템 COP	3.49	3.61	
적정성 여부	87.79%	87.83%	

④ 총 소비전력/열펌프 총설계용량(kW/kW)

$$\text{계산식} \quad \frac{\text{지열순환펌프(심정펌프, 중간순환펌프)의 총소비전력}}{\text{지열히트펌프 총설계 용량}}$$

ⓐ 냉방 설계용량

$$\frac{38.54(4.51\times4+5.59\times2+5.16\times1+4.16\times1)}{1,118.85(150.4\times4)+(67.20\times3)+(59.46\times2)+(49.17\times4)}$$

$$=0.0344\text{kW/kW}$$

ⓑ 난방 설계용량

$$\frac{38.54(4.51\times4+5.59\times2+5.16\times1+4.16\times1)}{1,212.79(150.54\times4)+(81.21\times3)+(71.95\times2)+(55.76\times4)}$$

$$=0.0317\text{kW/kW}$$

11 지열 시스템 시공

11.1 개 요

지열 이용 냉난방 시스템 설비공사의 시공절차는 크게 보어홀의 위치를 선정하고 천공장비를 반입하여 천공준비 및 침사지를 설치하는 준비단계, 보어홀을 천공하고 지중열교환기 설치와 그라우팅 시공을 하는 천공단계, 트렌치 배관을 위한 터파기 및 배관부설을 하는 옥외배관 단계, 히트펌프 유닛과 부속 장비류의 설치와 1차측, 2차측 배관을 시공하는 기계실 배관, 시운전 및 인수인계 단계로 진행된다.

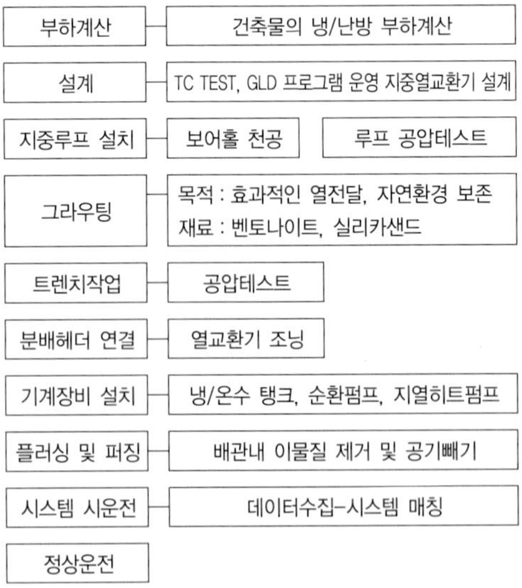

그림 4-64 지열 시스템 설계 및 시공 절차

표 4-22 단계별 세부공사 추진사항

구 분	세 부 진 행 사 항	
준비단계	• 보어홀 위치 • 천공장비	• 외부 케이싱 재료 • 침사지 설치
천공 지중열교환기 설치 그라우팅	• 보어홀 천공 및 외부 케이싱 설치 • 천공깊이 확인 • 열교환파이프 자재검수 및 설치	• 그라우팅 • 외부 케이싱 제거
옥외배관	• 트렌치배관 위치, 터파기 및 다짐 • 배관부설 및 융착 • 모래주머니 설치	• 배관관로 및 융착, 수압시험 • 모래부설 및 되메우기 • 매립배관 경고테이프 설치
기계실배관	• 장비설치 및 기계실 배관 • 수압시험 및 배관 보온 • 플러싱	• 지열순환수 주입 • 시운전

11.2 시공절차 및 방법

11.2.1 천공

지열을 이용한 냉난방 시스템 설비공사에서 지중열교환기 설치를 위한 천공(Drilling) 공정은 필수적이며, 천공작업이 전체 지열시스템 설치비용에서 차지하는 부분이 상당히 커서(총공사비의 30~50%) 고효율 저비용 천공기술의 확보, 보급은 장기적으로 지열시스템의 확장 측면에도 매우 중요하다.

그림 4-65 천공작업 FLOW

현재 국내에서 사용하는 천공장비는 회전드릴비트(Bit) 내부로 압축공기와 물을 불어내어 파쇄된 암반가루를 지상으로 분출시키는 DTH(Down The Hole, Air Rotary Drilling방식)가 주로 사용되고 있다.

보어홀을 건축물 기초 하부에 시공할 경우 토질 및 기초기술사에 의한 건축물의 기초 안정성을 검토하여 지열이용검토서에 첨부하여야 한다. 설계도서의 깊이와 직경을 준수하여 보어홀을 천공하되, 보어홀 깊이는 트렌치 바닥부터 산정하여야 한다. 천공 보어홀 상단부 붕괴를 방지하기 위해 지면에서 지하 암반층 출연지점까지 케이싱을 삽입하여야 하며 천공 완료 후 케이싱을 제거하지 않을 경우 천공 홀을 통해 지하수가 유입되지 않도록 조치하여야 한다. 천공작업 시 보어홀의 휨이 발생하면 주변 보어홀과 마주쳐 보어홀 사용이 불가하므로 주의하여야 하며 사전 천공기술자의 이력 및 숙련도를 시험한다. 천공작업 후 지중열교환기 삽입 시까지 일정시간이 소요되는데 이때 보어홀의 붕괴가 조금씩 발생하므로 약 2M 정도 추가 천공하는 것이 필요하다. 예를 들어 보어홀 150m를 천공한다면 트렌치 깊이 1.5m, 지중열교환기 150m, 추가천공 2m를 고려하면 약 153.2m를 천공하여야 하는 것이다. 천공에 소요되는 시간은 150m 기준으로 약 8시간 정도가 소요되며, 지중에 암석층이 많이 존재하면 약 3일 정도가 소요되는 지역도 있다.

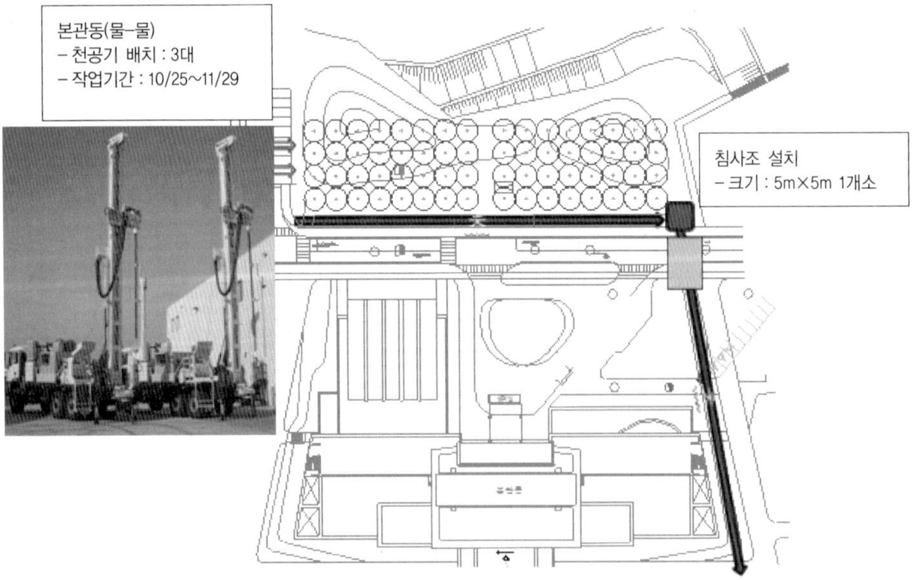

그림 4-66 천공 위치의 건축물 기초 및 토목 관로와 간섭부 검토

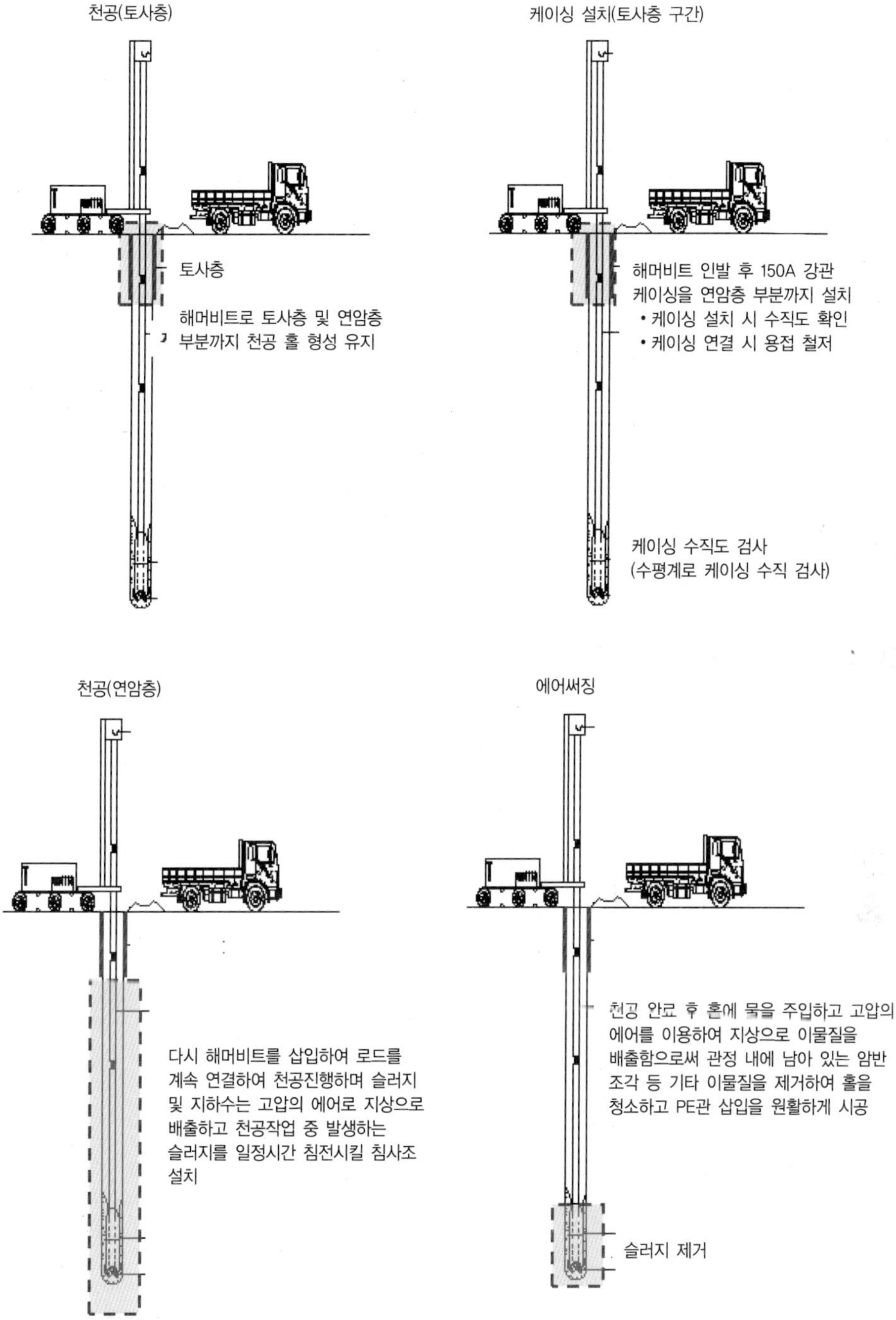

그림 4-67 천공작업 순서

그림 4-68 천공장비 반입 및 천공, 방음벽, 침사조 설치

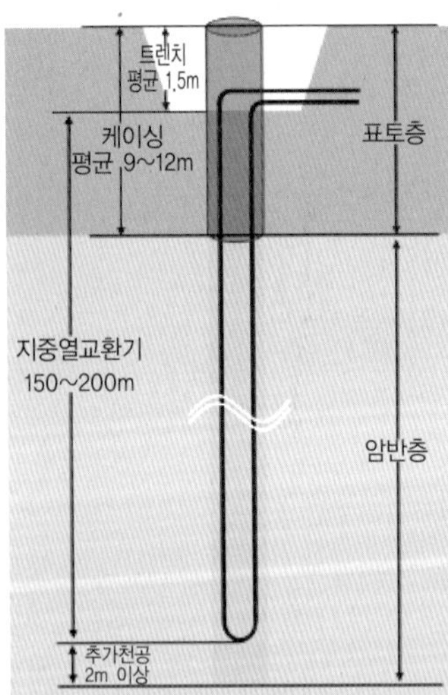

- 보어홀 휨
  - 보어홀 휨이 발생하면 주변 보어홀과 마주쳐 보어홀 사용이 불가하므로 주의해야 함
- 케이싱 삽입 깊이
  - 일반적으로 12m를 삽입하지만 최대 60m까지도 삽입할 수 있음
  - 케이싱 삽입 깊이가 증가하면 케이싱 인발이 어려우며, 케이싱 삽입 비용도 대폭 증가함
- 추가천공
  - 천공 작업 후 지중열교환기 파이프 삽입 시까지 일정시간이 소요되며, 이때 보어홀 붕괴가 조금씩 발생하므로 2m의 추가천공이 필요함
- 천공 소요시간
  - 일반적으로 1일에 한 공을 천공(150m 기준)하지만 경암 등이 존재하면 3일에 한 공을 천공할 수도 있음
- 총 천공길이
  - 트랜치 1.5m, 지중열교환기 150m, 추가천공 2m를 고려해 총 천공길이는 153.5m가 된다.

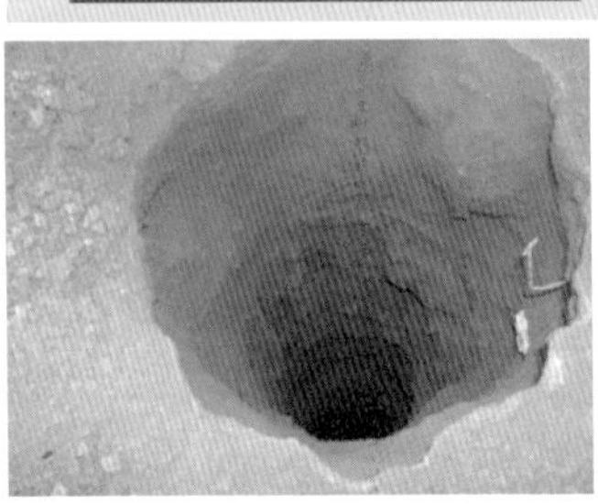

(천공홀)

(에어써징)

1. 승인된 장비의 반입 여부 확인
2. 천공 기능공의 자질 및 숙련도 사전 확인
3. 장비설치 공간 확보 및 안전사고 예방조치 등 사전 준비사항 점검
4. 천공 위치 마킹 및 침사지 설치 상태 확인
5. 천공 위치 및 보어홀 설계 이격거리 준수 여부 확인
6. 설계계산서에 입각한 천공깊이 확인
7. 천공 시 보어홀 상단부 붕괴 방지를 위한 외부 케이싱을 암반층까지 설치 여부 확인
8. 에어써징 이행 여부 확인
9. 유출수 침전물 제거용 침사지 운용 및 최종 방류수 상태 확인

그림 4-69 천공작업 체크리스트

11.2.2 지중열교환기 설치

지중열교환기에 일반적으로 사용되는 배관재료는 지중에서의 부식과 시공성 등을 고려하여 고밀도폴리에틸렌관(HDPE ; High Density Poly Ethylene)을 사용하며, 지중열교환기 전용으로 공장에서 제작된 이음매가 없는 관을 사용한다. 지중으로 삽입되는 최저부위는 U자형의 형태로 성형한 것을 사용하며, 지중열매체(지중순환수)의 누수가 없도록 열융착법으로 연결하여야 한다. 일반적으로 사용하는 관경은 25A, 32A, 40A가 주로 사용되며 시공 시 부력에 의한 상승을 방지하기 위해 파이프 내에 물을 주입하여 보어홀에 삽입한다. 이때 지중열교환 파이프가 외부 케이싱 등에 의해 손상되지 않도록 주의하여야 하며, 삽입 후 사용압력의 1.5배 이상으로 약 60분 동안 수압시험을 실시하여 누수 여부를 확인하여야 한다.

그림 4-70 지중열교환기 설치

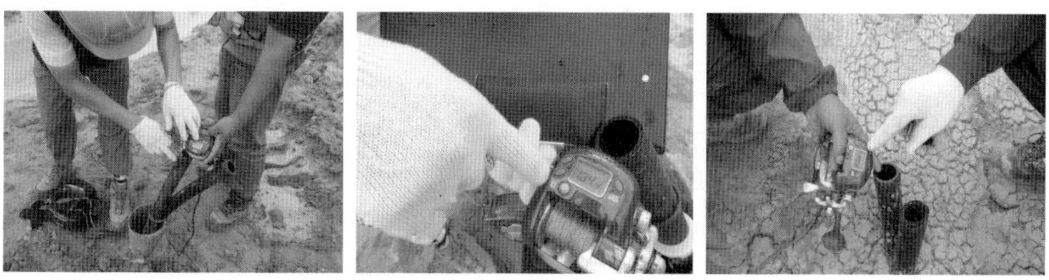

그림 4-71 지중열교환기 설치공사 체크리스트

1. 보어홀에 U-tube (고밀도 폴리에틸렌관) 관을 보어홀에 삽입하는 공정
2. 설치 전 열교환기 외부에 상처나 부식 및 열교환기 길이 확인
3. 승인된 자재의 반입 여부 확인 (고밀도 폴리에틸렌관(HDPE))
4. 최종 삽입 길이 확인 : 심도측정
5. 열융착부 수압시험 (겨울철 : 공압시험) 및 누수 여부 확인
6. 관 말 이물질 침입방지 조치 상태 확인

그림 4-71 지중열교환기 설치공사 체크리스트 (계속)

11.2.3 그라우팅

그라우팅(Grouting)이란 적절한 열전도도를 가지며, 동시에 투수도가 작은 그라우팅 재료로 보어홀(Borehole, 시추공)과 지중열교환기 파이프 사이의 빈 공간(Annulus)을 채우는 일련의 시공과정을 말한다. 천공 후 지중열교환기를 보어홀 안으로 삽입 후에 마지막으로 보어홀과 지중열교환기 파이프 사이의 빈 공간을 그라우트로 완전히 채워 지중열교환기를 완성한다.

그라우팅의 주된 목적은 토양 또는 암석으로 구성된 보어홀 주변의 지중과 지중열교환기 파이프 내를 순환하는 작동유체(물 또는 부동액) 사이에 열전달이 원활하게 일어나도록 하고, 보어홀을 통한 지하수의 오염방지와 보어홀의 붕괴를 방지하는데 있다. 만약 그라우트로 보어홀 내를 완전히 채우지 않거나 열전도계수가 작은 재료로 보어홀 내를 채우게 되면, 지중열교환기 열전달 능력은 감소하게 되며, 이는 전체 시스템의 성능 감소로 이어진다.

현재 주로 사용되고 있는 그라우팅 재료로 벤토나이트 및 벤토나이트와 첨가제 혼합물, 시멘트 및 시멘트와 첨가제 혼합물, 콘크리트, 그리고 점토와 모래 혼합물 등과 같은 다양한 종류의 물질들이 있는데 화산재 성분의 벤토나이트가 시공성 및 열전도율이 우수하여 가장 많이 적용되고 있다.

그라우팅에 사용되는 벤토나이트와 물, 열전달 촉진제인 유동화재의 혼합 비율은 20 : 75 : 5이며 이송펌프, 트레미파이프 등 전용장비를 이용하여 보어홀 최하단부터 올라오면서 채워야 하고 침하되는 부분은 필히 보충하여야 한다. 그라우팅 작업 시 보어홀 천공 작업중 발생하는 암석 파쇄물, 시추용 슬러리 등으로 보어홀을 채우면 안 된다.

그라우팅

- 그라우팅 목적 : 원활한 열전달 촉진, 지하수 오염방지, 보어홀 붕괴방지
- 그라우팅 재료 : 벤토나이트
- 그라우트 혼합 : 물 : 벤토나이트 : 유동화제(75 : 20 : 5)
- 시공방법 : 이송펌프, 트레미파이프 등 전용장비를 이용하여 보어홀 최하단부터 그라우팅하며 적정속도로 감아올림

그림 4-72 그라우팅

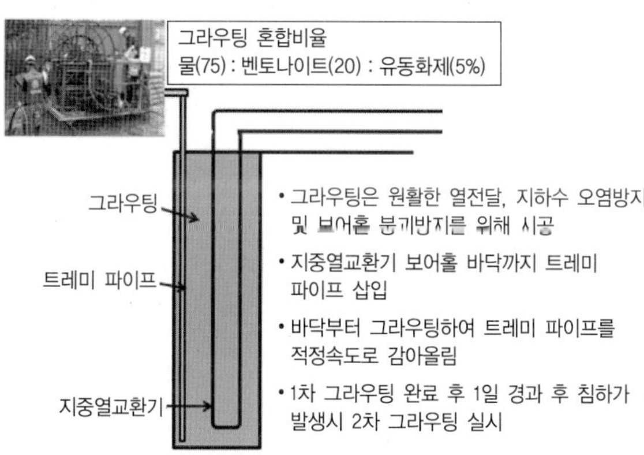

1. 승인된 그라우트 재료 여부 혼합비율 적정 여부 확인(물 : 벤토나이트 : 실리카샌드=75 : 20 : 5)
2. 그라우트 장비(펌프, 트레미관 등)의 전용 장비 여부 확인
3. 그라우팅 방법 적정 여부 확인 (Bottom Up방식)
4. 침하 부분에 대한 보충 여부 확인
5. 그라우팅 완료 부분 최종 확인

그림 4-73 그라우팅공사 체크리스트

11.2.4 옥외배관

옥외배관공사는 보어홀 천공, 지중열교환기 설치 및 그라우팅작업이 완료된 후 보어홀 각각에 설치된 지중열교환기 배관을 해당 존별로 상호 연결하여 기계실에 설치된 지열히트펌프 유닛에 연결하기 위해 지중에 설치하는 공사를 말하며, 옥외배관에 사용되는 재료는 지중열교환기와 같은 PE관을 사용하고 연결 및 이음방법은 열융착법에 의해 시공된다.

옥외배관공사의 시공순서는 터파기 ➜ 지반다짐 ➜ 배관부설(PE관) ➜ 수압(기압)시험 ➜ 모래(양질의 흙) 부설 ➜ 경고테이프 설치 ➜ 되메우기 ➜ 다짐의 순서로 진행되며, 배관부설 위치는 사전 조경 식재공사, 토목관로공사 등 타 공정과 협의하여 간섭 여부를 체크하고, 매설깊이는 해당 지역의 동결심도보다 깊게 시공해야 한다. 또한 주변 구조물의 변형, 주변 지반 침하에 따른 영향을 충분히 사전 검토할 필요가 있다.

터파기 공사 전 지중매설물(급수관, 가스관 및 지중배선, 통신선로 등)에 대해 충분히 조사하여 공사에 지장이 없도록 조치하여야 하고, 터파기 시 토사가 붕괴되지 않도록 적절한 안전각도를 유지하여 터파기를 시행하거나, 상황에 따라 흙막이를 설치하여 굴착면을 안전한 상태로 유지한다.

트렌치 폭은 트렌치 좌우로 PE파이프보다 약 30cm 이상의 작업공간을 확보하도록 하

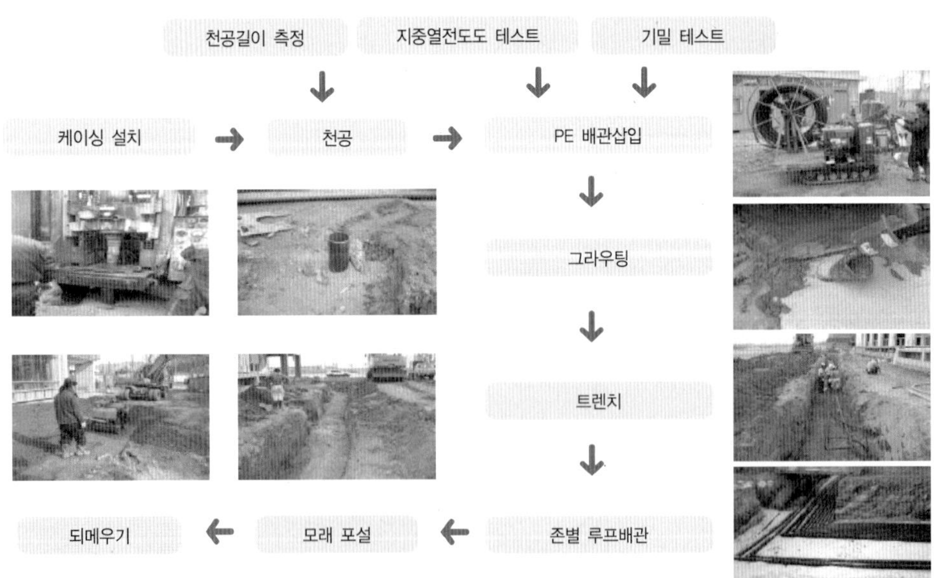

그림 4-74 옥외배관공사 FLOW

그림 4-75 터파기 및 지반다짐

그림 4-76 트렌치배관 부설

고 터파기 바닥면에는 배관에 하중을 가하는 암석 등을 제거하고 충분한 다짐공사를 시행하며, 바닥면에 약 10cm 정도의 모래(또는 양질의 흙)를 부설한다.

터파기 후 각각의 보어홀에 설치된 지중열교환기 파이프와 트렌치 파이프를 연결작업을 시행하며, 배관은 에어포켓(Air-Pocket)이 생기지 않도록 수평을 유지하여야 한다.

트렌치 배관의 관경은 지중열교환기의 배관경보다 큰 직경의 파이프를 사용하며 유량계산에 의해 관경결정이 된다. 배관 작업 시 HDPE 파이프 전용의 커터를 사용하여 관을 절단하여야 한다. 만일 일반톱 등을 사용하면 이물질이 배관에 유입되어 열교환기에 쌓여 순환에 지장을 줄 수 있다.

배관의 열융착작업은 사전 기능공의 숙련도 테스트 등을 통해 융착부의 품질을 확보하도록 하며, 트렌치 배관 방식은 순환수의 균일한 유량 분배를 위해 리버스리턴(역환수배관)방식으로 계획하고, 기계실에 설치되는 메인배관에는 각각의 존별로 정유량 밸브를 설치한다. 또한 지중매입 배관의 지중열교환기 공급관과 환수관은 최소 30cm 이상 이격시켜 열적 간섭을 최소화하도록 하고 트렌치 배관 완료 후 사용압력의 2배 압력으로 압력시험을 실시한다.

그림 4-77 PE관 열융착 기능시험

그림 4-78 트렌치배관 및 압력시험

그림 4-79 경고테이프 설치

압력시험이 완료되면 트렌치 파이프에 손상을 주지 않도록 주의하여 되메우기를 시행한다. 되메움 토사는 암석, 유기물 및 동결된 흙이 썩지 않은 양질의 흙을 이용하며, 1차 되메우기는 모래(또는 양질의 흙)를 이용하여 50cm 내외를 성토하여 다짐기를 이용하여 다짐한다.

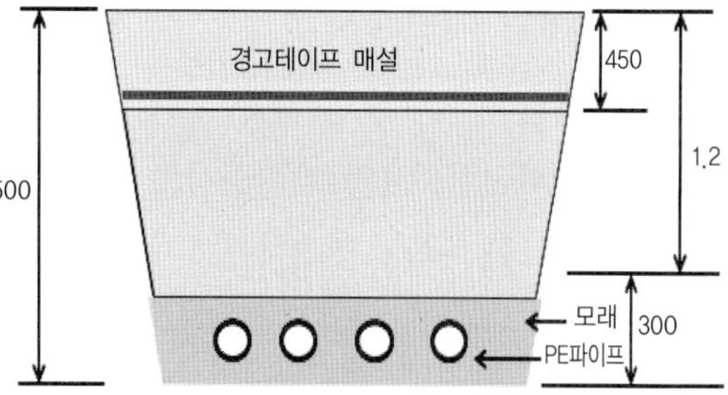

그림 4-80 트렌치 배관 단면 상세도(1)

2차 되메우기 전 지면에서 약 50cm 깊이(GL-50)에 경고테이프를 매설하고 나무토막, 날카로운 돌, 폐기물 등이 혼입되지 않은 되메움 토사를 이용하여 최종 성토 및 다짐을 한 후 슬러지 및 폐기물 등을 처리한다.

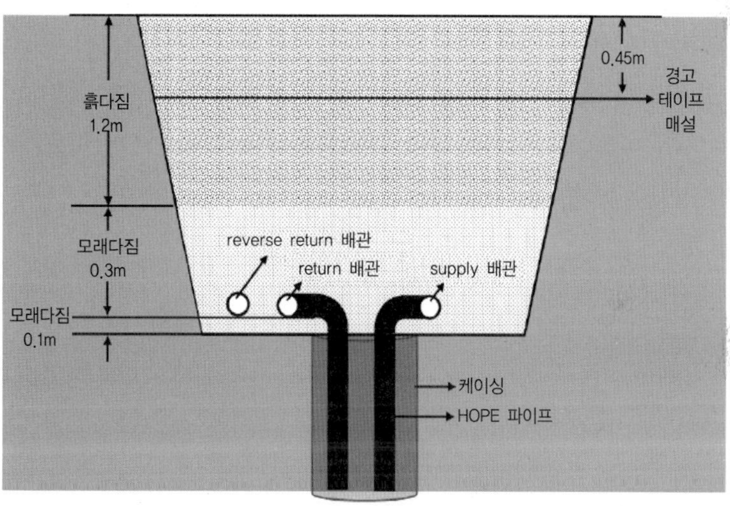

1. 터파기 전 주변 지장물(각종 배관, 전선, 통신선) 및 조경 식재 위치 등을 확인
2. 굴착 깊이에 따른 붕괴방지 안전각도 준수 여부 확인
3. 터파기 구간 동결심도 및 기계 다짐 여부, 터파기면 수평 확인
4. 작업공간 및 시공 Space 확보 확인
5. 배관 보호용 모래 부설 여부 확인
6. PE pipe 전용 공구 및 융착기 사용 여부 확인
7. 배관 융착 숙련공에 의한 시공 여부 확인(사전 기능공의 기량 테스트 실시)
8. 지중열교환기 배관과 트렌치 배관의 적정 곡률반경 유지 시공 여부 확인
9. 역환수방식(Reverse Return Type) 시공 여부 확인
10. 배관구배 확인 및 모래주머니 부설 등 침하 방지 조치 이행 여부 등의 확인
11. 되메우기 전 배관시공 상태, 수압시험 이행 여부 등 최종 확인
12. 되메움 토사 상태 확인(나무토막, 날카로운 돌, 폐기물 등의 혼입 여부)
13. 중간다짐 시공 및 경고테이프 표시(Gl-50cm) 설치 여부 확인
14. 마감층 다짐 시공 이행 상태 확인
15. 슬러지 및 폐기물 처리 적정 여부 확인

그림 4-81 트렌치 배관공사 체크리스트

11.2.5 기계실 배관공사

기계실 배관공사는 크게 지열히트펌프 유닛 및 순환펌프류, 팽창탱크, 버퍼탱크 등을 설치하는 장비설치공사와 배관공사로 구분한다. 배관공사는 지열히트펌프 유닛을 기준으로 지중열교환기측과 연결하는 1차측 배관공사와 부하측으로 연결하는 2차측 배관공사를 말하며, 시공 전 자재운반, 장비사용 또는 기타 필요한 시공계획서를 상세히 작성하여야 하며, 특히 중량물 반입, 설치 등 위험을 수반하는 공사에 대해서는 공사의 방법과 사용 장비를 명시하여야 한다. 또한 현장상황에 따른 정확한 시공을 위하여 시공상세도를 작성하여 현장여건에 맞는 정밀한 시공이 되도록 한다.

기계실 배관에 사용하는 배관재료는 배관용 동관(KS D3501) 또는 스테인리스강관을 주로 사용하며, 기기 및 재료(기자재 및 부속품)는 KS 또는 공산품 품질관리법 등의 규정에 적합한 자재를 사용한다.

(1) 장비설치 공사

지열히트펌프 유닛을 설치하기 위한 기초패드는 히트펌프 유닛의 중량이나 진동을 고려하여 진동, 소음이 발생하지 않도록 강도를 튼튼히 하고 상단에는 빗물이 고이지 않도록 수평을 유지해야 하며, H빔 또는 방진프레임 위에 안착한 후 볼트, 너트, 와셔를 이용하여 고정하여야 한다.

또한 히트펌프 유닛을 동일 장소에 여러 대 설치할 경우에는 장비기초패드 위에 H빔(150mm×150mm×t10) 또는 방진프레임을 시공하여 2단으로 히트펌프 유닛을 설치한다.

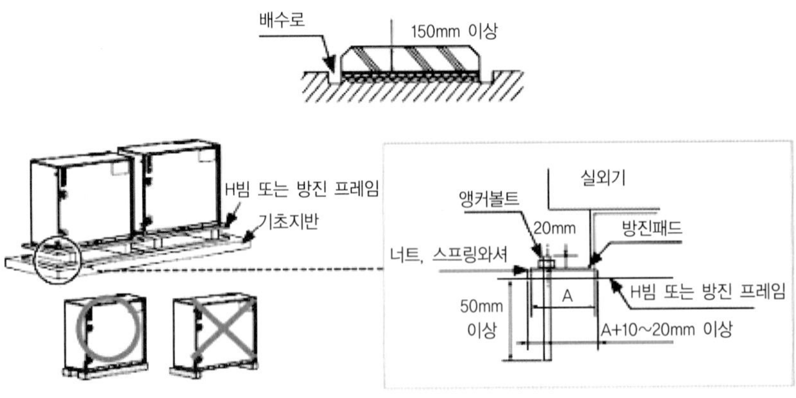

그림 4-82 기계실 장비설치 기초 상세도

그림 4-83 기계실 장비설치 공사(지열히트펌프 유닛)

(2) 배관공사

모든 관은 온도변화에 따른 신축을 고려하여 배관하고 팽창 시에는 배관의 각 부분에 과대한 응력이 걸리지 않도록 하며 배관의 기울기가 틀리지 않도록 해야 하며, 배관 시공에 앞서 타 설비의 관류 및 기기와의 관련사항을 상세히 검토하고 기울기(구배)를 고려하여 그 위치를 정확히 결정해야 하며, 배관 접합 전에 그 내부를 점검하고 이물질이 없는지 확인한 후에 접합한다.

배관작업을 철저히 하지 않으면 히트펌프 운전에 지장을 주며 소음발생, 유지보수, 서비스 곤란 등의 문제가 발생하므로 배관 시공 전 철저한 확인과 검토 후 철저하게 시공관리를 하여야 한다.

지열히트펌프 주위배관에는 순환배관내 공기를 배출할 수 있는 장치와 배관 플러싱이 가능하도록 플러싱 서비스 배관을 형성하고, 기기 및 배관 시스템의 운전상태를 확인할 수 있는 온도계 및 압력계를 설치하여야 한다.

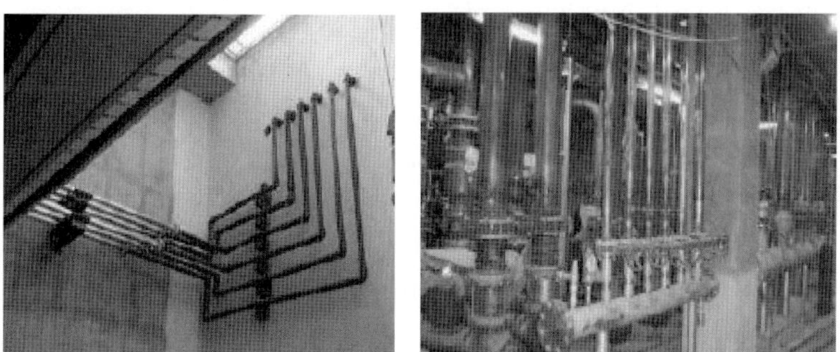

그림 4-84 기계실 배관공사

그림 4-85 지열히트펌프 주위배관

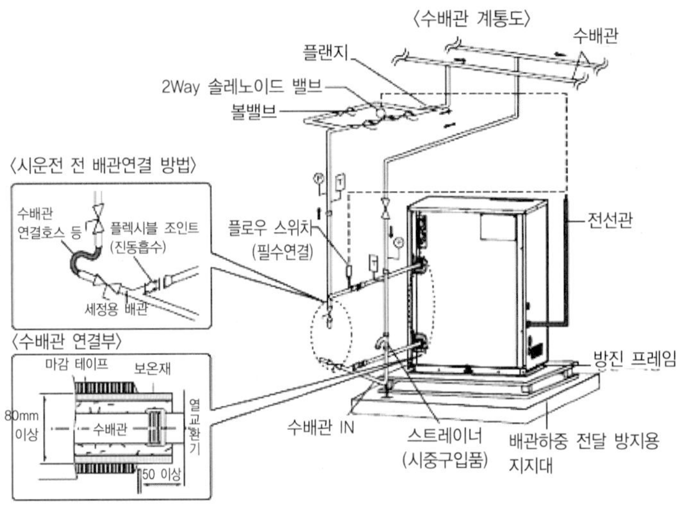

1. 장비반입 및 설치상태 확인 : 히트펌프, 지열수순환 펌프, 팽창탱크, 분배헤더 등
2. 배관재질 및 부속류 확인 및 장비 주위배관 및 게이지류 설치 상태 확인 : 유량계, 온도계, 센서류 등
3. 관이음 : 50A 이하-나사이음, 50A 이상 : 플랜지 이음 확인
4. 배수밸브 및 순환수 개폐밸브(플러싱 장치) 설치 확인
5. 배관 신축이음 및 각종 지지철물 설치 및 철재류 마감도장 상태 등 확인
6. 배관 보온공사 재료 및 보온 시공상태 등의 확인
7. 자동제어 공사 등 관련 설비공사 전반적 확인

그림 4-86 기계실 배관공사 체크리스트

① 열교환기의 입출측 배관 : 압력계 및 온도계
② 펌프의 입출측 배관 : 압력계, 토출측 온도계
③ 지열히트펌프의 입출측 배관 : 압력계 및 온도계

배관공사가 완료되면 각종 배관은 수압시험을 완료한 후 보온공사를 하여야 하며, 수압시험은 사용압력의 2배(사용압력이 10kg/cm^2 이하일 때에는 10kg/cm^2) 압력으로 60분 이상 실시하여 배관의 누수 여부를 확인하고, 보온시공을 하고 보온재의 외부에는 배관의 종류와 방향 표시를 하여야 한다.

11.2.6 시운전

지열히트펌프 유닛 및 관련 장비류 설치와 옥외배관공사, 기계실배관공사가 완료되면 수배관공사 및 관련 설비공사가 적절하게 시공되었는지 확인해야 하며, 특히 스트레이너, 자동 공기배출 밸브, 자동급수 밸브, 팽창탱크의 설치 위치가 적합한지 확인한다.

시운전 개시 전 지열히트펌프 유닛, 순환펌프 등에 전원 결선 여부와 자동제어 시스템의 설치 완료 여부를 확인하고, 히트펌프 유닛에 순환수가 유입되기 전에 수배관 계통의 이물질 제거 작업(플러싱) 및 배관 내에 있는 공기를 배출시키는 에어퍼징 작업을 실시하여 배관 내의 이물질을 제거하고 정체된 공기를 배출하여야 하고, 순환수에 주입하는 부동액의 농도가 설계농도와 일치하는지 확인 후 시운전을 실시하여야 한다.

그림 4-87 지열히트펌프 시스템 시운전

지열히트펌프에 공급되는 순환수는 수질관리가 철저하게 이루어져야 하며, 이물질이 많이 함유된 순환수는 응축기 및 배관에 부식 또는 스케일 생성의 원인이 되어 성능과 수명에 영향을 줄 수 있으므로 수질 기준표에 적합한 열원수를 사용하도록 하며, 상수도 이외의 물을 사용할 경우에는 반드시 수질검사를 실시하여 적합 여부를 판단하도록 한다.

플러싱, 에어퍼징

- 플러싱 : 배관을 연결하는 과정에서 파이프 내부에 남아 있을 수 있는 이물질 등을 제거하기 위하여 깨끗한 물을 고속으로 순환시켜 배관 내부를 세척하는 작업이다.
- 에어퍼징 : 물을 고속으로 순환시켜 파이프 내부에 존재할 수 있는 공기 등을 제거하는 작업으로 파이프 내에 존재하는 이물질이나 공기를 완전히 제거하기 위하여 최소 10분 동안 유체(물)를 2.0ft/sec(0.61m/s) 이상의 속도로 순환시킨다.

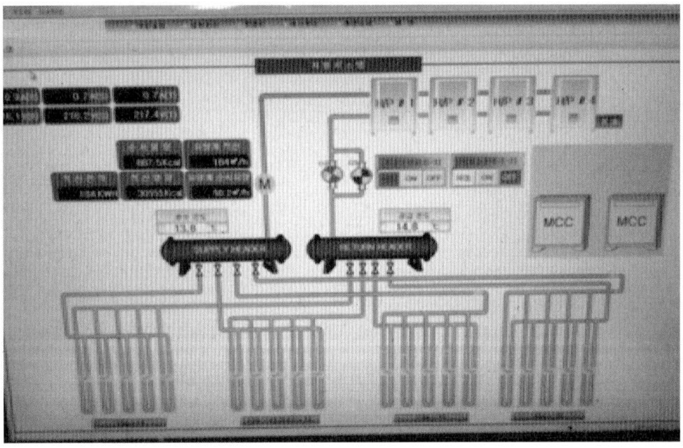

1. Flushing 이행 여부 확인
2. Air Purging 이행 여부 확인
3. 지중순환수(물+에틸렌글리콜 또는 프로필렌글리콜(10~20%)) 혼합비율 및 동결온도 확인
4. 각 장비별 운전Test 및 시스템 종합 시운전 입회 확인
5. 순환수의 온도, 장비 토출 온도, 실내온도, 설비가동상태 등의 확인
6. 운전 제어 확인(온도제어 및 장비가동상태, 경보 등의 이상 유무 확인)
7. 폐기물 처리 및 대관업무 이행 확인(굴착행위 종료 및 신재생에너지 설치확인서 등)

그림 4-88 지열 냉난방 시스템 시운전 체크리스트

표 4-23 지열히트펌프 시스템 시운전 점검표

시운전 점검 데이터표										
현장명				시운전일자				전문기업		
주 소				시운전담당				전 화		
구 분 (일 시)	시스템 전력량 (kW)	지 열		난방		냉방		순환유량 (lpm)	공급열량 (kcal/hr)	비 고
		공급 온도 (℃)	환수 온도 (℃)	공급 온도 (℃)	환수 온도 (℃)	공급 온도 (℃)	환수 온도 (℃)			
:										
:										
:										
:										
:										
:										
:										
:										
:										
:										
:										
:										
합계										
평균										

11.3 지열 냉난방 시스템 장비제작도면 검토(견본)

• 지열용 히트펌프 현황

구 분		인증용량 (W)	설계용량 (W)	수량	모델명	인증번호	비 고
물-물	냉방	157,163	150,400	본관 : 4 후생 : 3	LRG-WA 600D	GT-WWH-1-0049	
	난방	150,544	150,544				
물-냉매	냉방	75,600	67,204	본관 : 3 강의 : 10	RD 300 DXH1	GT-WAMH-1-0006	30Hp
	난방	81,200	81,200				
	냉방	70,000	59,464	본관 : 2 강의 : 3	RD 260 DXH1	GT-WAMH-1-0003	26Hp
	난방	72,000	71,594				
	냉방	51,100	49,178	본관 : 4 강의 : 2	RD 200 DXH1	GT-WAMH-1-0005	20Hp
	난방	55,800	55,767				
	냉방	25,600	25,086	강의 : 1	RD 100 DXH1	GT-WAMH-1-0004	10Hp
	난방	26,700	26,654				

• 지열히트펌프 유닛(물-냉매방식) 제작도면 검토표(1)

구 분		RD 100 DXH1	RD 200 DXH1	RD 260 DXH1	RD 300 DXH1
성능 (정격)	냉방(W)	25,600	51,100	70,000	75,600
	난방(W)	26,700	55,800	72,000	81,200
전 원	ϕ, V, HZ	3상 380V 60Hz 4선식			
소비전력	냉방(kW)	5.77	12.44	14.11	18.19
	난방(kW)	6.36	12.94	13.89	20.48
압축기	형식	스크롤			
응축기	형식	판형	판형	판형	판형
	냉각수량(LPM)	96	190	230	285
배 관	액관(mm)	9.52	15.88	19.05	19.05
	가스관(mm)	22.23	28.58	31.75	31.75
냉 매	종류	R410			
	충진량(kg)	7.10	9.40	12.00	12.00
사용 온도범위	냉방(℃)	10℃~45℃			
	난방(℃)	-5℃~45℃			
본체치수	(W.H.D)	770×1,117×545		1,100×1,117×550	

• 지열히트펌프 유닛(물–냉매방식) 제작도면 검토표(2)

구 분	설 계 사 양	제 작 사 양	검토결과	비 고
1. 물–냉매방식				
일반사항				
케이스	전기아연도강판(0.8~2.0t) +결로방지 단열처리 및 접지	전기아연도강판(0.8~2.0t) +결로방지 단열처리 및 접지	적 합	
수냉식 열교환기	판형 열교환기	판형 열교환기	적 합	
압축기	디지털 스크롤 압축기 하부 방진고무	디지털 스크롤 압축기 하부 방진고무	적 합	
운전장치	냉매가스온도 열교환기 물온도 운전제어 자체 보호장치 내장 시스템 보호기능 내장	냉매가스온도 열교환기 물온도 운전제어 자체 보호장치 내장 시스템 보호기능 내장	적 합	
주요기능	모듈멀티 에어컨, 용량가변 기능 프리조인트(Free Joint) 기능, 단배관 방식 냉매 최적 분배 기능 오일 균등 분배 기능 실내기 능력 최적화 기능 장배관 대응 기능	모듈멀티 에어컨, 용량가변 기능 프리조인트 기능, 단배관 방식 냉매 최적 분배 기능 오일 균등 분배 기능 실내기 능력 최적화 기능 장배관 대응 기능	적 합	
보호장치	고 · 저압보호, 결빙장치 토출온도제어장치 압축기 보호장치 역상 감지기, 플로우 스위치(Flow Switch) 비상 스위치	고 · 저압보호, 결빙장치 토출온도제어장치 압축기 보호장치 역상 감지기, 플로우 스위치 비상 스위치	적 합	

• 지열히트펌프 유닛(물–물방식) 제작도면 검토표(3)

구 분	설 계 사 양		제 작 사 양		검토결과	비고
1. 물–물방식						
1) 일반사항						
인증용량 (설계용량)	냉방용량 설계용량	157,163W 150,400W	냉방용량 설계용량	157,163W 150,400W	적 합	
	난방용량 설계용량	150,544W 150,544W	난방용량 설계용량	150,544W 150,544W		
인증번호	GT–WWH–1–0049		GT–WWH–1–0049		적 합	
인증모델	LRG–WA 600D		LRG–WA 600D			
사용전력	AC, 3상, 4선, 380V,60HZ		AC, 3상, 4선, 380V,60HZ		적 합	
수 량	본관동, 강의동 총 25대		본관동, 강의동 총 25대		적 합	
구 성	압축기 : 스크롤–2대 열교환기 : 판형(냉 · 난방용 1) 판형(지열용 1) 사방밸브 : 냉난방 전환용 – 2세트		압축기 : 스크롤–2대 열교환기 : 판형(냉 · 난방용 1) 판형(지열용 1) 사방밸브 : 냉난방 전환용 2세트		적 합	

구 분	설 계 사 양	제 작 사 양	검토결과	비고
	냉매배관 계통 : 2set 제어부 : 1set	냉매배관 계통 : 2set 제어부 : 1set		
단 열	고무발포 보온재 사용환경온도 : −57~120℃ 열전도율 : 0.035kcal/m.h℃ 이하	고무발포 보온재 사용환경온도 : −57~120℃ 열전도율 : 0.035kcal/m.h℃ 이하	적 합	
냉 매	친환경냉매 (R410)	친환경냉매 (R410)	적 합	

2) 구성부품

구 분	설 계 사 양	제 작 사 양	검토결과	비고
외형치수	850×1,650×900	850×1,650×900	적 합	
케이스	아연도강판+불소수지도장 결로방지 단열처리 및 접지	아연도강판+불소수지도장 결로방지 단열처리 및 접지	적 합	
압축기	밀폐형 스크롤압축기 조합운전 73,410W×2 방진고무 사용	밀폐형 스크롤압축기 조합운전 73,410W×2 방진고무 사용	적 합	
응축기 증발기	형식 : 플레이트(Plate) 용량 : 180,000W×2 사용최대압력 : 41.8kg/cm² 유량 : 342ℓpm 입/출구 관경 : 65A / 65A	형식 : 플레이트 용량 : 180,000W×2 사용최대압력 : 41.8kg/cm² 유량 : 342ℓpm 입/출구 관경 : 65A / 65A	적 합	
팽창밸브	온도식 자동 팽창밸브	온도식 자동 팽창밸브	적 합	
열원수 사용온도 범위	냉방 : 10~45℃	냉방 : 10~45℃	적 합	
난방 : −5~25℃	난방 : −5~25℃			
운전장치	냉매가스온도 열교환기 물온도 운전제어 자체 보호장치 내장 시스템 보호기능 내장	냉매가스온도 열교환기 물온도 운전제어 자체 보호장치 내장 시스템 보호기능 내장	적 합	
보호장치	고 · 저압보호, 결빙장치 토출온도제어장치 압축기 보호장치 역상 감지기, 플로우 스위치 비상 스위치	고 · 저압보호, 결빙장치 토출온도제어장치 압축기 보호장치 역상 감지기, 플로우 스위치 비상 스위치	적 합	
기 타	1. 히트펌프 설치는 설치시방 및 관련 설계도서에 준한 설치 2. 설치위치, 기초, 배관설치 스페이스, 유지관리 공간 확보 3. 기계실 환기 장치 확인 요함. 4. 유지보수 및 컴프레서 교체 공간 확보. 5. 전자기장 발생물체로부터 3M 이상 이격. 6. 히트펌프 고정용 앵커볼트 및 방진고무 시공 철저 요함. 7. 열원수 배관, 보온, 동결방지 처리, 공기빼기밸브 시공 철저 8. 냉매배관 길이 차이에 따른 냉매성능 편차를 최소화하도록 배관망(관로) 구성할 것. 9. 장비 설치 시 기계의 진동 및 소음 차단에 유의 요함. 10. 실외기 하부 기초 설치 시 규격 준수 철저 요함. 11. 운반, 보관, 취급 시 유의할 것. : 프로젝트 현장운반, 낙하, 충격 방지, 오염 및 훼손 방지, 보관장소(습기, 온도변화, 부식방지, 포장 및 덮개 설치 등)에 대한 철저한 관리 요함. 12. 유자격 설치 전문가에 의한 시공관리 철저 요함. 13. 시공지침에 의한 시공관리 및 동관 접합 시 화재예방조치준수 등 안전관리 철저 요함		적 합	

• 지열용 순환펌프 현황

구 분	번호	형식	규 격	수 량		검토결과
본관동	P1	입형 다단 볼루트	540Lpm×31m×5.5kW	5대	1대 예비	적 합
	P2		570Lpm×35m×7.5kW	3대	1대 예비	적 합
	P3		475Lpm×31m×5.5kW	2대	1대 예비	적 합
	P4		460Lpm×35m×7.5kW	1대	예비 없음	적 합
	소계			11대		
후생동	P1		540Lpm×30m×5.5kW	4대	1대 예비	적 합
강의동	P1	입형 다단 볼루트	570Lpm×32m×7.5kW	3대	1대 예비	적 합
	P2		650Lpm×32m×7.5kW	2대	1대 예비	적 합
	P3		570Lpm×30m×5.5kW	5대	1대 예비	적 합
	P4		516Lpm×30m×5.5kW	1대	예비 없음	적 합
	소계			11대		
합계				26대		

• 지열용 순환펌프 제작도면 검토표

구 분	설 계 사 양	제 작 사 양	검토결과	비고
	재질 및 구조			
펌프하우징	주철	주철	적 합	
임펠러	주철	주철	적 합	
샤프트	스테인리스	스테인리스	적 합	
모터스툴 (펌프헤드)	주철	주철	적 합	
사용압력	16bar	16bar	적 합	
펌프하우징구조	펌프 중심으로부터 동일선상 방향	펌프 중심으로부터 동일선상 방향	적 합	
직결구조방식	펌프, 전동기 분리형	펌프, 전동기 분리형	적 합	
절연등급	F종	F종	적 합	
사용온도	0℃~90℃	0℃~90℃	적 합	

• 지열용 팽창탱크 현황

번호	형식	용량(L)	규격(D×H)	배관이음	수량	검토결과
1	블래더식	1,200	980×2,040	50A	1	적 합
2		1,000	860×2,204	50A	2	적 합
3		800	860×1,780	50A	2	적 합
계					5	적 합

- **지열용 팽창탱크 제작도면 검토표**

구 분	설 계 사 양	제 작 사 양	검토결과	비고
	재질 및 구조			
구 조	자립형	자립형	적 합	
	수실-공기실 분리	수실-공기실 분리		
	질소충전	질소충전		
재 질	SS 41	SS 41	적 합	
최고사용압력	0.1 MPa	0.1 MPa	적 합	
도 장	내부 : 방청도장	내부 : 방청도장	적 합	
	외부 : 하도+상도	외부 : 하도+상도	적 합	
	에나멜(오렌지색)70㎛	에나멜(오렌지색)70㎛	적 합	
한국산업 안전공단 검정품				

11.4 지열 냉난방시스템 설치공사 시공 체크리스트

11.4.1 천공, 그라우팅, 옥외배관 공사

공종 CODE NO.		위치 및 부위		
공 종 (세부공종)	지열 냉난방설치공사 (천공 및 지중열교환기 설치공사)	공 사 량	천공 178m 30홀 지중열교환기 5,340m	
검사항목		검사기준 (시방 또는 도면 등)	검사결과	조치사항
1. 위치는 설계서와 일치하는가?		도면 참조		
2. 천공위치는 6m 이격되었는가?		도면 참조		
3. 침사조 및 배수로는 설치하였는가?		육안 확인		
4. 침사조 및 배수로의 구배는 적정한가?		육안 확인		
5. 설계계산서에 적합한 천공깊이 및 관경, 천공호수는 적정한가?		178M, 30홀		
6. 천공 홀 간 이격거리는 적정한가?		6m		
7. 천공 깊이에 따라 지반확인 및 외부 케이싱의 시공은 적정하게 시행되었는가?		외부 케이싱 150mm		
8. 침사조 운영 및 유출수 처리상태는 양호한가?		육안검사		
9. 열교환배관용 PE-Pipe의 규격은 적정하며 승인된 자재를 사용하였는가?		HDPE Pipe 40A (KS)		
10. 열교환 배관 시공 중 배관의 손상 부위는 없는가?		외관검사		

11. 열교환배관의 시공길이 및 부력에 의한 이탈 방지 조치는 적정한가?	매설깊이 확인		
12. 지중열교환기 수압시험은 실시하였는가?	0.5MPa(5kg/cm^2) 30분		
13. 관말은 이물질이 침입되지 않도록 조치하였는가?	육안검사		
14. 그라우팅에 사용되는 재료는 적정하며, 전문인력 및 전용 장비가 준비되었는가?	그라우트 이송펌프 그라우트 파이프		

공종 CODE NO.		위치 및 부위		
공 종 (세부공종)	지열 냉난방설치공사 (옥외배관공사)	공 사 량	HDPE관 75A, 2,500m	
검사항목		검사기준 (시방 또는 도면 등)	검사결과	조치사항
1. 트렌치 배관용 PE관은 승인된 자재를 사용하였는가?		육안 확인		
2. PE관의 외관은 손상된 부분이 없는가?		육안 확인		
3. 토목, 전기배관 등 타 시설물과 간섭부 사전 확인 및 간섭부 처리상태는 양호한가?		육안 확인		
4. 터파기 깊이는 적정하며 다짐시공을 실시하였는가		육안 확인		
5. PE관 상호 이격거리는 적정한가?		도면 기준		
6. 옥외배관은 리버스리턴방식으로 시공되었는가?		도면 기준		
7. PE관 접합에 사용된 기기는 적정하며 숙련공에 의해 시공되었는가?		육안 확인		
8. 옥외배관의 레벨은 적정하며, 공기정체 우려가 있는 굴곡 부위는 없는가?		육안 확인		
9. 옥외배관의 수압(기압)시험은 실시하였는가?		육안 확인		
10. 배관받침용 모래주머니는 적절하게 시공되었는가?		육안 확인		
11. 매립배관 경고테이프는 적정 위치에 설치하였는가?		육안 확인		
12. 터파기 및 되메움 작업시 지반다짐공사는 적절하게 시행되었으며, 되메움 토사의 상태는 적합한가?		육안 확인		
시공자 점검일자	년 월 일	시공자점검자	(인)	
감리원 검측일자	년 월 일	시공확인자	(인)	

11.4.2 장비설치공사

공종 CODE NO.		위치 및 부위		
공 종 (세부공종)	지열 냉난방장비설치공사 장비설치 공사(지열히트펌프 유닛)	공 사 량	지열히트펌프 유닛 물-물 방식 10대	
검사항목		검사기준 (시방 또는 도면 등)	검사결과	조치사항
1. 승인된 사양과 반입된 장비가 일치하는가?		시방, 도면		
2. 외부 충격 및 훼손 부위는 없는가?		육안 확인		
3. 콘크리트 기초 위의 고정상태는 양호한가?		육안 확인		
4. 지중순환수 배관 및 부하측배의 장비 연결 부위는 플렉시블 커넥터를 사용하였는가?		도면, 시방		
5. 온도계, 압력계 등 각 게이지는 필요한 곳에 설치되어 있으며 작동상태는 양호한가?		도면, 시방		
6. 운전 및 보수유지 공간은 확보되었는가?		도면, 시방		
7. 각종 안전장치는 점검하였으며 동작상태는 양호한가?		육안 확인		
8. 히트펌프에 전원은 적합하게 연결되었는가?		도면, 시방		
9. 히트펌프 유닛의 드레인배관은 시공되었는가?		도면, 시방		
시공자 점검일자	년 월 일	시공자점검자	(인)	
감리원 검측일자	년 월 일	시공확인자	(인)	

공종 CODE NO.		위치 및 부위		
공 종 (세부공종)	지열 냉난방장비설치공사 장비설치 공사(순환펌프)	공 사 량	순환펌프	
검사항목		검사기준 (시방 또는 도면 등)	검사결과	조치사항
1. 승인된 사양과 반입된 장비가 일치하는가?		시방, 도면		
2. 방진가대는 제작승인도와 일치한가?		시방, 도면		
3. 호칭지름에 대한 각 부위의 사양은 일치한가?		시방, 도면		
4. 기초의 수평은 정확하고 기초볼트는 잘 조여져 있는가?		육안 확인		
5. 플렉시블 조인트(Flexible Joint)의 설치상태는 양호한가?		육안 확인		
6. 모터 및 펌프와의 (심맞추기)는 정확한가?		육안 확인		
7. 펌프 주위 배관의 지지물은 배관의 중량이 펌프에 영향을 미치지 않도록 되어 있는가?		육안 확인		
8. 필요한 게이지는 부착되어 있는가?		육안 확인		
9. 펌프와 구동기의 회전상태는 양호한가?		육안 확인		
10. 모터베어링의 주유상태는 양호한가?		육안 확인		
11. 외관이 깨끗하고 기공 및 균열은 없는가?		육안 확인		
12. 흡입배관에 편심부속을 사용하고, Air Pocket이 생기지 않도록 하였는가?		육안 확인		
시공자 점검일자	년 월 일	시공자점검자	(인)	
감리원 검측일자	년 월 일	시공확인자	(인)	

11.4.3 기계실 배관공사

공종 CODE NO.		위치 및 부위		
공 종 (세부공종)	지열 냉난방설치공사 (기계실 배관공사)	공 사 량	순환펌프	
검사항목		검사기준 (시방 또는 도면 등)	검사결과	조치사항
1. 관련 법규에 적합하도록 배관되었는가?		시방, 도면		
2. 히트펌프 유닛 및 펌프류에 연결되는 배관의 고정 서포트(Support)는 확실한가?		시방, 도면		
3. 공기빼기, 플러싱 장치는 적합하게 시공되었는가?		시방, 도면		
4. 배관의 고정가대 상태 및 서포트 행거 간격은 적합한가?		시방, 도면		
5. 배관의 관로와 규격은 시공상세도와 일치하는가?		시방, 도면		
6. 수압시험은 실시되었는가?		시방, 도면		
7. 각종 밸브 장치류의 설치 위치 및 수평수직상태는 양호한가?		육안 확인		
8. 모든 밸브(Valve)는 사용압력에 맞는 규격을 사용하였는가?		시방, 도면		
9. EXP-Joint 설치상태, 앵커 설치상태는 양호 한가?		육안 확인		
10. 배수트렌치와 드레인 배관과의 관계는 적합하게 시공되었는가?		육안 확인		
11. 배관과 벽, 천장마감면과의 이격거리는 적당한가?		육안 확인		
12. 벽관통 주위 슬리브 설치상태 및 코킹처리 마감상태는 양호한가?		육안 확인		
13. 관보온 및 도장마감상태는 양호한가?		육안 확인		
14. 수배관이 MCC패널, 자동제어 패널 상부로 배관은 지나가지는 않는가?		육안 확인		
시공자 점검일자	년 월 일	시공자점검자		(인)
감리원 검측일자	년 월 일	시공확인자		(인)

11.5 지열 냉난방 시스템 설치공사 시공 기준

신재생에너지 설비의 지원 등에 관한 지침-에너지관리공단 신재생에너지센터

공고 제2014-1호 14.02.19

가. 설치 위치

지중열교환기는 구조물 또는 각종 지중 매립 시설물과 간섭이 없는 곳에 설치하어야 하며, 기급적 기계실 등 관련 설비로부터 가까운 곳에 설치하여야 한다.

나. 지중열교환기의 정의 및 분류

본 시공기준에서는 여러 가지 방식의 지중열교환기 중에서 네 가지 방식에 대해 기술하며, 이에 대한 정의 및 분류는 다음과 같다.

1) 수직밀폐형은 지중에 수직으로 보어홀을 천공하고 지중열교환기를 설치하는 방식을 말한다.
2) 지중수평형은 지중에 수평으로 트렌치를 설치하고 지중열교환기를 설치하는 방식을 말한다.
3) 에너지 파일형은 건축물의 기초말뚝에 지중열교환기를 설치하는 방식을 말한다.
4) 스탠딩컬럼웰형은 수직으로 우물공을 설치하고 우물공으로부터 지하수를 취수하여 열교환을 한 후 지하수를 다시 동일한 우물공으로 주입하는 방식을 말한다.

다. 수직밀폐형 지중열교환기 및 지중 트렌치 배관

1) 보어홀을 건축물 기초 하부에 시공할 경우 건축물의 기초 안정성을 검토하여야 한다.
2) 설계도의 깊이와 직경을 준수하여 보어홀을 천공하되, 보어홀 깊이는 트렌치 바닥부터 산정하여야 한다. 천공 시, 보어홀 상단부의 붕괴를 방지하기 위해 지면에서 지하 암반층 출현 지점까지 케이싱을 삽입하여야 한다. 천공완료 후 케이싱을 제거하지 않을 경우 지표수가 유입되지 않도록 조치하여야 한다.
3) 보어홀 그라우트로 순수 벤토나이트, 순수 시멘트, 벤토나이트-열촉진제 혼합물, 시멘트-열촉진제 혼합물 등을 사용하여야 하며, 혼합물인 경우 설계 혼합비율을 준수하여 주입하여야 한다. 순수 벤토나이트 및 벤토나이트-열촉진제 혼합물의 열전도도는 〈첨부 1〉의 자료를 이용한다.
4) 그라우트가 혼합물인 경우 설계 시 혼합비율을 준수 시공하여야 한다.
5) 보어홀 천공 시 발생하는 암석 파쇄물 · 시추용 슬러리 · 자갈 등으로 보어홀을 채워서는 안 된다.
6) 그라우팅 작업은 이송펌프, 트레미 파이프 등 전용장비를 이용하여 보어홀 최하단부터 올라오면서 채워야 하며, 침하되는 부분을 필히 보충하여야 한다.
7) 지하수의 과다 배출 지역 또는 공법 특성상 보어홀 전체에 그라우팅이 불가한 경우, 대체방법에 대해 센터와 협의하여야 한다. 이 경우에도 암반(연암층)선 아래로 1m 이상의 깊이까지 반드시 그라우팅하여야 한다.
8) 지중열교환기는 고밀도 폴리에틸렌(HDPE) 파이프를 사용하여야 하며, 지중순환 열매체(이하 '지중순환수')의 누수 방지를 위해 열융착법으로 연결하여야 하고, 열간섭을 최소화하기 위해 파이프 간격이 일정하게 유지된 제품을 사용하거나 또는 적절한 간격으로 스페이서(Spacer)를 설치하여야 한다.
9) 시공자는 보어홀 내 삽입 후, 되메우기 전, 기계실 열원부 배관작업 완료 후 각각에 대하여 최고사용압력 1.5배 이상의 압력에서 30분 이상 수압시험을 실시하여 이상이 없음을 확인하여야 하며, 설치확인 신청 시, '수압시험결과 자체 기록서'를 제출하여야 한다.
10) 지중순환수로 물과 에틸알코올 또는 프로필렌글리콜을 혼합하여 사용해야 하며, 혼합비율은 동결점이 -6℃ 이하가 되도록 하여야 한다. 지중순환수의 종류 · 특성 · 혼합비 등을 설계도서에 명시해야 하며, 시공 시 지중순환수의 설계 비율을 준수하여 주입해야 한다.
11) 트렌치 배관은 지중매설물 및 조경수 등을 고려하여 동결심도 이하의 깊이에 매설하여야 한다.
12) 트렌치 배관 시공 시 배관이 수평을 유지할 수 있도록 평탄작업을 실시한 후 매설하여야 하며, 되메우기 전에 배관에 손상을 가하거나 하중을 가할 수 있는 날카로운 돌, 바위, 표석 등을 제거하여야 한다.
13) 양질의 토사를 이용하여 파이프 직경의 두 배 이상의 두께로 파이프 및 이음관 주위를 되메우되, 추후 지반침하가 일어나지 않도록 물다짐 또는 기계다짐을 하여야 한다.
14) 트렌치 되메움 시 지면으로부터 약 0.5m 깊이에 파이프가 매설되어 있다는 경고표지를 전 구간에 설치하여야 한다.
15) 균일 유량 분배를 위해 지중열교환기를 역환수배관(Reverse Return)방식으로 설치하거나 또는 정유량 밸브를 설치하여야 한다.

라. 지중수평형 지중열교환기 및 지중 트렌치 배관

1) 지중열교환기 매설 위치의 지상에는 지중열교환기의 변형을 일으킬 수 있는 구조물 및 도로의 설치, 나무식재 등을 할 수 없다. 단, 도로는 '도로법 제2조 제1항'에서 정의하는 도로를 칭한다.
2) 지중열교환기 및 트렌치 배관은 설치 지역의 동결심도보다 깊게 설치하여야 한다. 주변 구조물의 변형, 주변 지반침하 등 지중열교환기 설치에 따른 주변의 영향을 검토하여야 한다.
3) 설계 도면의 트렌치 간격, 지중열교환기 파이프 길이 및 간격 등을 준수하여 시공하여야 한다.
4) 지중열교환기는 고밀도 폴리에틸렌 파이프를 사용하여야 하며, 지중순환수의 누수 방지를 위해 열융착법으로 연결하여야 한다.
5) 시공자는 되메우기 전, 기계실 열원부 배관작업 완료 후 각각에 대하여 최고사용압력 1.5배 이상의 압력에서 30분 이상 수압시험을 실시하여 이상이 없음을 확인하여야 하며, 설치확인 신청 시, '수압시험결과 자체기록서'를 제출하여야 한다.
6) 지중순환수로 물과 에틸알코올 또는 프로필렌글리콜을 혼합하여 사용해야 하며, 혼합비율은 동결점이 −6℃ 이하가 되도록 하여야 한다. 지중순환수의 종류 · 특성 · 혼합비 등을 설계도서에 명시해야 하며, 시공 시 지중순환수의 설계비율을 준수하여 주입하여야 한다.
7) 지중 트렌치와 관련된 사항은 '다. 수직밀폐형 지중열교환기 및 지중 트렌치배관'의 11)~14)항을 따른다.
8) 되메우기 및 다짐작업 후, 새로 다져진 층의 다짐도와 열전도도는 원지반 이상이어야 한다.
9) 균일 유량 분배를 위해 지중수평형 지중열교환기를 역환수배관 방식으로 설치하거나 또는 정유량 밸브를 설치하여야 한다.

마. 에너지파일형 지중열교환기 및 지중 트렌치 배관

1) 설계 도면을 준수하여 시공하되, 파일 두부(선단) 정리가 완료된 지점부터 지중열교환기 파이프 끝단까지를 지열파일의 깊이로 한다.
2) 지열파일과 수평 배관 설치에 따른 기초 안정성을 검토하여야 한다.
3) 지열파일 천공 과정에서 발생하는 암석파쇄물 · 시추용 슬러리 · 자갈 등으로 파일 내부를 채워서는 안 된다. 또한 파일 두부를 정리할 때 발생하는 부스러기가 파일 내부로 들어가지 않도록 최대한 주의하여 작업해야 한다.
4) 지열파일 그라우트로 시멘트와 혼화제 혼합물 등을 사용하여야 하며, 방수성, 건조수축성, 열전도도 등 물성치 자료를 제출하여야 한다. 시공 시 설계 혼합비율을 준수하여 주입하여야 한다.
5) 그라우팅 작업은 이송펌프, 트레미 파이프 등 전용장비를 이용하여 지열파일 최하단부터 올라오면서 채워야 하며, 침하되는 부분을 필히 보충하여야 한다.
6) 지중열교환기는 고밀도 폴리에틸렌 파이프를 사용하여야 하며, 지중순환수의 누수 방지를 위해 열융착법으로 연결하여야 한다.
7) 시공자는 지열파일 내 삽입 후, 콘크리트 타설 전, 기계실 열원부 배관작업 완료 후 각각에 대하여 최고사용압력 1.5배 이상의 압력에서 30분 이상 수압시험을 실시하여 이상이 없음을 확인하여야 하며, 설치확인 신청 시, 수압시험결과 자체기록서'를 제출하여야 한다.
8) 지중순환수로 물과 에틸알코올 또는 프로필렌글리콜을 혼합하여 사용해야 하며, 혼합비율은 동결점이 −6℃ 이하가 되도록 하여야 한다. 지중순환수의 종류 · 특성 · 혼합비 등을 설계도서에 명시해야 하며, 시공 시 지중순환수의 설계비율을 준수하여 주입하여야 한다.
9) 수평 배관 주위에 날카로운 돌이나 이물질이 없어야 하며, 최대한 수평이 되도록 배관을 설치하되 건축물의 기둥 하부에는 설치할 수 없다.
10) 철근 배근작업과 콘크리트 타설 시 배관에 손상이 가지 않도록 주의를 기울여 시공하여야 한다.
11) 균일 유량 분배를 위해 역환수배관방식으로 설치하거나 또는 정유량 밸브를 설치하여야 한다.

바. 스탠딩컬럼웰형 지중열교환기 및 지중 트렌치 배관

1) 전문 지하수 영향조사 기관에서 '지하수 영향조사'를 실시하고, 지열우물공 설치에 따른 건축물의 기초 안정성 등을 검토하여야 한다.
2) 지열우물공 깊이는 실내 부하가 12시간/1일 미만일 경우 최소 1kW당 4.7m, 실내 부하가 12시간/1일 이상일 경우 최소 1kW당 5.5m 이상이어야 한다.
3) 설계도면의 지열우물공 직경과 깊이를 준수하여 시공하되, 지열우물공의 깊이는 시스템 정상 운전 시 유지되는 지하수 안정수위부터 유공관 최하단부까지로 한다.
4) 지열우물공 시공 시 표토층부터 풍화암층까지 흙막이 케이싱을 설치하여야 한다. 흙막이 케이싱과 별도로 지표 하부 보호벽용 케이싱을 암반(연암층)선 아래로 1m 이상 깊이까지 설치하여야 하며, 이때 케이싱 외벽에서 50mm 이상의 두께로 그라우팅을 실시하여야 한다.
5) 그라우팅 재료로 체적분율 3%의 벤토나이트를 함유한 시멘트 혼합물을 기준으로 하고 급결재도 사용할 수 있다. 단, 물과 시멘트 혼합물의 중량비를 1 : 2 (물 : 혼합물)로 하여 최대한 수축을 방지하여야 한다. 시공자는 설계 시 혼합비율을 준수하여 케이싱 하부부터 채워야 한다.
6) 지하수위를 측정하기 위해 지열우물공 또는 관측공(지열우물공으로부터 50m 이내) 내에 관측장치를 설치하여 1일 1회 이상 수동 또는 자동으로 수위를 측정하여야 한다.
7) 내부 케이싱 삽입 전, 에어서징(Air Surging) 방법 등으로 지열우물공 내부를 깨끗하게 청소하여야 한다.
8) 내부케이싱으로 스테인리스 강관, 수도용 PVC 파이프, PE관 등 지하수 수질을 오염시키지 않는 재질의 제품을 사용하여야 하며, 내부케이싱과 지열우물공벽 사이에 지중순환수의 흐름을 방해할 수 있는 충진재 등을 채워서는 안 된다.
9) 내부케이싱은 지열우물공 바닥까지 설치해야 하며, 지하수 순환을 위해 하단부에 유공관을 설치하여야 한다. 재주입하는 경우에는 먹는물 수질기준에 적합하여야 한다.
10) 지열우물공 내 퇴적물과 내부케이싱 안쪽의 오염물 침적으로 인한 열전달 성능 저하를 방지하기 위해 2년에 1회 공 내부를 청소하는 것을 원칙으로 한다.
11) 지열우물공의 지하수 수질은 지하수법 시행령 제31조에 규정된 생활용수 기준을 만족하여야 하며, 수질항목 및 검사의 주기 등은 지하수법을 따른다. 다만, 지하수영향조사 결과 영향권 내에 먹는물 수질기준에 적합한 음용수 이용의 지하수 관정이 위치하고 있고, 이 관정이 양수하는 대수층과 같은 대수층으로 지하수를 재주입하는 경우 먹는물 수질기준에 적합하여야 한다.
12) 두 개 이상의 지열우물공 설치 시, 공 사이의 거리는 최소 15m 이상이어야 한다.
13) 지하수 공급관과 환수관은 고밀도 폴리에틸렌 파이프를 사용하여야 하며, 지열우물공 내에 삽입되는 파이프는 이음 부분이 없도록 연결하여야 한다. 또한 환수관 끝단은 안정수위보다 아래에 있어야 하며, 블리딩 배관 및 밸브를 설치하여야 한다.
14) 블리딩량은 순환지하수량의 20% 이내로 한다. 또한 공급관과 환수관의 적정 위치에 순환유량과 블리딩량 확인을 위한 유량계와 온도계를 각각 설치하여야 한다.
15) 심정펌프는 지하수 안정수위보다 10m 이상 깊은 지점에 설치하여야 한다.
16) 중간 열교환기 전에 모래 등 이물질을 여과하는 장치를 설치하여야 한다. 수질검사 결과 칼슘(Ca), 마그네슘(Mg) 등 스케일을 형성하는 성분이 기준 이상 검출되었을 경우 이를 제거하기 위한 수처리장치를 설치하여야 한다.
17) 지표층으로부터 오염물질이 유입되는 것을 방지하기 위해 지열우물공의 상단부에 밀폐장치를 설치해야 하며, 근접한 거리에 지열열펌프 시스템을 위한 지열우물공이라는 표식을 해야 한다.
18) 지열우물공 내부에 파쇄대 또는 연약지반 등 공 붕괴 가능성이 있는 경우 이를 방지하기 위한 보강공사를 사전에 수행해야 한다.
19) 시공자는 지중배관을 되메우기 전에 열융착 및 기계실 열원부 배관작업 완료 후 각각에 대하여 최고 사용압력 1.5배 이상의 압력에서 30분 이상 수압 시험을 실시하여 이상이 없음을 확인하여야 하며, 설치 확인 신청 시, '수압시험결과 자체 기록서'를 제출하여야 한다.
20) 지중 트렌치와 관련된 사항은 '다. 수직밀폐형 지중열교환기 및 지중 트렌치 배관'의 11)~14)항을 따른다.

사. 배제시설

지중열교환기 공사 중 빗물이나 지상 오염물질이 지하로 침투하지 않도록 다음의 배제시설을 설치하여야 한다.

- 수직밀폐형 : 보어홀 덮개 및 빗물 배수로
- 지중수평형 : 빗물 배수로
- 에너지파일형 : 두부 덮개 및 빗물 배수로
- 스탠딩컬럼웰형 : 우물 밀폐장치 및 빗물 배수로

아. 지열열펌프 유닛

1) 사양

신재생에너지센터에서 인증한 인증제품을 설치하여야 한다. 기타 인증대상 설비가 아닌 경우에는 제39조의 분야별 위원회의 심의를 거쳐 센터의 장이 인정하는 경우 사용할 수 있다.

2) 냉동기검사필 각인 부착

고압가스 안전관리법에 따라 냉동기검사필 각인을 지열열펌프 유닛의 케이싱 외부에 부착하여야 한다.

3) 설치공간

부품 교환 및 이동, 배관 용접 등 지열열펌프 유닛의 유지·보수를 위한 작업공간을 충분히 확보하여야 한다.

4) 지열열펌프 유닛 감쇄 장치

지열열펌프는 압축기의 진동을 감쇄시키기 위해 콘크리트 기초 위에 고정장치를 하고 방진시설물과 함께 설치하여야 한다. 방진고무를 사용할 경우 최소 10mm 이상 설치하여야 하며, 그 외에는 동등 이상의 방진성능을 갖도록 설치하여야 한다. 바닥설치형이 아닌 경우 건축물로 진동이 전파되는 것을 감쇄할 수 있는 장치를 설치하여야 한다.

5) 지열열펌프 내 압축기 진동감쇄

압축기의 진동전달을 감쇄시키기 위해 압축기와 압축기 베이스 사이에 방진패드 등의 진동감쇄장치를 설치하여야 한다.

6) 지열열펌프 유닛 구성요소 단열

열교환기 및 외부 노출 배관은 반드시 단열하여야 한다. 가급적 냉매배관에 응축수가 발생하지 않도록 해야 하며, 응축수 발생 시 지열열펌프 유닛에 손상이 가해지지 않도록 드레인관 설치 등 안전대책이 있어야 한다.

7) 압축기 오일히터

압축기에는 오일히터나 오일포밍 방지장치를 장착하여야 한다.

8) 지열열펌프 유닛의 냉매배관 길이

지열열펌프 유닛의 냉매배관 길이는 신재생에너지 설비 인증서(인증을 위한 시험성적서)에 기재된 냉매배관 길이 이하로 설치하여야 한다.

9) 안전장치

가) 냉매압력 이상 시

고압가스안전관리법에 따라 이상 고압이나 저압이 발생한 경우 지열열펌프 유닛을 자동 정지할 수 있는 안전장치를 설치하여야 한다.

나) 순환수유량 이상 시

열원측 순환 유량 및 부하측 순환 유량이 지열열펌프 유닛의 제조사에서 제시하는 최소 순환수 유량보다 작을 경우 자동으로 운전을 정지할 수 있는 안전장치를 설치하여야 한다.

다) 냉매액관 냉매온도 이상 시

고압가스안전관리법에 따라 냉매 액관 내 냉매온도의 이상 고온 시 회로 내부의 냉매를 자동으로 외부로 방출할 수 있어야 한다. 냉매의 흐름이 양방향일 경우는 난방운전 시 액관을 기준으로 한다.

라) 압축기 토출 냉매온도 이상 시

압축기 토출 냉매온도가 이상 고온일 경우 압축기를 자동 정지하는 안전장치를 설치하여야 한다.

마) 투입전원 역상 및 결상 시

투입전원이 역상 및 결상으로 설치될 경우 자동으로 전원을 차단하여 압축기를 보호할 수 있는 장치를 설치하여야 한다.

바) 과전류 발생 시

과전류 발생 시 자동으로 전원을 차단할 수 있는 장치를 설치하여야 한다.

사) 육안 확인 및 경고장치

'가)~바)항'의 이상 발생시 이를 알리는 경보장치가 설치되어야 한다.

자. 관련부품 및 기기

1) 설치상태

실외 설치 시 조립식 패널 또는 동등 성능 이상의 재료로 빗물이 침투하는 것을 막아야 하며, 지중순환수 배관의 동파방지를 위한 보온설비를 설치하여야 한다.

2) 팽창탱크

배관 내부의 지중순환수 온도변화에 의한 체적변화에 따른 배관 파손을 방지하기 위해 적정한 용량의 팽창탱크를 순환펌프 흡입 측에 설치하여야 하며, 순환펌프 기동 시 대기압 이상을 유지할 수 있어야 한다.

3) 순환펌프

가) 열원 및 부하측 순환펌프의 용량은 설치하고자 하는 지열열펌프의 인증시험에 적용된 유량 이상이어야 한다.

나) 열원 및 부하측 순환펌프의 흡입 및 토출 배관에 'KS B 5305 부르동관 압력계' 또는 이와 동등한 성능을 가진 압력계를 설치하여야 한다.

다) 열원측 및 부하측 순환펌프의 흡입측에 스트레이너를 설치하여야 한다.

라) 수직밀폐형 · 지중수평형 · 에너지파일형의 경우 지열 순환펌프의 총 소비전력은 설계 시 적용한 지열열펌프 총 설계용량의 4.3% 이하가 되어야 하며, 스탠딩컬럼웰형의 경우 심정펌프와 중간 순환펌프의 소비전력의 합은 설계 시 적용한 지열열펌프 총 설계용량의 5.0% 이하가 되어야 한다.

마) 모든 펌프는 고효율 인증제품을 우선 적용하여야 한다. 단 인증제품이 없을 경우 KS 규격에 적합한 제품을 사용하여야 한다.

4) 밸브류

가) 밸브는 배관 구경이 50A 이하일 경우 나사접속형 또는 플랜지 접속형으로, 50A 이상일 경우 플랜지 접속형으로 설치하여야 한다. 동파방지를 위해 전체 배관에서 가장 낮은 위치에 배수밸브(drain valve)를 설치하여야 한다.

나) 순환펌프 · 스트레이너 · 체크밸브 등의 교체작업을 위해 가까운 위치에 개폐 밸브를 설치하여야 한다.

다) 모든 밸브는 연중 외기온도 및 사용온도에서 정상적인 기능을 해야 하며, 전동밸브는 By-pass 배관을 병행 설치하여야 한다. 단, 전동밸브에 수동개폐 장치가 설치되어 있을 경우에는 By-pass 배관을 설치하지 않아도 된다.

라) 배관 속의 공기를 제거할 수 있는 자동 공기빼기밸브(Automatic Air Vent Valve)를 전체 배관에서 가장 높은 위치에 설치하는 것을 원칙으로 한다.

마) 모든 밸브류는 최고사용압력에서 견딜 수 있는 충분한 강도를 가져야 한다.

5) 온도계, 압력계

가) 부하측 및 열원측 공급 및 환수배관에 'KS B 5320 공업용 바이메탈식 온도계' 또는 이와 동등 이상의 성능을 가진 온도계를 설치해야 한다.

나) 부하측 및 열원측 공급 및 환수배관에 'KS B 5305 부르동관 압력계' 또는 이와 동등한 성능을 가진 압력계를 설치해야 한다.

차. 배관

1) 배관의 지지 및 고정물은 설계도면과 같이 제작하여 설치하고, 기울기에 변화가 없도록 시공하여야 한다.
2) 고정철물, 지지철물, 인서트 등은 워터해머, 신축응력관의 자중 등에 대해 충분히 견딜 수 있어야 하며, 단단히 고정하여야 하고, 주름배관은 사용할 수 없다.
3) 배관은 보온하여야 하며, 관 및 이음쇠 부분에 누수가 없어야 한다.
4) 배관에는 냉·온수 공급 및 환수배관, 지중순환수 공급 및 환수배관 등 배관명과 유체의 흐름방향을 표시하여야 한다.
5) 지중열교환기 배관, 트렌치 배관, 기계실 배관 및 부하측 배관 공사 완료 후, 깨끗한 물을 순환시켜 이물질을 제거하는 플러싱 작업을 수행해야 한다. 또한 지열열펌프 유닛의 흡입 배관에는 스트레이너를 설치하여야 한다.
6) 기계실 배관은 동, 스테인리스 등 부식을 최소화할 수 있는 재질을 사용하여야 한다.
7) 기계실 인입배관은 옥외 트렌치 배관보다 높은 위치에 상향 배관으로 설치하여야 하며, 기계실의 배관 인입 시 배관을 타고 기계실 내부로 물이 유입되지 않도록 조치를 취해야 한다.
8) 지중열교환기 순환수 주입 시 배관 내부의 공기를 완전히 제거하여야 한다.

카. 보온공사

1) 보온재 및 두께 기준
   보온재 및 두께 기준은 건축기계설비공사 표준시방서(국토교통부)에 따른다.
2) 배관 마감
   옥내 배관에는 매직테이프 등으로 이음새 없이 겹쳐 감아야 하며, 옥외 노출배관은 테이프 마감 후 알루미늄강판·컬러함석 또는 동등 이상의 재질로 케이싱 처리하여야 한다.

타. 기타

1) 명판
   가) 모든 기기는 용량, 제작자 및 그 외 기기별로 나타내어야 할 사항이 명시된 명판을 부착하여야 한다.
   나) [별표 5] 신재생에너지 설비 명판 설치기준의 명판을 제작하여 지열열펌프 유닛의 전면 등 확인이 용이한 곳에 부착하여야 한다.
2) 사업용량
   지열열펌프 시스템의 사업용량은 설치되는 지열열펌프 유닛의 총 정미능력(신재생에너지 설비 인증서)을 기준으로 한다. 단, 물-공기 멀티형 열펌프 유닛 설치 시 지열열펌프 유닛의 부하측 열교환기 용량이 지열열펌프 유닛의 정미능력과 다를 경우 두 값 중에서 작은 값을 사업용량으로 한다.
3) 가동상태
   가) 시운전
      설치확인 시 시스템의 난방운전 또는 냉방운전에 대한 운전이 정상적으로 작동하는지 확인하며, 최초 난방기 또는 냉방기의 실제 작동에 대한 각각 12시간의 운전자료(공급열량, 시스템 전력, 열원측 및 부하측 EWT, 유량 등)를 설치확인 신청 시 제출한다. 단, 모니터링 대상이 아닌 설비(175kW 미만)는 시스템 전력, 열원측 및 부하측 EWT 등을 제출한다.
   나) 가동상태
      설비제어장치는 자동 및 수동운전이 가능하여야 하며 지열열펌프 설비가 무인 운전될 수 있도록 자기진단기능을 보유하여야 하며 이상 징후 시 알람신호가 전달될 수 있도록 구성하여야 한다.
4) 모니터링 설비
   모니터링 설비는 [별표 2]『모니터링 설비 설치기준』에 따른다.
5) 운전교육
   전문기업은 설비 소유자에게 소비자 주의사항 및 운전메뉴얼을 제공하여야 하며 운전교육을 실시하여야 한다.

6) 보조(Back-Up)설비 여부

지열열펌프 시스템은 보일러나 냉온수기 등 타 냉난방 설비의 보조설비로 사용할 수 없다.

7) 지중열교환기 깊이 및 길이 확인

가) 보어홀 천공(수직밀폐형), 트렌치 굴착(지중수평형), 지열파일 설치(에너지파일형), 지열우물공 굴착(스탠딩컬럼웰형)이 완료된 직후 센터의 장에게 깊이 및 길이에 대한 측정을 신청하여야 한다. 단, 주택지원사업의 경우 소유자 및 전문기업이 확인한 자체 지열천공확인보고서를 제출할 경우 천공 확인을 생략할 수 있다.

나) 센터로부터 지중열교환기 깊이 및 길이 측정에 대해 적합 판정을 받은 후 설비설치를 시작하여야 하며, 설비설치 완료 후 설치확인 신청을 하여야 한다.

다) 책임감리(상주 시공감리 포함)가 있는 천공 확인의 경우

신청자(소유자 포함) 또는 발주자는 책임감리(상주 시공감리 포함)에게 천공(실측) 및 지열설비의 검측(확인) 의뢰와 아울러 '지중열교환기 설치보고서'([별지 제1호 서식] ~ [별지 제4호 서식]) 및 '지열열펌프 시스템 감리검측 보고서'([별지 제5호 서식] ~ [별지 제8호 서식])와 '냉매배관 길이 확인 보고서'(물-공기 멀티형 지열열펌프 설치의 경우만 해당, [별지 제9호 서식])의 작성을 의뢰하고, 센터에 천공 확인 신청 시 지열 천공 확인보고서를 제출하여야 한다. 센터는 서류 확인 후 이상이 없을 경우 천공 확인을 생략한다.

- 책임감리(상주 시공감리 포함)가 천공을 검측(확인)하는 경우, "라)항의 확인 기준"을 적용하여 시행할 수 있다.

라) 책임감리(상주 시공감리 포함)가 없는 경우

- 수직밀폐형 보어홀 및 에너지파일형 지열파일 확인 기준

• 모든 천공(파일 설치)의 완료 후 센터를 통해 다음 표와 같이 샘플 확인을 실시한다.

보어홀(지열파일) 개수	샘플 수	비고
100개 이상	총 보어홀(지열파일) 수의 10%	소수점 이하는 반올림 (최소 20개 이상 최대 50 확인)
100개 미만~30개 이상	총 보어홀(지열파일) 수의 20%	소수점 이하는 반올림 (최소 10개 이상 확인)
30개 미만~10개 이상	총 보어홀(지열파일) 수의 30%	소수점 이하는 반올림 (최소 5개 이상 확인)
10개 미만	총 보어홀(지열파일) 수의 50%	소수점 이하는 반올림 (최소 2개 이상 확인)

• 샘플 확인 홀 중, 1개 이상의 홀이 부적합할 경우, 설계 깊이 이상으로 천공하거나 분리 천공 시공 후 전체 홀에 대해 천공확인을 재실시하여 이상이 없어야 한다.

• 분리 천공은 불가피한 경우에 한하여 총 천공수의 10% 이내, 다만, 20홀 이하는 2홀 이내로 허용하며, 분리 천공한 홀의 천공 깊이 합은 당초 설계깊이 이상이 되어야 하며, 각 홀의 천공 깊이는 설계치 40% 이상으로 분리공수 2개 이내로 천공한다.

- 지중수평형 트렌치 확인 기준

• 각 트렌치별로 지중열교환기 설치 완료 후 설치 사진을 찍어 지중 공사 완료 후 센터에 제출한다. 센터는 서류 확인 후 이상이 없을 경우 천공확인을 생략한다.

• 사진에는 설치 깊이 및 트렌치 길이 등을 알 수 있도록 줄자 등을 설치하여 사진을 찍어야 하며, 슬링키형의 경우 피치 및 반경 등을 확인할 수 있도록 해야 한다.

- 스탠딩컬럼웰형 지열우물공 확인 기준

• 모든 우물공의 천공 완료 후 센터를 통해 모든 공에 대한 확인을 실시한다.

• 스탠딩컬럼웰형 천공 깊이 허용오차는 없으며 당초의 설계깊이를 충족하여야 한다.

마) 지중열교환기 깊이 및 길이 확인 등, 천공확인 적용 시점은 지열 설비 현장의 특수성 등을 감안하여 예외적으로 적용할 수 있다.

바) 유량 불균일 분포 및 흐름을 방지하기 위해 분리 천공한 홀은 서로 직렬 연결을 하여 각 천공홀의 길이가 동일하게 설치되도록 하여야 한다.

8) 지열시스템 철거 시 사후조치

수직밀폐형 및 지중수평형 지열시스템을 철거할 때에는 지중열교환기 파이프 내부의 지중순환수를 전면 회수한 후 청소하여야 하며, 그 이외에 환경부 "지열설비의 설치 · 운영 등에 관한 환경관리 요령" 중 지열설비의 폐쇄 및 환경관리 요령을 준수하여야 한다.

11.6 지열설비 시공 가이드 라인

신재생에너지 설비의 지원 등에 관한 지침-에너지관리공단 신재생에너지센터

공고 제2014-1호 14.02.19

가. 설치 위치

1) 지중열교환기는 구조물 또는 각종 지중 매립 시설물과 간섭이 없는 곳에 설치하여야 하며, 가급적 기계실 등 관련 설비로부터 가까운 곳에 설치하도록 한다.

2) 지열설비는 지하수보전구역, 토양보전대책지역, 소규모수도시설 설치지역의 경우에 지하수 및 토양 환경영향을 감안하여 설치를 제한하도록 권고한다.

나. 수직밀폐형 지중열교환기 및 지중 트렌치 배관

1) 지중열교환기는 열간섭을 최소화하기 위해 파이프 간격이 일정하게 유지된 제품을 사용하거나 또는 적절한 간격으로 스페이서(Spacer)를 설치하도록 한다.

2) 트렌치 배관 시공 시 배관이 수평을 유지할 수 있도록 평탄작업을 실시한 후 매설하도록 하며, 되메우기 전에 배관에 손상을 가하거나 하중을 가할 수 있는 날카로운 돌, 바위, 표석 등을 제거하도록 한다.

3) 양질의 토사를 이용하여 파이프 직경의 두 배 이상의 두께로 파이프 및 이음관 주위를 되메우되, 추후 지반침하가 일어나지 않도록 물다짐 또는 기계다짐을 하도록 한다.

4) 트렌치 되메움 시 지면으로부터 약 0.5m 깊이에 파이프가 매설되어 있다는 경고표지를 전 구간에 설치하도록 한다.

5) 지중순환수의 누수시 확인할 수 있는 압력계(기존 압력계로 대용 가능)와 유출시 자동으로 운전이 정지되는 장치를 설치하여야 한다.

다. 지중수평형 지중열교환기 및 지중 트렌치 배관

1) 지중 트렌치와 관련된 사항은 '나. 수직밀폐형 지중열교환기 및 지중 트렌치 배관'의 2)~4)항을 따른다.

2) 되메우기 및 다짐작업 후, 새로 다져진 층의 다짐도와 열전도도는 원지반 이상이어야 한다.

라. 에너지파일형 지중열교환기 및 지중 트렌치 배관

1) 지열파일과 수평 배관 설치에 따른 기초 안정성을 검토하도록 한다.

2) 파일 두부를 정리할 때 발생하는 부스러기가 파일 내부로 들어가지 않도록 최대한 주의를 기울여 작업하도록 한다.

3) 수평 배관 주위에 날카로운 돌이나 이물질이 없도록 하며, 최대한 수평이 되도록 배관을 설치하되 건축물의 기둥 하부에는 설치하지 않도록 한다.
4) 철근 배근 작업과 콘크리트 타설 시 배관에 손상이 가지 않도록 주의를 기울여 시공하도록 한다.

마. 스탠딩컬럼웰형 지중열교환기 및 지중 트렌치 배관
1) 지열우물공 설치에 따른 건축물의 기초 안정성 등을 검토하도록 한다.
2) 두 개 이상의 지열우물공 설치 시, 공 사이의 거리는 최소 15m 이상이 되도록 한다.
3) 지중 트렌치와 관련된 사항은 '나. 수직밀폐형 지중열교환기 및 지중 트렌치 배관'의 2)~4) 항을 따른다.

사. 지열열펌프 유닛 및 관련부품
1) 설치공간
부품 교환 및 이동, 배관용접 등 지열열펌프 유닛의 유지·보수를 위한 작업공간을 충분히 확보하도록 한다.
2) 순환펌프
수직밀폐형·지중수평형·에너지파일형의 경우 지열 순환펌프의 총 소비전력은 설계 시 적용한 지열열펌프 총 설계용량의 4.3% 이하가 되어야 하며, 스탠딩컬럼웰형의 경우 심정펌프와 중간 순환펌프의 소비전력의 합은 설계 시 적용한 지열열펌프 총 설계용량의 5.0% 이하가 되도록 한다.

아. 배관 및 기타
1) 배관의 지지 및 고정물은 설계도면과 같이 제작하여 설치하고, 기울기에 변화가 없도록 시공하도록 한다.
2) 지중열교환기 순환수 주입 시 배관 내부의 공기를 완전히 제거하도록 한다.
3) 지열시스템 철거 시 사후조치
환경부 "지열설비의 설치·운영 등에 관한 환경관리요령" 중 지열설비의 폐쇄 및 환경관리 요령을 준수하도록 한다.

12 지열히트펌프 냉난방 시스템 시장동향

지열을 이용하는 냉난방 시스템은 다른 신재생에너지원과 마찬가지로 정부 주도의 시장이 형성되어 있다. 지열히트펌프 시스템은 효율이 우수한 친환경 냉난방 급탕 시스템으로 각광받고 있지만, 기존 설비에 비해 다소 많은 초기 투자비는 지열 시스템의 민간 시장 활성화를 더디게 만들고 있다. 다양한 분야에 대한 기술개발과 실증연구를 통해 초기 투자비를 줄일 수 있는 현실적인 방안을 마련하여 기존 설비에 대한 가격 경쟁력을 확보한다면, 민간시장 활성화 시기는 다른 신재생에너지원보다 빨리 달성될 것으로 보인다.

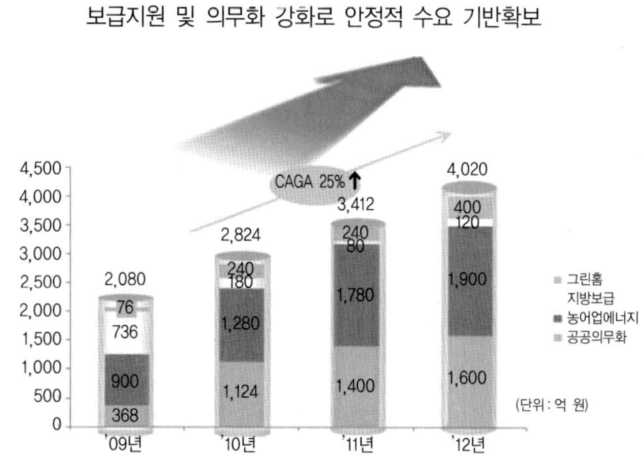

그림 4-89 지열이용 냉난방 시스템 시장규모 (출처 : 에너지관리공단)

2011년 기준 국내 지열 열펌프 시스템의 시장 규모는 약 3,000~3,200억 원인 것으로 추정된다. 이는 공공 부문과 민간 부문을 모두 고려한 것이지만, 지금까지 민간 부문의 시장규모를 정확하게 산정한 결과가 없기 때문에 현장 의견을 반영하여 추정한 값이다.

전체 규모를 세분하면, 열펌프 유닛 등을 포함한 장비 시장이 약 1,800억 원, 그리고 지중열교환기 시공을 포함한 시공 시장이 약 1,300억 원 정도이다. 지난 몇 년간의 증가세로 볼 때 향후 수 년 안에 1조 원 시장이 형성될 것으로 예측된다.

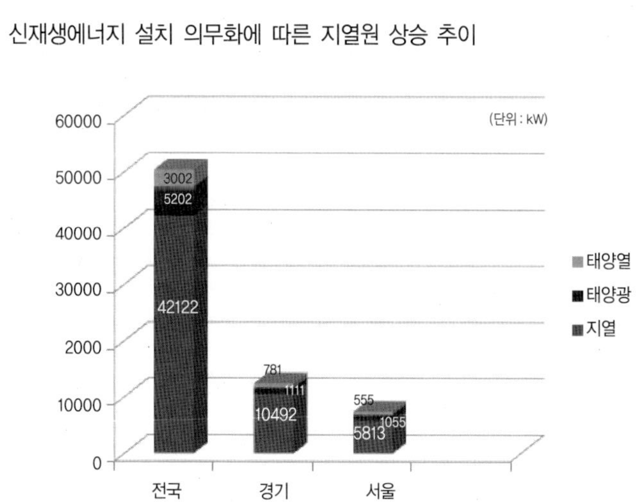

그림 4-90 지열이용 냉난방 시스템 국내 공공기관 의무화 사업동향 (출처 : 에너지관리공단)

그림 4-91 지열이용 냉난방 시스템 적용 부문별 시장규모(2012년) (출처 : 에너지관리공단)

보급 초기 국산 열펌프 유닛은 국내 시장에서 관심을 받지 못했지만, 기술개발 노력과 정부의 열펌프 인증제도에 힘입어 현재 80% 이상 시장을 점유하고 있다. 국산 지열 열펌프의 냉난방 성능 역시 꾸준히 증가해 거의 모든 제품이 인증기준을 만족시키고 있다. 국내에서는 2개의 대기업, 4개의 중견 기업, 그리고 9개의 중소기업이 지열열펌프를 생산하고 있다. 여기에 3개의 국내 업체가 미국과 중국산 열펌프를 수입하고 있다. 이들 18개 기업에서 약 65종의 지열열펌프를 시장에 공급하고 있다. 지열열펌프 시스템 분야는 제조 건설, 설비, 시공 등이 융합된 분야로 타 신재생에너지원에 비해 산업 연관성과 파급효과가 매우 큰 분야이다. 아울러 플랜트나 일반 냉동조기술 등과 기술 융합이 가능하며 도로와 교량 융설(Snow Melting) 등의 토목 분야, 지역냉난방 등의 에너지 분야 등 다양한 분야에 폭넓게 적용할 수 있는 산업이다. 여기에 시설원예나 농축산 및 양식 · 양어산업 등과 연계할 경우, 신재생에너지 보급목표와 이산화탄소 배출절감 목표 달성에 크게 기여할 수 있는 산업이다.

미국과 유럽 등 기술 선진국에서는 지열이 재생가능 에너지 시장의 약 1/6을 차지하고 있다. 특히 재생가능 에너지 지열 분야에서 지열열펌프 시장은 연평균 10~15% 성장세를 보이고 있다. 또한 국내 공공기관 설치 의무화 시장에서도 약 60% 이상을 지열 시스템이 담당하고 있다. 이러한 국내 · 외 추세로 볼 때 향후 안정된 시장이 형성될 것으로 보인다.

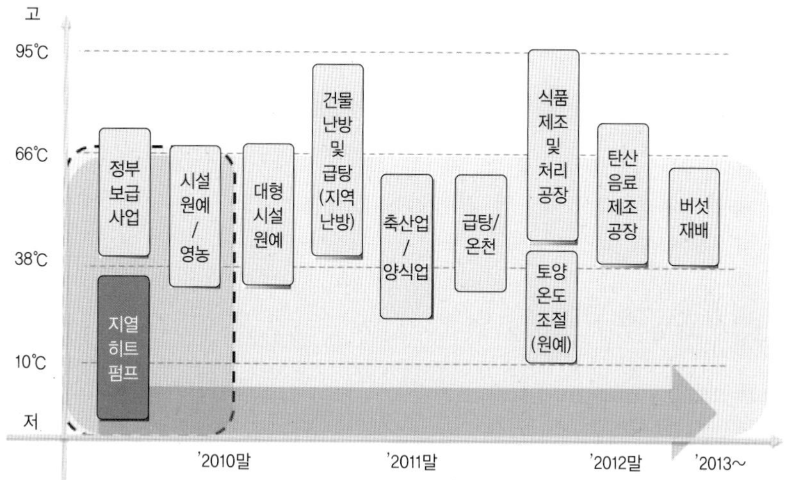

그림 4-92 지열이용 시스템 이용 확대 (출처 : 에너지관리공단)

지열 냉난방 시스템 주요국 동향

- 미국과 유럽 등 기술 선진국
  재생가능 에너지 약 1/6 지열 시장, 지열 열펌프 시장 : 연평균 10~15% 성장세
- EU국가(스웨덴, 독일, 스위스, 오스트리아, 핀란드 등)
  상업용, 농업용, 단독주택, 아파트 → 소규모 지역난방까지 지열 영역 확대
  스웨덴, 스위스, 독일, 미국 : 전체 냉난방의 20% 이상 지열 시스템 의존
  지열 주력시장 : 소형 주택 (59%)+대형 주택(26%)+상업용 시장 : 15% → 6RT 이하의 주택용 위주로 보급

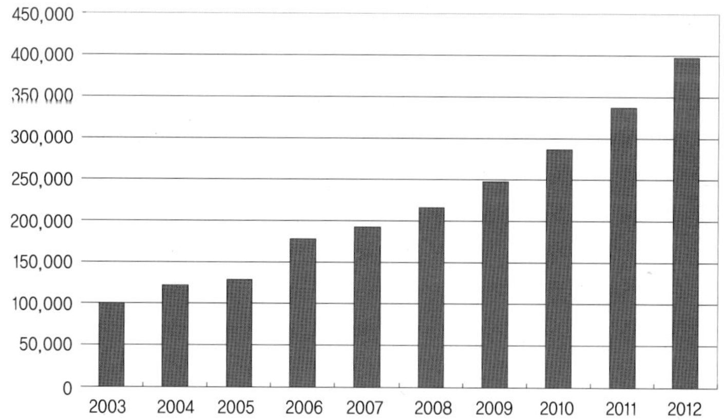

그림 4-93 지열 이용 냉난방 시스템 보급현황 (출처 : 에너지관리공단)

지열열펌프 시스템은 기계기술과 건설기술이 융합된 분야이다. 특히 지중열교환기는 시스템의 성능과 초기 투자비를 결정하는 중요 요소로서 국산화와 저비용 시공을 위한 기술개발 투자가 지속적으로 있어야 한다. 또한 국내 기술력 제고와 원천기술 확보를 위해서도 다양한 분야에 대한 지원이 필요하다. 여기에 관련 중소기업의 R&D 기획역량과 수행능력을 높이기 위해 산·학·연 연계체계와 지원정책도 구축해야 한다.

지열 냉난방 시스템 국내 보급 동향

• 신재생에너지 산업의 정부의 확대 의지 및 예산 집중 투입
제3차 신재생에너지 기본계획
신재생에너지 보급률 : 10년 2.5% → 15년 5.0% → 22년 10% : 최대 112조 집중투입

국내 지열 보급 정책

신재생에너지 : 냉방, 난방, 급탕 → 지열시스템 유일
• 공공기관 신재생에너지 적용 의무화
• 주택지원사업
• 일반보급사업, 지방보급사업, 지역지원산업, 건물지원사업
• 시설원예보급사업
• 수자원공사 : 수열원(재생에너지 등록 진행)–하천, 해수, 하수처리수 등을 열원으로 이용하는 기술에 대한 관심 증가
• 공공기관 의무적용 및 대형 건설사 중심 민간 사업부문 확대 유도

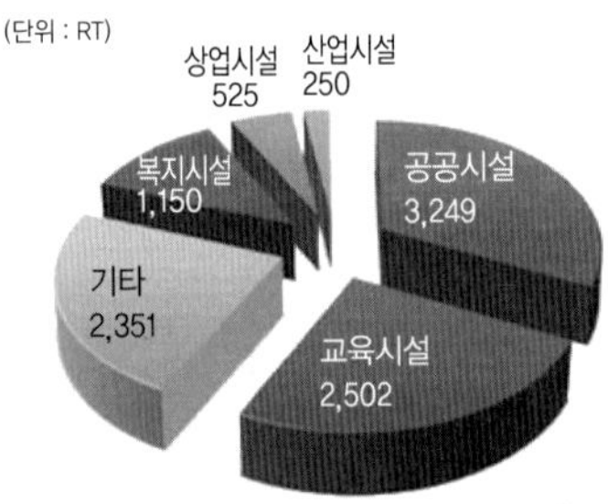

국내 지열 냉난방 시스템 보급현황

그림 4-94 국내 지열 냉난방 시스템 보급 현황(2012년) (출처 : 에너지관리공단)

13 지열발전

13.1 개 요

지열은 지표면의 얕은 곳에서부터 수 km 깊이의 고온의 물(온천)이나 암석(마그마) 등이 가지고 있는 에너지이며, 지열발전은 지구중심부에 있는 섭씨 1,000도에 가까운 열을 이용하는 것이다. 땅속으로 1km씩 들어 갈 때마다 온도는 섭씨 30도씩 높아진다. 따라서 지하 3km에 이르면 이곳의 온도는 섭씨 90도가 되고 9km에 이르면 섭씨 270도에 도달한다. 지열발전은 지하의 고온층에서 증기나 열수의 형태로 열을 받아들여 발전하는 방식이며, 지대와 발전방식에 따라 수백 m에서 수 km 깊이의 우물을 시추하여 우

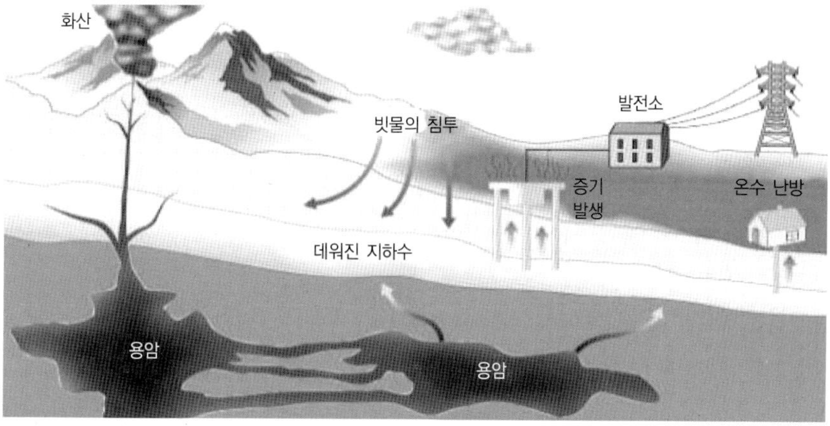

그림 4-95 지열발전 개념도

물로부터 고온의 증기를 얻으면, 이를 증기터빈에 유도하고 고속으로 터빈을 회전시켜 이와 직결된 발전기에 의해 전력을 생산한다. 우물로부터 분출하는 증기의 습기가 적으면 그대로 터빈에 보내는 형식으로 할 수 있으나, 열수로서 분출하는 경우는 그 열을 열교환기에 보내어 물을 증발시켜 터빈으로 보낸다. 또는 물의 온도가 낮은 경우 끓는점이 더 낮은 액체를 증발시켜 터빈으로 보내기도 한다.

지하 고온의 천연증기를 이용하는 발전은 미국, 이탈리아, 뉴질랜드 등에서 실용화되고 있으며, 유명한 화산국인 일본에서도 그 개발을 서두르고 있다. 지구는 중심부에 핵과 이를 둘러싼 맨틀(Mantle)이 있으며 그것을 두껍게 둘러싼 지각으로 되어 있다. 핵과 맨틀은 수천 도(度)의 고온으로 여기서부터 지표를 향해 마그마(Magma)라고 하는 뜨거운 유동체가 올라온다. 그리고 지하수 km에서 수십 km에 이르는 곳에 마그마 저류층을 조성한다. 마그마 저류는 때때로 지표로 분출, 화산을 이루는 동시에 지하수를 데워 증기로 만드는데 이 증기를 이용 터빈을 돌려 발전하는 것이다.

지열 이용을 위한 고전적 필수 요건은 고온을 발생시키기에 충분한 깊이(보통 5~6km)에 있는 삼투성 암반 또는 대수층(Aquifer)과 고온수가 지표 위로 누출되는 것을 방지해 주는 불침투성 암반층이 존재해야 한다. 그리고 넓은 구역에 열을 집적시켜 열저장 매체인 뜨거운 지하수(어떤 경우에는 증기)를 이용하여 이를 추출할 수 있어야 한다. 지열발전소에는 전형적으로 5~6개의 열생산 우물과 한 개의 재주입 우물(Reinjection Well)이 있다.

재주입 우물은 대수층을 유지시켜 줄 뿐만 아니라 지열이 다른 곳으로 빠져나가지 않도록 가능한 한 많은 지열을 재주입한다. 이는 발전소 수명기간 동안 (보통 20~30년)

암반이 발전에 부적합할 정도로 식는 것을 방지하여 준다.

지열증기의 분출은 비교적 안정되어 있어서 발전소의 유지 · 운전도 비교적 쉽고, 가동률은 90% 내외로 매우 높다. 또 새로운 발전소에서는 무인화도 진전되고 있다.

13.2 지열발전의 특징

지열발전은 원리적으로 연료를 필요로 하지 않으므로 연료 연소에 따르는 환경오염이 없는 클린에너지이다. 그러나 지열정에서 분출하는 비응축성 가스 중에는 소량의 황화수소가 함유되어 있다. 현재로서는 농도가 낮아 환경기준 이하이므로 문제가 없지만 장차 대량으로 분출하게 된다면 탈황장치가 필요할 것이다. 또 열수 중에는 미량의 비소가 함유되어 있어서 발전 후 모두 지하로 다시 환원하고 있다. 하지만 경제적인 탈비소기술이 확립된다면 이 열수 또한 귀중한 저온열에너지 자원으로 이용할 수 있다. 지열발전의 비용은 대부분을 지열발전소의 건설비와 지열정의 굴착비가 차지하며, 지열자원의 질과 발전형식에 따라서도 달라진다.

그러나 화력 및 원자력에 비해 발전소의 규모는 작지만 경제성을 지니고 있는 점이 강점이며, 소규모 분산형의 로컬에너지 자원으로서의 특색도 갖추고 있다. 땅속으로부터 끌어올린 뜨거운 증기나 물은 엄밀한 의미에서 재생가능한 에너지는 아니다. 발전을 위해 빠져나가는 지열의 양이 저장소의 재충전 능력보다 크기 때문에 현재 열저장량은 점차 줄어들고 있다. 오랜 시간이 걸리겠지만, 땅 속에서 뜨거운 물이나 증기가 고갈되고 뜨거운 암석층이 식으면 더 이상 열을 끌어올릴 수 없다. 그러나 지구 자체가 가지고 있는 에너지이므로 굴착하는 깊이에 따라 잠재력은 거의 무한하다고 할 수 있다.

13.3 지열발전 방식의 종류

지열발전(地熱發電)은 땅에서 추출한 고온수나 증기(120~350℃)의 열에너지로 터빈을 구동하여 전기를 생산하는 발전(Power Generation)의 한 형태이며, 건증기(Dry Steam), 습증기(Wet Or Flash Steam), 바이너리(Binary) 발전 등으로 구분한다. 최근 미국과 유럽의 일부 국가에서 기술개발 중인 EGS(Enhanced Geothermal Systems) 발전은 최근 들어 주목받는 기술이다. 지하 심부의 뜨거운 암반층(HDR, Hot Dry Rock)까지 보어홀을 시추하고, 이 안으로 물을 주입하여 고온의 수증기를 만든 후, 이를 다시 터

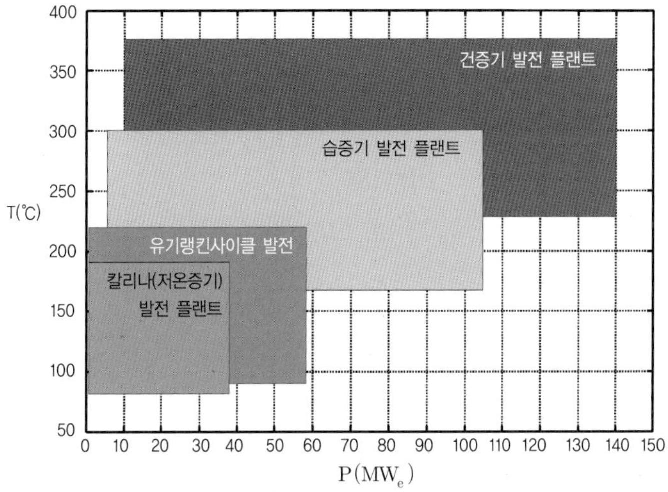

그림 4-96 지열발전을 위한 지열자원의 온도범위와 발전량 (출처 : 에너지관리공단)

빈으로 공급하여 전기를 생산하는 방식인데, 고온 지열자원이 없는 지역에서도 가능한 기술이지만 장기간에 걸친 투자와 기술개발이 필요하다.

13.3.1 건증기 지열발전

완전포화상태 또는 과열상태의 건증기를 하나 또는 여러 개의 보어홀에서 추출한 후 지상으로 연결된 배관을 통해 플랜트의 터빈으로 직접 보내 전기를 생산하는 방식으로 지열발전방식 중 역사가 가장 오래된 방식으로 고온의 증기가 풍부한 지역에서 적용되는 방식이다.

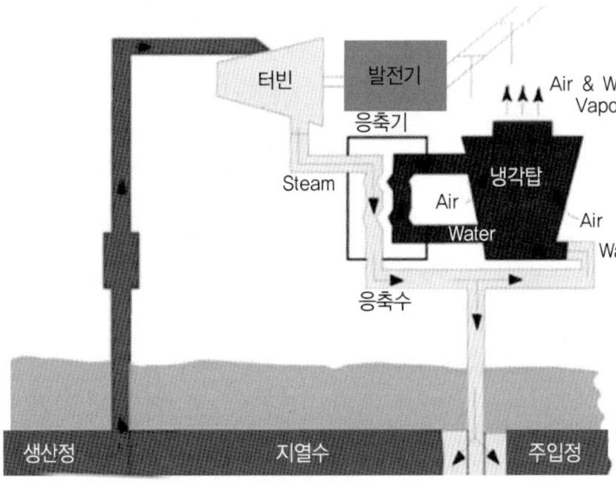

그림 4-97 건증기 지열발전 (출처 : 에너지관리공단)

13.3.2 습증기(플래시 증기, Flash Steam) 지열발전

터빈의 단수에 따라 1단과 2단 습증기 지열발전으로 분류하며, 최근 에너지 이용 효율을 높이기 위해 3단 습증기방식도 도입되고 있다. 지열발전 중에서 현재 가장 널리 보급된 방식이며, 일반적으로 보어홀 상부, 즉 출구에서 습증기의 습도는 10~50%이며 실제 플랜트에서는 원심분리식 기체-액체 분리기(세퍼레이터)를 이용하여 습증기를 기상과 액상으로 분리한 후 증기만 활용한다.

2단 습증기 지열발전

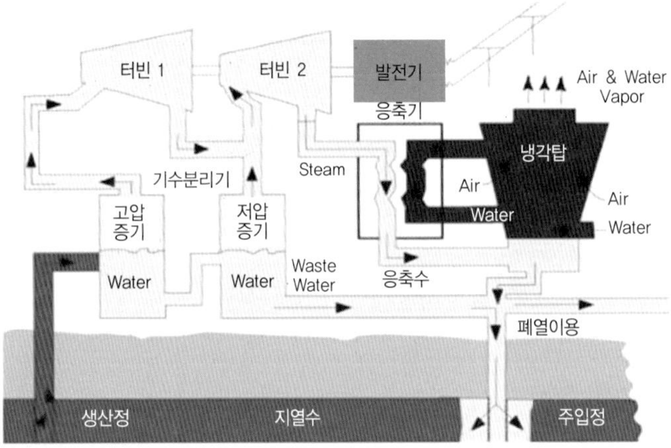

그림 4-98 습증기 지열발전 (출처 : 에너지관리공단)

13.3.3 바이너리 사이클(Binary Cycle, 2유체 사이클) 지열발전

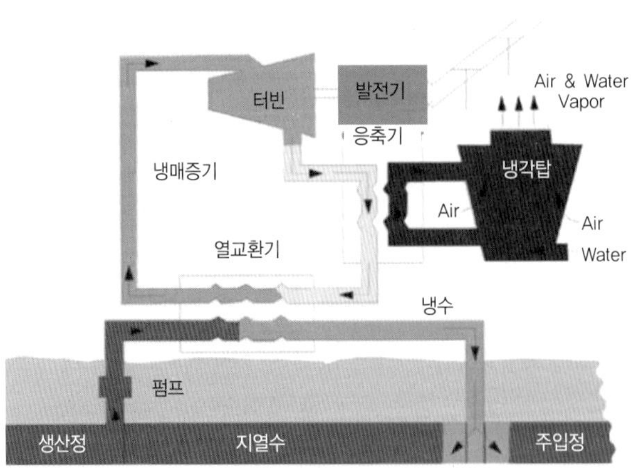

- 200kW×2unit(ORC)
- 지열수 : 74℃; 3,100m³/day
- 냉각수 : 5℃; 9,800m³/day
- 냉매(2차 유체) : R134a

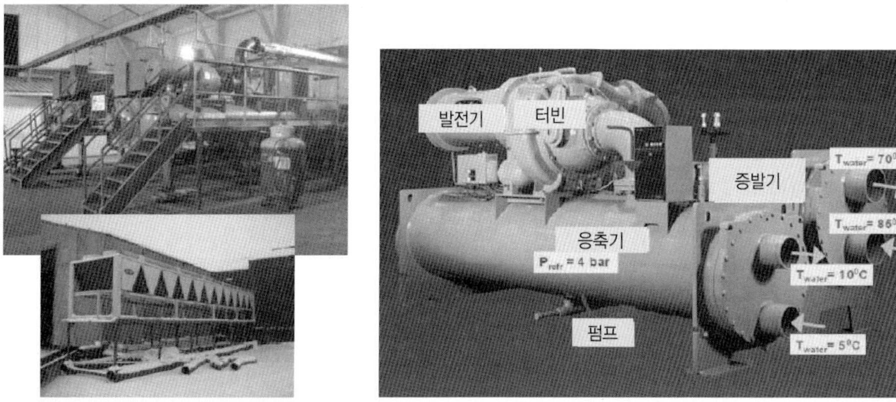

그림 4-99 바이너리 사이클 지열발전 (출처 : 에너지관리공단)

지열수의 온도가 터빈을 가동시킬 증기를 생산하기에 충분히 높지 않은 경우에 이용되는 발전방식이며, 지하에서 추출한 저온 지열수(100~120℃)가 비등점이 상대적으로 낮은 2차 유체를 증발시켜 터빈 구동방식으로 2차 유체로는 냉매계열, 프로판(C_3H_8), 펜탄(C_4H_{10}), 암모니아(NH_3) 등을 이용하는 발전방식으로 유기화합물들이 작동유체이기 때문에 유기랭킨사이클이라 불리는 발전방식이다.

13.3.4 EGS 지열발전

심부 고온암체(Hot Dry Rock)에 인공 파쇄대를 형성한 후, 이 파쇄대를 통해 물을 주

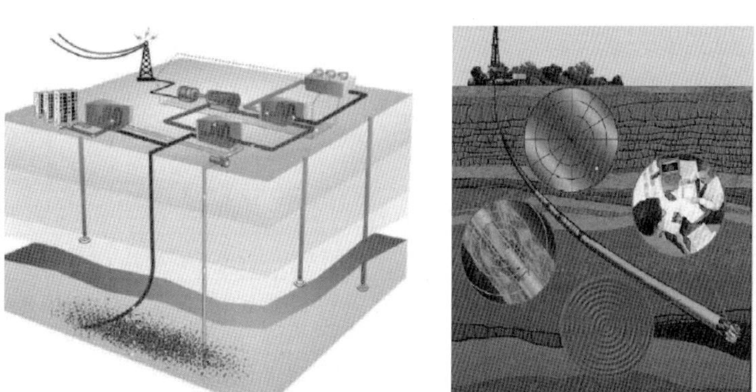

그림 4-100 EGS 지열발전 (출처 : 에너지관리공단)

입하여 추출된 열을 발전에 이용하는 방식으로 물을 주입하는 수압 파쇄용 시추공, 인공 저류층, 그리고 뜨거운 물을 퍼올리기 위한 생산정 등으로 구성되며, 화산지대가 아닌 지역에서도 지열발전이 가능하기 때문에 최근 전 세계적으로 중장기 기술개발 프로젝트로 많은 관심을 받고 있는 방식이다.

13.4 지열발전 시스템 구성요소

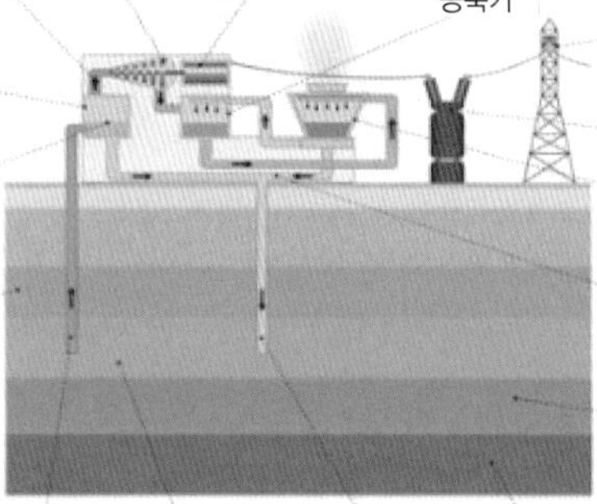

그림 4-101 지열발전 시스템 구성요소 (출처 : 에너지관리공단)

발전기(Generator)	터빈의 힘으로 회전하는 기계. 역학에너지를 전기에너지로 바꾸어 송전망에 보낸다.
응축기(Condenser)	터빈의 증기를 식혀서 물로 응결시키는 회로
고압 송전	전기를 장거리에 보내는 데 고압선을 이용하면 전류의 세기는 줄어들고 그 결과 에너지 손실도 감소한다.
전압 승압	발전소의 출구쪽에서 변압기는 전압을 높인다. 이렇게 하면 장거리 송전 중에 에너지 손실을 줄일 수 있다.
냉각탑(Cooling Tower)	축전기의 뜨거운 물을 공기와 접촉시켜 식히는 장치. 물의 일부는 증발하고, 나머지는 축전기와 대수층으로 다시 주입된다.
물(Water)	수소와 산소로 구성된 액체. 100℃에서 증기가 되며, 물은 지구 내부의 열을 이동시킨다.
하부가압층(Lower Confining Bed)	물이 침투하지 않는 바위층. 마그마 굄에서 대수층으로 열을 전달한다.
마그마 굄(Magma Chamber)	열원이 되는 마그마(지구의 지각에서 나오는 용암)가 괸 곳. 열에너지를 물에 전달한다.
주입정(Injection Well)	물을 대수층으로 되돌리기 위해 땅을 굴착한 시추공. 열이 추출된 물은 이곳에서 다시 가열된다.
피압대수층(Confined Aquifer)	물이 침투하지 않는 두 지층 사이의 다공성 퇴적암층. 여기에 150~400℃의 물이 축적된다.

생산정(Production Well)	땅속으로 파 들어간 시추공. 전기를 생성하기 위해 대수층의 뜨거운 물을 끌어올린다.
지열대(Geothermal Field)	지구의 지각에 해당하는 영역. 지표 가까이에 갇혀서 괴어 있는 뜨거운 물을 활용할 수 있다.
상부가압층(Upper Confining Bed)	물이 침투하지 않는 바위층. 피압대수층을 덮고 있다.
물 · 증기 혼합물(Water-Steam Mix)	대수층에서 추출된 뜨거운 물. 지표로 상승하면서 부분적으로 증기로 바뀐다.
분리기(Separator)	증기와 물을 분리하는 장치. 터빈을 작동할 수 있게 증기를 복구시키며, 물은 대수층으로 다시 주입된다.
증기(Steam)	물의 기체 상태. 증기압력이 터빈을 작동시킨다.
터빈(Turbine)	증기로 움직이는 기계. 터빈에 있는 날개바퀴는 역학에너지를 발전기로 전달하며 이로써 이 기계를 회전시킨다.

13.5 지열발전 현황

지열발전은 1904년 이탈리아의 랄데렐로에서 시작되어 제2차 세계대전 후 세계 각지로 보급되었다. 특히 최근에 화석연료를 대체할 에너지의 하나로서 그 개발이 촉진되어 1985년 세계의 지열발전소 총설비용량은 약 475만 4,000kW에 달한다.

외국의 지열발전소로는 가이저(미국), 이라케이(뉴질랜드), 랄데렐로(이탈리아) 등이 유명하며, 근래에 지열을 이용하여 발전(發電)하고 있는 곳은 전 세계에 널리 퍼져 있다. 1998년을 기준으로 가장 큰 규모로 지열발전을 하고 있는 나라는 2850MW(메가와트; 1MW=106W)의 발전용량을 지닌 미국과 1848MW의 발전용량이 설비된 필리핀이다. 필리핀은 지열발전으로 전체 전력의 22%를 공급한다. 그 밖에 인도네시아, 이탈리아, 일본, 멕시코, 뉴질랜드 등에도 상당한 용량이 설비되어 있고, 점차 늘어나는 추세이다.

지열발전은 1990년에서 1998년 사이에 약 40%가 증가했다. 가장 많이 증가한 나라는 2008년까지 1,550MW가 새로 설치된 필리핀이다.

지열을 이용한 전력생산은 1975년부터 95년까지 연간 9%씩 증가했고, 직접적인 이용은 연간 6%씩 증가했다. 1998년 지열을 이용한 전력생산은 전 세계적으로 45TWh(테라와트시; 1TWh=1,012Wh)에 달했고, 열에너지 생산은 40TWh에 달했다.

앞으로 2020년까지 연간 9%씩 지열발전이 확대된다면, 2020년에는 310TWh에 달할 것이다. 설비용량은 1998년 8239MW였는데, 해마다 9%씩 증가한다면, 2020년에는 58000MW로 늘어날 것이다.

우리나라의 경우 백두산과 한라산 지역은 분화기록이 존재하는 휴화산으로 상당한 지열에너지가 존재할 가능성이 있는 것으로 조사되었으며, 현재 경북 포항지역에서 2015

년 완공을 목표로 1.5MW급의 지열발전소가 건립 중에 있다.

포항 지열발전소는 2010년 11월 산업통상자원부가 지원하는 'MW급 지열발전 상용화 기술개발' 국책사업에 선정되어 1단계(2010.12~2012.11) 개발을 완료하고, 2단계(2012.12~2015.12) 개발을 진행 중이며, 2014년 말부터 기초공사 및 플랜트 시공이 진행되어 2015년에 건설과 시범운영을 완료하고, 국내 최초로 지열발전에 의한 전력생산에 나설 계획이다. 포항에 지열발전소가 완공되면 국내 지열발전의 신기원을 이룩할 수 있을 뿐만 아니라 아시아 최초로 비화산지대의 심부지열을 이용한 지열발전을 현실화하여 세계적인 첨단 지열발전 기술 확보는 물론 관련 기술 수출에도 나설 수 있을 것으로 기대되고 있다.

13.6 국내 지열발전 현황

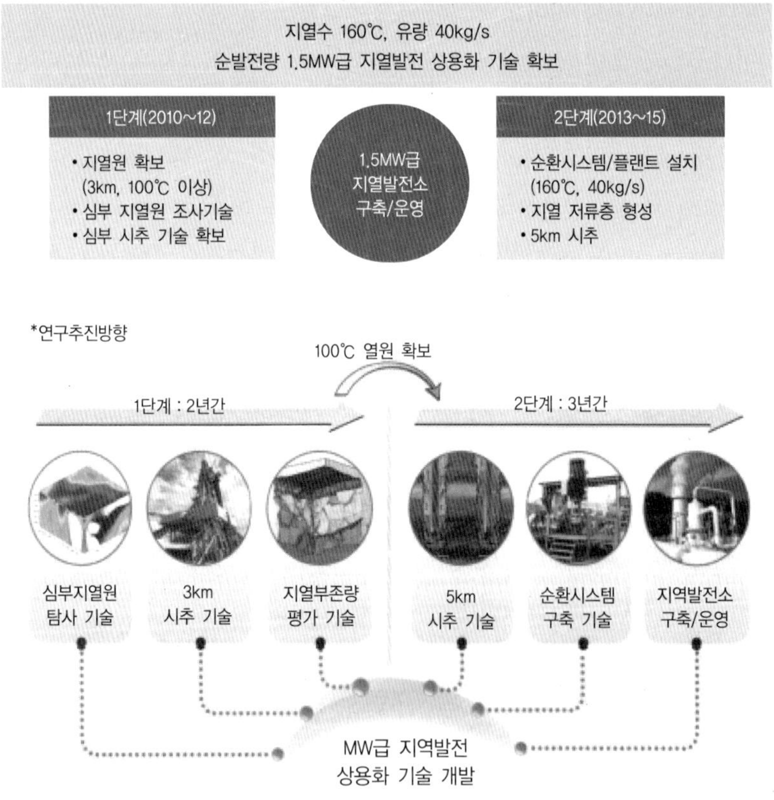

그림 4-102 국내 연구개발 현황 (출처 : 에너지관리공단)

▣ 포항 지열발전소 공사 개요

포항지역의 높은 지열분포

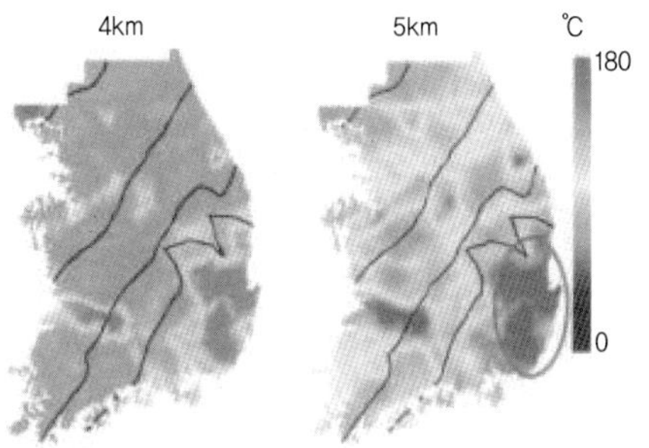

(이영민 외, 2010)

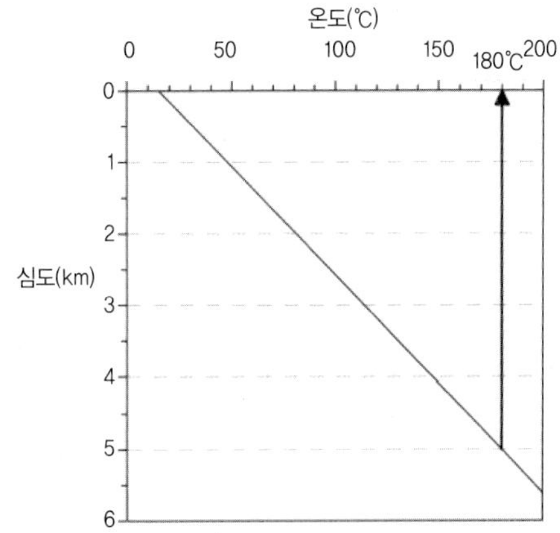

- 대상 부지 기 조사결과 확보(KIGAM; 2003) 2.0km 심도에서 90℃
- 평균 지온경사 33℃/km (국내평균 25℃/km 상회)

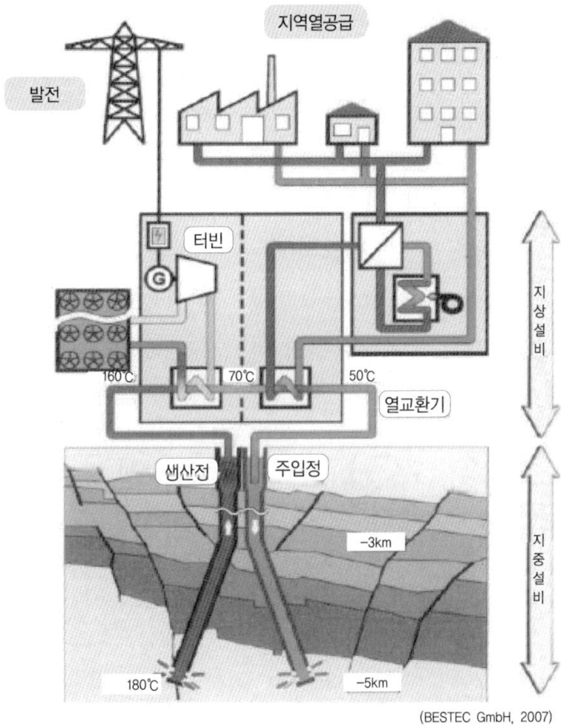

(BESTEC GmbH, 2007)

- 생산정으로부터 양수된 지하 수 KM 하부의 지열수를 이용하여 전력과 열에너지를 생산하는 전력방식.
- 기상조건의 영향 없이 24시간 발전 가능하여 이산화탄소 배출이 없음.
- 지열수는 주입정을 통해 환원시킴으로써 지속가능한 청정에너지 자원.

그림 4-103 포항 지열발전소 개요

Chapter Five

태양광발전(Photovoltaic)

1 국내 태양광 에너지 자원

태양에너지는 무한하다. 지구가 태양으로부터 받는 에너지는 우리가 상상할 수 없는 정도로 막대한 양이며, 이는 태양이 존재하는 한 유지된다.(약 50억 년) 지구의 대기권에서 반사되는 에너지량은 2.4×1015 kcal/min 또는 1.7×1014 kW으로 이중 약 35%는 대기권에서 반사되고, 약 18%는 대기권에서 흡수되어 바람을 일으키며, 47% 정도는 지구에 도달한다. 1년간 지구에서 받는 에너지량은 연간 세계에너지 소비량의 약 20,000배이며, 지구가 태양으로부터 1~2주 동안 받는 에너지가 지구상에 매장된 전체의 화석연료에 상당한다.

우리나라의 태양광자원에 대한 계절별 1일 수평면 전일사량 분포특성은 그림에서 나타난 바와 같이 봄철과 가을철의 태양광조건은 대체로 내륙지방보다는 해안지방이 좋으며, 여름철은 전국이 고른 분포를 나타낸 반면에, 겨울철은 남해지역 일원의 태양광이 다른 지역들보다 상대적으로 높은 형태를 나타내었다.

우리나라의 수평면 전일사량은 연 평균치로 계산하였을 때, 중서부 남해안지방과 태안반도 일대가 전국에서 가장 좋은 곳으로 나타났으며, 그 다음은 대전-영주-안동-경주분지를 잇는 일대와 남원분지, 김해평야 일대, 중부이남 및 중부이북지방 순으로 나타

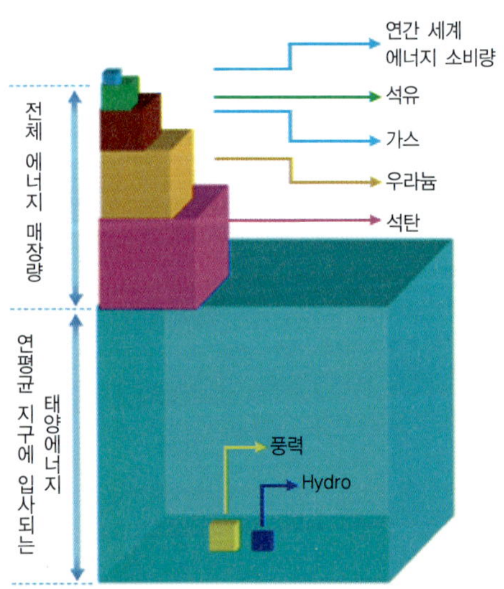

전체 태양 복사에너지 : 전세계 에너지 소비량의 10,000배

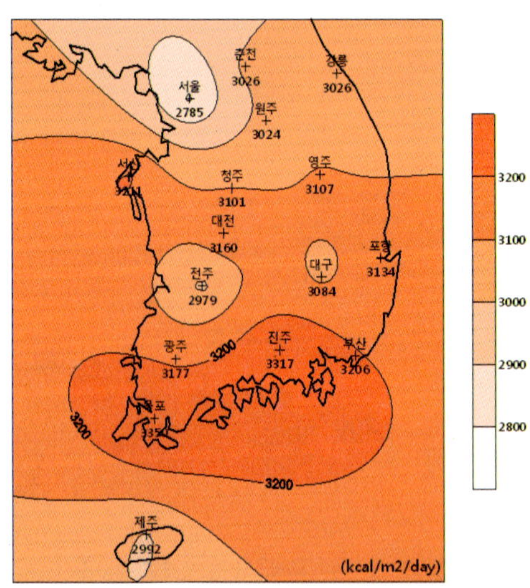

Annual-average(1982-2008)

그림 5-2 전국 연평균 1일 수평면 전일사량 자원분포도
(출처 : 에너지관리공단)

났다. 반면에 대기오염이 심각한 서울은 전국에서 가장 낮은 일사량을 기록하였으며, 그 다음으로 낮게 나타난 제주도의 경우는 측정지가 제주시에 위치하였기 때문에 한라산 이북지방의 태양광조건이 일기불순으로 생각보다 좋지 않음을 알 수 있다.

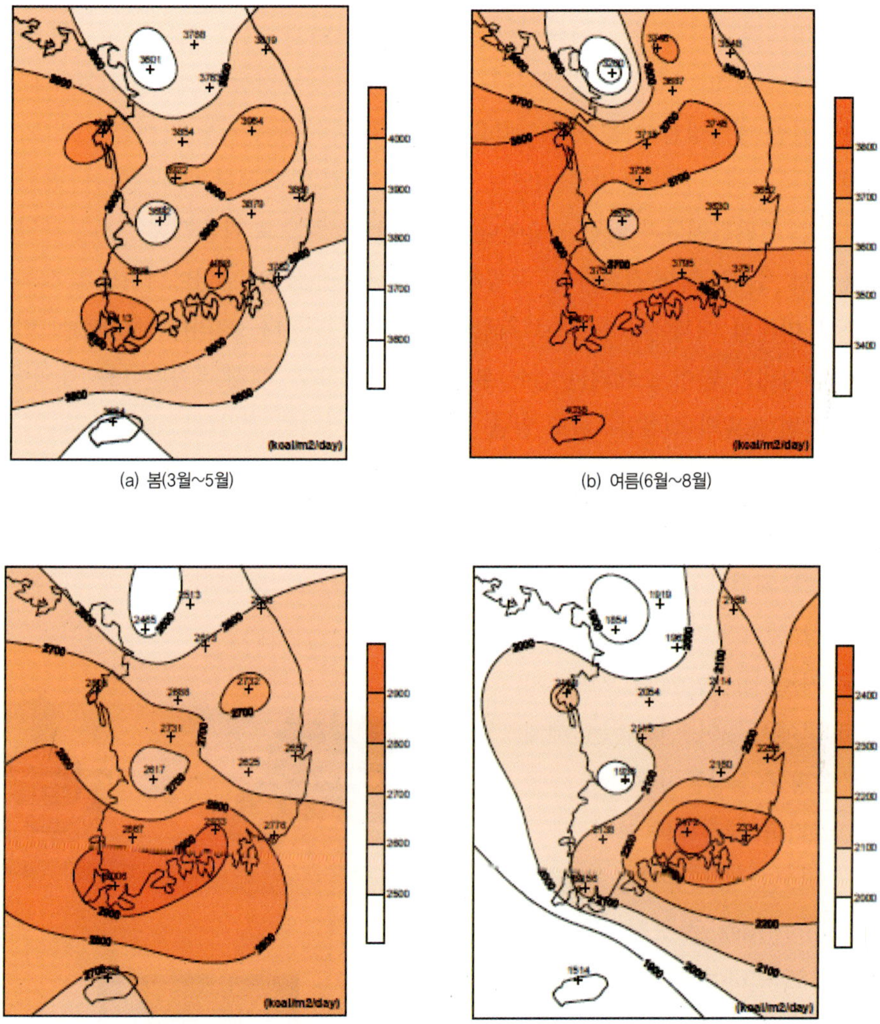

(a) 봄(3월~5월)

(b) 여름(6월~8월)

(c) 가을(9월~11월)

(d) 겨울(12월~2월)

그림 5-3 전국 계절별 일평균 수평면 전일사량 자원분포도 (출처 : 에너지관리공단)

2 태양광발전 기술의 특징

태양광발전은 태양의 빛에너지를 변환시켜 전기를 생산하는 발전기술로 태양전지(Solar Cell)로 구성된 모듈(Module)과 축전지 및 전력변환장치로 구성된다.

햇볕을 받으면 광전효과에 의해 전기를 발생하는 태양전지를 이용한 발전방식이며, 발전 원가가 하락하는 유일한 전력원이기도 하다. 또한 태양광발전소를 건설하게 되면 무한한 자원인 태양광을 이용하여 전력을 생산하기 때문에 유지보수 비용 이외의 비용이 거의 들지 않고, 원자력 및 화석연료 에너지와 다르게 안전한 에너지이며, 온실가스 배출이 없는 친환경에너지 발전 기술이다. 또한 반영구적으로 활용할 수 있고, 태양전지를 사용해서 유지보수가 간편하며, 무공해 · 무진장(無盡藏)의 태양에너지원을 사용하는 점 등으로 미래의 대체에너지원으로 각광받을 것으로 보인다. 그러나 패널 값이 비싸므로 초기 투자비가 많이 소요되는 점이 부담으로 작용하고, 현재 효율은 13% 내외이다.

태양광발전 1kW의 설치만으로도 일년 동안 CO_2 576kg을 절감하는 효과를 가져 오며, 이는 어린 소나무 207그루를 심는 것과 같은 효과를 가져 온다.

태양광발전 기술은 전 세계적인 환경문제, 기후변화협약, 미래에너지원의 다원화, 21세기 새로운 패러다임의 변화 및 인간의 삶의 질 향상으로 새로운 저탄소사회구현을 위한 신 성장 동력 녹색성장산업의 선두주자로 각광받아 왔으며, 지난 2006년에서 2010년까지는 세계시장의 연평균 성장률이 85%에 이를 만큼의 급격한 성장세를 보여 왔다. 하지만 2010년 이후 유럽발 재정 위기 및 'China Risk'로 표현되는 공급과잉 문제로 인하여 전 세계 태양광 기업의 경영조건이 다소 악화되기도 하였지만, 후쿠시마 원전사고 이후 미래에너지원으로서의 태양광에 대한 긍정적인 인식이 확산되어 2013년 이후 점차 다시 호조세를 보이고 있다.

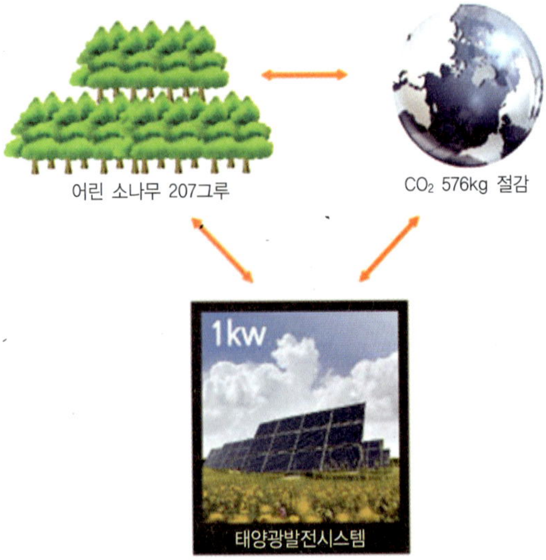

그림 5-4 태양광 발전 효과

태양광발전 특징

■ 장점

구 분	내 용
환경적합성	배가스, 폐열 등 환경오염과 소음이 없음
연료, 냉각수 불필요	에너지-자원 보존, 입지상의 문제 없음
모듈화	발전용량의 신축성, 발전시설의 유동성
단기건설기간	수용 증가에 신속 대응 가능
부하 패턴 적합성	공급예비전력 감소에 효과적 대응
무보수성, 고신뢰성	무인 자동화 운전 가능, 운전 비용 절감

■ 단점

구 분	내 용
대면적 필요	일사량에 의존, 대규모 발전에 대면적이 필요
이용률 낮음	야간, 우천시에 발전 불가능
불안정성	일사량 변동에 따라 출력이 불안정
고전류 출력 불가능	공급가능 전류에 한계, 급격한 전력수요 대응 불가

3 태양광발전의 원리 및 구성요소

3.1 태양광발전 원리

태양전지는 P형과 N형 반도체를 접합시키고 (PN접합) 앞 뒤 표면에 금속전극을 붙여 제작한다. 태양전지에 태양빛이 닿으면 태양빛은 태양전지 속으로 흡수되며, 흡수된 내양빛이 가지고 있는 에너지에 의해 반도체 내에서 정공(正孔 : Hole)(+)과 전자(電子 : Electron)(-)의 전기를 갖는 입자(정공과 전자)가 발생하여 각각 자유롭게 태양전지 속을 움직이게 되지만, 태양빛을 받게 되면 빛이 반도체에서 흡수되면 전자와 정공 쌍(e-h Pair)이 생성되고 전자와 정공은 p-n 접합부에 존재하는 전기장의 영향으로 서로 반대방향으로 흘러간다. 즉 전자(-)는 N형 반도체쪽으로, 정공(+)는 P형 반도체쪽으로 모이게 되어 전위가 발생하며, 이 때문에 앞면과 뒷면에 붙여 만든 전극에 전구나 모터와 같은 부하(도선)를 연결하면 전류가 흐르게 되는데 이것이 태양전지의 P-N접합에 의한 태양광발전 원리이다.

태양전지의 에너지 변환 효율을 높이기 위해서는 첫째 가급적 많은 빛이 반도체 내부에 흡수되도록 하고, 둘째 빛에 의해 생성된 전자와 정공 쌍(e-h Pair)이 소멸되지 않고 외부 회로까지 전달되도록 하며, 셋째 P-N 접합부에 큰 전기장이 생기도록 소재 및 공정을 설계해야 한다.

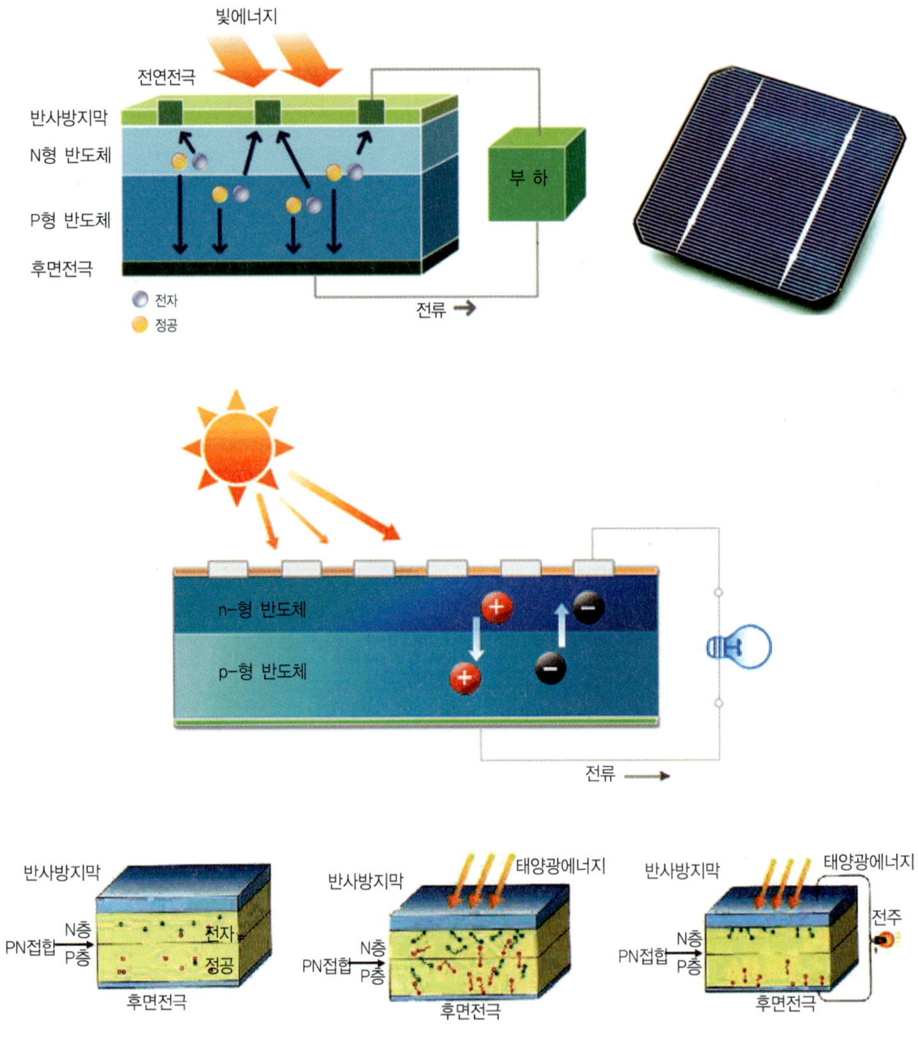

그림 5-5 태양광발전 원리(광전효과) (출처 : 에너지관리공단)

3.2 태양광발전 시스템 구성 요소

3.2.1 개요

태양광발전 시스템은 빛을 전기로 전환시켜 주는 부분과 생산된 전기를 수요에 맞도록 교류로 변환시키고 계통에 연결시켜 주는 부분(PCS/인버터) 등으로 구성된다.

태양광 시스템의 구성요소 중 핵심 부품은 태양전지이다. 태양전지는 기본적으로 반도체 소자이며 빛을 전기로 변환하는 기능을 수행한다.

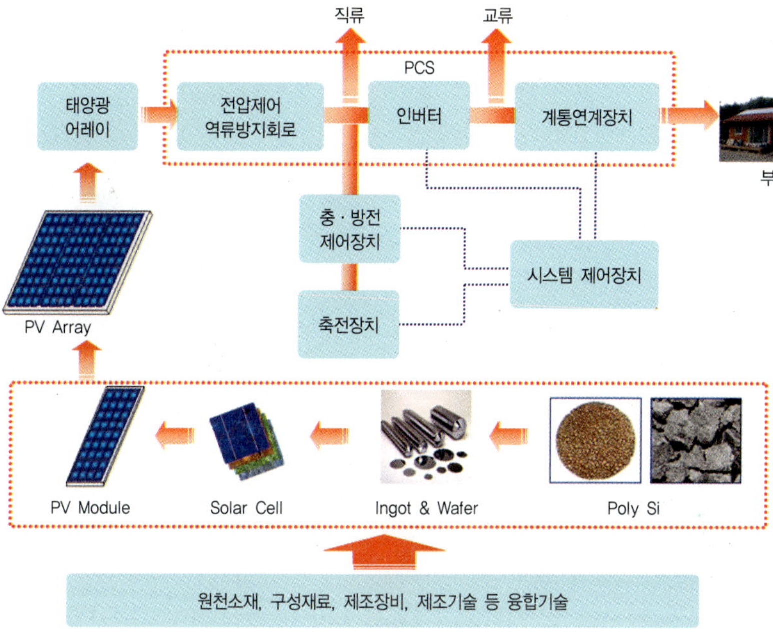

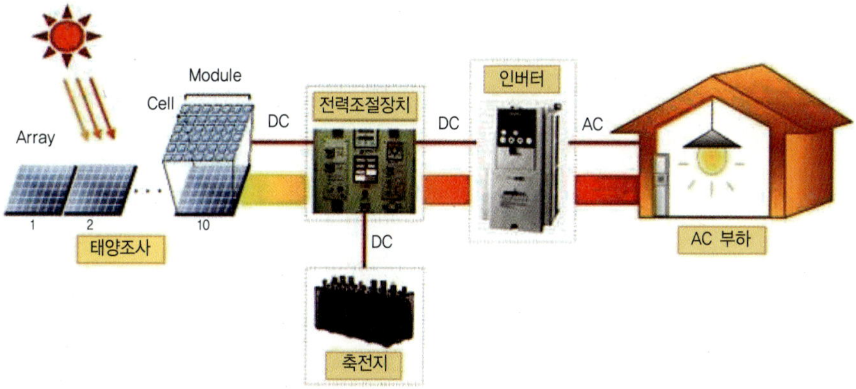

그림 5-6 태양광발전 시스템의 구성요소 (출처 : 에너지관리공단)

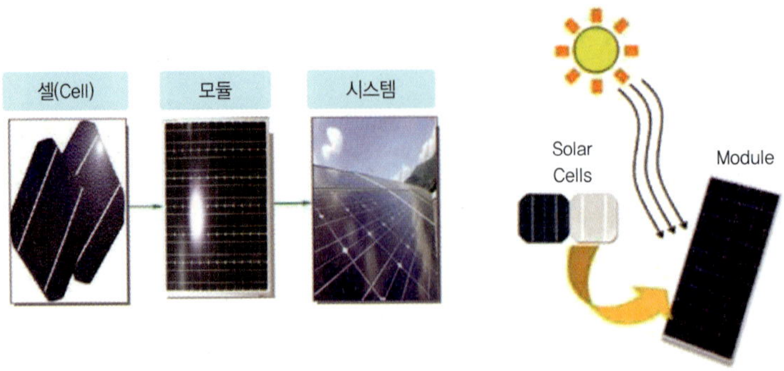

그림 5-7 태양전지 셀, 모듈, 시스템 (출처 : 에너지관리공단)

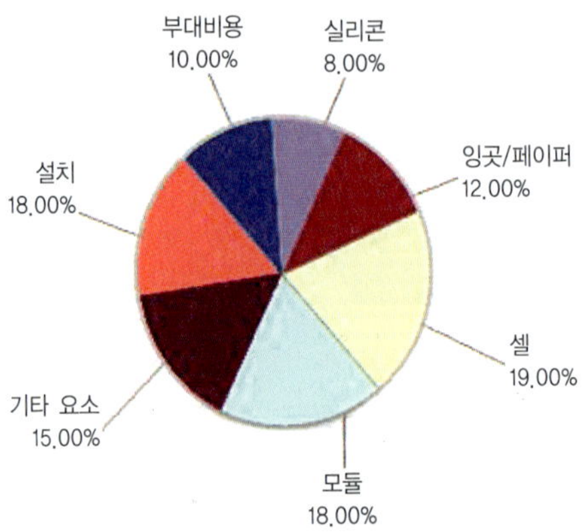

그림 5-8 태양광시스템 설치비용 구성비
(출처 : 에너지관리공단)

태양전지의 최소단위를 셀이라고 하며 보통 셀 1개로부터 나오는 전압이 약 0.5~0.6 V로 매우 작으므로 여러 개를 직렬로 연결하여 수 V에서 수 V이상의 전압을 얻도록 패널 형태로 제작한 것을 모듈이라고 한다. 이 모듈을 여러 개로 이어서 용도에 맞게 설치한 것을 어레이라고 한다.

PCS/인버터 부분은 태양전지 어레이로부터 발생된 직류전기를 상용 주파수 · 전압의 교류로 변환하여 전력계통에 연계하는 역할을 수행하며 동시에 시스템의 직류, 교류측의 전기적인 감시 · 보호를 하는 등 태양전지모듈을 제외한 주변장치 중에서 가장 큰 비중을 차지한다.

태양광 시스템 설계 및 설치의 경우 태양광을 최대한 활용하기 위한 경사각 및 방위각을 위한 설계, 계통연계를 위한 설계, 사후관리를 위한 설계 등 시스템 효율의 최적화를 위한 상황들이 검토되어야 한다.

태양광 시스템의 평균 설치비 내용을 보면, 전체 비용 중 소재가 차지하는 부분(원자재, 태양전지, 모듈 등)이 전체의 약 60%에 이른다.

3.2.2 태양전지

1954년 미국 벨연구소에서 처음 상용화한 1세대 태양전지는 실리콘을 이용하여 만들었다. 실리콘 태양전지는 P형 반도체와 N형 반도체를 붙이고 전선을 연결한 것이다. 여기에 빛을 쏘이면 빛에너지에 의해 전자가 이동하며 전선을 타고 전류가 흐른다. 우리 주변에서 1세대 태양전지를 사용한 제품은 쉽게 찾을 수 있다. 전자계산기, 탁상용 시계 등 비교적 전력 사용량이 적은 전자기기에 널리 쓰이고 있다. 처음 개발된 태양전지의 에너지 효율은 약 6%에 불과했다. 그 뒤로 반도체 기술이 발달하면서 태양전지의 에너지 효율도 좋아지기 시작했다. 실리콘을 얇게 만들어 빛이 쉽게 침투하도록 하자 에너지 효율은 15%까지 올라갔다.

또 특수한 무기재료로 효율을 20%까지 높인 태양전지도 등장했다. 현재 실용화되어 전원용으로 사용되고 있는 것은 주로 결정질 실리콘(Si) 태양전지이다. 실리콘 태양전지 기술은 반도체 분야의 기술과 더불어 발전되어 왔으며 기술의 신뢰성 또한 높다. 결정질 실리콘 태양전지는 전체 태양전지 시장의 90% 정도를 차지하며 저가·고효율화를 달성하기 위한 연구가 활발히 진행되고 있으며, 태양전지의 저가화를 위해 박막형(薄膜型) 태양전지(Thin Filmtype Solar Cell)의 상용화가 활발히 진행되고 있으며 현재 시장점유율 10%를 기록하고 있는데 향후 그 비중이 더 높아질 것으로 전망된다.

태양전지는 물성에 따라 주위에서 가장 쉽게 볼 수 있는 결정형 태양전지부터 박막계 태양전지 CIGS, 차세대 태양전지인 DSSC까지 다양한 종류의 태양전지가 존재하고 있는

표 5-1 태양전지 종류별 특징

구분	1세대	2세대			3세대
	실리콘		화합물	유기/염료 감응형	
	Bulk형	박막형			
	단결정 다결정 (Si)	실리콘형 (a-Si)	화합물형(CIGS) (CdTe)	염료감응형 (DSSC)	유기박막형 (OPV)
	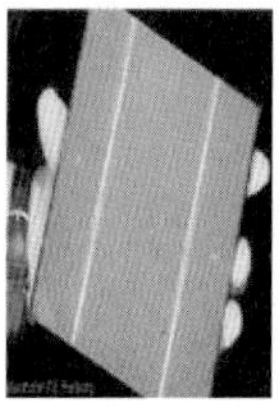		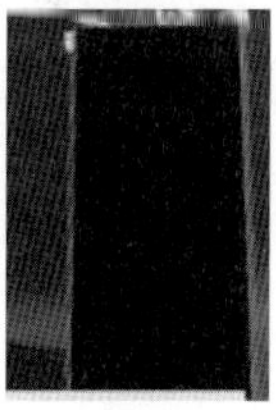		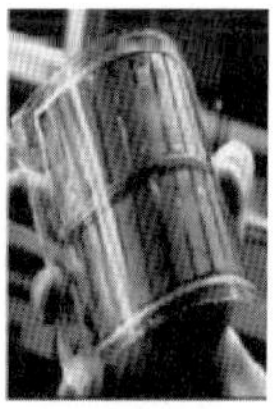
투명성	불가능	반투명	불가능	가능	가능
flexible	불가능	가능	가능	가능	가능
색상	흑, 청	흑	흑, 청, 황동	색상 다양	색상 다양
모듈효율(W/h)	~12%(3.5시간)	~4%(4.5시간)	~12%	~7%(7시간)	~3%(서브)
제품가격	4$ / W	3.5$ / W	3.8$ / W	1$ / W	1$ 이하 / W

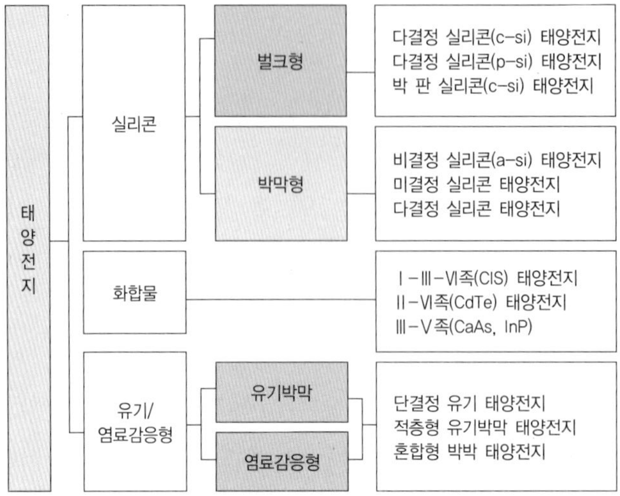

그림 5-9 태양전지의 종류 (출처 : 에너지관리공단)

데 태양전지 기술들은 대부분 1980년대에 등장하였지만 사실상 태양광산업 표준으로는 벌크형 중 다결정 실리콘 전지가 상업화에 가장 일찍 다가섰다.

(1) 결정질 실리콘 태양전지(Cystaline Silicon Solar Cells) : 1세대

결정질 실리콘은 물리적 특성면에서 태양전지를 위한 이상적인 물질은 아니지만 반도체산업에서 이미 개발된 기술 및 장비를 동일하게 활용할 수 있다는 장점을 가지고 있다. 실리콘 태양전지의 이론적 최대 효율은 약 27%이며, 이미 실험실 수준에서는 이 한계치에 가까운 24.7% 효율이 보고된 바 있다. 단결정 또는 다결정 웨이퍼를 사용하며 양산용 셀의 효율은 평균 14%~17%를 보이고 있으나 최근 상용화 기술개발에 대한 투자가 전 세계적으로 붐을 이루면서 일부 양산용 태양전지 효율이 22%를 상회하는 결과가 보고되고 있다.

결정형 태양전지는 원재료인 실리콘(Si)을 염산(HCl)과 화학반응시켜 뽑아낸 폴리실리콘 Gas($SiHCl_3$)를 고체로의 전환과정을 거치면 폴리실리콘이 만들어지는데, 이 과정에서 폴리실리콘의 순도가 결정되고, 순도가 높을수록 광변환 효율이 높다. 폴리실리콘을 결정화(Crystalization)하면 단(單)결정의 잉곳(Ingot)이 만들어진다.

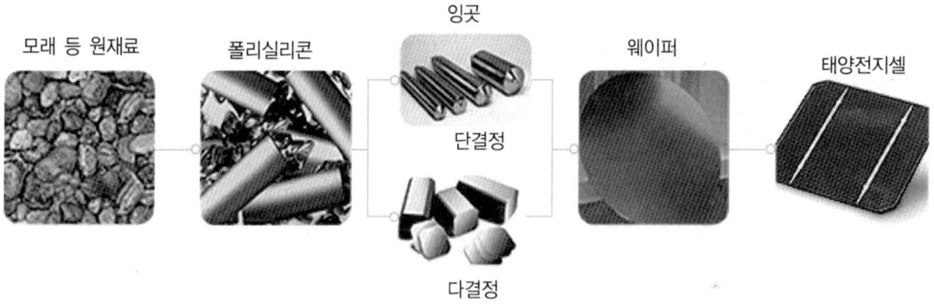

그림 5-10 결정형 태양전지 제조과정 (출처 : 삼성SDI)

일부 수입품들은 원가절감을 위해 그 과정을 생략한 채 다결정 상태 그대로 쓰기도 하지만 효율을 떨어지는 원인이 되기도 한다. 원통모양의 잉곳을 단면 커팅(Cutting)하면 웨이퍼가 만들어지며 만들어진 웨이퍼에 전지전극을 만들어주는 재료를 프린팅하면 태양전지가 만들어진다.

(2) 박막 태양전지(Thin Film Solar Cells) : 2세대 태양전지

박막형의 경우 제조원가를 줄이기 위해 실리콘 웨이퍼를 사용하지 않고 저렴한 원재료인 기판표면(유리, 플라스틱 등) 위에 박막으로 화학재료를 증착하여 만든다. 즉 유리, 스테인리스강 또는 플라스틱과 같은 저가의 기판에 반도체 막(膜)을 수 마이크론 두께로

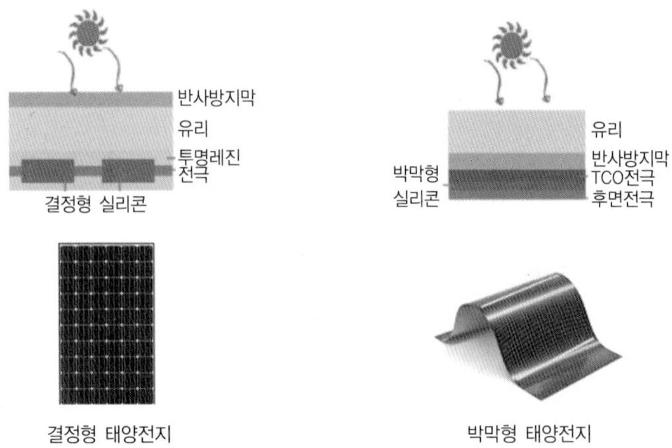

그림 5-11 결정형 · 박막형 태양전지의 특징 (출처 : 엘지디스플레이)

코팅하여 제작된다. 결정질 실리콘전지에 비해 소재를 적게 사용하고 자동화를 통해 모듈공정까지 일관화할 수 있다는 장점이 있지만, 대체로 효율이 낮고 모듈의 수명에 관한 실증연구가 부족하다는 단점이 있다. 최근 실리콘 부족현상에 따라 박막 태양전지에 대한 관심이 높아지면서 기술개발의 속도도 빨라지고 모듈효율이 10%가 넘는 제품이 나오고 있으며 결정계에 비해 효율은 낮지만 제조비용 및 설치비용이 낮고 부피가 얇아 빌딩이나 공장 등에 사용하기 적합하여 BIPV(Building Integrated Photo-Votaic, 건물통합형 태양광)에 많이 적용되고 있다.

(3) 유기 / 염료감응형 태양전지(Organic Solar Cells)

유기계 태양전지는 유기소재를 광활성층의 전부 또는 일부에 적용하는 신형 태양전지로서 염료감응형과 유기분자형 구조가 있다.

염료감응형 태양전지의 원리는 무기물 기판(유리판) 위에 태양빛을 흡수하는 유기염료(이산화티타늄)를 얇게 입히는 것으로, 식물의 잎이 빛을 받아 에너지를 만드는 광합성을 하는 것처럼 유기염료도 이처럼 빛을 받으면 양극과 음극으로 갈라져 전기를 만드는 원리이다. 단, 식물의 잎에서 광합성할 때 빛을 엽록소라는 염료가 흡수하는 반면, 염료감응형 태양전지는 나노 크기의 염료분

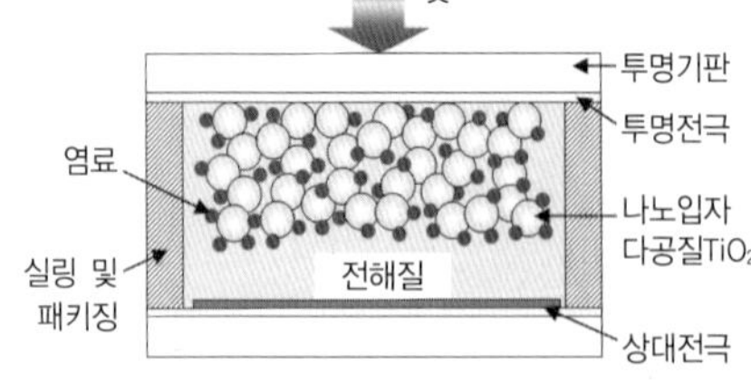

그림 5-12 유기/염료감응형 태양전지 원리

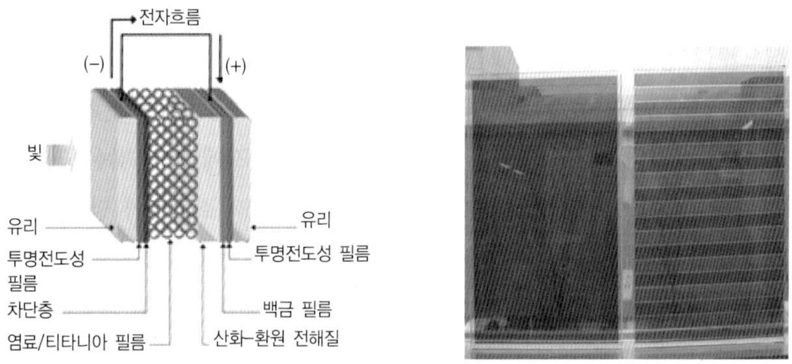

그림 5–13 염료감응형 태양전지 구조 (출처 : 전자신문, 이건창호)

그림 5–14 유기염료감응형 태양전지 적용 (출처 : 엘지디스플레이)

자인 이산화티타늄 전극에 태양빛이 흡수되면 염료분자는 전자(음극)를 내놓게 되고, 이 전자가 여러 경로를 통해 투명 전도성 기판(유리기판–양극)으로 전달되어 최종적으로 전류를 생성하게 된다.

염료감응형 태양전지는 광합성을 모방, 햇빛에 반응하여 전기를 생산하는 유기염료를 이용한다. 실리콘 소재 태양전지에 비해 전력생산 효율은 떨어지지만 생산원가는 3분의 1에서 5분의 1 수준이다. 흐린 날에도 사용 가능하며 반투명하고 유연하게 만들 수 있어 건물 유리나 외관, 자동차 및 휴대용 기기 등에 다양하게 적용된다.

유기염료 태양전지의 장점으로는 반도체를 만드는 값비싼 장비가 필요 없기 때문에 1세대 태양전지의 절반도 안 되는 가격으로 제작 가능하고(기존 반도체, 실리콘계열의 20~30%), 특히 고분자 태양전지는 기판을 플라스틱으로 쓰기 때문에 가볍고 투명하며 태양광산업 성장에 가장 중요한 요소 중 하나는 일관성 있는 정부 지원정책이다. 중장기적 전략 수립 및 이의 실행에 노력을 집중하면 태양광산업이 반도체, 디스플레이를 잇는 차세대 수출산업으로 자리잡을 것이다.

표 5-3 태양광산업 Value Chain 분석(실리콘 태양광) (출처 : 에너지관리공단)

Value Chain		폴리실리콘 →	잉곳/웨이퍼 →	태양전지 →	모듈 →	시스템
		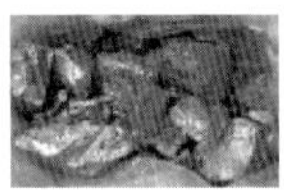	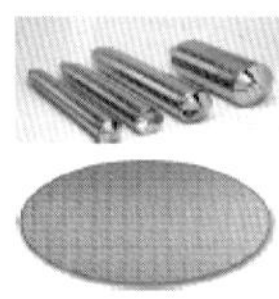			
기술 특징		• 기술집약형 장치 산업 • 시장 진입장벽이 높으며 고부가가치			• 노동집약형 산업 • 시장 진입장벽이 낮음	
영업이익률		14~36%	16~26%	10~20%	5~13%	7%
생산 용량 ('10년)	세계	197,000톤	22,0000MW	28,700MW	30,500MW	16,000MW
	한국	36,200톤 (18.4%)	2,630MW (12.0%)	1,589MW (5.5%)	1,650MW (5.4%)	180MW (1.1%)
	중국	55,160톤 (28.0%)	6,820MW (31.0%)	12,900MW (44.9%)	13,200MW (43.3%)	450MW (2.8%)
기술 경쟁력 (선진국=100)		98~100	91	90~91	91	91~95

4.2 태양광 보급추이

2000년 이후 연평균 40%의 성장세를 보이던 세계 태양광발전 시장은 2008년 하반기 세계금융위기 발생 및 이에 따른 글로벌 경기침체로 2009년에는 18%가 성장에 그쳤으나, 2010년에는 16.5GW 규모로 2009년에 비해 두 배 이상의 설치량을 기록하였으며 중국, 일본, 미국 및 북중미권을 중심으로 보급이 크게 증가하고 있는 추세이다.

원래 세계 태양광 시장은 스페인, 독일 등의 유럽이 압도적으로 강세를 띠고 있었는데, 2011년 세계 태양광 시장의 80%를 차지한 유럽시장은 유럽발 금융위기 등으로 인해 2013년 36.8%로 급격히 퇴조한 반면, 중국, 일본, 인도 등을 중심으로 하는 아시아와 미국, 캐나다의 북미 시장 비율이 빠르게 성장하였는데 특히 미국의 경우 2010~2011년 태양광 시스템 보급이 폭발적으로 증가하여 2011년 미국의 태양광 시스템 설치실적은 1,855MW로, 2010년 설치량(887MW) 대비 109% 증가한 것이며, 세계 시장의 7%를 점

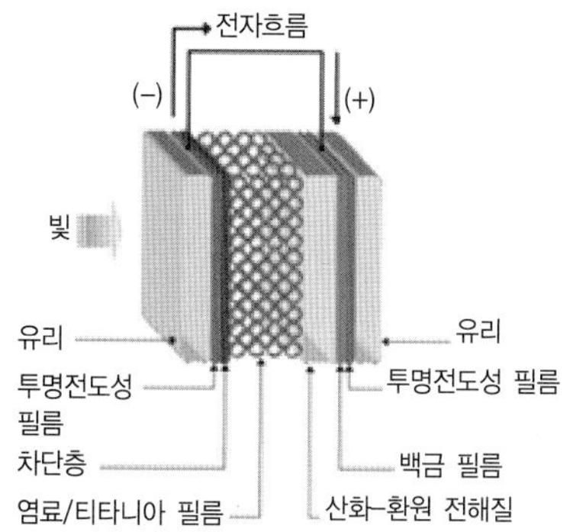

그림 5-13 **염료감응형 태양전지 구조** (출처 : 전자신문, 이건창호)

그림 5-14 **유기염료감응형 태양전지 적용** (출처 : 엘지디스플레이)

사인 이산화티타늄 전극에 태양빛이 흡수되면 염료분자는 전자(음극)를 내놓게 되고, 이 전자가 여러 경로를 통해 투명 전도성 기판(유리기판-양극)으로 전달되어 최종적으로 전류를 생성하게 된다.

염료감응형 태양전지는 광합성을 모방, 햇빛에 반응하여 전기를 생산하는 유기염료를 이용한다. 실리콘 소재 태양전지에 비해 전력생산 효율은 떨어지지만 생산원가는 3분의 1에서 5분의 1 수준이다. 흐린 날에도 사용 가능하며 반투명하고 유연하게 만들 수 있어 건물 유리나 외관, 자동차 및 휴대용 기기 등에 다양하게 적용된다.

유기염료 태양전지의 장점으로는 반도체를 만드는 값비싼 장비가 필요 없기 때문에 1세대 태양전지의 절반도 안 되는 가격으로 제작 가능하고(기존 반도체, 실리콘계열의 20~30%), 특히 고분자 태양전지는 기판을 플라스틱으로 쓰기 때문에 가볍고 투명하며 아주 얇게 만들 수 있고 휘어지도록 만드는 것도 가능하여 건물의 창문이나 자동차 유리에 붙이는 식으로 사용하면 손쉽게 태양광발전이 가능하다. 또한 안정성이 매우 높아 10년 이상 사용해도 초기 효율을 거의 유지할 수 있지만 단점으로는 아직 효율이 크게 높지 않아(약 13% 미만 수준) 전기 변환효율이 기존의 태양전지에 비해 낮은 편이다. 염료감응형 태양전지는 이미 상용화된 실리콘 태양전지에 비해 제조공정이 단순하고 투명한 점 등으로 경제성이 뛰어나다고 평가받고 있지만, 실리콘 태양전지(25~30%)나 CIGS 박막태양전지(20%)에 비해 효율이 낮고(13%) 가격이 비싸 쉽게 활용할 수 없었다. 최근 태양 빛이 박막에 보다 오래 머물 수 있도록 하는 방식으로 발전효율을 기존 전지에 비해 최대 10%까지 향상시키는 기술 등이 지속적으로 개발에 성공하고 하는 등, 차세대 에너지원으로 손꼽히는 염료감응 태양전지의 기술적 난관이 극복되고 있어 태양전지 시장의 판도변화를 눈앞에 두고 있는 것으로 평가된다.

(4) 집광형 태양전지(Concentrator Solar Cells)

집광형 시스템은 프레넬 렌즈나 반사경을 사용하여 넓은 면적의 빛을 태양전지에 집중시키는 방식으로(렌즈와 특수거울 등을 사용해 빛을 집광시켜 광전기 전환율을 끌어올리는 방식) 대부분 수 배~400배 정도로 집광한다.

동일 면적에 대하여 태양전지의 크기를 감소시키고 이에 따라 시스템 가격을 낮출 수 있는 장점이 있지만 집광도를 높일 경우 산란광을 활용하기 어렵고 추적 장치를 통해 항

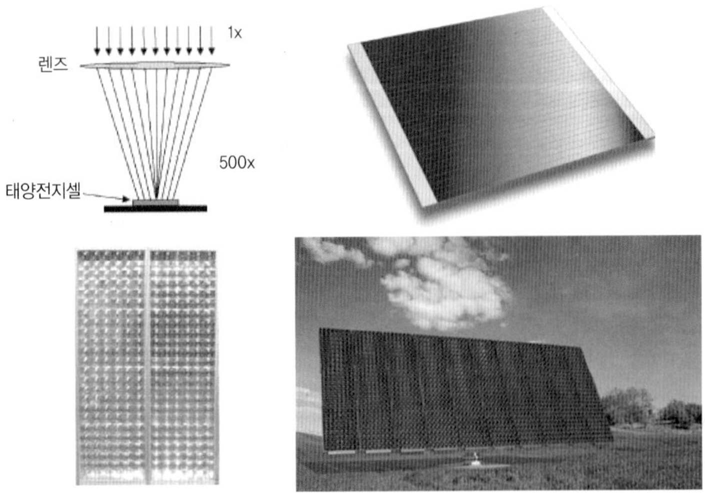

그림 5-15 집광형 태양전지 원리 및 셀, 모듈, 어레이 (출처 : 신우무역)

상 태양의 방향을 향하도록 해야 한다는 점과 냉각장치가 필요하다는 점 등이 단점으로 지적되고 있다. 현재 수 백 kW 규모의 시스템이 사막 등에서 실증 사업으로 진행되고 있으며, 초기에는 장기적인 성능검증이 이루어지지 않아 실질적인 상업화를 이루지 못하였으나 최근 40% 이상의 초고효율 태양전지 개발과 집광률 증가로 인해 기존의 태양광발전 시스템과 경쟁할 수 있는 가능성을 갖추면서 주목받고 있다.

최근 발표 자료에 따르면 집광형 태양전지 시장은 급속한 성장을 거듭하고 있으며 2012년 505MW급 정도였던 설치량이 2015년에는 1.4GW급 설치량을 보일 것으로 예상하고 있으며, 이후 꾸준한 성장률을 보여 2020년에 전세계에 3.9GW 규모의 설치가 예상되어 전체 태양광 설치 시장의 4.4%에 이를 것으로 전망하고 있다.

3.2.3 태양전지 모듈

태양전지 모듈은 대형의 시스템에서 여러 태양전지를 직·병렬로 연결하여 전력(전기)을 꺼내 쓰는 최소단위이다. 즉 셀이 전기를 일으키는 최소단위이고, 모듈은 전기를 꺼내는 최소단위인 것이며, 크기는 현관문의 반만한 정도이다. 그리고 이 모듈을 직·병렬로 연결하여 여러 개의 모듈을 정리한 것이 태양광 어레이이다.

태양전지는 발생전압이 0.5v 정도로 낮기 때문에 태양전지 제조와 검사가 끝나면 실용적인 전압과 전류를 갖는 제품을 만들기 위해 다수의 태양전지를 전기적으로 직·병렬로 연결하는 회로구성 과정 후 외부의 빛을 잘 투과하면서도 절연특성을 갖는 재료인 유리, 투명수지 및 프레임 등으로 패키징하여 내구성 있는 모듈을 만든 후 외부단자를 연결한다.

이처럼 태양전지를 필요한 전압과 전류 용량에 맞게 직·병렬로 여러 개 연결한 것을 태양전지 모듈이라고 하며, 태양전지 모듈의 변환효율은 단결정 실리콘 태양전지가 25~30% 정도이고, 다결정 실리콘 태양전지는 20~25% 정도이다.

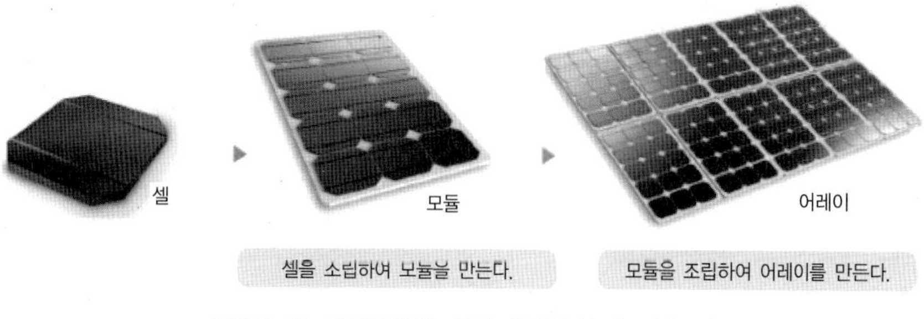

그림 5-16 태양전지 셀, 모듈, 어레이 (출처 : 신우무역)

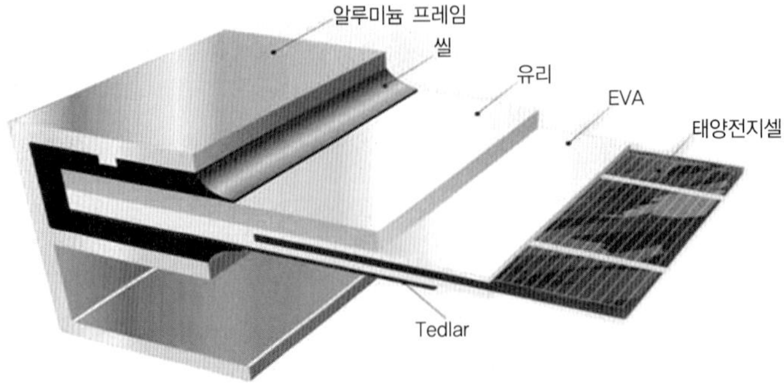

태양전지 모듈은 태양전지 셀을 충격과 외부 악천후에서 보호하여 파손 및 전극산화에 대한 출력저하 방지를 위한 구조로 제작한다.

그림 5-17 태양전지 모듈구조 (출처 : 삼성 SDI)

태양전지 모듈의 제작은 태양전지셀을 직렬 또는 병렬 연결하여 장기간의 자연환경 및 외부 충격에 견딜 수 있는 구조로 밀봉하여 사용해야 하므로 전면에는 보통 투과율이 좋은 저철분 강화유리를 일반적인 표면재로 사용하는데 표면재가 갖추어야 할 조건은 광투과도가 높을 것, 표면 광반사 손실을 낮추기 위한 처리가 되어 있을 것 등이 요구된다.

깨지기 쉬운 태양전지 소자를 보호하기 위해 태양전지 전후면과 표면재 사이에 삽입하는 충진재로서 모듈 뒷면에 고분자화합물에 각종 배합제를 가하여 투명도가 우수하고, 액화 및 고상과정에서 공기방울 형성이 작으며, 자외선에 강한 열경화성 수지인 EVA(에틸렌 비닐 아세테이트(Ethylene Vinyl Acetate)를 사용하는데 EVA 시트는 장기간 자외선에 노출될 경우 변색되고 방습성이 떨어지는 등의 문제가 발생할 수 있으므로 모듈제조 시 EVA 시트의 특성에 맞는 공정을 채택하여 모듈 수명을 연장하고 신뢰성을 확보하는 것이 중요하다.

라미네이트에 유리 – EVA – 구성된 태양전지회로를 차례로 적층하는 레이업 공정이 끝나면 진공을 펌프로 뽑으면서 온도를 라미네이트 히터로 가열하여 밀봉 · 합착시키는 라미네이션 공정을 수행하고 알루미늄 프레임과 전기에너지 출력용 단자함을 형성하여 하나의 모듈을 완성한다.

백시트는 태양전지모듈의 뒷면에 위치하게 되는데 각 층간의 접착력이 좋아야 하고 다루기 간편해야 하며, 후면에서 침투하는 습기를 방지하여 태양전지 소자를 외부환경으로부터 보호해야 한다.

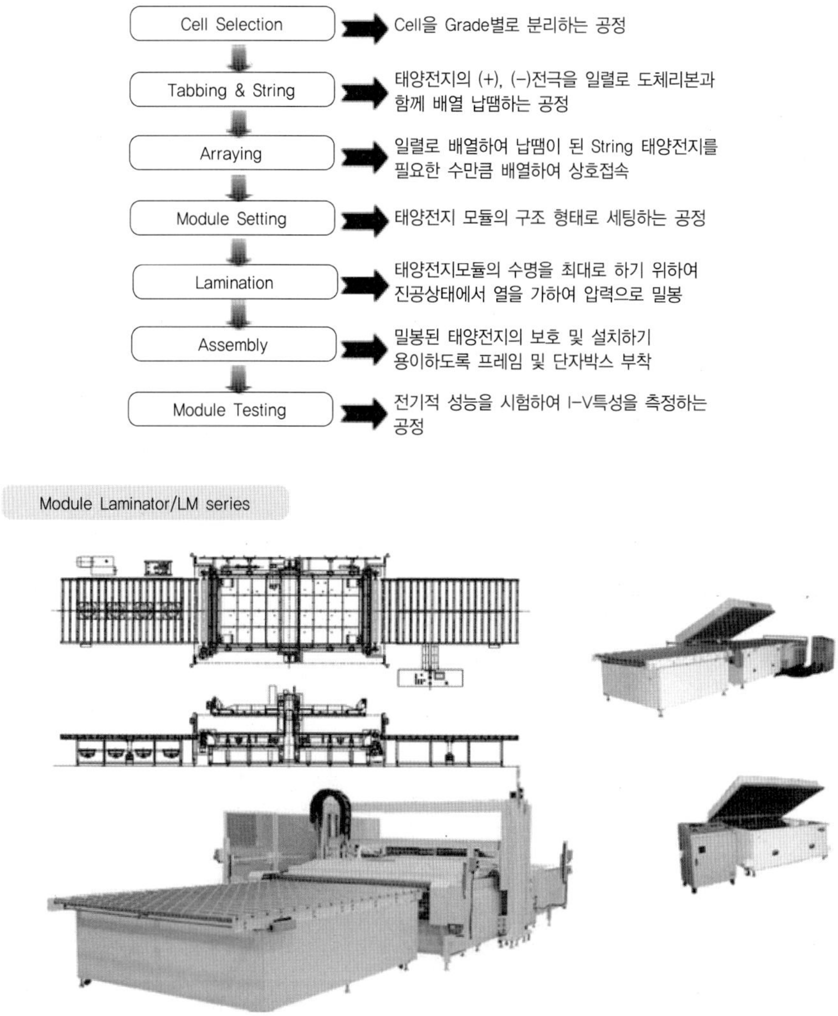

라미네이트 : 유리-EVA-백시트로 적층된 태양광모듈 자재들을 고온에서 진공압착하는 장치(태양광 모듈이 충격에 견디고 방수성을 갖도록 함)

그림 5-18 태양전지 모듈제조 공정 및 제조장치 (출처 : 삼성 SDI)

3.2.4 어레이

태양전지 모듈을 여러 개 직 · 병렬로 접속하여 필요로 하는 직류 발전전력을 얻을 수 있도록 한 것이 태양전지 어레이이다. 태양전지 어레이는 태양전지 모듈의 집합체인 스트링, 역류방지소자, 바이패스소자, 접속함 등으로 구성되는데 스트링은 태양전지 어레이가 설계 목적에 부합한 출력전압을 얻을 수 있도록 여러 개의 태양전지 모듈을 직렬로 접속한 하나의 회로이다.

태양전지 어레이의 발전전력은 직류이므로 우리가 사용하는 교류 부하에 사용하기 위해서는 전력변환장치가 필요하다.

3.2.5 전력변환제어장치 (PCS/인버터)

태양전지에서 나오는 전압과 전류는 일정하지 않으며 태양광발전을 통해 발생되는 전기는 DC(직류전원)이기 때문에 변환장치를 이용하여 가정에서 사용하는 AC(교류전원)로 변환시킨다. 전력변환제어장치는 크게 DC/AC 인버터 부분과 전력제어장치 부분(DC/DC 컨버터)으로 구성된다. 인버터는 태양전지에서 생성되는 직류전기를 교류전기로 변환시켜 전력계통에 공급하는 역할을 한다.

인버터는 계통연계형 태양광 시스템에 필수적인 요소이며, 3kW~6kW급 태양광발전에서부터 100kW급 이상의 대규모 태양광 시스템까지 폭넓은 범위에서 사용될 수 있다. 전력제어장치(DC/DC 컨버터)는 태양광 모듈에서 최대출력을 얻고 DC출력을 일정전압으로 유지하게 하며 직류, 교류측의 전기적 감시 · 보호 기능을 수행한다.

그림 5-19 태양광 전력변환장치 (출처 : 엘에스 산전)

태양전지 모듈계산

상용화된 태양전지 셀의 용량은 3V, 0.1A의 출력을 가지며, 그 크기는 5cm×8cm이다. 40W의 출력을 제공하려면 얼마나 넓은 면적의 배열이 필요한가?

태양전지 셀 1개당 출력은 P(출력(W)=전압(V)×전류(I)이므로

=3×0.1=0.3[W]

그러므로 40W 출력을 내기 위해서는 40÷0.3=133.333개의 태양전지 셀이 필요함.

태양전지 셀을 직병렬로 구성하여 12×12배열로 하였을 경우

직렬전압은 3×12=36V이고 병렬전류는 0.1×12=1.2A이므로

전체 출력 P(출력(W)=전압(V)×전류(I)= 36×1.2=43.2[W]

43.2W의 출력을 내기 위해서는 43.2(W)÷0.3(W/개)=144개의 셀이 필요함.

태양전지 모듈계산(계속)

태양전지 셀 1개당 면적이 40cm^{2}이고 총 144개의 모듈이 필요하므로
태양전지 모듈 최소면적은 40×144=5,760cm^2 (0.576m^2).

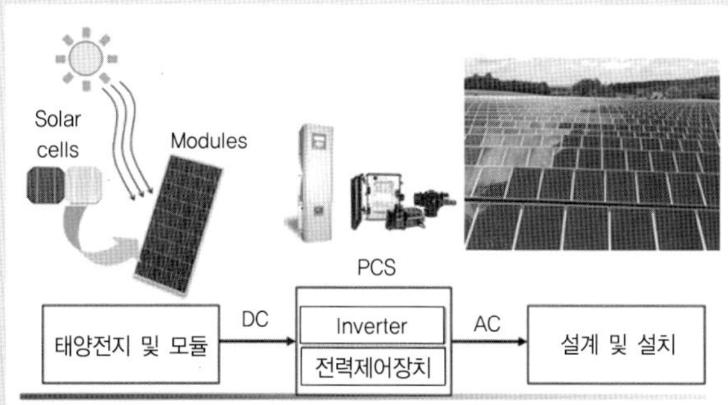

3.3 태양광발전 시스템 종류

3.3.1 계통 연계형 시스템(Grid-connected System)

태양광 시스템에서 생산된 전력을 지역전력망에 공급할 수 있도록 구성되며 주택용이나 상업용 태양광발전의 가장 일반적인 형태이다. 초과 생산된 전력을 계통에 보내거나

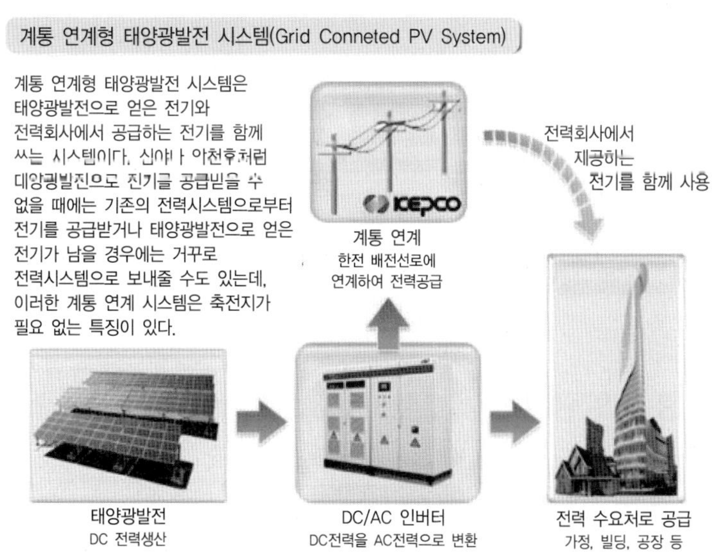

그림 5-20 계통 연계형 시스템(Grid-connected System) (출처 : 에너지관리공단)

전력생산이 불충분한 경우 계통으로부터 전력을 받을 수 있으므로 전력저장 장치가 필요하지 않아 시스템 가격이 상대적으로 낮다.

3.3.2 독립형 시스템 (Off-grid 또는 Stand-alone System)

전력계통과 분리된 발전방식으로서 축전지에 태양광 전력을 저장하여 사용하는 방식이다. 생산된 직류전력을 그대로 사용할 수 있도록 직류용 가전제품과 연결하거나 인버터를 통해 교류로 바꾸어준다. 오지, 도서지역의 주택 전력공급용이나 통신, 양수펌프, 백신용의 약품냉동보관, 안전표지, 제어 및 항해 보조도구 등 소규모 전력공급용으로 사용된다.

그림 5-21 독립형 태양광발전 시스템 (Grid-connected System) (출처 : 에너지관리공단)

3.4 건물일체형 태양광발전 시스템(BIPV) (Building Intergrated Photvoltac Sydtem)

BIPV 시스템은 건물의 지붕 및 입면에 외벽마감재 대신 태양광 모듈(PV모듈)로 건축물 외피 마감재료를 대체하는 시스템이다. 건물일체형 태양광발전 시스템은 태양에너지로 전기를 생산하여 공급하는 것 외에 건축물 외장재로 사용하여 건설비용을 줄이고 건물의 가치를 높이는 디자인 요소로도 쓰인다.

BIPV 시스템은 전기를 생산하는 PV모듈의 기능에 건축 외장재 기능을 추가함으로써 다양한 부가가치를 도모하는 태양광발전 시스템의 새로운 기술 분야이며, 건물의 외피를 구성 요소로 통합된 PV시스템은 전력생산이라는 본래의 기능에 건물의 외피재료로서의 새로운 기능을 추가함으로써 PV시스템 설치에 드는 비용을 절감할 수 있을 뿐만 아니라 경제성은 물론 미적 요소, 건축적 요소를 통합하여 효율적으로 PV시스템 보급을 활성화시키려는 개념이다.

BIPV에 사용되는 태양전지는 주로 박막형 태양전지가 사용되는데, 현재 태양전지 시장의 80%는 1세대 실리콘 태양전지이며 2세대인 박막형의 경우 20% 정도에 불과하지만 빠른 진보를 보이고 있어 2020년 태양광 시장의 약 30% 이상을 차지할 것으로 전망하고 있다. 박막 태양전지 중에서는 CI(G)S(구리, 인듐, 칼륨, 셀레늄 화합물)와 염료감응 태양전지(DSSC)가 최근 많은 관심과 활발한 연구가 진행중이며, 그 중에서 염료감응 태양전지가 BIPV 후보로 부각되고 있다.

BIPV는 전기에너지 생산과 동시에 지붕, 외장재, 블라인드, 태양열 집열기 등과 같이 건물 외피와 결합하여 또 다른 기능을 제공할 수 있는 가능성을 부여하며, 장점으로는 건축물의 이미지 홍보, 전자기적 에너지 변환기능, 주광조절기능, 차양기능, 색채 연출기능 등이 있다.

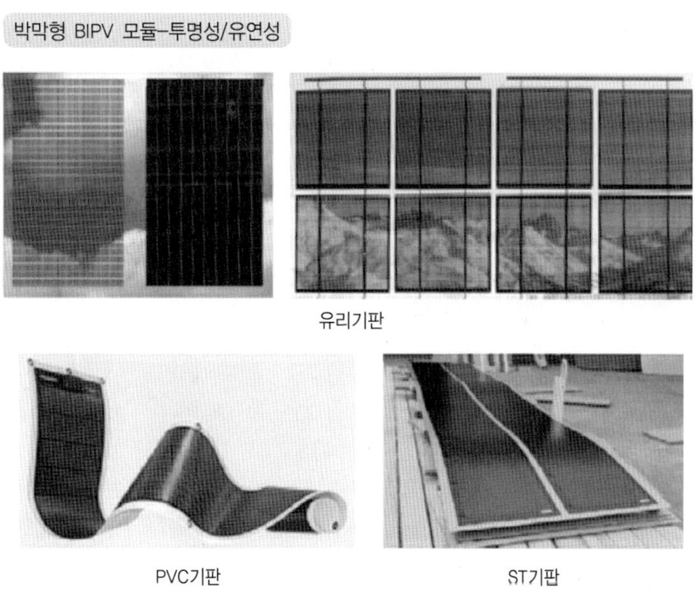

그림 5-22 BIPV 박막형 모듈 (출처 : 세명대학교 친환경 건축연구실)

그림 5-23 BIPV 적용기법 (출처 : 세명대학교 친환경 건축연구실)

태양광발전과 태양열발전의 차이

태양광발전은 태양에너지를 반도체로 구성된 태양전지를 이용하여 전기에너지로 변환시키는 것으로, 모듈패널이 빛을 흡수하면 표면에서 전자가 생겨 전기가 발생하도록 하는 광전효과를 기본원리로 하는 방식이다.
태양열발전은 흡수한 복사에너지로 물을 끓여 증기를 발생시킨 후 고압의 증기로 터빈을 가동시켜 발전기를 통해 전기를 생산하는 방식이다

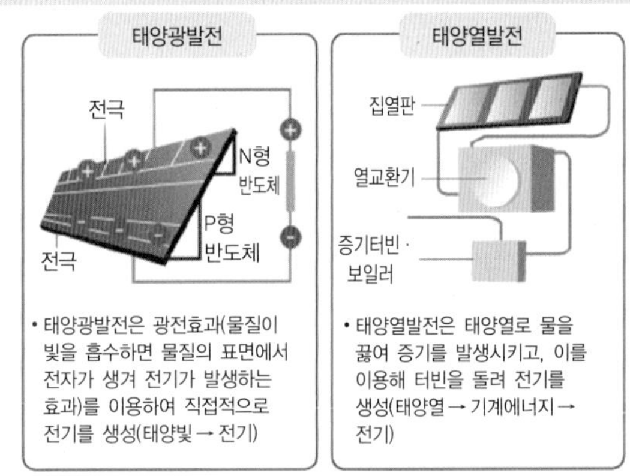

4 기술개발 현황 및 보급 추이

4.1 태양광 기술개발 현황

현재 세계 태양광 시장의 90% 이상을 웨이퍼 형태의 결정질 실리콘 태양전지가 차지하고 있으며, 이에 대한 효율 향상 및 가격저감을 위한 연구개발이 활발하게 전개되고 있다. 2011년 기준 다결정 실리콘 태양전지가 전체 시장의 약 48%를 차지하고, 단결정

표 5-2 태양전지의 종류별 효율 및 특징 (출처 : 에너지관리공단)

태양전지 종류	실험실 전지	모듈 시제품	상업용 모듈	2011년 생산점유율	특징 및 장·단점
단결정 Si	25.0	24.2	22.9	30.9%	• 기술 성숙 • 대규모 생산
다결정 Si	20.4	193	18.2	57.8%	• 소재 안정성 • 제조가 비쌈 • 유연성 없음
Si 박막	12.5	11.7	10.4	3.4%	• 비교적 저가 • 유연성 • 경량 • 효율 낮음 • 옥외 열화
CdTe 박막	17.3	13.5	12.8	5.5%	• 비교적 고효율 • 경량 • Cd 거부감 • Te 자원 부존량
CIGS 박막	20.3	17.4	15.7	2.4%	• 고효율 • 안정성 • 경량 • 유연성 • 고가 공정 • Si 대비 경험 부족 • In, Ga 자원량 한계
염료감응	11.0	9.9		0	• 저가 잠재력 최고 • 유연성 • 다양한 용도 • 상업화 기술 미성숙 • 소재 불안정성
유기	10.0	4.2		0	
화학물 양자점	4.4				
III-V 집광					

실리콘 태양전지는 약 41%를 차지하고 있다.

태양전지의 생산단가를 낮추기 위한 방법으로 실리콘 웨이퍼를 박형화(두께 약 180㎛) 하는 추세이며, 한편으로는 유리 기판을 사용하는 "박막 태양전지"기술(막두께 2~3㎛) 이 개발되어 전체 시장의 10%를 차지하고 있다.

태양광기술의 진보에 따라 시스템 성능이 향상되고 발전단가가 낮아지면 태양광 시스템 보급이 더욱 확대될 것으로 보인다. 해외 선두 기업들은 기업간 인수합병 또는 생산시설 확대를 경쟁적으로 추진하여 규모의 경쟁성을 확보하는 추세이며, 국내 태양광산업의 태양광은 반도체, LCD산업 경쟁력을 바탕으로 폴리실리콘, 잉곳·웨이퍼, 셀, 모듈, 발전시스템까지 일괄 생산하는 체제를 구축하였고, GW 규모의 생산시대에 진입하였다. 또한 유럽을 중심으로 소재, 셀, 모듈 등 전 분야에 걸쳐 수출이 꾸준히 증가하고, 최근에는 장비 및 발전소 턴키수주도 증가하고 있는 추세이다.

국내의 기술 수준은 1988년 이후 꾸준한 연구개발과 2004년부터 제2차 신재생에너지 기본계획에 따른 적극적인 투자로 선진국 대비 80% 이상 근접하고 있는 것으로 평가되고 있다. 태양광 분야는 반도체 및 디스플레이 기술과 공통점이 많으므로 우리나라는 단시간에 기술 경쟁력을 갖출 잠재력이 크다. 따라서 국내 연관 산업의 인적·물적 인프라를 활용하여 전략적으로 접근하면 단기간에 차세대 수출산업으로 성장할 가능성이 높다.

태양광산업 성장에 가장 중요한 요소 중 하나는 일관성 있는 정부 지원정책이다. 중장기적 전략 수립 및 이의 실행에 노력을 집중하면 태양광산업이 반도체, 디스플레이를 잇는 차세대 수출산업으로 자리잡을 것이다.

표 5-3 태양광산업 Value Chain 분석(실리콘 태양광) (출처 : 에너지관리공단)

구분	폴리실리콘 →	잉곳/웨이퍼 →	태양전지 →	모듈 →	시스템
Value Chain	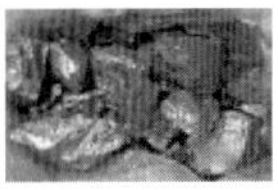	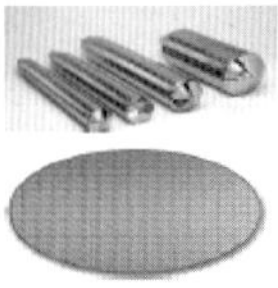			
기술 특징	• 기술집약형 장치 산업 • 시장 진입장벽이 높으며 고부가가치			• 노동집약형 산업 • 시장 진입장벽이 낮음	
영업이익률	14~36%	16~26%	10~20%	5~13%	7%
생산용량('10년) 세계	197,000톤	22,0000MW	28,700MW	30,500MW	16,000MW
생산용량('10년) 한국	36,200톤 (18.4%)	2,630MW (12.0%)	1,589MW (5.5%)	1,650MW (5.4%)	180MW (1.1%)
생산용량('10년) 중국	55,160톤 (28.0%)	6,820MW (31.0%)	12,900MW (44.9%)	13,200MW (43.3%)	450MW (2.8%)
기술 경쟁력 (선진국=100)	98~100	91	90~91	91	91~95

4.2 태양광 보급추이

2000년 이후 연평균 40%의 성장세를 보이던 세계 태양광발전 시장은 2008년 하반기 세계금융위기 발생 및 이에 따른 글로벌 경기침체로 2009년에는 18%가 성장에 그쳤으나, 2010년에는 16.5GW 규모로 2009년에 비해 두 배 이상의 설치량을 기록하였으며 중국, 일본, 미국 및 북중미권을 중심으로 보급이 크게 증가하고 있는 추세이다.

원래 세계 태양광 시장은 스페인, 독일 등의 유럽이 압도적으로 강세를 띠고 있었는데, 2011년 세계 태양광 시장의 80%를 차지한 유럽시장은 유럽발 금융위기 등으로 인해 2013년 36.8%로 급격히 퇴조한 반면, 중국, 일본, 인도 등을 중심으로 하는 아시아와 미국, 캐나다의 북미 시장 비율이 빠르게 성장하였는데 특히 미국의 경우 2010~2011년 태양광 시스템 보급이 폭발적으로 증가하여 2011년 미국의 태양광 시스템 설치실적은 1,855MW로, 2010년 설치량(887MW) 대비 109% 증가한 것이며, 세계 시장의 7%를 점

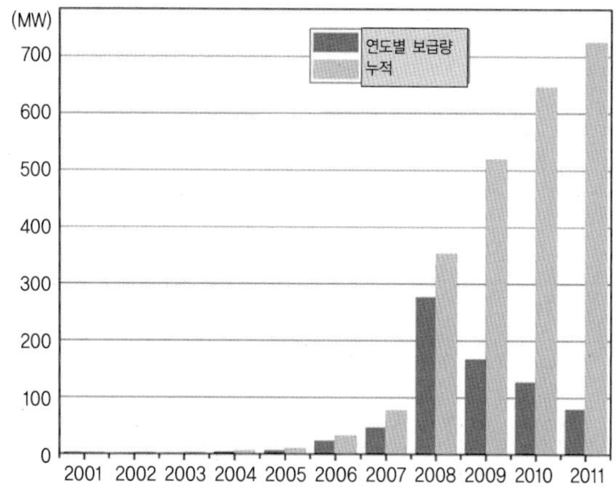

그림 5-24 국내 연도별 태양광발전 보급량 (출처 : 에너지관리공단)

유하고 있다.

글로벌 시장은 동남아시아, 중동, 남미, 아프리카 지역으로도 확산되고 있는 데 이들 지역에서는 풍부한 일사량이라는 천혜의 조건에 정부의 보조금 정책이 더해져 발전차액 지원제(FIT)는 물론 프로젝트들이 동시에 진행되고 있으며, 산유국인 중동국가에서도 이스라엘 외에 오일머니로 무장한 산유국들도 다양한 태양광발전 프로젝트를 추진하고 있다.

국내의 경우 태양광발전 차액 보전제도(FIT)가 시행되면서 보급이 급격히 증가하였지만 발전 차액 보전제도가 신재생에너지 의무할당제(RPS)로 변경되면서 공급량이 줄어들고 있다. 하지만 RPS의 조기 실행, 산업단지의 선루프 벨트 조성, 햇살가득 홈 등의 지원 정책에 힘입어 다시 태양광 보급이 증가될 것으로 기대하고 있다.

무한정이면서도 청정한 태양에너지를 바로 전기로 변환하는 태양광발전은 석유자원의 고갈문제가 대두되면서부터 이미 에너지 문제를 극복할 대안으로 인식되어 왔다. 최근 일시적인 문제에도 불구하고 앞으로 태양광발전산업은 계속 발전할 것으로 예측되며, 국내 에너지 자립에도 기여할 것으로 판단된다. 중요한 것은 다가올 시장 확대기에 국내 기업이 경쟁력을 확보하여 새로운 산업으로 성장하는 것과 함께 국내의 태양광발전 보급을 늘리는 것이다. 이를 위해 가장 먼저 필요한 것은 무엇보다 차별화된 기술을 선점하는 것이다. 기술개발에 의한 부가가치 창출 효과가 크고 다양한 응용이 가능한 차세대 박막 태양전지 개발이 그 좋은 대안이 될 것이다. 이를 위하여 그간의 연구개발 투자 성과 분석을 바탕으로 연구개발의 효율성을 높이고 더 나아가 원천기술 개발을 위한 투자를 확대해야 한다.

5 태양광발전 설비 설계

5.1 설계개요

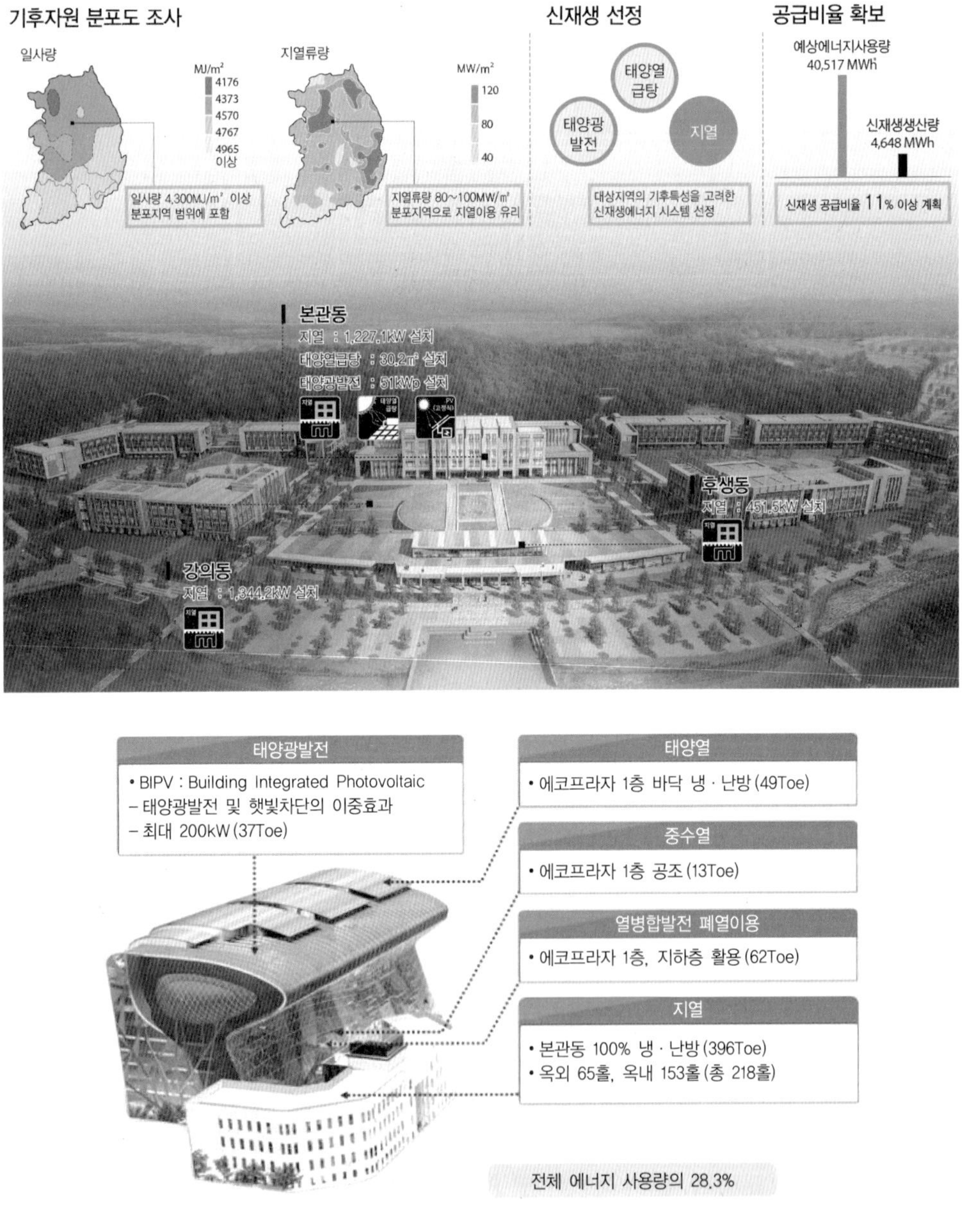

그림 5-25 건축물의 신재생에너지 적용

5.2 설계도면

• 태양열 설비 구성도

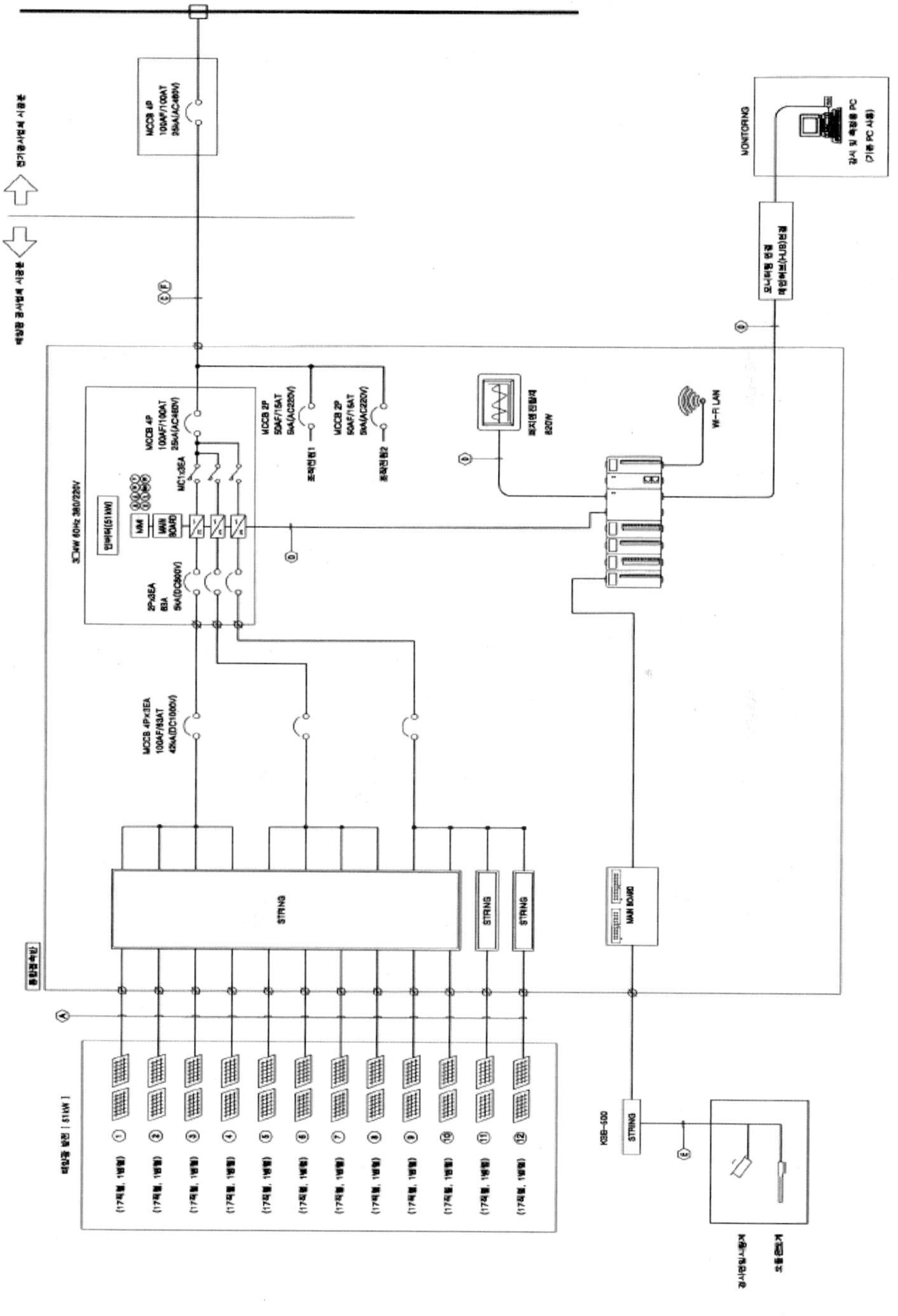

• 태양열 설비 상세도

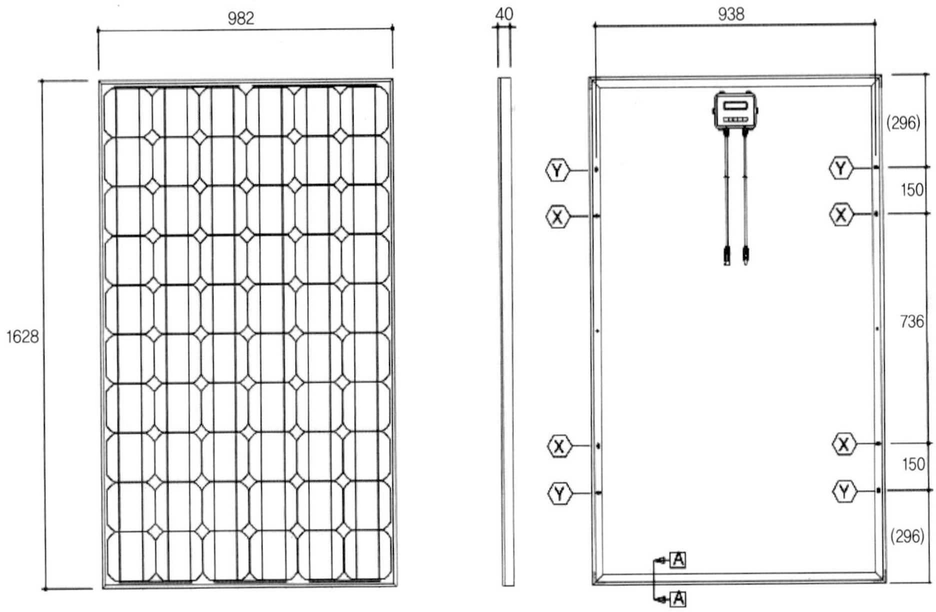

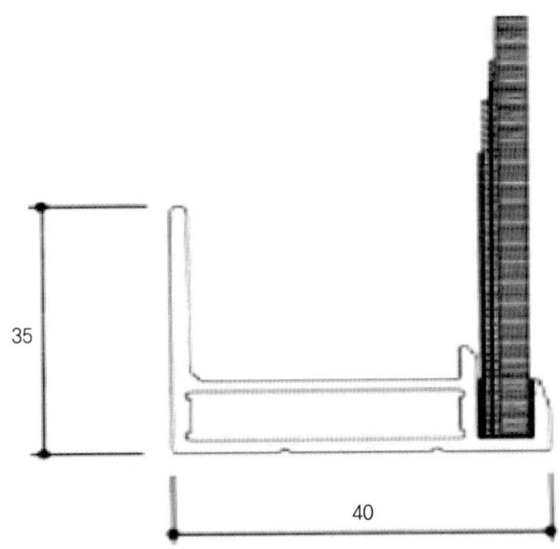

• 태양열 설비 기초 단면 상세도

NOTE

◆ 기초 콘크리트 앵커볼트는 현장여건을 고려하여 감독관과 협의 후 제작, 시공할 것
1. 모든 구조물은 바탕, 적설하중 및 구조하중에 견딜 수 있도록 설치하여야 한다.
2. 지지대, 연결부, 기초(용접 부위 포함) 철판 부위는 용융아연도금처리 또는 동등 이상의 녹방지처리를 하여야 한다.
3. 용접 부위는 방식처리를 하여야 한다.
4. 기초 콘크리트 앵커볼트 부분은 볼트캡을 착용하여야 한다.
5. 구조물은 설치여건 및 환경에 따라 변경될 수 있다.

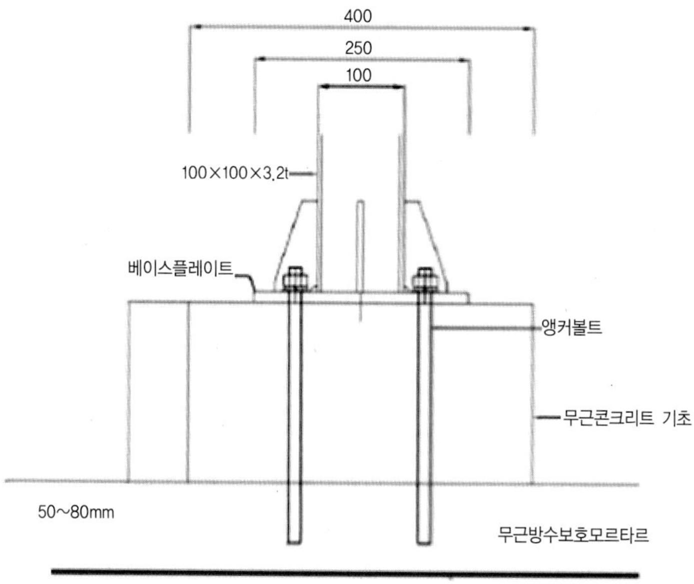

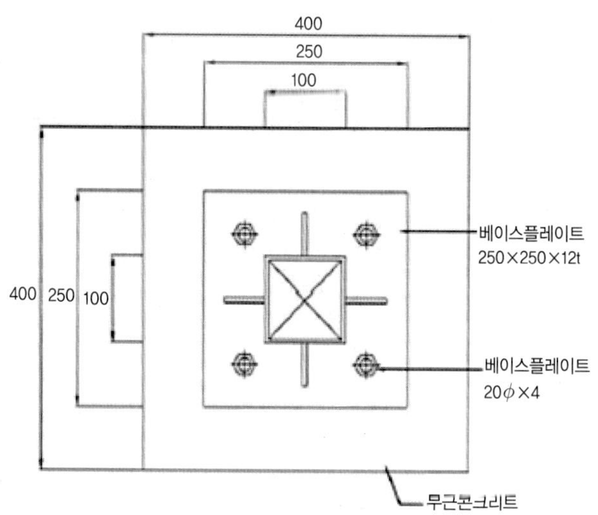

• 태양열 설비 시스템 정면도

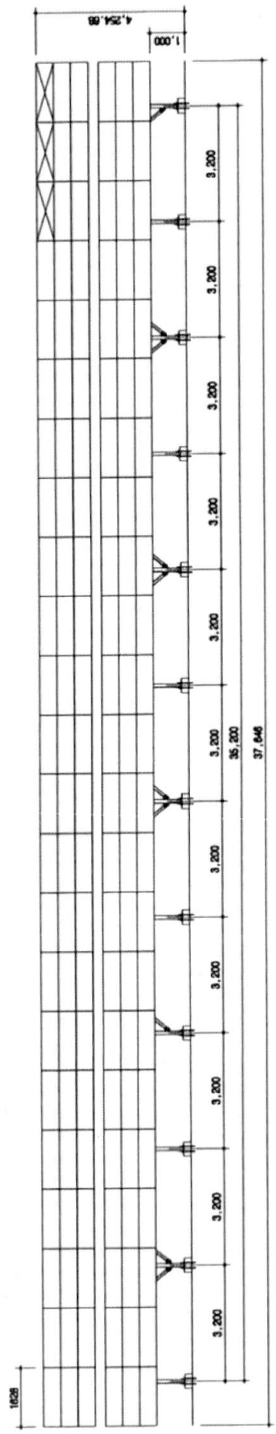

태양광 구조물 정면도

• 태양열 설비 기초 단면 상세도, 인버터 외형도

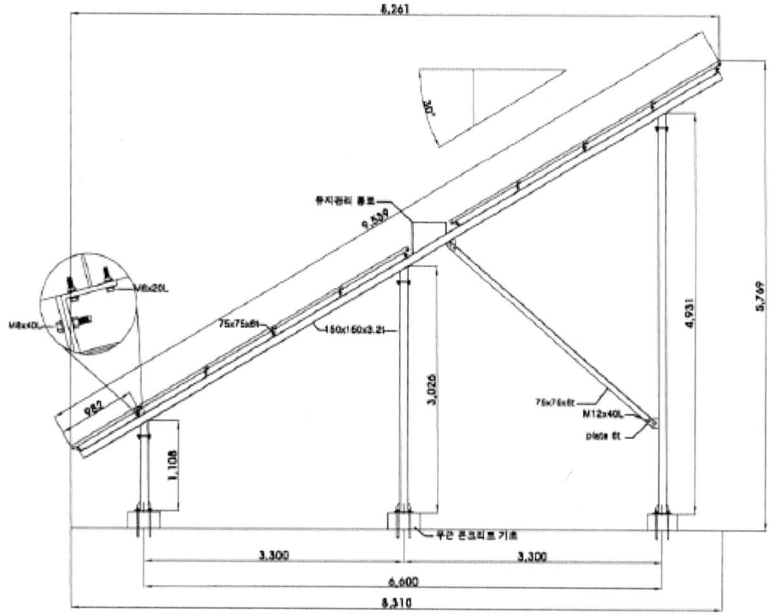

태양광 구조물 측면도

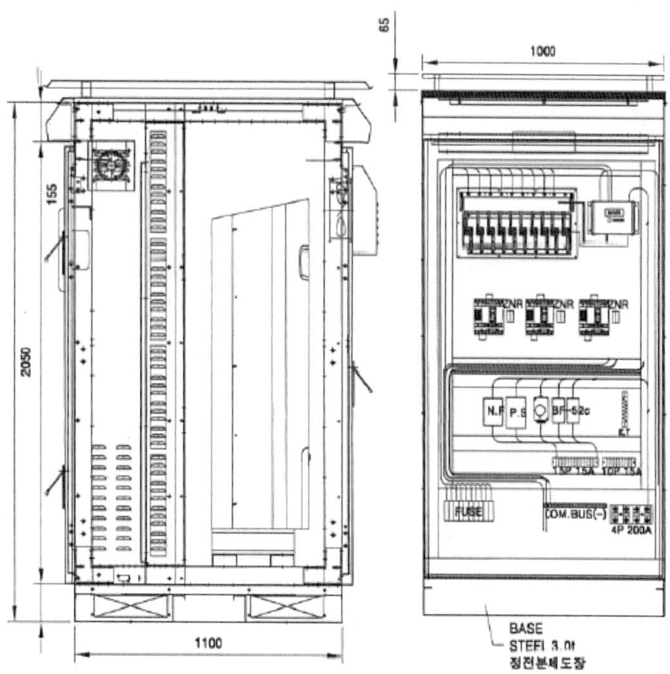

내부배치도

• 태양열 설비 인버터 외형도

NOTE

※ 제작상 내부구조 변경이 있을 수 있음.

◆ 도장 색상
1) 외부 : 밝은회색(먼셀 NO.5PB 8/1)
2) Base : 진한흑색(먼셀 NO. N1.5)
4) 상부(이마) : 흑색(먼셀 NO. N3.0)
5) 정면 Door : 컬러강판 컴팩트 의장재
6) 후면 Door : 스틸 3.0t

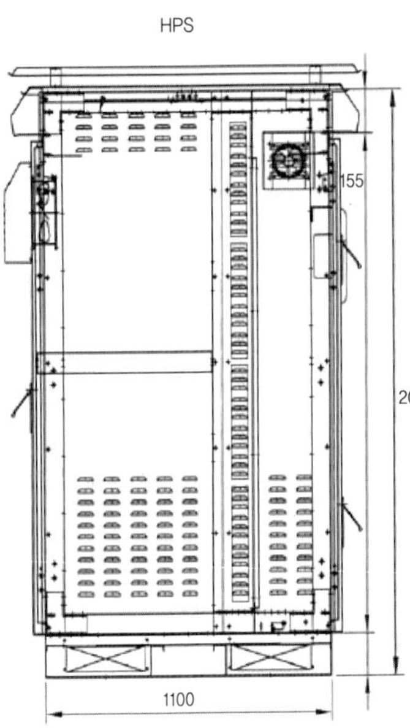

측면도(좌)

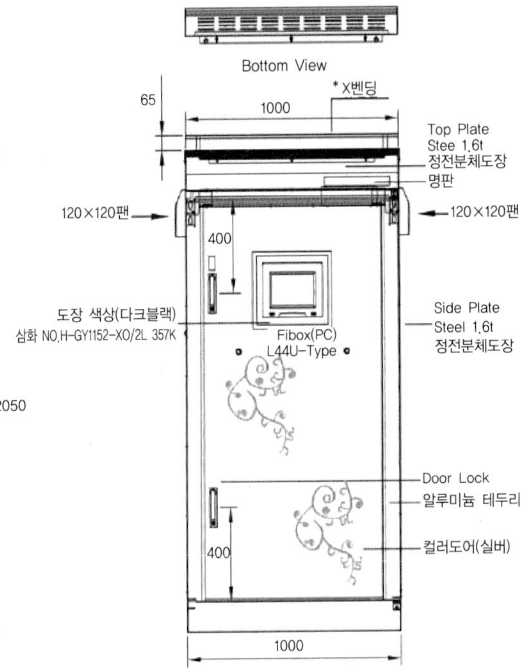

정면도

5.3 태양광발전설비 공사 시공기준

신재생에너지설비의 지원 등에 관한 지침-에너지관리공단 신재생에너지센터

공고 제2014-1호 14.02.19

가. 태양전지판

1) 모듈

센터에서 인증한 태양전지 모듈을 사용하여야 한다. 단, 건물일체형 태양광시스템의 경우 인증모델과 유사한 형태(태양전지의 종류와 크기가 동일한 형태)의 모듈을 사용할 수 있으며, 이 경우 용량이 다른 모듈에 대해 신재생에너지설비 인증에 관한 규정상의 발전성능시험 결과가 포함된 시험성적서를 제출하여야 한다. 기타 인증대상설비가 아닌 경우에는 제54조의 분야별 위원회의 심의를 거쳐 신재생에너지센터 소장이 인정하는 경우 사용할 수 있다.

2) 설치용량

설치용량은 사업계획서상에 제시된 설계용량 이상이어야 하며, 설계용량의 103%를 초과하지 않아야 한다.

3) 일조시간

가) 장애물로 인한 음영에도 불구하고 일조시간은 1일 5시간(춘계(3~5월) · 추계(9~11월) 기준) 이상이어야 한다. 단, 전깃줄, 피뢰침, 안테나 등 경미한 음영은 장애물로 보지 아니한다.

나) 태양광 모듈 설치열이 2열 이상인 경우 앞열은 뒷열에 음영이 지지 않도록 설치하여야 한다.

나. 지지대 및 부속자재

1) 설치상태

바람, 적설하중 및 구조하중에 견딜 수 있도록 설치하여야 한다. 건축물의 방수 등에 문제가 없도록 설치하여야 하며, 볼트조립은 헐거움이 없이 단단히 조립하여야 한다. 단, 모듈지지대의 고정볼트에는 스프링와셔 또는 풀림방지너트 등으로 체결한다.

2) 지지대, 연결부, 기초(용접 부위 포함)

태양전지판 지지대 제작시 형강류 및 기초지지대에 포함된 철판 부위는 용융아연도금처리 또는 동등 이상(방식능력)의 녹방지 처리를 하여야 하며, 절단가공 및 용접 부위는 방식처리를 하여야 한다.

3) 체결용 볼트, 너트, 와셔(볼트캡 포함)

용융아연도금처리 또는 동등 이상(방식능력)의 녹방지 처리를 하여야 하며, 기초콘크리트 앵커 볼트 부분은 볼트캡을 착용하여야 하며, 체결 부위는 볼트규격에 맞는 너트 및 스프링와셔를 삽입 · 체결하여야 한다.

다. 전기배선 및 접속함

1) 연결전선

태양전지에서 옥내에 이르는 배선에 쓰이는 전선은 모듈전용선 또는 TFR-CV선을 사용하여야 하며, 전선이 지면을 통과하는 경우에는 피복에 손상이 발생되지 않도록 별도의 조치를 취해야 한다.

2) 태양전지판 배선

태양전지판 배선은 바람에 흔들림이 없도록 코팅된 와이어 또는 동등 이상(내구성) 재질의 타이(Tie)로 단단히 고정시켜야 하며, 태양전지판의 출력배선은 군별 · 극성별로 확인할 수 있도록 표시하여야 한다.

3) 태양전지판 직 · 병렬상태

태양전지 각 직렬군은 동일한 단락전류를 가진 모듈로 구성하여야 하며 1대의 인버터(멀티스트링의 경우 1대의 최대출력점추종제어기(MPPT))에 연결된 태양전지 직렬군이 2병렬 이상인 경우에는 각 직렬군의 출력전압이 동일하게 형성되도록 배열하여야 한다.

4) 역전류방지 다이오드

가) 1대의 인버터에 연결된 태양전지 직렬군이 2병렬 이상인 경우에는 각 직렬군에 역전류방지 다이오드를 별도의 접속함에 설치하여야 하며, 접속함은 발생하는 열을 외부에 방출할 수 있도록 환기구 및 방열판 등을 갖추어야 한다.

나) 용량은 모듈단락전류의 2배 이상이어야 하며, 현장에서 확인할 수 있도록 표시하여야 한다.

5) 접속반

접속반의 각 회로에서 퓨즈가 단락되어 전류차가 발생할 경우 외부에서 육안 확인이 가능한 조명등 또는 경보장치를 설치하여야 하며, 실내에서 확인 가능한 경우에는 예외로 한다.

6) 접속함

접속함은 가능한 직사광선 노출이 적은 지점에 설치하고, 직사광선을 견딜 수 있는 폴리카보네이트 또는 동등 이상(내열성)의 재질을 사용해야 한다.

7) 전압강하

태양전지판에서 인버터입력단 간 및 인버터출력단과 계통연계점 간의 전압강하는 각 3%를 초과하여서는 아니 된다. 단, 전선길이가 60m를 초과할 경우에는 아래 표에 따라 시공할 수 있다. 전압강하계산서(또는 측정치)를 설치확인 신청시 제출하여야 한다.

전선길이	전압강하
120m 이하	5%
200m 이하	6%
200m 초과	7%

라. 인버터

1) 제품

센터에서 인증한 인증제품을 설치하여야 하며, 해당 용량이 없어 인증을 받지 않은 제품을 설치할 경우에는 신재생에너지 설비 인증에 관한 규정상의 효율시험 및 보호기능시험이 포함된 시험성적서를 제출하여야 한다. 기타 인증대상 설비가 아닌 경우에는 제54조의 분야별 위원회 심의를 거쳐 신재생에너지센터 소장이 인정하는 경우에 사용할 수 있다.

2) 설치상태

옥내 · 옥외용을 구분하여 설치해야 한다. 단, 옥내용을 옥외에 설치하는 경우는 5kW 이상 용량인 경우에만 가능하며, 이 경우 빗물침투를 방지할 수 있도록 옥내에 준하는 수준으로 외함 등을 설치해야 한다.

3) 설치용량

인버터의 설치용량은 설계용량 이상이어야 하고, 인버터에 연결된 모듈의 설치용량은 인버터의 설치용량 105% 이내이어야 한다. 단, 각 직렬군의 태양전지 개방전압은 인버터 입력전압 범위 안에 있어야 한다.

4) 표시사항

입력단(모듈출력) 전압, 전류, 전력과 출력단(인버터출력)의 전압, 전류, 전력, 역률, 주파수, 누적발전량, 최대출력량(peak)이 표시되어야 한다.

마. 기 타

1) 명판

가) 모든 기기는 용량, 제작자 및 그 외 기기별로 나타내어야 할 사항이 명시된 명판을 부착하여야 한다.

나) 『신재생에너지 설비 명판 설치기준』의 명판을 제작하여 인버터 전면에 부착하여야 한다.

2) 가동상태

인버터, 전력량계, 모니터링 설비가 정상작동을 하여야 한다.

3) 모니터링 설비

『모니터링 시스템 설치기준』에 적합하게 설치하여야 한다.

4) 운전교육

전문기업은 설비 소유자에게 소비자 주의사항 및 운전매뉴얼을 제공하여야 하며 운전교육을 실시하여야 한다.

5) 건물일체형 태양광시스템(이하 BIPV(Building Integrated PhotoVoltaic))

가) 건물일체형 태양광 시스템(BIPV : Building Integrated PV)이란 태양광 모듈을 건축물에 설치하여 건축 부자재의 역할 및 기능과 전력생산을 동시에 할 수 있는 시스템으로 창호, 스팬드럴, 커튼월, 이중파사드, 외벽, 차양시설, 아트리움, 싱글, 지붕재, 캐노피, 테라스, 파고라 등을 범위로 한다.

건물일체형 태양광 시스템은 전력생산 및 부자재의 기능을 동시에 고려하여 건축물의 형상과 조화를 이루면서 동시에 지역의 방위각 및 경사각 변화에 따른 발전량 분포를 참고하여 발전량을 극대화할 수 있는 위치를 선정하여야 한다.

나) 신청자(소유자, 발주처 등을 포함), 설계자 및 시공자는 다음의 사항을 준수하여 설계 · 시공하고 감리원

은 확인하여야 한다.

① 「건축물의 설비기준 등에 관한 규칙」(국토교통부령) 및 「건축물의 에너지절약설계기준」(국토교통부고시)에 따라 BIPV와 연결된 건축물 부위에는 단열을 위한 열손실 방지 대책을 설계 · 시공시 반영하여야 한다.

② 모듈온도 상승의 모듈 등 건축 부자재 파괴를 방지하고 발전량 저감을 최소화할 수 있도록 하기 위해 모듈 배면으로의 태양일사 유입을 최소화하거나 모듈 배면에 통풍이 가능한 방안을 설계 · 시공시 반영하여야 한다. 특히 내부 공기량이 적은 스팬드럴 등의 부위에 설치되는 경우, 백시트방식을 적용하거나 GTOG(Glass To Glass)방식의 경우 모듈의 셀 대비 유리면적 비율 축소, 일사획득계수가 낮은 BIPV 창호 적용 등 실내로의 태양일사 유입을 최소화하기 위한 적절한 방안을 설계시 반영하여야 한다.

③ 방수 기능은 외부의 비 또는 눈을 차단하는 것으로 모듈은 물론 모듈 외의 건축 외피와 모듈 사이의 접합 부위 및 모듈 간의 접합 부위를 밀실하게 하여야 한다.

5.4 태양광 설비 시공 가이드

신재생에너지 설비의 지원 등에 관한 지침-에너지관리공단 신재생에너지센터

공고 제2014-1호 14.02.19

가. 태양전지판

1) 방위각

그림자의 영향을 받지 않는 곳에 정남향 설치를 원칙으로 하여 가능한 정남향 방향으로 설치하도록 한다.

2) 경사각

현장여건에 따라 조정하여 설치하되 가능한 일반적 최적 경사각인 30° 에 근접하도록 한다.

나. 접속함 및 기타

1) 커넥터(접속 배선함)

가) 태양전지판의 프레임은 냉간압연강판 또는 알루미늄 재질을 사용하고 밀봉 처리하여 빗물침입를 방지하는 구조이어야 하며, 이를 부착할 경우에는 흔들림이 없도록 고정하도록 한다.

나) 태양전지판 결선 시에 접속배선함 구멍에 맞추어 압착단자를 사용하여 견고하게 전선을 연결해야 하며, 접속배선함 연결 부위는 일체형의 방수용 커넥터를 사용하도록 한다.

2) 태양전지 모듈의 유지보수를 위한 공간과 작업안전을 고려한 발판 및 안전난간을 설치해야 한다. 단, 안전성이 확보된 설비의 경우에는 예외로 한다.

6 태양광발전 설비 시공 사례

전남 신안 태양광발전소 24MW급(국내 최대 규모) 연간생산량 : 35,000MWh (출처 : 뉴시스)

영암F1 경기장 13.3MW급　　연간 생산량 : 18,000MWh　(출처 : 이튜뉴스)

OO 자동차 공장 지붕형 태양광발전 10MW급 (지붕형 세계 2번째 규모) 연간 생산량 : 11,500MWh (출처 : 전기뉴스)

부산 신호 태양광발전소 20MW급 (기존 시설물 활용한 세계 최대 규모 태양광발전소) 연간 생산량 : 25,000MWh (출처 : 아주경제)

당진 화력발전 수상태양광발전 1MW급 (세계최대 수상태양광발전 설비) 연간 생산량 : 1,300MWh (출처 : 쏠라투데이)

서울시청 신청사 건물일체형 태양광발전시스템 200kW (출처 : 비봉이앤지)

수상 태양광 발전소 (출처 : 시민일보)

7 태양광 집광채광 설비

집광채광 시스템은 맑은 날은 물론 흐린 날에도 자연의 빛을 강하게 모으는 집광학 시스템을 이용하여 자연광으로 조명에 이용하는 방식이며, 등기구의 수명연장 및 유지보수 비용절감 외에도 악취, 곰팡이 제거 등으로 실내환경 개선의 효과도 거둘 수 있는 자연채광 시스템이다.

예전부터 자연채광을 실내조명에 이용하는 기술이 많이 있었지만 전체일사(직사광선, 산란광선)를 이용하지 못하는 점과 여름철만 이용이 가능한 점, 초기설치비 및 유지비용이 고가인 점, 건축물 공간의 대형화로 자연채광의 한계에 이른 점 등의 문제점이 제시되어 왔으나 현재는 이러한 문제점을 보완하여 태양의 전 일사량을 사용, 유지비용이 저렴하고, 자연광을 이용한 살균, 정화 효과가 가능한 시스템으로 기술적인 도약을 했으며 자연채광을 집광하여 실내조명은 물론 난방 및 온수에도 활용하는 다목적 방식이 등장하였다.

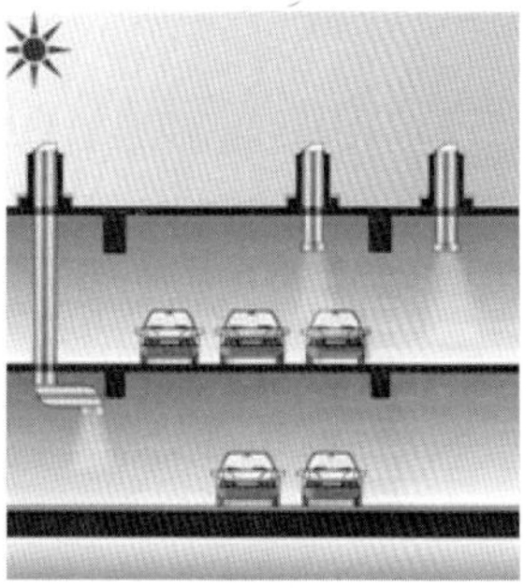

그림 5-26 집광채광 시스템
(출처 : (주)건기)

표 5-4 건물에서의 자연채광 이용 기술 동향

구 분	채 광 창	자연형 채광 시스템	설비형 채광 시스템
적용시기	고건축~현재	1970년 이후~현재	1990년 이후~현재
시스템	측창 고창 천창	반사체광방식 광선반 아트리움	반사형 집광장치 굴절형 집광장치 렌즈형 집광장치
기술변천 사유	• 건축물 공간의 대형화로 인한 자연형 채광방식의 한계 발생 • 에너지 절감에 대한 의식 증대로 자연채광 적용 증대 • 건축물 에너지 절감 및 온실가스 배출량 감축 강화에 따른 절감대책 필요성 증대 • 웰빙의식 증대로 인한 자연채광 실내유입 선호		

7.1 원리 및 구성

집광채광 시스템은 맑은 날의 직사광선은 물론 흐린 날의 산란광선과 가로등불빛, 달빛까지도 채광이 가능하도록 효율(약 35%~70%)을 증대시킨 기술로서 고정된 위치에서 빛

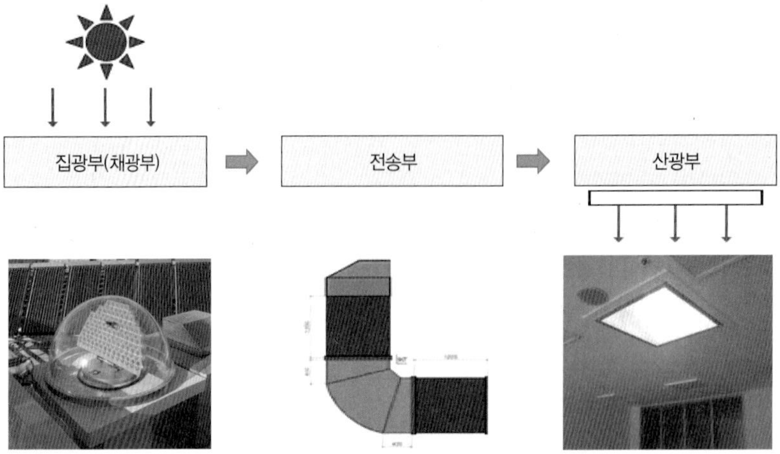

• 집광부 : 렌즈나 곡면 또는 판형 모양의 투과체 또는 반사체를 이용하여 광(光)을 받아들이는 부분
• 전송부 : 받아들인 광을 필요한 곳으로 전달하는 부분-광덕트, 광섬유케이블
• 산광부 : 전달된 태양광을 최종적으로 방사하여 조명으로 이용하기 위한 부분

그림 5-27 집광채광 시스템 구성 (출처 : (주)에이비엠 그린텍)

을 강하게 집광하여 원하는 공간에 보내주는 채광방식이며, 태양빛이 투사체를 통과하여 곡면으로 된 주반사체와 보조반사체를 이용하여 집광부와 축광부로 에너지변환 없이 모아진 빛이 광 이송부로 전송되고 산광부를 통해 빛을 발산하는 원리로 구성되어 있다.

7.2 집광채광 설비 특징

집광채광 시스템은 궁극적으로 조명에 소비되는 전력 절감과 전등의 수명 연장, 유지관리비 절감, CO_2배출량 저감뿐만 아니라 광합성작용을 필요로 하는 각종 야채, 꽃, 식물재배 등 지상에서만 가능했던 것을 지하공간에서도 재배가 가능하게 하며, 자연광을 이용한 일광욕, 햇빛치료, 해충구제, 곰팡이 제거, 살균 및 탈취 등이 가능하여 생활환경 개선에도 효과가 우수하다. 일반 형광등의 조도는 60와트 기준으로 약 1,200Lux, 100와트는 약 2,000Lux이다. 태양광 집광채광기는 외부조도의 약 1/3~1/8 정도의 조도 확보가 가능한데, 맑은 날 외부의 조도가 50,000Lux이면 산광기 하부 실내조도는 산광기 효율에 따라 약 4,000Lux 정도, 흐린 날 외부조도가 약 8,000Lux일 때 실내조도는 약 1,200Lux 정도 유지가 가능하다.

(1) 실내조명 효과(일조환경 개선)

① 지하시설 및 폐쇄공간의 시환경 개선

② 법적 규제에 대한 대응 : 고층건물 밀집으로 인한 일조권 피해 대안

③ 지하공간의 쾌적성 확보

(2) 보건 및 정신건강 증진

① 신체면역력 및 피로회복력 증강

② 심리적 안정감 확보 및 우울증 치료효과

③ 아토피성 피부염 치료효과 및 전립선암 위험도 감소

④ 진드기, 곰팡이, 바퀴, 진균 등 살균효과

(3) 학업성취도 증대

① 자연광을 이용한 실내조명으로 쾌적한 학습능력 시환경 확보

② 생산성 공장의 불량품 발생률 감소

(4) 지하공간의 환경개선

① 실내식물의 낙화방지 및 광합성 촉진

② 식물재배를 통한 공기정화 기능

(5) 건축물의 유지관리비 절감

① 주간시간대 전기조명 사용률 감소에 따른 에너지소비 감소

② 태양광에너지의 에너지변환 손실이 없는 합리적인 이용

집광채광 시스템 특징

집광채광 시스템은 맑은 날의 직사광선은 물론 흐린 날의 산란광선과 가로등불빛, 달빛까지도 채광이 가능하도록 효율을 증대시킨 기술로서 고정된 위치에서 빛을 강하게 집광하여 원하는 공간에 보내주는 채광방식이다.

■ 특징

- 등기구의 수명연장 및 유지 보수비용 절감
- 생활환경 개선 : 악취 및 곰팡이 제거
- 자연채광 확보로 정신건강 도움(보건 및 치료 효과)
- 비상 시 대피용 피난구 유도등 대용 가능
- 조명에너지 절감으로 CO_2배출 저감 효과
- 기상변화에 따른 일사량 변화에 시스템에 영향을 받는다.
- 공사비가 고가이다.

집광채광 시스템 특징(계속)

■ 적용장소

- 주거공간 : 화장실, 주방, 드레스룸, 북측 어두운 공간
- 근린생활공간 : 화장실, 중복도, 북측 공간
- 전시 및 다목적 공간 : 홀내 인공조명 대체
- 교육시설 : 교실, 화장실, 복도
- 의료시설 : 입원실, 복도, 화장실, 재활치료실
- 주차시설 : 각종 건축물 지하 및 지상주차장

7.3 집광채광 설비방식

집광채광기의 종류는 집광채광방식, 구조, 설치 위치 등에 따라 다음과 같이 분류한다.

표 5-5 집광채광기 종류

구 분	분 류
집광채광 방식에 따라	고정형(독립형), 회전형(추적형)
집광채광부 형식에 따라	확산면 집광, 반사거울 집광, 프리즘방식 집광렌즈형 집광-평판형(각형), 원형
설치 위치에 따라	옥상 설치, 벽체 설치, 기타 외부 설치
추적방식에 따라	센서 추적형, 프로그램 추적형, 일정구간 추적형
광전달방식에 따라	직접전달, 반사거울형, 광덕트형, 광섬유형, 복합형

7.3.1 집광채광방식에 따른 분류

(1) 고정형(독립형) 집광채광기

고정형 집광채광기(독립형)는 평면형상이며, 태양광 또는 자연주광을 집광하는 부분이

다면 프리즘형 돔 형 독립형

그림 5-28 고정형 집광채광기 (출처 : (주)에이비엠그린텍)

태양을 추적하지 않고 태양의 고도나 경로를 고려하여 한 방향으로 고정되어 움직이지 않도록 건물의 옥상 또는 건축물 외부에 설치되는 집광채광기이다.

(2) 회전형(추적형) 집광채광기

태양광 또는 자연주광을 집광하는 부분이 태양을 향해 추적할 수 있도록 회전하거나 움직이는 구조로 되어 있으며, 건물의 옥상 또는 건축물 외부에 설치되는 집광채광기이다.

렌즈형 프리즘형 파라볼릭형

그림 5-29 회전형(추적형) 집광채광기 (출처 : (주)에이비엠그린텍)

회전형(추적형) 집광채광방식

■ 정의

태양광을 추적하여 최적의 빛을 실·내외의 공간으로 유입시키는 방식이며, 태양추적에 따른 제어방식에 따라 수동형과 자동형으로 나누어짐.

- 자동 추적방식-반사거울을 태양 위치에 맞추어 제어
- 수동 추적방식-반사거울의 각도를 수동으로 제어

■ 자동추적방식

설치장소의 위도, 경도, 시각, 천후, 건물의 조건 등을 입력하여 마이크로컴퓨터를 이용하여 태양광을 자동으로 추적하는 방식

- 구성요소
  - 안테나부 : 반사거울을 자동으로 고정시키기 위해 고도측, 방위측, 고정부, 풍속계 및 리모콘 발신기와 신호교환
  - 연산제어부 : 태양 위치의 변화에 따라 반사거울의 각도 산출
  - 표시부 : 현재의 태양 위치, 풍향, 시각 등을 표시
  - 조작부 : 각종 조건을 입력하고 수동조작 가능
  - 모드 드라이버부 : 고도각 구동모터를 구동 제어

(출처 : (주)에이비엠 그린텍)

회전형(추적형) 집광채광방식 (계속)

■ 수동추적방식
태양의 위치변화를 미리 컴퓨터로 계산하여 반사거울을 설정하고 원격 조정하여 빛 유입
- 구성요소
  - 고도각 구동부 : 반사거울 구동
  - 센 서 부 : 회전 위치 검출
  - 고도측 고정부 : 일정한 각도로 반사거울 고정
- 특징 : 간이 타입으로써 유효조광시간은 2~3시간이며, 건물 높이가 20m 이내일 때 주로 사용

7.3.2 집광채광부 형식에 따른 분류

표 5-6 집광채광부 형식에 따른 분류 (출처 : (주)에이비엠 그린텍)

구 분	특 징	비 고
미러방식	• 평면거울이나 곡면거울을 이용하여 태양광을 반사하여 소정의 장소에 빛을 유입하는 방식 • 건물의 안뜰이나 중정 등에 조사 • 태양고도가 높으면 채광양 저하	 
프리즘방식	• 태양고도에 의한 채광양의 변화를 보충하기 위한 방식 • 태양광을 바로 밑의 방이나 시설에 채광	
렌즈방식	• 태양을 추적하는 볼록렌즈로 빛을 집광 • 전송효율의 변화 없음 • 스포트(Sport)적 자연광 조사	

7.3.3 설치 위치에 따른 분류

벽채광기는 채광설비로서의 효과가 탁월하고 생활조명과 동·식물의 생육을 위한 빛 제공, 실내환경 개선 등에 이용이 가능하며, 광학적 특성은 독립형 채광기와 비슷하지만

그림 5-30 벽채광기

주광률이 상당히 높은 장점이 있으며, 시공 위치가 건물 상부창 등의 벽체로 부착하기 때문에 겨울철의 조도가 여름보다 높아서 난방광으로의 활용도 가능하다.

옥상채광기는 옥상이나 지하실 상부 등에 돌출·설치하며 모아진 햇빛을 아래쪽으로 확산시키는 방식으로 채광기로서의 기능은 벽채광기와 동일하며, 광덕트를 연결하면 지하 2층에서도 일반조명보다 밝은 조도의 확보가 가능하다. 또한 옥상채광기와 벽채광기를 조합설치하면 주간 전등조명이 필요 없을 정도의 충분한 조도 확보도 가능하다.

7.3.4 광전달방식에 따른 분류

(1) 광덕트, 광파이프

관의 안쪽을 유리면으로 하여 기체로 채운 관의 내부에서 빛을 여러 번 반사시키면서 외부의 주광을 덕트(파이프)를 통해 실내로 유입하여 조명에 이용한다.

그림 5-31 광덕트 시스템 (출처 : 에이비넴그린덱)

(2) 광섬유케이블

광섬유케이블은 가는 유리섬유(또는 다른 투명한 플라스틱 물질)로 되어 있어서 광선을 전송하는 것으로서, 집광채광기에 의해 집광된 빛을 광섬유케이블을 이용하여 빛을 건물 내부로 전송하여 실내조명에 이용하는 방식이며, 광섬유의 종류와 순도에 따라 시스템의 효율성이 좌우된다.

최근에는 기존 플라스틱 광섬유에 비해 전송효율이 60% 이상 높고, 태양광을 70~100m(플라스틱의 경우 15m) 이상 전송할 수 있는 광케이블을 사용하고 있다.

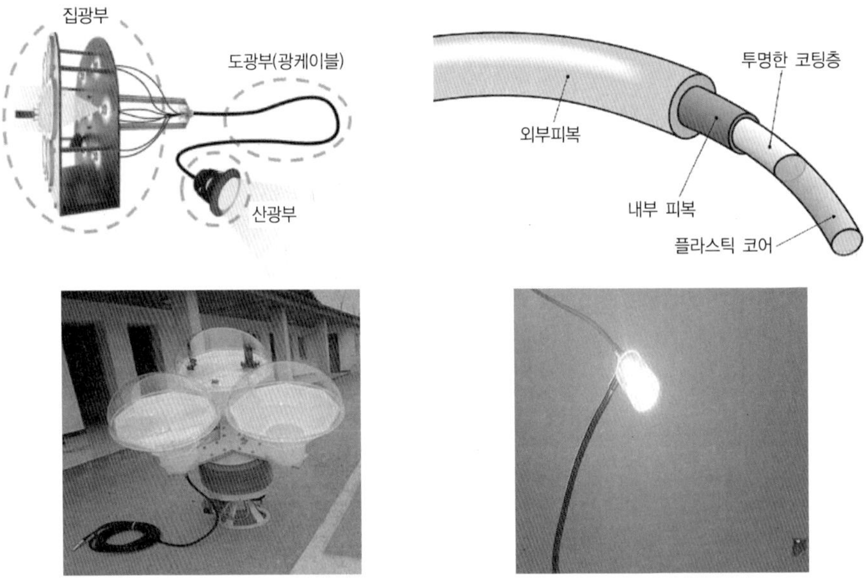

그림 5-32 광케이블 시스템 (출처 : 휠코리아)

(3) 광선반

창에 입사되는 태양광을 실내 천장면에 반사시켜 자연채광을 실 안쪽 부분까지 깊숙이 도입시키는 방법으로 측창의 외부나 내부에 알루미늄 및 은도금 금속 같은 반사율이 높은 재질을 사용하여 외부의 주광을 실내에 유입시켜 실내 시환경을 향상시키고 인공조명에 사용되는 에너지를 절감한다.

광선반에서 고려해야 할 부분은 광선반 부분의 광학적 반사가 크고, 경사각을 알맞게 하여 실 깊숙한 부분까지 자연채광을 도달시켜 실내 인공조명에너지 절감을 도모할 수 있도록 하는 것이다. 광선반은 창부분의 높은 조도는 감소시키고 창에서 떨어진 실내부분의 낮은 조도를 증가시켜 실내의 시환경을 개선시켜준다.

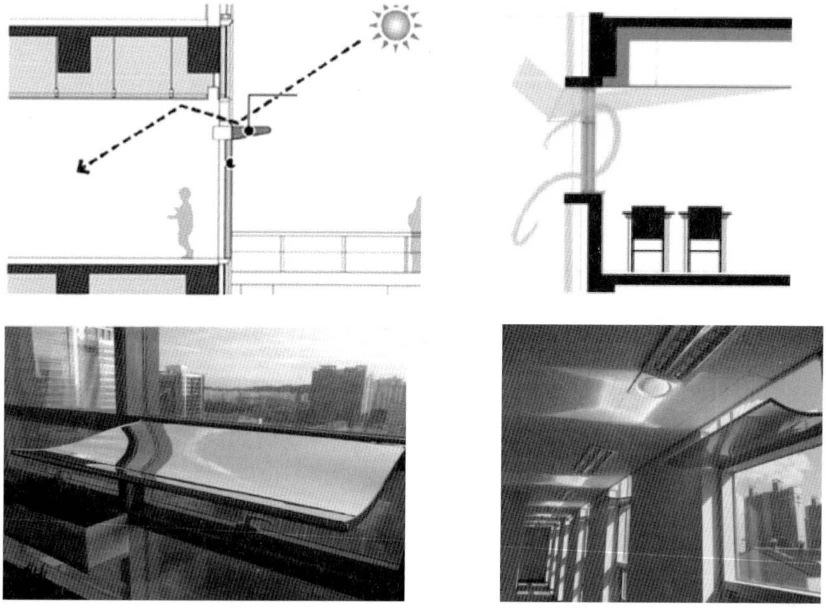

그림 5-33 광선반 시스템 (출처 : 휠코리아)

7.4 집광채광 시스템 분류

7.4.1 프리즘형+광덕트방식

프리즘형 광덕트방식은 건물 상단 외부에 집광기를 설치하고, 내부로 입사되는 태양광을 광덕트를 통해 전송하는 방법으로 유럽에서 가장 보편적으로 사용하는 방식이다. 집광기는 주로 원형, 돔형, 다이아몬드형 등을 다양하게 적용할 수 있으며, 주로 주거 및 업무시설, 아트리움, 지하공간 등에 적용되고 태양의 고도와 무관하게 채광효율을 유지할 수 있는 장점이 있다.

집광부	광전송부	특 징	개념도
프리즘	광덕트 광파이프	• 시스템 간단 • 유지보수 용이 • 가격 저렴 • 직사광 및 산란광에도 운용 • 태양의 고도와 무관하게 채광효율 유지 • 연중 운영 가능일 : 약 260일	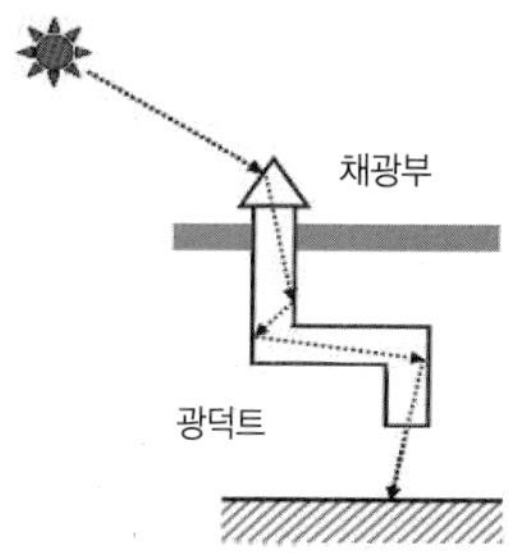

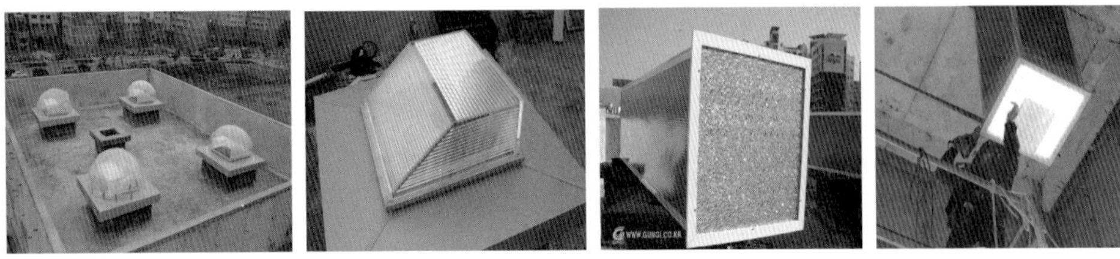

그림 5-34 프리즘형 광덕트 시스템 (출처 : 에이비엠그린텍)

7.4.2 렌즈형+광케이블방식

렌즈형 광케이블방식은 렌즈를 통해 집광된 빛을 광테이블을 사용하여 조명에 사용하는 방식으로 태양광을 집광하는 렌즈와 집광된 빛을 전송하는 광케이블로 구성되며, 시스템 집광효율을 높이기 위해 태양광 추적 장치가 사용되기도 한다. 이 방식은 빛을 보낼 수 있는 광전송거리가 길고 시공이 편리한 장점은 있으나 산란광에서는 사용이 불편하다는 단점도 있다.

집광부	광전송부	특 징	개념도
렌즈	광케이블	• 시스템 간단 • 유지보수 용이 • 광전송거리가 길다 • 광케이블 가격이 고가 • 산란광에는 운용 불편 • 추적장치와 병행 사용 • 연중 운영 가능일 : 약 120일	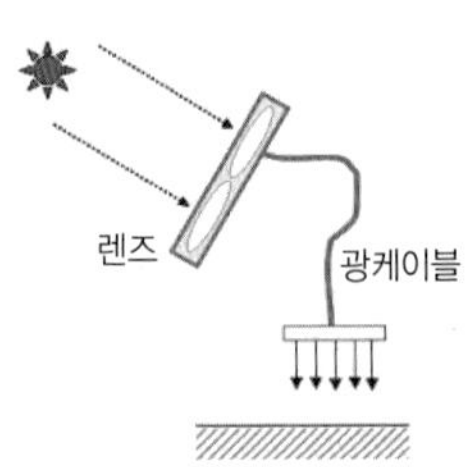

그림 5-35 렌즈형 광케이블 시스템 (출처 : 에이비엠그린텍)

7.4.3 반사거울+광케이블방식

반사거울 광케이블방식은 파라볼라 거울을 이용하여 1차적으로 태양광을 모으고 접속된 광은 2차적으로 광케이블로 전송되는 방식이며, 태양광 추적장치가 같이 사용된다. 전송거리가 길고 시공이 편리한 장점은 있으나 산란광에서 사용이 불가하고, 집광부에서 고열이 발생하는 단점이 있다.

집광부	광전송부	특 징	개념도
반사 거울 (렌즈)	광케이블	• 시스템이 간단 • 유지보수 용이 • 광전송거리가 길다 • 집광부에 고열 발생 • 산란광에는 운용 불편 • 추적장치와 병행 사용 • 연중 운영 가능일 : 약 120일	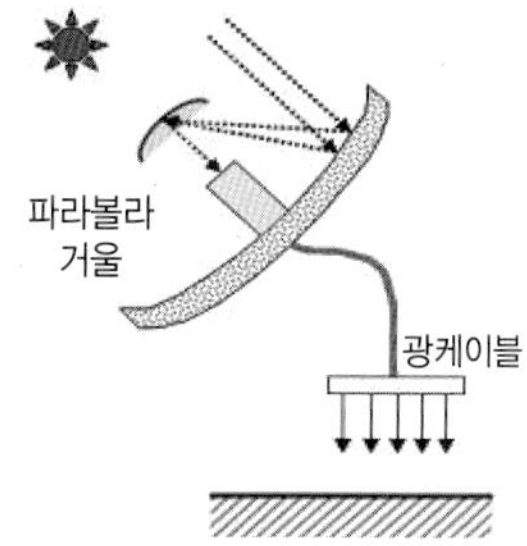

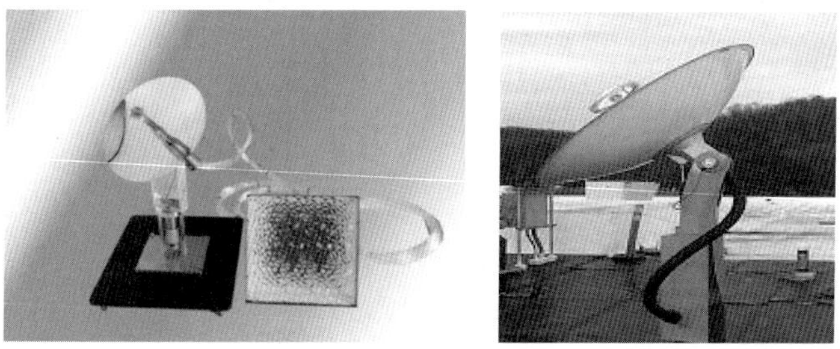

그림 5-36 반사거울 광케이블 시스템 (출처 : 에이비엠그린텍)

7.4.4 반사거울방식

반사거울방식은 반사거울을 사용하여 별도의 장치 없이 빈 공간을 통해 빛을 전송시키는 시스템으로 거울은 평면 또는 곡면형상을 가진 것이 사용되는데, 1개를 사용하거나 여러 개를 사용하여 복합화할 수도 있으며 프리즘과 같이 사용하는 방식이 적용되고 있다.

반사거울방식은 건물이 고층화됨에 따라 발생되기 쉬운 일조권 문제를 해결하기에 적합하며, 주로 빛의 직진성을 이용하는 원리로 중층빌딩의 중앙홀 등에 많이 이용된다. 정밀한 빛의 조사가 어렵고 빛의 전송거리는 30m 정도가 한계이다.

집광부	광전송부	특 징	개념도
반사 거울 (렌즈)	없음	• 시스템 간단 • 유지보수 용이 • 건물 일조권 확보 용도 • 광전송 거리가 짧다 • 정밀한 빛 조사가 어렵다 • 연중 운영 가능일 : 약 120일	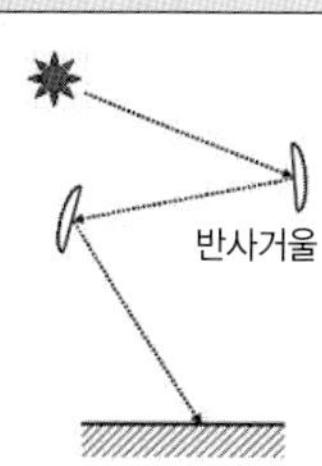

그림 5-37 반사거울 시스템 (출처 : 에이비엠그린텍)

7.5 집광채광 설비 필요성

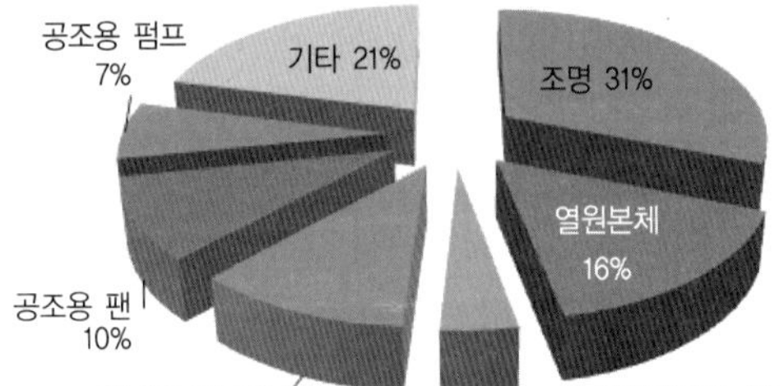

그림 5-38 건물 에너지 소비 비율(업무용 건축물)

건물에서 차지하는 조명 및 기기부하용 전기사용량이 주거용 건물에서 약 22%, 사무소용 건물에서 31%로 전체 사용에너지의 1/4를 채광을 위한 조명 에너지로 소비하고 있다.

이러한 조명에너지 소비를 줄이기 위한 방안으로 최근 들어 국내·외적으로 첨단건물에는 조명부하를 저감하고 시설 내부의 시환경 개선용으로 저탄소, 녹색기술인 태양의 자연광을 활용하는 자연채광 시스템을 도입하고 있으며 최근 일본, 미국, 스웨덴 등을 중심으로 태양광을 이용한 조명시스템의 활발한 연구개발로 빠른 기술적 발전을 이루고 있어 첨단기술의 종속화를 피하고 관련 산업계의 활성화와 국가 경쟁력을 확보하기 위해 국내에서도 다양한 집광채광 시스템 개발 및 보급이 절실히 필요하다.

7.6 집광채광 설비 설계 및 시공

7.6.1 설계시 고려사항

(1) 건물 적용 부분 조건 검토

① 채광기 방향은 남쪽을 향하도록 설계

② 건물의 용도 및 실별 용도에 맞는 조도기준을 바탕으로 설치대수 산정

③ 인접건물의 높이를 고려한 후 일평균 8시간 이상 채광이 가능한 위치 선정

(2) 대지조건 검토(일반 지반 Level에 설치 시)

① 인접도로와의 레벨(Level) 체크 후 높은 위치에 설치

② 대지내 도로 위치 및 시설물 배치를 확인한 후 설치 배제

③ 조경식수 및 조경물 위치 고려 후 설치 배제

(3) 구조적 · 기술적 조건 검토

① 기존 소방 및 전기, 기계설비 라인 확인 후 배치 설계

② 건축구조물(기둥 및 보, 중간 보)의 위치 확인 후 배치 설계

③ 건물내 최소 반자높이 확보 후 배치 설계

④ 기술적으로 적용 불가능한 부분 제외(덕트 길이 10M 이내로 제한)

7.6.2 구조 및 재료

(1) 구조

① 수명사용기긴 중 집광채광기는 변형되거나 빗물과 먼지로 누설되지 않는 구조이어야 한다.

② 집광채광기의 각 부분은 사용상 충분한 강도를 가져야 한다.

③ 건물과 연결, 접속되는 부분은 건물의 안전 및 기능에 해를 주지 않는 구조이어야 한다.

④ 사용 주위 온도(−30℃~40℃)와 환경에서 변형 및 손상되지 않는 구조이어야 한다.

⑤ 사용 중 소음 및 진동을 발생하지 않는 구조이어야 한다.

⑥ 사용 중 점검 및 보수가 용이한 구조이어야 한다.

(2) 부품 및 재료

① 집광채광기에 사용되는 모든 부품은 각부의 목적에 적합한 KS제품 또는 동등 이상의 품질을 갖는 것으로 내구성 및 강도에 이상이 없어야 한다.

② 태양복사일사에 노출되는 재료는 자외선 등 내후성이 있는 재료를 사용해야 한다.

③ 투과체에 사용되는 재료는 투과율이 기준치 이상이어야 하고, 주위 온도 최저 -30℃에서 최고 40℃에서 사용상 이상이 없어야 하며, 수명기간 동안 경년변화에 대해 충분한 강도와 투과율을 유지하는 재료를 사용해야 한다. 또한 옥외에 설치된 투과체 부분은 먼지와 빗물 등 외부 이물질 침입에 대해서 KS C IEC 60529에 따라 IP65 등급 이상의 침입 방지구조이어야 한다.

④ 외장재는 부식이 없는 재료이거나 부식방지 코팅처리가 되어 있어야 하며, 내후성이 있는 재료를 사용하여야 한다.

⑤ 반사체는 반사율이 높아야 하며, 수명사용기간 동안 반사율 저하가 없어야 하며 반사체 면은 청소가 용이해야 한다.

⑥ 집광채광기 성능에 중요한 영향을 미치는 교체용 부품목록과 교체시기 등 명세서가 제출되어 사용자의 점검 유지가 가능해야 한다.

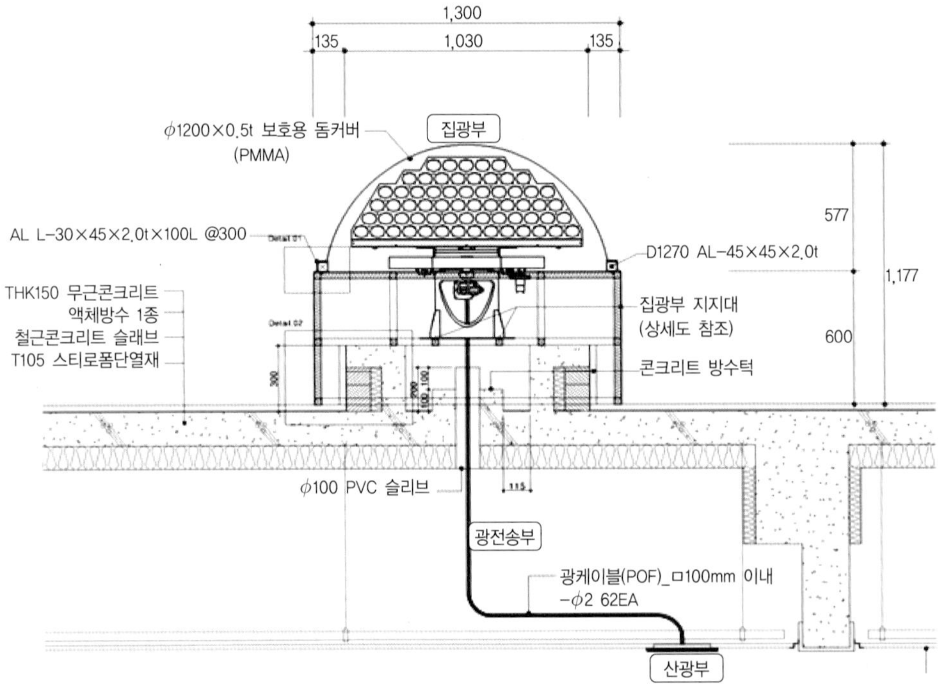

그림 5-39 집광채광 시스템 상세도 (출처 : 에이비엠그린텍)

7.7 집광채광 설비 시공절차

7.7.1 광케이블방식

그림 5-40 집광채광 시스템 시공절차(광케이블방식) (출처 : 에이비엠그린텍)

7.7.2 고정형 광덕트방식

그림 5-41 집광채광 시스템 시공절차(광케이블방식) (출처 : 에이비엠그린텍)

7.8 집광채광 설비 시공기준

신재생에너지 설비의 지원 등에 관한 지침-에너지관리공단 신재생에너지센터

공고 제2014-1호 14.02.19

가. 집광채광 시스템

1) 설치용량

사업계획서상에 제시된 설계용량 이상이어야 한다.

2) 방위각

그림자의 영향을 받지 않는 곳에 정남향 설치를 원칙으로 하되, 건축물의 디자인 등에 부합되도록 현장여건에 따라 설치할 수 있다.

3) 경사각

현장여건에 따라 조정하여 설치할 수 있다.

4) 일사량

장애물로 인한 음영에도 불구하고 일사시간은 1일 5시간(춘분(3~5월), 추분(9~11월) 기준) 이상이어야 한다. 단, 전깃줄, 피뢰침, 안테나 등 경미한 음영은 장애물로 보지 아니한다.

나. 광전달부

광덕트 등 광전달설비가 도면상 내용과 같이 집광채광기를 기준으로 적합하게 시공되었는지 확인한다.

다. 산광부

1) 광이 집광부로부터 광전달 장치를 통해 최종적으로 도달되는 산광기에 대해서 실내 설치 도면에 도시된 사각, 원형 등 모양, 치수 및 재료와 비교하여 현장 설치품이 확인되어야 한다.
2) 산광기는 조도기준을 우선으로 적합하게 설치되었는지 확인한다.
3) 실내 산광기 위치 및 높이, 건물 벽, 천장 마감재, 채광비, 설치면적, 조명면적 및 측정방법 등을 고려하여 산광기 설치 도면에 예상조도값을 표시하되 춘 · 추분기(3, 9월), 주간시간(오전 11시~오후 3시) 맑은 날 상태를 기준으로 다음과 같이 정하고, 이를 확인한다.(단, 춘 · 추분기(3, 9월) 외의 계절에는 본 조도 기준에 비례하여 조도를 확인한다.)
   ① 조도값 기준치는 KS A 3011(조도기준)을 참조하되 옥외 집광기 주변 조도 50,000lx 기준 시, 산광기 실내조도값은 최저 100lx로 한다.
   ② 옥외 조도측정은 집광기 부근 2m 이내 3개소 이상 측정하여 산술평균치로 한다.
   ③ 산광기 실내조도 측정은 산광기 중심 직하 2m 지점 또는 중심 바닥 위 지상 0.7m 지점 중 측정이 쉬운 곳 1개소를 중심으로 사방 1m 거리 4개소, 총 5개소를 측정하여 KS C 7612(조도 측정방법)에 따라 다음과 같이 5점 조도 평균치 계산식에 따른다.
   조도 평균치 $=1/6(2\times E0+E1+E2+E3+E4)$
   단, E0 : 중심부 조도값/E1, E2, E3, E4 : 4개소 각 조도값

라. 기초 및 시설

1) 건축물의 지붕 또는 지표면으로부터 노출(돌출)되어 설치될 경우 바람, 강우, 태풍, 폭설 등 자연재해를 대비하여 설치 시공되어야 한다.
2) 설치상태는 바람, 적설하중 및 구조하중에 견딜 수 있도록 설치하여야 한다. 건축물의 방수 · 방습 등에 문제가 없도록 설치하여야 하며, 모든 볼트조립은 헐거움이 없이 단단히 조립하여야 한다.
3) 지지대, 연결부, 기초(용접 부위 포함) 등 집광채광기(투과체 포함) 설치시 구조를 이루며, 대기에 노출되는 철재류, 기초지지대에 포함된 철판 부위는 용융아연도금처리 또는 동등 이상의 녹방지 처리를 하여야 하며 용접 부위는 방식처리를 하여야 한다.
4) 집광채광기를 20m 이상 건축물에 설치 시 인접피뢰기의 보호 여부 및 접지 여부에 이상이 없도록 시공하여야 한다.

마. 기타 확인 필요사항

1) 명판
   ① 집광채광기는 용량, 제작자, 연락처 및 그 외의 제품 종류별로 표시에 필요한 사항이 명시되어야 한다.
   ② 신재생에너지 설비 명판 설치기준에서 요구한 규격 명판을 제작하여 집광채광기 전면 또는 쉽게 확인할 수 있는 곳에 부착되어야 한다.
2) 가동상태
   현장 확인 경우, 가동상태에서는 집광기, 산광기, 채광기 및 광전달 설비가 정상작동을 하고 있어야 한다.
3) 운전교육
   설치업체는 설비 소유자에게 소비자 사용시 주의사항 및 운전매뉴얼을 제공하여야 하며 운전교육을 실시하여야 한다.

집광채광설비 설계 · 설치 · 시공 등 참고 자료

가. 집광채광 일반

1) 집광채광 시스템 설치시 제품의 방위각 표시는 건축물 외부에 노출되는 집광기 투과체의 정면을 기준 방향으로 정하여 정남 기준 동 · 서향 등을 각도로 표기하여야 한다.
2) 설계 · 시공도서(평면도)에는 남쪽벽, 북쪽벽, 지붕, 독립 등 설치 위치가 구체적으로 표기되어야 한다.
3) 설치형식은 매입형, 부착형, 노출형 등 제품의 설치모양을 구체적으로 구분 표기해야 한다.
4) 시공법은 신축, 개축(Remodeling) 및 별도 개축 시공 등으로 표기하여야 하며 별도 개축 시공은 기존 건축물에 집광채광기만 독립 시공되는 경우이다.
5) 지하주차장, 사무실, 정밀작업장, 체육시설 등 산광기가 설치되는 각 건축물 실내시설의 경우 용도에 따른 KS A 3011 권장조도기준을 설치 도면에 표시하여야 한다.
6) 집광투과체가 경사인 경우 경사각을 표기하여야 하며, 경사각은 집광투과체의 면과 대지 수평면이 이루는 사이각을 기준으로 도면에 표기한다.
7) 건축물의 지붕 또는 지표면으로부터 고공의 위치에 노출(돌출)되어 설치될 경우 바람, 강우, 태풍, 폭설 등 자연재해에 대비하여 설치시공되어야 하며, 제품과 각 재료의 내구성은 그러한 최열악 조건에 대비하여 설계 제작되어야 한다.

나. 산광부

1) 제조자는 산광기의 실내 설치 상세도에 해당 실내에서 요구되는 조도기준치를 표시하여 설치기준 적합여부를 확인할 수 있어야 한다.
2) 지하주차장, 사무실, 정밀작업장, 체육시설 등 산광기가 설치되는 각 건축물 실내시설의 경우 용도에 따른 KS A 3011(조도기준)을 설치 도면에 표시하여야 한다.

다. 기초 및 시설

1) 집광부 투과체, 산광부 투과체 등은 사용자 및 주변 보행자 등과의 안전성을 고려하여 유리재(저철분 강화유리), 합성수지재, PC(폴리카보네이트)재 등의 재료를 사용한다.
2) 투과체 외부 마감재료 및 내부 실내마감 부분 등 시공 후 외부로 노출되는 부분의 최종 마감재료에 대해 도면상 명칭과 재료사양 표기를 확인한다.
3) 제조자 또는 시공자는 집광기 투과체면에 음영이 발생하지 않도록 설치 전 주위 건축 돌출물이나 부착 장애물 등의 유무와 영향을 확인하여야 하며, 시공 전후 주변을 촬영하여 준공이력에 기록이 보존되도록 한다.
4) 마감재 등은 국가산업표준제품(KS) 또는 동등 이상의 제품을 사용하며, 비바람, 햇빛 등에 변형 · 변색되지 않는 자재를 사용한다.
5) 외부에 노출되는 집광 설비의 도장색은 관련 건축물 외부 도장색과의 조화를 고려한다.

라. 도면 표기 사항

1) 투과체 외부 마감재료 및 내부 실내마감 부분 등 시설 후 외부로 노출되는 부분의 최종 마감재료에 대해 도면상 명칭과 재료사양 표기를 확인한다.
2) 해안도서 등 해풍지구, 호수 · 강 연변 안개지역, 고산지역 등 지역특성을 고려하여 내부식성 자재와 시공법의 상세 기술사양을 확인한다.
3) 마감자재의 외부 색상 표기사항과 비바람, 햇빛 등에 변색되지 않는 자재의 적합성을 확인한다.(모든 자재는 건축법 제19조의 2항에 의거 도면 및 기술기준서에 명기된 것을 사용하였는지 확인)
4) 기타 돌출높이, 무게, 지지방법 등을 협의하여 태풍 · 눈 · 비 등 자연재해에 충분히 견딜 수 있는 구조로

제작 · 설치하고, 그 적합성 여부를 확인한다.(적합성 확인요건은 계약시 협의된 조건 또는 검사기관 전문가 검토결과에 따른다)

5) 제작 · 설치된 집광채광기 시스템은 하자보수, 부품교체, 향후 리모델링작업 등을 고려하여 부품 교환 및 교체가 용이하도록 설치되었는지 확인한다.
6) 집광기 투과체, 산광기 투과체 등은 사용자 및 주변 보행자 등과의 안전성을 고려하여 유리재(저철분 강화유리), 합성수지재, PC(폴리카보네이트)재 등의 사용 재료명이 도면에 표기되어야 하고, 실내에 설치되는 산광기 투과체는 내열성 · 내구성 · 내화(또는 난연)성 등의 안전성능이 확인된 합성수지재 사용, 유리 사용 시는 파괴 및 추락시의 인체 안전성이 확인된 재료 사용 등이 승인된 도면과 부합하는지 확인한다.
7) 제조 · 시공업체는 신축, 개축 또는 별도 개축 시공을 막론하고 납품 설치에 필요한 설계도서는 물론 설치 현장을 미리 방문조사하여 최종 현장조건이 설계조건과 부합되는지 미리 확인해야 하고, 현장 시공조건이 설계조건과 상이하거나 변경해야 할 경우, 발주처와 변경내용을 확인하고 변경한다. 검사기관은 변경사항이 적합하게 변경 · 적용되었는지 확인한다.
8) 제조 · 시공업체는 건물 준공일, 계약기간, 납기일 등을 감안하여 검사기관에 검사를 요청해야 하며 검사기간을 이유로 발주처에 납기를 지연시킬 수 없다. 또한 검사 부적합으로 납기가 지연된 경우에도 모든 책임은 제조자(혹은 시공자)에 있다. 다만, 발주처와 합의된 납기 변경 사항은 이에 따르지 않는다.
9) 도장 등 최종 마감작업 내용은 도면 또는 설치 승인사양에 표기되어야 한다. 이때 외부에 노출되는 집광설비의 도장색에 대해서는 관련 건축물 외부 도장색과의 조화를 고려하며, 타 공정과 간섭이 우려되는 경우에는 사전 발주자와 협의하여 표시한다. 검사기관은 도장을 비롯한 마감작업이 적합한지 확인한다.
10) 마감재 등은 국가산업표준제품(KS) 또는 동등 이상의 제품을 사용하여야 한다.
11) 제조자 또는 시공자는 집광기 투과체면에 음영이 발생하지 않도록 설치 전 주위 건축의 돌출물이나 부착 장애물 등의 유무와 영향을 확인하여야 하며, 시공 전후 주변을 촬영하여 준공이력에 기록이 보존되도록 한다.

마. 기타

상기 이외에 공조설비 등 설치가 요구된 기타 설비가 있을 경우에는 부품 목록과 조립도면에 표시된 내용과 동일하게 확인되어야 한다.

7.9 집광 · 채광설비 적용 사례

OO발전 독립형 집광채광기 (출처 : 에너지신문)

OO공장 생산동 (출처 : (주)에니비엠그린텍)

월성 ○○복지관 (출처 : (주)에니비엠그린텍)

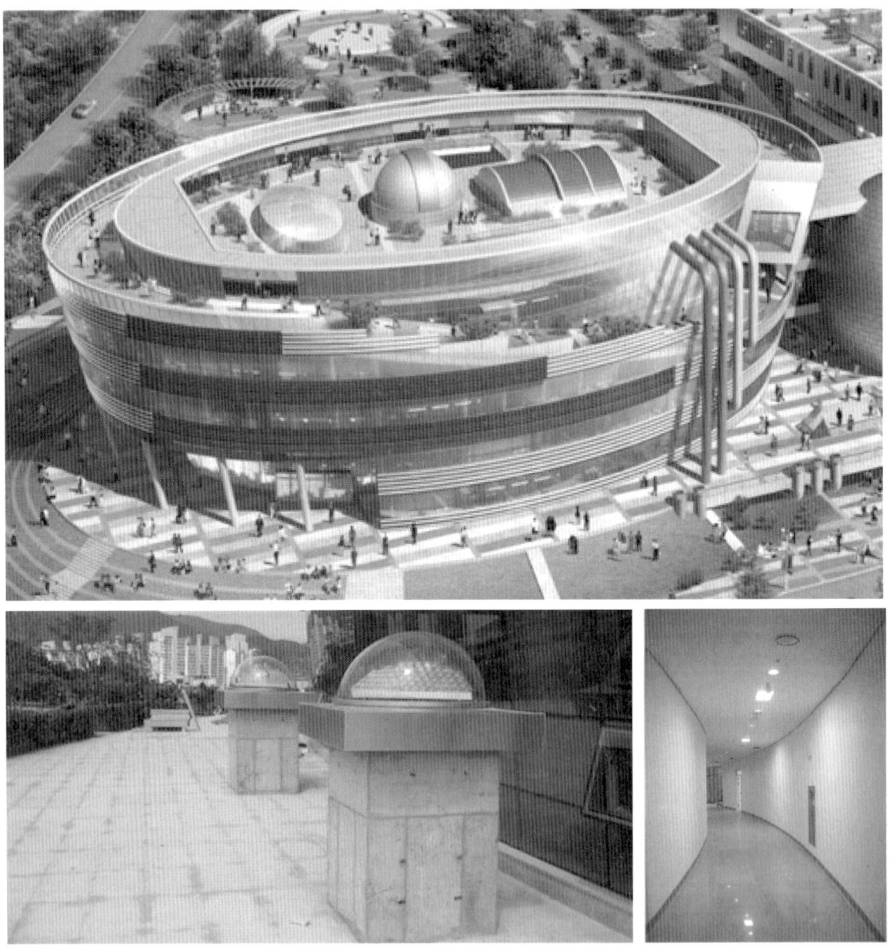

○○교육 연구단지 (출처 : (주)에니비엠그린텍)

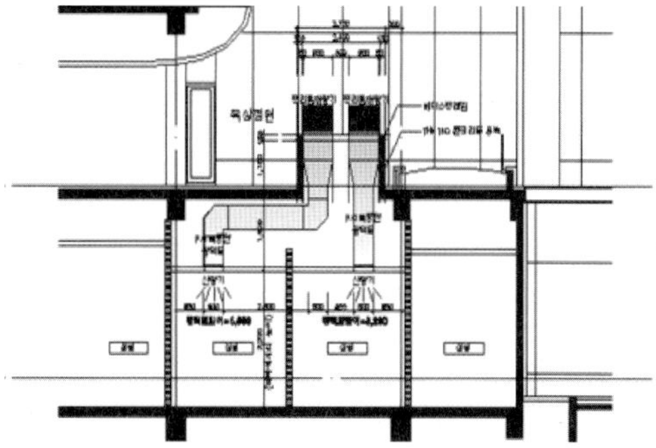

ㅇㅇ전력 제주사옥 (출처 : (주)에니비엠그린텍)

ㅇㅇ지역 에너지센터 (출처 : (주)에니비엠그린텍)

Chapter Six

풍력(Wind Power)

1 풍력발전

1.1 개요

풍력발전(Wind Power)이란 바람에너지를 풍력터빈(Wind Turbine) 등의 장치를 이용하여 기계적 에너지로 변환시키고, 이 에너지를 이용하여 발전기를 가동하여 전기를 생산하는 것을 말한다. 풍력발전기는 이론상으로 바람에너지의 최대 59.3%까지 전기에너지로 변환시킬 수 있지만, 현실적으로 날개의 형상, 기계적 마찰, 발전기 효율 등에 따른 손실요인이 존재하기 때문에 실용상의 효율은 20~40% 수준에 머물고 있다. 인류는 바람을 에너지원으로 다양하게 활용하여 왔으며, 풍력은 신재생에너지의 대표적인 에너지원으로서 재생 가능한 에너지 자원을 거의 무한정 이용할 수 있고, 이산화탄소나 방사선 폐기물과 같은 환경오염물질을 배출하지 않는 무공해 천연에너지이므로 지구온난화에 대한 환경문제와 화석연료 고갈에 따른 에너지문제를 해결하기 위한 방안으로 신재생에너지의 사용이 주목받고 있으며, 여러 에너지원 중에서 풍력에너지가 가장 큰 잠재력을 가지고 있다.

1.2 풍력발전 역사

풍력장치는 페르시아에서 A.D 700년경부터 사용되었다. 알렉산드리아의 헤론이 개발한 풍차(Windwheel)가 역사상 최초의 풍력을 이용한 기계로 알려져 있다. 그러나 최초의 실용형 풍차는 7세기경 이란과 아프가니스탄 사이의 시스탄에 설치된 수직축형 풍차로서 여러 개의 직사각형 모양의 날개가 긴 수직 회전축에 조립된 것이었다. 이 풍차는 갈대 매트나 천으로 둘러 싼 6개에서 12개까지의 날개를 가진 설비로서 주로 옥수수를 분쇄하거나 물을 퍼올리는 데 이용되었으며, 제분 및 설탕제조산업에 이용되기도 하였다.

자동운전이 가능한 풍력터빈은 1888년 찰스 브러쉬에 의해 미국 클리블랜드에 세계최초로 용량 12kW, 높이 18미터, 무게 4톤의 설비로 설치되었으며, 1900년경 덴마크에는 약 2,500대의 풍차가 있었는데, 이 풍차는 제분기나 펌프에 기계적 동력을 제공하면서 최대 약 30MW에 해당하는 전력을 함께 생산하였다.

1.3 풍력발전의 가치와 중요성

최근 인류의 환경과 에너지에 대한 관심은 그 어느 때보다도 높다고 할 수 있다. 대표적으로 대두되고 있는 문제로는 온실가스 배출과 화석연료 고갈이라고 할 수 있는데, 풍력에너지는 이러한 문제점을 해결할 수 있는 신재생에너지원 중 하나로서 각광받고 있으며, 기후변화와 환경오염물질 감소, 고용촉진 및 지역산업 성장, 에너지 공급체계의 다변화 및 에너지 수입 대체효과, 에너지 안보 확보와 천연자원 획득을 위한 국가·지역간의 분쟁 감소에도 기여한다. 예를 들어 용량 2MW급의 풍력발전기에는 약 8,000개의 다양한 부품이 소요되어 제조와 설치·운영까지 기계, 전기, 토목·건축산업뿐만 아니라 여러 분야의 산업이 복합된 산업구조를 가지므로 풍력산업의 성장이 산업 전반에 미치는 파급효과는 매우 크며, 고용효과 또한 다른 산업에 비하여 매우 높은 것으로 보고되고 있다.

또한 풍력에너지는 신재생에너지원 중 매우 큰 잠재력을 가지고 있어 경제력 및 기술의 성숙도가 가장 뛰어난 것으로 분석되고 있다. 최근 풍력을 이용한 발전단가는 고풍속(7m/s 이상)지역에서는 4~5cents/kWh, 저풍속지역에서는 6~8cents/kWh 범위로 기존의 발전 전원과 경쟁하여도 무방할 정도의 경쟁력을 확보할 가능성을 보여주고 있다. 뿐만 아니라 풍력발전 단지면적 중에서 실제로 이용되는 면적은 풍력발전기의 기초부와 도로계측 및 중앙제어실 등으로 전체 단지면적의 1%에 불과하며, 나머지 99%의 면적은 목축과 농업 등의 다른 용도로 이용할 수 있는 장점을 지닌다.

발전방식에 따른 소요면적은 풍력 1,335m^2/GWh, 석탄 3,642m^2/GWh, 태양열 3,561m^2/GWh, 태양광발전 3,237m^2/GWh로서 풍력발전이 가장 작은 면적을 차지한다. 또한, 풍력발전은 공해물질 저감효과도 매우 커서 200kW급 풍력발전기 1대가 1년간 작동하여 400,000kWh의 전력을 생산한다면 약 120~200톤의 석탄을 대체하게 되며, 줄어드는 공해물질의 배출량은 연간 SO_2 2~3.2톤, NOx 1.2~2.4톤, CO_2 300~500톤, 슬래그(Slag)와 분진(Ash) 16~28톤에 달하며, 부유물질은 연간 약 160~280kg 정도의 배출이 억제되는 효과가 있다.

1.4 풍력발전의 특징

풍력발전은 어느 곳에나 산재되어 있는 무공해, 무한정의 바람을 이용하므로 환경에 미치는 영향이 거의 없고, 국토를 효율적으로 이용할 수 있으며, 대규모 발전 단지의 경우에는 발전단가도 기존의 발전방식과 경쟁 가능한 수준의 신에너지 발전기술이며 자원이 풍부하고, 끊임없이 재생되며, 광범위한 지역에 분포되어 있고, 깨끗하며, 또한 운전 중 온실가스 배출이 없다는 점에서 화석에너지 고갈 시대에 대비한 유망한 대체에너지원으로서 각광받는 에너지이다. 또한 풍력발전은 태양계의 자연에너지인 바람을 이용하여 발전하기 때문에 바람이 불 때에는 수요에 관계없이 반드시 전력을 생산한다는 점에서 계통 운용 측면에서는 분산전원으로 분류된다.

풍력발전 시스템의 발전단가는 설치지역의 풍력자원에 따라 달라지나 현재 운전되고 있는 국내 육상풍력 단지들은 약 230만 원/kW의 시스템 설치비와 약 160원/kWh 내외의 발전단가를 나타내 기존 발전방식과 경쟁 가능한 수준이다. 또한 지속적인 투자와 기술개발이 병행되면 풍력발전은 15년 안에 80원/kWh의 단가 목표를 달성할 수 있을 것으로 기대된다.

표 6-1 한국전력의 발전원별 발전단가(2013, 단위 : 원 /kWh) (출처 : 한국전력)

구 분	발전단가	가채 매장량	1kW 생산에 따른 온실가스 배출량
원자력	39.12 원/kWh	85년(우라늄)	10g
유연탄	58.71 원/kWh	133년	991g
LNG	163.37 원/kWh	60.3년	
수 력	170.94 원/kWh		
양수발전	204.41 원/kWh		
유 류	221.78 원/kWh	41.6년	782g
태양광	229.57 원/kWh		57g
풍 력	162.59 원/kWh		

풍력발전의 특징

■ 장점

- 바람의 운동에너지를 이용한 발전방식으로 화석연료 대체효과가 매우 크다.
- 낙도 등의 낙후지역에 경제성 있는 전력보급이 가능하다.
- 풍향이 우수한 해안 및 산간지역에 설치함으로써 국내 토지이용을 합리화할 수 있다.
- 제주지역과 같은 일부 특정지역의 경우 대규모 풍력발전 단지조성으로 관광자원으로의 활용이 가능하다.
- 발전에 따른 소요면적이 타 신재생에너지원보다 적게 소요된다.

■ 단점

- 일정수준 이상의 바람이 부는 곳에 설치하여야 한다. (많지 않음, 설치장소가 제한적임)
- 대규모 발전시설 건설이 어렵다.
- 건설하는데 비용이 많이 든다.
- 바람이 항상 부는 것이 아니기 때문에 에너지를 저장하기 위한 충전기술이 필요하다.
- 육상 풍력발전기 설치 시 산림파괴가 발생된다.

풍력발전의 가치를 다시 정리해 보면, 첫째, 에너지원이 고갈되지 않는 재생 가능한 무공해 에너지원이라는 점, 둘째, 오랜 기술력 축적으로 인한 기술성 확보와 가격경쟁력을 가지고 있다는 점, 셋째, 공해물질 저감 비용이 낮고 효과가 높다는 점이다.

풍력발전기는 풍속이 세고, 풍차가 클수록 더 많은 풍력 에너지를 생산할 수 있기 때문에 풍력발전기의 발전량은 바람의 세기와 풍차의 크기에 의존하고 있다. 또한 높이가 높아질수록 바람이 세게 불기 때문에 높은 곳의 발전기가 낮은 곳의 발전기보다 크고 발전량도 많다.

풍력으로 발전하려면 평균 초속 4m/s 이상으로 부는 바람이 필요한데, 여기서 말하는 바람의 속도는 우리가 서 있는 땅 위가 아니라 풍력발전기의 날개가 있는 높이에서의 속도를 말한다.

초속 4m로 부는 바람이란 어느 정도의 바람인가?

(출처 : 한국일보)

- 2미터/초 : 바람을 느낀다.
- 4미터/초 : 나뭇가지가 흔들린다.
- 7미터/초 : 먼지가 발생한다.
- 12미터/초 : 몸이 떨린다.
- 25미터/초 : 나무가 뽑힌다.
- 30미터/초 : 유리창이 깨진다.

2 국내 풍력에너지 자원

2.1 개요

국내 육상 풍력자원의 잠재량은 고산지대인 강원도에, 해상 풍력자원의 잠재량은 수심이 낮으며 비교적 풍속이 빠른 서남해안의 전라남도에 집중되어 있다. 그림 6-1은 육상 및 해상 풍력단지개발 가능영역을 보여주는 그림인데, 육상은 고산지 위주로 개발 가능성이 높고, 해상은 수심이 1차적인 개발 적합성을 결정짓는 요인임을 알 수 있다.

전 세계적으로 풍력발전기 설비용량의 대용량화, 저풍속형 풍력발전기 기술개발 및 배타적 경제수역(EEZ), 심해로의 해상풍력개발 확대, 풍력단지 입지에 대한 사회적 규제완화 등의 추세를 감안한다면 풍력자원 잠재량은 특히 해상에서 매년 대폭 향상될 것으로 예상된다. 일례로 남한 해상의 이용 잠재량은 영해에서 배타적 경제수역으로 확대될 경우 개발 대상면적은 약 2.3배로 증가하게 된다. 또한 현재는 동해 해상 풍력자원을 전혀 이용하지 못하지만 향후에 심해 부유식 풍력발전기술이 상용화되면 비약적인 잠재량 확대가 가능할 것으로 기대된다.

그림 6-1 육상 및 해상 풍력단지개발 가능영역 (짙은 회색) (출처 : 에너지관리공단)

각국의 풍력발전 기술적 잠재량을 설비용량을 기준으로 비교해보면, 미국(육상 500GW, 해상 1,000GW), 중국(육상 250GW, 해상 750GW), 일본(해상 250GW), 인도(육상 65GW), 덴마크(해상 8GW), 영국(해상 70GW), 독일(해상 13GW) 등으로 영토 및 영해의 면적비로 비교할 때 남한의 잠재량이 유리한 수치임을 확인할 수 있다.

국내 해상풍력 자원 및 기술

■ 국내 해상풍력 자원의 지리적 잠재량
- 한반도 주변 0~30m 수심 : 해상면적의 17.5%
- 공급 가능 전력량 : 20.1TWh/year
- 제주도와 남해가 가장 우수

■ 국내 해상풍력 자원의 기술적 잠재량
- 국내 발전기의 90% 정도가 수입제품 사용 실정
- 기초 및 타워 기술은 세계 정상급

그림 6-2 부유식 해상풍력 (출처 : www.http://blog.naver.com/jkhan012)

2.2 국가바람지도

국가바람지도(또는 풍력자원지도;Wind Map)는 지역별 풍속 및 풍력밀도(Wind Power-

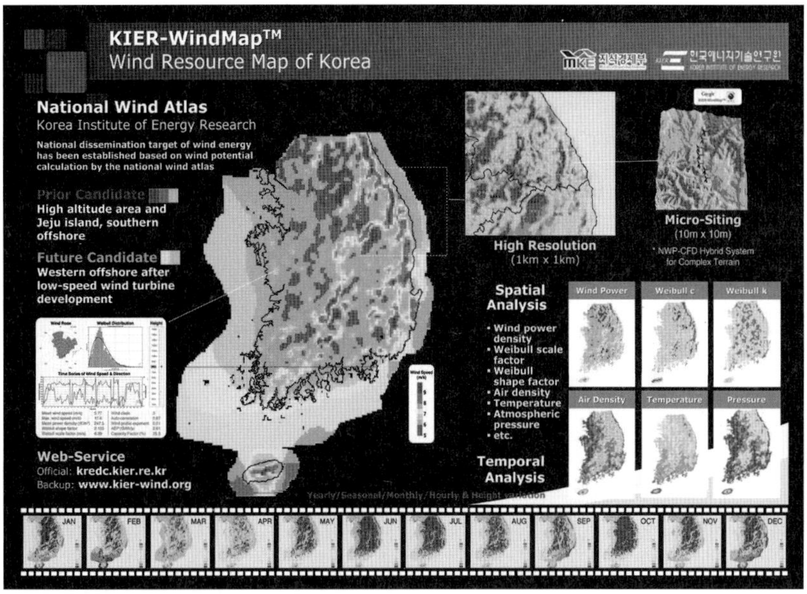

그림 6-3 남한 고해상도 국가바람지도 (출처 : 에너지관리공단)

density)의 공간분포를 나타낸 지도로, 기상재해 해석자료, 기상 관측자료 등의 기상정보 및 수치고도자료, 토지이용도 등의 지리정보를 입력하여 수치해석적 시뮬레이션에 의해 작성된다. 그림 6-3은 한국에너지 기술연구원에서 구축한 1km급 남한 국가바람지도이며, 향후 지속적인 고해상도화 및 관측자료, 인공위성 원격탐사자료와의 객관적 분석 및 보정 등의 과정을 통해 정확도를 높여나갈 것이며, 궁극적으로 풍력발전 단지개발 분야에도 큰 기여를 하고 있다.

3 풍력발전 시스템

3.1 풍력발전 원리

풍력발전기는 바람이 지니고 있는 에너지를 우리가 유용하게 사용할 수 있는 전기에너지로 바꿔주는 장치이다. 불어오는 바람은 풍력발전기의 날개를 회전시켜 바람이 가지는 운동에너지에서 로터 블레이드가 기계적 에너지를 추출하고 이 회전력으로 발전기의 로터를 회전시켜 전기를 생산하여 우리가 사용하게 되는 것이다.

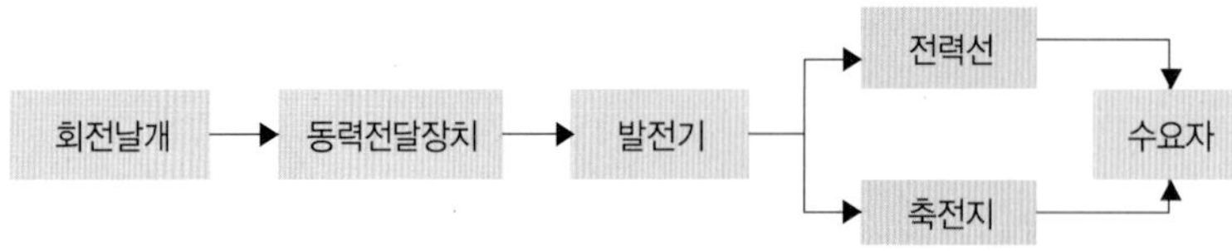

그림 6-4 풍력발전의 원리

즉 블레이드의 회전동력이 주축을 이루어 발전기의 회전자로 전달되어 전기를 생산하고, 발전기에서 생산된 전력은 축전지에 저장(소형 풍력터빈)하여 사용하거나 전력계통에 연계하여 송전하는 시스템이다.

3.2 시스템 구성

풍력발전 시스템은 크게 풍력발전기 구조물 시스템과 풍력발전기를 제어하는 제어시스템으로 나누어진다. 풍력발전기 구조는 그림 6-5와 같이 바람이 가지는 에너지를 회전력으로 변환시키는 회전날개(Blade), 회전날개를 연결하는 허브(Hub), 회전력을 증속기에 전달하는 주축(Main Shaft), 저회전 · 고토크의 회전을 고회전 · 저토크의 회전으로

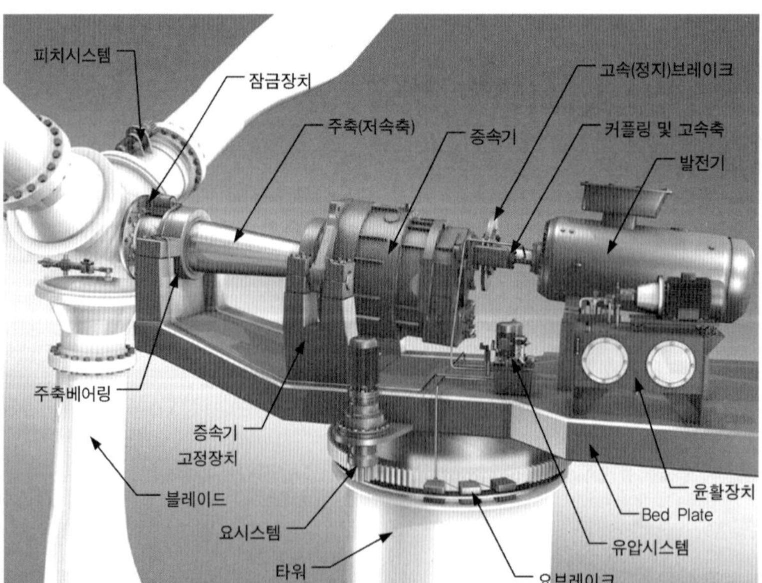

그림 6-5 풍력발전기의 구조 및 구성품 (출처 : 에너지관리공단)

변환하는 증속기(Gearbox), 회전력을 전력으로 바꾸는 발전기(Generator), 풍력발전기를 지지하는 타워(Tower), 블레이드의 피치각을 조절하는 피치 시스템(Pitch System), 나셀(Nacelle)을 바람이 부는 방향으로 일치시키는 요 시스템(Yaw System), 그리고 풍력발전기를 제어하는 제어 · 모니터링 시스템 등으로 이루어져 있다.

3.3 풍력발전 장치 구성요소와 기능

표 6-2 풍력발전장치 구성부품과 역할 (출처 : 최신풍력터빈의 이해, 2010, 아진출판사)

부 품 명	역할과 기능
블레이드(Blade)	바람을 기계적 회전운동으로 변환
피치 시스템(Pitch System)	블레이드의 각도를 조절하는 장치
잠금장치(Lock)	나셀의 수송 및 설치 시 내부 부품 보호와 유지보수 시 주축의 회전방지
주축베어링(Main Bearing)	주축의 회전 및 지지 역할
주축(Main Shaft 혹은 Low Speed Shaft)	블레이드의 토크를 증속기와 발전기로 전달하는 역할
증속기(Gearbox)	저속의 블레이드 회전수를 발전기용 고속회전으로 변환하는 역할
유압 시스템(Hydraulic System)	브레이크 등 유압 공급장치
고속 브레이크(Disk Brake)	최종 정지를 위한 기계 브레이크
고속축(High Speed Shaft)	증속기로 빨라진 속도로 하중과 토크를 전달하는 역할
커플링(Coupling)	증속기와 발전기를 연결하는 전달 장치
요 드라이브(Yaw Drive)	요 베어링을 회전시키는 드라이브 모터
요 베어링(Yaw Bearings)	나셀을 회전시키는 요 시스템의 베어링
발전기(Generator)	출력을 발생시키는 발전장치
냉각장치(Cooling Unit)	증속기의 과열을 방지하는 냉각장치
제습 및 냉각장치(Dehumidifier)	발전기용 냉각 및 제습장치
윤활장치(Lubrication Unit)	주축베어링용 윤활장치
충격완화장치(Damping Unit)	증속기의 회전충격을 흡수하는 장치
오일필터장치(Oil Filter Unit)	증속기어의 오일 필터장치
제어장치(Control Unit 혹은 Controller)	풍력터빈의 제반 작동을 제어
타워(Tower)	블레이드와 나셀의 하중을 지지하는 역할
나셀(Nacelle)	주축, 증속기, 발전기 등 주요핵심 부품을 보호하는 하우징

풍력발전 시스템 구성

풍력발전 시스템은 크게 날개, 변속장치, 발전기 부분으로 구분한다.

■ 날개
바람에 의해 회전되어 풍력에너지를 기계적인 에너지로 변환시키는 장치

■ 변속장치
날개에서 발생한 회전력이 중심 회전축을 통해 변속기어에 전달되어 발전기에서 요구되는 회전수로 높여서 발전기를 회전시킨다.

- Shaft(회전축)를 포함한 Rotor(회전자)
- 증속기(Gearbox) : 적정 속도로 변환
- Brake, Pitching & Yawing System : 기동 · 제동 및 운용 효율성 향상

■ 발전기
날개에서 발생한 기계적인 에너지를 전기에너지로 변환하는 장치

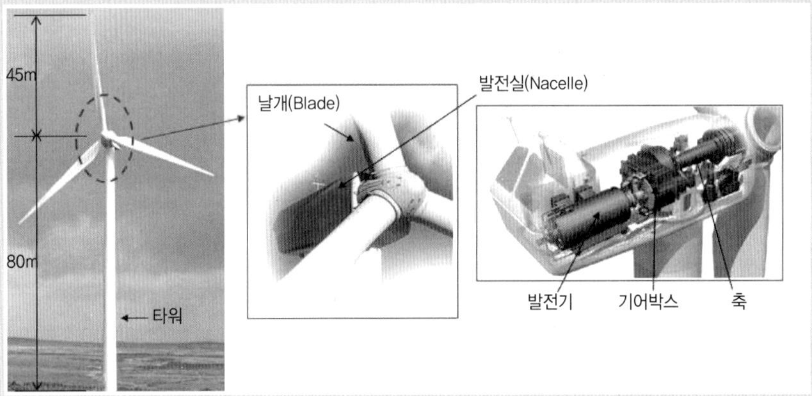

(출처 : 에너지관리공단)

4 풍력발전 시스템의 종류

풍력발전기를 분류하는 방법은 일반적으로 형상과 기능 등에 따라 다음과 같이 분류한다.

분류	종류
회전축 방향에 의한 분류	수평축(Horizontal Axis Type) 풍력발전기, 수직축(Vertical Axis Type) 풍력발전기
증속기 유무에 의한 분류	증속기형(Geared Type) 풍력발전기, 직결형(Gearless Type) 풍력발전기
공기역학적 방식에 의한 분류	양력식(Lift Type) 풍력발전기, 항력식(Drag Type) 풍력발전기
운전속도에 의한 분류	정속형(Fixed Rotor Speed Type) 풍력발전기, 가변속형(Variable Rotor Speed Type) 풍력발전기
출력제어방식에 의한 분류	날개각 제어형(Pitch Controlled Type) 풍력발전기, 실속제어형 (Stall Controlled Type) 풍력발전기
계통연계 여부에 의한 분류	계통연계형(Grid Connected Type) 풍력발전, 독립전원형(Off-grid Type) 풍력발전
설치 장소에 의한 분류	육상(Onshore Type) 풍력발전, 해상(Offshore Type) 풍력발전

4.1 회전축 방향에 의한 분류

풍력발전기는 회전축의 방향에 따라 수평축형과 수직축형으로 구분되는데, 회전축이 바람이 불어오는 방향인 지면과 평행하게 설치되면 수평축 풍력발전기(Horizontal Axis Wind Turbine)라 하고, 지면과 수직으로 놓이면 수직축 풍력발전기(Vertical Axis Wind Turbine)라 한다. 통상적으로 중대형급 이상 풍력발전기는 출력이 안정적이고 효율이 높은 수평축 풍력발전기를 채택하고 있으며, 수직축 풍력발전기는 다양한 형태가 고안되어 사용되고 있는데 가장 대표적인 수직축은 자이로밀(Gyromill), 사보니우스(Sa-VoNius), 다리우스(DarRieus)형식이고, 100kW급 이하 소형에 주로 적용된다.

수평축 풍력발전기 수직축 풍력발전기

그림 6-6 회전축 방향에 의한 분류 (출처 : 한국풍력산업협회)

4.1.1 수평축 풍력발전기

수평축 풍력발전기는 회전축이 바람이 불어오는 방향에 수평인 풍력발전 시스템으로서 현재 가장 안정적인 고효율 풍력발전 시스템으로 인정되어 대용량 풍력발전기에 채택하고 있는 형태이다. 수평축 풍력발전기는 1개에서 4개까지의 날개를 가진 다양한 종류가 있지만, 발전용으로 가장 많이 이용되고 있는 것은 3개의 날개를 가진 프로펠러형이다. 수평축 발전기는 구조가 간단하고 설치가 용이하며 에너지 변환효율이 우수하다는 장점은 있지만, 날개 전면을 바람의 방향에 맞추기 위해서는 나셀을 360도 회전시켜 줄 수 있는 요잉(Yawing)장치가 필요하며, 증속기(Gearbox)와 발전기 등을 포함한 무거운 나셀(Nacelle)이 타워 상부에 설치되어 점검 · 정비가 어렵다는 단점이 있다.

4.1.2 수직축 풍력발전기

회전축이 지면에 수직한 수직축 풍력발전기는 회전축이 바람의 방향에 대해 수직이며, 현재 실용화된 대형 시스템은 없는 실정이다. 바람의 방향에 관계없이 운전이 가능하며,(요잉 시스템 불필요) 증속기 및 발전기가 지상에 설치되어 있어서 유지 · 보수 · 점검이 용이하다. 수직축 풍력발전기에는 원호형 날개 2~3개를 수직축에 붙인 다리우스형(Darrieus Type)과 2~4개의 수직대칭익형 날개를 붙인 자이로밀형(Gyromill Type), 그리고 반원통형의 날개를 마주보게 한 사보니우스형(Savonius Type) 등이 있다. 수직축 풍력발전기는 바람의 방향에 영향을 받지 않아 요잉장치가 필요 없으므로 사막이나 평원에는 적합하지만 소재가 비싸고 수평축에 비해 효율이 떨어지는 단점이 있다.

다리우스형

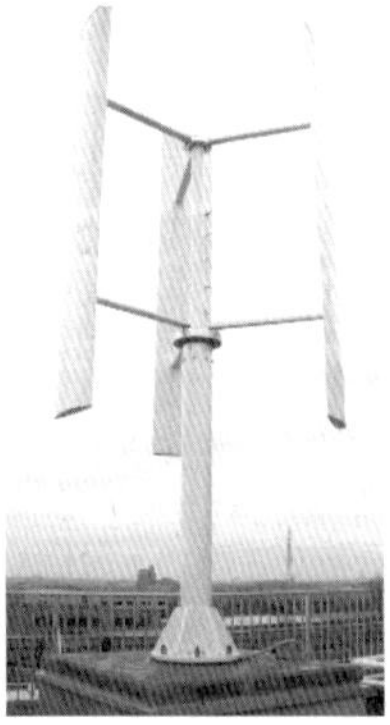

자이로밀형

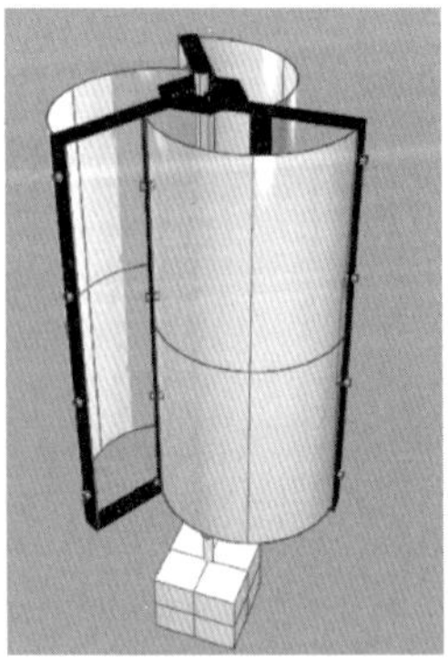

사보니우스형

그림 6-7 수직축 풍력발전기 (출처 : 한국풍력산업협회)

4.2 증속기 유무에 의한 분류

풍력발전기 날개에 직결되어 회전되는 주축(Main Shaft)과 발전기 사이에 설치되어 발전기측의 회전속도를 증가시켜주는 장치를 증속기(Gearbox)라고 하는데, 풍력발전기에는 증속기를 포함한 증속기형 풍력발전기(Geared Type)와 증속기가 없이 발전기로 직결되는 직결형(Gearless Type) 풍력발전기의 두 방식이 혼합된 하이브리드형(Hybrid Type)이 있다.

4.2.1 증속기형(Geared Type) 풍력발전기(간접구동형)

증속기형(Geared Type)은 저회전 · 고토크의 로터 입력동력을 고회전 · 저토크의 출력동력으로 변환하여 발전기에 전달한다. 간접구동형은 견고하면서 가격이 저렴한 유도발전기를 사용하기 때문에 초기 풍력터빈의 개발단계부터 적용된 기술적 접근방법이었으며, 그동안 기술적인 발전을 거듭하면서 오늘에 이르렀고 아직도 시장의 80~90% 이상이 이 형식으로 되어 있다. 최근 증속비를 높여 발전기의 크기를 감소시키는 기술과 증속기형의 문제점인 진동 · 소음 및 하중의 불균등한 분배 등의 문제점을 해소하기 위한 기술개발이 활발히 이루어지고 있다.

4.2.2 직결형(Gearless Type) 풍력발전기(직접구동형)

직결식 풍력발전기는 풍력터빈용 발전기(Generator)의 기술이 향상되면서 증속기가 없는 형태로 개발된 것이다. 기어박스가 없기 때문에 구조가 단순하고 기계적인 응력이 감소되며 기계적 소음도 낮다. 또한 운전 및 유지비용이 적게 소요되며, 가동률이 높은 장점이 있다. 그러나 회전속도가 느려 다극발전기를 사용해야 하기 때문에 발전기의 크기와 무게가 증가되고 가격도 비싸진다. 또한 로터와 발전기가 가까이 있어 나셀의 무게중심이 한쪽으로 쏠릴 수 있어 이를 방지하는데 타워와 기초비용이 증가되는 단점이 있는데, 최근에는 관련 기술의 발달로 이러한 단점이 상당 부분 해결된 혁신적인 시스템이 개발되고 있다.

4.2.3 하이브리드형(Hybrid Type) 풍력발전기

하이브리드형((Hybrid Type)은 두 방식을 혼합한 방식으로, 고단의 증속기로부터 발생하는 기계 손실과 너셀부의 무게 증가의 단점을 저단기어로 대체하고 발전기의 극수와 크기를 감소시켜 서로 보완하는 설충형태이다.

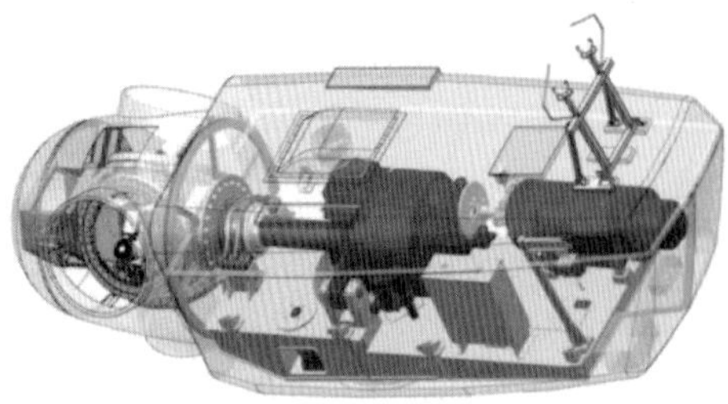

증속기형(Geared Type) 풍력발전기(간접구동형)

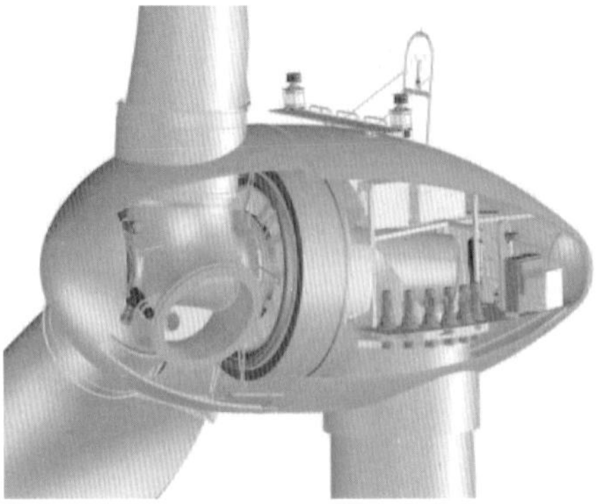

직결형(Gearless Type) 풍력발전기(직접구동형)

그림 6-8 증속기 유무에 의한 분류 (출처 : 에너지관리공단)

4.3 공기역학적 방식에 의한 분류

공기역학적 방식에 의한 분류는 유선형 날개에서 상부와 하부를 흐르는 공기의 속도가 달라짐으로써 양력이 발생하여 날개가 회전하게 된다는 베르누이방정식을 풍력터빈의 날개에 이 양력과 항력을 적절히 활용한 것이다.

4.3.1 양력식(Lift Type) 풍력발전기

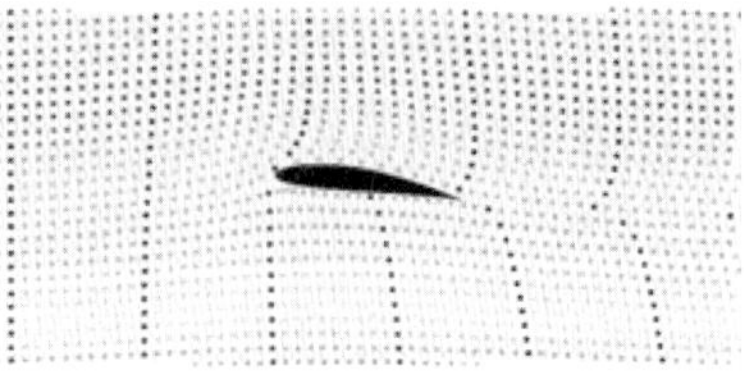

그림 6-9 양력식 풍력발전기 원리

양력(Lift Force)을 이용하여 날개를 회전시키는 풍력터빈을 양력식 풍력발전기라고 한다. 양력식 풍력발전기가 회전하는 원리는 날개의 앞쪽에서 출발한 바람이 곡면부와 평탄한 부위로 분리되어 흐르는데, 곡면부를 통과한 바람은 평탄한 부위를 통과하는 바람보다 속도가 빨라진다. 이때 생성되는 날개 양면의 유속차에 의해 양력이 발생하게 되고 이 힘에 의해 날개가 양력방향으로 움직이면서 회전하게 된다.

4.3.2 항력식(Drag Type) 풍력발전기

항력식 풍력발전기는 날개가 바람의 저항을 직접 받아서 축을 회전시키는 풍력발전기이며, 대표적인 것으로 사보니우스와 흔히 주변에서 볼 수 있는 컵형 풍속계(Anemometer)도 이 형식에 속한다. 항력식 풍력발전기의 날개 회전속도는 풍속을 초과할 수 없다는 특징이 있다.

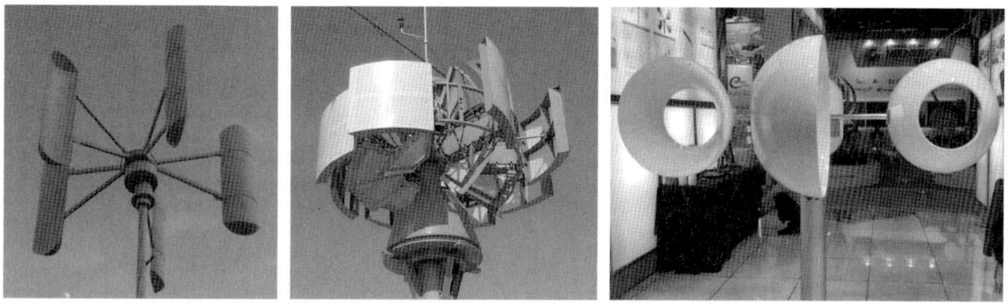

그림 6-10 항력식 풍력발전기 (출처 : 에너지관리공단)

4.4 운전속도에 의한 분류

로터 블레이드의 회전수에 따른 분류로서 정속운전과 가변속운전방식으로 구분되며, 이에 따라 계통의 주파수, 증속비, 발전기에 대한 설계를 함께 고려하여야 한다.

4.4.1 정속형(Fixed Rotor Speed Type) 풍력발전기

정속형 풍력발전기란 풍속에 상관없이 로터가 일정한 속도로 회전되는 풍력터빈을 말한다. 정속운전(Fixed Rotor Speed)방식은 풍속에 관계없이 로터의 회전속도가 일정하므로 특정 풍속에서 최대의 효율을 낼 수 있기 때문에 실속제어와 함께 초기의 풍력발전기에 많이 사용되었다. 정속형 풍력발전기는 구조가 간단하고 신뢰성이 높으며 발전기의 가격이 낮다는 장점을 가지고 있는 반면, 무효전력 및 전력품질의 제어가 어렵고 기계적 응력을 많이 받는다는 단점이 있다.

4.4.2 가변속형(Variable Rotor Speed Type) 풍력발전기

가변속운전(Variable Rotor Speed)방식은 풍속의 변화에 따른 가변속운전을 통하여 변동하는 풍속에 대응하는 로터의 회전속도를 연속적으로 받아들이는 시스템이며 같은 풍향조건에서 정속운전보다 출력을 많이 얻을 수 있고 보다 우수한 전력품질을 얻을 수 있기 때문에 현재 개발되는 대부분의 풍력발전기에 채택되고 있다.

넓은 범위의 풍속에서 최대 공력 효율을 얻을 수 있도록 설계하며, 풍속의 변화에 따른 출력계수가 최적이 되도록 주속비는 일정한 값으로 유지된다. 가변속형은 동일한 풍향조건에서 정속형보다 많은 출력과 우수한 전력품질을 얻을 수 있으며 기계적 응력이 감소된다는 장점이 있는 반면, 정속형보다 전기시스템이 복잡하여 관련된 전기부품이 많이 소요되며 가격이 상승된다는 단점이 있다.

4.5 출력제어방식에 의한 분류

수평축 풍력발전기는 정격풍속에서 최대의 출력이 발생할 수 있도록 설계되며, 정격풍속 이상의 풍속에 대하여 풍력터빈 시스템 보호를 위해 발전량을 조절하는 출력제어를 한다. 출력제어방식은 크게 실속제어(Stall Control)와 피치제어(Pitch Control)로 구분하는데, 현재 대부분의 MW급 이상의 풍력발전기는 대형화에 따른 시스템의 안정적 출력 확보를 위해 정격풍속 이상에서 피치 제어를 통해 일정한 출력을 얻고 있으며, 중소형 풍력발전기의 경우는 경제성을 고려하여 실속제어방식을 채택하고 있다.

4.5.1 실속제어형(Stall Controlled Type) 풍력발전기

유선형 날개의 상·하부로 흐르는 공기 중, 빠른 속도로 흐르는 공기는 공기의 특성, 날개의 형상, 진입공기의 입사각 등에 따른 저항을 받게 된다. 유속이 증가하여 일정 수준 이상이 되면 날개의 후면에서 저항에 의한 와류(Turbulence)가 발생하여 양력을 급격히 저하시키는데, 이 현상을 실속(Stall)이라 한다.

실속제어방식은 실속현상을 이용하여 일정 풍속 이상에서 블레이드에 작용하는 양력을 증가시키지 않거나 줄어들게 함으로써 로터의 회전속도를 제어하는 방식이다. 특히, 실속제어방식 중 날개각제어를 하지 않고 실속제어만을 하는 방식을 수동형 실속제어(Passive Stall Control)라 하는데, 이 경우에는 정격출력을 일정하게 유지하기 어려운 단점이 있지만 경제성을 고려하여 이전의 중소형 풍력발전기에 많이 채택되었다. 한편, 이러한 단점 해결을 위하여 날개각제어를 하되 일정 풍속 이상이 되면 실속제어가 되도록 한 것을 능동형 실속제어(Active Stall Control)라 한다. 실속제어방식은 풍속변화에 대한 대응속도가 느려 순간적으로 높은 토크가 발생될 수 있기 때문에 대형 풍력터빈의 경우에는 안전을 저해할 수 있다는 단점이 있다.

4.5.2 날개각제어형(Pitch Controlled Type) 풍력발전기

피치제어방식은 회전날개의 각도를 조정하여 다양한 범위의 회전속도를 얻음으로써 출력을 제어하는 방식이다. 피치제어방식의 받음각을 조절할 수 있기 때문에 정격풍속 이상에서 효율적인 출력제어가 가능하여 전력생산량을 높일 수 있기 때문에 중대형 풍력발전기에서 거의 대부분 필수적으로 채택하고 있다.

4.6 계통연계 여부에 의한 분류

풍력발전기는 그 목적에 따라 운전방법이 달라지며, 크게 독립전원형(Off-grid type)과 계통연계형(Grid Connected Type)으로 나누어진다.

독립형의 경우 발전된 전기를 일시적으로 충전시스템을 이용하여 배터리에 저장한 후 필요한 시기에 다시 꺼내 사용하는 구조를 말하며, 계통연계형의 경우는 반드시 상용전력선이 존재하는 장소에, 직접 상용전력선에 같이 연결하여 발전하는 경우 직접 발전된 전력을 사용하고 발전이 되지 않을 경우는 기존의 상용전력을 사용하는 운전방식이다.

일반적으로 독립형의 경우 3kW 미만의 용량에 주로 적용하며, 3kW 이상의 경우는 충전하기 위한 배터리가 과도하게 많이 사용됨에 따라 주기적인 배터리 교체 및 관리비용이 증가하여 운영효율이 떨어지므로 직접계통에 연계하는 방식을 주로 사용한다.

4.6.1 독립전원형(Off-grid Type) 풍력발전

전력이 사용되는 지역 근처에 발전기를 설치하고 독립적으로 전력을 활용하는 형식을 독립운전형 풍력발전이라고 한다. 소형 풍력터빈의 경우에도 드물게 계통에 연계하여 사용하는 경우가 있으나 대부분은 원격지에서 독립적으로 운전하거나 디젤발전기 등과 혼합하여 하이브리드형식으로 운전하기도 한다.

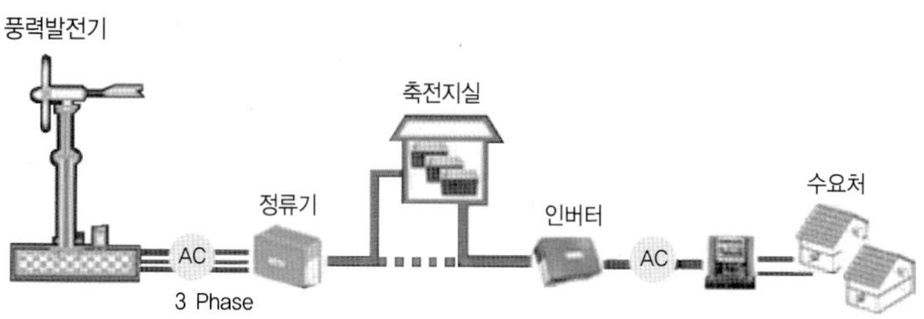

그림 6-11 독립전원형(Off-grid Type) 풍력발전 (출처 : 미래에너지)

4.6.2 계통연계형(Grid Connected Type) 풍력발전

풍력터빈에서 생산된 전력을 국가의 전력계통망에 연결하여 전력을 공급하는 형식을 계통연계형 풍력발전이라 한다. 오늘날 중형 이상인 풍력터빈의 경우 대부분 계통에 연결하여 발전용으로 사용하고 있으며, 경제성이나 기술적인 측면에서 유리하다.

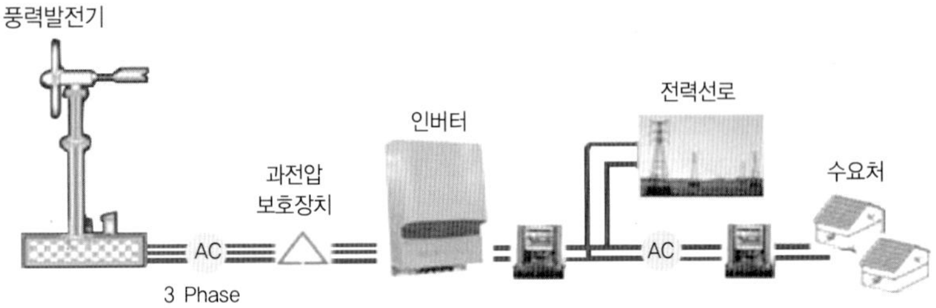

그림 6-12 계통연계형(Grid Connected Type) 풍력발전 (출처 : 미래에너지)

4.7 설치장소에 의한 분류

4.7.1 육상(Onshore Type) 풍력발전

육상풍력발전이란 물속이 아닌 내륙지역에 풍력발전설비를 건설하여 발전하는 것을 말한다. 육상풍력은 건설이 용이하고 경제성이 높다는 장점이 있어 지금까지 건설된 국내 · 외 대부분의 풍력발전단지는 이 형식에 속하지만, 육상단지의 포화, 민원발생, 풍력효율저하, 대형화의 한계성 등 건설상의 제약요인이 많아 근래에는 점차 해상풍력으로 이행하는 추세에 있다.

4.7.2 해상(OffShore Type) 풍력발전

해상풍력발전이란 물속에 풍력발전단지를 건설하여 바람에 의한 전력생산을 하는 것을 말한다. 해상(Offshore)이라는 개념은 해양산업에서 통상적으로 사용하는 바다만을 의미하는 것이 아니기 때문에 해상풍력발전에는 호수, 협강, 폐쇄된 해안지역 등 내륙(Inshore)에 속하는 지역의 풍력발전도 포함된다. 해상풍력발전은 전통적인 바닥고정(Fixed Bottom)형 풍력발전기술은 물론, 물이 깊은 곳에서는 부유식 풍력터빈(Floating Wind Turbine) 기술도 사용된다. 또한 해상풍력은 넓은 부지 확보가 가능하고 민원이 적어 풍력단지의 대형화가 가능하며, 바람의 품질이나 풍속이 양호하여 풍력발전기의

그림 6-13 제주도 해상풍력단지 조감도 (출처 : 한국전력)

안전성과 효율성 측면에서도 유리할 뿐 아니라 설비의 대형화 추세에도 적합하다는 장점이 있다. 반면, 육상풍력에 비하여 경제성이 낮고, 설치와 운전 · 유지에 어려움이 있으며, 계통연계가 어려운 단점이 있다.

4.8 해상풍력발전 설비

육상풍력단지 확대와 함께 육상단지개발의 한계성, 해상풍력발전의 가능성과 높은 효율성 등으로 해상풍력발전에 풍력선진국에서는 향후 개발의 초점을 맞추고 있다. 이에 따라 육상풍력 분야에서 불리한 지리적 조건을 가진 국내에서는 육상풍력산업과 함께 해상풍력산업을 동시에 육성하는 방향으로 진행되고 있다. 하지만 해상풍력발전단지를 건설함에 있어 설치에 필요한 건설비용에서 터빈 자체 비용보다는 터빈을 지지하는 지지구조물, 해저케이블, 해상변전시설, 설치비용 등이 2배 이상 소요되므로 이에 대한 고려가 필요하다.

4.8.1 하부구조물

해상풍력터빈의 해상 설치는 고정식과 부유식으로 나눌 수 있다. 고정식의 경우 지지구조물은 타워, 하부구조물, 기초로 이루어지는데, 타워는 기존 풍력터빈의 일부로써 고려되고 하부구조물의 설계, 제조, 설치에 대한 연구개발이 필수적이다. 고정식 하부구조물은 수심 80m 이내의 천해지역 해저에 기초를 하고 하부구조물을 설치하는 방식인데,

모노파일, 중력식 구조물, 재킷, 트라이포드, 테트라포드 등의 하부구조물이 사용되며 각 형식의 선택은 해류, 수심, 해저의 토양 등을 고려하여 결정된다. 부유식의 경우 터빈을 부유체에 조립하여 해저에 케이블을 통하여 고정하는 방법이다.

그림 6-14 해상풍력(고정식, 부유식) (출처 : 한국전력)

4.8.2 계통연계기술 및 시설

계통연계기술은 해상단지 내의 전력계통과 육상변전소까지의 연계기술을 말하며, 세부기술로는 전력선 및 전력망 설계시공기술, 해상변전소 설계 및 시공기술 등이 포함된다. 터빈에서 발전된 전기를 육상변전소로 송전하기 위하여 적정한 해저케이블 설치는 매우 중요하며 많은 비용이 소요된다. 단거리 및 장거리의 대규모 송전용 해저케이블 개발 및 제조기술, 케이블 포설설비와 장비, 유지보수 기술 등이 필수적으로 요구된다. 해상변전시설은 해상에 설치되는 여건에서 내환경성 및 신뢰성을 고려하여 개발된다.

4.8.3 터빈 설치선

해상풍력발전단지 조성 시 매우 큰 비용 중 하나는 설치비용이며, 설치용 선박과 설치기술이 필수적으로 확보되어야 한다. 해상풍력발전단지 조성이 아직은 세계적으로 초기단계에 있기 때문에 설치선 건조가 유럽의 수요에 맞춰져 있다. 국내의 조선해양기업에서는 유럽의 설치선을 주문받아 건조한 실적을 보여주고 있다. 향후 해상풍력발전단지 건설이 확대되면 가장 시급하게 확보되어야 하는 분야가 설치선 및 설치기술이다.

그림 6-15 해상풍력 조감도

5 풍력발전 해외현황

2013년을 기준으로 전 세계적으로 35.3GW 이상의 신규 풍력발전설비가 가동에 들어감으로써 글로벌 풍력발전 설비용량은 320GW로 집계되었다. 세계 풍력발전 시장은 지난 수년간 가파른 성장세를 이어왔으나 미국의 일시적인 풍력 시장 조정과 글로벌 경제위기 등으로 인해 성장률이 잠시 둔화되었지만, 최근 중국과 인도, 비OECD회원국들이 풍력발전 설비용량 증설을 주도하고 있어 향후 전세계 풍력발전 설비용량 대다수가 아

그림 6-16 부유식 풍력발전 실례(노르웨이, 2.3MW), 공중부양식 풍력발전 실례(미국, 206MW)
(출처 : 한국풍력산업협회)

시아국가 및 비OECD국가 추세로 성장이 진행될 것으로 전망하고 있다. 2014년 중국의 풍력발전이 100,000MW를 넘어설 것으로 예상되어 아시아 1위의 풍력발전 시장으로 자리잡고 있으며, 인도 또한 세계 5대, 아시아 2대 풍력발전 시장으로 강한 성장세를 보이고 있어 중국과 인도를 중심으로 한 아시아지역이 유럽을 제치고 세계 최대 풍력 시장으로 부상할 것으로 예상된다.

미국, 독일, 네덜란드 등 해외 선진국의 풍력발전 관련 기술은 이미 실용화 단계이기 때문에 요소기술 개발보다는 풍력발전기의 저가화와 대형화 및 보급 확대에 치중하고 있으며, 해상풍력 및 부양식 풍력발전 등의 기술개발과 보급 확대로 풍력 시장의 지속적인 성장을 이어가고 있다.

6 풍력발전 국내현황

우리나라는 저탄소녹색성장을 경제발전의 최우선 과제로 설정함에 따라 신재생에너지의 성장세가 향후 강하게 나타날 것으로 예상되지만, 현재 풍력발전이 시장에서 차지하는 비율은 아직 미비한 수준으로 2013년 말 기준 국내 풍력설비의 총규모는 561MW이

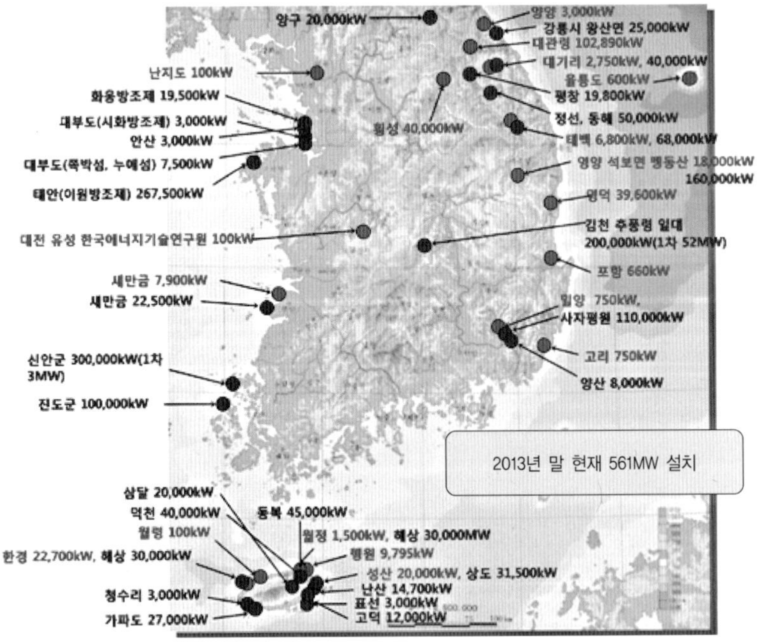

그림 6-17 국내 풍력 발전 현황 (출처 : 에너지관리공단)

며, 전 세계 풍력 누적 설치량의 0.2%에 불과한 실정이다.

국내의 기술개발 현황은 1단계 대체에너지 기술개발 사업으로 전국 64개 기상청 산하 기상관측소의 통계자료와 도서 및 내륙 일부 지역의 측정자료를 이용한 풍력자원 특성 분석 후 한국과학기술연구원이 1단계 대체에너지 기술개발 사업으로 20kW급 수평축 풍력발전기의 국산화 이후 현재 4MW급 해상용 풍력발전기 시스템 개발 및 실증과 5~7MW급 풍력발전용 타워와 고온초전도체를 적용한 7MW 이상급 풍력발전기 연구개발이 진행 중이고, 해상풍력 실증 연구단지를 조성하여 에너지관리공단에서 서남해에 2.5GW, 전북이 부안 위도에 4GW, 제주도와 제주에너지공사가 2GW의 해상풍력산업을 추진 중에 있다. 또한 2019년까지 국내 풍력발전용량 2.5GW를 목표로 지자체 및 풍력발전 사업체들이 전국을 대상으로 상업용 풍력발전 건설을 위한 계획을 수립하고 타당성 검토를 진행 중에 있다.

7 풍력발전 설비 시공기준

신재생에너지 설비의 지원 등에 관한 지침-에너지관리공단 신재생에너지센터

공고 제2014-1호 14.02.19

가. 설치 위치

1) 돌풍성의 풍력을 제외한 양질의 충분한 풍력자원이 있는 곳에 설치하여야 한다.

2) 주변에 풍속에 방해가 되는 풍력설비보다 높은 건물 및 나무 등이 없는 곳에 설치하여야 한다.

3) 주변의 시설이나 도로, 민가, 축사 등이 풍력타워의 넘어짐에 의해 영향을 받지 않도록 충분한 이격거리를 확보하여야 한다.

4) 소형 풍력설비

가) 풍력발전기 설치장소 주변의 이격거리를 50m 이상으로 하여 소음, 진동 등의 민원발생 방지

나) 가)항에 따른 이격거리 내에 있는 모든 주택 일반건물 등에 대하여 주민동의서를 받음

다) 에너지기술연구원, 기상청의 공식적인 데이터를 근거로 하여 연평균 4.5m/s 이상의 풍속이 확인되는 지역에만 설치함

나. 기초 및 타워 시설

1) 설치상태

가) 바람, 적설하중 및 구조하중에 견딜 수 있도록 설치하여야 한다. 타워는 발전기 운전 중에 과도한 떨림이나 진동이 없도록 충분한 구조적 강도를 가져야 한다.

나) 모든 볼트조립은 규정된 토크로 체결하고, 조립 후에 접합부 등에 빈틈이나 휨 등의 손상이 없어야 하며, 최상단부의 수평레벨을 맞추어야 한다.

다) 풍력발전기의 요잉장치 등에 영향이 없도록 수평을 맞추어야 하며, 양생된 콘크리트 기초에는 크랙

(crack) 등의 구조적 결함이 없어야 한다.

라) 기초는 충분한 지내력을 갖는 지질구조 위에 설치되어야 하며, 장기간의 운전에도 지반침하가 발생하지 않아야 한다.

마) 타워의 높이는 회전하는 날개에 의해 지상의 사람이나 시설 등에 손상을 입히지 않도록 충분히 높아야 한다.

2) 타워 연결부, 기초부(용접 부위 포함)

기초 및 타워시설 제작 시 형강류 및 기초지지대에 포함된 철판 부위는 용융아연도금처리 또는 동등 이상의 녹방지 처리를 하여야 하며, 용접 부위는 방식처리를 하여야 한다.

3) 체결용 볼트, 너트, 와셔(볼트캡 포함)

용융아연도금처리 또는 동등 이상의 녹방지 처리를 하여야 하며, 기초 콘크리트 볼트 부분은 볼트캡을 착용하여야 한다.

다. 발전기

1) 회전자는 허브에 정상적인 조립순서로 조립하고, 정해진 토크로 체결하여야 한다.

2) 허브와 주축간 연결은 설계도면상에 정해진 토크로 체결해야 하며, 나셀 내·외부의 각종 센서 및 낙뢰장치는 적절한 위치에 설치하여야 한다.

3) 발전기 회전부는 작업자의 안전을 고려하여 덮개로 보호해야 한다.

라. 나셀

1) 주요 구성기기와 제어반, 변압기 등은 정상 위치에 안정적으로 고정하여야 한다.

2) 각종 유압장치나 냉각장치 등에서 누유 및 누수 등이 발생하지 않아야 하며, 유압매체나 냉각수의 수위 및 윤활유 등이 적정하여야 한다.

3) 나셀 내부의 회전부는 작업자의 안전을 고려하여 차폐하여야 한다.

마. 전기배선

1) 연결전선

풍력발전기에서 옥내에 이르는 배선에 쓰이는 전선은 CV선 또는 TFR-CV선을 사용하여야 하며, 전선이 지면을 통과하는 경우에는 피복에 손상이 발생하지 않도록 별도의 조치를 취해야 한다.

2) 접지공사

전기설비기술기준에 따라 접지공사 및 피뢰설비를 설치하여야 한다.

3) 전기사업법의 사용 전 점검 또는 사용 전 검사에 하자가 없도록 시설을 준공하여야 한다.

바. 인버터

1) 센터에서 인증한 인증제품을 설치하여야 하며, 해당 용량이 없어 인증을 받지 않은 제품을 설치할 경우에는 신재생에너지 설비 인증에 관한 규정상의 효율시험 및 보호기능시험이 포함된 시험성적서를 제출하여야 한다. 기타 인증 대상 설비가 아닌 경우에는 제54조의 분야별 위원회의 심의를 거쳐 신재생에너지센터 소장이 인정하는 경우 사용할 수 있다.

2) 설치용량

정격용량은 인버터에 연결된 발전기 정격출력 이상이어야 하며 발전기 출력전압이 인버터 입력전압 범위 안에 있도록 시스템을 구성하여야 한다.

사. 기타

1) 명판

가) 모든 기기는 용량, 제작자 및 그 외 기기별로 나타내어야 할 사항이 명시된 명판을 부착하여야 한다.

나) 신재생에너지 설비 명판 설치기준의 명판을 제작하여 풍력발전기 전면에 부착하여야 한다.

2) 가동상태

현장확인의 경우, 가동상태에서는 인버터, 전력량계, 모니터링 설비가 정상작동을 하고 있어야 한다.

3) 모니터링 설비

신재생에너지 『모니터링시스템 기술기준』에 적합하게 설치하여야 한다.

4) 운전교육

설치업체는 설비 소유자에게 소비자 주의사항 및 운전매뉴얼을 제공하여야 하며 운전교육을 실시하여야 한다.

8 풍력발전 설비 시공 사례

영암 풍력단지
(2MW급 20기 설치, 시설용량 : 40MWh, 연간총발전량 : 10만MW(3만 가구 사용량)) (출처 : 무등일보)

동해안 해상풍력단지 조감도
(200MW급 30기 설치 예정, 시설용량 : 6,000MW) (출처 : 울산광역시)

강원 태기산 풍력발전단지
(2MW급 20기 설치, 시설용량 : 40MWh, 연간총발전량 : 10만MW(3만 가구 사용량)) (출처 : 문화일보)

제주 김녕 풍력발전단지
(3MW급 10기 설치, 시설용량 : 30MWh, 연간총발전량 : 70,000MWh(2만 가구 사용량)) (출처 : 시사제주)

대관령 풍력발전단지
(2MW급 49기 설치, 시설용량 : 98MWh, 연간총발전량 : 24만MWh(5만 가구 사용량)) (출처 : 인빌뉴스)

제주 해상풍력단지 조감도
(3MW급 34기 설치, 시설용량 : 102MWh, 연간총발전량 : 29만MWh(제주사용전력의 9%)) (출처 : 디지털타임스)

Chapter Seven

연료전지(Fuel Cell)

서울 마곡지구 연료전지발전소 조감도(10MW급) (출처 : 서울특별시)

는 차세대 에너지원으로 주목받고 있으며 에너지 혁명을 촉발할 실용적인 연료전지개발과 응용이 선진업체를 중심으로 이루어지고 있다.

현재 연료전지는 저용량부터 고용량까지의 발전설비 분야와 제로 이미션(Zero Emission) 자동차개발, 그리고 비디오카메라나 노트북에 이용되는 휴대용 소형 전지 분야 등에 적용되어 상용화를 위한 활발한 연구가 진행 중이며, 과학과 기술 분야 외에도 군사, 우주항공의 응용 소프트웨어로 연료전지에 대한 관심이 증가되어 석유가격 상승, 에너지 정책변화, 지구환경 파괴 등으로 인해 향후 전력생산의 또다른 유력한 방법으로서 신중히 고려되고 있으며, 미래 수소경제를 가능하게 하는 핵심기술이 될 것으로 예측하고 있다.

연료전지는 또한 다른 대체에너지와는 달리 개질기(Reformer)를 이용하면 기존의 화석에너지 인프라를 그대로 활용할 수 있어서 자동차회사, 석유회사, 천연가스회사 등 많은 기업들이 저비용 · 고효율의 다양한 연료전지를 연구 · 개발하고 있다.

2 연료전지의 특징

현재의 에너지 시스템에 주연료로 사용되는 화석연료는 사용 후 NOx, SOx, 분진 등과 같은 대기오염물질을 배출하여 지구의 환경을 오염시키고 있을 뿐만 아니라 다량의 이산화탄소를 대기 중에 배출하여 지구온난화의 우려를 가중시키고 있다. 또 다른 에너지원인 원자력은 사용과정 또는 사용 후 방사능오염으로 인해 생태계를 파괴하고 인류의 생존을 위협할 수 있는 위험요소를 항상 지니고 있다고 할 수 있다.

연료전지는 기본적으로 수소, 산소의 전기화학반응으로 전기를 생산하는 발전장치이기 때문에 화력발전소와 같이 연소과정이 없으며, 생성물이 전기, 물, 그리고 열 뿐이어서 환경오염이 적다. 또한 수소, 천연가스, 알코올, 석탄, 매립지 가스, 바이오 가스 등의 다양한 에너지원을 연료로 하여 전기에너지로 직접 변화시키므로 고효율의 무공해 발전장치이며, 발전효율이 높고 발전에 수반되는 생성물이 물뿐이므로 친환경적이며 다양한 에너지원으로부터 제조 가능한 수소를 이용한다는 점에서 미래의 에너지 시스템에서 없어서는 안 될 중요한 기술임에 틀림없다.

연료전지의 또 다른 장점으로는 활용 가능성이 다양하다는 점이다. 이미 연료전지를 탑재한 수소자동차, 연료전지 발전소, 휴대용 연료전지 등이 개발되어 일부 적용되고 있지만 상용화에 있어서 높은 가격으로 한계가 있고, 수소를 추출하는 기술의 효율성은 상당히 낮은 수준에 있다. 연료전지는 현재 천연가스, 석탄 등 화석연료로부터 수소를

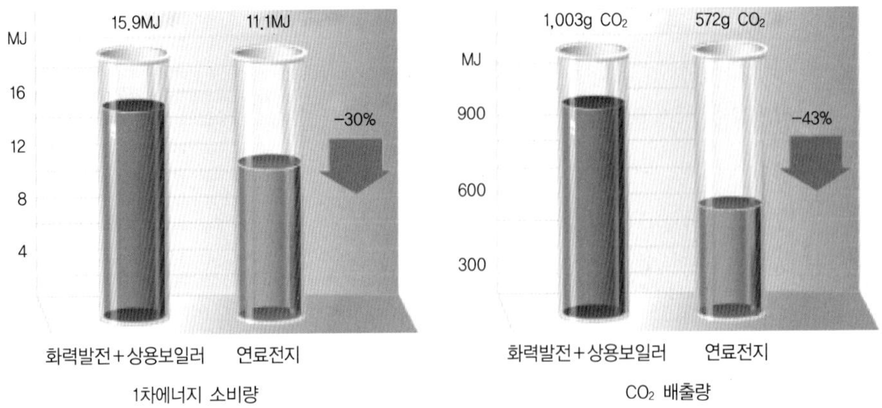

그림 7-1 1차에너지 소비량 및 CO_2 배출량 비교 (출처 : 에너지관리공단)

연료전지 특징

■ 장점

- 에너지 효율이 높다-85% 이상 친환경발전 시스템이다.
- 사용 가능한 에너지원이 풍부하다.
- 공해와 소음이 없다.-CO_2, NOx, SOx, 소음 등의 발생이 거의 없다.
- 간편하게, 다양한 크기로 설치하고 탄력적으로 가동한다.
- 다양한 화석연료 사용이 가능하다-천연가스, 수소, 바이오가스, 매립지가스, 석탄가스 등 배열회수를 통한 열병합발전 및 온수 · 난방이 가능하다.
- 맞춤형 분산발전 시스템 구성 및 백업전원 기능 수행이 가능하다.

■ 단점

- 발전비용이 고가이다.
  - 기존 화력발전 : 1,200$/kW, 연료전지 발전 : 3,000$/kW
- 연료전지에 공급할 원료(수소)의 대량 생산과 저장, 운송, 공급 등의 기술력 부족
- 연료전지의 상용화를 위한 인프라 구축 미비
- 생산과 보관이 어렵다.
- 초기 투자비용이 높다.

얻고 있으나 향후 풍력, 태양광 등 대체에너지를 통한 물-전기분해로 다량의 수소를 얻게 되면 이산화탄소, 질산화물, 황산화물 등의 배출이 없는 무공해 에너지 시스템이 가능해질 것이다.

3 연료전지의 원리

연료전지는 수소를 공기 중 산소와 화학반응시켜 전기를 생성하는 미래 동력원이다. 물을 전기분해하면 수소와 산소로 분해된다. 반대로 수소와 산소를 결합시켜 물을 만드는데 이때 발생하는 에너지를 전기형태로 바꿀 수 있다. 연료전지는 이 원리를 이용한 것이다. 연료전지의 구성은 전해물질 주위에 서로 맞붙어 있는 두 개의 전극봉으로 이루어져 있으며, 공기 중의 산소가 한 전극을 지나고 수소가 다른 전극을 지날 때 전기화학반응을 통해 전기와 물, 열을 생성하는 원리이다.

$$H_2 + 1/2O_2 \rightarrow H_2O + \text{전기, 열}$$

연료전지에서는 전기와 동시에 열이 발생한다. 일반적으로 연료전지의 기본 셀에서 전기를 발생시키기 위하여 연료인 수소가스를 연료극쪽으로 공급하면 수소는 연료극의 촉매층에서 수소이온(H^+)과 전자(e^-)로 산화되며, 공기극에서는 공급된 산소와 전해질을 통해 이동한 수소이온과 외부 도선을 통해 이동한 전자가 결합하여 물을 생성시키는 산소환원반응이 일어난다. 이 과정에서 전자의 외부 흐름이 전류를 형성하여 전기를 발생시킨다.

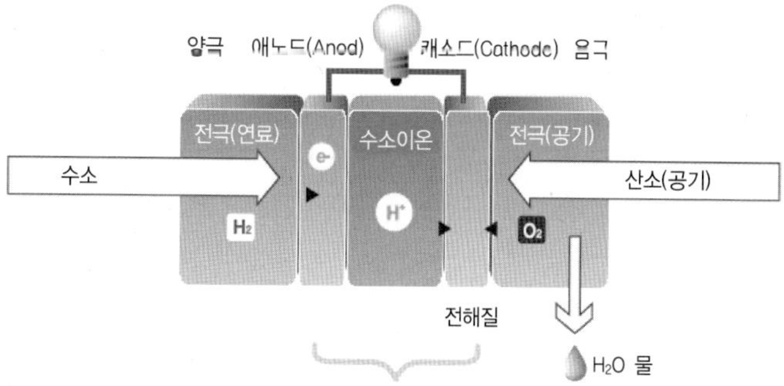

그림 7-2 연료전지의 작동원리 (출처 : 에너지관리공단)

연료전지 작동원리

(그림출처 : 에너지관리공단)

연료극에 반응 $H_2 \rightarrow 2H^+ + 2e^-$

전자이동 ➡ 전기에너지 발생

공기극에 반응 $1/2\ O_2 + 2H^+ + 2e^- \rightarrow H_2O$

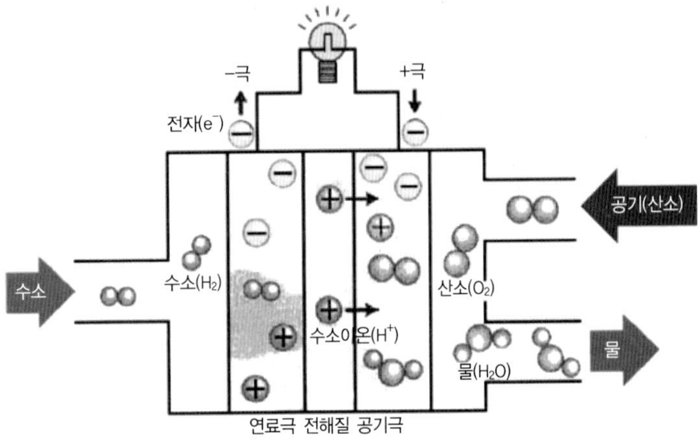

1. 연료극(Hydrogen from Tank)으로부터 공급된 수소는 수소이온과 전자로 분리
2. 수소이온은 전해질층을 통해 공기극으로 이동하고 전자는 외부회로를 통해 공기극으로 이동하며 전기 생성
3. 공기극(Oxygen from Air, 음극)쪽에서 산소이온과 수소이온이 만나 반응생성물(물)을 생성

⇒ 최종적인 반응은 수소와 산소가 결합하여 전기, 물 및 열생성

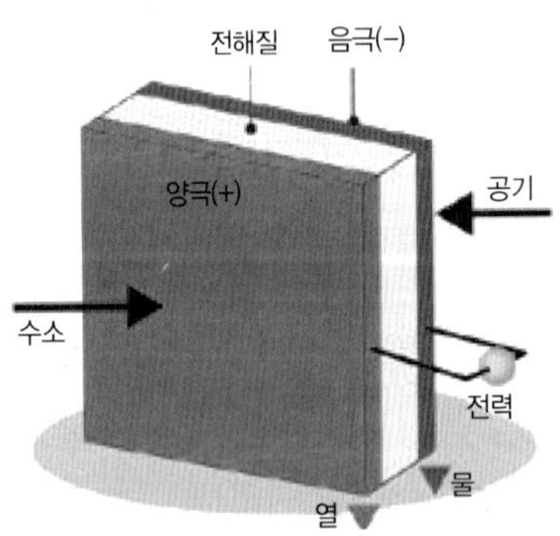

1. 전해질은 한 전극에서 다른 전극으로 수소이온을 전달해주는 역할을 하며 이온전달의 저항을 최소화시키기 위해 전해질막은 전극이 접촉되지 않는 범위에서 가능한 얇게 함.
2. 촉매(Catalyst)는 전극의 반응을 향상시키며 2개의 전극으로 구성된 단위 셀은 이론적으로 전압을 1.23Volt까지 생성시킬 수 있으나 실제는 0.7V 정도를 생산함.
3. 따라서 연료전지는 필요한 전압을 위하여 겹층으로 구성하며, 요구되는 출력을 얻기 위해 표준 크기의 스택을 직렬로 연결하여 상용연료전지를 구성함.

4 연료전지의 구성요소

연료전지의 기본 구성은 연료극, 전해질층, 공기극으로 접합되어 있는 셀(Cell)과 다수의 셀을 적층하여 원하는 전압 및 전류를 얻을 수 있는 스택, 개질기, 열저장시스템, 전력변환기, 보조기기 등으로 구성된다.

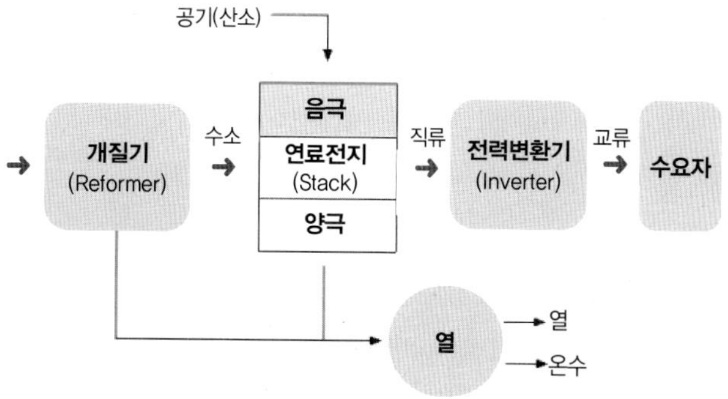

그림 7-3 연료전지 장치의 구성요소 (출처 : 에너지관리공단)

개질기(Refomer)는 화석연료(천연가스, 메탄올, 석유 등)로부터 수소를 발생시키는 장치이며, 시스템에 악영향을 주는 황, 일산화탄소 제어 및 시스템 효율 향상을 위한 콤팩트(Compact)화가 핵심기술이다.

그림 7-4 연료전지 개질기 (출처 : 에너지관리공단)

한 개의 셀(Cell)에서 전기가 발생하지만 이 전기의 양은 우리가 실생활에 사용하기에는 매우 적은 양이므로 셀(Cell)을 여러 개 포개서 많은 양의 전기에너지로 사용하게 된다.

스택(Stack)은 원하는 전기출력을 얻기 위해 단위전지(Cell)를 수십~수백 장을 직렬로 쌓아올린 본체이며, 단위전지 제조, 단위전지 적층 및 밀봉, 수소공급과 열회수를 위한 분리판 설계 · 제작 등이 핵심기술이라 할 수 있다.

전력변환장치는 스택에서 발생한 직류전기(DC)를 가정에서 사용할 수 있는 교류전기(AC)로 변환하는 장치이고, 보조기기(BOP)는 연료전지 시스템에서 연료, 공기 등의 유량공급과 열회수 등의 역할을 하는 블로어, 펌프 및 각종 센서류 등을 말한다.

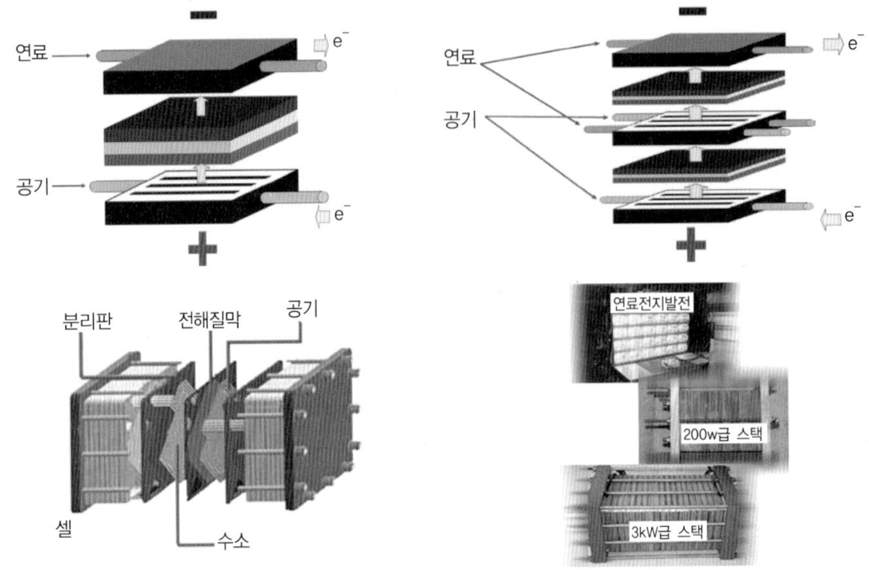

그림 7-5 연료전지 셀(Cell) 및 스택(Stack) (출처 : 에너지관리공단)

5 연료전지의 종류

연료전지는 사용하는 전해질의 종류와 이용방식(응용방식)에 따라 다음과 같이 분류된다.

제품 종류		용량	연료전지				
			PAFC	MCFC	SOFC	PEMFC	DMFC
발전	분산발전	수십 kW~수십 MW	●	●	●	○	○
	건물용	수 kW~수십 kW	○	○	●	●	○
수송용	차량용	수 kW~수백 kW	○	◉	●	●	○
	선박용	수백 kW~수십 MW	○	●	●	○	○
휴대용		수십 W~수 kW	○	○	●	●	●
		수 W~수백 W	○	○	○	●	●

● : 적용 ◉ : 일부 고려 ○ : 적용 가능성 희박

- 인산형 연료전지(PAFC : Phosphoric Acid Fuel Cell)
- 용융탄산염형 연료전지(MCFC : Molten Carbonate Fuel Cell)
- 고체 산화물형 연료전지(SOFC : Solid Oxide Fuel Cell)
- 고분자전해질형 연료전지(PEMFC : Poltmer Electrolyte Membrane Fuel Cell)
- 직접메탄올형 연료전지(DMFC : Direct Methanol Fuel Cell)

5.1 전해질의 종류에 따른 분류

연료전지는 전해질의 종류에 따라 고분자 전해질 연료전지(PEMFC), 인산형 연료전지(PAFC), 용융탄산염 연료전지(MCFC), 고체산화물 연료전지(SOFC), 알칼리 연료전지(AFC), 직접 메탄올 연료전지(DMFC) 등으로 구분된다. 이들은 작동온도에 따라 다시 고온형과 저온형으로 구분되며, 650℃ 이상의 고온에서 작동하는 고온형 연료전지인 용융탄산염 연료전지와 고체산화물 연료전지는 백금을 전극으로 사용하는 저온형 연료전지와는 달리 전극촉매로 니켈을 비롯한 일반 금속촉매를 쓸 수 있는 장점이 있어 발전효율이 높고 고출력이지만 시동시간이 오래 걸려 발전소나 대형 건물 등에 적합하다. 저온형인 인산형 연료전지와 고분자 전해질 연료전지, 직접메탄올 연료전지는 200℃ 이하에서 상온에 이르기까지 저온에서도 구동될 수 있으며, 시동시간이 짧고 부하변동성이 뛰어난 특징이 있으나 고가의 백금 전극이 필요하다.

구 분	고온형 연료전지		저온형 연료전지		
	용융탄산염 연료전지 (MCFC)	고체산화물 연료전지(SOFC)	인산형 연료전지 (PAFC)	고분자형 연료전지 (SPEFC)	알칼리 연료전지 (AFC)
전해질	탄산염	세라믹 산화물	인산	고분자막	알칼리
작동온도	약 650℃	약 1,000℃	약 200℃	약 80℃	약 80~100℃
사용 분야	대용량 화력발전소 대체용(수십MW)	대용량 화력발전소 대체용(수십MW)	소규모 발전소(MW급 이하), 병원, 호텔, 버스	휴대용 발전기, 교통수단(승용차, 버스, 선박), 우주선	군사용, 우주선 등 특수용도
				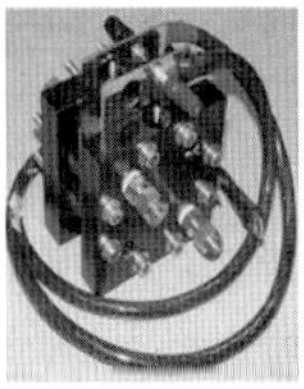	

5.1.1 용융탄산염 연료전지(MCFC)

용융탄산염 연료전지(MCFC)는 스택, 모듈 및 주변장치(BOP)로 구성되며, 현재 여러 종류의 연료전지 중에서 기술적 성숙도와 경제성에서 상용화에 가장 근접한 기술로 평가되며, 600℃ 이상의 고온에서 작동하기 때문에 백금등 귀금속 전해질을 사용하지 않고도 45% 이상의 발전효율 달성이 가능하다. 또한 천연가스 외에도 석탄, 석유, 매립지

가스, 하수처리부생가스, 바이오가스 등 다양한 연료 사용이 가능하며 양질의 폐열을 활용한 열병합발전이 용이한 방식이다.

5.1.2 고분자 전해질 연료전지(PEMFC)

건물용 연료전지로 사용하며 공동주택, 상업 및 산업용 건물에 직접 설치하여 전기와 열을 동시에 공급하는 고효율 열병합발전 시스템을 말하며, 종합효율이 약 80%(전기효율 35%+열효율 45%)의 1~10kW 고분자 연료전지로 구성된다.

5.1.3 고체산화물 연료전지(SOFC)

고체산화물 연료전지(SOFC)는 작동온도가 높은 특성상 효율성 및 경제성, 신뢰성, 확장성 등이 우수하다. 고체산화물 연료전지는 연료를 넣으면 화학적 · 전기적 반응에 의해 전극에서 직접적으로 전기가 발생되기 때문에 에너지의 전환과정이 필요 없고 연료 투입 대비 전기발생효율이 매우 높다. 전기발생효율이 50~60%에 이를 것으로 보이는데 나머지 부분은 열로 발생되므로 열병합발전 등을 하면 거의 100%에 가까운 열이용효율도 보일 수 있다. 또한 연료전지를 각 가정과 공장 등의 소비지에 직접 설치하고 거기에 연료를 주입하여 발전시킴으로써 송전에 필요한 인프라 등을 획기적으로 줄일 수 있는 이점 또한 있다.

5.2 이용방식에 의한 분류

연료전지는 이용방식(응용방식)에 따라 휴대용 연료전지, 가정용 연료전지, 수송용 연료전지, 발전용 연료전지로 구분한다.

구 분	휴대용 기기(50W 이하)	건물용(1~10kW)	수송용(80~200kW)	발전용(250kW 이상)
응용분야				
연료전지 종류		고분자전해질막 연료전지		용융탄산염 연료전지
	직접메탄올 연료전지	고체산화물 연료전지		고체산화물 연료전지
				인산형 연료전지
	열효율 높음, 부하변동 용이	←●●→		열회수온도 높음, 전기효율 높음

5.2.1 가정용 연료전지

도시가스를 수소로 변환시켜주는 개질기, 인버터 등의 다른 구성품과 결합해 가정에서 연료전지를 가동시켜 전기와 열을 생산한다. 건물용 연료전지 시스템은 연료전지를 차세대 주택용 동력원으로 개발한 것으로, 도시가스나 LPG 등의 연료에서 추출한 수소와 공기 중의 산소 간 화학반응을 일으켜 전기와 열에너지를 생산하는 열병합발전장치이다. 고분자전해질 연료전지(PEMFC)를 사용한 가정용 연료전지의 전기효율은 35%로 상당히 높은 수준이며, 전기생산 과정에서 발생하는 폐열로 난방과 온수까지 해결하는 열병합 시스템까지 적용하면 80% 이상으로 상승한다.

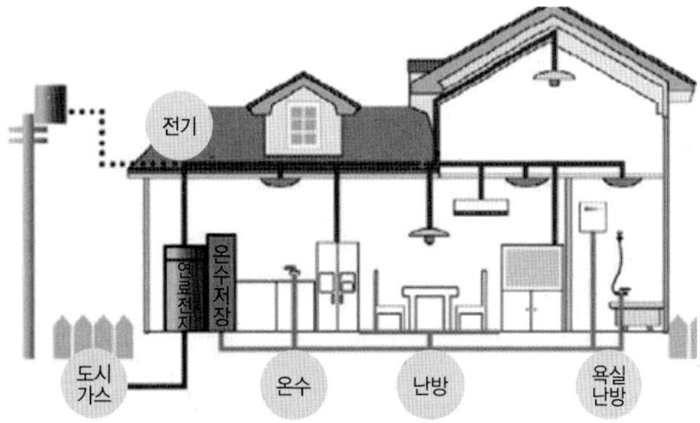

그림 7-6 가정용 연료전지 개념도 (출처 : 에너지관리공단)

건물용 연료전지 시스템 구성요소 (그림출처 : 에너지관리공단)

건물용 연료전지 시스템은 LNG 등을 이용한 소형 발전 시스템으로 발전부, 열회수장치, 온수 저장장치, 개질기, 전력변환기, 제어장치 등으로 구성되며, 구조가 간단하고 사용이 편리하여 소음 · 진동이 없어 도심지역 내의 개별 발전 시스템과 급탕 및 난방용수 공급이 가능한 시스템이다.

- 발전부 : 전해액과 격막으로 되어 있고, 이곳에 수소와 산소를 공급하여 전기를 발생시키는 장치이다. (셀, 스택)
- 열회수장치 : 연료전지에서 발생된 배열을 회수하는 부뷰이다
- 온수저장탱크 : 열회수 장치에서 배열을 회수한 온수를 저장하여 난방 등의 에너지로 활용하기 위한 장치이다.
- 개질기 : 도시가스에서 수소를 추출하여 발전부로 보내는 장치이다.
- 전력변환 장치 : 상업전력 계통과 연결하기 위한 장치이다.
- 제어장치 : 시스템을 종합적으로 제어하는 부분이다.

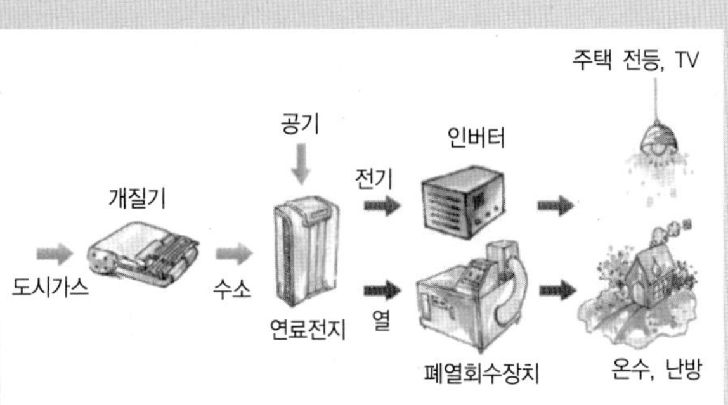

5.2.2 발전용 연료전지

발전용 연료전지는 플랜트 설비 등을 가동시키기 위한 대용량의 발전이 요구되는 곳에 설치하며 적용 대상에 따라 수백kW~10MW급의 분산발전용, 1~수십kW 이하 용량의 건물용 등으로 구분된다. 국내 · 외에서 개발 중인 연료전지는 인산염 연료전지(PAFC), 용융탄산염 연료전지(MCFC), 고분자전해질 연료전지(PEMFC), 직접메탄올 연료전지(DMFC), 고체산화물 연료전지(SOFC)가 있으며, 이중 국내기술 수준 및 향후 시장경쟁력을 고려하여 분산발전용 용융탄산염 연료전지, 건물용으로 고분자전해질 연료전지, 그리고 건물용으로부터 분산발전용까지 사용가능한 고체산화물 연료전지를 중점적으로 개발하고 있다.

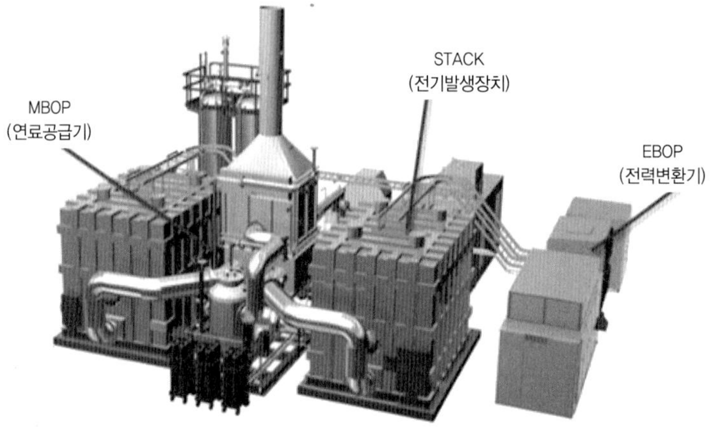

그림 7-7 발전용 연료전지 개념도 (출처 : 에너지관리공단)

5.2.3 수송용 연료전지

자동차 등에 사용되는 연료전지로 차량 내 수소 저장탱크의 수소와 산소가 만나서 생성된 전기로 차량의 모터를 작동하는 원리로 작동된다. 수소와 산소의 화학반응을 이용하는 연료전지가 전기모터를 구동시키는 방식의 미래형 자동차이다. 기존 가솔린 연료를 쓰기 때문에 전기의 힘으로만 움직이는 전기자동차와는 다르다. 연료전지 자동차의 원리는 우선 가솔린에 열을 가해 기화시킨 다음 수증기와 공기를 혼합하여 수소와 일산화탄소를 만든다. 일산화탄소는 증기의 촉매작용을 통해 이산화탄소와 수소로 바꾸고, 만들어진 수소가스를 산소와 화학적으로 결합시켜 모터를 움직이는 전기를 만들어 차를

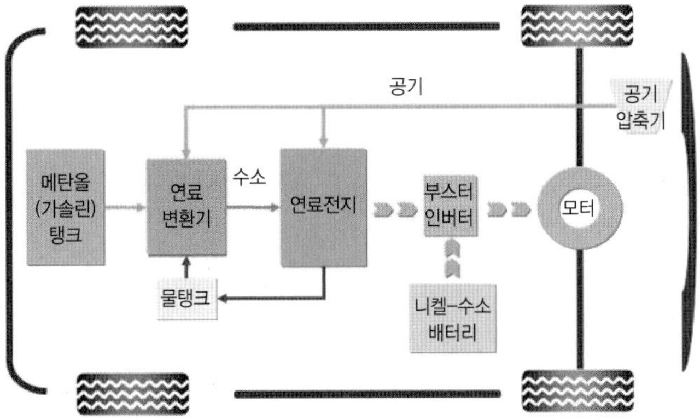

그림 7-8 수송용 연료전지 개념도 (출처 : 현대자동차)

움직인다. 이 차는 배출가스가 없어 공해가 발생하지 않는다. 연료전지 자동차는 현재 전기와 연료를 함께 사용하는 하이브리드차에 이어 미래 자동차산업을 주도할 가능성이 높다. 이 기술의 장점은 획기적인 연비 향상을 통한 운행비용 절감과 함께 배기가스 감소에 따른 대기오염방지 효과가 우수하다.

그림 7-9 연료전지 자동차 (출처 : 현대자동차)

6 해외 현황 및 전망

2012년 현재 전 세계 연료전지 시스템 판매는 2011년 대비 86% 증가한 45,700기로 집계되었으며, 2012년 아시아지역에서의 연료전지 시스템 판매실적이 전 세계 연료전지 시장의 61% 이상을 차지하고 있는 것으로 조사되어 아시아 연료전지 시장의 강한 성장세가 글로벌 연료전지 시장을 선도하고 있는 것으로 나타나고 있다. 판매된 건물용 연료전지 시스템의 발전용량은 85.1MW로 2012년 전세계 연료전지 발전 총량의 52% 수준이다.

2012년 전세계적으로 판매된 고분자전해질 연료전지(PEMFC)와 용융탄산염 연료전지(MCFC)의 발전총량은 모두 60MW를 상회한 것으로 집계되었으며, 설치된 연료전지 유형을 보면 PEMFC 비중이 2012년 88%에 달해 전세계 연료전지 시장의 대부분을 차지하고 있으며, 발전용량 기준으로는 MCFC 수요가 급증하면서, PEMFC 연료전지 발전용량에 근접하고 있다.

2015년 수소전지 자동차의 본격적인 상용화를 앞두고 자동차에 사용되는 연료전지는 전체 시장 중 10%를 차지하며, 2022년 가장 큰 시장점유율을 보일 뿐만 아니라 전체 매출의 절반을 차지할 것으로 전망하고 있으며, 유럽, 북미, 아시아 주요 국가들이 수소충전소 및 관련 인프라개발에 적극적으로 나섬에 따라 전 세계적으로 신규 수소충전소 건설이 추가로 확대되며, 연료전지의 저비용화가 실현되면 수소제조, 고압수소 저장용기, 펌프 등의 관련 산업도 동반 활성화될 것으로 전망하고 있다.

상업용 연료전지 시스템 판매량 또한 2022년 3백만 대 이상으로 확대될 것으로 전망하고 있으며, 휴대용 연료전지 시스템의 폭발적인 판매 증가는 2022년 전체 수요의 4/5를 차지할 것으로 예상하고 있다.

기후변화에 따른 각국의 온실가스 저감 정책이 빠르게 강화되고 있고, 신재생에너지 보급이 확대됨에 따라 그리드 안정성을 위한 대용량 에너지기술이 요구되는데, 연료전지는 이에 적합한 솔루션 제공이 가능하므로 연료전지 시장은 2015년을 기점으로 빠른 성장세를 지속할 것으로 전망하고 있다.

7 국내 현황 및 전망

연료전지의 경우 아직 초기 시장형성 단계로 정부의 지원 없이 독자적인 시장이 형성되기는 어려운 상황이다. 따라서 소용량 연료전지는 정부의 신재생에너지 보급사업, 대용량 연료전지는 과거 발전차액지원(FIT)제도를 거쳐 지금은 신재생에너지공급의무화(RPS)제도와 주택지원사업, 건물지원사업, 지역지원사업, 서울시 녹색건축물 설계기준에 따른 민간건축물 신재생에너지 도입 등의 규제시장을 통해 초기 건물용 연료전지 시장이 형성되고 있다.

'신재생에너지 건물지원사업'은 정부가 신재생에너지 설비를 설치할 때 설치비 일부를 지원함으로써 신재생에너지 시장창출과 확대를 유도하고자 추진하는 사업으로 일반건물과 시설물 등 자가사용을 목적으로 하는 곳을 대상으로 지원하고 있다. 2013년 말까지 정부가 건물지원사업을 통해 연료전지 분야에 지원한 사업은 32건으로 261kW 규모에 94억 1527만 원이 투자됐는데, 연료전지가 정부지원사업을 통해 본격적으로 보급되기 시작된 것은 2010년으로 초기에는 시범보급사업 형태로 지원되어 설치비의 최대 80%까지 지원하였고, 초기 시범보급사업 대상과제였던 '1kW 가정용 고분자 연료전지 시스템 실증 연구'과제와 더불어 2010년과 2011년도에는 주로 1kW급 연료전지 시스템이 건물에 설치되었다. 지난 2012년 경기도 화성에 있는 제습기 · 건조기 제조공장에 10kW급 연료전지 시스템이 시범사업으로 처음 설치되면서, 건물지원사업 등을 통하여 사우나, 호텔, 음식점 등 주로 열을 많이 이용하는 장소에 약 60kW의 연료전지가 설치되었으며, 2013년도의 경우 연료전지 보급이 전년에 비해 크게 늘어 170kW(10kW급 17대) 규모의 연료전지가 인천, 경기, 전남, 광주, 경북 지역에 설치됐다.

발전용 연료전지 분야에서는 2009년~2011년 사이에 시행되었던 발전차액제 및 2012년부터 시행된 RPS(Renewable Portpolio Standard) 정책에 힘입어 수백 kW에서부터 수 MW급의 연료전지 발전소가 속속 건설 · 운영되거나 건설 중에 있다. 특히 2012년부터 시행되는 RPS 기준치를 맞추기 위해 우리나라의 신재생에너지 시장은 2016년까지 매년 350MW의 새로운 시장이, 2017년부터 2022년까지는 약 700MW의 새로운 시장이 형성될 것으로 예상된다.

또한 신재생에너지 설치의무화제도와 서울시 녹색건축물 설계기준 등 공공 및 민간 규제시장을 통한 연료전지시장이 해마다 지속 성장할 것으로 전망하고 있으며, 2020년 신재생에너지 설치의무화 시장에서 연료전지가 5%를 점유할 경우 266억 원, 20%를 점유할 경우 1000억 원 규모의 시장이 형성될 것으로 예측하고 있다. 또 서울시 녹색건축물 설계기준에 따른 민간 규제 시장에서는 2020년 연료전지가 5%의 시장점유 시 991억 원, 20% 점유 시 3963억 원의 시장이 형성될 것이란 분석이며, 서울시 외에 다른 지자체에서도 이 같은 녹색건축물 관련제도 도입을 검토하고 있는 것으로 알려져 민간 규제 시장은 더욱 커질 것이란 의견이 지배적이지만, 연료전지 보급 확대와 더불어 시장이 활성화되기 위해서는 일부 제도개선이 필요하다는 우려도 수반된다.

수송용 분야도 전 세계적인 친환경차 보급정책과 더불어 고유가에 의해 2015년부터 점차 시장을 늘려가기 시작하여 2020년 이후에는 폭발적으로 시장이 확대될 것으로 기대된다.

8 연료전지 시공기준

신재생에너지 설비의 지원 등에 관한 지침-에너지관리공단 신재생에너지센터

공고 제2014-1호 14.02.19

가. 설치 위치

1) 통풍이 잘 되는 장소에 설치하여야 하며 실내에 설치할 경우에는 환풍기를 설치하여야 한다. 단, 연료전지실을 설치하는 경우에는 한국가스안전공사의 검사기준(KGS FU551)을 따른다.
2) 설치할 주위의 벽 등이 화재에 안전한 장소인지, 가연성물질 존재 여부를 확인해야 하며, 안전거리를 충분히 확보할 수 있는 곳에 설치하여야 한다.

나. 재료 및 구조

1) 구조물은 내연성, 내풍성, 내산성에 견딜 수 있도록 설치하여야 하며, 사람이 접할 우려가 있고 감전, 상해 등의 우려가 있는 가동 부분은 안전장치(보호망 등)를 설치하여야 한다.
2) 구조물의 재질은 내식성 또는 코팅재를 사용하여야 한다. 단, 석면이 포함된 재료를 사용해서는 안 된다.
3) 전기절연물 및 단열재는 최대 사용온도에 충분히 견디고 흡습성이 적은 것을 사용하여야 한다.
4) 도전재료는 동, 동합금, 스테인리스강 또는 동등 이상의 것을 사용하여야 한다. 단, 탄성이 필요한 부분 및 적용이 불가한 부분은 제한하지 않는다.
5) 연소 배기가스가 통과하는 부분은 불연재료를 사용하여야 한다. 단, 패킹류, 실 등의 기밀유지가 필요한 부분은 제한하지 않는다.

다. 연료전지 시스템

1) 내식성과 전기안정성을 갖고 있어야 하며 압력, 진동, 열 등에 의해 생기는 응력에 충분히 견디는 구조이어야 한다.
2) 연료가스 및 개질가스가 통과하는 부분은 불연재를 사용하여야 한다.
   단, 패킹류와 실 등의 기밀유지가 필요한 부분은 제한하지 않는다.
3) 센터에서 인증한 인증제품을 설치하여야 하며, 해당 용량이 없어 인증받지 못한 제품을 설치할 경우에는 신재생에너지 설비 인증에 관한 규정상의 효율시험 및 보호기능시험이 포함된 시험성적서를 제출하여야 한다. 기타 인증 대상설비가 아닌 경우에는 제54조의 분야별 위원회의 심의를 거쳐 신재생에너지센터 소장이 인정하는 경우 사용할 수 있다.

라. 관련 부품 및 기기

1) 배관의 지지 및 고정철물은 설계도면과 같이 제작하여 설치하고, 관의 자유로운 신축을 방해하는 구조로 해서는 안 되며, 기울기에 변화가 오지 않도록 시공한다.
2) 고정철물, 지지철물, 인서트 등은 워터해머, 신축 응력관의 자중 등에 대해 충분히 견딜 수 있는 구조로 하며, 주름관은 사용할 수 없다.
3) 물배관, 온수배관은 기밀성이 손상되지 않는 구조이어야 하며, 실부는 열화를 충분히 견딜 수 있는 구조 및 재료이어야 한다.
4) 배수배관은 고온의 물이 흐를 수 있으므로 내열성 재료를 사용하여야 하며, 물이 원활히 흐를 수 있도록 설치하여야 한다.
5) 연료 배관공사는 전문자격자에 의해 시공하여야 하며, 가스배관 접속 후에는 가스의 누설이 없는지 확인하며, 기기를 사용하는 장소에 가스누설경보기를 설치하여야 한다.
6) 전기장치와 배선은 열적 영향이 적은 위치에 있어야 한다.
7) 기구간을 접속하는 전선이 단락, 과전류 등의 이상이 발생했을 때 작동하는 퓨즈, 과전류보호장치 등을

구비하여야 한다.

8) 연료전지 발전시스템은 연계운전 및 독립운전시의 부하 단락시에 안전하게 정지할 수 있는 안전장치 또는 보호하는 기능을 갖추어야 한다.

9) 연료전지 스택은 외부 기기로부터 전류가 유입되지 않아야 한다.

마. 기타

1) 명판

가) 모든 기기는 용량, 제작자 및 그 외 기기별로 나타내어야 할 사항이 명시된 명판을 부착하여야 한다.

나) [별표 5] 신재생에너지 설비 명판 설치기준의 명판을 제작하여 연료전지 시스템기기 전면에 부착하여야 한다.

2) 전기공사 및 가스시설공사

전기사업법의 사용 전 점검(또는 사용 전 검사) 및 도시가스 사용시설의 시설 · 기술 · 검사기준(KGS FU551)에 하자가 없도록 시설을 준공하여야 한다.

3) 가동상태

설비제어장치는 자동 및 수동운전이 가능하여야 한다.

4) 모니터링 설비

『모니터링 설비 설치기준』에 적합하게 설치하여야 한다.

5) 운전교육

전문기업은 설비 소유자에게 소비자 주의사항 및 운전매뉴얼을 제공하여야 하며 운전교육을 실시하여야 한다.

6) 시공기준의 적용 예외

현장조건 등으로 인하여 위의 시공기준을 적용하기 곤란할 경우에는 적용 예외사항에 대하여 사전에 신재생에너지센터의 승인을 득하여야 한다.

9 연료전지 설치 사례

고덕그린에너지 연료전지발전소(20MW급)
(연간 163GWh 전기생산, 열 90,000Gcal 생산, 약 9,000가구 난방열공급) (출처 : 머니투데이)

부곡복합화력 연료전지발전소
(설치년도 : 2009년, 설치용량 : 2.4MW, 형식 : 용융탄산염 연료전지(MCFC)) (출처 : 에너지관리공단)

부산 연료전지발전시설 2015년 준공예정
(연간 240GWh 전기생산, 열 24만Gcal 생산, 약 4만 가구 난방열공급)

일산 연료전지발전소(국내 최초, 2.4MW급)
(연간 19,000kWh 전기생산, 열 10,000Gcal 생산, 약,5,000가구 전기공급)

남양주시 호평 파라곤, 동양건설산업
(세계 최초 공동주택 연료전지 시스템 도입(1kW급)-2011년) (출처 : 경향신문)

건물용 연료전지(서울대학교 2kW, 고분자전해질 연료전지(PEMFC))

Chapter Eight

수소에너지 (Hydrogen Energy)

1 개 요

수소는 우주에서 가장 가볍고 풍부한 원소로서 모든 원자의 약 93%를 차지하며 우주 질량의 3/4에 달하는데, 지구에서는 주로 물, 화석연료, 식물 및 동물의 구성원소로만 존재하며, 수소의 전 세계 사용량은 약 4,500만 톤 이상으로서 1차 에너지 기준 약 1.3% 정도이다. 화석연료인 석유·석탄자원 고갈에 따른 대체에너지원으로서의 수소를 지목하고 있는데 수소는 생산원료인 물이 많고, 연소하더라도 연기를 뿜지 않는 등 미래의 무공해 에너지원이며 인류의 궁극적인 연료로 지목되고 있다. 수소를 이용한 에너지 기술은 물, 유기물, 화석연료 등의 화합물 형태로 존재하는 수소를 분리·생산하여 이용하는 기술이다. 수소는 물의 전기분해로 가장 쉽게 제조할 수 있으나 입력에너지(전기에너지)에 비해 생성된 수소에너지의 경제성이 너무 낮음으로써 대체전원 또는 촉매를 이용한 저가의 수소제조기술은 세계적인 기술적 과제라 할 수 있다. 현재 세계의 수소 소비량은 수백 억 m3에 달하지만 물을 원료로 해서 값싸게 대량생산할 단계에 아직 이르지 못하고 있으며, 현재 연구되고 있는 주된 제법으로서는 원자력발전의 전력으로 물을 전기분해하는 방법과 열화학 사이클법 등이 연구되고 있다. 또한 생산된 수소의 저장방법으로는 고압가스저장, 액체수소저장, 금속수소화물저장 등의 다양한 형태로 저장이 가능한데 현재 상용화되고 있는 기술은 기체상태로 저장하는 기술이다. 하지만 기체상태로의 저장은 단위부피당 수소저장밀도가 너무 낮아 경제성과 안정성이 부족하여 액체 및 고체저장법의 연구·개발 또한 수소 상용화에 앞서 해결되어야 할 주된 과제 중 하나이다.

2 수소에너지의 특징

석탄, 천연가스 등과 같은 화석연료는 사용 후 재생이 불가능하고 매장량이 한정되어 있을 뿐만 아니라 지역적으로 편중되는 등 여러 가지 문제를 안고 있으며, 연소 시 발생되는 각종 공해물질로 인해 심각한 환경문제를 야기하고 있어 1990년대 이후 환경오염물질 배출에 대한 규제가 전 세계적으로 날로 엄격해지고 있다. 따라서 에너지자원 고갈 및 환경오염문제에서 벗어날 수 있는 깨끗하고 지속가능한 새로운 에너지자원 개발과 에너지 시스템 구축이 21세기의 중요한 해결과제 중 하나로 인식되고 있다. 수소는 제조시 무한정인 물을 연료로 하고, 사용 후에는 다시 물로 재순환이 이루어지므로 비고갈성과 환경친화성의 장점을 갖고 있다. 또한 수소를 연소시켜 얻는 에너지는 같은 무게의 가솔린보다 3배 많은 에너지를 방출하며, 공기 중에서 연소시 극소량의 질소산화물(NOx)의 발생 외에 공해물질이 생성되지 않아 청정연료로서 직접 연소용 연료로서 또는 연료전지 등의 연료로서 사용이 간편하다. 수소는 가스나 액체로 저장 · 수송할 수 있어 일반 연료, 자동차, 비행기, 연료전지 등 현재의 에너지 시스템에서 사용되는 거의 모든 분야에 응용이 가능하므로 미래의 에너지 시스템에 가장 적합한 에너지원으로 평가되고 있으며, 지구온난화에 따른 규제 대응 및 에너지 안보와 자급 차원에서 그 필요성이 한층 높아질 것으로 예측된다.

수소에너지의 특징

수소에너지는 대체에너지원을 이용하여 물로부터 수소를 생산 · 활용하여 다시 물을 생성하는 사이클 시스템을 근간으로 하고 있어 현재의 화석에너지가 갖지 못하는 비고갈성, 환경친화성의 장점이 있다.

■ 수소에너지의 장점

- 얻을 수 있는 물이 풍부하게 존재하므로 원료에 자원적인 제약은 없다.
  → 수소는 궁극적으로 무한정인 물을 원료로 하여 제조할 수 있으며, 사용 후에는 다시 물로 재순환이 이루어진다.
- 태워도 생성물은 물뿐이므로 깨끗하며 자연의 순환을 교란시키지 않아 환경오염물질을 거의 배출하지 않는다.
  → 수소는 연료로 사용할 경우에 연소 시 극소량의 NOx 발생을 제외하고 공해물질이 생성되지 않으며, 직접 연소에 의한 연료로서 또는 연료전지 등의 연료로서 사용이 간편하다.
- 파이프 수송이 가능하므로 경제적이고 효율적 수송이 가능하다.
- 열원으로서의 이용 이외에 자동차연료, 항공기연료 등으로 이용 분야가 넓다.

■ 수소에너지의 단점

- 착화가 쉽고, 폭발의 위험이 있으며, 수소의 화염은 무색으로 식별이 힘들다.
- 물을 분해하여 수소를 얻으려면 상당한 에너지가 필요하다.

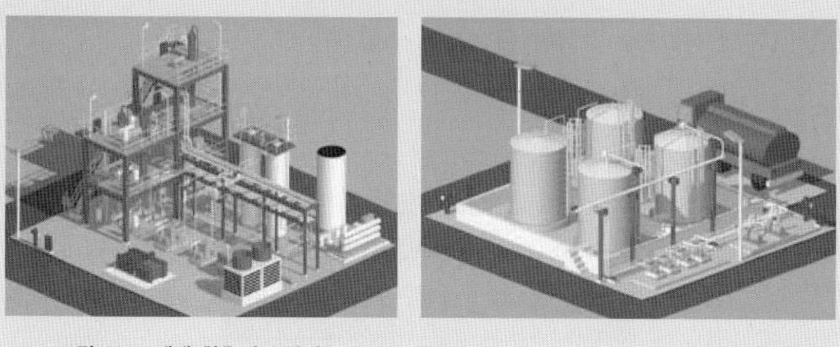

그림 8-1 세계 최초 수소발전소 조감도-일본 (출처 : http://blog.naver.com/esjpark)

3 수소의 생산 및 저장

3.1 수소 생산

수소에너지를 생산하는 방법은 다양하다. 현재 공업적으로 수소를 대량생산하는 방법 중 하나는 천연가스인 메탄을 고온 · 고압에서 스팀으로 분해하는 방법($CH_4 + H_2O \rightarrow H_2 + CO_2$)인데, 이 방법에 의해 전 세계 수소생산량의 절반 가량이 생산된다. 그러나 수소와 동시에 이산화탄소가 발생하기 때문에 궁극적인 수소생산 방법은 될 수 없다. 물을 전기분해하는 것과 같이 ($2H_2O \rightarrow 2H_2 + O_2$) 이산화탄소가 전혀 발생하지 않는 방법을 찾아야 하는 것이다. 물의 전기분해는 수소생산에 이상적인 방법이지만, 전기를 생산하기 위해 화석연료나 폐기물 및 방사능의 문제를 초래할 수 있는 원자력과 같은 에너지를 이용해야 한다는 한계에 이르게 된다. 태양에너지와 같은 자연에너지 및 미생물을 이용한 수소 생산기술이 무공해 에너지 생산기술로 정착될 때, 비로소 인류는 환경문제에서 자유로울 수 있다.

천연가스를 분해하거나 물을 굳이 비싼 전기로 분해하지 않아도 수소에너지를 생산할 수 있는 기술은 다양하다. 물이나 단순한 유기물을 광촉매라는 특수한 물질을 이용하여 수소를 발생시키는 광화학적 물분해, 태양열이나 폐열을 이용한 열화학적 물분해, 미생물을 이용하여 물이나 유기물을 분해하는 방법 등이 있다.

현재는 차세대 에너지원으로서의 가능성을 목표로 하여 소규모로 연구가 진행되고 있는 상태이고 아직 충분한 기초 연구가 필요한 시기이지만, 미래에는 세계의 에너지를 책임지고 이끌고 갈 수 있을 것으로 전망하고 있다.

그림 8-2 태양열 수소생산 고집광 태양로(40kWh, 한국) (출처 : 에너지기술연구원)

3.2 수소 저장

수소가스의 저장법으로는 금속산화물에 흡착시키는 방법을 가장 많이 적용하고 있다. 마그네슘을 비롯하여 금속 중에는 수소를 잘 흡수하는 금속산화물이 있으며, 이를 수소저장합금이라고 하는데, 이 합금은 일정량의 열을 가해 압력을 감소시키면 흡수한 수소를 다시 방출하는 성질이 있다.

따라서 수소를 잘 흡수하는 금속분말에 흡착시켜 수송하거나 저장하기란 그리 어려운 문제가 아니다. 이 방법을 쓰면 가스를 저장하는 경우보다 1/3~1/5 정도로 부피를 줄일 수 있고, 폭발 염려도 없다. 수소에너지는 주로 연료전지(Fuel Cell)를 써서 사용하며 연료전지는 연료에너지를 전기에너지로 변화시킬 때 연료와 공기를 전극 표면에서 산화반응시켜 그 반응에 따라 얻는 화학에너지를 직접 전기에너지로 변환시킨다.

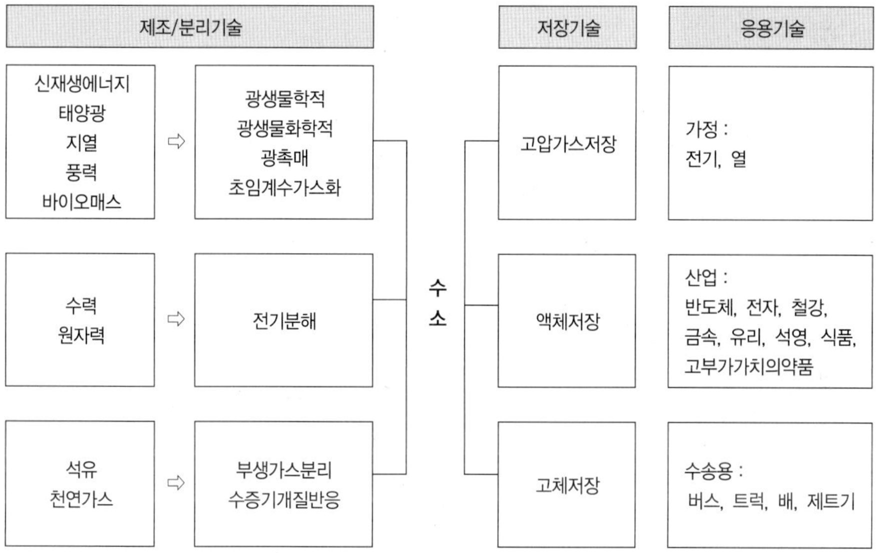

그림 8-3 수소에너지 시스템 (출처 : 에너지관리공단)

3.3 수소에너지 이용

구분	이용 분야	이용기술
	반도체 분야	• 화학적 기상 증착 • 실리콘 반도체 • 프로세스 가스 • 세라믹 가결공정 열처리
	식품산업 분야	• 유지 경화제 • 마가린, 쇼트인 제조
	금속소재산업 분야	• 환원로 분위기 가스 • 표면처리(스테인리스 냉연가공) • 압연공정 • 철 절단용 예열가스
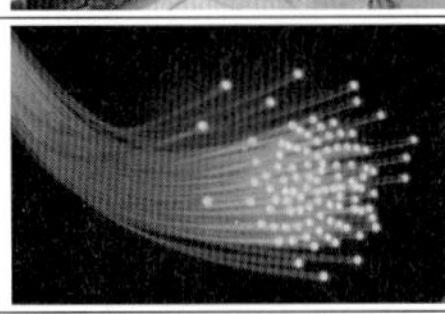	유리산업 분야	• 유리용융 • 가연용 버너용 활용 • 광섬유 제조
	에너지 분야 (연료전지)	• 수소 자동차 • 수소 스쿠터 • 잠수함, 로봇, 로켓 연료 • 주거용 난방
	환경산업 분야	• 특수폐기물 소각로 • 소각재 고형화 • 다이옥신 제거 설비
	화학산업 분야	• 암모니아 합성 • 도료, 의약품 • 석유제품 • 유지 경화
	통신 분야	• 광섬유 제조 • 중계기 UPS • 휴대전화, 노트북 배터리 • 휴대용 전원공급
	전력 분야	• 터빈발전기 냉각가스 • 수소발전소 • 원자로 수질관리

(출처 : 에너지관리공단)

3.4 기술별 기술개발 내용

대분류	중 분 류	기 술 개 발 내 용
제조	물로부터 수소 제조 (세계적으로 연구단계임)	• 전기분해 : SPE, 태양광, 풍력 등 대체전원 이용 등 • 저온열분해 : 산화물, 유황화합물, 염화물, 요오드화물 등 • 광촉매 : 금속산화물, 페롭스카으트, 제올라이트 등 • 바이오 : 광합성, 직 · 간접 혐기발효, 광합성 발효 등
	화석연료로부터 수소제조	• 수증기 개질 : 상용화되어 있음 • 플라즈마 개질 : 반응기, 플랜트 건설 → 미국 상용화 • 고온열분해 : 이론정립, 촉매, 반응기 → 미국 개발단계
	수소정제	고순도 수소제조 : PSA, MH이용 등 → 선진국 기술 확립
저장	물리적 저장	• 기체저장 : 상용화되어 있음 • 액체저장 : 저장용기, 극저온 연구 등 → 독일상용화 • 고체저장 : 재료, 고용량 저장, 무게 등 → 일부 상용화 • CNT : 재료, 합성, 공정기술 등 → 선진국 개발단계
	화학적 저장	• CO_2이용 메탄올, 에탄올 합성 : 상용화되어 있음
이용	이용	• 가정(전기, 열), 산업(반도체, 전자, 철강 등), 수송(자동차, 비행기, 배) → 수소의 제조 저장기술이 확립되지 않아 실용화 사례가 없음
	안전대책	

4 해외 현황

미국과 일본 등 선진 각국은 70년대 석유파동을 계기로 에너지문제의 심각성을 인식하고 관련기술 개발에 나서 일정한 성과를 도출해내고 있으며, 지난 80년부터 대체에너지개발의 일환으로 수소에너지개발에 본격적으로 나섰다.

일본에서는 오아라이 원자력연구소가 2003년 8월부터 열화학분해방식으로 원자력 수소의 생산을 하고 있으며, 미국의 에너지부와 미국의 주요 자동차 및 정유업체들은 이미 수년 전부터 '국가 수소에너지 로드맵'에 대한 작업에 착수, 연구개발에 나서고 있다. 미국은 수소에너지프로그램(Hydrogen Energy Program)으로 지난 1996년부터 2001년에 걸쳐 고성능 2차전지 기술을 확보했으며, 200kW급 연료전지 시스템을 개발하여 실용화하고 있다. 중국도 지난 2001년 수소생산용 실험로를 건설, 본격적인 수소생산방법 개발에 착수했으며, 독일의 벤츠자동차는 수소에너지 자동차 개발 · 시운전에 들어간 한편 태양에너지를 이용해 수소제조공장을 건설하고 수소엔진, 연료전지 시스템을 지속적으로 개발 중이다. 이 밖에 프랑스, 영국, 이스라엘 등에서 수소에너지 개발을 활발히 연구하고 있다.

5 국내 현황

우리나라의 경우 80년대 후반까지는 수소에너지에 대한 인식이 부족했고, 90년대에 들어와서야 본격적인 연구가 시작됐다. 지난 92년부터 현재까지 수소 분야에 막대한 연구비를 투자하여 정부와 학계, 연구계가 공동연구에 나서고 있다.

90년대 말에는 수소액화 및 저장 시스템 개발, 태양광에 의한 물에서 수소제조 기초연구, 수소자동차용 수소기관 개발, 천연가스로부터 수소생산 및 이용기술 개발 등의 과제에 대한 연구를 추진하고, 국내의 수소에너지 연구는 제조·저장 및 이용 분야의 기초단계 수준을 확보하여 실용화를 연구할 수 있는 기반을 구축하였고, 2014년 현재 국내 수소제조 및 저장 관련기술은 수소 충전소용 천연가스 수증기 개질 수소제조 공급 시스템, 수소저장을 위한 다공성 나노재료 분자설계 및 제조, 나노기공과 전이금속 혼성체를 이용한 수소저장용 나노튜브 제조, 5kW급 수소연소 리니어 동력 시스템 기술, 고성능 수소센서 및 탐지기 설계·제작 기술 등을 개발하여 상용화를 위한 연구를 지속적으로 진행중이며, 고효율 수소제조 신규 광전극 소재 설계 및 합성기술, 나노재료를 이용한 수소 저장재료 개발, 금속붕소수소화물을 이용한 가역 수소저장 기술개발 등이 진행 중이다.

또한 수소에너지 기술 확보를 위해 태양광 등 자연에너지를 활용하여 물을 분해해 시간당 5입방미터(5Nm^3/hr) 이상의 수소를 제조하는 기술을 확보하기 위한 연구가 진행 중이다.

현재 우리나라의 수소에너지 분야 기술은 선진국과 3~7년의 기술격차를 보이고 있다. 그러나 정부가 추진 중인 기술개발계획이 성공을 거둘 경우 오는 2016년 4000억 원 이상의 신규시장을 창출하고 세계 5~6위권의 기술력을 확보하여 2020년까지 국내 수송에너지의 20%를 석유 등의 화석연료에서 수소에너지로 대체할 것으로 전망된다.

그림 8-4 수소제조장치 (출처 : 에너지관리공단)

6 수소에너지 전망

수소에너지는 물과 전기만으로 생성되는 무공해 청정에너지이며, 석유 등 화석연료의 대체에너지이고 무한자원인 물을 이용하는 무한에너지이기 때문에 에너지 문제 해결의 유일한 대안이라는 것이 전문가들의 분석이다. 따라서 상용화가 가능한 관련 기술만 개발된다면 그 시장성은 무궁무진할 수밖에 없다.

일본은 2005년을 연료전지 상업화의 시점으로 잡고 2010년에는 시장을 본격적으로 활성화할 계획이었으며, 아이슬란드는 2040년 수소사회(Hydrogen Society)로 전환하여 풍부한 자연에너지원을 활용한 '수소 강국'을 꿈꾸고 있다. 오는 2030년에는 세계적으로 자동차용과 주택용, 휴대용 등을 포함해 모두 1천500억 달러 규모의 연료전지 시장이 형성되고 수소 생산과 저장, 운송, 연료전지 교체 수요 등을 포함한 시장 규모는 1조 달러를 훨씬 웃돌 것으로 전망하고 있다.

우리 정부도 국가가 추진 중인 기술개발이 성공을 거둘 경우 오는 2020년까지 국내 수송에너지의 20%(연간 원유 8천 500만 배럴)를 석유 등 화석연료에서 수소에너지로 대체할 것으로 전망하고 있으며, 이는 연간 3조 원 이상의 수입대체 효과이며, 1천만 톤 이상의 탄산가스를 줄이는 효과를 거둘 수 있다.

그러나 수소 경제의 조기 산업화를 위해서는 해결해야 할 과제로 첫째, 2차 에너지원인 수소를 석탄, 석유, 가스와 같은 화석연료 및 풍력, 태양광, 수력, 바이오매스 등과 같은 재생에너지원을 통하여 어떻게 하면 효율적으로 값싸게 만들어낼 수 있는지 하는 것이다. 미국 에너지부가 주도하는 수소연료전지 개발 프로그램에 의하면 1kg당 수소 가격목표를 2017년 기준으로 2~3달러를 제시하고 있으며, 현재 연구중인 주요 기술은 다양한 화석에너지(나프타, 천연가스, LPG, 메탄올)를 이용한 개질법, 바이오 에탄올을 이용한 개질법, 바이오매스 가스화, 태양광 혹은 풍력발전을 이용한 물의 전기분해법, 고온 태양열 및 원자력을 이용한 열화학적 물분해법 등이 있는데 현재까지 개발된 기술은 아직 상용화에는 충분히 도달하지 못한 수준이어서 지속적인 연구 과제로 남아 있다. 그런 만큼 누가 먼저 상용화기술을 선점하느냐에 따라 해당 국가의 경제력이 좌우된다는 가설도 가능하다.

7 수소에너지 적용 사례

수소 자동차 (출처 : 현대 자동차)

부산 수소연료전지발전소
(시설용량 : 5.6MW, 연간총발전량 : 42,000MWh(7,500가구 사용량)) (출처 : 디지털타임스)

서울 상암동 수소 스테이션(2011년 준공)
(국내 최초 쓰레기 매립가스(LFG) 원료 수소생산, 시간당 생산량 30Nm^3) (출처 : 환경미디어)

화성 수소 연료전지발전소(세계 최대)
(58.8MW 연간 전기생산량 464GWh, 열생산량 1,950억kcal) (출처 : 가스신문)

Chapter Nine

바이오에너지(Bio-Energy)

1 개요

바이오매스는 생태학 용어로서 생물량 또는 생체량이라고도 하며, 원래 살아 있는 동물 · 식물 · 미생물의 유기물량을 의미하지만, 산업계에서는 유기계 폐기물도 바이오매스에 포함한다.

농림부산물과 유기성 폐기물 등으로 대표되는 바이오매스로부터 생산 가능한 바이오에너지는 열 또는 전기를 생산하는 태양광, 풍력, 태양열, 지열 등 다른 재생에너지원과 달리 수송용 연료로도 활용이 가능하여 석유자원 고갈과 지구온난화 문제에 가장 실질적으로 대응할 수 있는 재생에너지원이다. 즉 바이오매스(식물)는 계속 자라거나 생성되므로 석유 및 석탄과 같이 한 번 사용하면 없어지는 화석에너지와 달리 재생성을 가져 자원의 고갈 문제가 없을 뿐만 아니라 바이오에너지를 사용함에 의해 발생한 이산화탄소는 식물이 자라면서 광합성에 의해 흡수하므로 대기 중으로 이산화탄소 배출효과는 크지 않아 국제사회에서는 지구온난화 대처에 도움이 되는 에너지로 인정하고 있다.

2 바이오에너지 잠재량

바이오에너지란 태양에너지를 받은 식물과 미생물의 광합성에 의하여 생성되는 식물체, 균체와 이를 먹고 살아가는 동물체를 포함하는 생물유기체를 일컫는다. 그러므로 바이오매스 자원은 곡물, 감자류를 포함하는 전분질계의 자원과 초본, 임목과 볏짚, 왕겨와 같은 농수산물을 포함하는 셀룰로오스계의 자원, 사탕수수, 사탕무와 같은 당질계의 자원은 물론이고 가축의 분뇨, 사체와 미생물의 균체를 포함하는 동물 단백질계의 자원까지를 포함하는 다양한 성상을 가지고 있다. 그리고 이들 자원에서 파생하는 종이, 음식찌꺼기 등의 유기성 폐기물도 바이오에너지자원에 포함된다.

표 9-1 바이오매스 에너지 잠재량(20110년) (단위 : 천 toe) (출처 : 에너지관리공단)

구 분	부존 잠재량	가용 잠재량	기술적 잠재량
바이오에너지 잠재량	141,855	11,656	6,167
백분율(%)	100	8.2	4.4

(1) 부존 잠재량

바이오매스 자원은 연간 산지의 임목축적에 의한 임산 바이오매스, 경작지의 작물부산물을 포함한 농수산 바이오매스, 축산분뇨를 지칭하는 축산폐기물 바이오매스 및 도시폐기물 중 가연성분(유기물)의 도시폐기물 바이오매스 자원을 포함한다.

(2) 가용 잠재량

바이오매스 자원의 가용 잠재량은 임산 바이오매스의 연간 임목축적량, 농수산 바이오매스, 축산폐기물 및 도시폐기물 바이오매스의 연간 배출량 중에서 채취 · 수집이 가능한 양에서 기타 용도로 사용되는 양을 제외한 값으로 정의된다.

(3) 기술적 잠재량

바이오매스 자원의 기술적 잠재량은 임산 바이오매스(입목)의 연간 임목축적량, 농수산 바이오매스, 축산폐기물 및 도시폐기물 바이오매스의 연간 배출량 중에서 현재의 재배 · 수집 및 변환기술로써 합리적으로 활용될 수 있는 양을 추정한 것이다. 기술적 잠재량에서는 음식쓰레기, 하수슬러지, 바이오디젤용 유채재배 잠재량도 포함한다.

표 9-2 바이오매스 기술적 잠재자원량(2030년 예상 기준) (출처 : 에너지관리공단)

부문별	세부자원별	가용잠재량 (천Toe/년)	기술적 잠재량 (천Toe/년)	%	비고
임산 바이오매스	임목	6,760	2,450	39.7	
농수산 바이오매스	볏짚	324	100	3.2	가용잠재량의 33.3% 사용 추정
	왕겨	128			
	보리짚	19			
	콩줄기	40			
	사과 전정지	60			
축산폐기물 바이오매스	우분	523	400	6.5	돈분의 50% 바이오가스화
	돈분	799			
	계분	329			
도시폐기물 바이오매스	가연성	2,675	890	14.4	가용잠재량의 33.3% 사용추정, 하수슬러지, 음식쓰레기
	음식쓰레기	1,747	268	4.3	가스화 음식물쓰레기 15.3% 매립기준
	하수슬러지	982,233	983	15.9	가스화
농산물	유채재배	990	990	16.0	
바이오매스 에너지기술적 잠재량 합계			6,171	100	

바이오에너지의 공급측면에서 부존 및 가용 자원량을 볼 때 미래의 이용가능성이 가장 높은 것은 임산자원이며, 그 다음이 도시폐기물로서 도시폐기물 중 가연성 물질로 폐지 · 폐목재 성분이고, 농산물 및 농업부산물, 그리고 축산분뇨, 음식쓰레기, 하수슬러지 등은 혐기소화처리의 부산물로 바이오가스를 이용하는 형태이다.

3 바이오에너지 특징

바이오매스 주요 자원으로는 포플러, 버드나무, 아카시아 등의 나무, 사탕수수, 고구마, 강냉이 등의 초본식물, 그리고 수생식물, 해조류, 조류, 광합성세균 등이 있으며, 유기계 폐기물, 농산폐기물, 임산폐기물, 축산폐기물, 산업폐기물, 도시쓰레기 등도 직접 또는 변환하여 연료화할 수 있으므로 바이오에너지의 자원이 된다.

지구상에서 1년간에 생산되는 바이오매스는 석유의 전체 매장량과 맞먹을 정도이며, 적절히 이용하면 고갈될 염려가 없다. 또한 바이오매스는 저장이 가능하며, 최소의 자본으로 개발이 가능하며, 원자력 이용 등과 비교할 때 환경보전적으로 안전하다. 그러나 바이오에너지 원료인 유기작물 등의 재배를 위한 넓은 토지와 비료, 물, 에너지 투입이 필요하다.

농림 부산물과 유기성 폐기물 등으로 대표되는 바이오매스로부터 생산 가능한 바이오에너지는 열, 전기뿐만 아니라 석유가 직접적으로 소비되는 수송용 연료도 생산할 수 있다는 장점이 있어 고유가에 대한 대체효과가 높다고 할 수 있다. 바이오에너지를 사용함에 따라 발생한 이산화탄소는 바이오에너지 생산원료인 식물이 자라면서 광합성에 의해

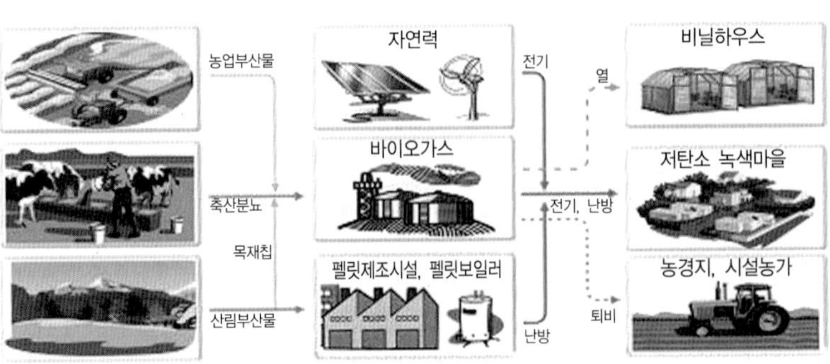

그림 9-1 바이오에너지원 및 이용 분야

흡수하므로 대기 중으로 이산화탄소 배출효과는 크지 않아 국제사회에서는 지구온난화 문제 해결에 도움이 되는 에너지로 인정하고 있다. 바이오에너지 사용에 의한 대기 중 이산화탄소 양 증가 효과는 다른 신재생에너지원에 비해 오히려 낮은 것으로 분석되었다. 또한 바이오매스(식물)는 계속 자라거나 생성되므로 석유 및 석탄과 같이 한 번 사용하면 없어지는 화석에너지와 달리 재생성을 가져 자원의 고갈문제가 없다.

이외에도 현재 국내·외에서 바이오에너지 생산원료로 사용되는 바이오매스는 농업작물(예 : 유채, 옥수수, 콩 등)이거나 농·임산 부산물(간벌목, 볏짚, 왕겨 등) 또는 유기성 폐기물(음식쓰레기, 축산분뇨) 등이어서 바이오에너지는 농업과 매우 밀접한 관계도 있다. 하지만 바이오에너지는 재래 에너지인 화석연료에 비해 경제성이 낮다는 취약점이 있다.

바이오에너지 특징

■ 장점

- 에너지를 저장할 수 있고, 재생이 가능하다.
- 환경친화적 생산시스템 및 환경오염의 저감.(온실가스 등)
- 물과 온도조건만 맞으면 지구 어느 곳에서나 얻을 수 있다.
- 적은 자본으로도 개발이 가능하다.
- 원자력 등 다른 에너지와 비교할 때 환경보전적으로 안전하다.
- 생성에너지의 형태가 다양하다.(연료, 전력, 천연화학물 등)

■ 단점

- 바이오매스를 얻기 위해 넓은 면적의 토지가 필요하며, 자원량의 지역적 차이가 크다.
- 가격이 절대적으로 비싸다.(단위공정의 대규모 설비투자)
- 대체에너지의 생산량이 한정적이다.
- 자원 산재 시 수집과 수송이 불편하다.
- 다양한 자원에 따른 이용기술의 다양성과 개발의 어려움이 있다.
- 과도 이용 시 환경파괴 가능성이 있다.

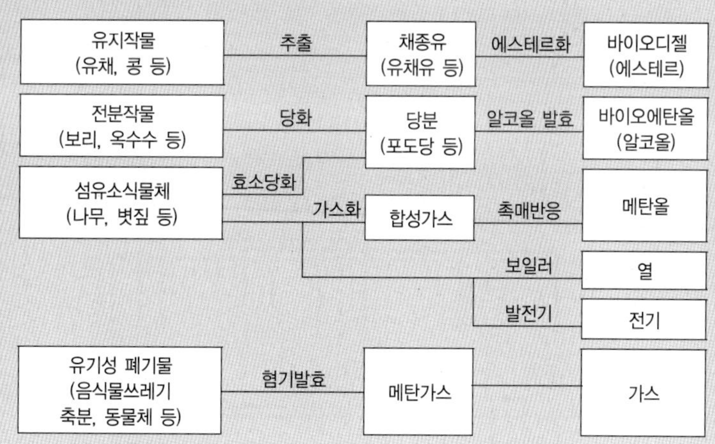

4 바이오에너지 이용기술

바이오에너지(바이오매스 에너지) 이용기술이란 바이오매스(Biomass, 유기성 생물체를 총칭)를 직접 또는 생·화학적, 물리적 변환과정을 통해 액체, 가스, 고체연료나 전기·열에너지 형태로 이용하는 화학, 생물, 연소공학 등의 기술을 일컬으며 바이오매스를 에너지원으로 이용하는 방법으로는 직접연소, 메테인 발효, 알코올발효기술과 수송용 연료로도 활용이 가능한 바이오에탄올과 바이오 디젤 생산기술이 있다.

브라질, 캐나다, 미국 등에서는 알코올을 이용한 바이오에너지 공급량이 이미 원자력에 맞먹는 수준에 있으며 원자력의 위험성이 높아지고 있는 현재에 바이오에너지는 훌륭한 대체에너지가 될 수 있을 것으로 전망한다.

표 9-3 바이오에너지 이용기술 분류 (출처 : 에너지관리공단)

대분류	중분류	내 용
바이오액체 생산기술	연료용 바이오에탄올 생산기술	당질계, 전분질계, 목질계
	바이오디젤 생산기술	바이오디젤 전환 및 엔진 적용기술
	바이오매스 액화기술(열적 전환)	바이오매스 액화, 연소, 엔진 이용기술
바이오매스 가스화 기술	혐기소화에 의한 메탄가스화 기술	유기성 폐수의 매탄가스화 기술 매립지 가스 이용기술(LFG)
	바이오매스 가스화 기술(열적 전환)	바이오매스 열분해, 가스화, 가스화 발전기술
	바이오수소 생산기술	생물학적 바이오 수소생산기술
바이오매스 생산·가공 기술	에너지 작물기술	에너지 작물재배, 육종, 수집·운반, 가공기술
	생물학적 CO_2고정화 기술	바이오매스 재배, 산림녹화, 미세조류 배양기술
	바이오 고형연료 생산, 이용기술	바이오 고형연료 생산 및 이용기술(왕겨탄, 칩, RDF(폐기물연료 등)

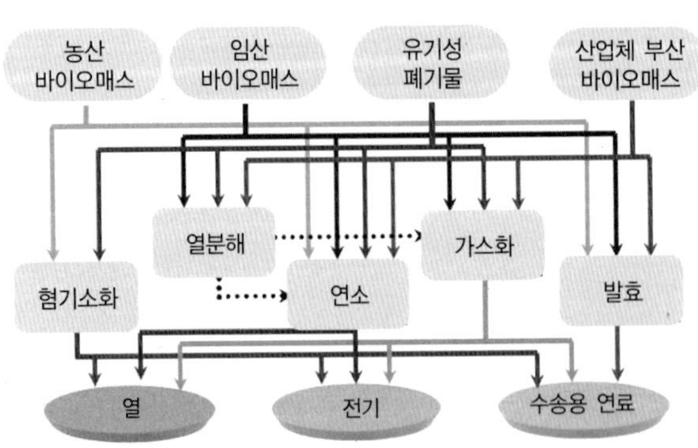

그림 9-2 바이오에너지 기술 개요 (출처 : 에너지기술연구원)

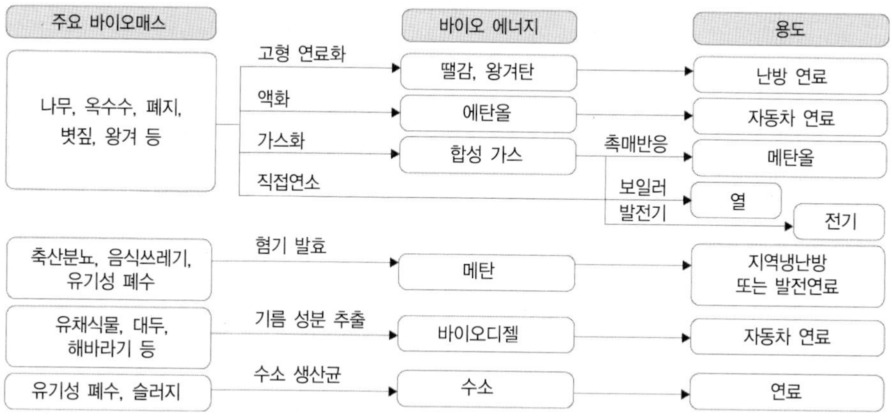

그림 9-3 주요 바이오매스 에너지의 종류 및 용도 (출처 : 에너지관리공단)

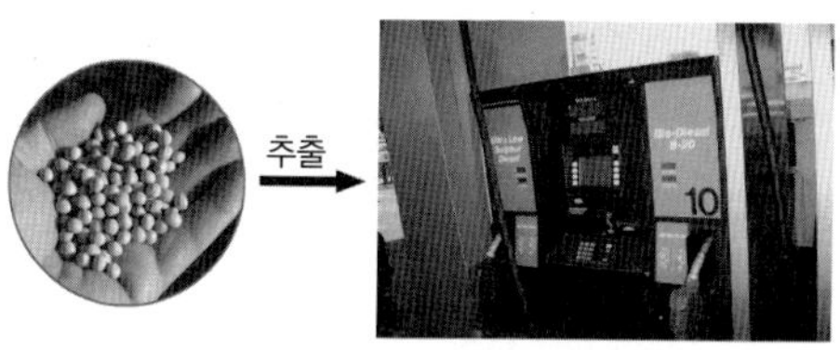

콩, 유채 등의 유지식물로부터 기름을 추출하여 바이오디젤로 사용

옥수수, 사탕수수 등의 전분식물로부터 당분을 발효시켜 바이오에탄올을 얻어 연료로 사용

직접 태워서 에너지 생산

식물체나 동물체를 공기가 없는 곳에서 썩혀 메탄가스 생성
➜ 조리, 난방, 발전기 연료로 사용

그림 9-4 바이오에너지 이용기술 (출처 : 에너지관리공단)

4.1 열 또는 전기 생산 기술

4.1.1 고형연료화 기술

바이오 고형연료제품의 사용 가능한 식물성 잔재물, 초본류 등이다. 과거 우리나라에서는 신탄 또는 왕겨탄 등 고형 바이오연료가 가정, 식당 등 개별 소비처에서 주로 활용된 바 있다. 이러한 고형 바이오연료는 과거에는 임산자원이 풍부한 북구의 여러 국가

(예 : 핀란드, 스웨덴 등)에서는 조림에 의해 생산된 목재를 장작으로 활용하였으나 보일러기술이 발전함에 따라 고형 바이오연료도 칩(Chip)에서 펠릿 또는 성형탄의 형태로 가공하여 보일러연료로 활용하는 방향으로 기술개발이 이루어지고 있다. 생산된 고형 바이오연료는 CO_2 감축과 고유가가 중요 관심사가 됨에 따라 우리나라에서는 가정 및 화훼농가 등을 중심으로 보일러 연료로 활용이 점차 활성화되고 있다.

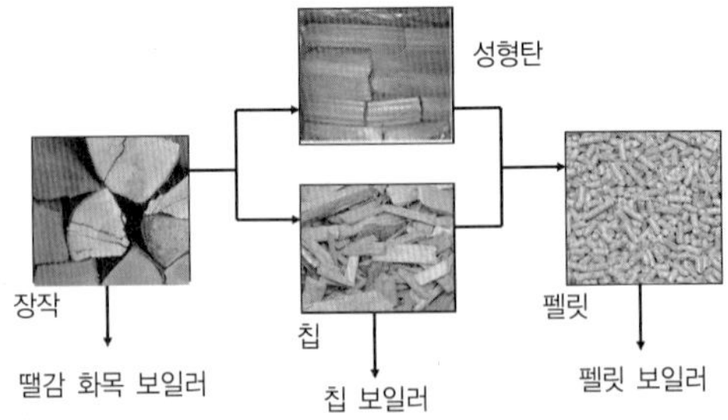

그림 9-5 고형 바이오연료 종류 및 활용
(출처 : 에너지관리공단)

또한 미국, 독일 등 여러 선진국에서는 미활용 임산폐기물뿐만 아니라 도시에서 배출되는 폐목재 등을 펠릿화하여 석탄 · 화력발전소에서 석탄과 혼합하여 사용하는 기술도 개발하여 적용하고 있다.

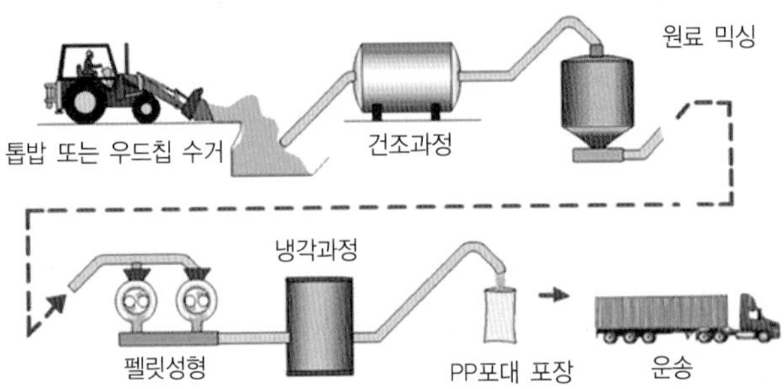

그림 9-6 목재펠릿 생산과정 (출처 : 서진에너지)

그림 9-7 펠릿 보일러 (출처 : 서진에너지)

4.1.2 열분해 기술

금속열분해 공정기술은 빠르게 열이 전달되는 공정으로 산소가 없는 조건에서 바이오매스를 500℃까지 빠르게 가열하여 열분해 후 급속냉각시킨 다음 열분해 오일을 회수하여 전력생산 및 산업용 열원으로 사용하는 기술이다. 고형연료로 만들어 연소하여 열을 생산하는 방법은 상대적으로 적용이 쉽지만 생산된 에너지의 형태가 부가가치가 가장 낮은 형태이어서 보다 유용한 형태의 에너지로 활용하려는 시도가 이루어져왔으며 이러한 시도의 대표적인 예로는 고형연료를 공기(산소)가 희박한 조건에서 열분해 · 가스화하여 가스연료(CO, CH_4, H_2 등)를 생산하는 기술이다.

바이오매스의 금속열분해 원료물질은 농업제품폐기물, 펄프, 종이, 목질계 바이오매스, 조류, 수수류 등이 사용되며 생산된 가스는 열과 전기를 동시에 생산하는 열병합발전에 사용되거나 응축하여 액상연료로도 사용 가능하다.

국내 열병합발전기술의 경우 상용화되었으나 액상연료로 활용하는 기술은 연구를 완료하고 실용화 시작단계이며, 미국에서는 2012년부터 금속열분해공정 기술을 이용하여 바이오매스를 전력생산용 열분해 오일로 전환하여 가동하고 있다.

4.1.3 메탄 생산 기술

바이오가스는 유기성 폐기물을 혐기성 소화하여 생산된 가스로 주로 메탄(NH_4)과 이산화탄소(CO_2)가 주성분이며, 이러한 혼합기체로부터 분리된 메탄을 바이오 메탄가스라 한다. 바이오메탄은 연료전지 및 열병합발전 원료로 하여 전력 및 온수를 생산하는 에너지원으로 사용할 뿐 아니라 유기성 폐기물의 감량화 효과가 높아 우리나라와 같이 폐기물처리 부지 확보가 어려운 지역에서 특히 유용한 기술이다.

그러나 우리나라에서는 가축분뇨 등을 이용한 바이오가스화 기술이 분뇨를 퇴비 혹은 액비화하는 기술보다 시설투자비가 비싼 반면, 메탄가스 생산량이 적어 해외만큼은 적용 사례가 많지 않은 실정이다.

유기성 폐기물의 혐기소화 공정은 불순물 제거를 위한 전처리, 사전 조정 단계(조정조), 메탄으로 전환되는 소화조 등 3단계로 구성되는데, 생성된 바이오가스는 열 또는 전기생산 에너지로 활용되며 메탄을 생산하고 남은 잔류물은 퇴비로 활용되거나 매립, 소각처리된다.

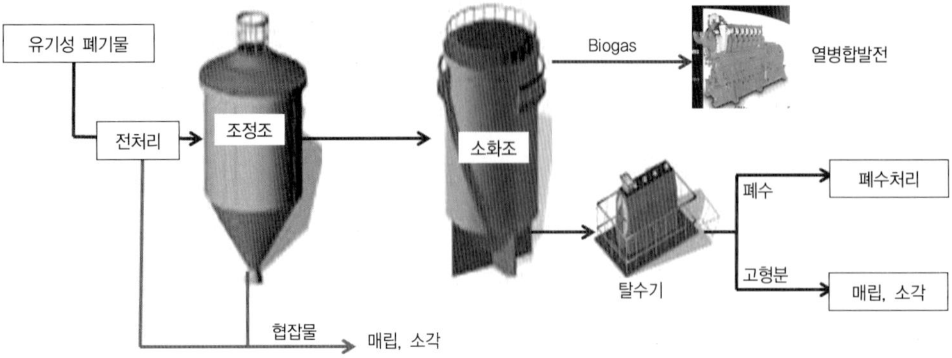

그림 9-8 유기성 폐기물의 바이오가스 전환 공정도 (출처 : 에너지관리공단)

2012년에는 국내기술에 의해 매립지에서 발생되는 바이오가스 중에 포함되어 있는 황화수소와 수분, 실록산 등을 전처리 공정을 통해 제거한 후, 이산화탄소 2단 제거공정 및 급랭 기액분리 제거공정을 걸친 후 농도 99% 이상의 바이오메탄을 생산하고, 초저온 액화공정을 통해 바이오메탄을 냉각하여 액화바이오메탄을 생산하는 기술을 개발하였는데, 이 기술은 바이오가스 대비 에너지밀도를 900배 이상 향상시켜 이동성 및 저장성이 높은 고품질의 수송연료를 생산하는 기술로 높이 평가받고 있다.

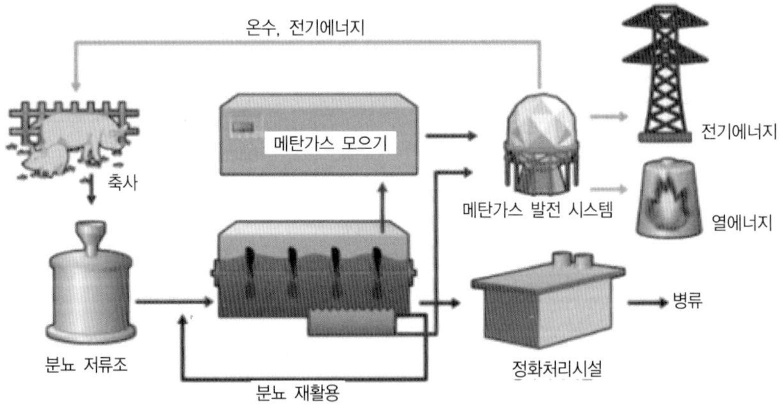

그림 9-9 축산분뇨 활용 바이오가스 열병합발전 (출처 : 에너지관리공단)

4.2 수송용 연료 생산 기술

수송용 연료로 이용하고 있는 바이오에너지에는 바이오디젤을 비롯해 바이오 알코올, 바이오에탄올 등이 있는데 화석연료와는 달리 유지(油脂)작물과 전분작물에서 식물성 기름을 추출하거나 포도당을 추출한 후 이를 발효시켜 만들어 환경친화적으로 제조된 액상연료이기 때문에 기존 연료 인프라를 그대로 사용할 수 있는 장점이 있으며, 다른 신재생에너지원이 갖지 못하는 바이오에너지의 고유 특성이 바로 수송용 연료로 전환이 가능하다는 점이다. 바이오매스로부터 만들어지는 바이오연료는 현재 차량에서 석유화학연료에 첨가하여 사용이 가능하며, 실제 바이오에탄올과 바이오디젤 등이 이미 보급 중이다.

표 9-4 바이오연료

바이오연료	원 재 료	활용(대체유)
바이오에탄올 (Bio Ethanol)	포도당 : 사탕무(유럽), 사탕수수(브라질) 녹말 : 옥수수, 밀(미국), 보리(유럽) 셀룰로오스 : 섬유소, 목질소	휘발유 대체연료
바이오디젤 (Bio Diesel)	식물성 유지 : 야자유, 유채유, 해바라기유, 옥수수유, 코코넛기름 등 동물성 기름 : 우지, 돈지, 가금유지, 어유 등 폐식용유	경유 대체연료

4.2.1 바이오에탄올

바이오디젤이 유지(油脂)작물에서 식물성 기름을 추출해 만들며, 바이오에탄올은 사탕수수, 밀, 옥수수, 감자, 보리 등 주로 녹말작물(전분식물)을 발효시켜 포도당을 얻은 뒤 이를 발효시켜 만들어 에탄올을 추출하여 차량 등의 연료첨가제로 사용된다.

대표적인 원료는 사탕수수, 밀, 옥수수, 감자, 보리, 고구마 따위의 녹말작물이며, 그 밖에 억새, 볏짚 등 다양한 식물에서도 바이오에탄올을 추출할 수 있는데 바이오매스 안에 있는 탄수화물을 글루코오스(포도당)로 전환시킨 뒤, 다시 포도주나 양조 맥주를 발효시키는 것과 비슷한 발효과정을 거쳐 만든다. 가장 널리 사용되는 바이오에탄올의 원료는 사탕수수로 사탕수수가 많이 생산되는 브라질에서는 차량의 70% 정도가 바이오에탄올을 연료첨가제로 사용할 만큼 일반화되었다. 미국에서는 자국의 풍부한 바이오매스인 옥수수, 감자 등 당질계 또는 전분질계 원료로부터 일찍이 바이오에탄올을 생산하는 기술을 개발하였으나 다른 나라에서는 사탕수수의 생산 원가가 비싸, 섬유소가 풍부한 옥수수, 쌀, 볏짚 등 각종 바이오매스에서 대량으로 바이오에탄올을 추출하는 기술을 개

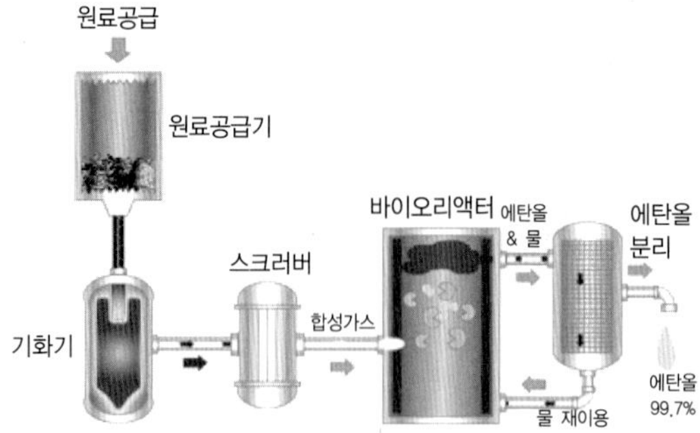

그림 9-10 바이오에탄올 제조 공정도 (출처 : 포테코(주))

발하고 있으며, 우리나라는 2014년부터 농촌진흥청 바이오에너지작물센터에서 4대강 사업의 일환으로 금강하구 일원에 시범사업으로 조성된 거대억새에서 바이오에탄올을 생산하고 있다.

바이오연료는 화석연료와 달리 환경오염물질이 전혀 없고, 식물로부터 연료를 얻기 때문에 언제든지 재생이 가능하며, 특히 일산화탄소와 같은 환경오염물질을 배출하는 가솔린과 달리 유해물질을 전혀 배출하지 않고 휘발유만 사용할 때보다 일산화탄소 배출량이 훨씬 줄어드는 것으로 확인되어 일찍부터 차량용 대체에너지로 주목받고 있다.

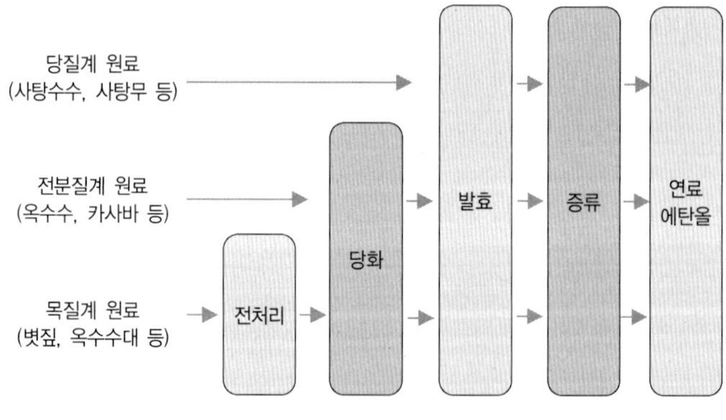

그림 9-11 원료별 바이오에탄올 생산기술 (출처 : 에너지관리공단)

4.2.2 바이오디젤

바이오디젤은 콩, 유채 등에서 짜낸 식물성 유지와 동물성 유지, 돈지, 그리고 폐식용유를 알코올 및 촉매와 반응시켜 만든 연료로 옥수수, 사탕수수 등을 원료로 하는 바이

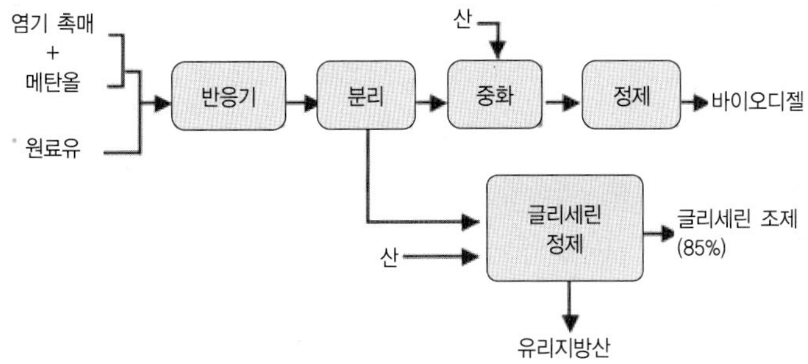

그림 9-12 바이오디젤 생산 반응 (출처 : 에너지관리공단)

오에탄올과 함께 석유 대체연료로 불리고 있다. 식물성기름은 차량연료로 사용하기에 충분한 열량을 가지고 있지만 고분자물질로 점도가 너무 높아 차량의 디젤 엔진에 직접 적용이 어렵다는 문제점이 있다. 따라서 화학반응에 의해 식물성 기름을 분해하여 저분자화함으로써 점도를 디젤유와 비슷한 수준으로 낮추어 사용하는 것이다. 즉 유지(동·식물성 기름)에 촉매를 넣고 알코올과 반응시키면 세 분자의 알킬에스터와 글리세린으로 분해되는데, 이 반응에 의해 생산된 알킬에스터를 바이오디젤이라고 한다.

바이오디젤은 경유와 달리 약 10%의 산소를 포함하고 있는 함산소 연료로서 연소 시 바이오디젤에 포함된 산소로 인해 보다 완전연소가 일어나 경유에 비해 대기오염물질이 40~60% 이상 적게 배출된다. 또한 경유와 특성이 비슷하여 자동차의 엔진을 변경 없이 경유와 혼합하여 사용할 수 있고, 사용에 따른 전주기분석(Life Cycle Analysis, LCA)에 의하면 바이오디젤 1kg 사용 시 경유에 비해 2.2kg의 이산화탄소배출 절감효과가 있는 것으로 밝혀졌다. 그러나 바이오디젤의 추출은 주로 콩, 유채 등 식용작물의 식물성 기름을 통해 이루어져 있어 이는 세계 곡물가격 상승을 유발, 아프리카 같은 빈곤국가와 저소득층의 식량난을 가중시킨다는 문제점이 있으며, 사탕수수를 에탄올 생산의 원료로 이용하는 브라질도 열대우림 아마존 파괴 우려 때문에 국제적 비판의 대상에 올라 있으며, 넓은 면적의 토지가 필요하다는 단점과 수확을 일년에 한 번 밖에 하지 못한다는 한계가 있으며, 우리나라의 경우 바이오디젤 원료인 대두유를 대부분 수입에 의존하므로 석유자원과 유사하게 수급·가격이 대외적 상황 변화에 크게 의존하는 실정이다.

4.2.3 해양 바이오에너지

옥수수·사탕수수·콩 등의 식용작물을 이용해 만드는 1세대 바이오디젤은 기존 화석연료를 대체한다는 점에서 각광받았지만 곡물류로부터 얻어지는 바이오연료 생산량의 확대는 세계 곡물가격 상승과 저소득층 식량난을 가중시킨다는 비난도 함께 받고 있으며, 바이오디젤 원료 확보를 위해 이루어지는 산림개발은 사막화현상과 지구온난화를 부추기는 요인으로 작용한다는 지적도 나오고 있다.

해양 바이오에너지는 홍조류, 녹조류, 갈조류, 남조류 등과 같은 '대형 해조류'와 식물성 플랑크톤인 클로렐라, 남세균류인 스피룰리나 등과 같은 미세조류에서 추출하는 바이오연료이며, 미역, 우뭇가사리 등과 같은 대형 해조류는 단위무게당 탄수화물 함유량이 높아 바이오에탄올 제조에 사용되고, 미세조류는 지질의 함유량이 높아 주로 바이오디젤을 생산하는데 사용된다. 해양 바이오연료는 1세대 바이오에너지원이 가지고 있는 곡물가격 상승과 재배면적 부족, 환경파괴 등에 대한 문제점을 개선하는 차세대 바이오매스로 해양자원인 해조류를 활용한 친환경 바이오에너지에 주목하고 있다.

해양 바이오매스 중 미세조류는 바다나 민물에 서식하는 단세포 광합성 생물로서 흔히 '식물 플랑크톤'이라고 하는데 미세조류는 무게의 50%가 기름이므로 연간 1ha(1만 m^2)당 최대 99,000L의 바이오연료를 생산할 수 있어 곡물 바이오연료 중 생산효율이 가장 높은 오일팜보다 약 16배 이상의 생산효율을 기대할 수 있다. 또한 바이오연료의 주요 원료인 옥수수나 사탕수수가 단기간에 생산량이 2배씩 증가할 수 없지만, 단세포인 미세조류는 수온과 영양분 등 주변 환경이 맞기만 하면 세포가 매우 쉽게 분열하면서 개체수가 폭발적으로 증가하여 하루에도 몇 배씩 개체수를 늘릴 수 있어 같은 면적에서 재배할 때 얻어지는 바이오연료의 양은 옥수수나 콩과 같은 식물에서 확보하는 바이오연료보다 훨씬 많아진다. 그리고 농경지에서 재배할 필요가 없기 때문에 곡물의 자원을 이용한 바이오 연료처럼 귀중한 식량을 연료로 바꾸고 있다는 논란에 휘말릴 가능성이 없

그림 9-13 미세조류를 배양하는 광생물 반응기 시스템 (출처 : 에너지기술연구원)

그림 9-14 해조류를 이용해 만든 바이오에탄올 제조 실증플랜트 모습. 세계 최초 해조류 바이오에탄올 실증 플랜트 : 90% 이상을 국산화 (출처 : 이투뉴스)

고, 물 속에 있기 때문에 다른 곡물이 자라날 땅을 점유할 필요도 없다.

미세조류는 바닷물, 호수, 폐수 등의 거의 모든 물에서 자라므로 수질정화효과를 부수적으로 기대할 수 있으며, 식물성 오일 생성 시 햇빛과 이산화탄소를 이용한 광합성을 통해 양질의 식물성 오일을 생산하므로 성장에 필요한 것은 오직 광합성을 위한 햇빛과 물, 그리고 이산화탄소면 가능하다. 따라서 3면이 바다로 둘러싸여 있는 우리나라로서는 미세조류를 찾는 것도 상대적으로 유리하다.

미세조류에 의한 바이오디젤 제조는 미세조류를 걷어 물을 빼고 압착기에 넣어 짜낸 뒤 기름성분을 분리해내면 바로 바이오디젤이 되는데, 곡물은 1년에 1~2회 밖에 수확할 수 없지만 미세조류는 성장속도가 빨라 연중 20회 이상 생산이 가능하다. 하지만 문제는 순도 높은 기름을 만드는 방법이다. 순도가 높은 바이오디젤의 대량생산을 서둘러야 하고 생산단가는 낮춰야 한다. 또한 앞으로는 원하는 때 원하는 양만큼 미세조류를 대량 배양하는 기술을 개발하는 것 또한 중요하다. 2014년까지 현재의 바이오디젤 생산단가를 리터당 2,500~7,500원보다 낮은 2,000원 이하로 낮출 수 있을 것으로 기대하고 있다.

미역, 김, 파래, 다시마, 우뭇가사리, 함초 등의 해조류는 사탕수수, 밀, 옥수수와 같이 셀룰로오스를 보유하고 있다. 셀룰로오스는 2개 이상의 당성분이 결합된 다당류 섬유소 당과 당 사이의 결합을 인위적으로 끊어 단당류인 포도당으로 전환(당화)시킨 뒤 발효 미생물을 넣어 발효시켜 바이오에탄올을 생산한다.

바다공간을 활용한 해조류는 빠른 성장률을 통해 대규모 양식이 가능해 저렴하게 원료를 조달할 수 있어 이를 상용화하더라도 가격상승의 우려는 없다는 것이 장점이다. 또한 CO_2 포집량이 곡물에 비해 3~7배에 달할 정도로 친환경적이며, 특히 우뭇가사리와 같은 홍조류의 경우는 탄수화물 함량이 옥수수 못지않게 많아 공정비용면에서 가격경쟁력이 높다는 것도 강점으로 꼽히며, 녹조류의 일종인 구멍갈파래는 가장 유력한 바이오에탄올 추출 해조류인데, 우리나라 제주도에 큰 피해를 주는 녹조이지만 다른 해조류에 비해 같은 크기에서 얻을 수 있는 포도당의 양이 가장 많아 바이오에탄올 제조원으로 국내에서 중점연구 개발을 시도하고 있다. 2009년 해조류를 이용한 바이오에탄올을 새로운 동력산업원으로의 개발 이후 2014년 현재 해조류 바이오에탄올 생산단가는 옥수수 바이오에탄올과 사탕수수 바이오에탄올의 중간수준인 리터당 0.36~0.6달러 수준으로 산출돼 곡물 바이오에탄올을 대체할 충분한 경제적 가능성이 있는 것으로 조사됐다.

5 해외 현황

지구온난화 대책 중 하나로서 세계 각국에서 도입되고 있는 바이오연료는 세계 전체적으로 보면 생산량과 소비량 모두 급격하게 늘어나고 있으며, 바이오디젤 및 바이오에탄올의 성장은 현저하게 증가하고 있다. 옥수수 및 사탕수수 재배면적이 가장 많은 미국과 브라질이 세계 바이오에탄올의 약 90% 이상을 생산하고 있으며, 바이오디젤 생산량의 절반은 유럽연합(EU)에서 차지하고 있다.

바이오에탄올 생산량은 2005년부터 2009년까지 4년간 약 2.5배, 바이오디젤은 약 4.4배 증가했으며, 2035년에는 2009년 대비 5~7배까지 증가할 것으로 예상하고 있으며, 이후에도 바이오연료의 생산량은 확대 경향이 지속될 것으로 전망하고 있다.

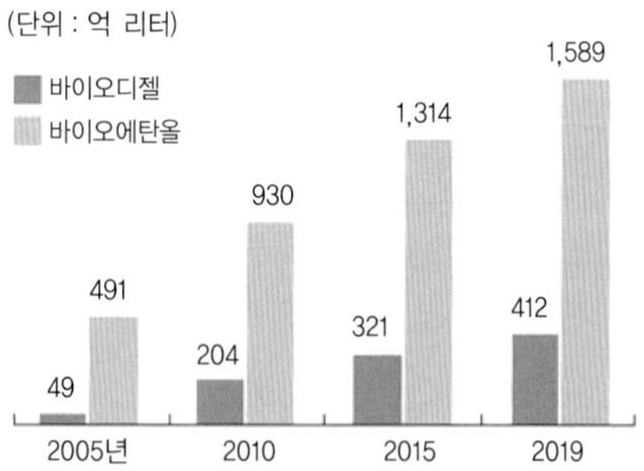

그림 9-15 바이오연료 사용량 전망
(출처 : 에너지관리공단)

바이오연료 시장은 현재 가장 큰 시장규모를 형성하고 있는 유럽이 연평균 5.4%씩 성장하여 2017년 약 2억 9,680만 달러의 시장규모를 형성할 것으로 예상되며, 두 번째로 큰 시장규모를 형성하고 있는 북미시장은 연평균 10.6%씩 성장하여 2017년 3억 5,730만 달러로 유럽시장을 넘어 세계 최대 바이오연

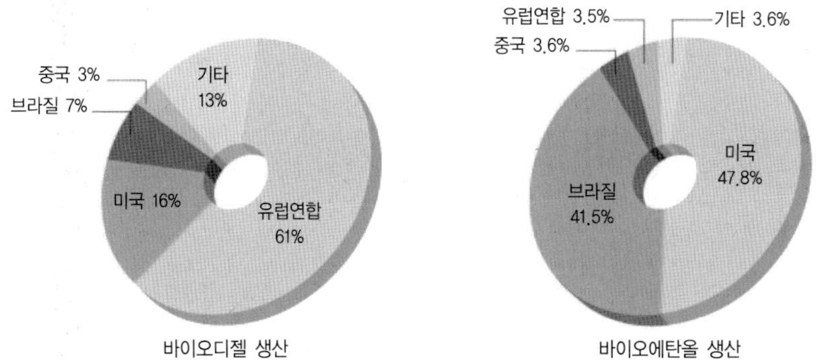

그림 9-16 주요국가의 바이오 비율 점유율 (출처 : 아시아 신문재단)

료 시장규모를 형성할 것으로 전망된다.

그 밖에 아시아 및 멕시코, 호주, 뉴질랜드, 아프리카 대륙 시장도 각각 7~8%의 연평균 성장률로 1억 5,770만 달러, 1억 290만 달러의 시장규모를 형성할 것으로 예상하고 있다. 그러나 바이오연료의 안정적인 보급은 거대 정유사와 경쟁하는 측면이 있어 면세 혹은 의무화제도(RFS) 없이는 안정적 보급이 현실적으로 어려워 스페인, 오스트리아, 프랑스 등에서도 면세제도를, 독일, 영국, 미국은 의무화제도를 채택하여 보급 활성화에 주력하고 있다.

표 9-5 국가별 바이오 연료 혼합(RFS) 제도 추진 현황

국가	목표/의무	연도	내 용
미국	의무	2012 /2017	휘발유에 포함된 바이오연료의 양을 2017년 수송용 연료의 20% 확대 의무화
캐나다	의무	2010년	휘발유에 바이오에탄올 3.5% 혼합 의무화
브라질	의무		휘발유에 바이오에탄올 20~25% 혼합 의무화 경유에 바이오디젤 3% 혼합 의무화
콜롬비아	의무	2005년	휘발유에 바이오에탄올 310% 혼합 의무화 (인구 50남 이상 도시)
EU	목표	2010 /2020	수송용 연료 중 바이오연료 목표비율 2010년 5.75% 2020년 20%로 확대
독일	의무	2010년	수송용 연료 중 바이오연료 혼합 6.25% 의무 2020년 20% 도입
한국	의무	2011년	현재 바이오디젤 2% 혼합해 판매중

6 국내 현황

우리나라는 2002년 수도권의 대기오염이 심각해짐에 따라 환경부에서는 경유 차량에 의한 환경오염을 줄일 수 있는 대체연료의 보급방안을 검토했다. 당시 정부에서는 바이오디젤을 경유에 20퍼센트 혼합하면(BD20) 일반 경유에 비해 환경오염물질 배출이 30~40퍼센트 줄어들 뿐만 아니라 기존 차량에도 직접 사용이 가능하다는 점을 인지하여 바이오디젤 시범보급사업(2002.5~2005.12) 결과를 바탕으로 '06. 7월부터 바이오디젤의 전국 보급을 시작하였으며, 2007년에는 제주도에서 유채꽃에서 추출한 바이오디젤을 공영버스에 적용하여 시범운행하였고, 2011년부터 바이오디젤 상용화 및 혼합 의무화를 시행하였으며, 2015년 07월부터 신재생에너지 연료 의무 혼합제도(RFS : Renewable Fuel Standard)를 도입하여 시행하고자 한다.

국내의 바이오에너지 보급정책

- 바이오디젤 시범보급사업(2002.5~2005.12) 결과를 바탕으로 '06.7월부터 바이오디젤 전국 보급을 실시함
- 2007.9월 관계부처 합동으로 바이오디젤 중장기 보급계획을 수립하여 2010년까지의 바이오디젤 혼합비율, 면세 등의 정책을 확정함.
- 2010년 하반기, 에너지시장 여건 등을 종합적으로 고려하여 바이오디젤 혼합비율, 면세지원 등 관련 계획을 전면 재검토하였는데 당분간 바이오디젤 2.0%를 보급하고 면세 지원은 2011년 종료하였으며, 2012년부터 품질기준에 의한 바이오디젤 혼합을 의무화하기로 결정하였고, 2015년07월31일부터 신재생에너지 연료 혼합의무화제도(RFS : Renewable Fuel Standard)를 본격 시행할 예정임.
- 의무공급비율 : 15년~17년 : 2.5% , 18년~20년 : 3.0%

바이오디젤은 경유와 매우 비슷한 특성이 있어 경유의 대체로 사용할 수 있다. 즉 미생물로 분해되어 독성이 없고, 연료로 배출 시 독성이 경유보다 확연히 적다. 또한 휘발유나 경우와 비교하면 불이 잘 붙지 않고 안정적인 성질을 가지고 있기 때문에 안전과 환경 측면에서 세계적으로 성능이 입증되어 화석연료의 유력한 대안으로 현재 유럽, 미국에서 사용량이 급격히 증가하고 있으며, 독일은 바이오디젤 주유소가 1,900개 가량 운영되고 있다. 국내에서도 바이오디젤에 대한 활용방안이 대두되어 현재 서울, 인천, 울산, 창원 등에서 바이오디젤 주유소가 운영 중이다.

그러나 바이오에너지의 원활한 공급을 위해 원료의 안정적 확보라는 과제를 풀어야 한다. 전 세계는 곡물계 바이오연료가 가지고 있는 환경파괴, 식량난 초래, 원자재 수급에 따른 세계 곡물가격 상승, 생산단가 증가 등의 문제점에 당면하고 있으며, 우리나라

또한 바이오디젤 원료 중 가장 많이 쓰이는 것은 팜과 대두를 약 70% 이상 수입에 의존하고 있다. 따라서 바이오디젤의 생산원가 중 70%를 차지하는 원료가격 절감을 위해서는 안정적 수입선을 확보하기 위한 해외농장 확보가 필수적이다. 따라서 해외는 물론 국내에서도 제기되고 있는 곡물계 바이오 원료의 문제점에 대응할 안정적인 바이오 에너지원 확보를 위해 미세조류 및 해조류 등 바다공간을 활용하는 해양 바이오연료의 개발 및 상용화에 주력하고 있다.

우리나라는 해양 바이오에너지 개발활성화 사업의 일환으로 2011년 해양 미세조류를 대량 배양하여 친환경 바이오디젤 연료를 생산할 수 있는 '미세조류 대량 배양 실증 배양장'을 세계 최초로 건설하여 운영하면서 미래 친환경연료로 주목받는 미세조류 및 해양 바이오에너지 시장에서 우리나라가 세계 선두주자로 발돋움하고 있으며, 또한 2013년에는 전남 고흥에 세계 최초로 해조류 바이오에탄올의 경제적 가능성을 검증하기 위한 상용화 전 단계인 실증공장을 완공하여 운영 중인데, 이 실증공장은 우리나라가 전 세계에서 유일하게 확보하고 있는 해조류 바이오에탄올 원천기술을 공장 규모의 시설에 적용한 첫 시도이다.

7 바이오(혐기성 소화)설비 시공기준

신재생에너지 설비의 지원 등에 관한 지침-에너지관리공단 신재생에너지센터

공고 제2014-1호 14.02.19

가. 설치 위치

1) 모든 설비는 눈, 비, 바람 등에 보호될 수 있는 구조를 가져야 한다.

2) 발생가스 등의 안전유지를 위해 주변에 인화성 물질을 취급하는 곳이 없어야 하며, 항시 통풍이 잘되는 지역에 설치하여야 한다. 소화조 및 가스저장조 상부에는 가스누출 여부를 감시할 수 있는 계기를 설치하여야 한다.

나. 시스템 설비

1) 전처리조

가) 모든 반응조는 내식성 및 내약품성 재질을 사용하여야 하며 외부충격에 견딜 수 있는 구조이어야 한다.

나) 지지대는 철근콘크리트 등과 같이 구조물을 충분히 지지할 수 있는 형태의 패드로 구성하여야 하며 빗물 등이 배수될 수 있는 설비를 갖추어야 한다.

다) 약품의 종류에 따라 기온강하 시에 내용물이 얼지 않도록 설치하여야 하며, 약품의 양을 외부에서 확인할 수 있는 장치(Level Gauge 등)를 부착하여야 한다.

라) 외부에는 약품 공급 및 점검에 필요한 설비(사다리, 핸드레일 등)를 설치하여야 한다.

마) 교반 시 내용물이 외부로 유출되지 않는 설비(상부 뚜껑 등)를 갖추어야 한다.

2) 혐기성 소화조

가) 토목구조물, 플랫폼, 폐수혼합장치, 슬러지 투입구 및 유출수 배출 웨어 장치, 점검구, 안전장치, 스프레이 노즐 등으로 구성하여야 한다.

나) 구조물의 재질은 내식성 재질을 사용하고, 지지대는 철근콘크리트 등과 같이 구조물을 충분히 지지할 수 있는 형태의 패드로 구성해야 하며, 빗물 등이 배수될 수 있는 설비를 갖추어야 한다.

다) 구조 및 부속물은 바람, 적설하중 및 구조하중에 견딜 수 있도록 설치하여야 하며, 모든 볼트조립은 헐거움이 없이 단단히 고정하여야 한다.

라) 가연성 가스(주성분 : CH_4)가 발생되므로 가스나 폐수의 누설이 발생하지 않도록 완전한 기밀을 유지하여야 하며, 가스누출을 탐지할 수 있는 장비를 설치하여야 한다.

마) 보온을 하여야 하며, 내부온도는 중간지점에서 중온방식은 35± 2℃, 고온방식은 55± 2℃를 유지하여야 한다.

3) 탈황장치

가) 소화조에서 발생하는 소화가스를 탈황제와 접촉시켜 소화가스 중의 유화수소를 제거하여야 한다.

나) 소화가스 중에 유화수소가 100ppm 이하일 경우에는 90% 이상, 100ppm 이상일 경우에는 10ppm 이하로 제거하여야 한다.

다) 구조 및 부속물은 내식성, 내후성, 내산성 및 내 알칼리성에 견딜 수 있도록 설치하여야 한다.

라) 탈황제는 1,000kg의 약품에 100kg 이상의 유화수소를 흡착하여야 한다.

4) 가스저장장치

가) 구조 및 부속물은 내연성, 내풍성, 내산성에 견딜 수 있도록 설치해야 하며, 용접부 SEAL막 등에서는 가스누출이 없어야 한다.

나) 적설 및 동결 등의 사고가 발생할 경우에는 사고를 방지할 수 있는 설비를 갖추어야 한다.

다) 내부에서 발생된 응축수는 자동 배수될 수 있는 설비를 갖추어야 한다.

5) 발전시설

가) 혼소형 엔진을 사용할 경우에는 바이오가스의 함유율이 전체 연료의 70% 이상이어야 한다.

나) 과온 및 과속 등에 대비한 안전장치를 설치해야 하며, 가스배관에는 역화방지기를 설치해야 한다.

6) 배관

보온하여야 하며, 반응조에 연결된 배관은 유량이 역류하지 않도록 구성해야 한다.

7) 밸브류(Valve)

가) 모든 밸브는 연중 대기온도 및 사용온도 정상적인 기능을 해야 하며, 전동밸브는 By-pass 배관을 병행설치하여야 한다. 단, 전동밸브에 수동개폐장치가 설치되어 있을 경우에는 By-pass 배관을 설치하지 않아도 된다.

나) 모든 밸브는 적정압력 및 온도(필요시 온도안전밸브)에 견디도록 설치하여야 하며, 압력 안전밸브는 자동복귀되는 기능이 구비되어야 하고, 조절압력은 시스템 작동 허용압력을 초과해서는 안 된다.

8) 전기사업법의 사용 전 점검 또는 사용 전 검사에 하자가 없도록 시설을 준공하여야 한다.

다. 기타

1) 명판

가) 모든 기기는 용량, 제작자 및 그 외 기기별로 나타내어야 할 사항이 명시된 명판을 부착하여야 한다.

나) 신재생에너지 설비 명판 설치기준의 명판을 제작하여 혐기성 소화조 전면에 부착하여야 한다.

2) 가동상태

설비제어장치는 자동 및 수동운전이 가능하여야 하며, 온도감지기는 외부조건의 영향이 없도록 소화조의 중심지점에 설치해야 한다.

3) 모니터링 설비

『모니터링 설비 설치기준』에 적합하게 설치하여야 한다.

4) 운전교육

전문기업은 설비 소유자에게 소비자 주의사항 및 운전매뉴얼을 제공하여야 하며 운전교육을 실시하여야 한다.

8 목재 펠릿 보일러 시공기준

신재생에너지 설비의 지원 등에 관한 지침-에너지관리공단 신재생에너지센터

공고 제2014-1호 14.02.19

가. 보일러의 성능 · 구조 기준

1) 적용범위

최고사용압력 0.35MPa (3.5kg/cm^2) 이하의 목재 펠릿을 연료로 사용하는 온수보일러에 적용한다.

2) 보일러의 운전성능, 안전장치 성능 및 구조 기준

가) 정격 열출력 58.14kW (50,000kcal/h) 이하, 최고사용압력 0.35MPa (3.5kg/cm^2) 이하인 목재 펠릿 온수보일러 : 법 제13조에 따른 인증심사기준을 적용

나) 에너지이용합리화법 제39조 및 열사용기자재관리규칙 제32조의 검사대상기기 : "열사용 기자재의 검사 및 검사면제에 관한 기준"(지식경제부 고시)을 적용

다) 가) 및 나) 이외의 보일러 : [별표 1-2]에서 정한 시험항목, 방법 및 기준을 적용

나. 보일러의 설치 기준

1) 설치 확인 대상 보일러

가) 정격 열출력 58.14kW(50,000kcal/h) 이하, 최고사용압력 0.35MPa (3.5kg/cm^2) 이하인 목재펠릿 온수보일러는 센터에서 법 제13조에 따라 인증한 인증제품을 설치하여야 하며, 인증대상 이외의 보일러는 [별표 1-2]에서 정한 시험을 국가공인시험기관에서 실시하여 기준을 만족한 것이어야 한다. 단, 에너지이용합리화법 제39조 및 열사용 기자재관리규칙 제32조 관련 [별표 8] 「검사의 종류 및 적용대상」에 따라 제조관련 검사 적용을 받는 보일러는 검사기준을 만족하여야 한다.

나) 공인시험기관은 성능 및 구조 기준 만족 여부를 [별지 10호]의 서식에 준하여 성적서를 발급하여야 한다.

다) 에너지이용합리화법 제39조 및 열사용기자재관리규칙 제32조 관련 [별표 8] 「검사의 종류 및 적용대상」에 따라 관련 검사를 받아야 하는 보일러는 설치 확인 신청시 검사증사본을 제출하여야 한다.

2) 사용 연료 및 저장시설

가) 펠릿보일러에 사용하는 목재펠릿은 국가공인시험기관에서 보일러 성능시험시에 사용한 펠릿등급 이상의 품질을 가진 목제펠릿을 사용하여야 한다.

나) 저장시설은 정격소비량(kg/h)의 20배 이상을 저장할 수 있는 용량을 확보하여야 하며, 저장시설에는 수분 및 이물질 유입을 방지하기 위해 뚜껑과 필요시 스크린망 등을 설치하여야 하고 결로 현상이 발생하지 않도록 유의하여야 한다. 단, 보일러에 설치된 연료저장조로 별도의 자동공급시스템이 설치된 경우에는 별도의 자동공급 시스템까지를 저장시설로 간주한다.

3) 보일러의 설치

보일러는 다음 조건을 만족시킬 수 있도록 설치하여야 한다. 다만, 에너지이용합리화법 제39조 및 열사용기자재관리규칙 제32조의 검사대상기기는 "열사용 기자재의 검사 및 검사면제에 관한 기준"(지식경제부 고시)에 따라 제조하고 설치해야 한다.

가) 보일러 조작 및 점검, 수리를 위해 필요한 충분한 공간을 확보하여야 한다.

나) 보일러의 바닥은 물이 스며들지 않는 불연성 재료(시멘트, 콘크리트 등)로 수평으로 포장하여야 하며, 기초가 약하여 내려앉거나 갈라지지 않아야 한다.

다) 보일러는 반드시 바닥 지지물에 견고하게 설치하여 가동 중 이상진동이 없어야 하며, 자제의 하중을 충분히 지탱하여야 한다.

라) 강구조물은 접지되어야 하고 빗물이나 습기에 의하여 부식되지 않도록 적절한 보호장치를 하여야 한다.

마) 보일러 보온재와 케이싱 등의 외관상태는 부식 등이 없이 양호한 상태이어야 한다.

바) 보일러의 사용압력이 어떠한 경우에도 최고사용압력을 초과할 수 없도록 설치하여야 한다.

4) 설치장소

가) 설치장소 주위는 가연성 및 인화성 물질을 저장 및 취급하는 장소가 아니어야 한다.

나) 보일러를 옥내에 설치하는 경우에는 다음 조건을 만족하여야 한다.

- 보일러 및 보일러에 부설된 금속제의 굴뚝 또는 연도의 외측으로부터 0.3m 이내에 있는 가연성 물체에 대하여는 금속 이외의 불연성 재료로 피복하여야 한다.
- 보일러에 설치된 계기들을 육안으로 관찰하는데 지장이 없도록 충분한 조명시설이 있어야 한다.
- 보일러실은 원활한 연소 및 환경을 유지하기 위하여 급기구 및 환기구가 있어야 하며, 급기구는 보일러 배기가스 덕트의 유효단면적 이상이어야 한다.

다) 보일러를 옥외에 설치하는 경우에는 다음 조건을 만족하여야 한다.

- 보일러에 빗물이 스며들지 않도록 케이싱 등의 방지설비를 하여야 한다.
- 노출된 절연재 또는 피복 부위 등에는 방수처리(금속커버 또는 페인트 포함)를 하여야 한다.
- 보일러 외부에 있는 난방배관 및 급수관 등이 얼지 않도록 보호조치(보온 등)를 하여야 한다.

5) 연도의 설치

가) 연도의 구조

① 연도는 연소가스가 원활히 배출될 수 있도록 통풍력과 배기가스의 대기 확산을 고려한 충분한 높이와 구조를 갖추어야 한다.

- 연도의 상당지름은 125mm 이상이어야 한다.
- 연도의 가로길이는 짧아야(5m 이하) 한다.
- 연도의 굴곡 수는 적어야(4개 이하) 한다.

다만, 연도의 가로길이가 5m 이상이고, 굴곡수가 4개 이상 많아 자연통풍으로 배기가 어려운 경우에는 통풍장치를 설치해야 한다.

② 연도의 모양은 모든 방향의 바람에 관계없이 배기가스를 잘 배출시키는 구조로, 연도의 끝은 옥외로 뽑아내어야 한다.

③ 연도가 높아 연소에 장애를 주는 경우 양호한 연소유지를 위하여 연도에 정압 조절기를 설치하여야 한다.

④ 연도는 벽 속에 매립하거나 천장 속 등의 은폐부에 설치하여서는 안 된다.

⑤ 연도는 점검 및 수리가 용이한 구조로 내부청소를 위한 청소구와 수리나 교체에 필요한 점검구 등을 설치하여야 한다.

⑥ 불씨나 연도의 과열의 화재 발생이 없도록 예방조치를 하여야 하며, 잔류가스의 폭발을 방지할 수 있도록 설치하여야 한다.

나) 연도의 재질

연도의 재질은 스테인리스(두께 0.3mm 이상), 용융아연도금강판(두께 0.6mm 이상) 및 동등 이상의 재질을 사용하여야 하며, 평판 또는 스파이럴판을 사용하여야 한다. 다만, 주름관을 사용하여서는 안 된다.

다) 연도의 설치

① 보일러 상부에서 3m 이상 높게 설치하여야 한다. 다만, 연도 주위에 높은 건물이나 장애물이 있을 때는 높은 건물의 지붕보다 1m 이상 높게 설치해야 한다.

② 연도 내에 물고임이나 연통에서 발생되는 결로(응축)수가 보일러 내부로 유입되지 않는 구조로 배출구를 설치하여야 한다.

③ 연도는 운전 및 휴지 시 진동이나 소음이 발생하지 않도록 충분히 보강하고 연도의 자중으로 인한 처짐 등을 방지할 수 있도록 적절한 개소에 받침 및 행거를 설치하여야 한다.

④ 보일러와 굴뚝 사이의 연도는 결로가 발생하는 경우에는 결로 방지를 위해 보온재로 보온하거나, 이중관으로 설치하여야 한다.

⑤ 연도 부착부 등에서 연소가스가 새지 않도록 기밀조치를 하여야 하며, 연소가스가 창문을 통하여 실내로 유입되지 않아야 한다.

⑥ 급기구는 옥외 등 통기성이 좋은 위치에 설치하고 배기통으로부터 배출된 배기가스가 유입되지 않는 위치에 설치하여야 한다.

6) 압력방출장치

가) 온수보일러에 개방식 팽창탱크 설치 시 다음 기준에 따른다.

① 팽창탱크의 용량은 관수용량의 5% 이상일 것
② Overflow는 반드시 설치할 것
③ 순환펌프는 환수쪽에 설치할 것
④ 팽창탱크의 드레인관을 개방하여 연결할 것
⑤ 팽창탱크의 하부 연결배관에는 밸브를 설치하지 말 것
⑥ 에어벤트는 필요시 보일러 본체 및 팽창관에 설치할 것
⑦ 팽창탱크는 보일러 상부(지하실 설치시는 방바닥 배관)보다 높이 설치할 것

나) 온수보일러에 밀폐식(압력식) 팽창탱크 설치 시 다음 기준에 따른다.

① 팽창탱크(질소탱크)의 용량은 관수용량의 10% 이상일 것
② 에어벤트, 안전변은 반드시 보일러 본체 및 팽창관에 설치하여야 하며, 안전변은 산업안전보건법의 규정의 검사품으로 분출압력이 최고사용압력 이하인 것을 설치할 것
③ 팽창탱크의 하부 연결배관에는 밸브를 설치하지 말 것

다) 증기보일러에는 2개 이상의 스프링 안전밸브(KS B 6216)를 설치하여야 한다. 다만, 전열면적 50m^2 이하의 증기보일러에서는 1개 이상으로 한다. 안전밸브의 부착방법 및 용량, 크기는 "열사용 기자재의 검사 및 검사면제에 관한 기준"(지식경제부 고시)에 따른다.

7) 펌프 및 배관 설치

가) 펌프

순환펌프는 용량에 맞는 고효율 인증펌프 또는 KS기준 동등 이상의 펌프를 설치 하여야 한다.

나) 배관

① 배관의 설치

- 난방배관의 난방출구와 방출관에는 Tee이음매를 사용하여 분리된 관에 15A 이상의 팽창관을 꺾임이 없도록 설치하여야 한다.
- 모든 배관의 노출부는 얼지 않도록 두께 25mm 이상의 보온재로 보온하여야 한다.
- 모든 배관계통의 관 및 이음쇠 부분에는 누수가 없어야 한다.
- 배관재는 KS 기준 또는 동등 이상의 것을 사용하여야 한다.
- 밀폐식의 경우, 급수공급배관에 체크밸브를 설치하여야 하며, 크기는 호칭 15A 이상이어야 한다.
- 주름배관은 사용할 수 없다.

② 배관의 접합

- 배관을 나사접합으로 하는 경우에는 KS B 0222(관용 테이퍼나사)에 의하여 한다.

③ 배관의 지지대 설치

- 지지물은 안전뿐만 아니라 해로운 처짐, 외부의 기계적 손상 및 비정상적인 사용조건의 노출에 대해 배관을 보호하기 위하여 설치하여야 한다.
- 각 배관은 0.7~1.2m마다 지지대를 설치하여야 하며, 열의 팽창과 수축을 자유롭게 할 수 있도록 하여 보일러에 과중한 응력이 전달되지 않도록 하며, 보일러의 진동과 유체 충격의 진동 등이 최소가 될 수 있도록 배관을 시공하여야 한다.

④ 배관의 표시

- 급수, 온수, 난방공급, 난방환수, 드레인을 정확하게 구분되게 유체명, 흐름방향 등을 표시하여야 한다.

8) 계측기

가) 온수보일러에는 KS B 5320(공업용 바이메탈식 온도계) 및 KS B 5305(부르동관압력계) 또는 이와 동등 이상의 성능을 가진 온도계 및 압력계를 설치를 원칙으로 한다.(단, 권장사항은 전열면적이 4m^2 이하인 경우에 적용한다.)

① 보일러 본체 온도계(제어장치 포함)
② 보일러 입 · 출구 온수온도계(권장사항)
③ 보일러 연도의 배기가스온도계(권장사항)
④ 보일러 압력계(권장사항)

9) 명판 및 교육

가) 명판

- 보일러에는 설비사양(용도, 형식, 정격출력, 관수용량, 정격연료소비량, 최고 사용압력, 전열면적), 연료규격, 연소방식, 연료공급방식 및 장치, 제조사, 제조번호, 제조년월, 판매, 시공업체명, AS 연락처 등을 표시한 명판을 부착하여야 한다.

  * 본 보일러의 사용연료는 ( )급 펠릿 이상만 사용할 수 있다.

나) 교육

- 펠릿보일러 시공 전문기업은 반드시 시공종사자, 소유자(소비자에게) 운전 및 보수, 유지관리에 관한 교육을 실시하여야 하며, 운전매뉴얼을 제공하여야 한다.

10) 운전매뉴얼

운전매뉴얼에는 다음과 같은 사항이 기재되어야 한다.

가) 보일러작동법, 연소방법, 안전하게 개구문 여는 법
나) 청소 및 청소주기, 청소를 위해 필요한 조치사항
다) 오작동인 경우 대처법
라) 충분한 관리유지 서비스 권유 및 관리유지 간격
마) 연료종류와 관수용량과 연료크기
바) 연료통에 채울 수 있는 최대높이

9 바이오에너지 적용 사례

국내 최대 하수슬러지 이용 바이오가스 열병합발전소 조감도
(발전용량 5.8MW, 전기 1만 세대 공급, 25,000tCO_2/년 절감) (출처 : 가스신문)

바이오에탄올 생산 플랜트(세계 최초) 2013년 06월
(바이오에탄올 생산량 : 연간 120만 L) (출처 : 포토뉴스)

미세조류 바이오연료 실증시험장 (파일럿 플랜트)
(출처 : 건설타임즈)

수송용 바이오 연료 사용 (출처 : 파이낸셜 뉴스)

볏짚에서 바이오 에탄올 생산공장-가와사키 중공업
(출처 : 파이낸셜 뉴스)

파주시 바이오가스 생산플랜트-축산분뇨 60톤,
음식물쓰레기 20톤(출처 : 에너지관리공단)

Chapter Ten

폐기물에너지 (Waste Energy)

대구광역시 폐기물 에너지화(RDF)시설 (출처 : 대구광역시)

1 개 요

폐기물에너지는 일상생활이나 산업활동으로 인해 필연적으로 발생하는 폐기물을 단순 소각이나 매립처리를 하지 않고 적정한 기술로 폐기물을 가공하여 연료로 만들어서 석탄이나 석유 또는 가스연료의 대체연료로 활용하는 것을 말하며, 소각 시 발생하는 폐열을 에너지로 이용하는 것도 포함한다. 현재 폐기물에너지는 국내 신재생에너지 공급량의 약 71% 이상을 차지하고 있고 지속적으로 신재생에너지 공급량의 절반 정도를 차지할 것으로 예상되어 범세계적으로도 폐기물에너지가 점점 더 중요한 에너지원이 되고 있다.

2 폐기물에너지의 종류 및 특징

2.1 폐기물에너지의 종류

폐기물은 인간의 생활이나 사업활동에 필요하지 않게 된 것으로서 토지의 이용과 제품 생산을 위한 사업활동에서 발생하는 사업장폐기물과 인간의 일상생활에서 발생하는 생활폐기물로 분류된다.

또한 폐기물은 발생원에 따라 가정폐기물, 상업폐기물, 건축폐기물 병원폐기물, 산업폐기물로 구분하며, 특성에 따라서는 유기성과 무기성, 가연성과 불연성, 부패성과 비부

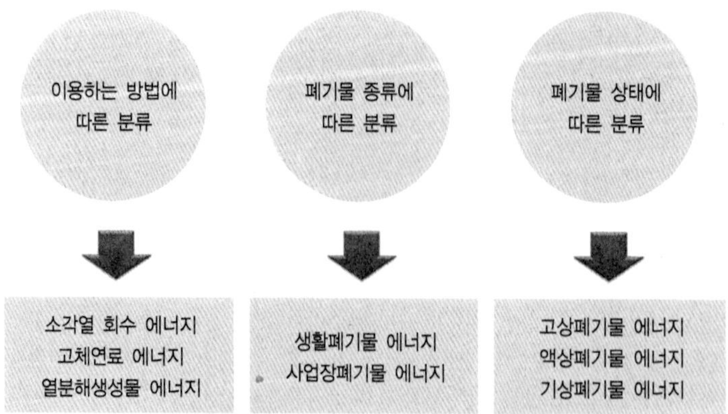

그림 10-1 폐기물 에너지의 종류

패성 폐기물로 분류된다.

폐기물을 에너지화하는 기술은 과거처럼 매립이나 소각처리가 아닌 연료화, 사료화, 재활용을 통해 폐기물 배출의 제로(Zero) 또는 부품 재이용의 자원형 재순환체계를 구축하는 하나의 시스템이며, 폐기물의 에너지화 기술은 폐기물을 변환시켜 연료 및 에너지를 생산하는 기술로 폐기물의 종류 및 상태와 이용기술에 따라 다음과 같이 분류한다.

(1) 폐기물 소각열

가연성 폐기물의 소각열 회수에 의한 스팀생산 및 발전, 시멘트 킬른 및 철광석소성로 등의 열원으로 이용.

(2) 성형고체연료(RDF : Refuse Derived Fuel)

종이, 나무, 플라스틱 등의 가연성 고체폐기물을 파쇄, 분리, 건조, 성형 등의 공정을 거쳐 제조된 고체연료.

(3) 폐유 정제유

자동차 폐윤활유 등의 폐유를 온정제법, 열분해 정제법, 감압증류법 등의 공정으로 생산된 재생유.

(4) 플라스틱 열분해 연료유

플라스틱, 합성수지, 고무, 타이어 등의 고분자 폐기물을 열분해하여 생산되는 청정 연료유.

2.2 폐기물에너지 특징

폐기물에너지는 경제성이 높고 환경오염 방지가 가능하며 원료인 폐기물의 가격이 낮고, 폐기물 처리비를 받을 수 있어 경제성이 높을 뿐만 아니라 폐기물을 절감시켜 쓰레기 매립지 및 환경오염 문제를 완화시킬 수 있다. 또한 생성되는 에너지가 가스뿐만 아니라 고체 에너지, 고형 폐기물 연료 등 다양하게 에너지원을 얻을 수 있어서 수익상품이 되기에도 좋은 에너지원이다. 하지만 폐기물에너지는 주원료인 폐기물의 다양한 이용기술을 개발하는데 어려움이 있으며, 고도의 처리기술이 필요하고 환경오염 유발 가능성과 문화 및 산업 특성에 따라 처리기술에 대한 다양한 연구개발이 요구된다는 단점이 있다.

표 10-1 폐기물에너지 종류별 이용방법

구 분	처 리	결 과
소각로열	일부 회수	열, 전기 생산
가연성 폐기물 (종이, 비닐, 플라스틱, 폐목재 등)	파쇄, 분리, 건조, 성형 등	고형연료 생산
유기성 폐기물 (음식물쓰레기, 하수슬러지, 가축분뇨 등)	사료, 퇴비화, 미생물처리 등	바이오가스 생산 고형연료 생산
매립가스	소각처리, 정제	열, 전기, 자동차 연료
산업폐가스	일부회수	열, 전기 생산

폐기물에너지 특징

■ 장점

- 발열량이 높고 단기간내 사용이 가능하다.
- 경제성이 높고 환경오염 방지가 가능하다.
- 원료인 폐기물 가격이 낮거나 처리비를 받을 수 있어서 경제성 높다.
- 폐기물 자원의 적극적인 에너지 자원활용이 가능하다.
- 인류생존을 위협하는 폐기물 관련 환경문제에 기여한다.
- 지방자치단체 및 산업체폐기물 처리문제 해소에 도움이 된다.

■ 단점

- 고도의 처리기술과 연구개발이 요구된다.
- 폐기물에너지화 과정에서 또다른 환경오염을 유발할 수 있다.
- 문화나 산업의 특성에 따라 다른 많은 처리기술이 필요하다.

3 폐기물 에너지 이용기술

폐기물의 에너지화 기술은 폐기물을 수거한 상태 그대로 소각로에서 소각하고 그때 발생하는 폐열을 바로 활용하는 소각폐열보일러 방법과 폐기물을 물리·화학적으로 가공하여 기존 화석연료와 비슷한 폐기물재활용 연료를 생산하는 기술이다. 즉 사업장 또는 가정에서 발생되는 가연성 폐기물 중 에너지 함량이 높은 폐기물을 열분해에 의한 오일화, 성형고체 연료의 제조기술, 가스화에 의한 가연성 가스 제조기술 및 소각에 의한 열회수 기술 등의 가공·처리방법을 통해 고체연료, 액체연료, 가스연료, 폐열 등을 생산하고, 이를 산업생산 활동에 필요한 에너지로 이용될 수 있도록 재생에너지를 생산하는 기술인 것이다. 근래에는 폐기물 재활용 연료를 생산하는 시설이 증가하고 있는데, 생산된 연료는 형태에 따라 고체상의 폐기물고형연료화, 액체상의 유화 및 기체상의 가스화로 나눌 수 있으며, 폐기물의 종류에 따라 적합한 기술을 적용할 수 있다.

표 10-2 폐기물에너지 이용기술

대분류	적용 기술	대상 폐기물	세부 제품 (또는 생성물)
폐기물 에너지	고형연료 기술 (고체연료)	가연성 고체 폐기물 (폐목재류, 폐종이류, 폐합성수지류, 폐타이어 등)	생활폐기물 고형연료(RDF : Refuse Derived Fuel)
			폐플라스틱 고형연료(RPF : Refuse Plastic Fuel)
			폐타이어 고형연료(TDF : Tire Derived Fuel)
			폐목재 고형연료(WCF : Wood Chip Fuel)
	열분해 유화 기술 (액체연료)	고분자 폐기물 (폐플라스틱, 폐합성섬유, 폐타이어, 폐비닐, 폐고무, RPF 등)	열분해 연료유(주성분 : 경유, 등유, 휘발유 등)
			비응축성 가스(주성분 : C_4-탄화수소)
	가스화 기술 (기체연료)	가연성 폐기물 (고분자 폐기물, 폐목재류, 폐종이류, 음식·채소류, RDF, RPF, TDF 등)	합성가스(주성분 : CO, H_2, CH_4)
			액상연료(DME, 메탄올, 합성경유 등)
			액상원료(납사, 왁스, 암모니아, 요소 등)
	소각열 회수 이용 기술 (소각열)	가연성 폐기물	소각열(증기, 온수, 전기 등으로 전환)

3.1 소각폐열보일러 이용방법

소각폐열보일러 방법의 가장 대표적인 사례는 대도시에 많이 설치되는 대형 생활폐기물 소각로에서 감량화를 목적으로 폐기물을 소각하는 과정에서 발생하는 폐열을 에너지로 활용하는 것이다. 이 기술은 오랜 역사를 가지고 있는 세계적으로 널리 사용되는 이용기술이며, 가장 간단한 공정으로 폐기물에너지를 활용할 수 있는 방법이다. 생활폐기물 외에도 사업장에서 발생하는 가연성폐기물을 소각하여 소각폐열을 이용하는 시설도 매우 많다. 그러나 소각폐열보일러 방법은 소각로 인근에 열사용 시설이 있어야 하며, 열사용 효율을 높이기 위해서는 소각로를 대형화하는 것이 필요하고 오염물질 배출방지를 위해서 환경설비를 철저히 갖추어야 한다.

그림 10-2 울산 성암 폐기물소각이용 열병합발전소 (출처 : 울산광역시)

3.2 성형고체연료(RDF)기술

폐기물 성형고체연료(RDF : Refuse-Derived Fuel)기술은 가연성 고체폐기물 중에서 발열량이 약 4,000kcal/kg 이상인 폐기물(폐합성수지류, 폐지류, 폐목재류 등)을 파쇄 · 선별 · 건조 · 성형 공정을 거쳐 석탄과 비슷한 고체연료를 만드는 것으로서 생활폐기물을 원료로 하여 수분과 불연성 성분들을 제거하고 분쇄한 후에 선별 및 건조과정을 거쳐서 알갱이 모양(Pellet), 정육면체 모양(Cube), 조개탄 모양(Briquette) 등의 형태로 압축 · 성형한 고체연료이며, 산업용 보일러, 화력발전, 시멘트 소성로, 지역냉난방, 슬러지연소 등의 산업용 연료나 건물 냉난방 및 급탕, 농 · 축산시설의 난방 등 생활용 연료와 같이 다양한 분야에 활용이 가능한 기술이다.

그림 10-3 고형연료 생산
(출처 : 코리아에너지)

폐기물 고형연료 분야는 크게 고형연료 제조 부문과 이용 부문으로 분류되며, 제조 부문의 대표적인 기술로는 파쇄 · 선별기술, 건조기술, 성형 기술 등이 있으며, 고형연료의 종류는 생활폐기물 고형연료, 폐플라스틱 고형연료, 폐타이어 고형연료, 폐목재 고형연료의 4종류로 분류된다. 폐기물 고형연료의 이용기술에서는 전용연소기술, 혼용연소기술, 발전이용기술, 에너지회수기술 등이 있다.

폐기물 고형연료는 수분을 건조시키고 소석회를 첨가하여 제조하기 때문에 다이옥신, 염화수소 및 황산화물과 같은 유해가스 발생이 매우 적으며, 일반적인 소각방법에 비하여 수송성, 저장성, 연소안정성이 우수하여 소각시설의 열이용에 따른 여러 문제점을 해소할 수 있고, 많은 초기 투자비를 필요로 하는 폐기물의 액체/기체연료화 기술에 비하여 상대적으로 경제성이 높은 장점이 있다. 현재 75% 수준인 폐기물 에너지 분야의 국내 신재생에너지 보급량 기여도를 향후 2030년까지 약 50% 이상으로 계속 유지하기 위해 폐기물에너지 분야에서 가장 경제성이 우수하고 기술적 완성도가 높은 폐기물 고형연료의 보급·확대를 위한 정교한 선별기술 및 건조기술 개발 등 RDF의 법적 품질기준을 맞추기 위한 핵심기술 개발이 지속적으로 추진될 필요가 있다.

그림 10-4 성형고체연료(RDF) 전용 보일러 플랜트 (출처 : 이앤에코)

성형고체연료(RDF)의 특징

■ 성형고체연료란?

폐기물 중에 포함된 병, 깡통과 같이 타지 않는 불연물을 제거하고 수분도 건조하여 제거하면 종이, 플라스틱과 같은 가연성분만 남게 된다. 이를 분필이나 막대모양으로 성형한 것

■ 성형고체연료 특징

- 높은 칼로리(High Calorific Value)
- 낮은 함수율(Low Water Content)
- 적은 회재량(Low Ash Content)
- 대기오염 저감(Low Pollutant Emission)
- 균일한 조성 및 크기(Homogeneous Composition)
- 수송 및 저장성 향상(Easy Transport and Storage)
- 취급 자동화(Mechanical Handling)

3.3 열분해 액체 연료화

3.3.1 열분해의 원리 및 방법

열분해(Pyrolysis)는 공기가 부족한 상태에서 폐기물을 연소시켜 가스, 액체 및 고체 상태의 연료를 생산하는 공정을 말하며, 폐기물을 열분해하면 기체, 액체, 고체가 생성되는데 기체는 수소, 메탄가스, 일산화탄소, 탄산가스, 암모니아, 황화수소 등이 포함되며, 액체에는 식초산, 아세톤, 메탄올, 오일, 타르, 방향성물질 등이 포함된다. 고체는 탄소와 불활성물질이라고 볼 수 있다. 열분해방법에는 500~900℃에서 운전하는 저온법과 1,000~1,200℃에서 운전하는 고온법으로 나누어지며, 저온법은 액체상태의 연료가 많이 생성되며 열분해라 하고, 고온법은 가스상태의 연료가 많이 생성되며 가스화공정이라고 부르기도 한다. 또한 전부를 총칭하여 열분해공정이라 한다.

3.3.2 액체 연료화

액체 연료화는 폐플라스틱, 폐타이어, 폐비닐, 폐유, 폐고무 등의 고분자 폐기물을 무산소 조건하에 외부에서 열을 가하여(350~450℃) 고분자를 구성하는 탄소 사슬을 끊어서 저분자로 만드는 열분해 과정을 통해 액체연료로 변환시키는 기술이다. 액체연료화 열분해 유화공정은 원료전처리, 원료투입, 용융·열분해 반응, 생성유 정제 시스템으로 구성되며, 회분식, 반연속식 및 연속식 공정으로 구분한다. 열분해 과정에서는 다이옥신과 같은 유해물질이 발생되지 않고, 폐수나 폐기물 등이 2차 공해를 최소화할 수 있으며 고분자폐기물이 보유한 에너지 잠재량을 부가가치가 높은 연료유의 형태로 80% 이상 회수하는 효과적인 기술로서 친환경적이고, 경제성이 높은 효과적인 재활용 기술로 평가되고 있다.

3.3.3 대상폐기물

열분해에 의해 유화 가능한 폐플라스틱 등이 액체연료화의 주 대상이 되며, 폐플라스틱은 폐유와 폐용제 다음으로 액체연료화에 적합한 폐기물이다.

특히 산업계 플라스틱은 오염이 적고 일부 폐플라스틱은 비교적 쉽게 액화할 수 있어 액화방법으로 열분해를 이용하는데 플라스틱 각각의 특성에 따라 열분해에 의한 액화보다도 가스화가 먼저 진행되므로 수율을 고려한 대상폐기물 선정이 필요하다. 예를 들어 염화비닐수지, 폐타이어 등에서는 기름 성분이 거의 얻어지지 않고, 부식성 유독가스인

염화수소가 다량 발생하는 등 대상 폐플라스틱 배출물의 상태(플라스틱의 종류, 혼합비율, 오물, 이물질의 혼입 등)에 따라서 기술적 및 경제적인 가치가 다르게 된다.

3.3.4 플라스틱 열분해 특성과 분해생성물

플라스틱은 원료소재의 종류가 많아 열분해 특성 및 분해생성물은 다르다. 상승온도 200℃/hr의 열분해 실험에서 폴리에틸렌(PE), 폴리프로필렌(PP), 폴리스티렌(PS)은 약 300℃ 전후에서 분해가 시작되며, 약 400℃에서 분해가 완료된다. 폴리염화비닐(PVC)은 200℃ 이상에서 탈염화수소(HCl)반응에 의해 급격한 감량이 일어나며 300℃ 이상에서 사슬의 분해가 일어난다. 유리나 수지분해는 100℃ 이상, 페놀수지 분해는 200℃ 이상에서 시작되며 고온이 될 때까지 서서히 분해가 진행된다. 실제 열분해유화의 온도조건은 400℃ 전후이며, 여기에서 생성된 분해물의 화학조성은 플라스틱 소재의 종류에 따라 다르다.

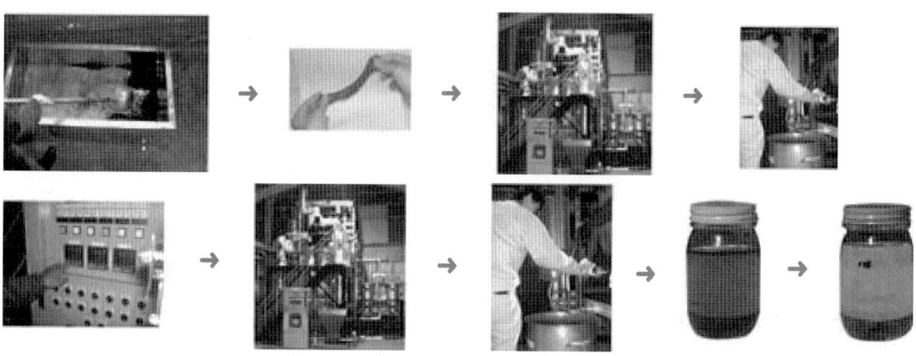

그림 10-5 열분해 유화공정 (출처 : http://cafe.naver.com/r4korea/74)

그림 10-6 열분해 유화장치 및 시설 (출처 : http://cafe.naver.com/r4korea/74)

열분해과정을 통한 생성물의 비율도 분해온도 조건, 열분해 기구 등에 따라 변화하며 폐플라스틱인 폴리에틸렌과 폴리프로필렌은 주생성물인 파라핀계 및 올레핀계의 탄화수와 약간의 석유화합물을 생성하며, 폴리염화비닐은 비교적 저온인 200~300℃에서 탈염화수소반응을 통해 미량의 벤젠을 얻을 수 있다.

3.4 열분해 가스화

열분해 가스화는 탄화수소로 구성된 폐기물을 산소, 수증기를 첨가하거나 또는 무산소상태에서 탄화수소, 일산화탄소, 수소 등으로 구성되는 합성가스를 제조한 후 이것으로 메탄올을 합성하거나 또는 복합발전에 이용하여 전력생산이나 증기생산에 이용하는 기술이다.

폐기물 가스화의 주원료는 물질재활용 또는 열분해 오일의 원료물질로 사용하기 어렵거나 안정적인 처리가 어려운 저급의 혼합폐기물이며 공정 특성상 가연성 폐기물의 선별도 불필요하고 금속, 불연성 물질이 혼합되어도 처리가 가능하다. 또한 가스화 기술은 촉매를 사용하지 않기 때문에 PVC의 허용도가 상대적으로 높고 고분자 폐기물, 생활쓰레기 종말처리품, 폐목재류를 포함한 농수산 폐기물류 등과 같은 다양한 종류의 폐기물을 처리할 수 있다는 장점이 있다. 그러나 연료가 기체로 생성되므로 저장과 이동에 제약이 있고, 이를 극복하기 위한 액체연료로 변환하는 추가공정이 필요하다.

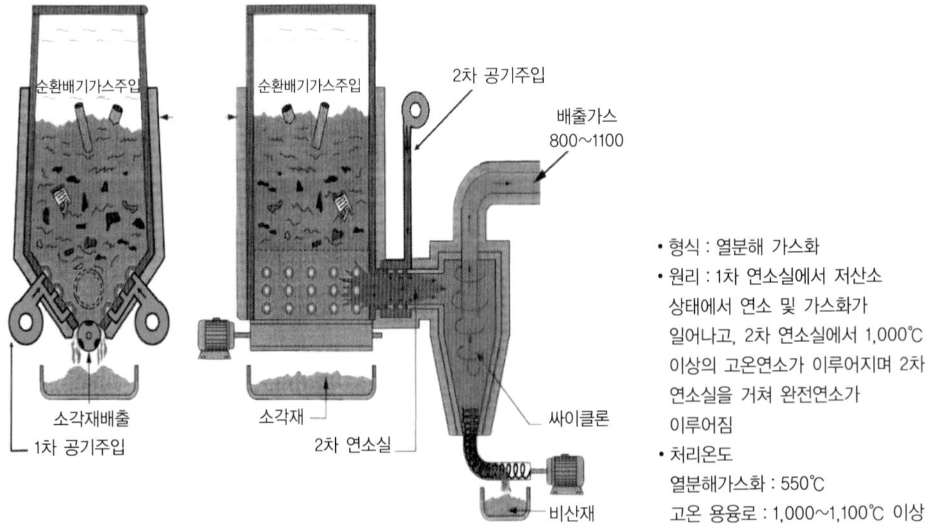

그림 10-7 열분해 가스화방식 공정도 (출처 : (주)켄텍)

열분해를 통한 생성물의 성질을 결정하는 운전요소로는 운전온도, 가열속도, 폐기물의 성질 등이 있으며, 열분해 온도가 높아질수록 수소의 함량은 증가하고 탄산가스 함량은 감소한다. 또한 폐기물의 입자가 작을수록 열분해가 쉽게 일어나며, 수분함량이 많을수록 소요비용이 증가한다.

폐기물에너지 이용기술

1. 소각에 의한 열회수기술
2. 성형고체연료(RDF-Refuse Derived Fuel) 제조기술
   종이, 나무, 플라스틱 등의 가연성 폐기물을 파쇄, 분리, 건조, 성형 등의 공정을 거쳐 제조된 고체연료 제조기술
3. 가스화에 의한 가연성 가스 제조기술
4. 폐유 정제기술 등을 통해 폐열, 고체연료, 액체연료, 가스연료 등을 생산하고, 이를 산업활동에 필요한 에너지로 이용하는 기술

폐기물 소각열	가연성 폐기물 소각열 회수에 의한 스팀생산 및 발전 시멘트 킬른 및 철광석 소성로 등의 열원으로 이용
성형고체연료(RDF)	폐기물 중에 포함된 병, 깡통과 같이 타지 않는 불연물을 제거하고 수분도 건조하여 제거하면 종이, 플라스틱과 같은 가연성분만 남게 된다. 이를 분필이나 막대모양으로 성형한 것
폐유정제유	자동차 폐윤활유 등의 폐유를 이온정제법, 열분해정제법, 감압증류법 등의 공정으로 정제하여 생산된 재생유
플라스틱 열분해 연료유	플라스틱, 합성수지, 고무, 타이어 등의 고분자 폐기물을 열분해하여 생산되는 청정 연료유

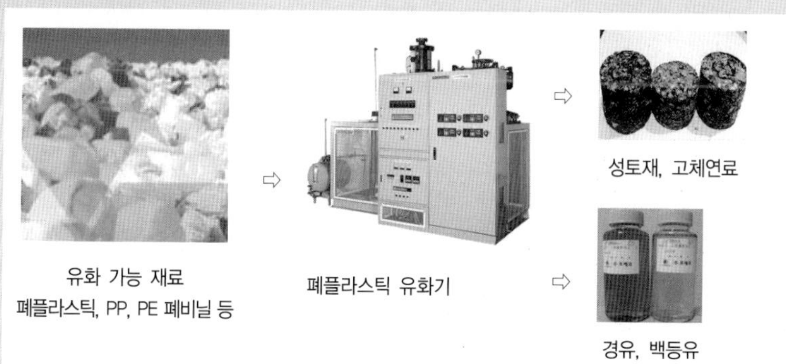

4 해외동향

일반적으로 폐기물에너지 산업은 국내·외에서 태양광 등 여타 신재생에너지 분야에 비해 향후 성장률이 그리 높지 않을 것으로 예상하고 있는데, 이는 일반적으로 에너지회수를 포함한 폐기물재활용의 경우 회수 재활용의 한계비용이 급격한 체증구조를 나타내고 있어 이미 상당한 재활용률 수준에 도달한 선진국의 경우 더 이상의 획기적인 재활용률에 대한 제고가 곤란한 여건을 보이고 있으며, 국내에서도 시차가 조금 있을 뿐 거의 유사한 양상을 보이고 있어 향후 국내·외 시장의 폐기물에너지 관련 성장률은 연평균 5% 수준에 머무를 전망이다. 따라서 미국 및 유럽을 중심으로 한 선진국에서는 폐기물에너지의 연료화에 대한 핵심기술 확보를 통한 시장선점 경쟁이 활발하게 진행되고 있는 상황이다.

(1) 소각폐열 보일러 분야

2011년 IEA 보고서에서는 세계 경제를 이끌어가는 경제협력개발기구(OECD)에 가입된 우리나라를 포함한 34개국의 폐기물소각에너지가 신재생 및 폐기물에너지 중에서 점유비율이 2011년의 경우 약 8.7%를 차지하고 있다고 발표하였다. 독일의 경우 폐기물소각에너지가 신재생 및 폐기물에너지에서 차지하는 점유비율이 약 17.9%에 달하고 있으며, 일본은 생활폐기물의 75% 정도를 1만 여 개가 넘는 소각로에서 소각처리하고 있으며, 대형소각로의 소각폐열은 대부분 활용하고 있다. 하지만 폐기물 처리시설이 거의 포화상태여서 신규 소각로 시장은 거의 없고 낡은 소각로를 교체하는 정도의 시장 규모이다.

미국은 1980년대 에너지정책 수립과 동시에 발표한 PURPA제도(발전사업자가 일정한 자격을 구비한 설비에서 생산된 신재생에너지, 특히 80MW 이하의 소규모 설비에서 생산된 전력을 적절한 가격에서 구매할 수 있도록 한 제도) 이후 1990년대 전반에 소각폐열 보일러를 이용한 발전설비 증가로 폐기물 소각에 의한 전력생산량이 대폭 증가하였으나 1995년부터 전력회사에서 매입하는 가격이 점차 하락하면서 90년대 후반부터는 신규 설비가 크게 감소하기 시작하였고, 폐기물처리를 매립시설에 의존하다가 폐기물매립에 따른 환경오염 및 지구온난화, 에너지활용 측면을 재검토하여 생활폐기물을 폐기물에너지화시설에서 처리 후 열병합발전으로의 이용 추이가 증가하고 있다.

(2) RDF 분야

미국의 경우는 폐기물 처리공장에 폐기물이 반입되면 파쇄와 이물질 선별 등의 간단한 전처리 과정을 거쳐 미성형(Fluff) 형태의 RDF로 만든 다음에 같은 공장 내에 있는 소각로에서 연소시켜 열병합발전으로 이용하므로 RDF 시설이 폐기물 소각로 공정에 포함되어 있는 경우가 많다.

유럽의 경우는 RDF를 석탄화력발전소에서 보조연료로 5~10% 혼소하거나 시멘트제조공장에서 소성용 연료로 사용되는 경우가 많으며 전용소각발전 보일러도 활성화되어 있으며, RDF의 국가간 거래도 활발하게 이루어지고 있다.

일본은 생활폐기물이 연간 약 5천만 톤 정도 배출되고 있는데 소각률 75%와 매립 15% 정도로 폐기물을 처리하고 있다. 그러나 1990년대 중반에 중소도시의 중소형 소각로에서 배출되는 다이옥신이 사회적으로 심각한 문제가 됨에 따라 중소형 소각로를 RDF시설로 대체하고, 생산된 RDF를 대형 RDF발전소에 일괄적으로 모아서 사용하는 대규모 발전 플랜트시설로 전환하여 운영하고 있다.

(3) 열분해 유화/가스화 분야

플라스틱 유화 시장은 과거 일본과 독일을 중심으로 시작되었고, 근래에는 중국과 한국을 비롯한 아시아 시장에서 증가세를 보이고 있지만, 경제성과 플랜트의 안정성 문제에 부딪쳐 현재 일본과 한국에서 소수의 플랜트만 유지되고 있다. 세계적으로 유화 및 가스화 대상이 되는 폐플라스틱 발생량은 연간 2,000~3,000만 톤으로 추정하고 있는데, 그 중 미국이 약 50%를 차지하고 있다.

폐플라스틱 등에 대한 열분해가스화 기술은 크게 가스화, 합성가스 정제 및 합성가스 이용의 3분야로 구분되는데, 폐기물 가스화 기술은 주로 유럽 및 일본을 중심으로 발달하여 상용화되고 있어 앞으로도 폐기물처리 기술의 중심이 될 것으로 전망하고 있지만, 폐기물 열분해가스화와 플랜트와 연계한 합성가스 정제 및 이용 분야는 전 세계적으로도 기술개발이 더 필요한 실정이다.

5 국내동향

1995년 이후 국내 폐기물 재활용률은 지속적으로 증가하였으나 현재에도 여전히 재활용을 제외하면 상당 부분의 폐기물이 매립 · 소각 등의 방법으로 처리되고 있는 실정이다. 2014년 현재 국내에서 발생하는 폐기물의 경우 재활용률이 약 82% 수준까지 지속적으로 증가하였으나, 나머지 18%는 감량, 재사용 및 재활용(3R : Reduce, Reuse, Recycle)에 의존할 수밖에 없는 폐기물로서 2011년까지는 매립 · 소각 · 해양배출 등의 방식으로 처리되었으나, 2012년부터 런던협약에 따른 유기성 폐기물의 해양투기 금지 이후 이를 대체할 폐기물의 처리와 자원 유효활용 기술개발이 필요한 실정이다. 이에 정부는 3R 이후 발생되는 폐기물의 매립 · 소각 등의 처리에 따른 환경부하 및 환경영향이 심각해짐에 따라 이를 지양하고, 폐기물 유래의 자원으로부터 에너지를 회수하여 순환이용을 촉진하기 위한 대책을 범부처 계획 · 수립하여 시행하고 있다.

2010년에 수립된 국가신재생에너지 보급계획에 따라 폐자원 및 바이오매스를 이용한 신재생에너지 보급률 2020년 4.16% 목표 중, 산업폐기물, 생활폐기물의 에너지화, 정제연료유화 등 폐자원 에너지화를 통해 2020년 2.9%(70%)를 실현해야 하는 상황이지만, 현재 국내 폐자원 에너지화시설의 상당수가 해외 기술에 의존하고 있는 실정이며, 국내 · 외의 폐기물 성상 차이로 인한 기술적 문제점 등으로 보급목표 달성에 차질이 예상되고 있어 이에 대한 연구개발 및 상용화가 필요하다는 분석이다.

하지만 국내 폐기물 및 바이오매스의 에너지화 관련 기술 수준은 최고 기술 보유국 대비 약 66~72%의 기술 수준으로 최고 기술 보유국과의 기술격차는 6~7년 정도이며, 분야별로는 고분자폐자원 열분해 기술은 선진국 수준 대비 약 85% 정도에 도달하였으나, 가연성폐자원으로부터 고부가가치 에너지매체 생산과 관련된 대부분의 기술은 선진국 수준 대비 50% 이하에 불과한 실정이다. 또한 유기성폐자원의 바이오가스화 관련기술 수준은 선진국 대비 70% 수준이며 음식물쓰레기, 하수슬러지, 축산분뇨 통합소화기술은 현재 국산화를 위한 다양한 연구가 수행되고 있어 조만간 국산화 및 상용화가 가능하다는 전망이다.

이와 관련하여 2012년에 발표된 국가 에너지정책 로드맵에서는 우리나라의 폐기물에너지 관련 기술개발 촉진과 상용화 등을 고려하여 고형연료(RDF · RPF), 열분해 유화(폐합성수지류 · 폐유), 열분해 가스화, 소각열 회수 이용 설비 등의 분야에 대한 개발, 보급 활성화 및 R&D 목표를 제시하였고, 신뢰도가 높고 경제적인 기술을 개발 · 적용시

켜 활용도를 증대시킬 계획이다

(1) 소각 폐열 보일러 분야

폐기물을 적정 소각시설에서 태워 얻어지는 폐기물소각에너지가 국내 전체 에너지 사용량 중에서 점유비율이 약 1% 정도이며, 신재생에너지 중에서는 31.3%를 차지하고 있다. 이와 같이 평소에 그다지 인지하지 못하고 있는 사이에 우리가 쓰고 있는 '국내 전체 에너지 사용량 중에서 백에 하나는 폐기물을 소각'해서 얻어지는 것이다. 현재 환경부에서는 생활 및 산업활동에서 배출되는 여러 종류의 폐기물을 소각하는 전국 680개 시설에 대해 다이옥신 등 오염물질배출 조사 대상으로 선정하고 자체 측정망 운영을 통해 관리하고 있으며, 이와 같은 노력의 결과 다이옥신 배출량이 2011년의 경우 10년 전 2001년에 비해 95%나 감소한 것으로 집계 및 발표하고 있다.

현재 전국에서 가동 중인 680개 소각시설은 관련 기관 및 해당 업체의 적극적인 관리 · 운영의 결과 폐기물 소각으로 인한 민원은 거의 발생하고 있지 않지만 새로운 폐기물 소각시설이 전국 시 · 군 · 구에 신규로 들어서는 경우에는 폐기물 소각 시 발생되는 환경오염물질배출 우려 때문에 해당 지역의 극심한 반대여론이 형성되는 실정이다.

환경부 통계에 의하면 2010년 기준으로 생활폐기물 발생량 49,159톤/일 중 약 21.6%가 소각으로 처리되며, 대도시에 주로 설치된 대형 소각로는 소각폐열을 이용한 지역난방형태로 운영되고 있으나 각 기초지자체에 설치된 중 · 소형의 소각시설은 지자체 규모상 폐기물 발생량이 적고 운영예산 부족 등의 이유로 대부분이 소각로 운영을 하지 못하고 있는 실정이어서 소각로 활용 및 폐열회수 측면에서 폐기물처리에 대한 광역화체계를 적용할 수 있는 기술과 정책 추진이 필요하다.

(2) RDF 분야

2006년에 국내 최초로 원주시에서 80톤/일 규모(16시간 운전 기준)의 생활폐기물 RDF플랜트 가동 이후 2012년 8월 현재 RDF 인증을 받은 곳은 6개소로서 폐기물처리량은 약 500톤/일 정도이다. 2008년부터 환경부에서는 폐기물 및 폐바이오매스 에너지화 정책을 적극 추진하고 있으므로 향후에도 RDF시설은 지속적으로 증가할 것으로 예상된다.

(3) 열분해 유화 가스화 분야

우리나라는 1990년대부터 10여 개의 중소업체에서 자체기술이나 외국기술 도입으로 실증 규모의 혼합 폐플라스틱 유화공정 개발을 시도하였다. 그러나 원료 확보의 어려움, 경제성 부족 및 공정 불안정성 등으로 사업화된 사례가 거의 없고, 로터리 킬른 반응기를 이용하여 저급의 오일을 생산하고 있는 것이 유일한 사례이며, 폐플라스틱 유화 실증 플랜트 개발이 국내기술로 진행되고 실증화를 앞두고 있다. 폐기물 가스화 용융소각로는 기존 스토커식 소각로의 공해문제를 해결하기 위한 대안기술로 건설되기 시작했는데, 2005년에 국내 최초로 외국기술에 의해 건설된 양산시의 200톤/일 열분해가스화 시설이 운영 중이며, 2008년에는 국내기술로 개발한 30톤/일 설비가 건설되어 정상가동을 하고 있다.

폐기물에너지 보급 확대 방안

폐기물은 인간이 활동하는 동안에는 필연적으로 발생하므로 공급이 안정적인 연료이고 또한 폐기물에너지화 설비는 일반적으로 24시간 가동이 가능하여 시스템의 가동률이 높아서 경제성이 우수하다. 그러나 아직까지 국내에서는 활용 가능한 폐기물에너지의 1/2 이상이 버려지고 있으므로 폐기물에너지를 더욱 적극적으로 활용할 수 있도록 국가적 정책수립과 기술개발 지원이 필요하다.

■ 폐기물에너지 보급 확대를 위해서는 다음 사항의 추진이 필요하다.
- 대형 소각로에서 폐열회수 효율 향상 기술개발
- 폐열 미활용 소각로는 RDF 플랜트로 전환
- 고효율 RDF 플랜트 단위장치 개발
- 광역형 RDF 전용 발전소 건설 확대
- 고효율 폐플라스틱 열분해유화 실증 플랜트개발
- 고효율 폐기물가스화 실증

6 폐기물에너지 회수설비 시공기준

신재생에너지설비의 지원 등에 관한 지침-에너지관리공단 신재생에너지센터

공고 제2014-1호 14.02.19)

가. 설치조건

1) 폐기물의 연소에 의해 발생한 열을 회수하여 이용할 수 있는 곳에 설치하여야 한다.

2) 폐기물에너지 회수시설은 자체중량, 적재하중 및 기타 하중에 견딜 수 있어야 하고 폐기물 처리과정에서

발생하는 열 · 습기 · 배기가스 · 배출수 및 충격 등에 견딜 수 있는 재질을 사용하여야 한다.

3) 폐기물이 흩날리거나 흘러나오는 것을 방지하는 데 필요한 설비를 설치하여야 한다.

4) 폐기물 처리과정에서 발생되는 대기오염물질 · 수질오염물질 등을 처리할 수 있는 시설을 갖추어야 한다.

5) 굴뚝을 설치하는 경우 통풍력과 배기가스의 대기 확산을 고려한 높이와 구조이어야 한다.

6) 폐기물관리법, 대기환경보호법, 자원절약과 재활용 촉진에 관한 법률 등의 법률과 관련 고시에 적합하게 설치하여야 한다.

7) 설치확인 신청 전에 관련 법률 등에서 정한 필요한 검사 및 시험을 완료하여야 한다.

나. 투입설비

1) 폐기물을 보관할 수 있는 저장설비 및 소각용량 이상을 투입할 수 있는 설비를 갖추어야 한다.

2) 폐기물 투입구 및 청소구는 고온에 견딜 수 있는 재질로 만들어야 하며 외부 공기의 유입이나 연소가스의 누출을 방지할 수 있는 구조이어야 한다.

다. 연소설비

1) 적정한 소각기능 및 용량을 가져야 하고 시간당 소각능력은 설계기준 이상이어야 한다.

2) 연소실의 예열 및 온도를 조절할 수 있도록 충분한 보조버너 등 충분한 용량의 보조연소장치를 설치하여야 한다.

3) 연소실의 공기공급량을 조절할 수 있는 장치를 설치하여야 한다.

4) 통풍설비설치 등으로 연소실의 압력이 일정하게 유지되고, 연소가스 또는 화염의 역류현상이 발생하지 않도록 설치하여야 한다.

5) 연소실 내의 온도와 압력을 계측할 수 있는 기기를 설치하여야 하며, 폭발에 대비할 수 있는 안전장치를 설치하여야 한다.

6) 연소실 내부의 연소상태를 볼 수 있는 구조이어야 하며, 소각재의 제거시 재의 흩날림을 방지할 수 있는 구조이어야 한다.

라. 폐열회수 및 공급설비

1) 안전밸브, 저수위 차단장치, 전기적 안전장치 등의 안전장치를 설치하여야 한다.

2) 온도, 압력, 유량 등의 관련 계측기기 및 조절기를 설치하여야 한다.

마. 기타

1) 명판

가) 모든 기기는 용량, 제작자 및 그 외 기기별로 나타내어야 할 사항이 명시된 명판을 부착하여야 한다.

나) 신재생에너지 설비 명판 설치기준의 명판을 제작하여 소각로 전면에 부착하여야 한다.

2) 가동상태

설비제어장치는 자동 및 수동운전이 가능하여야 한다.

3) 모니터링 설비

『모니터링 설비 설치기준』에 적합하게 설치하여야 한다.

4) 운전교육

전문기업은 설비 소유자에게 소비자 주의사항 및 운전매뉴얼을 제공하여야 하며 운전교육을 실시하여야 한다.

5) 시공기준의 적용 예외

현장조건 등으로 인하여 위의 시공기준을 적용하기 곤란할 경우에는 적용 예외사항에 대하여 사전에 신재생에너지센터의 승인을 득하여야 하며, 센터의 장은 승인된 기준에 준하여 설치확인을 할 수 있다.

7 폐기물에너지설비 적용 사례

원주시 생활폐기물 RDF생산시설(1일 처리능력 : 80톤 RDF화) (출처 : 원주시)

부산 생곡동 25MW RDF발전소
(가연성 폐기물 500ton/일 연료화, 연간 생산전력 : 19만MWh) (출처 : 포스코에너지)

울산 성암 폐기물소각이용 열병합발전소 (출처 : 울산광역시)

유기성 슬러지 고형연료화 장치-세계최초 기술
(출처 : 포스코에너지)

익산 RDF 전용 열병합발전소(중부발전)-2012년 국내최초 준공(증기생산량 : 75ton/h, 전기생산량 : 9.8MWh)
(출처 : 중부발전)

폐플라스틱 열분해 유화장치(일본, 처리용량 : 1ton/일)
(출처 : http://cafe.naver.com/ecowd/4283)

Chapter Eleven

해양에너지(Ocean Energy)

시화호 조력발전소-세계최대 시설용량 254천kW, 연간발전량 552백만kWh
소양강댐1.56배, 50만 가구 전력공급 가능규모 (출처 : 경기도)

1 개 요

태양에서 방사된 에너지 중 약 30%는 지구의 대기권 층에 도달한 후 우주공간으로 반사되고, 약 70%는 대기권 내에서 흡수되어 여러 형태의 에너지로 변환되어 바람, 파랑, 해류, 항류와 같은 유체흐름 형태의 운동에너지와 대기 및 육지 혹은 해양의 표면수에 저장된 열에너지 형태로 존재한다. 따라서 해양에는 태양에너지에서 기인된 파랑, 조위, 조류, 수온, 염도 등의 다양한 에너지원이 존재하며, 해양에너지를 이용한 기술은 지구의 자전과 공전, 그리고 위에 언급한 파랑, 해류, 항류, 열 등 태양에서 기인된 에너지를 이용하는 기술로 에너지의 이용방식에 따라 바다의 밀물과 썰물의 차이를 이용한 조력발전, 파도에 의한 해면의 상승운동으로 압출되는 공기로 터빈을 회전시켜 발전하는 파력발전, 조류의 흐름을 이용한 조류발전, 수심에 따른 바닷물의 온도차를 이용한 해수온도차 발전 등으로 구분하며, 해양에너지 이용기술은 풍부한 해양자원의 다각적인 이용뿐만 아니라 연안 및 낙도의 전력공급에도 많은 기여를 하고 있다.

2 해양에너지 특징

해양에너지는 그 이용방식에 따라 조력, 파력, 온도차, 해류, 염분차 등 여러 형태로 존재하며, 고갈될 우려가 전혀 없고, 인류의 에너지 수요를 충족시키고도 남을 만큼 풍부할 뿐 아니라 공해문제가 없는 미래의 이상적인 에너지자원이라 할 수 있다.

달과 태양, 지구 등 천체의 운동에 의해 발생된 조석현상은 지형적 특성에 따라 그 크기 및 형태가 다르게 나타나며, 규칙적인 천체운동에 의해 발생하므로 정확한 장기예측이 가능하다는 가장 큰 장점과 특징을 가지고 있으며, 신재생에너지 가운데 장기예측이 가능한 유일한 에너지원이라 할 수 있다.

이러한 조석현상에 의한 에너지(조석에너지)는 조수간만의 차를 이용하는 조력발전과 강한 조류를 직접 이용하는 조류발전이 가능하다.

화석에너지 수요의 대부분을 수입에 의존하고 있는 우리나라에서 해양에너지 자원의 활용은 에너지의 수입 의존도를 낮출 뿐만 아니라 기후변화협약에 의한 국제적 환경보호 노력과 이에 따른 각종 규제에 적극적으로 대응할 수 있는 방안이다.

해양에너지 특징

■ 장점	■ 단점
• 깨끗함 • 에너지 공급량이 규칙적임 • 양이 무한함 • 소 · 중 · 대규모 발전이 가능	1. 조력발전 • 수몰지역 발생 • 해안생태계에 영향 • 시설 규모가 큼 • 발전량에 비해 시설비 비쌈 2. 파력발전, 해양온도차 발전 • 에너지밀도가 작음. • 소비자와의 거리가 멀다 • 시설비가 비싸다

3 해양에너지 잠재량

지구 표면의 약 71%에 달하는 해양에는 방대한 해양에너지 자원이 존재하며, 전 세계의 해양에너지발전 잠재량은 2008년도 기준 전 세계 전력소비량의 약 5~6배인 83,000TWh로 추정하고 있다. 2050년까지 세계적으로 최대 748MW에 이르는 해양에너지발전 시설이 건설될 것으로 예상하고 있는데, 이는 현재 세계 발전시설용량의 약 19%에 해당하는 규모이며, 이산화탄소 배출 절감량도 약 520억 톤에 이를 것으로 추정된다.

표 11-1 국제에너지기구 추정 세계 해양에너지 잠재 자원량 (출처 : IEA-OES 2011.10, 에너지관리공단)

해양에너지 종류	파력	조력/조류	열(해수온도차)	염도차	합계
연간 잠재적 발전 가능량(TWh/year)	29,500	7,800	44,000	1,650	82,950

조석에너지는 주기적인 해수면 상승과 하강에 따른 위치에너지인 조력에너지와 해수면 높이의 국부적 차이에 기인하는 해수의 수평흐름 운동에너지인 조류에너지로 구분되며, 천해 연안역에 집중되어 상대적으로 밀도가 높다. 반면 파랑에너지는 외해로 나갈수록 밀도가 높아지므로 보다 대규모 자원 개발이 가능한 외해로 점차 적용이 확장되고 있으며, 깊은 수심에 따른 기술적 어려움 극복이 관건이나 천해 연안역에 비해 약 10배에 달하는 파랑에너지 자원이 외해 연안역에 부존되어 있다.

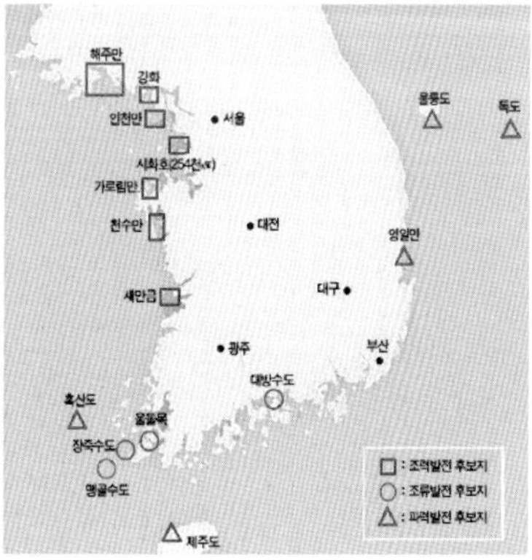

그림 11-1 국내 해양에너지 이용 후보지
(출처 : 에너지관리공단)

전문가들은 파력발전으로 생산되는 전력량이 연간 세계 전기소비량의 약 10%에 해당되는 양을 담당할 수 있을 것으로 예측하고 있다.

국내 연안에도 개발 가능한 풍부한 해양에너지 자원이 존재하는 것으로 조사되었다. 특히 우리나라 서해는 세계적인 조력발전 적지로서 우수한 개발 여건을 지닌 지역으로, 가로림만 500MW, 인천만 1,500MW, 강화만 800MW, 해주만 2,300MW 등 총 6,500MW의 부존량을 보유하고 있으며, 조류발전 대상 적지로는 울돌목(50MW), 장죽수도(150MW), 맹골수도(250MW) 등이고 약 1,000MW의 부존량을 갖고 있다.

우리나라 연안해역의 파력에너지 부존량은 6,500MW로 평가되고 있으며, 외해역까지 확장하면 약 50GW의 막대한 파력 에너지자원이 부존하고 있는 것으로 조사되었다. 특히, 동해안과 제주도를 비롯한 남해안은 상대적으로 높은 파력에너지 밀도를 보유하고 있어 파력발전 적지로 평가되고 있으며, 대표적인 적격지인 제주도 연안 파력에너지는 예상 부존량(총 1,950MW)의 5% 개발만으로도 약 3만 5천 가구의 전력수요 충족이 가능할 것으로 판단하고 있다.

표 11-2 2035년 국내 신재생에너지원별 예상 잠재량 (TWh/year) (출처 : 에너지관리공단)

구분		이론적 잠재량	지리적 잠재량	기술적 잠재량	시장 잠재량
태 양		132,245	43,812	13,503	1,350
풍력	육상	1,068	337	99	18.6
	해상	1,308	597	195	51.3
수 력		505	264	84	31.5
바이오		4,269	182	129	15.2
지 열		61,097	24,608	146	145.7
폐기물		154	151	118	35
해 양		148,190	30,324	1,177	49.4
합계		348,836	100,275	15,421	1,679

4 해양에너지 이용기술

해양에너지 이용기술은 해양에 광범위하게 분포하는 청정 재생에너지 자원인 파랑, 조류, 조석, 수온 등의 물리적 에너지를 전기에너지로 변환하는 장치이며 해양에너지기술은 파력발전기술, 조류발전기술, 조력발전기술 및 해수 온도차 이용기술로 구분된다.

해양에너지 자원의 개발은 국가적 성장동력인 신재생에너지 자원 확보뿐 아니라 기후변화협약에 의한 환경보호 노력에 따른 국제적 규제에 대응하는 청정기술 확보 측면에서 중요한 에너지원으로서 그동안 부분적으로 관심과 연구가 진행되었으며, 해양에너지 이용기술은 유럽 등 선진국에서는 1970년대부터 시작되었으나 우리나라는 1980년대가 되어서야 시작되었다. 3면이 바다로 둘러싸인 우리나라 연안해역은 다양한 가용 에너지 자원이 풍부하게 분포하며, 설치 가능한 해역 또한 대규모로 활용이 가능한 구조를 갖추고 있다.

해양에너지 이용기술

해양에너지는 해양의 조수, 파도, 해류, 온도차 등을 변환시켜 전기 또는 열을 생산하는 기술로서 전기를 생산하는 방식은 조력, 파력, 조류, 온도차 발전 등이 있음.

- 조력발전 : 조석간만의 차를 동력원으로 해수면의 상승하강운동을 이용하여 전기를 생산하는 기술.
- 파력발전 : 연안 또는 심해의 파랑에너지를 이용하여 전기를 생산하는 기술.
- 조류발전 : 해수의 유동에 의한 운동에너지를 이용하여 전기를 생산하는 발전기술.
- 온도차발전 : 해양 표면층의 온수(예 : 25~30℃)와 심해 500~1000m 정도의 냉수(예 : 5~7℃)와의 온도차를 이용하여 열에너지를 기계적 에너지로 변환시켜 발전하는 기술
- 시스템 구성도

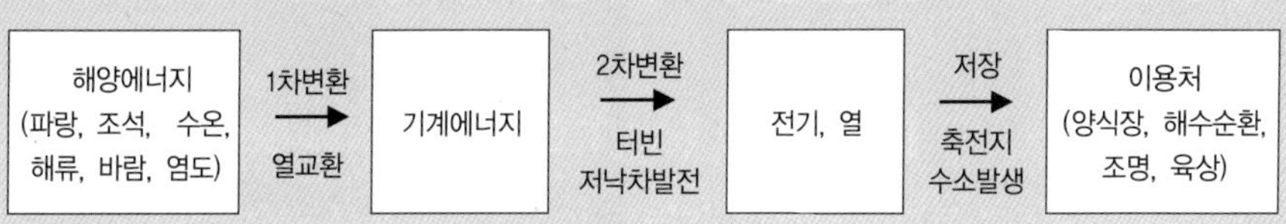

- 입지조건(이용조건)

조력발전	파력발전	조류발전	온도차발전
• 평균조차 : 3m 이상 • 폐쇄된 만의 형태 • 해저 지반이 견고 • 에너지 수요처와 근거리	• 자원량이 풍부한 연안 • 육지에서 거리 30km 미만 • 수심 300m 미만의 해상 • 항해, 항만 기능에 방해되지 않을 것	• 조류 흐름이 2m/s 이상인 곳 • 조류 흐름의 특징이 분명한 곳	• 연중 표·심층수와 온도차가 17℃ 이상인 기간이 많을 것 • 어업 및 선박항해에 방해되지 않을 것

4.1 조력발전

조력발전은 하루 두 번 밀물과 썰물 때 발생하는 내해와 외해의 수위 차이를 이용해 수차발전기를 가동하여 전기를 생산하는 발전방식이며, 조석현상으로 인해 해면 높이의 차이가 생기고 이 과정에서 발생하는 위치에너지의 차이를 전력으로 변환하는 발전방식이다.

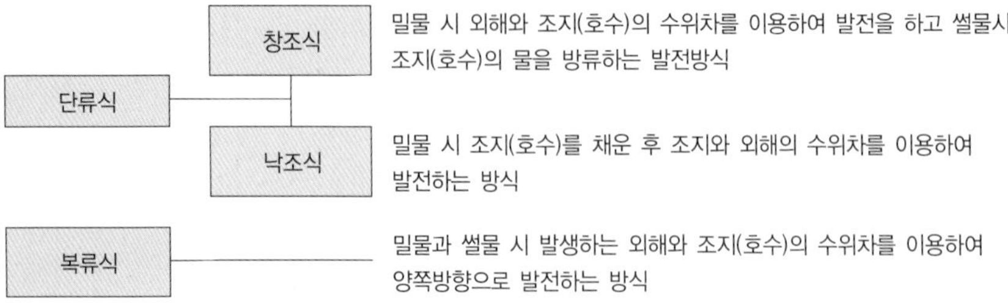

그림 11-2 조력발전 방식

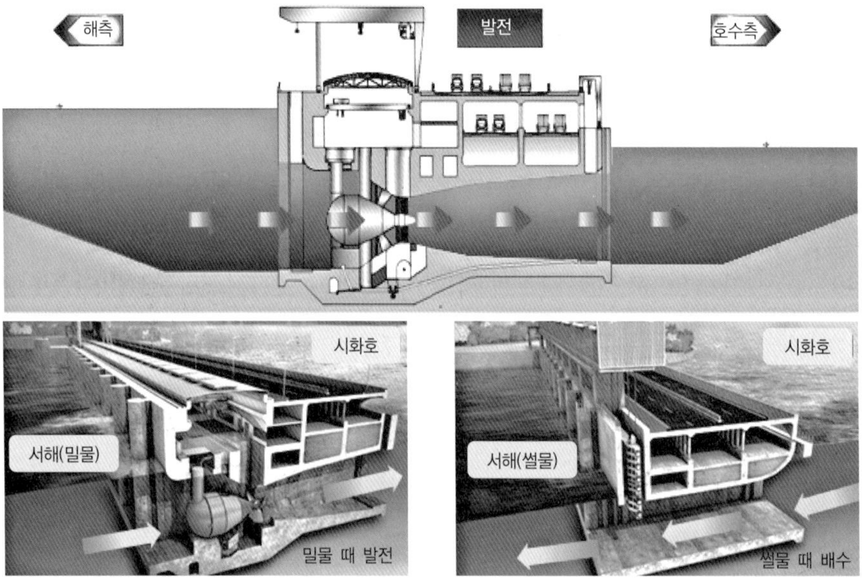

그림 11-3 단류-창조식 조력발전 원리(시화호 조력발전소) (출처 : Kwater)

발전방식으로는 일정중량의 부체가 받는 부력을 이용하는 부체식, 조위의 상승하강에 따라 밀실에 공기를 압축시키는 압축공기식, 그리고 방조제를 축조하고, 해수저수지(조지)를 조성하여 발전하는 조지식으로 나눌 수 있다.

오늘날 실용화된 조력발전방식은 조지식으로, 강한 조석이 발생하는 큰 하구나 만에 방조제를 설치하여 조지를 만들고 외해 수위와 조지 내의 수위차를 이용하여 발전하게 되며, 조지식 조력발전은 크게 한 방향의 발전인 단류식과 양방향 발전인 복류식으로 구분되며, 발전시기가 밀물 또는 썰물이냐에 따라 다시 창조식과 낙조식으로 분류된다.

우리나라 시화호 조력발전소는 밀물 때 바닷물을 시화호로 유입하여 발전을 하고, 유입된 바닷물은 썰물 때 수문으로 배수하는 방식을 택하고 있으며, 시설용량 254MW로 국내 최초이자 세계에서 가장 큰 규모의 조력발전이다.

조력에너지 크기, P는 간략히 $P = \eta\rho g A R^2$으로 표시할 수 있으며,

여기서 η : 조력발전 전체 시스템 효율　　ρ : 해수밀도　　g : 중력가속도
　　A : 조지면적　　R : 조석간만차를 나타낸다.

이 식에서 조력에너지는 조지면적, 즉 가용유량에 비례하며, 조차의 제곱에 비례하기 때문에 조석간만차가 큰 곳이 유리하며, 또한 조지면적이 충분히 확보되어야 한다. 따라서 어느 지역에 조력에너지를 개발하는 경우 조지면적과 조차에 따라 적정한 발전방식, 수차발전기의 단위기 용량, 전체 시설용량, 그리고 통수량 등을 결정하는 최적화 과정이 필요하다.

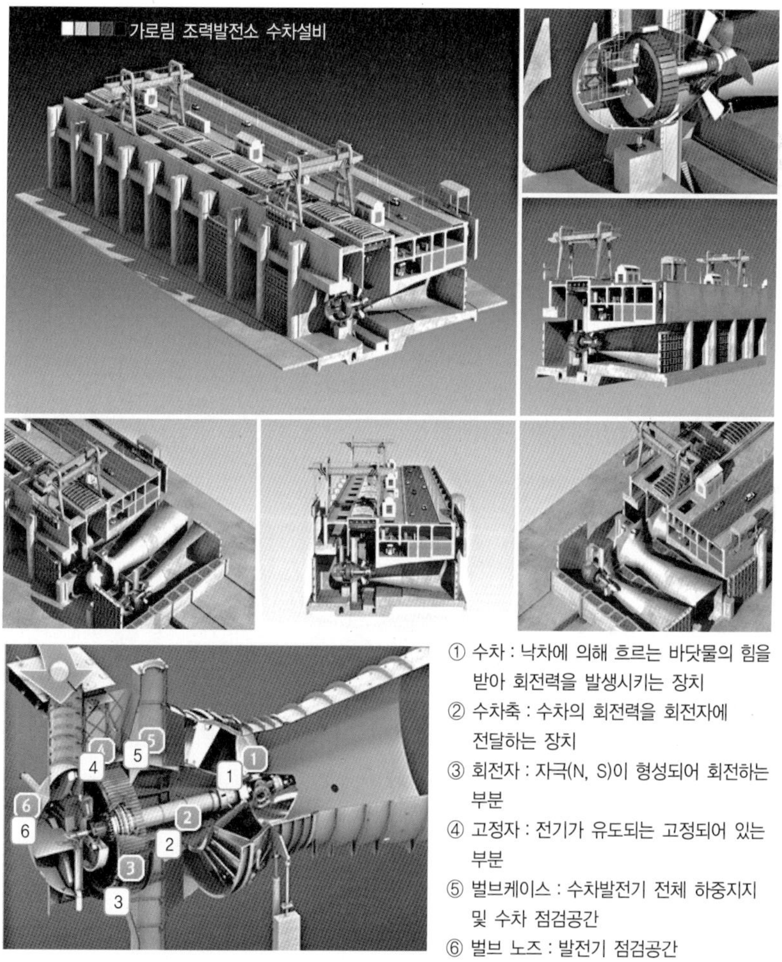

그림 11-4 수차발전기 구조 (출처 : Kwater)

4.2 조류발전

그림 11-5 한국형 조류발전기(유속 3m/sec-50kW 전력수득)
(출처 : 정맥산업개발)

조력발전이 조력댐을 만들고 조지와 외해 사이의 낙차를 이용하여 발전하는 것과 달리 조류발전은 조류의 흐름이 빠른 곳을 선정하여 그 지점에 수차발전기를 설치하고, 자연적인 조류의 흐름을 이용하여 해수의 유동에 의한 운동에너지를 이용하여 수차를 구동하거나 기계장치의 운동으로 변환하여 전기를 생산하는 기술로서 해수의 유속이 빠른 지역에서 적용이 가능하며 조류를 이용하므로 계절에 관계없이 발전이 가능하고 예측이 가능하므로 조수간만의 차이가 큰 해역이 적합하다.

조류발전은 해양에 대규모 댐을 건설할 필요 없이 발전에 필요한 수차와 발전장치를 설치하기 때문에 비용이 적게 들지만 조류가 빠른 지역에 발전장치를 설치해야 하기 때문에 적지 대상 해역이 제한적이며 조력발전과 같은 대규모 적용은 어렵다. 조류발전의 큰 장점은 날씨 변화 및 계절에 관계 없이 발전량 예측이 가능하여 신뢰성 있는 에너지원으로 활용이 가능하다. 또한 해수유통이 자유롭고 해양환경에 미치는 영향이 거의 없어 조력발전보다 더 환경친화적인 것으로 간주된다.

조류발전 터빈은 터빈의 회전방향에 따라 수평축터빈과 수직축터빈으로 분류되며, 수평축인 경우 일방향 흐름, 하천과 같이 일정한 흐름을 유지하는 경우에 유리하고, 수직축인 경우는 조류와 같이 흐름의 방향이 변하는 경우에 유리하다. 일반적으로 조류발전은 유속이 1m/s 내외인 곳에서도 가능하지만 경제성 있는 발전을 위해서는 최소한 2m/s 이상인 곳을 후보지로 선정하며, 해수의 밀도는 공기보다 약 800~1,000배 높기 때문에 상대적으로 적은 수차를 사용해 풍력보다 더 큰 에너지를 생산할 수 있다.

우리나라 서 · 남해안 협수로 중 3MWh/m^2 이상 연간에너지 밀도를 가진 조류에너지 발전 유망지는 21개소이고, 이 가운데 67%인 14개소가 전남 서 · 남해역에 위치한 것으로 조사되었으며, 2009년 5월 국내 처음으로 조류발전소가 완공된 진도 울돌목 협수로 부근의 연간 에너지 밀도가 52MWh/m^2로 전국에서 가장 높은 조류발전 잠재력을 지닌 것으로 평가됐다.

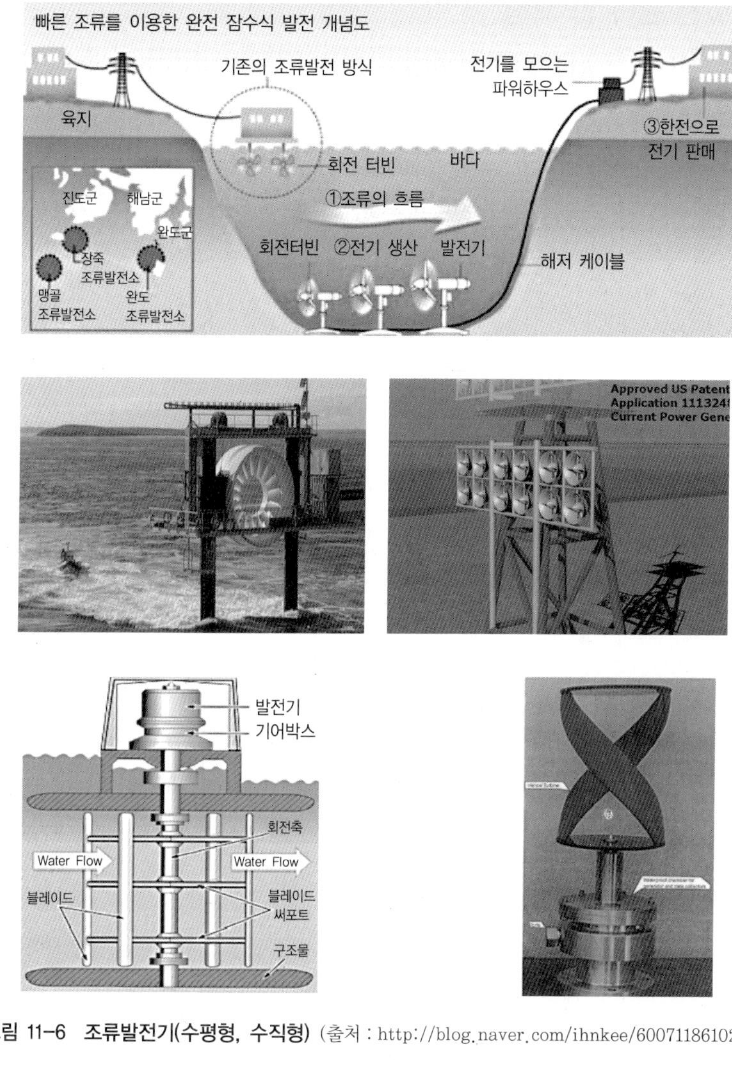

그림 11-6 **조류발전기(수평형, 수직형)** (출처 : http://blog.naver.com/ihnkee/60071186102)

4.3 파력발전

파력에너지는 특정한 입지조건을 갖추어야 하는 조력, 조류력과 달리 모든 해역에 광범위하게 분포하고 있다는 특징이 있는데, 이를 이용하는 파력발전은 해상에서 바람에 의해 나타나는 파랑의 운동 및 위치에너지를 이용하여 터빈을 구동하거나 기계장치 운동으로 기계적 에너지로 변환하여 전기를 생산하는 기술로서 파고가 높고 파주기가 긴 해역이 적합하며 에너지변환방식과 단위장치의 출력이 매우 다양하다.

4.3.1 파력발전 원리 및 특징

파력발전은 일렁이는 파도로 인해 수면은 주기적으로 상하운동을 하는데, 이를 이용하여 운동 및 위치에너지를 기계적 에너지로 변환하여 전기에너지를 생산하는 것이며, 파도에너지는 파도의 높이와 그 속도에 관계된다. 즉 파도에너지는 파도 높이의 제곱에 비례하며, 이를 발전에 이용하게 된다. 위도 40~60도 지역의 바람이 지속적으로 불어오는 해안선을 가장 적합한 장소로 보고 있으며, 일본의 동해안선, 노르웨이, 스코틀랜드 및 미국의 서해안선 등이 이에 속한다.

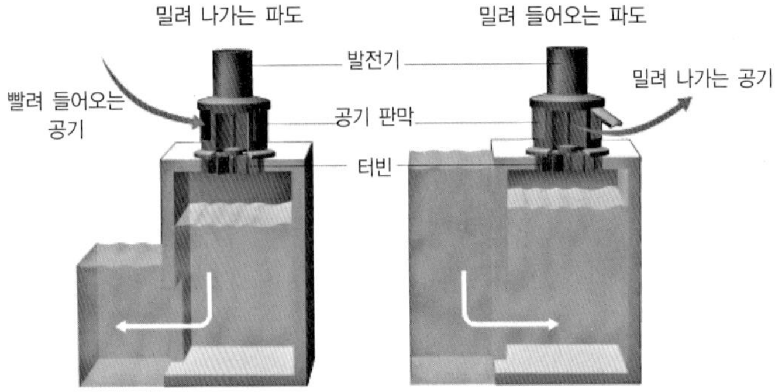

파력발전방식 중 현재 실용화되어 있는 것은 공기터빈을 쓰는 방식이다. 이 방식은 파도에 의한 해면의 상승·하강 운동을 피스톤을 이용하여 공기의 흐름으로 바꾼 다음, 공기터빈을 구동하여 발전기를 가동시킨다.

그림 11-7 파력발전의 원리(진동수주형) (출처 : www.humanistbooks.com)

파력발전은 우천시나 밤에도 전력생산이 가능한 등 날씨의 영향을 덜 받아 평균 발전효율이 30~50%에 달해 기존 태양광발전에 비해 10% 정도 효율이 높은 것으로 평가되고 있지만, 파력 또한 다른 신재생에너지원처럼 파도도 매일 일정하게 치지 않아 바다가 잠잠해질 때는 전혀 전기를 생산할 수 없다는 것은 분명한 약점이다. 즉 하루로 보면 평균적으로 태양열이나 태양광에너지보다는 더 오랜 시간 지속적으로 에너지를 생산해도 에너지 생산량이 일정하지 않다는 것이다. 또한 파력에너지에 대한 어느 정도의 예측은 가능하나 조력이나 조류처럼 정확한 장기예측이 어렵다는 것과 어디에서나 파랑은 발달하여 개발이 가능하지만 에너지밀도(높은 곳) 및 송전선로(짧은 곳) 등을 고려한 경제성 확보 문제도 단점으로 지적되고 있다.

즉 파력발전은 소규모 개발이 가능하고 방파제로 활용할 수 있어 실용성이 크고 한번 설치 시 거의 영구적으로 사용 가능하며 공해를 유발하지 않는다는 장점은 있으나, 입지선정이 어렵고 초기 제작비의 과다 투입으로 적정 발전 단가 책정이 어려운 문제점이 있다.

4.3.2 파력발전의 종류

파력발전은 파도에 의해 발생하는 에너지를 이용하여 터빈을 돌려 발전하는 방식과 파도가 진행하는 힘 또는 파도의 상하운동을 이용하여 공기를 압축 · 활용하는 방식으로 분류할 수 있으며, 에너지 변환원리에 따라 가동물체형, 진동수주형, 월파형으로 구분하고, 설치형태에 따라 착저식(또는 고정식)과 부유식으로 구분하기도 한다. 먼 바다(외해)에는 파고가 높으므로 가동물체형이나 월파수류형 방식이 적용되고 근해에는 진동수주형 방식이 주로 적용되는데, 대상지역의 환경에 적합한 형식이 결정되고 계속적인 운동에 충분한 강도 및 내구성이 있는 장치가 설계되어야 하며, 파력발전은 발전시간과 발전량 예측이 어려우므로 저장장치 및 보조전력이 필요하다.

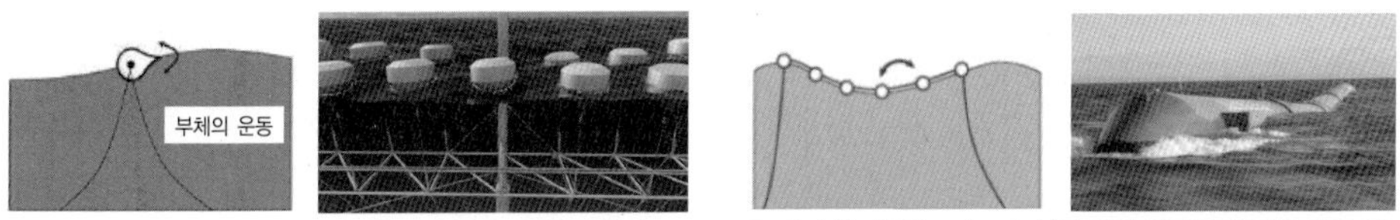

① 연성운동 : 외측의 캠형 부체운동/내외 부체 상대운동에서 에너지 획득

② 연결 부체운동 : 파도에 실린 연결 부체운동/인접 부체 간 상대운동에서 에너지 획득

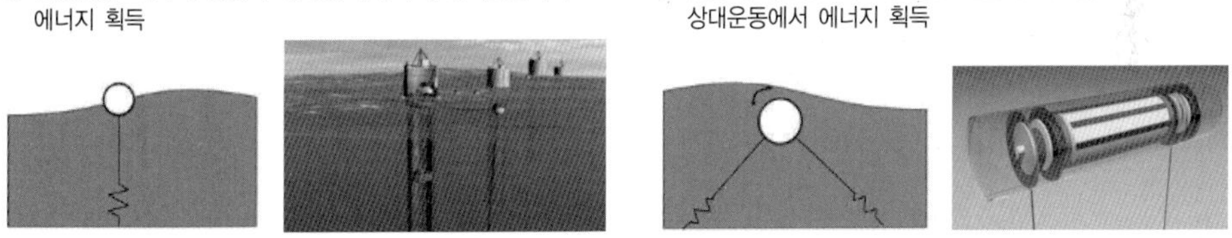

③ 부체는 상하운동 : 에너지는 계류계의 펌프로 흡수

④ 부체는 원궤도의 회전운동 : 에너지는 계류계의 펌프로 흡수

가동 물체형

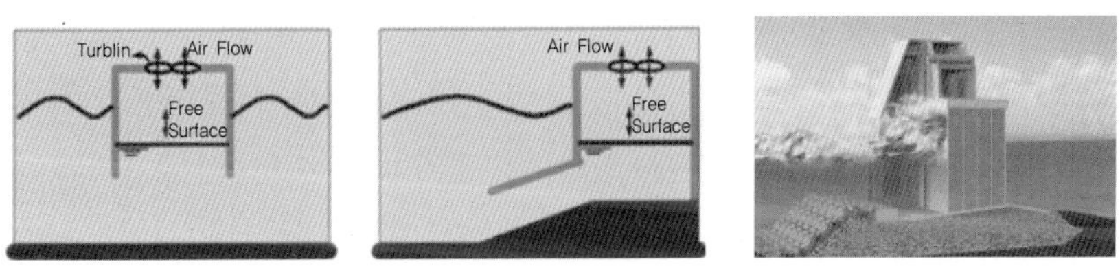

파도에 의한 공기실내 수주의 상하운동

공기류로부터 에너지 획득

진동수주형

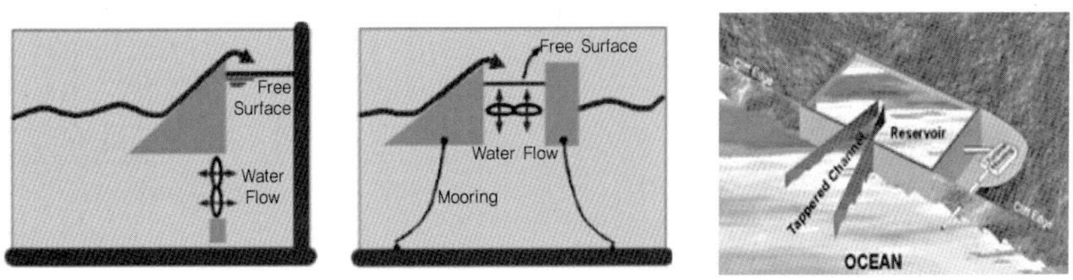

사면을 쳐올라와 월파하여 저수됨

수위차를 이용하여 터빈을 운전

월파형

그림 11-8 파력발전의 종류

(1) 가동물체형

파랑운동에 의하여 수면에 떠있는 부제가 상하 또는 회전운동을 하도록 하여 터빈을 회전시켜 발전기를 구동하는 방식으로 수면의 움직임에 따라 민감하게 반응하도록 고안된 기구를 사용하여 파랑에너지를 기구에 직접 전달하여 기구의 움직임을 전기에너지로 변환하는 방식으로 파랑에너지를 직접적으로 흡수하므로 에너지 변환효율은 타 방식에 비해 높은 파력발전의 가장 오래된 형태이다. 위험한 항로표시 및 신호를 위한 불빛 등을 키는 데 사용하기도 하지만 폭풍우, 염분에 의한 부식 등의 내구성 문제와 선박 및 고래 등 생물체와의 충돌능성 등 해양생태계 영향도 고려하여야 한다.

그림 11-9 가동물체형-관절작용 발전장치 (영국, 포르투갈 해안, 총길이 : 180m, 발전용량 : 2.25MW급)
(출처 : 서울경재)

바다 뱀인 '펠라미스'의 이름을 딴 이 방식은 원통을 길게 뱀처럼 연결해 각각의 원통이 엔진역할을 하도록 하고 있다. 파도가 출렁일 때 원통을 잇는 이음매가 상하좌우로 접혔다가 펴지는 힘을 이용해 원통 안의 엔진이 전기를 생산하게 된다.

(2) 진동수주형

파랑작용에 의해 공기실 내의 수위가 변동함에 따라 공기실 내의 공기가 압축 · 팽창에 힘으로 터빈을 돌려 발전하는 방식으로 물기둥 내부로 유입된 파랑에 의해 생기는 공간의 변화를 내부공기의 유동으로 변환하고, 이를 유도관으로 유입하여 공기의 흐름을 생성시키고 유도관 내에 설치된 터빈을 회전시켜 전기를 얻는 방식이다.

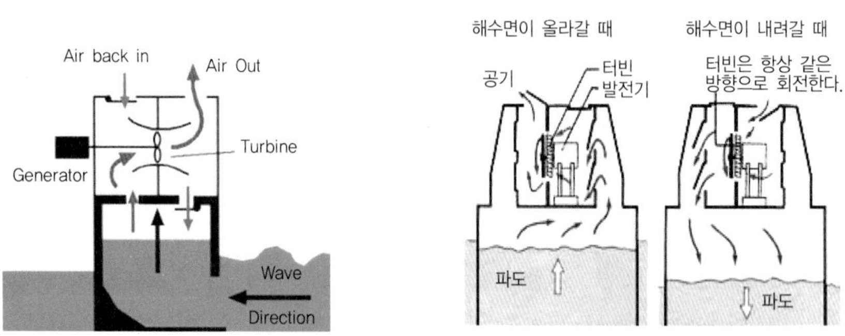

그림 11-10 진동수주방식 파력발전기

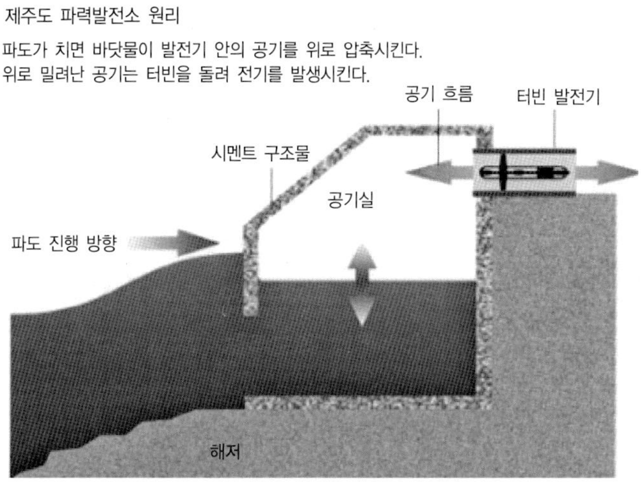

그림 11-10 진동수주방식 파력발전기 (출처 : 제주-뉴시스) **(계속)**

(3) 월파형

방파제나 제방이 있고 월파된 파도를 이용하여 터빈을 가동시키는 방식으로 월파형 파력발전은 파랑의 진행방향 전면에 사면을 두어 운동에너지에 의해 파랑이 사면을 넘어서면 이것이 위치에너지로 변환하여 저수된 후, 형성된 수두차(1차 변환)를 이용하여 저장된 해수를 저수지의 하부로 흘리면 통로 하부에 설치된 수차터빈(2차 변환)이 회전하여 발전하는 방식이다.

그림 11-11 월파형 파력발전 (출처 : http://blog.naver.com/ihnkee)

따라서 2차 변환장치인 수차터빈이 파의 운동을 직접 감당하지 않아 파랑 충격에 대한 위험이 적으며 상대적으로 발생 전력의 변동성이 작아 제어가 용이하다.

(4) 부유식

부유식 파력발전기는 파도에너지의 대부분을 포함하고 있는 자유수면 아래 20% 정도만을 육지에서 제작한 부유구조물을 띄워 파를 막는 방식이다. 이러한 방식은 해수 흐름을 방해하지 않아 해양오염을 줄일 수 있을 뿐만 아니라 파도에너지가 집중된 자유수면 20%만을 막는다는 의미에서 고정식 파력발전기보다 효율적이다. 또한 파도에너지를 흡수할 수 있는 장치를 부유구조물 내에 장착하여 전기에너지도 생산 가능하다. 부유식 파력발전기의 장점으로는 해상공사 및 양어장 보호용 등 다용도로 활용 가능하고, 고정식 해안구조물보다 시공이 간단하며 건설비가 싸다. 또한 지진에 대한 피해가 적고 해저 지질 조건에 영향을 거의 받지 않는다.

미국 아쿠아부오이 : 수면 183cm, 수중 18m 내장된 물 속의 강철실린더는 파도에 따라 오르내리면서 바닷물을 고무호스를 통해 밀어올리게 되는데 이때 올라온 물이 부표안의 터빈을 돌려 발전기를 구동시킨다.

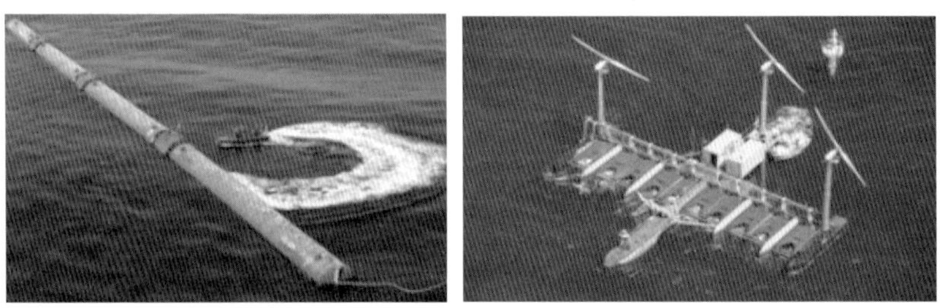

그림 11-12 부유식 파력발전기 (출처 : http://blog.naver.com/ihnkee)

(5) 고정식

고정식은 파력발전장치를 먼 바다 또는 근해에 고정적으로 설치하는 방식으로 방파제 형식의 장치인 공기실을 만들어 진동수주형식을 채용하여 수면의 상하운동을 공기흐름으로 변환 후 공기터빈을 구동하여 발전기를 구동하는 방식과 여러 타입의 파력발전기를 해저 바닥에 고정 · 설치하는 방식이다. 연안에 근접 설치로 파력발전기에서 만들어진 전기를 수요처에 쉽게 송전이 가능하고 태풍, 해일 등으로부터 유실 우려는 부유식보다 적지만, 고정구조물 설치비용이 고가이며 지진, 해일 등으로 인한 손상 우려가 있고, 해저 지질조건에 따라 설치에 제약을 받는다.

제주 해군 기지 방파제에 설치될 파력발전소 조감도

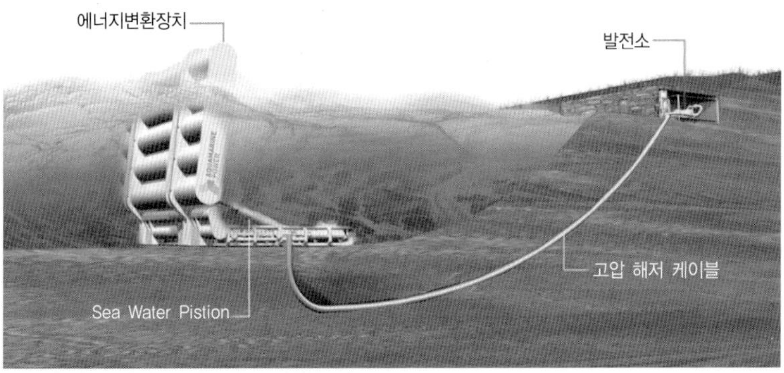

플립형 폴더폰이 열리고 닫히는 것처럼 긴 판이 파도에 의해 앞뒤로 움직이는 힘에 의해 발전기 구동
-발전능력 800kW/대, 길이 26m(스코틀랜드)

그림 11-13 고정식 파력발전기 (출처 : http://photohistory.tistory.com/10414, 제주 뉴시스)

4.4 해양 온도차 발전

바다는 태양과 가까운 표층부터 데워지고 그 열이 점차 심해로 전해지기 때문에 표면으로부터 500~1,000m 정도에서 바닷물의 온도는 급격히 저하되어 1,000m 지점에서는 약 4~6℃ 정도가 된다. 해양온도차를 이용하는 기술은 해양 표면층의 온수(25~30℃)와 심해 500~1,000m 정도의 냉수(5~7℃)와의 온도차를 이용해 열에너지를 기계적 에너지로 변환시켜 발전하는 기술이다.

해양온도차 발전은 해수의 연직방향의 온도차를 이용해 작동유체를 증발시켜 터빈을 구동하는 해수온도차 발전과 해수온도와 대기온도의 차를 활용하여 열교환기(히트펌프)를 통해 냉난방에 이용하는 해수온도차 냉난방 이용기술을 포함한다.

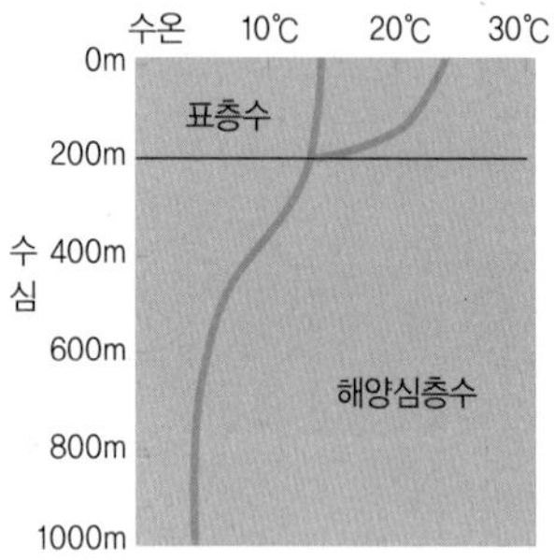

그림 11-14

4.4.1 해양온도차 발전 시스템 구성 및 작동원리

해양온도차 발전이란 표층과 심층 간의 약 20℃ 전후의 온도차를 이용하여 표층수의 열로 회로 내를 순환하는 수환유체(작동유체-암모니아)를 기체로 만들고 이 기체의 압력으로 터빈을 돌려 발전시킨 후 낮은 온도의 심층수로 암모니아 기체를 다시 액화시키는 방법이다.

해수온도차를 이용한 냉난방시스템은 해수온도와 대기온도와의 차를 이용하여 대기온도를 냉각 또는 가열하는 공기히트펌프(Air Heat Pump)와 해수를 이용하여 냉난방계통 내에 순환되는 냉온수를 냉각 또는 가열하는 해수열원히트펌프(Sea Water Heat Pump)로 구성된다. 또한 냉각 시스템에 이용되는 냉동기의 응축기 부분에서 공기열원 대신에 해수열원을 이용하여 냉매를 냉각시킴으로써 냉동효과를 증대시키고 시스템의 효율을 높일 수 있다.

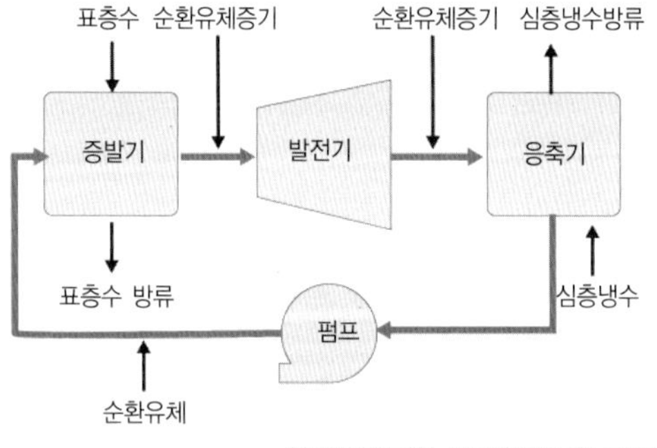

한국기계연구원, 한국해양연구원 공동개발 20kW 해양온도차 발전시스템
강원도 고성 해양 심층수 센터 시운전 완료(2010년)

그림 11-15 해양온도차 발전 구성 시스템 (출처 : 한국기계연구원, 한국해양연구원)

해수온도차 발전 시스템 원리

해수이용 온도차 발전 시스템은 태양열로 데워진 표층수(20~30℃)와 약 600~700m 심해 심층수(5~7℃) 사이에서 발생되는 평균 약 16~20℃의 온도차를 이용하여 발전시키는 시스템으로 표층수를 배관을 통해 증발기(증기 생성)에 보내면 증발기에서는 끓는점이 낮아 낮은 온도에서도 쉽게 증발하여 기체상태로 변하는 냉매(작동유체-암모니아, 프레온 등)를 가열된 표층수와 열교환시켜 생성된 냉매증기가 터빈을 가동시켜 전기를 생산하는 시스템이며, 터빈가동 후의 증기는 차가운 심층수와 열교환 후 다시 냉매액이 되어 회로 내를 순환하는 방식이다.

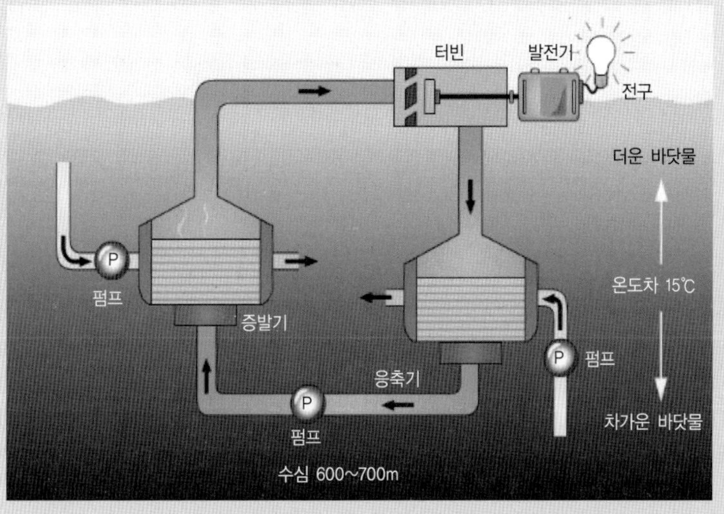

그림 11-16 해양온도차 발전 시스템 원리(출처 : 아이테크)

4.4.2 해양온도차 발전 방식의 종류

해양온도차 발전 시스템은 해수 표층의 온수를 사용하여 암모니아나 프로필렌 같은 비등점이 낮은 작동유체를 증발시켜 터빈을 돌려 발전하는 폐회로순환 시스템과 해수를 직접 터빈구동의 작동유체로 이용하는 개방회로 순환시스템, 그리고 폐회로 순환과 개방회로 순환 시스템의 장점을 결합한 것으로 열원을 최대한 사용하도록 설계하여 전력과 담수를 동시에 얻게 하는 혼합형 시스템으로 구분할 수 있다.

폐회로 순환 시스템은 표면온수를 사용하여 암모니아, 프레온 등의 작동유체를 증발시켜 터빈을 구동하여 전기를 생산하고 다시 저온의 심층수와 열교환하여 냉매액으로 전환 후 회로 내를 재순환하는 시스템이며 해수온도차 발전으로 이용되는 일반적인 방식이다. 전력변환 효율은 5.5% 내외이며 터빈효율, 펌프효율 등을 포함한 전체 시스템 효율은 2.5% 정도이며 플랜트 시설비는 개방회로 순환 시스템보다 적다.

개방회로 순환 시스템은 해양 표면의 온수를 작동유체로 직접 사용하는 방식이며, 표면온수가 펌프를 통해 증발기에 유입되면 증발기는 진공펌프로 압력을 낮추어 표면온수가 상온에서 쉽게 증발하도록 하고, 이때 생성된 증기로 저압터빈을 구동시켜 전기를 생산하는 방식이다. 터빈 가동 후의 증기는 심해에서 퍼올린 낮은 온도의 심층수와 열교환 후 담수로 이용하는 시스템이며, 전력변환 효율은 약 5.5%이고 전체 시스템 효율은 3.0% 정도이며, 폐회로방식보다 시설비가 고가이다.

현재 세계는 물론 국내에서 연구 · 개발 중인 해양온도차 발전방식은 해양 표층의 고온수와 심해층의 저온수 간 온도차를 이용해 발전하는 기술로, 저온에서 증발하는 냉매를 활용해 터빈을 가동시켜 발전하는 방식인데 우리나라와 같이 표층수 온도가 낮은 중위도 지역에서는 해양 표층수의 온도가 뜨거워지는 여름철 밖에 운영할 수 없다는 단점이 있었다. 2014년 1월 국내기술로 영동화력발전소에 적용된 해양온도차 발전은 기존의 해양온도차 발전방식이 우리나라와 같은 중위도 지역에서는 적응성이 약하다는 문제점을 해결하기 위해 해양 표층의 고온수 대신 발전소의 발전과정에서 방출되는 열에너지를 직접 활용하는 발전방식으로 10kW급 규모의 발전설비가 설치 · 운영되고 있는데, 실증 설비의 운전을 통해 이 기술이 타 신재생에너지와 비교하여 경쟁력 있는 신재생에너지원임을 검증할 예정이다.

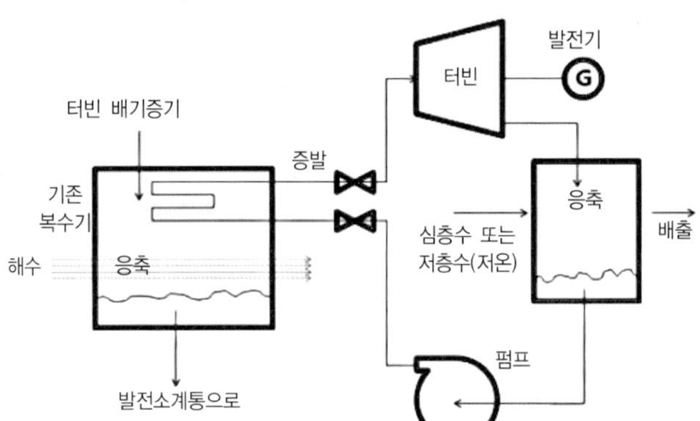

그림 11-17 복수기 배열-해수온도차 발전 계통도 (출처 : 한국남동발전)

4.4.3 해양온도차 발전의 특징

해양에너지는 에너지 공급이 무한하고 안정적인 자원이며, 해양심층수는 상수의 공급, 음료수, 의약품, 수산양식 등의 용도로 다양한 이용이 가능한데, 특히 해양 심층수를 이용한 해양온도차 발전은 전력과 동시에 물의 공급을 가능하게 하고 열대지역에서 산업 진흥을 도모할 수 있는 수단으로써도 활용이 가능하다. 또한 해양온도차 발전 시스템은 화석연료를 사용하지 않아 CO_2배출이 없어 환경에 악영향이 없으며 환경개선에도 활용이 가능한 청정에너지발전 시스템이다.

하지만 해양온도차 발전에 이용 가능한 에너지원의 부존량은 많지만 20℃ 이상의 온도차(통상 16℃)를 얻기 위하여 그만큼 저온의 해양심층수를 끌어올리는 것과 밀도가 낮은 에너지를 이용하기 때문에 향후 기술적 · 경제적 문제를 어떻게 해결하느냐는 것은 지속적인 연구과제이다.

해양온도차 발전의 적합지로는 표층수와 심층수와의 온도차가 크고, 바람이 강하지 않아 잔잔하며, 심층수 채수가 용이하고, 태풍, 해일 등으로부터 피해를 최소화할 수 있는 장소 선정도 중요한 요소이다.

해양온도차 발전 특징

■ 장점
- 안정적인 에너지 공급이 무한한 에너지원을 이용한다.
- 청정에너지 사용으로 발전에 따른 CO_2배출이 없다.
- 개방회로 순환방식은 발전과 동시에 해수를 청수로 바꾸는 것이므로 막대한 양의 담수를 얻을 수 있으며, 부산물로는 식염마그네슘, 요오드 등의 자원을 얻을 수 있다
- 주 · 야 구별 없이 전력생산이 가능하고, 계절적 변동을 사전에 예측하여 계획적인 활용이 가능하며, 조석이나 파랑 등의 해상요소에도 영향을 적게 받는 시스템이다.

■ 단점
- 수증기 압력이 높아야 막대한 양의 증기를 얻을 수 있으므로 터빈을 비롯한 여러 장치가 대형화 되어야 하므로 시설비투자가 많아 경제성을 고려해야 한다.
- 태풍, 폭풍, 해일 시에는 표층수와 심층수 간의 온도차가 적어지며, 고가의 설비 유실 문제발생.
- 발전설비의 염분 부식 고려
- 투자비 대비 5%대 미만의 낮은 발전효율
- 심층수 채수에 필요한 배관 관경이 크고, 심해에 고시공이 어렵다.
- 채수에 큰 동력이 필요하고 열교환 후 바다로 배출되는 처리수의 온도상승으로 부근 해양의 수온이 동반 상승하여 최초 온도차 확보가 힘들다.

5 해외동향

유럽과 미국, 일본 등 선진국에서는 조류발전과 파력발전, 해양온도차 발전의 개발 프로젝트가 다수 진행중이며 아직 발전규모는 크지 않지만 2035년에는 해양에너지를 이용한 발전량이 전 세계에서 14GW의 도입량까지 확대되어 지열발전의 1/3에 해당할 것으

로 예상하고 있다. 해양에너지의 연구개발 실증화사업을 가장 두드러지게 시행하고 있는 나라는 주위가 바다로 둘러싸인 일본인데, 풍부한 해양에너지 자원을 바탕으로 해상 풍력발전, 조력, 파력, 그리고 해양 심층수를 이용한 온도차 발전 등의 사업을 다양하게 전개하고 있으며, 초대형 해양구조물 상부에 태양광 및 풍력발전, 수면에서는 파력발전, 수면 하에서는 조류발전하는 복합발전방식을 개발 중이다.

호주도 직경 11m의 배관 및 펌프를 이용하여 해수를 육상으로 공급하여 조력발전방식으로 전기를 생산한 후 다시 역삼투압방식의 담수화설비에 전력을 공급하는 세계 최초의 조력에너지를 이용한 발전 겸용 담수화설비를 건설할 예정이다.

(1) 조력발전

전세계 바다의 면적은 지구 겉면적의 71%를 차지하여 조력 및 조류발전의 입지조건인 조차가 큰 곳은 세계적으로 상당 수 산재해 있어 조력 및 조류에너지의 개발 잠재력은 풍부하다고 볼 수 있으며, 예상되는 조석에너지 전체 부존량은 1,000~4,000GW 정도로 추정된다. 최초의 조력발전은 1966년 프랑스에서 10MW급 발전기 24대를 설치한 240MW급의 조력발전소이며, 현재도 운영 중이다.

세계 최대의 조력발전소는 발전용량 254MW로 연간 발전량이 552GWh인 우리나라의 시화호 조력발전소이며, 해양에너지 자원이 풍부한 일본과 중국, 러시아, 캐나다 등지에서도 단류식 및 복류식 조력발전을 운영 중이다.

그림 11-18 시화호 조력발전소 수차
(출처 : 시화호 조력발전소)

표 11-3 세계주요 조력발전소 현황 (출처 : 시화호 조력발전소)

발전소명	Rance(프랑스)	Annapolis(캐나다)	Jiangxia(중국)	Sihwa(대한민국)
최대조차(m)	13.5	8.7	8.39	9.16
시설용량(천kW)	240(10×24대)	20(20×1대)	3.2(3.2×1대)	254(25.4×10대)
준공연도	1966	1984	1985	2011
연간발전량(백만kWh/년)	544	50	6.0	552.7
발전방식	복류식	단류식	복류식	단류식
발전 개시년도	1967	1984	1986	2011
수문	6련(15m×10m)	2련(9.2m×7.3m)	5련(3.3m×4.2m)	8련(15.3m×12m)

(2) 조류발전

영국, 미국, 이탈리아, 캐나다 등을 중심으로 시스템 개발을 완료하고 해상에서 실증사업을 통해 상용화의 진입을 모색하고 있으며, 일본 사가현 연안에서는 조류발전의 실증시험 준비가 추진되고 있는데, 해상에 발전설비를 띄우고, 풍력으로 1MW를 발전하면서 조류로 50kW의 전력을 만들어내는 일본 최초의 시도이다. 중국 또한 조류에너지의 잠재량이 풍부한 나라로서 2013년 8월 절강성에 600kW급의 부유식 조류발전소를 준공하여 운영 중이다.

그림 11-19 부유식 조류발전기(중국 절강성, 600kW급)

(출처 : http://cafe.naver.com/minkrappa)

(3) 파력발전

파력발전의 역사는 약 100여 년 전부터 미국, 일본, 영국, 노르웨이 등 여러 나라에서 파력발전에 관한 많은 연구를 수행하였으며, 그 동안 약 50여 종의 파력발전 장치가 고안되었으나, 아직은 실용화를 위한 연구 및 실험단계이며 대용량의 상용화단계에는 이르지 못한 것으로 조사되고 있다. 그 중 일본은 이미 2년 동안 240kW급의 해안 고정식 파력발전 장치를 설치하여 시험 가동하고 있으며, 해양과학기술센터 주관으로 540kW급의 부유식 파력발전소 건설을 진행하고 있어서 파력발전 분야에서도 세계적인 기술을 보유하고 있다.

영국은 진동수주방식을 이용한 5,000kW급 파력발전소를, 덴마크는 34kW급 파력발전소에 실증화를 하고 있으며, 인도네시아는 발리섬에 1,000kW급의 월파형 파력발전소를 노르웨이 기술로 건설 운영중이다. 최근 유럽 국가들도 막대한 자금투자로 파력발전 장치를 개발 · 설치 중이지만 전 세계의 파력발전기술은 전체적으로 보면 아직 미비한 것으로 평가하고 있다.

(4) 해양온도차 발전

해양온도차 발전시스템은 미국, 일본 등에서 실증화를 위한 연구 개발을 한창 진행 중이며, 사면이 바다인 일본을 중심으로 해양온도차 발전에 대한 실증 프로젝트를 활발하게 진행하고 있다.

미국은 92년 하와이 자연에너지연구소(NELHA)에서 210kW급을 실험에 성공하여 상용화를 위한 준비 중이며, 인도 또한 2004년에 1MW급에 대한 해상 플랜트 실험을 수행하였다. 해양에너지 이용 분야의 선진국인 일본은 1981년부터 지속적으로 50kW급, 75kW급, 120kW급 육상플랜트 실험에 연이어 성공함으로써 세계적인 기술력을 가진 나라로 인정받고 있으며, 2012년에는 100kW급에 대한 상용화에 성공하였다.

해수 냉난방 시스템 또한 역시 이미 미국, 일본 등의 선진국에서는 괌, 후쿠오카 등 해안도시를 중심으로 지역단위 냉난방에 활용되고 있으며, 괌에는 외해 수심 690m에서 심층수를 1일 11,000톤을 취수하여 19개 가량의 호텔과 쇼핑몰 등에 냉난방 공급 중이며, 후쿠오카에서는 표층수를 활용하여 상가, 오피스 빌딩 등의 냉난방에 이용하여 약 41%의 에너지 절감과 CO_2 50% 저감효과를 거두고 있다.

6 국내동향

3면이 바다로 둘러싸인 우리나라 연안해역은 다양한 가용 에너지 자원이 풍부하게 분포하며, 설치 가능한 해역 또한 광범위하여 해양에너지 자원은 우리나라 연안역에서도 대규모로 활용이 가능한 에너지 자원이다.

특히 서해안은 세계적으로도 조석간만의 차가 크며, 수심이 얕고, 해안선의 굴곡이 심해 조력발전의 우수한 입지조건을 지니고 있어 시화호에는 254MW급의 세계최대 조력발전소가 운영 중에 있으며 인천만, 가로림만 등도 타당서 조사 및 기본설계를 완료한 상태이다. 동해안은 수심이 깊고, 연중 파도 발생 빈도가 비교적 높아 파력 발전의 가능성이 클 뿐만 아니라 동해로 북상하는 쿠로시오 해류를 이용하는 해양온도차 발전도 가능할 것으로 보고 있다. 서남해안의 울돌목, 진도앞바다, 2014년 세월호 침몰사고가 있었던 맹골수도 등은 세계적으로도 조류가 빠른 지역으로서 손꼽히는 지역으로 울돌목에 조류발전소를 시험운영하고 있으며, 타 지역은 조류발전소 건립을 계획하고 있다.

2008년 한국해양에너지 자원 이용 추진기구(OEA-J)가 국내의 해양에너지에 대한 발전 가능량을 예측한 자료에 의하면 우리나라는 2050년까지 조류와 파력이 연간 200억kWh씩, 해양온도차 발전은 2배인 400억kWh의 발전량이 될 것으로 예측하고 있어 세 가지를 합하면 800억kWh으로 일반가정 2,200만 세대분의 전

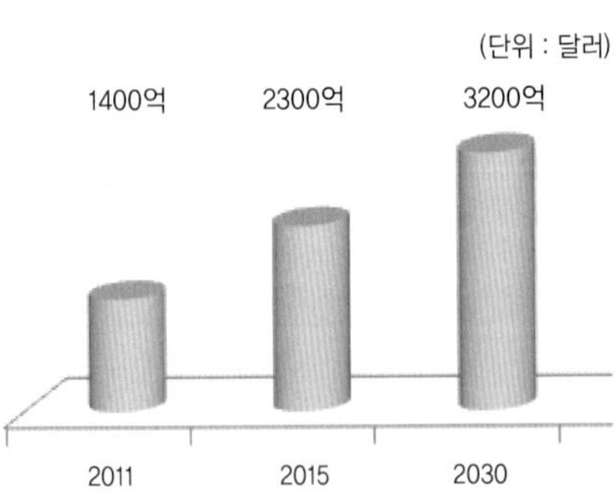

그림 11-20 국내 해양플랜트 시장 규모
(출처 : 지식경제부)

력을 생산할 것으로 예상하고 있다.

이 예측은 발전설비 규모와 설치수를 가정하여 산출한 것이며, 가장 유망한 해양온도차 발전은 2050년까지 50~100MW급의 설비가 100개소 이상으로 확대될 것으로 전망하고 있다.

(1) 조력발전

우리나라는 현재 한국수자원공사가 세계 최대의 시설용량인 254MW급의 조력발전소를 2011년에 준공하여 운영 중이며, 520MW급의 가로림만조력발전소도 2011년 착공 및 2014년 완공을 계획하였지만 환경단체 및 주민반대에 부딪쳐 10여 년 동안 표류상태에 있으며, 인천만, 강화지역의 조류발전 사업성에 대한 타당성 검토 또한 완료하였으나 인·허가 문제로 역시 사업추진에 차질을 빚고 있는 실정이다.

경기만을 중심으로 한 서해안 중부해역(가로림만) 등은 조차가 크고 잘 발달된 해안으로 천혜의 조력에너지 자원보고로 알려져 있고, 인천만, 천수만, 해주만 등도 조력발전의 적지로 검토되어 일부 지역에는 사업성 검토 및 기본설계까지 진행된 상태이지만 방파제 축조에 따른 환경영향 평가 및 어장폐쇄에 따른 주민 반대로 대부분 사업추진이 보류된 상태이다.

표 11-4 국내 조력발전 부존량 및 추진현황 (출처 : 에너지관리공단)

후보지	시설용량(kW)	발전량(GW)	비 고
시화호	250만	553	시화호 조력발전소 2011년 준공 및 가동
가로림만	52만	950	실시설계 완료 : 주민반대 인·허가 미취득으로 사업지연
인천만	144만	2,271	기본설계 완료
강화	81만	1,536	실시설계 완료 : 주민반대 인·허가 미취득으로 사업지연
새만금	40만	687	기본설계 와료
천수만	72만	1,207	개발 타당성 검토
해주만	230만	2,999	개발 타당성 검토

(2) 조류발전

해수 밀도는 공기의 밀도보다 약 800~1천배 이상 높기 때문에 상대적으로 적은 수차를 사용하더라도 풍력보다 더 큰 에너지를 생산할 수 있다.

우리나라의 조류발전 상용화는 아직 본격적으로 실현되지 않고 있으나, 조석간만차가 크고 리아스식 해안으로 구성된 우리나라의 서·남해안은 세계적으로 손꼽히는 조류발전소 후보지이다. 국내 조류발전의 최적지인 울돌목에는 세계 최초의 1MW급 수직축 조류발전 시스템을 설치·운영 중인데, 2005년 4월 착공되었으나 빠른 조류 흐름으로 인한 고난이도의 해상공사로 인하여 2009년 5월에 준공하였다.

수차의 규격은 16m, 세로 36m, 높이 48m에 총중량 1000t 규모로 세계 최대급이며, 시험 가동을 거쳐 2009년 말부터 시간당 1000kW를 생산하는데, 이는 인근 400여 가구가 1년 동안 사용할 수 있는 에너지이다. 울돌목 시험 조류발전소의 당초 계획은 1단계로 시험 운영을 거친 뒤 2014년까지 24MW의 발전용량을 갖추어 약 4만 6000여 가구에 전기를 공급하는 세계 최대의 상용 조류발전소로 발전시킬 계획이었지만, 낮은 경제성과 해상안전사고 위험, 경관 저해, 주민반발 등으로 공유수면 사용기간 만료 이후 사업추진이 보류된 상태이었다가 2018년까지 시험 발전설비를 추가·보완하여 가동하기로 했다.

그림 11-21 울돌목 시험 조류발전소 발전용량 : 1MW급, 500kW 발전기 2대)
(출처 : 한국일보)

또한 인천의 덕적도, 대이작도, 소이작도 일대 바다 4곳에 200MW급(1MW급 조류발전기 200기)의 조류발전기를 설치하여 연간 61만 3,200MWh(16만 가구 공급)의 전력을 생산하고자 했던 계획도 타당성 조사까지 마쳤으나, 약 1조 원에 이르는 사업비 마련 문제와 투자비 대비 수익성 문제 등으로 사업 자체가 백지화될 상황이다.

국내 연안 조류발전 후보지

(출처 : 에너지관리공단)

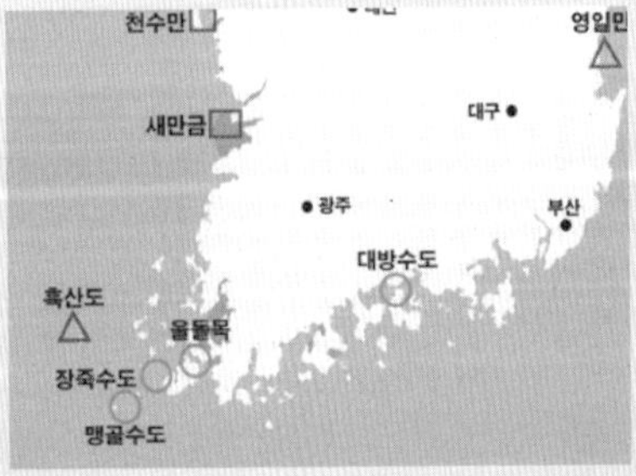

우리나라 서·남해안 협수로 중 3MWh/m^2 이상 연간에너지 밀도를 가진 조류에너지발전 유망지는 21개소이고, 이 가운데 67%인 14개소가 전남 서·남해역에 위치한 것으로 조사되었으며, 특히 연간에너지 밀도가 52MWh/m^{2}로 전국에서 가장 높은 조류발전 잠재력을 가진 울돌목을 대상으로 현장실험을 통한 기술개발이 진행되고 있다.

이와 함께 잠재적 조류발전 후보지로 평가받는 진도 맹골수도와 장죽수도의 에너지밀도는 연간 15MWh/m^{2}와 8.8MWh/m^{2}이었으며, 두 수도 사이에 위치한 거차수도는 9.2MWh/m^{2}로 나타났다. 완도 횡간수도, 신안 경치도수도 등도 타 지역 해역에 비해 에너지 밀도가 높았다.

기타 지역에 대한 조류에너지의 경우 정밀한 조사가 이루어지지 않아 정확한 부존량을 알 수 없으나 우리나라 연안의 조류발전 후보지를 대상으로 조사한 결과 우리나라 서·남해역에 최대 부존량은 약 590만kW 정도이고, 이중 적정 개발규모는 약 47만kW 정도로 조사되었다.

(3) 파력발전

파력발전은 특정한 입지조건을 갖춰야 하는 조력, 조류발전과 달리 모든 해역에 광범위하게 분포하기 때문에 가용 부존량이 매우 큰 해양 에너지원으로서 전 세계적으로 파력에너지의 가용 잠재량은 2,000TWh/year로 전 세계 전력 소모량의 10% 해당하는 발전량이다.

우리나라의 파력에너지 가용 잠재량도 10.3GW 정도로 조사되었는데, 계절 및 해역별로 차이가 크지만 일반적으로 겨울철의 파랑에너지 밀도가 상대적으로 높게 조사되었다. 특히 제주 서서남 근해와 독도 등의 도서지역, 수심이 깊은 외해역에서 상대적으로 파랑에너지 밀도(파도가 1m 거리를 이동할 때의 압력으로 생산 가능한 최대전력)가 10~16kW/m 높은 것으로 나타나 파력발전의 후보지로 평가되고 있다. 하지만 우리나라의 파력발전 기술은 현재 선진국에 비해 낮은 기술력이며 상용화까지 도달하지는 못했지만, 제주도 해군기지에 200kW급 진동수주형 파력발전소 건설이 진행중이고, 제주용수 지구에 길이 35m, 넓이 37m, 높이 28m의 500kW급 시험용 파력발전소가 2015년 시험운전을 목표로 건설 중에 있으며, 실증시험을 위한 연구가 활발히 진행중이다.

그림 11-22 제주 용수지구 파력발전소 건설(진동수주형, 500kW급) (출처 : http://cafe.naver.com/tomokin)

(4) 해양온도차 발전

우리나라에서는 해양심층수를 고품질 생수, 식품, 농·수산업 등 주로 산업적 용도로만 활용되었으나, 저온(연중 2℃ 이하)의 해양심층수를 활용한 신재생에너지원으로 활용하기 위한 기술개발을 해양연구원을 중심으로 해수를 이용한 온도차 발전 및 냉난방 시스템에 대한 실증연구가 추진 중이다.

우리나라 해양온도차 발전의 적격지로는 동해안을 손꼽을 수 있는데, 동해 해수의 90%를 차지하는 저온(연중 2℃ 이하)의 해양심층수와 고온(20~35℃)의 발전 온배수(6,000만 톤/일)가 풍부하여 온도차 에너지 이용에 대한 잠재력은 충분한 것으로 조사되었지만, 선진국에 비해 해수 온도차 에너지 이용기술 개발이 체계적으로 이루어지지 않아 온도차를 이용한 핵심기술의 개발 여지는 크다고 볼 수 있다.

그림 11-23 국내 이용중인 해양심층수 관련 상품
(출처 : http://blog.naver.com/gwatercenter)

해양온도차 발전 부분에서는 2014년 1월 국내기술로 영동화력발전소에 기존 해양온도차 발전방식의 문제점인 우리나라와 같은 중위도지방에서는 적응성이 약한 점을 보완하여 해양 표층의 고온수 대신 발전소의 발전과정에서 방출되는 열에너지를 직접 활용하는 10kW급의 발전설비를 설치하여 운영 중이다.

건물 냉난방 시스템에 적용한 사례로는 2007년 해양연구원 해양심층수연구센터 건물 냉난방 시스템에 적용한 시험운영을 시작으로 강원대 삼척캠퍼스 해양관광레저스포츠센터 건물, 해양대학교 기숙사 등 주로 약 1,000평 정도에 냉난방이 가능한 100RT급 이하

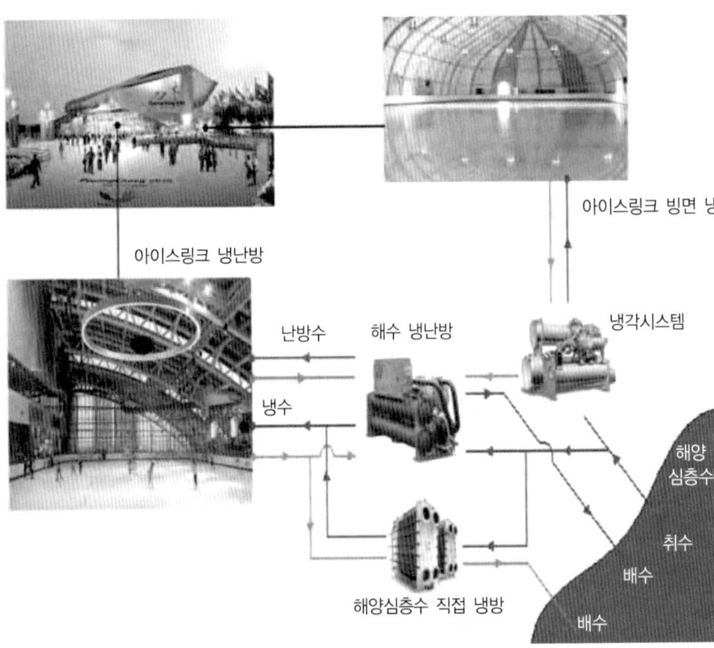

그림 11-24 평창올림픽 빙상경기장 해수용 온도차 냉각 및 냉난방 시스템
(출처 : http://olv.moazine.com/rviewer/index.asp)

의 소규모 시험 적용 수준이고, 2009년 한국해양대학교 국제교류협력관에도 100RT급을 준공하여 상용 운전을 하고 있으며, 2018년 평창올림픽 빙상경기장에는 빙상경기장의 빙면 냉각과 건물 냉난방에 해양심층수를 이용한 히트펌프 시스템이 도입되었는데, 연중 2℃인 심층수를 끌어올려 냉각 및 냉난방에 활용한 기술이며 세계 최초로 경기장 냉각 부분에 적용한 사례로 화석연료에너지원 대비 약 60~80%의 에너지 절감과 CO_2절감을 기대하고 있다.

7 해수온도차 에너지이용 설비 시공기준

신재생에너지 설비의 지원 등에 관한 지침-에너지관리공단 신재생에너지센터

공고 제2014-1호 14.02.19

가. 해수온도차 에너지이용 설비시공 기준

1) 적용범위

본 기준은 해수온도차 에너지를 이용한 1기당 175kW(50RT) 이상의 냉난방설비 및 해수온도차 에너지를 이용하는 기타 설비에 적용한다.(단, 해양온도차발전(OTEC)에 관한 설비시공 기준은 별도로 정한다.)

2) 이 기준은 해수온도차 에너지를 이용한 냉난방설비 및 기타 설비의 안전, 성능 및 설치에 대한 기준을 정한 것이다.

3) 히트펌프가 직렬운전 시와 병렬운전 시를 고려하여 시간당 필요유량이 될 수 있도록 적정한 배관 및 펌프 선정을 통해 효율적인 운전이 가능하도록 설계하여야 한다. 또한 해수온도차 에너지를 이용한 설비로 인한 해양생태환경을 보호하기 위하여 취·배수배관 입구온도와 취·배수배관 출구온도의 차가 5℃ 이하가 되도록 유량을 설정하여야 한다.

4) 냉난방설비 효율 기준

가) 해수온도차 에너지를 이용한 냉난방설비의 효율은 1차 에너지를 기준으로 하여 에너지절감 효과가 30% 이상이어야 한다.

나) 난방 시 히트펌프에서 부하측에 공급되는 온수열원은 45℃ 이상, 환수온도는 40℃ 이상이 되도록 설계하여야 한다. 해수온도차 에너지이용 설비의 성능계수는 상기의 조건을 기준으로 하여 산정한다.

다) 에너지절감 효과 산출식은 다음과 같다.

1. 난방기준 에너지절감 효과 산출 비교산식

$$\left(1-\frac{\text{해수온도차 에너지이용 설비 난방에너지 소비량} \times \text{1차 에너지 기준 발열량}}{\text{기존 설비의 난방에너지 소비량} \times \text{1차 에너지 기준 발열량}}\right)\times 100 = 30\%\ \text{이상}$$

2. 냉방기준 에너지절감 효과 산출 비교산식

$$\left(1-\frac{\text{해수온도차 에너지이용 설비 냉방에너지 소비량} \times \text{1차 에너지 기준 발열량}}{\text{기존 설비의 냉방에너지 소비량} \times \text{1차 에너지 기준 발열량}}\right)\times 100 = 30\%\ \text{이상}$$

나. 용어정의

1) "해수온도차 냉난방"이라 함은 대기와 해수의 온도차를 직접 또는 간접적으로 이용하는 냉난방 시스템을 말한다.

2) "취 · 배수배관"이라 함은 해수온도차 에너지를 이용하기 위하여 해수를 취수 및 배수하기 위한 관로 등을 말한다.

다. 열펌프 유닛

1) 제 품

센터에서 인증한 인증제품을 설치하여야 한다. 기타 인증대상 설비가 아닌 경우에는 자체 시험성적서 등을 제출받아 제54조의 분야별 위원회의 심의를 거쳐 센터의 장이 인정하는 경우에 사용할 수 있다.

2) 검사필 각인 부착

고압가스안전관리법에 따른 검사대상인 경우에는 검사필 각인을 히트펌프 유닛의 케이싱 외부에 부착하여야 한다.

3) 응축부 및 증발부 재질

히트펌프의 응축부 및 증발부는 해수에 강한 재질 또는 동등 이상의 재질을 사용하여 내구연한을 최대한 보장할 수 있도록 설계하여야 한다.

4) 안전장치

가) 안전장치 설치

전기 이상이나 해수펌프 고장으로 해수 공급이 안 될 시에 자동적으로 히트펌프 운전이 중단될 수 있도록 안전장치를 설계하여야 한다.

나) 경보장치 설치

히트펌프 시스템 운전 시 히트펌프 본체 · 압축기 · 각종 펌프 이상, 해수열원 부족 현상 등이 발생되었을 경우 쉽게 구분이 가능하도록 제어패널 시설 및 본관 중앙 제어실에 경보가 작동할 수 있도록 설계하여야 한다.

라. 관련 부품 및 기기

1) 해수펌프

가) 용 량

해수공급 이용 시 사용되는 각종 펌프 시설은 히트펌프 용량을 고려하여 선정하고 비상시 운전을 대비하여 예비펌프를 구성하도록 설계하여야 한다.

나) 해수펌프 임펠러 및 케이싱 부분

해수공급 이용에 사용하는 해수펌프 임펠러 및 케이싱 부분은 해수에 강한 재질을 사용할 수 있도록 설계하여야 한다.

2) 해수저장탱크

해수의 안정된 공급을 위하여 해수저장탱크를 설치하여야 하며, 해수가 공급되어 일정량의 수위가 되었을 때 공급펌프의 가동이 정지될 수 있는 자동제어장치를 설치하여야 한다. 단, 해수저장탱크를 설치하기 어려운 경우에는 해수공급을 안정되게 할 수 있는 대체설비를 갖추어야 한다.

마. 배 관

1) 계실 내 배관 부속자재

기계실 내의 배관설치 시 배관지지대 및 볼트, U볼트 등 부속자재는 스테인리스 재질 또는 부식방지를 위한 절연재가 부착된 재질을 사용하도록 설계하여야 한다.

2) 취 · 배수배관

가) 설치사양

해수공급 이용시 해양생물, 해저 퇴적물 및 고형물질 등이 펌프에 흡입되어 고장이 발생하지 않도록 흡입되는 취 · 배수구에 차단망을 설치하거나 펌프 흡입부 이전에 여과망 및 생물구제장치(Fish trap)를 설치하여야 한다.

나) 재 질

취 · 배수배관의 재질은 해수에 부식되지 않는 재질이어야 하며, HDPE 또는 스테인리스 이상의 재질을 사용하여야 한다.

다) 생물 부착방지 장치 설치

취수배관 내에 유입되는 생물처리를 위하여 취수배관 흡입구에 생물 부착방지를 위한 장치를 설치하여야 한다. 단, 심층해수를 이용하는 경우에는 필요시 해수열교환기 입구에 설치한다.

라) 취 · 배수배관 보호장치 설치

해양외력환경 및 닻 등의 외부충격으로부터 취 · 배수배관을 보호하기 위하여 그 영향지역은 매설 또는 매트 등의 보호설비 및 부표를 설치해야 하며, 설치된 부표에는 야간에도 식별이 가능한 설비(반사판 또는 야광설비)를 갖추어야 한다. 단, 취수구 설치수심이 30m 이상인 경우에는 이를 생략할 수 있다.

마) 취 · 배수배관 시공시

- 수중 플랜지 접합 시 볼트접합작업 이전에 패킹 표면을 깨끗이 청소하여 이물질을 완전히 제거해야 하며, 패킹 또는 플랜지관이 손상되지 않도록 주의하여야 한다.
- 취 · 배수배관을 플랜지로 연결할 경우 플랜지 등급에 따른 규정된 힘을 적용하여 볼트를 조이며, 조이는 순서는 대칭으로 순차적으로 실시한다.
- 취 · 배수배관을 부설하기 전에 관체의 외관을 검사하여 균열이나 기타 결함이 없는지 확인하고 사용하여야 한다.
- 비상 시 취 · 배수배관을 회수하는 절차서를 구비하고 있어야 한다.
- 취 · 배수배관 해양 설치공법은 사전에 발주처 및 감독관의 승인을 받아야 한다.
- 취 · 배수배관 보호 매립 단면에 사석을 투입하기 전에 설계 사석 투입유무, 취 · 배수배관의 보호단면 내 위치 등을 감독관의 확인을 받은 후 시행해야 한다.
- 시공하기 전 시공절차서, 시공사양서 등을 충분히 숙지하고 이에 적합하도록 작업을 수행하여야 한다.

바. 전기설비

1) 규 격

전력케이블시공 및 전등전열 재료는 전기용품안전관리법, 한국산업규격(KS), 공산품품질관리법, 그 밖의 준용기준에 적합한 표준품 이상의 것으로 설치하여야 한다.

2) 전기설비시설

히트펌프시설 건축물에는 스테인리스 재질의 분전반을 설치하고 내부에는 메인차단기, 전등 및 전열용 누전차단기, 예비 누전차단기 등 시설을 갖추어야 한다.

사. 수산양식 관련 사항

1) 해수온도차 에너지를 이용하여 양식 및 이와 관련된 설비를 설치하는 경우에는 상기 나) ~ 바) 사항 외에 아래 사항을 추가로 설계에 반영하여야 한다.
2) 히트펌프 용량은 현장조건, 설치면적, 설치장소를 고려하여 히트펌프 2대 이상으로 설치하는 것을 원칙으로 하되, 사업자(어가)의 의견, 현장여건 및 사업비에 따라 히트펌프 대수를 결정할 수 있다.
3) 히트펌프 시스템 구성 시 히트펌프가 가동될 수 있는 최저해수온도에서 사업자(어가)가 요구하는 온도까지 가온하여 사육수조에 공급할 수 있어야 한다.(별도의 흐름도를 반영한다)
4) 히트펌프 시스템 구성 시 해수원수가 히트펌프를 거치는 동안 온도가 단계적으로 상승하므로 히트펌프 각각의 중간에 분지배관을 설치하여 필요한 온도의 해수를 공급할 수 있어야 한다.
5) 히트펌프가 직렬운전 시(해수온도가 최저일 때)와 병렬운전 시(해수온도 상승 시)를 고려하여 시간당 필요 유량 및 가온해수를 공급할 수 있도록 적정한 배관 및 펌프를 사용하여야 한다.
6) 필요시에는 24시간 타이머에 의해 작동되는 기능이 있으며, 냉각 또는 가온, 해수온도 설정 등이 스위치

에 의해 선택이 가능하여야 한다.

아. 기타

1) 명판

모든 기기는 신재생에너지 설비 명판 설치기준에 따라 용량, 제작자 및 그 외 기기별로 나타내어야 할 사항이 명시된 명판을 부착하여야 한다.

2) 모니터링

모니터링 설비는『모니터링 설비 설치기준』에 적합하게 설치하여야 한다.

3) 운전교육

전문기업은 설비 소유자에게 소비자 주의사항 및 운전매뉴얼을 제공하여야 하며 운전교육을 실시하여야 한다.

4) 시공기준의 적용 예외

현장조건 등으로 인하여 위의 시공기준을 적용하기 곤란할 경우에는 적용 예외사항에 대하여 사전에 센터의 승인을 받아야 하며, 센터의 장은 승인된 기준에 준하여 설치 확인을 할 수 있다.

해수온도차 에너지이용 설비 설치 · 시공 · 검사 등 참고자료

본 자료는 일반적인 해수온도차 에너지이용 설비에 대한 설치 · 시공 및 검사 등에 관한 기준을 제시한 자료이며, 대상설비의 종류 및 구성요소에 따라 선택적으로 적용할 수 있다.

1. 설계기준

가) 히트펌프

1) 히트펌프 시스템은 기계실 내부에 설치하여 운영관리상 편리성을 추구하고 부식에 유의하여 내구성 있게 설계하여야 한다.

2) 히트펌프 용량은 현장조건, 설치면적, 설치장소를 고려하여 히트펌프 2대 이상으로 설치하는 것이 원칙이지만 사업자의 의견, 현장여건 및 사업비에 따라 히트펌프 대수를 결정하여 설계에 반영할 수 있다.

3) 히트펌프는 판형 및 이중관 형식 등으로 설치되므로 막혔을 경우를 대비하여 수시로 청소가 가능하도록 설계하여야 한다.

4) 해수열원 히트펌프의 열교환기 등 세정이 필요한 부분은 최소 연1회 이상 세정하여야 한다.

나) 배 관

1) 취 · 배수배관 및 해수순환수펌프의 용량은 설계 시 해수온도를 고려하여 산정한 효율이 나올 수 있도록 충분한 용량을 갖도록 하여야 한다.

2) 해수열원 히트펌프 운전 시 취수배관 내에 부착되는 어패류 등 생물을 제거하기 위하여 세정장치를 갖추어야 한다.

다) 전기설비

1) 전력케이블 설치 시 트레이를 통해 시설하고 트레이가 없는 구간은 전선관을 설치하여 케이블 시설이 가능하도록 설계하여야 한다.

2) 기존 트레이에 전력케이블 설치 시 기존에 시설된 케이블에는 지장을 주지 않도록 필요한 조치를 취한 후 설치할 수 있도록 설계하여야 한다.

2. 강관의 취 · 배수배관 시공기준

가) 해양에 사용되는 플랜지는 RTJ(Ring Type Joint) 및 매칭 개스킷을 적용하며, 볼트/너트는 해수에 적합한 사양과 규격을 갖춘 제품이어야 한다.

나) 취 · 배수배관을 용접으로 연결할 경우 용접은 WPS(Welding Procedure Specification)에 따라 실시하며 NDT(Non-Destructive Testing) 검사를 통해 균열 및 손상 여부를 확인한 후 시공한다. NDT검사에 불량으로 판정되면 승인된 절차에 의해 수리하고 NDT검사를 재실시하여 불량 유무를 확인한다.

다) 취 · 배수배관은 설계도서에 표시된 모양과 치수의 것을 소정의 구배로 맞추어 설치해야 한다.

라) 관 바닥의 기초상태를 확인하고 중심선과 높낮이를 조정 · 정확하게 설치한다.

마) 해상에서 플랜지관으로 연결 시 관 내부 벽면이 어긋나지 않도록 하여야 한다.

바) 취 · 배수배관 시공 시 허용반경을 유지하여 설계 굽힘하중을 초과하지 않게 시공하며, 설계 노선을 중심으로 허용공차 이내에 설치되어야 한다.

사) 취 · 배수배관은 해양환경 및 앵커링에 보호되는 트렌치 안에 시공되어야 하며, 매트 또는 사석보호공이 사용될 경우에는 설계 단면보다 작게 시공되어서는 안 된다.

3. 일반사항

가) 자동 및 수동운전이 가능하며 자동운전 시 온도센서와 연동하여 설정된 온도에 따라 자동운전되도록 설계하여야 한다.

나) 보수, 유지관리가 용이하여야 한다.

다) 수질오염이나 대기오염 억제 또는 방지에 대한 대책을 고려하여야 한다.

라) 대기오염, 소음 및 진동 등의 공해에 충분히 대응할 수 있는 쾌적하고 위생적인 거주환경 조성을 고려한다.

8 해양에너지 적용 사례

- 발전방식 : 단류식 창조발전
  (밀물 때 낙차를 이용한 발전방식) 1일 2회 발전
- 수 차 : 25.4천kW×10기
- 형 식 : 수 차 - 횡축 벌브형 카플란 수차
  발전기 - 횡축 3상 동기발전기(극수 112극)
- 수차 직경 : ϕ7.5m (날개수 3개)
- 사용 수량 : 482.13m^3/sec
- 회 전 수 : 64.29RPM
- 낙 차 : 최대낙차 - 7.50m, 정격낙차 - 5.82m,
  최소낙차 - 1.00m

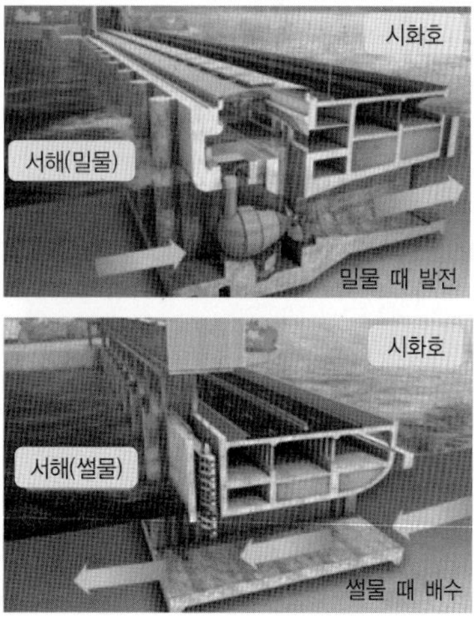

시화호 조력발전소(254MW급, 세계 최대 규모) (출처 : 시화호 조력발전소)

- 발전방식 : 단류식 낙조발전
  밀물시 조지(호수)를 채운 후 조지와 외해의 수위차를 이용하여 발전하는 방식
- 사업규모 : 설비용량 520MW (26MW×20대)
- 연간발전량 : 950GWh (충청남도(85만 가구) 가정용 사용량의 약 40%)

- 공사기간 : 2008.01~2012.12 (60개월) – 인 · 허가 미취득으로 착공지연
- 총 사업비 : 약 1조 22억 원
- 총 저수량 : 6.1억m^3
- 水 면 적 : 96km^2 여의도 면적 11.4배
- 낙 차 : 최대낙차 8.14m

가로림 조력발전소 조감도 (출처 : 가로림 조력발전소)

울돌목 조류발전소 조감도 (출처 : 울돌목 조류발전소)

울돌목 조류발전소 조감도 (출처 : 울돌목 조류발전소)

울돌목 시험 조류발전소 1,000kW(1MW급) (출처 : 연합뉴스)

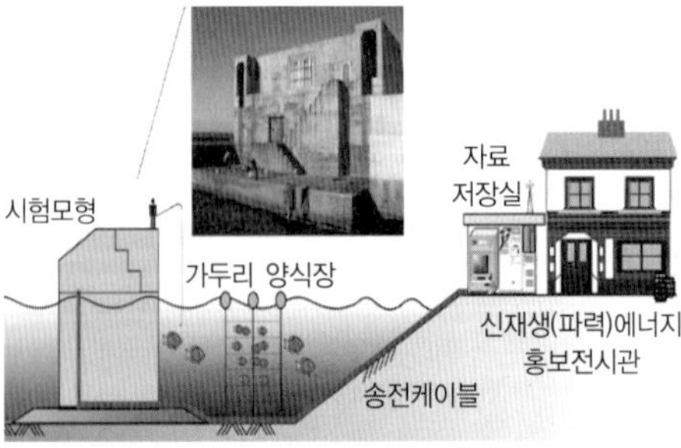

제주 용수리 해상 파력발전소 개념도(500kW급)
(출처 : 제주신문)

제주 용수리 해상 파력발전소 건설공사(500kW급)
(출처 : 제주신문)

포항 대보리 부유식 파력발전(100kW급, 2012년 시험운전 실패)
(출처 : 경북매일신문)

2018 평창올림픽 빙상경기장 조감도(해수온도차 이용 빙면 냉각 및 냉난방) (출처 : 2018 평창동계올림픽 조직위원회)

해수온도차 냉난방 시스템 구축(100RT)-한국해양대학교 국제교류협력관 (출처 : 경향신문)

Chapter Twelve

석탄가스화 액화

(Coal Gasification and Liquefaction)

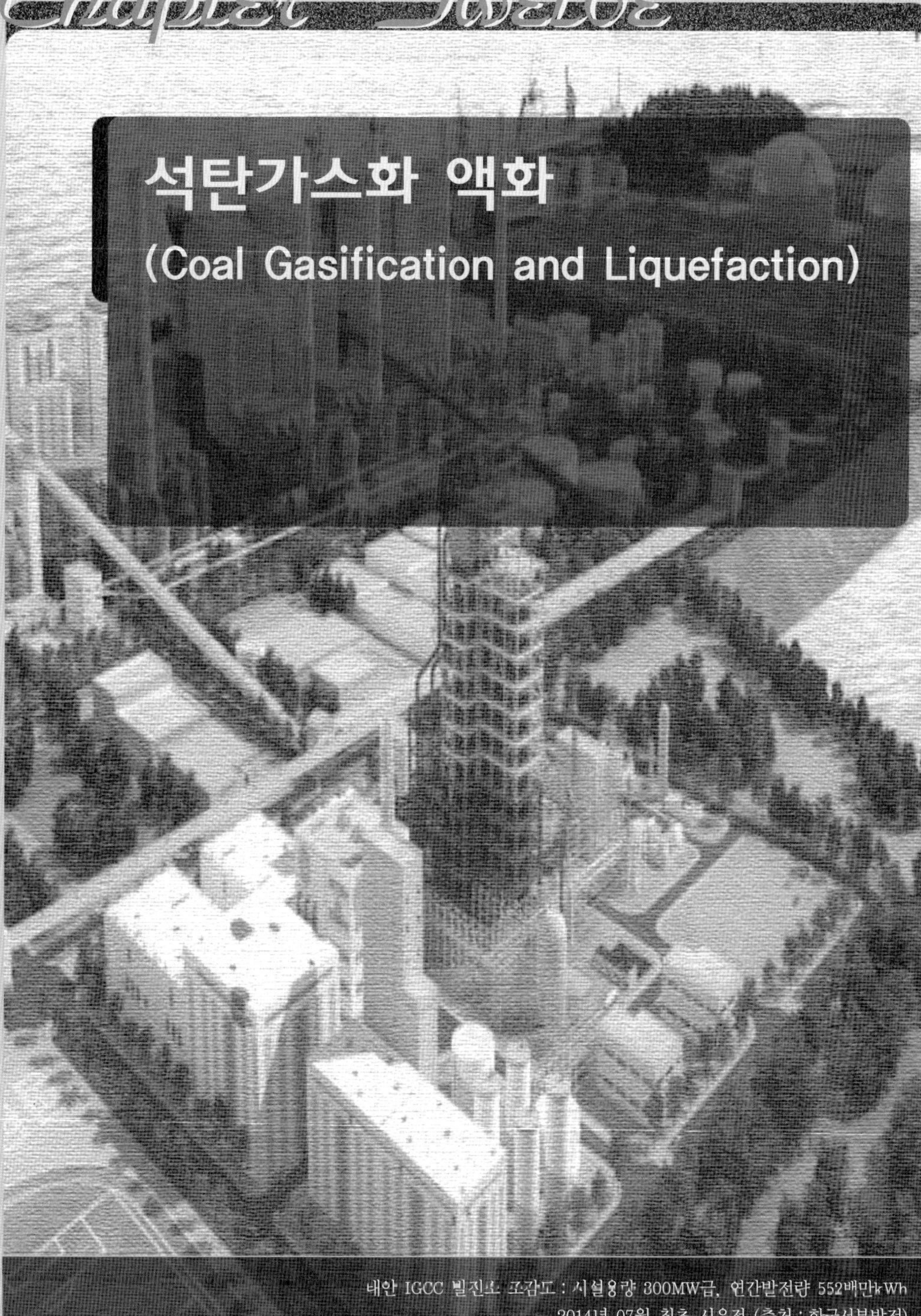

태안 IGCC 발전소 조감도 : 시설용량 300MW급, 연간발전량 552백만kWh
2014년 07월 최초 시운전 (출처 : 한국서부발전)

1 개 요

석탄가스화 액화기술(Gasification And Liquefaction)은 저급연료(석탄, 폐기물, 바이오매스 및 중질잔사유 등)를 산소 및 스팀에 의해 가스화시켜 얻은 합성가스(일산화탄소와 수소가 주성분)를 정제하여 전기 · 화학원료, 액체연료 및 수소 등의 고급에너지로 전환시키는 복합기술로서 가스화기술, 합성가스 정제기술, 합성가스 전환기술로 구분된다.

석탄액화 기술은 고체연료인 석탄을 휘발유 및 디젤유 등의 액체연료로 전환시키는 기술로 고온고압의 상태에서 용매인 수소를 사용하여 전환시키는 직접액화방식과 석탄가스화 후 촉매상에서 액체연료로 전환시키는 간접액화 기술이 있다.

석탄가스화 기술은 높은 온도에서 석탄에 산소 · 수소를 반응시켜 합성가스를 얻는 기술로서 먼지와 황산화물 등의 석탄공해를 해결하는 것이 주목적인 기술이다. 석탄액화에 비해 기술의 안정성, 경제성 면에서 높게 평가되고 있으며 만들어진 합성가스는 화학원료용 및 연료용 등으로 폭넓게 이용되고 있는데 석탄가스화의 가장 대표적인 활용방식인 가스화복합발전(IGCC : Integrated Gasification Combined Cycle)은 저급연료를 고온고압조건에서 불완전연소 및 가스화 반응시켜 합성가스(CO와 H_2가 주성분)를 만들어 정제공정을 거친 후 가스터빈으로 1차 발전, 증기터빈으로 2차 발전하는 고효율, 친환경적 복합발전방식이다.

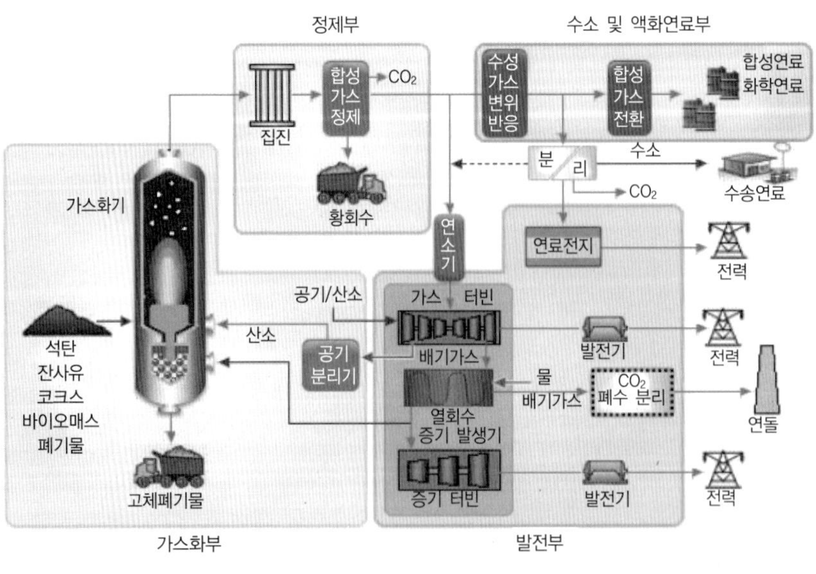

그림 12-1 석탄 액화 가스화 개념도 (출처 : 에너지관리공단)

2 석탄가스화 액화기술의 특징

국제유가 상승의 원인이 세계 최대 공급지역인 중동의 정치적 불안이라는 이유도 있지만 최근에는 세계 석유생산이 이미 정점을 지났기 때문이라는 주장이 설득력을 얻고 있다. 전문가들은 주요 국가의 오일 생산 피크가 지난 70년대를 기준으로 하향세에 들어섰다고 판단하고 있으며 조만간 국제유가는 배럴당 200달러 이상을 돌파할 것으로 예상하고 있다. 따라서 세계 각국은 원유를 대체할 가장 유망한 에너지원 중 하나로 매장량이 풍부한 석탄을 지목하고 있으며, 석탄의 단점인 이산화탄소와 분진 발생을 획기적으로 줄이는 친환경 석탄발전 기술개발에 박차를 가하고 있다.

석탄가스화 및 액화기술 및 이를 이용한 가스화복합발전 기술은 이산화탄소 및 기타 오염물질 배출을 줄이면서 석탄에서 석유와 가스, 화학제품을 추출해내는 고급기술로서 석탄을 활용하되 '청정 석탄(그린콜, Green Coal)에너지'로 만들어 활용하는 방법이다. 세계 석탄 매장량은 약 9000억 ton으로 향후 100~200년은 충분히 사용이 가능할 만큼 매장량이 풍부하고 전 세계에 고르게 분포돼 있어 경제적 · 안정적으로 조달이 가능하여, 대체가능한 다양한 신재생에너지 가운데 새삼스럽게 석탄이라는 화석원료가 미래 청정에너지로 새로이 각광받고 있다.

단순히 석탄을 연소해 사용하는 것이 지금까지의 석탄활용법이었다면 석탄액화 및 가스화기술은 석탄을 액체연료 및 합성가스, 화학제품 등 전혀 다른 연료로 변모시킨다는 점에서 획기적인 기술로 평가되고 있으며, 원자재 확보가 수월하여 석유공급 부족으로 인한 고유가 및 유가와 연동되는 천연가스 가격의 상승에 대비한 가장 경제적이고 적극적인 대처방안으로 여겨지고 있으며, 또한 자원이 부족한 우리나라에서도 에너지의 안정적인 수급을 위하여 세계적으로 매장량이 풍부한 석탄자원 활용이 필수적임을 인지하여 국책 연구소 및 대학에서 상용화기술에 매진하고 있으며, 지구온난화 문제에 대응하기 위한 차세대 기술로 각광받고 있다. 석탄은 과거 한동안 우리 경제발전의 원동력이 됐던 연료지만, 환경오염 주범이라는 불명예를 쓰고 역사의 뒤안길로 사라지는 듯했지만, 이제는 '깨끗한 친환경 석탄'으로 재탄생되고 있는 것이다. 석탄가스화 및 액화기술은 기후변화협약, 환경규제, 자원의 제약에 대응할 수 있는 석유 및 천연가스 고갈에 대비한 에너지원의 안정적인 확보 차원에서 저비용, 저공해, 고효율화의 기술이다.

석탄가스화 액화 특징

■ 장점

- 높은 발전효율로 고효율 발전이 가능하다.
- 황산가스 성분을 99% 이상, 질산가스 성분을 90% 이상 제거하는 환경친화적 기술이다.
- 석탄, 중질잔사유, 타르, 폐기물 등 저급연료를 활용한 전기생산 가능, 화학플랜트 활용, 액화연료 생산 등 다양한 형태의 고부가가치 에너지화가 가능하다.

■ 단점

- 대규모 플랜트 건설로 인한 소요면적, 고가의 시스템 비용으로 초기투자비가 높다.
- 복합설비로 전체 설비의 구성과 제어가 복잡하여 연계시스템 최적화, 시스템 고효율화, 운영안정화 및 비용화가 요구된다.
- 대형 장치산업이어서 일부 대기업 중심의 기술개발

3 석탄가스화 액화기술의 분류

석탄가스화 액화 기술은 저급 석탄에서 수분과 불순물을 제거하여 고급탄으로 바꾼 뒤 이를 수소, 일산화탄소 등으로 가스화하여 합성석유와 합성천연가스(SNG), 화학제품 등 다양한 에너지와 자원으로 전환하는 공법으로, 석탄의 단점으로 꼽혔던 낮은 발열량과 황산화물 · 질소산화물 등의 환경오염물질 배출을 줄이고, 기존 기술력과 비교했을 때 이산화탄소와 공해물질 배출을 혁신적으로 감소시킬 수 있기 때문에 석탄을 '그린콜(Green Coal)로 부르고 있다.

3.1 석탄가스화

석탄에 고열을 가하면 고체, 액체, 기체 순서로 변하는데, 이렇게 만들어진 합성가스는 천연가스를 대체할 수 있는데, 석탄가스화(Coal Gasification)는 석탄을 고열로 기체화하여 합성가스를 만들어 발전 등에 사용하는 것을 말한다. 석탄가스화는 높은 온도에서 석탄에 산소 · 수소를 반응시켜 합성가스를 얻는 기술이며, 먼지와 황산화물 등의 석탄 공해를 해결하는 것이 주목적이다. 또한 석탄을 이용하여 전력 및 화학제품, 연료를 생산하는 다목적 기술로서 석탄, 산소, 스팀을 가스화설비를 이용하여 고온(약 1,300℃), 고압(40~80기압)상태에서 합성가스($CO+H_2$)를 제조하고, 제조된 합성가스를 이용하여 합성석유, 합성천연가스(SNG), 전력, 화학제품(암모니아, 메탄올 등) 등을 생산하거나 가스터빈 및 증기터빈 등을 구동해 전기를 생산하므로 석탄액화에 비해 기술의 안정성,

경제성 면에서 높게 평가되고 있으며 만들어진 합성가스는 화학원료용, 연료용 등으로 폭넓게 이용될 수 있다.

특히 합성천연가스인 SNG(Synthetic(합성) Natural Gas)는 액화천연가스(LNG)와 성분이 같아 이를 대체할 수 있는 물질로 평가받고 있다.

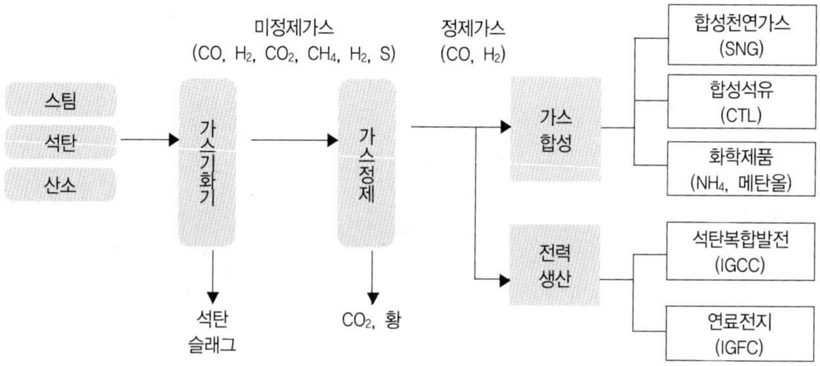

그림 12-2 석탄가스화 공정

석탄가스화의 가장 대표적인 활용방식인 가스화복합발전(IGCC : Integrated Gasification Combined Cycle)은 가스화반응시켜 합성가스를 만들어 정제공정을 거친 후 가스터빈으로 1차 발전, 증기터빈으로 2차 발전하는 고효율, 친환경적 복합발전방식이다.

석탄가스화 기술 특징

- 석탄을 활용하여 석유, 천연가스 등 고부가가치 제품을 생산
- 먼지와 황산화물 등의 배출이 적어 석탄 공해문제를 해결
- 제조공정상 발생하는 부산물(황, 슬래그, 전력)의 재활용 및 판매를 통한 추가 수익 창출
- 화력발전에 석탄가스화기술을 도입하면 환경적 측면에도 이로운 효과 발생
- 가스화 화력발전으로 연계하여 기존의 화력발전에 비해 이산화탄소 배출을 대폭 줄일 수 있어 기후변화 대처에 유리
- 가스화 화력발전은 연소식 화력발전에 비해 물사용량을 절반 정도로 저감

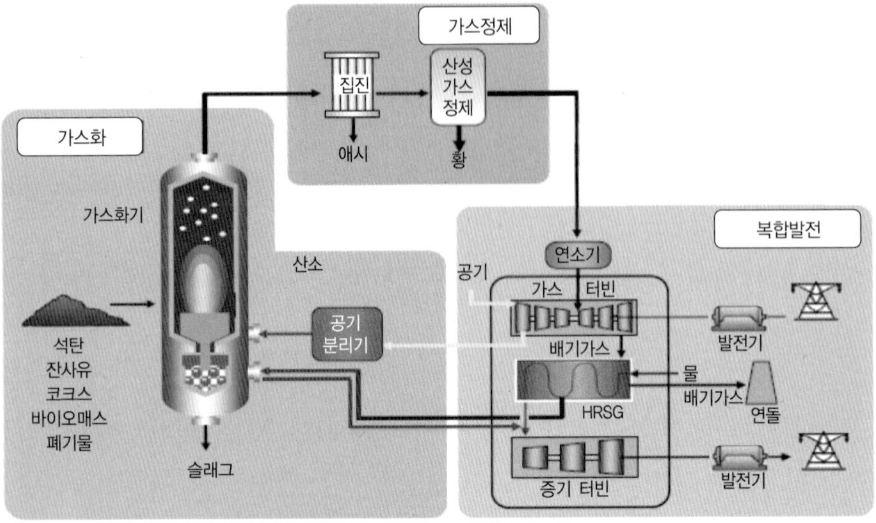

석탄이용기술은 가스화부, 가스정제부, 발전부 등 3가지 주요 블록과 활용에너지의 다변화를 위해 추가되는 수소 및 액화연료부 등으로 구성된다.

그림 12-3 석탄가스화 및 가스화 복합발전(IGCC) (출처 : 에너지관리공단)

3.2 석탄가스화 복합발전기술(IGCC : Integrated Gasification Combined Cycle)

석탄가스화 복합발전기술은 석탄가스화로 합성가스를 만들어 이를 통해 발전하는 것을 말한다. 즉 석탄을 가스화(CO, H_2)하여 및 정제공정을 통해 부식성 가스를 제거한 후 정제된 가스를 이용하여 1차로 가스터빈을 돌려 발전하고, 발생되는 열로 증기를 생산하여 증기터빈을 구동시켜 발전하는 기술이다.

석탄가스화 복합발전기술은 기존 석탄화력발전소 대비 발전효율이 높고, 공해가 거의 없는 CO_2배출이 적은 고청정(SOx 90% 이상, NOx 75% 이상, CO_2 25% 저감)의 발전뿐만 아니라 석탄 외에 중질잔사유, 바이오매스, 폐기물 등 다양한 연료 사용이 가능한 석탄 재이용방식이다.

발전 전 단계인 석탄가스화 시스템은 가스화기, 산소공급 장치인 공기분리설비, 가스 정제설비로 구성되며, 최종 활용목적에 따라 다른 설비가 연계되는데 석탄가스화 공정 이후 최종 목적이 전력생산인 경우에는 복합발전 설비가 연계되고, 중국과 일본에서 현재 많이 활용하는 방식인 비료를 생산하는 경우에 석탄을 가스화시킨 후 정제과정을 통한 다음 암모니아가스로 합성하여 비료의 원료로 사용하며 특정한 화학원료 생산이 목적인 경우는 적절한 전환공정이 연계된다.

석탄가스화 발전기술은 현재는 상용화 초기단계이지만, 2010년 이후 미국이 정부의 지원을 받아 IGCC 상용화 개발을 주도하고 있으며, 세계적으로 2014년까지 25.5GW의 상용화를 추진 중이다. IGCC기술의 핵심공정인 가스화공정 기술은 Shell, GE, Phillips, 미쓰비시중공업 등 선진국 특정업체만이 원천기술을 보유하고 있으며, 세계적으로 IGCC 플랜트 6기가 운전 중이다. 그리고 2015년까지 약 50기의 IGCC 플랜트 건설사업이 추진되는 것으로 알려졌다. 국내는 태안 IGCC 플랜트가 2014년 07월 최초로 시운전을 시작하였으며, 2020년까지 3기의 300MW급 IGCC 발전소 건설 계획이 확정됐다.

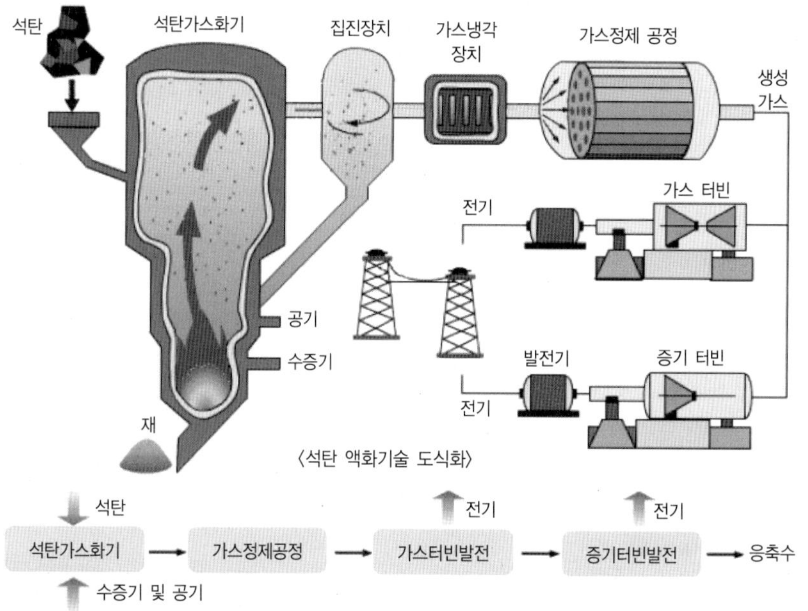

그림 12-4 IGCC발전 공정도 (출처 : 에너지관리공단)

석탄가스화 복합발전(IGCC)기술 특징

- 기존 미분탄화력발전방식에 비해 발전효율이 높은 신발전 기술임
- 발전효율(40% → 42%)이 높아 연료 사용이 절감되고 CO_2 배출이 저감됨
- 석탄 사용시 발생되는 황산화물(SOx), 질소산화물(NOx) 및 먼지의 제거효율이 우수한 청정발전 기술임(기존 대비 20% 수준)
- 합성가스를 이용하여 액체연료, 대체천연가스나 수소 생산이 가능
- 저급 석탄을 포함한 다양한 연료 사용이 가능
- 상업화 초기로 건설비가 높고 설계 · 제어 기술 확보가 어려움

3.3 석탄액화(CTL : Coal to Liquid)

석탄액화는 석탄가스화, 탈황, CO_2 분리 등의 과정을 거쳐 만들어진 합성가스를 F-T 공정(독일인 피셔(Fisher)와 트롭(Tropsch)이 고안했다고 해서 F-T공정으로 불린다.)이라는 정제공정을 통하여 디젤을 위주로 한 중질유, 가솔린, 올레핀 등의 합성석유를 제조하는 기술이며 제조방법에 따라 직접액화방법과 간접액화방법으로 나누어진다. 석탄액화는 수소의 첨가량 및 첨가 조건에 따라 액화법과 생성물이 달라지는데, 수소첨가량이 증가함에 따라 유출유(流出油)와 가스의 비율이 높아지고, 생성물은 고체 제품에서 액체 제품으로 변하지만, 생산비가 비싸진다. 석탄액화에 적합한 석탄은 석탄화도가 낮고, 탄소함유량이 85~88%인 석탄이 적합하다.

직접액화기술은 고온, 고압상태에서 용매를 사용, 석유를 얻는 방법이며 액체 솔벤트와 함께 석탄을 수소와 400℃ 이상, 100기압 이상을 작용시키면 석탄의 구조는 개열(開裂) · 산소이탈 · 황이탈 · 질소이탈 · 수소첨가 등의 여러 가지 반응을 받아 액상물이 되며 여기에 촉매를 사용하여 반응시키는 기술이다. 처음에 독일에서 공업화되어 제2차 세계대전 중 타르류의 수소첨가를 포함하여 12개 공장에서 석탄액화가 실행되어 연간 약 400만 t의 가솔린이 제조되기도 하였다.

간접액화기술은 석탄을 물과 산소에 반응시켜 가스화하여 CO와 수소가 주성분인 합성가스를 만들고 이를 F-T공정을 거쳐 합성연료유를 생산하는 기술이다.

최근 국제 유가상승, 원유 매장량의 한계성 등에 따라 화석연료 중 매장량이 풍부한 석탄을 이용한 석탄액화 CTL(Coal to Liquid) 기술이 국제 에너지 시장에서 최근 각광받고 있다. 합성석유, 인조석유로 불리는 석탄액화유는 현재 전 세계가 기술개발과 공장건립에 사활을 걸고 있으며, 특히 전 세계 양대 석유 소비국이면서 석탄 매장량 1위와 3위를 기록하고 있는 미국과 중국은 석탄액화공장 건립을 앞다투어 추진하고 있다. 석탄액화방식은 주로 간접액화방식이 적용되는데, 이는 직접액화방식보다는 경제성과 환경오염 측면에서 유리하기 때문이다. 세계 유일의 석탄액화 상용화 공장인 남아프리카 공화국의 액화석유 공정도 F-T 공정을 적용한 간접액화방식이다.

그림 12-5 석탄합성석유 개발장치
(출처 : 에너지기술연구원)

석탄액화 (CTL : Coal To Liquid) 기술

석탄액화란 석탄을 고온 · 고압조건하에서 수소기체를 첨가 · 분해시켜 액체상태의 탄화수소를 만드는 공정을 의미한다. 석탄은 고온과 촉매, 그리고 고압수소 작용으로 그 구조가 개열되고 산소, 황, 질소 등의 불순물이 이탈되며 수소가 첨가되는 여러 가지 반응을 통해 액상으로 변하게 된다.

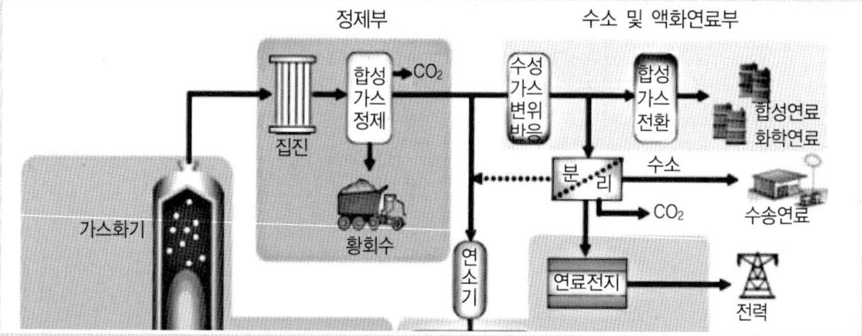

• 수소 및 액화연료 생산 : 연료전지의 원료로 사용할 수 있도록 합성가스로부터 수소를 분리하는 기술과 생성된 합성가스의 촉매반응을 통해 액체연료인 합성석유를 생산하는 기술

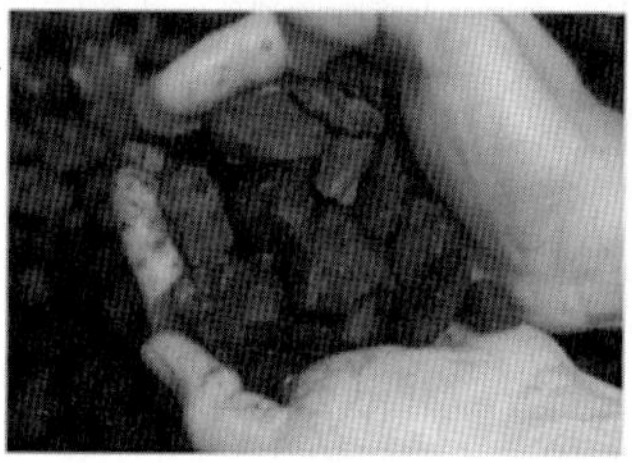
석탄

액화

4 해외동향

세계 석탄매장량은 약 9000억 톤으로 향후 100~200년은 충분히 사용 가능할 것으로 예측하고 있는 반면, 세계 석유생산은 이미 정점에 도달하여 국제유가의 상승 및 중동지역의 정치적 불안 등으로 인한 본격적인 석유 공급 부족시대가 도래했다고 볼 수 있다.

석탄가스화 액화공정의 상용화는 남아프리카공화국이 세계 최초라는 기록은 가지고 있지만, 석탄가스화 액화사업은 세계적으로 최대 석유소비국인 미국이 가장 적극적이며, 이 분야 최고의 기술력을 자랑하고 있다. 미국은 석탄액화사업 활성화를 위해 지난

2005년 에너지법안을 제정했으며 석탄가스화 사업자에 세금혜택과 융자 등을 지원하고 있다. 미국은 주로 대규모 석탄지대가 있는 7개 주를 중심으로 간접액화방식에 의한 CTL사업을 벌이고 있는데, 세계 석탄매장량의 11%를 보유한 것으로 알려진 몬태나주, 미시시피주, 펜실베이니아주 등에서 각각 CTL사업을 추진하는 등 동시다발적으로 석탄 액화공장 건설을 진행하고 있으며, 2020년 상용화를 목표로 이산화탄소 제거율 95%, 발전효율 55% 이상인 차세대 석탄화력발전을 고효율·저건설 단가 달성을 위해 혁신기술 개발 및 탄소포집저장(CCS) 적용에 역점을 두고 사업을 추진 중이다.

중국 또한 경제 긴축에도 불구하고 경제가 고공비행을 하면서 석유수급에 비상이 걸려 중국 정부주도의 석탄액화사업을 진행하고 있다. 이를 위해 세계에서 처음으로 석탄액화에 성공한 남아공 사솔의 기술을 도입했으며, 세계에서 유일하게 천연가스액화 기술을 보유한 기업과도 기술이전 및 합작을 추진하여 세계에서 유일한 직접액화방식의 첫 공장 착공 이후 화학연료 제조에 사용하던 가스화기술을 실증하는 단계로 2013년부터 텐진에 250MW급 IGCC 플랜트 건설을 진행하고 있다.

이렇게 석탄이 새로운 대체에너지원으로의 가치를 인정받으면서 다른 선진국에서도 수요가 다시 늘고 있다. 석탄과 바이오의 혼합형 연료를 적용한 하이브리드 IGCC 기술개발을 성공적으로 진행하고 있는 유럽은 2012년 석탄 수입량이 전년 대비 32%나 상승했고, 2022년까지 전체 원전 폐쇄를 결정하며 부족한 에너지원은 신재생에너지원으로 충당하겠다고 선언했던 독일의 경우 2012년 석탄발전량이 1620억 kWh로 1990년 1710kWh 이후 23년만에 최대치를 기록했으며, 영국 또한 2012년 한 해 석탄 사용량이 전년 대비 약 40% 급증했다.

전문가들은 "에너지 블랙홀'로 불리는 중국과 인도에서 지속적인 석탄 수요가 늘 것으로 보고 있으며, 미국 에너지정보청(EIA)은 "향후 30년 이상 에너지원에서 석탄이 중요한 비중을 차지할 것"이라며 2020년에는 석탄이 원유를 제치고 가장 큰 비중을 차지하는 에너지원이 될 것으로 예상하고 있다.

표 12-1 세계 주요 IGCC 플랜트 (출처 : 에너지관리공단)

국가명	플랜트명칭	설비용량(MW)	적용가스화기술	운전시기
네덜란드	Nuon	253	건식, 산소	1994/01
미국	Wabash River	262	습식, 산소	1995/10
	TECO	250	습식, 산소	1996/09
스페인	Puertollano	350	건식, 산소	1997/12
일본	Nakoso	250	건식, 공기	2007/09

우리나라도 지식경제부가 수립한 '그린 에너지 산업 발전전략'에 CTL(석탄액화)을 포함시켜, 현재 연구소 및 대학에서 소규모 설비를 이용해 상용화 기술을 개발 중이며, 2014년 태안에 IGCC발전소를 완공하여 가동을 시작하였다.

5 국내동향

국내 석탄 사용량 추이를 분석한 자료에 의하면, 전체 사용량 중 약 65%는 전력생산에 쓰이고 철강제련 등의 산업용으로 33%, 연탄 등 가정과 상업용으로는 약 2%가 사용되는데, 전력생산에 사용된 석탄 양은 2006년 5,300만 톤에서 2013년 8,000만 톤으로 늘어난 것으로 집계되었으며, 국내에서 석탄화력발전으로 생산한 전력 비율은 38.8%에

국내 연도별 석탄 사용 추이

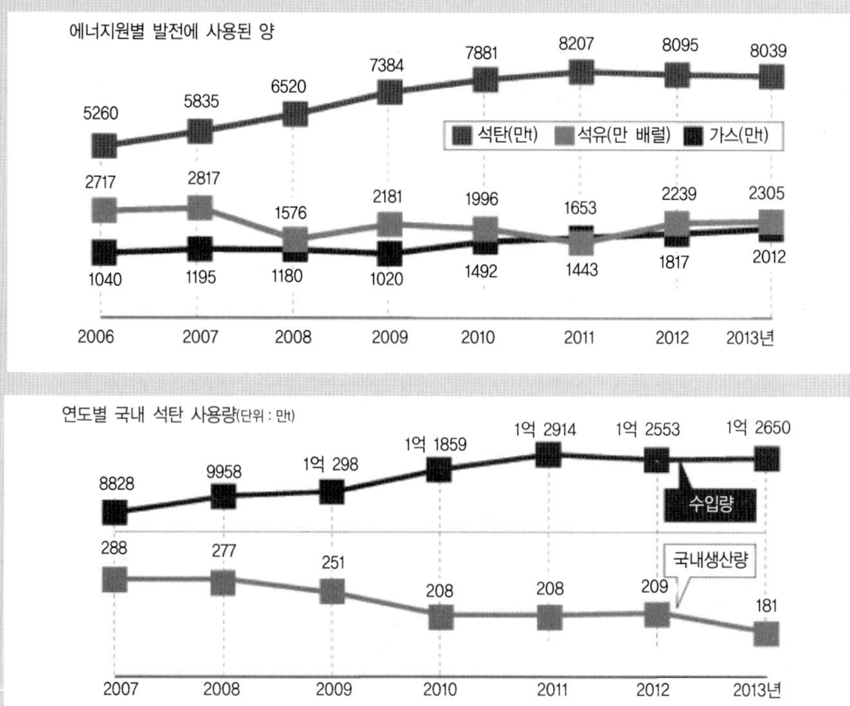

(출처 : 석유공사, 가스공사)

우리나라 석탄 수급 현황

- ■ 에너지 수입국인 우리나라는 저등급 석탄 활용기술을 활용하는 것이 필요
  - 2011년 국내 에너지 공급의 26.9%는 석탄이 차지함
  - 2011년에 1억 1,500만 톤의 석탄을 수입(중국, 일본에 이어 세계 3위 석탄 수입국)하였으며, 석탄수요의 수입의존도는 87%에 달함
  - 2011년 한전 5개 발전자회사가 해외에서 도입한 석탄수입량은 7,900만 톤에 육박
  - 중국과 인도의 개발정책으로 고품위 석탄 가격이 급상승하여 국내 석탄화력발전소에서 고품위 석탄을 안정적으로 공급받기 어려운 상황 발생

이르는 반면 전력생산에 투입된 석유는 2006년 2,717만 톤에서 지난해 2,300만 톤으로 감소했고, 비율도 2~4%에 불과한 것으로 집계되었다.

이처럼 석탄 사용이 꾸준히 늘어나는 가장 큰 이유는 무엇보다도 발전 단가 문제인데, 국내의 2012년 기준 에너지원별 발전 단가를 보면 원자력이 kWh당 39.61원으로 가장 싸고, 석탄이 66.34원, 액화천연가스(LNG)는 210.11원, 유류는 253.04원, 신재생에너지는 118.66원으로 석탄화력발전 단가는 석유, LNG 등 경쟁 에너지원에 비해 크게 싼 편이다.

우리나라는 2006년부터 산업자원부(현 지식경제부)를 중심으로 차세대 청정 석탄기술 상용화를 위한 준비를 시작하여 300MW급 한국형 IGCC 설계기술을 국산화하고 실증 플랜트 건설을 2015년 충남 태안에 준공하여 본격적인 가동을 시작하였으며, 이를 기반으로 2020년까지 5~7조 규모로 3기의 석탄 IGCC, 2기의 합성천연가스(SNG) 플랜트 건설을 확정했다. 국내기업인 포스코는 2011년 6월 총 공사비 8,700억 원을 투자해 전남 광양에 연간 50만 톤 규모의 합성천연가스(SNG) 공장을 2014년 8월 완공하여 시험가동 및 2015년 1월부터 상업생산을 개시하고 있으며, 광양제철과 여수산단을 연결하는 3.8km의 부생가스 교환용 해저터널이 구축되면 합성천연가스(SNG) 제조공정에서 발생하는 CO, H_2 등 부생가스를 화학제품 원료로 여수산단에 공급하고, 여수산단으로부터는 염소, 질소 등 석유화학공정에서 발생하는 원료를 공급받아 제철 부산물과 합성하여 새로운 고부가 화학제품을 제조 · 판매할 계획이다.

6 석탄가스화 액화 적용 사례

태안 IGCC발전소 조감도(시설용량 : 300MW급, 연간발전량 : 552백만kWh)
(출처 : 한국서부발전 2014년 07월 최초 시운전)

석탄합성천연가스(SNG) 제조공장(2015년 준공) (출처 : 포스코)

Chapter Thirteen

수력에너지 (Hydropower Generator)

(출처 : http://yyong9830.blog.me)

1 개 요

수력발전은 '물의 유동(流動)에너지를 변환시켜 전기를 생산하는 설비'로 낙차(H)와 유량(Q)에 의해 발전설비용량이 결정되며, 수차를 회전시키는 물의 유량이 많고, 낙차가 클수록 발전설비용량이 커지고 전력량도 많아진다.

우리나라는 연평균 강수량이 1,245mm로서 비교적 강수량이 풍부하고 전국토의 2/3가 산지로 구성되어 있어 지형적 및 수문학적으로 수력자원 부존량이 많은 편이지만, 유량의 계절적 변화가 크고 낙차가 큰 지형이 적기 때문에 수력발전에 불리한 편이다. 따라서 이와 같은 불리한 자연조건을 극복하기 위하여 댐식, 수로식, 유역변경식, 저낙차식, 양수식 등 다양한 수력발전양식을 도입하여 발전하고 있다.

우리나라의 수력개발은 부존 자원량에 비하여 부진하였으나, 최근에는 원유공급의 불확실성 및 유가 급등으로 부존자원의 최대 활용 필요성 증대, 정부의 전력매입 단가의 현실적인 조정, 수력개발 관련기술 정립 및 시스템의 국산화, 정부의 신재생에너지개발 촉진 및 지원정책 등으로 수력자원 개발에 유리한 여건이 조성되고 있다.

따라서 국산화된 수차발전 시스템 사용으로 초기투자비를 낮추고, 설비용량이 작은 소수력발전의 경제성을 향상시키면 우리나라의 수력발전은 크게 활성화될 전망이다.

2 수력발전 원리

수력발전의 원리는 물레방아가 높은 곳의 물을 아래에 있는 물레로 떨어뜨려 물레를 운동에너지로 변환시켜 기계적 에너지인 물레방아를 사용했던 것과 같은 원리이며, 수력발전은 물의 위치에너지에 따른 터빈의 운동에너지를 다시 전기에너지형태로 변환시켜 사용하는 것이다. 즉 높은 곳에 위치한 물의 위치에너지를 발전기 터빈의 운동에너지로 변환시키고, 발전기 내부의 전자기유도 현상을 이용하여 전기를 얻는 방법이다.

수력에너지는 높은 위치에 있는 물이 가지고 있는 에너지를 수차에 의해 기계적인 에너지로 변환하여 발전기를 회전시켜 전력을 얻는 발전방법이며, 1초간 $Q\,[\mathrm{m}^3]$의 유량이 $H\,[\mathrm{m}]$의 높이에서 낙하할 때 얻을 수 있는 동력을 이론수력이라 하고, 식으로는 $9.8 \times Q \times H\,[\mathrm{kW}]$가 된다.

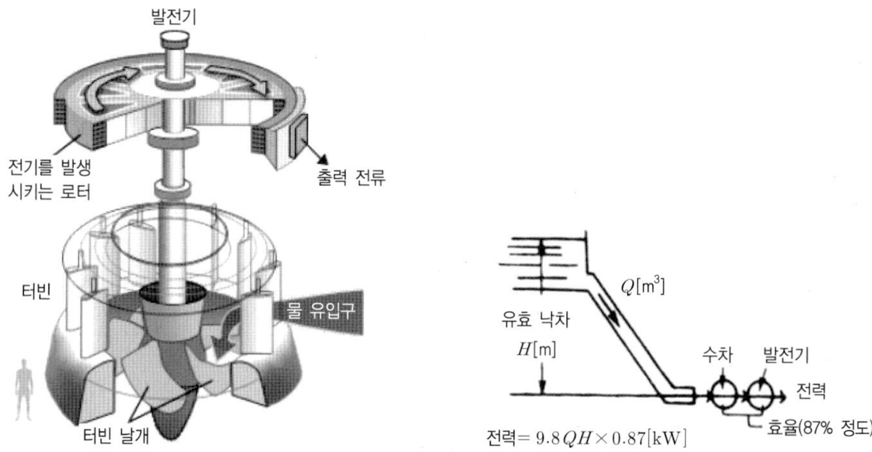

그림 13-1 수차발전기 (출처 : 두산백과)

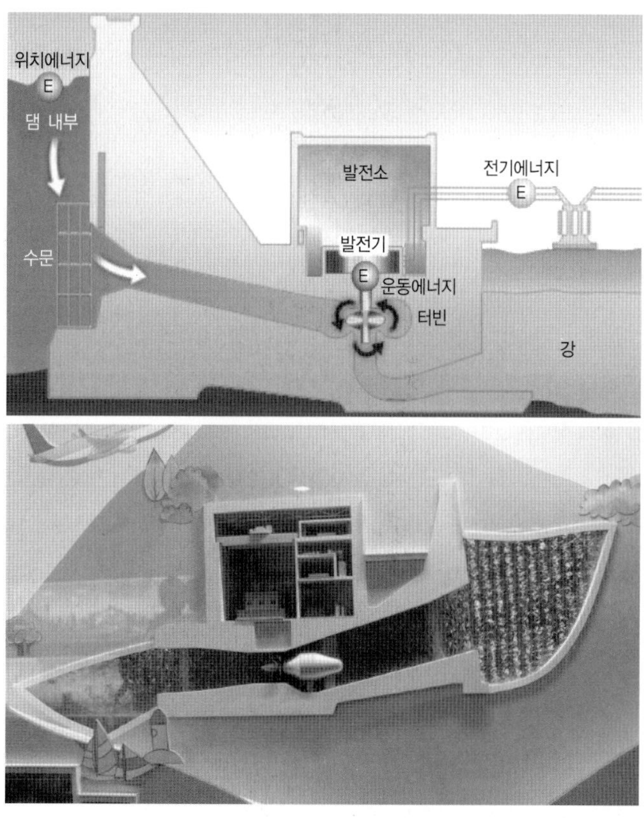

그림 13-2 수력발전의 원리 (출처 : 두산백과, 팔당호수력발전소)

3 수력발전의 종류

수력발전의 경우에 발전용량을 늘리려면 물이 더 큰 위치에너지를 가지도록 해야 한다. 즉 낙차가 클수록 유리하다. 자연낙차, 자연유량을 이용하는 방식을 수로식(水路式) 발전이라고 하는데 그 발전량은 지형, 계절과 강우량의 영향을 많이 받는다. 따라서 안정적인 발전량을 유지하고 낙차도 크게 하기 위해 댐식 발전을 사용한다. 우리나라 또한 유량의 계절적 변화가 크고 낙차가 큰 지형이 적어 수로식 수력발전에 불리한 지형적 특성을 가지고 있기 때문에 우리나라 조건에 맞는 댐식, 수로식, 유역변경식, 저낙차식, 양수식 등 다양한 수력발전 양식을 도입하여 발전을 하고 있다.

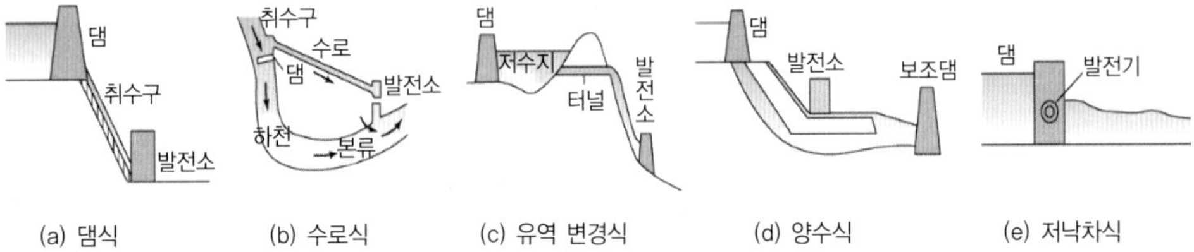

그림 13-3 수력발전의 종류 (출처 : 에너지관리공단)

댐식은 인공호를 만들어 댐의 낙차를 이용하여 발전하는 방식으로 우리나라 수력발전소의 대부분이 이에 해당된다. 수로식은 댐을 건설한 후 낙차가 큰 지점으로 물길을 유도하여 발전하는 것으로 화천댐이 이에 속한다.

유역변경식은 하천의 유로를 막아 낙차가 큰 반대편 사면으로 유로를 변경시켜 발전하는 방법이며, 장진강댐, 부전강댐, 허천강댐, 섬진강댐, 강릉댐이 이에 속한다. 저낙차식은 낙차가 작은 경우 발전기를 댐 아래에 설치하고 유량의 압력에 의하여 발전하는 것으로 팔당댐이 이에 속하며, 양수식은 주간에 발전에 이용하고 물을 보조댐에 저장하였다가 야간에 잉여전력을 이용하여 다시 본 댐에 양수하여 발전하는 것으로 전력수요가 많은 시간대에 발전하므로 물을 반복하여 사용할 수 있는 장점이 있다. 충주댐, 청평댐, 무주댐, 안동댐이 이에 속한다.

수력발전의 종류

(출처 : 한국수력원자력)

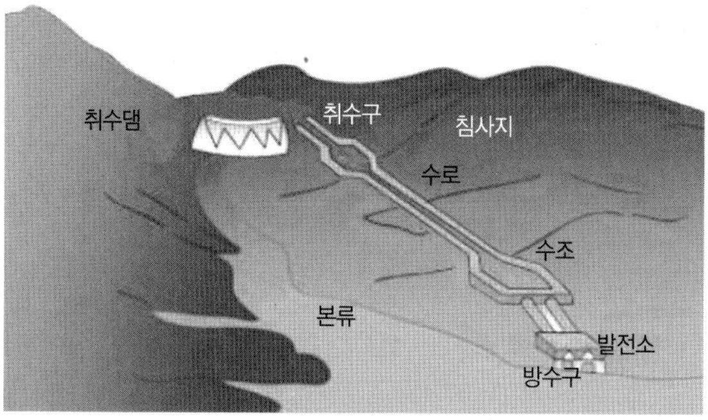

수로식

- 하천을 막아 댐을 만들고 댐 아래쪽에 유로를 만들어 발전하는 방식
- 낙차가 클수록 많은 전기에너지 생산

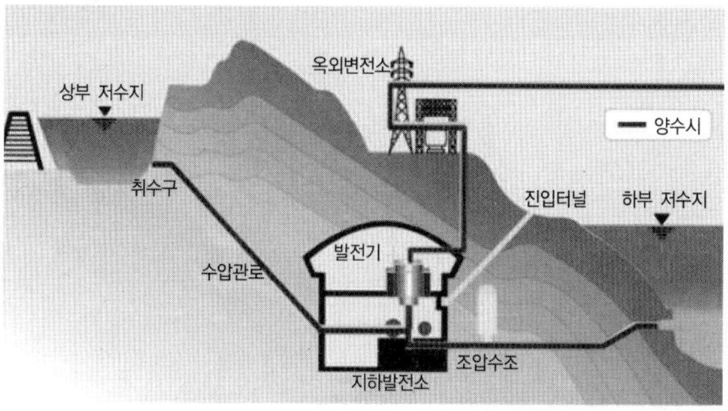

양수발전식

- 전력 소비가 적은 야간에 남는 전력을 이용하여 댐의 하류로 흘려보낸 물을 펌프를 이용하여 다시 댐의 상류로 끌어올려 두었다가 낮에 다시 발전에 사용하는 방식
  - 청평, 무주, 삼랑진발전소

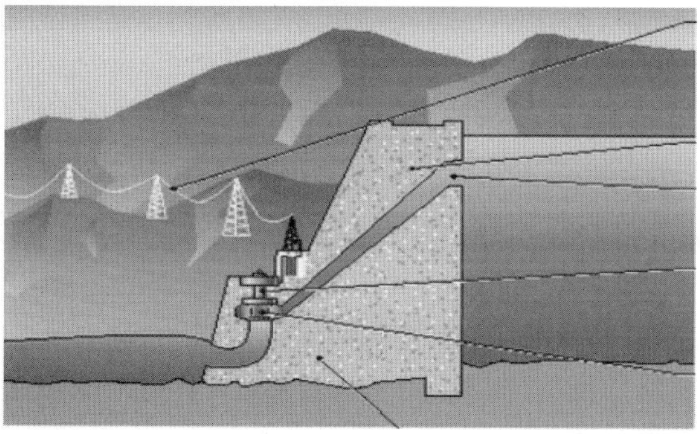

댐식

- 물의 양이 많고, 높이차가 적은 지형의 강을 가로질러 댐을 쌓아 물을 저장해 수로에 물을 보내 발전하는 방식
  - 화천댐 수력발전소

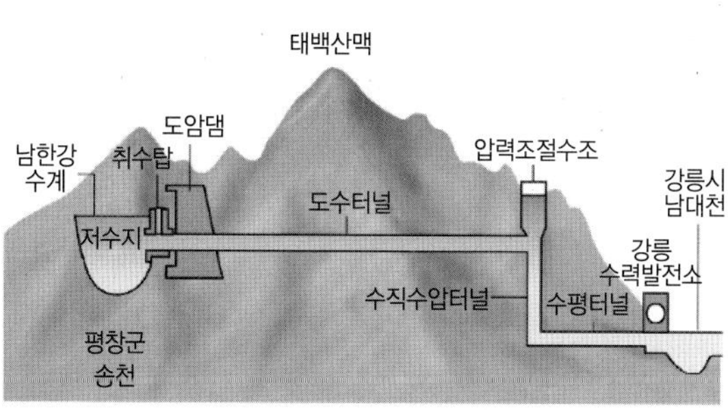

유역변경식 수력발전

- 기존 하천의 흐름을 낙차가 큰 방향으로 변경하여 발전소를 세우는 방법
  - 강릉 수력발전소

4 수력발전 구성요소

수력발전 시스템 구성은 하천이나 수로에 댐 및 보를 설치하고 발전소까지 물을 유동시키는 수압관로, 물이 떨어지는 낙차로 전기를 생산하는 수차발전기, 생산된 전기를 공급하기 위한 송·변전설비, 출력제어를 위한 감시제어설비 등으로 구성되어 있다.

댐, 저수지 → 수압관로 → 수차발전기 → 전기설비 → 송전선로

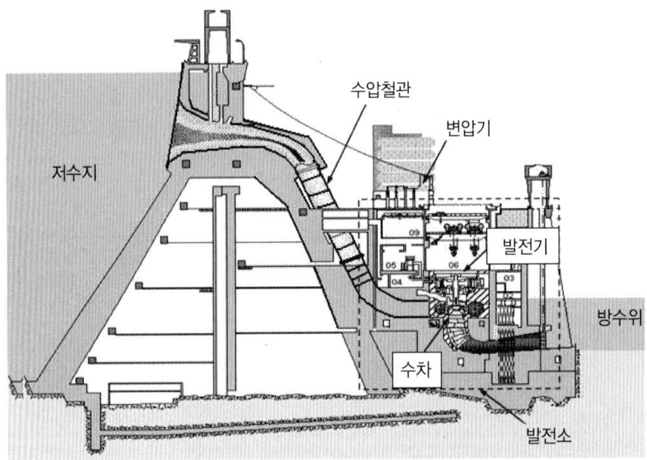

그림 13-4 수력발전 시스템 구성요소 (출처 : 에너지관리공단)

5 수력발전의 특징

수력발전은 환경친화적이고 지구온난화가스를 배출하지 않으며, 기술의 완성도 및 투자의 효과적인 측면에서 다른 신재생에너지원과 충분히 경쟁할 수 있으며, 이를 위한 사업모델의 확장, 환경파괴 요인을 최소화하는 설계 등 기술개발을 통해 보급시장을 확대할 수 있다. 수력자원의 적극적인 개발은 사장되는 에너지원 개발 차원뿐만 아니라 경제·사회적으로 전력수요 급증시의 부하 평준화 효과, 석유 수입 대체 및 민간주도의 반영구적 사업으로서 환경친화적인 에너지원 개발과 부수적으로 지역개발 촉진과 경제적 성장 파급효과, 관련기술 수출 산업화 등의 효과를 거둘 수 있다.

수력발전의 특징

■ 장점

- 이산화탄소 배출량(CO_2)이 석유나 석탄 등의 다른 에너지원에 비해 매우 적다.
- 지형이나 기후 등 자연적 조건과 조화를 이룰 수 있다.
- 에너지 변환효율 및 에너지 밀도가 높다.
- 타 에너지원에 비해 꾸준한 발전공급이 가능한 반영구적인 에너지자원이다.(에너지 안보차원 우수)
- 5분 이내의 짧은 시간에 전기생산이 가능하여 전력수요 변화에 가장 신속히 대응 (전력계통 안정화에 기여)
- 발전단가 장기적 안정성 : 발전생산원가는 싸고 장기적으로 안정되어 있음
- 전력시장 가격 안정화에 기여

■ 단점

- 수몰지역 발생 및 보상 문제 발생
- 입지 선정에 따른 지역적 편재 및 주민과 갈등
- 환경 및 생태계 파괴
- 건설비용이 비싸다.

6 소수력발전

일반적인 수력발전은 큰 다목적댐의 수두차에 의해 큰 전기에너지를 생산하는 반면, 소수력발전은 생산전력이 100kW~20,000kW(20MW)급 이하로서 대부분 하천 등지에서 낮은 위치에너지와 작은 규모의 물로부터 운동에너지를 만들고 이를 전기에너지로 바꾸어 전기를 얻는 발전을 의미한다. 주로 지방하천, 소하천의 농업용 보와 수로, 폐광지 갱내수, 계곡수, 댐 방류수, 정화조 폐수, 기타 저낙차의 옥외 방류수 등을 이용한 소규모 발전방식이며, 우리나라에서는 발전설비 용량 10,000kW(10MW) 이하를 신재생에너지 연구개발 및 보급 대상 소수력발전 설비로 규정하고 있다.

6.1 소수력발전의 특징

소수력발전은 공해가 없는 청정에너지로서 국내에도 6,500MW 정도의 부존량이 확인되어 있으며, 다른 재생 가능한 에너지원에 비해 높은 에너지 밀도를 가지고 있기 때문에 개발 가치가 큰 부존자원으로 평가되어 구미 선진국을 중심으로 기술 개발과 개발 지원 사업이 경쟁적으로 활발하게 진행되고 있다.

또한 전력생산 외에도 극기훈련의 래프팅, 수상스키, 카누, 카약, 조정, 페러세일, 모터보트, 아쿠아 크로스, 빙판트래킹, 스노클링 등 다양한 수상 레포츠 개발이 가능하며, 지역여건에 따라 번지점프장, 빙벽타기, 암반타기, 낚시터, 휴게소, 콘도, 실버타운 등 연계개발을 모색할 수 있으며, 발전소 자체를 산교육장이나 관광 소재로 할 수 있다.

그림 13-5 금강 소수력발전소(충북 금강휴게소, 시설용량 : 1,350kW급) (출처 : 이투뉴스)

소수력발전의 특징

■ 장점

- 대수력발전에 비해 친환경적이다.
- 연유지비가 투자비의 3.63%로 아주 낮다.
- 비교적 설계 및 시공기간이 짧다.
- 주위의 인력이나 자재를 이용하기가 쉽다.
- 발전소 수명이 길고(30~100년) 운영비가 저렴하다.

■ 단점

- 출력이 기상과 계절의 영향을 받는다.
- 강우량 등에 따라 발전량의 차이가 발생한다.
- 단위출력당 투자비용이 대수력발전에 비해 많이 투자된다.
- 하천의 저수지화로 부영양화 발생 및 생태계 변화 등의 환경적인 문제가 발생한다.
- 자연낙차가 큰 소수력발전 입지는 매우 제한되어 있기 때문에 저낙차이면서도 고낙차 소수력 발전소에 비하여 경제성 면에서 뒤지지 않는 저낙차용 수차 개발이 시급하다.

6.2 소수력발전의 분류

소수력발전은 하천이나 저수지의 물을 낙차에 의한 위치에너지를 이용하여 수차의 회전력을 발생시키고 수차와 직결되어 있는 발전기에 의해 전기에너지를 생산하는 방식으로 설비용량, 낙차 및 발전방식에 따라 분류한다.

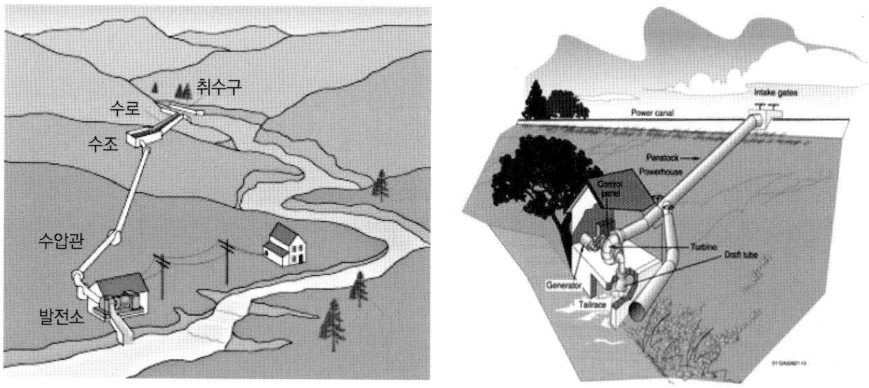

그림 13-6 수로건설방식 소수력발전 (출처 : http://blog.naver.com/autocadplus)

표 13-1 소수력발전방식의 종류 (출처 : 에너지관리공단)

분 류			비 고
설비용량	Micro Hydropower Mini Hydropower Small Hydropower	100kW 미만 100~1,000kW 1,000~10,000kW	
낙차	저낙차(Low Head), 중낙차(Medium Head) 고낙차(High Head)	2~20m 20~150m 150m 이상	
발전방식	수로식 댐식 터널식	하천경사가 급한 중 · 상류지역 하천경사가 작고 유량이 큰 지점 하천의 형태가 오메가(Ω)인 지점	

국내의 경우 소수력발전은 저낙차, 터널식 및 댐식으로 이용(예 : 방우리, 금강 등)

6.3 소수력발전 시스템 구성

소수력발전 시스템은 댐 취수구(수로), 수차발전기 시스템 및 제어 시스템 등으로 구성되며, 시스템 중 가장 중요한 설비는 수차(Turbine)로서 설치부지의 지형 및 용도에 맞는 수차 선정과 수차 발전효율이 시스템 전체의 성능을 좌우한다.

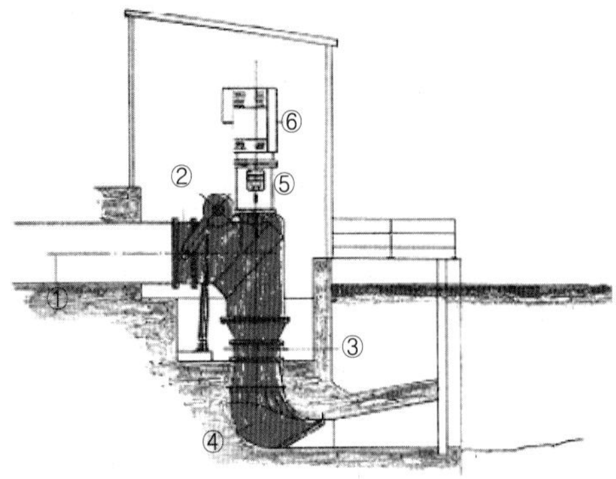

① 수압판
② 조절밸브
③ 수 차
④ 흡출관
⑤ 변속기
⑥ 발전기

그림 13-7 소수력발전 시스템 구성도 (출처 : 에너지관리공단)

댐취수구 수로, 수압관로 → 수차발전기 제어시스템 → 변압기 → 한전 계통선 → 수요자

그림 13-8 4대강 소수력발전 설비의 개념도 (출처 : 에너지관리공단)

소수력 수차의 종류 및 특징

(출처 : 에너지관리공단)

표 13-2 수차의 종류 및 특징

<table>
<tr><th colspan="3">수차 종류</th><th>특 징</th></tr>
<tr><td>충동수차</td><td colspan="2">펠톤 수차, 튜고 수차, 오스버그 수차</td><td>• 수차가 물에 완전히 잠기지 않음
• 물은 수차의 일부 방향에서만 공급되며, 운동에너지만을 전환함</td></tr>
<tr><td rowspan="2">반동수차</td><td colspan="2">프란시스(Francis) 수차</td><td>• 수차가 물에 완전히 잠김</td></tr>
<tr><td>프로펠러 수차</td><td>카플란 수차, 튜브라 수차, 벌브 수차, 림 수차</td><td>• 수차의 원주방향에서 물이 공급됨
• 동압 및 정압이 전환됨</td></tr>
</table>

소수력 수차의 종류 및 특징 (출처 : 에너지관리공단, 네이버지식백과)

카플란 수차
높이가 낮은 물(10~60m)과 다양한 유속에 적합한 유형의 수차

펠턴 수차
높은 수원(보통 300m 이상)과 낮은 유속에 적합한 수차

프란시스 수차
평균 높이(보통 30~300m)의 물에 적합한 아주 흔한 유형의 수차

프로펠러 수차
보통 20~40m 저낙차의 비교적 유량이 많은 경우에 사용

7 해외동향

수력발전은 다른 신재생에너지에 비해 개발 역사가 오래되었으며, 가동실적도 많고 축적된 기술력도 높은 편이다. 또한 수력발전은 신재생에너지원 중에서 에너지변환 효율이 가장 높으며, 지속적인 기술개발을 통해 발전효율 향상을 위한 기술개발로 효율이 더욱 향상될 것으로 전망된다.

수력발전은 지리적으로 수자원이 풍부한 중국, 브라질, 미국, 캐나다, 일본, 러시아, 인도, 노르웨이 등에서 수력에너지 이용이 활발하게 개발되어 이용하고 있다. 세계 최대의 수력발전소(삼협댐 22,400m)를 보유하고 있는 중국은 급격한 경제개발로 인해 세계에서 가장 많은 수력에너지를 이용하는 국가로서 수력발전이 전체 발전설비 용량의 20%, 총 발전량의 15%를 차지하고 있으며, 2020년까지 수력발전설비를 3,000MW까지 보급시켜 에너지 부족 문제를 해결할 계획이다.

수자원이 풍부한 인도는 향후 45,000MW의 수력발전 설비 보급계획을 세우고 있으며, 노르웨이는 총 발전량 대비 수력발전량이 98.6%로 국가 대부분의 전력공급을 수력발전으로 이용하고 있다.

선진국의 경우 1970년대에 두 차례의 석유파동 이후 정부가 수력 기술개발에 집중적으로 투자하여 1990년 초에 낙차와 유량에 따라 표준범위에 적합한 수차를 형식별로 표준화하고, 대량생산에 의한 수차 건설비용을 절감하여 경제성을 향상시켰으며, 가능한 한 자원개발을 강력하게 지원하고 있다.

수력발전은 고전적 기술에 첨단정보통신기술(ICT)과 친환경기술을 접목하는 기술로 계획, 설계 및 건설기간이 빠른 편이며, 에너지 밀도가 높아 가장 쉽게 재생에너지를 보급할 수 있는 전원이어서 지구온난화에 대한 대책이 세계적인 관심이 되고 있는 요즘 대체에너지의 한 분야인 수력발전이 다시 주목받고 있다.

미국, 중국, 노르웨이 등 수력선진국에서는 신재생에너지 보급목표를 달성하기 위해 발전설비 용량에 구애받지 않고 청정에너지 개발이 가능한 범위에서 마이크로급(100kW 이하) 및 피코급(5kW 이하)의 소규모 수력을 적극 개발하고 있는 추세이다.

8 국내동향

우리나라 수력발전의 역사는 약 70년이며 수력개발 형태는 산과 계곡이 많은 국토의 지역적 특성을 이용하여 다목적 댐이나 발전 전용 댐 및 소하천을 이용한 발전방식이 주종을 이루었으나, 개발 주변지역의 각종 민원과 강우량의 계절별 편중에 따른 가동률이 35% 정도로 경제성이 부족하여 수력개발이 원활하게 이루어지지 않았다. 수력발전 기술개발 또한 제1차 및 2차 석유파동 이후 대체에너지 개발의 필요성에 따라 1982년부터 '소수력발전 개발방안'을 마련하여 민간자본에 의한 소수력발전소 건설을 장려하고, 이와 병행하여 소수력개발에 수반되는 기술적인 사항에 관한 연구를 지원하기 시작하였으며, 1987년부터 「대체에너지개발촉진법」에 의거 정부 주도로 소수력 기술개발에 관한 연구를 지원하여 주로 자원조사, 수차개발, 운용기술 등의 설계기술을 확보하고 실증 연구를 추진하고 있다.

또한 2009년 저탄소녹색성장법 제정에 따른 신재생에너지 보급정책에 따른 수력개발 필요성이 증폭되면서 공공기관에서 민원발생의 우려가 없는 기존 시설물인 조정지댐이나 양수발전소의 하부댐, 농업용 저수지, 하수처리장, 수도용 관로, 하수종말처리장, 화력발전소의 냉각수 등을 이용한 소규모 수력개발이 활발히 추진되고 있으며, 최근 강물의 수량을 풍부하게 함으로써 자연정화를 유도하여 하천의 수질 개선을 위해 추진하고 있는 국가하천인 4대강(한강, 낙동강, 금강, 영산강) 살리기 사업에 친환경 다기능 보를 활용, 상 · 하류 관리수위의 낙차를 이용한 소수력발전을 16개소에 설비용량 51MW, 설치 대수 41기 규모로 준공하여 가동하고 있다.

2013년 현재 우리나라의 수력발전을 통한 발전량은 양수발전을 이용한 발전량이 4,700MW로 수력을 이용한 전체 발전량의 약 73%를 차지하고 있으며, 소수력발전은 전국에 설치된 200여 개의 소수력발전기에서 160MW 수력 전체 발전량의 2.5%를 생산하고 있다.

▣ 국내 수력설비 용량

2013년 현재(출처 : 한국수력원자력)

구 분		대 수	용 량(MW)	점유율 (%)
일반수력	한수원(주)	21	594.6	9.2
	수자원공사	21	1,000.6	15.5
	소 계	42	1,595.2	24.7
양수	한수원(주)	16	4,700	72.8
소수력	한수원(주)	14	11.5	0.2
	수자원공사	79	70.8	1.1
	한전 및 발전자회사	20	28.1	0.4
	기 타	89	48.8	0.8
	소 계	202	159.2	2.5
합계		260	6,454.4	100

▣ 국내 발전원별 설비용량

2013년 현재(출처 : 한국수력원자력)

구분	수력	석탄	유류	LNG	원자력	신재생 에너지	계
설비용량(MW) 구성비(%)	6,454 (7.4)	24,534 (28.2)	7,385 (8.5)	24,361 (28.0)	20,716 (23.8)	3,519 (4.0)	86,969 (100)
발전량(GWh) 구성비(%)	8,483 (1.7)	199,267 (38.8)	29,594 (5.8)	126,576 (24.7)	138,784 (27.0)	10,760 (2.1)	513,464 (100)

국내 소수력발전 현황

■ 현황
- 최초 개발은 1975년 안흥 소수력발전
- 개발 부존량은 약 6,500MW로 추정
- 국내 수력에너지는 부존 잠재량에 비해 활용 가능성은 부족한 편임
- 하천 본류의 경우 환경영향 등으로 설치가 제한적임
- 수도관로, 하수관로, 화력발전소 온·배수, 농업용 저수지, 하수종말처리장 배출수 등을 이용한 소수력발전 개발 및 실용화 단계임
- 2012년 전국적으로 준공한 4대강 수질개선 사업에 16개소에 41대의 소수력발전설비 가동 중임.

■ 수차기술개발
- 국내 수력발전기술 중 대수력발전에 사용되는 수차는 대부분이 외국산임
- 소수력발전에 사용되는 수차 또한 초창기에는 대부분 외국제품이었으나 현재 카플란 수차, 튜블러 수차, 프란시스 수차 등은 일부 국내기술력 확보 상태임
- 소형 패키지 타입 수차는 국산 수차 사용률이 60% 이상임.

9 수력에너지 적용 사례

경북 봉화 소수력발전소(시설용량 : 2,000kW급) (출처 : 이투뉴스)

수원시 상수도 사업소 소수력 설비(15kW) (출처 : 수원시)

소수력발전 시험시설(10kW급, 서울 중랑 물재생센터)
(출처 : 이투뉴스)

소수력발전 설비

소수력발전 설비

소수력발전 설비

Chapter Fourteen

녹색건축물 관련 인증제도 및 법규

충청남도 본청 및 의회청사-2013년 대한민국 녹색건축 대상 건축물

우리나라는 전 세계적으로 에너지 소비 10위, 전력소비 12위인 에너지 다소비국가이다. 또한 원유 수입 4위로 국제유가 변동에 매우 취약한 경제산업구조를 가지고 있고, 전체 산업구조 중 건축물 부분이 국가 온실가스 배출량의 약 1/4인 22.4%를 차지하고 있어 건축물 부분에서의 에너지를 절감하고 에너지 소비효율을 높이기 위한 법제화를 통해 건축물 부분에서의 에너지 절감 대책을 세우고 온실가스 감축을 증대시키기 위한 노력을 기울이고 있다.

세계적 추세도 에너지 저소비형 건축물 보급이 주를 이루고 있으며, 우리나라의 경우도 2025년 모든 신축건축물의 "제로 에너지화" 달성을 목표로 건축물의 에너지 저감 정책을 도모하고 있으며, 국가 에너지 자립도 강화 및 기후변화 대응을 통해 녹색성장의 필요성이 제기됨에 따라 2009년 저탄소 녹색성장 기본법 공표 및 2013년 3월 녹색건축물 조성지원법을 제정 시행하여

- 녹색건축물의 기본계획 및 조성계획을 수립하여 녹색건축물 조성을 수립하고
- 건축물 부문에서의 온실가스 배출량을 감축하며
- 녹색건축물의 확대를 위한 제도적 장치를 마련하여
- 저탄소 녹색성장의 실현을 목적으로 하고 있으며

이에 따른 세부적 방안으로 "건축물 에너지 온실가스 정보체계 구축", "녹색건축 인증", "녹색 건축센터 지정", "에너지 소비총량 설정" 및 "에너지 소비증명제도" 등을 도입 · 시행하여 건축물에서의 온실가스 배출량 절감과 녹색건축물 확대를 목표로 하고 있으며, 현재 건축물 설계의 기반으로 녹색건축물 조성 지원법을 기반으로 한 관계법령 및 인증을 적용하고 있다.

1 녹색건축물 조성 지원법

우리나라는 건축물에 대하여 2001년부터 에너지 절약 및 효율화와 친환경건축물 조성에 관한 법령 등을 제정하여 시행하여 왔으나, 건축법에 따른 친환경건축물 인증제도는 신축공동주택 및 업무용 건축물 위주로 운영되어 친환경건축물 확산을 위한 실효성이 낮다는 문제가 제기되었고, 친환경건축물 인증제도, 주택성능등급 표시제도 등 녹색건축물 관련 인증제도가 중복적으로 운영되어 비용부담이 발생한다는 문제점이 제시되었다. 따라서 정부는 녹색건축물 기본계획수립, 건축물 에너지 온실가스 정보체계구축, 건축물

에너지 소비 총량 설정 및 지원, 녹색건축인증제 및 건축물의 에너지효율등급 인증제, 녹색건축물에 대한 건축기준 완화, 녹색건축물 관련 전문인력 양성 등 녹색건축물 조성에 필요한 사항을 정함으로써 저탄소녹색성장 및 국민의 복리 향상에 기여하고자 "녹색건축물 조성 지원법"을 2013년 01월 제정 · 공표하여 시행하고 있다.

1.1 총칙

(1) 목적

「저탄소 녹색성장 기본법」에 따른 녹색건축물 조성에 필요한 사항을 정하고, 건축물 온실가스 배출량 감축과 녹색건축물의 확대를 통하여 저탄소 녹색성장 실현 및 국민의 복리 향상에 기여함을 목적으로 한다.

(2) 목적달성 방법

• 건축물 온실가스 배출량 감소
• 녹색건축물 확대

(3) 녹색건축물

에너지이용 효율이 높고, 신재생에너지 사용 비율이 높으며, 온실가스 배출을 최소화하는 건축물

(4) 녹색건축물 조성

녹색건축물을 건축하거나 녹색건축물의 성능을 유지하기 위한 건축활동으로써 기존 건축물을 녹색건축물로 전환하기 위한 활동을 말한다.

(5) 녹색건축물 조성의 5가지 기본원칙

• 온실가스 배출량 감축
• 환경친화적이고 지속가능
• 신재생에너지 활용 및 자원절약
• 기존 건축물에 대한 에너지 효율화
• 계층 간, 지역 간 균형

(6) 국가 및 지방 자치단체 책무

- 녹색건축물 조성 촉진을 위한 시책 수립
- 추진에 필요한 행정적 · 재정적 지원방안 마련
- 녹색건축물 조성이 공정한 기준과 절차에 따라 수행될 수 있도록 노력

1.2 녹색건축물 기본계획 등

(1) 기본계획 수립

녹색건축물 조성을 촉진하기 위하여 국토교통부 장관이 5년마다 수립

(2) 녹색건축물 기본계획 내용

- 녹색건축물 현황 및 전망
- 녹색건축물 정보체계의 구축 운영
- 녹색건축물의 온실가스 감축 및 에너지 절약목표 설정 및 추진방향
- 녹색건축물 연구 개발
- 녹색건축물 전문인력 양성
- 녹색건축물 조성 사업의 지원
- 녹색건축물 조성 시범사업
- 녹색건축물 조성 건축자재 및 시공 정책방향
- 에너지 이용효율이 높고 온실가스 배출을 최소화할 수 있는 건축설비 효율화 계획
- 녹색건축물의 설계, 시공, 유지관리, 해체 등의 단계별 에너지절감 및 비용절감 대책에 관한 사항
- 녹색건축물 설계, 시공, 감리, 유지관리업체 육성 정책에 관한 사항

(3) 수립절차

국가 녹색성장위원회 의견 청취 및 중앙건축위원회 심의

(4) 지역녹색건축물 조성계획 수립

- 각 지자체 시 · 도지사가 기본계획에 따라 5년마다 수립 및 시행
- 지역 녹색건축물 현황과 전망, 지역 녹색건축물 조성의 기본방향과 목표, 지역 녹색

건축물 조성 및 지원 등에 대한 내용
- 지방 녹색성장위원회, 지방 건축위원회 심의 및 보고

(5) 녹색건축물 조성의 실태조사

- 조사주체 : 국토교통부 장관이 정기조사 또는 수시조사
- 실태조사 내용
  지역별 에너지 소비총량 관리현황, 에너지절약계획서 및 건축물에너지 소비 증명 현황, 녹색건축물 전문인력 교육 및 양성 현황, 녹색건축물 조성을 위한 녹색기술 연구개발 및 사업화 현황, 녹색건축물 조성 시범사업 현황, 녹색건축물에 대한 자금지원 집행 현황 등

1.3 건축물 에너지 및 온실가스 관리대책

(1) 건축물 에너지 온실가스 정보체계 구축

- 주체 : 국토교통부 장관
- 건축물 에너지 온실가스 정보를 개발 · 검증 · 관리하기 위하여 건축물에너지 온실가스 정보체계를 구축
- 건축물에너지 온실가스 정보체계는 "저탄소 녹색성장 기본법의 국가 온실가스 종합정보 관리체계와 부합
- 한국전력공사, 한국가스공사, 도시가스사업자, 한국지역난방공사, 집단에너지사업자, 에너지관리공단, 에너지경제연구원 등은 국토교통부에 건축물에너지 온실가스 정보를 제공
- 건축물에너지 온실가스 운영 위탁기관
  국토연구원, 한국감정원, 에너지관리공단

(2) 지역별 건축물에너지 총량관리

- 시 · 도지사는 관할지역의 건축물에 대하여 에너지 소비 총량을 설정하고 관리-에너지 소비 총량 설정 시 지역주민 의견 청취

(3) 개별 건축물의 에너지 소비 총량 제한

- 신축 건축물 및 기존 건축물의 에너지 소비 총량 제한
  - 저탄소녹색성장 기본법에 따른 건축물 부분의 중장기 및 단계별 온실가스 감축 목표, 연차별 및 용도별 에너지 소비 허용기준 제시
  - 건축주는 신축하는 해당 건축물의 에너지소비 총량이 허용기준 이하가 되도록 설계하여 허가시 관련자료 제출
- 기존 건축물의 에너지 온실가스 목표관리
  - 기존 건물의 에너지 총량 관리는 '저탄소 녹색성장 기본법'에 따른 에너지 온실가스 목표관리를 따름
- 국토교통부 장관은 소비 총량 제한 적용대상과 허용기준 등을 중앙건축위원회 심의를 거쳐 고시

(4) 기존 건축물의 에너지 성능개선(녹색건축물로의 전환)

- 대상 : 중앙행정기관, 지방자치단체, 공공기관 및 교육기관이 관리 중이고, 사용승인일로부터 15년이 경과한 건축물로 에너지 성능 진단결과 기준에 따라 개선이 필요한 건축물
- 공사범위 : 리모델링, 증축, 개축, 용도변경, 대수선 및 수선(창호, 단열재, 설비 교체로 한정)

(5) 에너지절약 계획서 제출

- 대상건축물 : 건축허가신청, 용도변경, 건축물 기재내용을 변경하는 연면적 합계 500m^2 이상의 건축물
- 적용 예외 대상 : 단독주택, 문화 및 집회시설 중 냉방 또는 난방 설비를 설치하지 아니하는 건축물, 기타 국토교통부 장관이 정하여 고시하는 건축물
- 제출처 : 허가권자
- 제출서류 : 에너지절약 설계 검토서, 설계도면, 설계 설명서, 계산서 등 건축물의 에너지절약계획서 내용을 증명할 수 있는 서류
- 에너지절약계획서 자문기관 : 에너지관리공단, 한국시설안전공단

1.4 녹색건축물 등급제 시행

(1) 녹색건축물 건축의 활성화 대상 건축물 및 완화기준

• 완화기준

구 분	조경설치면적	용적률	높이
완화율	15%	15%	15%

• 해당 건축물

- 녹색건축물 건축 활성화를 위해 고시하는 설계 · 시공 · 감리 및 유지관리 기준에 맞게 설계된 건축물
- 녹색건축 인증을 받은 건축물
- 건축물 에너지효율등급 인증을 받은 건축물
- 녹색건축물 조성 시범사업 대상으로 지정된 건축물
- 신축골조공사에 재활용 골재를 15% 이상 사용한 건축물

(2) 녹색건축 인증

• 목적 : 지속가능한 개발 실현과 자원절약형이고, 자연친화적인 건축물의 건축을 유도
• 인증의 신청 : 인증기관

(3) 건축물의 에너지효율등급 인증

• 목적 : 에너지성능 등급이 높은 건축물을 확대하고, 건축물의 효과적인 에너지관리를 위하여 시행
• 인증 신청 : 인증기관 및 건축물에너지 평가 관련 전문가에게 신청
• 인증대상 건축물
공동주택(기숙사 제외), 업무시설, 그 외 냉방 또는 난방면적이 500m^2 이상인 건축물

(4) 건축물에너지 소비 증명제도

• 건축물에너지 소비 증명

주 체	건축물 소유자, 관리자, 중개업자
정 의	건축물의 매매 및 임대시 에너지(효율등급) 평가서를 첨부
대상건축물	• 건축물에너지 온실가스 정보체계가 구축된 지역의 전체 세대수가 500세대 이상인 주택단지 내의 공동주택 • 연면적 3,000m² 이상의 업무시설
대상예외	• 도시 및 주거환경정비법에 의한 정비구역에 있는 건축물 • 노후 불량 건축물, 경매, 문화재, 냉방 또는 난방설비를 설치하지 아니한 건축물

• 에너지(효율등급) 평가서

발급기관	• 특별자치시장 및 시장, 군수, 구청장 • 에너지관리공단의 장
평가서 내용	• 에너지효율등급 • 이산화탄소 배출량 • 에너지 사용량 등
발급절차	• 하나의 건축물에 구분되어 건축물에너지 온실가스 정보가 관리되는 경우 구분된 세대, 호, 가구별로 에너지평가서 발급 • 건축물에너지 온실가스 정보체계를 통하여 발급신청

(5) 인증 및 인증기관의 취소

• 사유 : 부정지정, 2년 이상 미실적, 위반업무 수행, 인증심사 거부, 업무 불가능

• 인증지관 지정 취소 : 국토교통부 장관

(6) 녹색건축물 전문인력 및 교육

국토교통부 장관은 녹색건축물 관련 전문인력 양성 및 고용 촉진을 위해 시책 마련 – 교육전문기관 지정, 교육 훈련비 지원, 전문인력 고용 확대 권고

• 녹색교육기관 : 녹색건축센터, 건축사협회, 기타 고시하는 기관, 단체

• 교육센터 지정신청 : 국토교통부 장관이 시설, 교수, 교육과정 및 내용, 재정지원, 사업실적 등 검토 후 지정

(7) 녹색건축물 조성기술

• 녹색건축물 조성기술의 연구 개발 및 사업화 촉진을 위한 시책 수립 및 시행

• 녹색건축물 조성기술 전문기관 : 녹색건축센터

(8) 녹색건축센터

- 녹색건축센터 : 국토연구원, 한국감정원, 에너지관리공단, 한국건설기술연구원, 한국시설안전공단, 기타 인정 고시하는 기관 또는 단체
- 녹색건축센터의 구분
  - 녹색건축지원센터
  - 녹색건축사업센터
- 녹색건축센터의 업무
  - 건축물에너지 온실가스 정보체계 운영, 녹색건축 인증
  - 에너지효율등급 인증, 기타 조성 촉진사업

(9) 녹색건축물 조성 시범사업

- 시범사업 지정 : 중앙행정기관의 장 및 지방자치 단체의 장
- 시범사업 대상
  - 공공시행 사업
  - 기존 주택의 녹색건축물로 전환
  - 기존 주택 외의 건축물을 녹색건축물로 전환(단, 에너지 성능개선 기준에 의거한 건축물의 리모델링, 증축, 개축, 대수선 및 수선 : 창호 단열재 및 설비 교체)
- 시범사업의 적합
  - 녹색건축물로 전환하는 경우에는 국토교통부 장관이 고시하는 기준
  - 설계, 시공, 감리 및 유지관리에 관한 기준을 정하여 고시하는 기준
  - 녹색건축 인증
  - 건축물 에너지효율등급 인증 모두 만족해야 함

(10) 녹색건축물 조성사업에 대한 지원 및 특례

보조금 지급, 신용보증 조건 우대, 소득세 법인세 · 재산세 · 취득세 감면, 외국인 투자유치 지원 등

2 녹색건축물 관련 인증제도

녹색건축물 조성 지원법에 근거하여 건축물에 적용되는 기준 및 인증으로는 "녹색건축 인증", "건축물에너지 효율등급 인증", "건축물의 에너지절약 설계 기준 적용", "친환경주택의 건설기준 및 성능", "청정건강주택 건설기준" 등이 있다.

현재 녹색건축 인증기준 및 건축물에너지 효율등급 인증기준은 공공건축물을 중심으로 의무 · 적용하고 있고, 적용 규모 및 기준이 점차 강화되고 있으며, 서울특별시를 비롯한 일부 지자체에서는 적용 범위를 민간건물에까지 확대 적용하고 있어 인증 적용 건축물은 빠른 속도로 증가하고 있다.

또한 공동주택은 사업승인 신청 시 "친환경주택 건설 기준 및 성능", "청정건강주택 건설 기준(건강친화형 주택 건설 기준)"을 반드시 적용하도록 제도화되어 있다.

2.1 녹색건축 인증제도

녹색건축 인증제도는 2013년 03월에 제정 · 시행되었으며, 이전에는 2002년부터 시행된 친환경건축물 인증제도를 모체로 하고 있다. 친환경건축물 인증제도는 2002년 공동주택에 대한 인증부터 시작되었으며, 점차 업무용 건축물, 학교시설, 판매시설 및 숙박시설로 확대 · 시행되다가 2012년에는 기존의 공동주택과 기존의 업무용 건축물에 대한 인증기준도 도입되어 그동안 신축건축물에 대한 인증 이외에도 기존의 건축물에까지 적용기준을 확대하도록 하였으며, 2013년에는 기존의 "친환경건축물 인증제도"와 "에너지 효율등급 인증제도" 등 녹색건축물 인증에 관한 제도 등을 개편하여 "녹색건축 인증기준"으로 새롭게 개편되었다. 따라서 개편 이전 건축법과 주택법에 의해 대상과 인증기준이 중복되어 이중부담을 주었던 친환경 주택관련제도(친환경건축물 인증제도, 주택성능등급 인증제도)가 일원화되었으며, 기존 건축물까지 모든 건축물에 평가하도록 강화하였다. 또한 공공기관이 발주하는 건축물의 신축, 별동 증축시 인증취득 의무 대상을 3,000m^2 이상으로 하고 있으며, 이중 공공업무시설에 대하여 우수(그린 2등급) 이상을 취득하도록 고시하였다.

그림 14-1 녹색건축 인증마크

녹색건축 인증제도의 평가항목으로는 토지이용 및 교통,

에너지 및 환경오염, 재료 및 자원, 물순환관리, 생태환경, 유지관리, 실내환경 등 7개 분야로 구분하여 평가하도록 규정하였으며, 항목별 단순합계로 등급을 나누었던 기존 방식에서 취득한 종합점수를 항목별 가중치로 산출하는 방식으로 변경하였다.

녹색건축 인증기준은 다수 건축물 인증 및 기준과 연관된 부분이 많으므로 해당 항목의 연관관계를 정확히 규명하여야 한다.

■ 녹색건축 인증제도의 개요 (2014.08월 기준)

<table>
<tr><td>목적 및 개요</td><td colspan="3">녹색건축 인증(G-SEED)은 건축물의 설계, 시공, 유지관리에 걸쳐 건축의 전 과정에서 발생할 수 있는 환경적 부담을 줄이고, 쾌적한 거주환경 조성을 목적으로 하는 건축물의 환경친화 정도를 평가하여 인증하는 제도이다.</td></tr>
<tr><td>인증대상</td><td colspan="3">신축건물 : 공동주택, 업무용, 학교, 판매, 숙박, 복합건축물, 소형 주택, 그 밖의 건축물
기존 건물 : 기존 업무용, 기존 공동주택</td></tr>
<tr><td rowspan="5">인증기관</td><td rowspan="2">공공</td><td>2002년~</td><td>LH토지주택연구원, 한국에너지기술연구원</td></tr>
<tr><td>2012년~</td><td>한국감정원, 한국시설안전공단, 한국환경공단, 한국환경산업기술연구원</td></tr>
<tr><td rowspan="3">민간</td><td>2002년~</td><td>(주)크레비즈 큐엠</td></tr>
<tr><td>2006년~</td><td>(사)한국교육환경연구원</td></tr>
<tr><td>2012년~</td><td>(사) 한국환경건축연구원, (사)한국그린빌딩협의회, 한국생산성본부인증원(주)</td></tr>
<tr><td>인증구분</td><td colspan="3">건축허가 단계에서 친환경설계의 적정성을 평가하는 예비인증과 건물 준공 후 적정 시공성 여부를 평가하는 본인증으로 나누어 진행하며, 예비인증을 받은 경우는 본인증을 의무적으로 받아야 한다.</td></tr>
<tr><td>인증세부
평가항목</td><td colspan="3">
<table>
<tr><th>부 문</th><th>평가항목</th><th>배점</th><th>가중치</th></tr>
<tr><td>1. 토지이용 및 교통</td><td>• 기존 대지의 생태학적 가치 5
• 일조권 간섭방지 대책의 타당성
• 대중교통의 근접성
• 자전거보관소 설치 여부</td><td>8</td><td>10</td></tr>
<tr><td>2. 에너지 및 환경오염</td><td>• 에너지 성능(에너지성능지표 – EPI) (건축물에너지효율등급 인증서)
• 계량기설치 여부
• 조명에너지 절약
• 신재생에너지 이용
• 오존층 보호를 위한 특정물질의 사용금지(GWP 1,600 이하 냉매 사용 및 할론 미포함 소화기 사용 여부)</td><td>27</td><td>30</td></tr>
<tr><td>3. 재료 및 자원</td><td>• 화장실에서 사용하는 소비재 절약
• 유효자원 재활용을 위한 친환경인증제품 사용 여부
• 재활용 가능자원의 분리수거(6종 분리수거 용기설치 여부)
• 재료의 탄소배출량 정보 표시(탄소성적 인증받은 자재 사용 여부)</td><td>8</td><td>15</td></tr>
<tr><td>4. 물순환 관리</td><td>• 우수부하 절감대책의 타당성(우수유출 저감시설 설치 여부)
• 생활용 상수절감대책의 타당성(절수형 위생기구, 수도꼭지, 전자감응식 소변기 설치 여부)
• 우수이용(우수재활용 여부 – 조경 등)
• 중수도 설치</td><td>13</td><td>10</td></tr>
</table>
</td></tr>
</table>

부 문	평가항목	배점	가중치
5. 유지관리	• 환경을 고려한 현장관리 계획의 합리성 • 운영/유지관리 문서 및 지침제공의 타당성 • 거주자의 요구에 대응하여 공간 배치 및 시스템 변경의 용이성 • TAB 및 커미셔닝 실시	9	7
6. 생태환경	• 자연지반 녹지율 • 생태면적률 • 비오톱 조성	12	10
7. 실내환경	• 실내공기 오염물질 저방출 자재의 사용(휘발성 유기화합물 저방출의 실내마감재료 사용) • 자연환기 성능 확보 • 외기 급 · 배기구 설계 • 건축자재로부터 배출되는 그 밖의 유해물질 억제 • 실내 자동온도 조절장치 설치 여부 • 교통소음(도로, 철도)에 대한 실내소음도(실내소음도 측정 보고서) • 휴식 및 재충전을 위한 공간 마련 • 거주자를 위한 쾌적한 실내환경 조성	21	18
총 점			100

인증기준

• 최우수, 우수, 우량, 일반 4개 등급
• 업무용, 학교, 판매, 숙박, 복합 및 그 밖의 건축물

등 급	심사점수		비 고
	신축 건축물	기존 건축물	
최우수(그린 1등급)	80 이상	75 이상	100점 만점
우수(그린 2등급)	70 이상	65 이상	
우량(그린 3등급)	60 이상	55 이상	
일반(그린 4등급)	50 이상	45 이상	

인센티브

• 녹색건축 인증 건축물의 취득 · 등록세 감면

에너지기준 \ 녹색건축인증	최우수 등급 (그린 1등급)	우수등급 (그린 2등급)
EPI90점 이상 또는 에너지 효율등급 1등급 이상	15%	10%
EPI80점 이상 또는 에너지 효율등급 2등급 이상	10%	5%

• 녹색건축 인증 건축물의 재산세 감면

에너지기준 \ 녹색건축인증	최우수 등급 (그린 1등급)	우수등급 (그린 2등급)
에너지효율등급 1등급 이상	15%	10%
에너지효율등급 2등급 이상	10%	5%
등 급 없음	3%	

<table>
<tr><td></td><td>• 녹색건축 인증 건축물의 건축기준 완화
<table>
<tr><th>녹색건축인증 / 에너지기준</th><th>최우수 등급
(그린 1등급)</th><th>우수등급
(그린 2등급)</th></tr>
<tr><td>에너지효율등급 1등급 이상</td><td>12%</td><td>8%</td></tr>
<tr><td>에너지효율등급 2등급 이상</td><td>8%</td><td>4%</td></tr>
</table>
• 환경개선 분담금 경감
• 건설업체의 조달청 PQ가산점 : 녹색등급에 따라 0.5~1점</td></tr>
<tr><td>인증의 신청</td><td>• 예비인증 신청 : 건축허가시
• 본인증 신청 : 사용승인 또는 사용검사를 받은 후 법령에 의거하여 제도적 재정적 지원을 받거나 의무적으로 녹색건축인증을 받아야 하는 경우 : 사용승인 또는 사용검사를 받기 전에 인증 신청이 가능</td></tr>
<tr><td>인증신청자</td><td>건축주, 건축물 소유자 사업주체 또는 시공자(건축주나 소유자 인증신청 동의하는 경우)</td></tr>
<tr><td>인증평가 처리기한</td><td>접수된 날부터 40일 이내(최장 60일까지 연장 가능)</td></tr>
<tr><td>법률근거</td><td>• 녹색건축물 조성 지원법
• 녹색건축 인증에 관한 규칙(국토교통부령 제16호)
• 녹색건축 인증 기준(국토교통부 고시 제2013-383호)
• 시행일 : 2013.06.28~</td></tr>
</table>

2.2 건축물에너지효율등급 인증제도

"건축물에너지효율등급 인증기준"(국토교통부 고시 제2013-248호)건축물의 난방, 냉방, 환기, 급탕, 조명에너지 등 실질적인 에너지 성능을 평가하여 건축물의 에너지성능이나 주거환경 질 등에 관한 객관적인 정보를 제공받고 건축물의 가치를 인정받기 위한 제도로서 저에너지 건축물 확대 및 효과적인 에너지 관리를 유도하는데 목적이 있다. 건축물에너지효율등급 인증제도는 에너지 효율적 건축물 보급 확대를 위해 2001년부터 공동주택을 대상으로 도입되었으며, 2010년부터는 업무용 건축물을 대상으로, 2013년 9월부터는 모든 용도의 신축 및 기존 건축물에 대해 에너지효율을 평가할 수 있도록 지속·확대되어 왔으며, 제도 제정 시 신축공동주택에 대하여 표준건축물 대비 에너지 절감률에 따라 등급을 부여하고, 평가되는 건축물의 용도 구분도 당초 주거용과 비주거용으로 구분하던 것을 모든 건축물로 변경됨에 따라 모든 용도의 건축물에 대한 평가로 확대하였다.

인증은 건축물의 설계도서를 토대로 평가하여 인증하는 예비인증과 건축물 준공 후 최종 현장 확인을 거쳐 인증하는 본인증으로 나누어진다. 제도 초기에 에너지 절감률(%)로 평가하던 공동주택까지 연간 단위면적당 1차에너지 소요량(kWh/m^2 · year)으로 평가하고, 인증등급도 기존 5등급에서 10등급으로 세분화하여 에너지 절감 유도효과를 높이고 국가에너지 절약 및 온실가스 감축에 기여할 것으로 기대하고 있다.

■ 건축물 에너지효율등급 인증제도의 개요(2014.08월 기준)

<table>
<tr><td>목 적</td><td>건축물의 난방, 냉방, 환기, 급탕, 조명에너지 등 실질적인 에너지 성능을 평가하여 건축물의 에너지성능이나 주거환경 질 등에 관한 객관적인 정보를 제공받고 건축물의 가치를 인정받기 위한 제도로서 에너지절약형 건축물의 확대 및 효과적인 에너지 관리를 유도하는데 목적이 있다.</td></tr>
<tr><td>인증대상</td><td>주택(단독+공동) 업무시설 그 외의 용도 중 냉방 또는 난방면적이 500m^2 이상인 건축물</td></tr>
<tr><td>인증구분</td><td>예비인증 : 건축허가 및 시공단계에 설계도서로 평가
본인증 : 건물 준공단계에 최종설계도서 및 현장실사를 통해 평가</td></tr>
<tr><td>인증의 신청</td><td>• 사용승인 또는 사용검사를 받은 후
• 법령에 의거하여 제도적 · 재정적 지원을 받거나 의무적으로 건축물 에너지효율등급 인증을 받아야 하는 경우 : 사용승인 또는 사용검사를 받기 전에 인증 신청 가능</td></tr>
<tr><td>인증신청자</td><td>건축주, 건축물 소유자 사업주체 또는 시공자(건축주나 소유자 인증신청 동의하는 경우)</td></tr>
<tr><td>인증기관</td><td>한국건설기술연구원, 한국에너지기술연구원, 한국시설안전공단, 한국감정원, 교육환경연구원, LH공사, 생산성본부인증원, 건물에너지기술원, 환경건축연구원</td></tr>
<tr><td>제출서류</td><td>신청서, 최종설계도면, 건축물 부위별 성능내역서, 건축물 전개도, 장비용량계산서, 조명밀도계산서, 설계변경 확인서 및 설명서, 예비인증서 사본, 건축물 에너지효율등급 평가용 데이터 시트, 성적서 및 인증서 등 기타 인증에 필요한 서류</td></tr>
<tr><td>인증평가 처리기한</td><td>접수된 날부터 50일 이내, 주택(단독, 공동)은 40일 이내</td></tr>
<tr><td>평가기준</td><td>냉방, 난방, 급탕, 조명, 환기 등에 대한 1차에너지 소요량</td></tr>
<tr><td>예비인증</td><td>건축물 허가, 신고 또는 사업계획 승인을 받은 후 건축물 설계에 반영된 내용을 대상으로 예비인증을 신청
– 신청서류 : 예비인증 신청서, 건축 · 기계 · 전기 설계도면, 건축물 부위별 성능내역서, 건물전개도, 장비용량계산서, 조명밀도계산서, 기타
– 예비인증서 유효기간 : 예비인증서 발급일로부터 사용승인일 또는 사용검사일</td></tr>
<tr><td>본 인증의무</td><td>대상 : 예비인증을 받은 건축주(단, 예비인증으로 제도적 · 재정적 지원을 받은 건축주 등은 예비인증 등급 이상의 본인증 획득 필수)</td></tr>
<tr><td>인증등급</td><td>10개 등급 (1+++~7등급)</td></tr>
<tr><td>등급별
인증기준</td><td>
<table>
<tr><td rowspan="2">등급</td><td>주거용 건축물</td><td>주거용 이외의 건축물</td></tr>
<tr><td>연간 단위면적당 1차에너지 소요량(kWh/m^2.year)</td><td>연간 단위면적당 1차에너지 소요량(kWh/m^2.year)</td></tr>
<tr><td>1+++</td><td>60 미만</td><td>80 미만</td></tr>
<tr><td>1++</td><td>60 이상 90 미만</td><td>80 이상 140 미만</td></tr>
<tr><td>1+</td><td>90 이상 120 미만</td><td>140 이상 200 미만</td></tr>
<tr><td>1</td><td>120 이상 150 미만</td><td>200 이상 260 미만</td></tr>
<tr><td>2</td><td>150 이상 190 미만</td><td>260 이상 320 미만</td></tr>
<tr><td>3</td><td>190 이상 230 미만</td><td>320 이상 380 미만</td></tr>
<tr><td>4</td><td>230 이상 270 미만</td><td>380 이상 450 미만</td></tr>
<tr><td>5</td><td>270 이상 320 미만</td><td>450 이상 520 미만</td></tr>
<tr><td>6</td><td>320 이상 370 미만</td><td>520 이상 610 미만</td></tr>
<tr><td>7</td><td>370 이상 400 미만</td><td>610 이상 700 미만</td></tr>
</table>
</td></tr>
</table>

<table>
<tr><td>인센티브</td><td>• 지방세 감면, 건축기준 완화, 환경개선 분담금 감면, 조달청 입찰심사(PQ) 가점 부여
<table>
<tr><th>구분</th><th>에너지효율 1등급</th><th>에너지효율 2등급</th><th>그 외 등급</th></tr>
<tr><td>녹색건축 최우수</td><td>취득 15%, 재산 15%</td><td>취득 10%, 재산 10%</td><td></td></tr>
<tr><td>녹색건축 우수</td><td>취득 10%, 재산 10%</td><td>취득 5%, 재산 5%</td><td></td></tr>
<tr><td>그 외 등급</td><td>재산세 3%</td><td></td><td></td></tr>
</table></td></tr>
<tr><td>법률근거</td><td>• 녹색건축물 조성 지원법 제17조(건축물의 에너지효율등급 인증)
• 공공기관 에너지이용합리화 추진에 관한 규정
• 건축물 에너지효율등급 인증에 관한규칙(시행 13.05.20)
• 건축물 에너지효율등급 인증기준 개정 (국토교통부 고시 제2013-248호) 시행일 : 2013.09.01~, 업무용외의 건축물 2014. 05월~</td></tr>
</table>

• **인증절차**

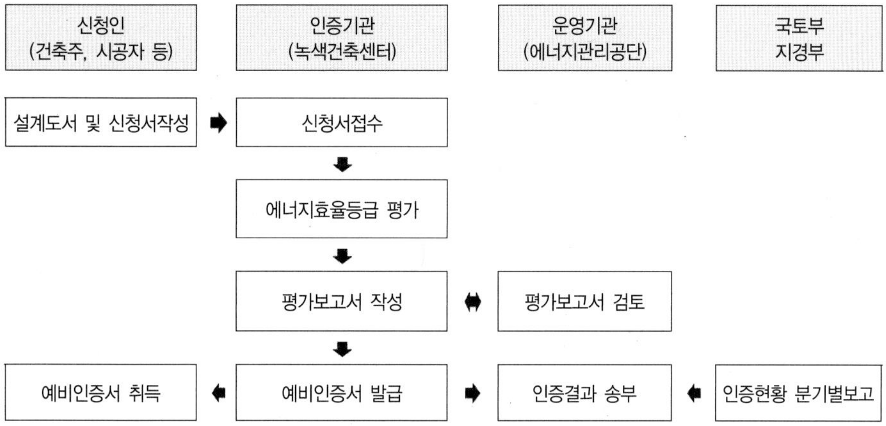

2.3 건축물의 에너지절약 설계기준

"건축물의 에너지절약 설계기준"(국토교통부 고시 제2013-587호)은 건축물의 효율적인 에너지관리를 위하여 건축물의 열손실방지 등 에너지절약 설계에 관한 기준, 에너지절약계획서 작성기준 및 에너지절약 성능기준 등을 정한 기준이며, 당초 3,000m^2 이상 연면적 건물에 대하여 에너지절약계획서를 작성·제출하도록 했던 것을 2013년 녹색건축물 조성지원법에 근거법으로 편입되면서 적용 대상면적이 연면적 500m^2 이상 모든 용도 건축물로 확대·적용되었다. 에너지절약계획서에 포함된 내용은 건축물의 일반사항, 에너지절약 설계기준 의무사항 및 에너지 성능지표(EPI) 검토서를 관계기관(에너지관리공단, 한국시설안전공단, 한국감정원, 한국교육환경 연구원)에 작성하여 제출하여야 하며, 에너지 성능지표 검토서는 각 항목에 대한 배점을 제출한 설계도면 및 자료에 의해 판정하고, 증빙되지 않은 경우 미적용으로 간주한다. 에너지 성능지표 배점은 총점 118점이며, 민간신축건축물은 EPI 총점 65점 이상, 공공기관이 신축하는 건축물은 74점 이상을 취득하여야 한다. 건축물 용도 구분은 4개 용도(비주거 대형, 비주거 소형, 주택 1, 주택 2)로 단순화하였다.

■ 건축물 에너지 절약 설계기준 개요(2014.08월 기준)

구분		내용
목 적		건축물의 효율적인 에너지 관리를 위하여 열손실 방지 등 에너지절약 설계에 관한 기준, 에너지절약계획서 작성기준 및 에너지절약 성능 등에 따른 건축기준 완화에 관한 사항을 정하여 에너지절약 성능이 높은 건축물의 설계를 적극 유도하고, 건축물 분야에 대한 에너지절감을 통해 에너지 및 온실가스 감축을 위한 녹색건축물 활성화를 목적으로 한다.
제출대상		대건축 허가를 신청하거나 용도변경의 허가신고, 건축물대장 기재내용 변경 시 연면적 500m^2 이상의 건축물
제출예외대상		• 단독주택 • 운동시설, 위락시설, 관광휴게시설, 공장, 창고, 위험물저장시설, 동 · 식물 관련시설, 분뇨 및 쓰레기처리시설, 발전시설 등에서 냉방 또는 난방설비를 설치하지 않는 건축물
에너지절약계획서의 제출		• 건축물의 건축허가 신청시에 에너지절약계획서 제출[건축물의 설비기준 등에 관한 규칙 제22조]
에너지절약계획서의 판정		• 에너지성능지표(EPI : Energy Performance Index) 점수 • 민간건축물 : 65점 이상 • 공공건축물(별동 증축 건축물 포함) : 74점 이상)
에너지절약 설계 의무사항	건축부문	단열조치 준수, 바닥난방 단열재 설치, 방습층, 방풍구조, 창의 기밀성능, 외벽 평균 열관류율
	기계설비부문	설계용 외기조건, 열원 및 반송설비, 보온재, 공공기관 전기 대체 냉방설비
	전기설비부문	변압기, 역률개선 콘덴서, 전압강하, 조명기기, 조도자동조절 조명기구, 부분조명, 일괄 소등 스위치, 대기전력자동차단장치
에너지성능지표(EPI) 검토 평가항목	건축부문	외벽 열관류율 외 12개 항목 평가
	기계설비부문	난방기기 효율 외 15개 항목 평가
	전기설비부문	거실의 조명밀도 외 14개 항목 평가
	신재생부분	신재생에너지 이용 난방, 냉방, 급탕, 발전설비 설치용량 평가
	* 평점합계=건축+기계+전기+신재생	
제출서류		1. 인허가청(시장, 구청장, 군수 등)의 검토요청 공문 2. 사업계획(변경) 승인신청서, 건축허가(신고사항 변경) 신청서, 에너지절약계획서 3. 건축기계설비계산서 4. 건축기계설비시방서(보온공사 부문) 5. 전기계산서 6. 설치예정확인서 7. 도면(건축도면, 기계도면, 전기도면, 신재생도면 등)
평가기관		에너지관리공단, 한국시설안전공단, 한국감정원, 한국교육환경연구원

에너지절약 계획서 평가절차	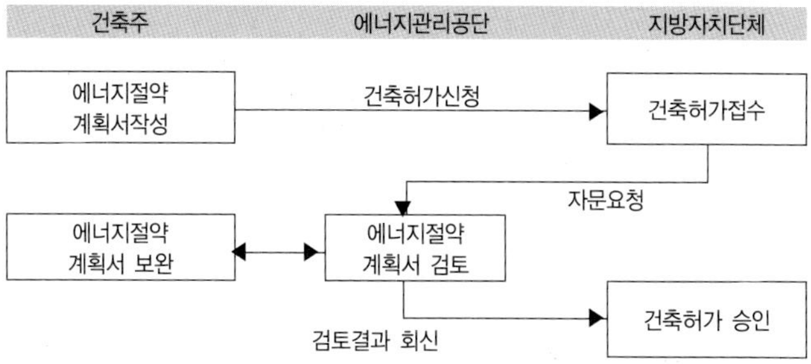
에너지절약 계획서이행	건축허가시 에너지절약계획서를 제출한 건축물은 사용승인 신청시에 에너지절약계획서 이행확인서를 건축주(또는 감리자)가 작성하여 허가권자에게 제출(24조)
법률근거	• 녹색건축물 조성지원법 제14조, 시행령 10조 • 건축물의 에너지절약 설계기준(국토교통부 고시 제2013-587호) • 시행일 : 2013.09.01~

2.4 공공기관의 에너지이용 합리화 규정

"공공기관 에너지이용 합리화 추진규정"은 국가, 지방자치단체 등 공공기관의 에너지 효율적 이용과 온실가스 배출 저감을 위하여 공공기관이 추진하여야 하는 사항을 규정하기 위하여 2010.3.24 공고된 [공공기관 에너지이용합리화 추진지침(국무총리지시 제2010-3호)]을 폐지하고, 2011년 7월 26일 [공공기관의 에너지이용합리화 추진에 관한 규정(지시경제부 고시 제2011-154호)]을 제정하면서 공공기관의 에너지 효율적 이용을 의무화하면서 범국민적 에너지절약 의식을 확산시켜 국가경쟁력 제고를 목적으로 당 제도를 시행하였다.(개정 2014.06.26 산업통상자원부 고시 제2014-95호)

■ **공공기관 에너지이용 합리화 규정 개요 (2014.08월 기준)**

적용대상	중앙행정기관, 지방자치단체 공공기관의 운영에 관한 법률 제4조에 따른 기관 지방공기업법상의 지방공기업 「초 · 중등교육법」제2조에 따른 국 · 공립학교, 「고등교육법」제3조에 따른 국립대학 및 공립대학
신축건물 에너지이용 효율화	• 에너지절약계획서 제출대상 중 업무시설을 신축 · 증축 – 3,000m^2 이상 : 건물에너지효율 1등급 취득을 의무화 • 공동주택(기숙사는 제외)을 신축, 증축하는 경우 : 건물에너지효율 2등급 이상의 인증 의무화 • 공공기관 연면적 10,000m^2 이상은 건물에너지관리시스템(BEMS) 구축 및 운영 권장
에너지진단 및 ESCO 추진	• 연면적 3,000m^2 이상인 건물 : 5년마다 에너지진단 의무 • 에너지진단 결과 에너지절감 효과가 5% 이상, 투자비회수기간이 10년 이하인 공공기관 : 에너지진단 종료 2년 이내에 ESCO 사업추진 의무 • 단, 창호나 단열 등을 포함하는 시설개선 사업은 15년

<table>
<tr><td>기존 건물에너지
이용 효율화</td><td>• 건물에너지효율등급 향상 등의 시설개선을 권고 가능
• 에너지이용 효율화 및 비용절감을 위해 신축보다 리모델링을 추진</td></tr>
<tr><td>신재생에너지 설비 설치</td><td>• 건축물을 신축, 증축 또는 개축하는 경우 신재생에너지 설비를 의무적으로 설치하고 신재생에너지 설치계획서를 건축허가 전에 신재생에너지센터에 제출</td></tr>
<tr><td>전력수요관리시설 설치</td><td>연면적 1,000m^2 이상의 건물을 신축, 증축, 냉방설비를 전면 개체할 경우 다음의 냉방설비를 설치하여야 함
• 주간 최대 냉방부하의 60% 이상을 심야전기를 이용한 축냉식, 도시가스를 이용한 냉방방식
• 집단에너지를 이용한 지역냉방방식
• 소형 열병합발전을 이용한 냉방방식
• 신재생에너지를 이용한 냉방방식</td></tr>
<tr><td>고효율
기자재 사용</td><td>• 사용되는 에너지 기자재는 “고효율에너지 기자재 인증제품”또는 “에너지 소비효율 1등급”제품 우선구매 사용
• LED 전구로 교체 설치 비율 강화
<table>
<tr><th>구분</th><th>'13</th><th>'14</th><th>'15</th><th>'17</th><th>'20</th></tr>
<tr><td>신축 건축물(설치 비율)</td><td>30% 이상</td><td>45% 이상</td><td>60% 이상</td><td>100%</td><td>–</td></tr>
<tr><td>전체 건축물(보급 비율)</td><td>40%</td><td>50%</td><td>60%</td><td>80%</td><td>100%</td></tr>
</table>
• 전력피크 저감 위해 계약전력 1,000kW 이상의 건축물은 100kW 이상의 전력저감장치(ESS) 설치 권장</td></tr>
<tr><td>조명기기의
효율적 이용</td><td>• 옥외 경관조명 자재 및 LED등 설치
• 옥외 홍보 광고판 심야시간(23 : 00~) 소등
• 조명기구에 대해 부분조명 제어가 가능한 제어시스템 구축</td></tr>
<tr><td>대기전력
저감</td><td>• 사무 및 가전기기 구입 시 에너지절약 마크제품 우선구매
• 대기전력 1kW 이하 제품 우선 구매
• 자동절전 제어장치를 통해 제어되는 콘센트 수 30% 이상
• 미사용 시간 자동전력 절감 PC 소프트웨어 의무 설치</td></tr>
<tr><td>적정실내온도
준 수</td><td>• 난방온도 : 18℃ 이하
• 냉방온도 : 28℃ 이상 실내온도 유지</td></tr>
<tr><td>엘리베이터
합리적 운행</td><td>• 4층 이하 운행 금지
• 5층 이상 격층 운행 및 시간대별 승강기 제한 운행
• “층 선택 취소기능” 의무 장착</td></tr>
<tr><td>수송부문 에너지이용
합리화</td><td>• 경차 및 환경친화적 자동차 보급 활성화
: 업무용 승용차량 구입 시 구입률이 연간 50% 이상 우선 구매
: 전용 주차면을 5% 이상, 건물 출입구에서 가까운 곳에 설치
• 승용차 운행 자제방안 강구 : 승용차 요일제를 의무적으로 실시</td></tr>
<tr><td>에너지 절약 교육 및 홍보</td><td>• 임직원 대상 에너지절약, 신재생, 기후변화대응 등 자체교육을 연1회 이상 실시
• 에너지절약 업무담당자는 전문기관 교육을 연1회 이상 실시
• 지역회보, 전광판, 인터넷홈페이지 등 홍보 · 출판물에 에너지절약 정부시책, 에너지절약, 신재생에너지 및 기후변화대응에 대한 홍보 실시</td></tr>
<tr><td>관련규정</td><td>• 에너지이용합리화법 제8조
• 공공기관 에너지이용합리화 추진에 관한 규정[지식경제부 고시 제2011-154호, 2011년 7월 26일]
• 공공기관 에너지이용합리화 추진에 관한 규정[산업통상자원부 고시 제2014-95호, 2014년 6월 26일]</td></tr>
</table>

2.5 신재생에너지설치 의무화제도

공공기관 신재생에너지설비 설치의무화사업은 국가 및 공공기관이 발주하는 연면적 1,000m^2 이상의 신축 · 증축 · 개축 건물에 대하여 신에너지 및 재생에너지 개발 이용 보급촉진법 12조 2항 및 동법 시행령 제15조 규정(신재생에너지 공급의무 비율 등)에 의거하여 예상에너지 사용량의 10% 이상을 신재생에너지 설비 설치에 투자토록 의무화한 제도이다. 고유가시대에 공공기관 주도로 대체에너지 보급 확대에 대한 사회적 공감대 형성 및 시장육성을 통해 시스템 비용 저감 유도를 목적으로 하고 있다.

■ 신재생에너지 설치의무화제도 개요 (2014.08월 기준)

<table>
<tr><td>목 적</td><td>고유가시대에 공공기관 주도로 대체에너지 보급 확대에 대한 사회적 공감대 형성 및 시장육성을 통해 시스템 비용 저감 유도를 목적</td></tr>
<tr><td>인증대상
및 적용비율</td><td>공공기관이 신축 및 증 · 개축하는 연면적 1,000m^2 이상의 건축물에 대해 예상에너지 사용량의 10% 이상을 신재생에너지 설비로 생산토록 투자의무화</td></tr>
<tr><td>법률근거</td><td>• 신에너지 및 재생에너지 개발 이용 보급 촉진법 제12조의 2항
• 신재생에너지 설비의 지원 등에 관한 규정(산업통상자원부 고시 제2014-56호)</td></tr>
<tr><td>평가항목</td><td>• 신재생에너지 공급 의무비율로 평가 2011년 10%~2020년 20%로 매년 증가
• 신재생에너지 의무 공급비율 : 신청 건축물의 예상에너지 사용량 중 신재생에너지 생산량이 차지하는 비율
$$신재생에너지\ 의무\ 공급\ 비율 = \frac{신재생에너지\ 생산량}{예상\ 에너지\ 사용량} \times 100$$
예상 에너지 사용량 = 건축 연면적×단위에너지 사용량×용도별 보정계수×지역계수
신재생에너지생산량 = 원별 설치 규모×단위에너지 생산량×원별 보정계수</td></tr>
<tr><td>의무공급
비율</td><td>
<table>
<tr><th>구분</th><th>11, 12년</th><th>13년</th><th>14년</th><th>15년</th><th>16년</th><th>17년</th><th>18년</th><th>19년</th><th>20년 이후</th></tr>
<tr><td>공급의무비율(%)</td><td>10</td><td>11</td><td>12</td><td>15</td><td>18</td><td>21</td><td>24</td><td>27</td><td>30</td></tr>
</table>
</td></tr>
<tr><td>업무처리
기한</td><td>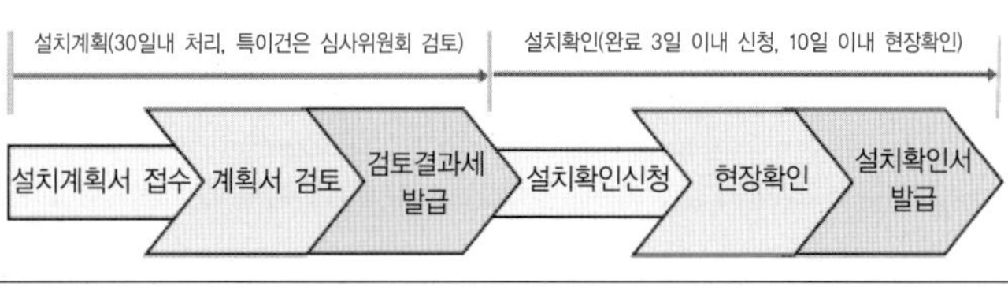
</td></tr>
<tr><td>제출서류</td><td>신재생에너지 설치계획서 제출서류
• 신재생에너지 설치계획서(센터공고 지침 57호 양식)
• 건축물 설계 개요(건물명, 주소, 연면적 등), 신재생에너지 설비 개요(주요규격 등)
• 신재생에너지 공급 의무 비율 산정(지경부 고시 별표2)
• 건물 및 신재생에너지 설비 도면(조감도, 건물배치도, 설비계통도, 장비일람표 등)
• 지열설계 검토 확인증(지열설비 신청 시)</td></tr>
</table>

• 신재생에너지 설치계획서 처리 절차

센터에 신청서 제출 → 전문가 검토 실시 → 승인

2.6 친환경주택의 건설기준 및 성능

'친환경주택의 건설기준 및 성능'(국토교통부 고시 제2013-594호)은 에너지소비 절감 및 탄소배출량 감소를 위한 에너지절약형 친환경주택을 건설하기 위한 제도이다. 평가방법으로는 친환경주택 성능평가 프로그램에 의한 방법, 고시에서 정한 기준을 만족하는 방법, 건축물 에너지효율등급 인증을 통해 인정받는 방법이 있으며, 적용대상은 주택건설사업계획의 승인을 얻어 건설하는 20세대 이상의 공동주택이다.

■ 친환경주택 건설기준 및 성능 개요(2014.08월 기준)

<table>
<tr><th>목 적</th><td>에너지소비 절감 및 탄소배출량 감소를 위한 에너지절약형 친환경주택을 건설하기 위한 목적</td></tr>
<tr><th>인증대상</th><td>20세대 이상 공동주택</td></tr>
<tr><th>법률근거</th><td>'친환경주택의 건설기준 및 성능'(국토교통부 고시 제2013-594호) 시행일 : 2012.11.01~</td></tr>
<tr><th>평가항목
및 방법</th><td>• 친환경주택 성능평가 프로그램에 의한 방법(제7조 1항)
• 단지 내의 에너지소비량 또는 이산화탄소 배출량
• 고시에서 정한 기준을 만족하고, 의무사항 이행에 의한 방법(제7조 2항)

다음의 설계조건을 모두 충족시켜야 함(중부지역)
<table>
<tr><th rowspan="2">창호단열</th><td>외기에 직접 면한 경우</td><td>1.2 W/m²K 이하</td></tr>
<tr><td>외기에 간접 면한 경우</td><td>2.1 W/m²K 이하</td></tr>
<tr><th rowspan="3">벽체단열</th><td>외기에 직접 면한 경우</td><td>0.25 W/m²K 이하</td></tr>
<tr><td>외기에 간접 면한 경우</td><td>0.32 W/m²K 이하</td></tr>
<tr><td>측 벽</td><td>0.20 W/m²K 이하</td></tr>
</table></td></tr>
</table>

열원설비	지역난방	
	개별난방	효율 91% 이상 보일러 설치
고단열 고기밀 강제창호	세대현관문	열관류율 1.8 W/m²K 이하 기밀성능 2등급 이상

• 건축물에너지효율등급 인증을 받고, 의무사항 이행에 의한 방법(고시 제5조)

평가기관	에너지관리공단, 건설기술연구원, LH, 한국감정원

2.7 건축물 에너지 소비 증명제도

건축물에너지 소비증명제도는 건축물 거래 시 건축물의 에너지 성능이 표시된 "건축물에너지 평가서"를 계약서에 첨부하도록 의무화한 제도로서 소비자가 건축물의 에너지 성능을 비교하여 에너지성능이 높은 건축물을 선택할 수 있도록 유도하는 제도이다.

■ 건축물에너지 소비 증명제도 개요(2014.08월 기준)

목 적	에너지 성능을 입지, 교통, 학군 등과 같은 전통적 요소와 함께 건축물의 새로운 가치로서 고려하도록 하여 소유주로 하여금 자발적인 기존 건축물의 에너지 성능 개선 유도
관련 근거	• 녹색건축물 조성지원법 제18조(건축물에너지 소비증명) • 건축물에너지 소비증명에 관한 기준(국토부 고시 재2013-38호)
관련 기관	• 주관부처 : 국토교통부 • 발급기관 : 에너지관리공단, 시 · 군 · 구청
건축물 에너지평가서발급방법	"녹색건축 포털 그린투게더"를 통한 온라인 발급
대상 건축물	• 500세대 이상 공동주택, 연면적 3,000m² 이상 업무시설

구 분	용 도	
	주거용 건축물	주거용 이외 건축물
2013년 2월23일부터	서울 소재 500세대 이상 공동주택 매매	서울 연면적 3,000m² 이상 업무시설 매매
2014년 1월 1일부터	수도권 소재 500세대 이상 공동주택 매매, 임대	수도권 연면적 3,000m² 이상 업무시설 매매, 임대
2016년 1월1일부터	전국 500세대 이상 공동주택 매매, 임대	전국 연면적 3,000m² 이상 업무시설 매매, 임대

에너지소비 증명 효과	• 매도 임대인은 소비자에게 에너지성능을 홍보자료로 활용 가능 • 매수 임차인에게 건축물의 객관적인 에너지 사용량 정보 제공 • 에너지 비용을 절감할 수 있는 고효율 건축물 선택 가능 • 기존 건축물의 에너지 효율성 향상을 유도하여 국가적인 에너지 절감 가능

건축물에너지 평가서 내용

- 에너지 소용량
  - 건축물에 설치된 난방, 냉방, 급탕, 조명, 환기시스템에서 필요한 에너지량을 나타내며, 건축물의 에너지 성능을 표시
  - 건축물 에너지효율등급 인증을 받은 경우에만 표시
- 에너지 사용량
  - 실제 거주자가 사용한 전기, 가스, 지역난방 등의 에너지 사용량
  - 공동주택의 경우 동일 단지 내 동일 평형의 평균 에너지 사용량 표시
  - 동일 지역 내 동일 용도의 평균 에너지 사용량을 표시한 표준 건축물과 에너지 사용량이 적은 목표 건축물의 에너지 사용량과 비교 가능

에너지 소요량		에너지 사용량	
건축물 에너지 효율등급	CO_2 배출량	에너지사용량	CO_2 배출량
단위면적당 1차 에너지 소요량[kWh/m^2 · 년]	단위면적당 CO_2 배출량 [kg/m^2 · 년]	사용면적당 1차 에너지 사용량[kWh/m^2 · 년]	사용면적당 CO_2 배출량 [kg/m^2 · 년]

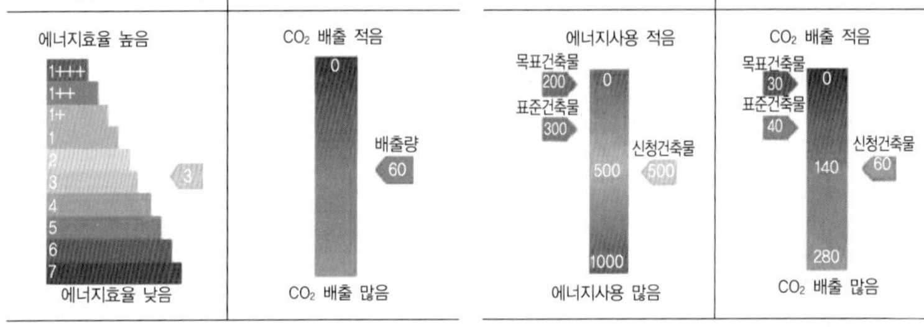

- 건축물 에너지 소비증명 절차

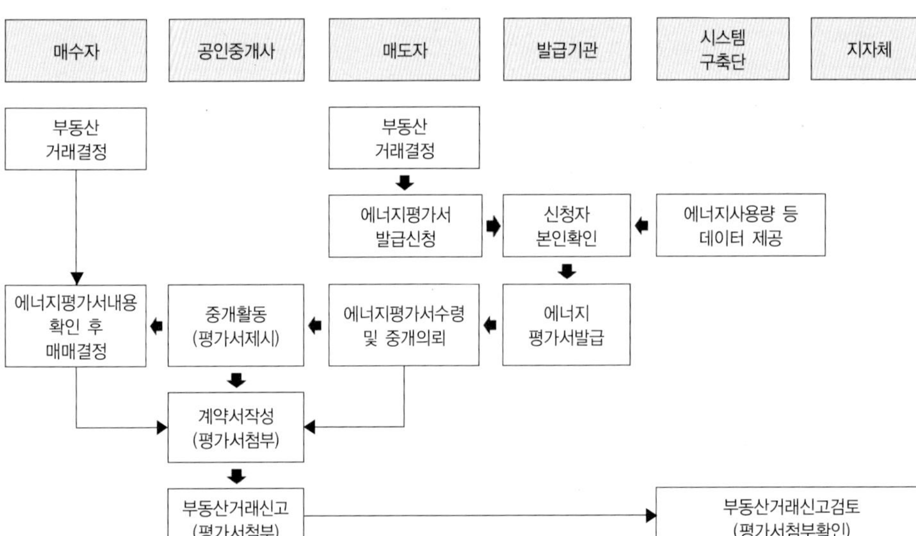

2.8 기타 인증제도

2.8.1 건강친화형 주택 건설기준

"건강친화형 주택 건설기준"이란 새집증후군 문제를 개선시킴으로써 거주자에게 화학적 · 물리적 · 생물학적으로 건강하고 안전한 생활환경을 제공할 수 있도록 일정수준 이상의 실내 공기질 및 환기성능을 확보한 주택을 건설하고자 하는 기준이며, 적용대상은 주택법 제16조 1항에 따라 500세대 이상의 주택건설사업을 시행하거나 500세대 이상의 리모델링을 하는 주택을 대상으로 규정한다.

• **건강친화형 주택 건설기준 개요(2014.08월 기준)**

의무기준	• 친환경 건축자재 및 붙박이 가구 적용 • 환경표지 인증기준에 적합한 도료 사용 • 일반 시공, 관리 기준 • 플러시 아웃 실시 – 모든 실내 내장마감재 및 붙박이가구 등을 설치한 이후부터 입주자가 입주하기 전까지 기간 동안 실시 – 외기유입량 : 세대별로 바닥면적 $1m^2$당 $40m^3$ 이상의 신선한 외부공기 지속적으로 공급 – 적용방법 · 외기공급은 대형 팬 및 기타 규정에서 정한 환기설비를 이용 및 오염물질 제거 필수 · 각 세대 유형별로 필요한 외기공급량, 공급시간, 시행방법 등을 시방서에 명시 · 강우, 강설 시에는 플러시 아웃을 실시하지 않으며, 실내온도는 16℃ 이상, 상대습도 60% 이하로 유지하여 실시하는 것을 권장 • 효과적인 환기성능 확보 • 환기설비 성능 검증 • 접착제 시공방법 개선 • 오염물질 방출량이 적은 빌트인 생활제품 설치 • 유해물질 확산 방지를 위한 도장공사 시공관리 기준
권장기준	• 흡 · 방습 건축자재 적용 • 흡착 건축자재 적용 • 항 곰팡이 건축자재 적용 • 항균 건축자재 적용

2.8.2 청정건강주택 건설기준

"청정건강주택 건설기준"(국토교통부 고시 제2013-755호)은 사업승인 대상 1,00세대 이상 공동주택에 적용하며, 쾌적한 주거환경 조성을 위해 기준에 따라 적정설계 적용 여부(친환경 자재 적용 및 환기)를 관련기관에 검토받아야 한다.

• 청정건강주택 건설기준 개요 (2014.08월 현재)

기 준	• 적용대상 : 의무 : 1,000세대 이상 신축 및 리모델링하는 공동주택(주택법 사업승인 대상) • 법적근거 국토교통부 고시 제2010-385호(2010.06.16) 청정건강주택건설기준 주택법 제22조, 시행령 제23조 주택건설기준 등에 관한 규정 제3조 • 인증등급 청정건강주택 건설기준 자체평가서의 최소기준 충족 및 권장기준 중 3개 이상의 항목 적용 • 평가항목 - 최소기준 : 건축자재 및 붙박이 가구, 시공관리, 플러시 아웃(입주전 환기), 자재에 포함된 유해요소(납 수은 등 환기성능, 환기설비 성능검증, 접착제 시공방법 - 권장기준 : 빌트인 생활제품, 흡방습 건축자재, 항곰팡이 성능 건축자재, 흡착 건축자재, 항균성능 건축자재, 도장공사 시공기준, 접착제 사용 부위 처리 • 인센티브 분양가 가산비용 인정(주택성능등급 가산 인정항목 제외) • 검토기관 : 해당구청

참고문헌

1. 에너지관리공단, 에너지 · 기후변화 정책방향, 2014.
2. 에너지관리공단, 에너지 · 기후변화 관련 정책 및 제도, 2014.
3. 에너지관리공단, 에너지 통계 핸드북, 2014.
4. 에너지관리공단, 신재생에너지 이용 건축물 인증제도 안내, 2014.
5. 에너지관리공단, 신재생에너지 설비 인증제도 안내, 2014.
6. 에너지관리공단, 신재생에너지 백서, 2012.
7. 에너지관리공단, 신재생에너지 보급 사업 현황, 2014.
8. 이동원, 태양열 시스템의 개요 및 기술개발 현황, 한국설비기술협회지, 2013.
9. 곽희열, 태양열 과열방지를 위한 태양열 태양광 복합시스템, 한국설비기술협회지, 2013.
10. 권오경, 태양열 이용 흡수식 냉동기 기술개발 현황 및 적용 사례, 한국설비기술협회지, 2013.
11. 류남진, 태양열 이용 급탕 및 난방시스템 적용 사례, 한국설비기술협회지, 2013.
12. 김욱중, 지열이용 히프펌프 시스템, 한국설비기술협회, 2009.
13. 장기창, 신재생에너지 활용기술(지열에너지), 한국설비기술협회지, 2013.
14. LG전자, 지열이용 VRF 히트펌프 기술동향, 한국설비기술협회지, 2013.
15. (사)한국지열협회, 지열시공 가이드 및 시공기준, 2010.
16. (사)한국신재생에너지협회, 고효율저비용 지열시스템 구축세미나, 2010.
17. 김승욱, 지열 냉난방 시스템 소개, 한국설비기술협회, 2009.
18. 이웅복, 신재생에너지 개요 및 녹색건축물 활성화 제도, 한국설비기술협회지, 2013.
19. 박준택, 그린에너지기술, 한국설비기술협회지, 2013.
20. 신치웅, 공기조화설비, 기문당, 2006.
21. 안창환, 신재생에너지공학, 태일사, 2011.
22. 정한식 외, 신재생에너지공학, 문운당, 2010.
23. 이강후, 화석에너지의 종말, 코리아프린테크, 2013.
24. 삼성전자, DVM S Water 제작설치 시방서, 2014.
25. 한국 패시브 건축협회, (http://www.phiko.kr/)
26. 기후변화 홍보 포털, (http://www.gihoo.or.kr/portal/2013_Portal/html/index.jsp)
27. 에너지관리공단 신재생에너지센터, (http://www.knrec.or.kr/knrec/index.asp)
28. (사)한국 신재생에너지학회, (http://www.ksnre.or.kr/)
29. 한국해양연구원, (http://www.kordi.re.kr)
30. 한국풍력산업협회 (http://www.kweia.or.kr/)
31. 신재생에너지코리아 (https://www.renewableenergy.or.kr)
32. 녹색건축물 조성지원법(법률 제 11690호), 국가법령지원센터
33. 녹색건축 인증에 관한 규칙(국토교통부령 제16호)
34. 녹색건축 인증기준(국토교통부 고시 제 2013-383호)
35. 건축물 에너지효율등급 인증기준 개정(국토교통부 2013-248호)
36. 신에너지 및 재생에너지 개발이용 보급 촉진법(법률 제11965호)
37. 공공기관 에너지 이용합리화 추진에관한 규정(지식경제부 고시 2012-18호)
38. 신재생에너지 설비의 지원 등에 관한 규정(산업통상자원부 고시 제2014-26호)
39. 건축물 에너지 절약 설계기준(국토교통부 고시 제2013-587호)

김규생(kskim@wsi.ac.kr)
- 고려대학교 대학원 기계공학 석사
- 해군사관학교 기계공학과 교수
- 서울산업대학교, 철도대학, 인덕대학 강사
- 대한설비공학회 편집위원, 총무이사, 사업이사, 리모델링/개보수 전문위원, 공조 · 위생부문 위원회 위원장
- 현재 우송정보대학 기계자동차/설비학부 에너지/클린룸설비전공 교수
  전국대학 설비분야 교수협의회 회장
  대한설비공학회 부회장
  시청, 교육청, 조달청 등 설계/시공 심의 · 평가위원
  공기조화설비, 기계설비설계, TAB기술, 클린룸설비,
  신재생에너지설비, 기계설비 에너지절약 연구수행
- 저서 조선보수, 건축기계설비의 계획 및 설계, TAB이론과 실제,
  공기조화설비 설계, 건축기계설비 시공실무, 건축기계설비 적산실무,
  클린룸 설비, 건축기계설비설계 가이드 북 등

이웅복
- 우송정보대학, 한밭대학교, 한밭대학교 대학원
- 건축기계설비 기술사
- 우송정보대학 기계자동차/설비학부 에너지/클린룸설비전공 겸임교수
- (주)신화엔지니어링 근무(기계설비 감리, 에너지 진단 및 컨설팅)
- 온실가스 환경 컨설턴트
- 경찰종합학교 이전 신축공사 실시설계 심의위원, 2008
- 아산시 설계 자문위원, 2013
- 충남교육청 교육시설공법, 자재심의위원회 심의위원, 2015

신재생에너지 설비실무

2015년 7월 1일 1판 1쇄 인쇄
2015년 7월 5일 1판 1쇄 발행

저자 김규생 · 이웅복
발행인 강해작
발행처 기문당
주소 서울시 성동구 무학봉28길 4-1
전화 02)2295-6171(代)~5
팩스 02)2296-8188
출판등록 1976. 10. 7(1976-2)
홈페이지 http://기문당
http://www.kimoondang.com
ISBN 978-89-6225-673-4 93540

정가 35,000원

이 도서의 국립중앙도서관 출판시도서목록(CIP)은 서지정보유통지원시스템 홈페이지(http://seoji.nl.go.kr)와 국가자료공동목록시스템(http://www.nl.go.kr/kolisnet)에서 이용하실 수 있습니다.(CIP제어번호 : 2015017105)